Jetzt helfe ich mir selbst

Motor
buch
Verlag

Umschlagentwurf und Buchgestaltung: Anita Ament.
Umschlagfotos: Heinz Binder, BMW.

ISBN 3-613-01285-5

Auflage Nr. 1024903

Manuskriptbearbeitung: Redaktion »Jetzt helfe ich mir selbst«.
Fotos: BMW 7, Bosch 3, Lautenschlager 295.
Zeichnungen: Archiv Verfasser 1, autopress 3, BMW 46, Bosch 5, Brunner 3, Champion 1, Daimler-Benz 2, Dunlop 1, Haeberle 1, Hella 1, Lautenschlager 4, Michelin 1, Pirelli 1, Sachs 3, Uniroyal 1, Volkswagen 3.
Stromlaufpläne: BMW 36.
Bildgrafik: Peter Goth.
Satz: Vaihinger Satz + Druck, 71665 Vaihingen.
Druck: Rung-Druck, 73033 Göppingen.
Bindung: Wilhelm Nething, 73235 Weilheim.
Printed in Germany.

Dieter Korp
Thomas Lautenschlager

BMW 520 i, 525 i, 530 i, 535 i

Sechszylinder ab Januar '88

mit den Vierventilern

520 i, 525 i

Motorbuch Verlag
Stuttgart

Inhaltsverzeichnis

Moderne Zeiten

Neuer Technik gegenüber war BMW stets aufgeschlossen – eines der Erfolgsrezepte des Hauses. Dieser Drang zur Innovation drückte sich früher in legendär laufruhigen Motoren und solider Fahrwerkstechnik aus, heute zusätzlich im konsequenten Einsatz von Elektronik im Fahrzeug. Wie elektrisch ein 5er-BMW ist, zeigt schon die Zahl der kleinen Elektromotoren, die in einem Wagen mit allem Zubehör eingebaut sind: Es können über vierzig sein.
Neben dem 7er-Modell hat der 5er in Sachen Elektronik gleich bei seinem Erscheinen eine Vorreiterrolle in seiner Fahrzeugklasse übernommen, ist doch bei ihm die gesamte Karosserie-Elektrik zu einer Zentrale zusammengefaßt. Scheibenwischer, Fensterheber oder auch die Türlicht-Automatik werden also bei entsprechender Ausstattung von ein und demselben schwarzen Kasten gesteuert.
Damit nicht genug: Alle elektronischen Systeme sind diagnosefähig. Dieses Wort gebrauchen die BMW-Techniker, wenn sie den großen Service-Tester oder den mobilen Diagnose-Computer an der Zentralsteckdose des Wagens anschließen. Der hat nämlich Zugriff auf die Fehlerspeicher, die der Elektronik gleich mitgegeben wurde. Mit anderen Worten: Fehler in der Funktion schreibt sich der BMW in sein internes Notizbuch, aus dem der Service-Tester lesen kann.
Hat bei einem so hoch technisierten Auto ein Buch mit dem Titel »Jetzt helfe ich mir selbst« überhaupt noch Berechtigung? Kann man sich noch selbst helfen?
Wir meinen ja. Denn zur Selbsthilfe gehört in erster Linie, sich über sein Auto zu informieren. Autos werden, zumal ein BMW, immer anspruchsvoller in der Technik, und darüber sollte man einfach Bescheid wissen, z. B. zu einer ersten Störungshilfe oder wenn es um Werkstattfragen geht. Und auch bei modernen Autos bleibt ein breiter Bereich zur Selbsthilfe übrig – denken wir nur an die zahlreichen Arbeiten an der Karosserie, das Auswechseln der Lämpchen am Armaturenbrett, die man ohne Know-how kaum auffinden kann, an die üblichen Servicearbeiten oder Reparaturen an der Motor-Mechanik.
Doch auch dort, wo die Elektronik mitmischt, läßt sich noch vieles selbst prüfen. So kann man zwar nicht das Motronic-Steuergerät kontrollieren – dafür gibt es die aufwendige BMW-Prüftechnik –, wohl aber die entschieden anfälligeren Geber und Sensoren. Um nur dieses Beispiel zu nennen.
Und, wie gesagt, da ist die Information. Sie gehört zur ganz starken Seite dieses Buches: Dieser Band informiert Sie – umfassend und für den Laien leicht verständlich – über die umfangreiche Fahrzeugtechnik, über die Funktion der zahlreichen elektronischen Baugruppen, über die umfangreiche Rostvorsorge und über vieles mehr. Kein anderes Buch bietet so viel Information. Solche Kenntnis macht Sie nicht nur mit Ihrem Auto vertrauter, sondern hilft ganz sicher beim Gespräch mit der Werkstatt.

Damit Sie sich im Innern dieses Bandes leichter zurechtfinden, ist bereits im Inhaltsverzeichnis auf den vorhergehenden Seiten eine kleine Auswahl der Stichworte herausgegriffen, die in den einzelnen Kapiteln zur Sprache kommen. Weitere Orientierungshilfen bietet der Wartungsplan innen auf der hinteren Umschlagseite, das Verzeichnis der Störungsbeistände auf Seite 265 sowie das Stichwortverzeichnis hinten im Buch.
Ebenfalls der besseren Orientierung dient die Buchgestaltung auf den einzelnen Seiten. So sind Passagen, die der Information dienen, stets einspaltig abgedruckt, während reine Arbeitsschritte generell zweispaltig erscheinen. Je nach Interessenlage können Sie sich also mehr dem einen oder dem anderen Wissensgebiet zuwenden.

Das vorliegende Buch basiert im Grundsatz auf der Ausstattung und Motorisierung, wie sie bei Produktionsstart 1988 ausgeliefert wurde. Die grundsätzlichen Änderungen während der Produktionszeit – also die Einführung der Vierventiler-Motoren und des Touring – sind jeweils in separaten Anhängen im hinteren Teil des Buches behandelt.

Natürlich konnten wir alle die im Buch genannten Tips und Tricks nicht einfach aus dem Ärmel schütteln. Viele hilfsbereite Menschen aus allen Bereichen der Automobilbranche haben uns deshalb mit Rat und Tat unterstützt. Ihnen wollen wir an dieser Stelle herzlich danken.

Die Verfasser

Mitten ins Herz

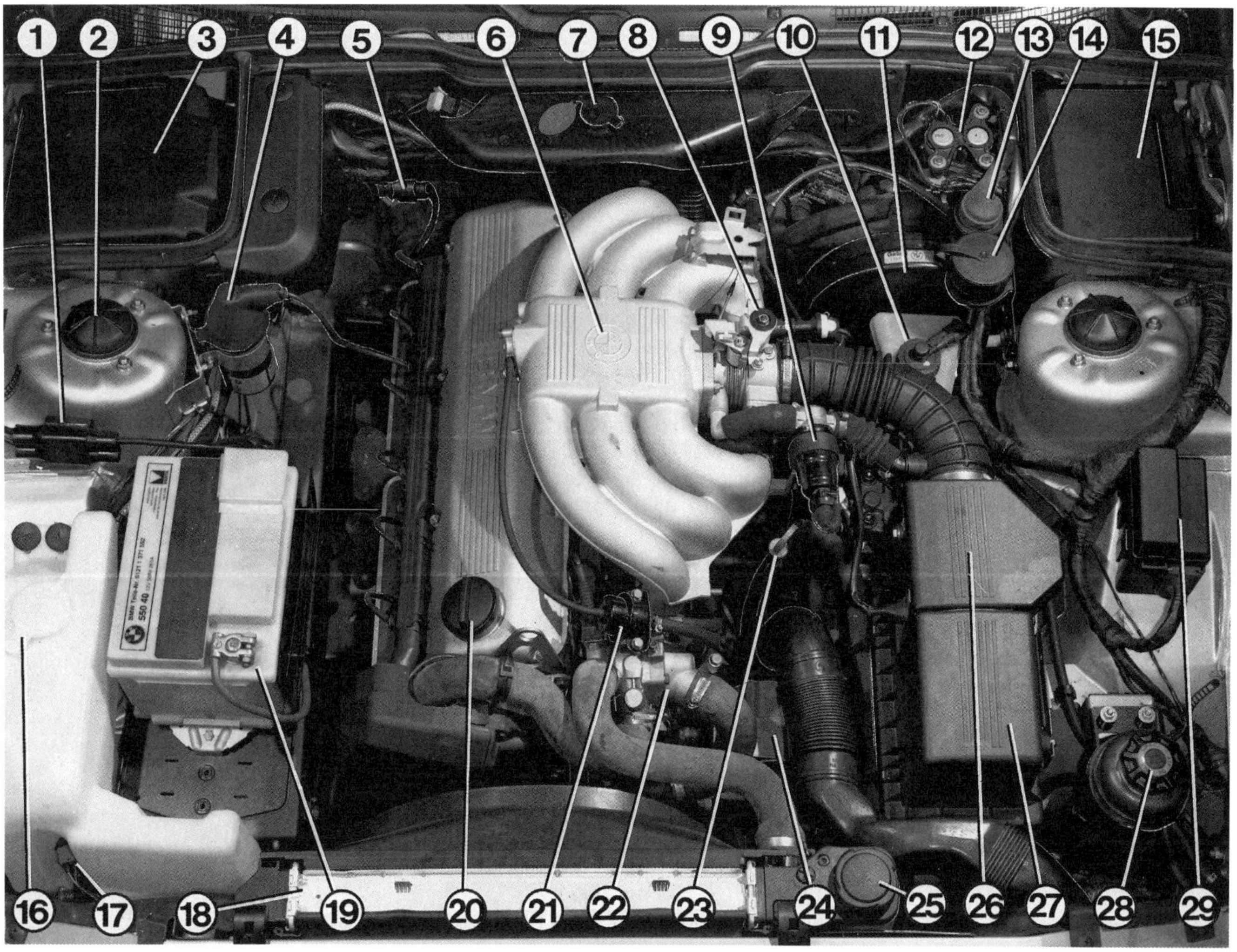

So sieht der Motorraum eines **BMW 520i/525i** aus: 1 – Sicherung für Batterie-Hauptkabel; 2 – rechtes Federbein; 3 – Steuergeräte-Kasten; 4 – Zündspule; 5 – Steckverbindung Lambdasonde; 6 – Ansaugkrümmer; 7 – Behälter für Intensivreiniger; 8 – Drosselklappengestänge; 9 – Leerlaufregelventil; 10 – Bremsflüssigkeits-Vorratsbehälter; 11 – Bremskraftverstärker; 12 – Heizungsventile; 13 – Stecker für Motorkabelbaum; 14 – Diagnosestecker; 15 – Relais- und Sicherungskasten; 16 – Behälter für Scheibenwaschwasser; 17 – Waschwasserpumpe; 18 – Kühler; 19 – Batterie; 20 – Öleinfülldeckel; 21 – Druckregler der Einspritzanlage; 22 – Thermostatgehäuse; 23 – Ölpeilstab; 24 – Lichtmaschine; 25 – Kühlsystem-Verschlußdeckel; 26 – Luftmengenmesser; 27 – Luftfiltergehäuse; 28 – Vorratsbehälter der Servolenkung; 29 – Zusatzrelaisbox. Der Motorraum der Vierventiler-Typen ist auf Seite 265 abgebildet.

Der Motorraum eines **BMW 530i/535i** zeigt die folgenden Teile: 1 – Steuergeräte-Kasten; 2 – rechtes Federbein; 3 – Zündspule; 4 – Luftmengenmesser; 5 – Öleinfülldeckel; 6 – Leerlaufregelventil; 7 – Kühlsystem-Verschlußdeckel; 8 – Drosselklappengestänge; 9 – Ansaugkrümmer; 10 – Bremsflüssigkeits-Vorratsbehälter; 11 – Pluspol-Abgriff der Batterie; 12 – Abdeckung für Heizungsventile; 13 – Stecker für Motorkabelbaum; 14 – Diagnosestecker; 15 – Relais- und Sicherungskasten; 16 – Behälter für Scheibenwaschwasser; 17 – Kühler; 18 – Luftfiltergehäuse; 19 – Thermostatgehäuse; 20 – Druckregler der Einspritzanlage; 21 – Ölpeilstab; 22 – Lichtmaschine; 23 – Ölfiltergehäuse; 24 – Hydraulikeinheit der Antiblockiersystems; 25 – Vorratsbehälter der Servolenkung; 26 – Aktivkohlebehälter der Tankentlüftung; 27 – Zusatzrelaisbox.

Dreiviertel sieben

Bei aller Verwandtschaft ist der 5er keine verkleinerte Ausgabe des 7ers, sondern eine eigene, charakteristische Fahrzeug-Persönlichkeit. So Klaus Luthe, oberster BMW-Designer anläßlich der Vorstellung dieser Modellreihe. Luthe muß es wissen – er zählt seit langem zu den Großen in der Welt der Karosserie-Schneider. Stammte doch aus seiner Zeichenfeder der heute schon legendäre NSU Ro 80.
Damit es am Ende nicht doch noch zu Verwechslungen kommt, gibt BMW den beiden Wagen präzise Attribute mit auf den Weg. So ist der 5er sportlich elegant, der 7er dagegen elegant-sportlich.
Trotz aller Unterschiede sind sich die beiden Modelle im positiven Sinne sehr nahe, denn der Einfluß der Luxusklasse ist im 5er sehr deutlich zu spüren. Das fängt bei der identischen, doch unterschiedlich beschnittenen Bodenplatte der Karosserie an und hört bei der aufwendigen Elektronik noch lange nicht auf.

Aus kleinen Anfängen

Die neue Klasse

Als Urahn des 5er darf der 1961 vorgestellte BMW 1500 gelten. Diese als neue Klasse titulierte Baureihe hat auf Anhieb Erfolg und führt die Firma BMW steil heraus aus den roten Zahlen. Modellversionen wie der BMW 1800 oder das Modell 2000 verbessern die Marktchancen. Und die nachgeschobene zweitürige 02er-Reihe wird zum Verkaufsrenner.

Die erste 5er-Generation

Im September 1972 wendet sich BMW von den bislang verwendeten Modellbezeichnungen ab. Mit Blick auf die Zukunft werden die Modellreihen festgelegt – man beginnt mit dem 5er, einer ausschließlich viertürig angebotenen Mittelklasse-Limousine.
Zunächst werden nur die Modelle 520 und 520i abgeboten. Es stehen 2-Liter-Motoren mit 115 und 130 PS zur Verfügung. Mehr Leistung gibt es 1973: Die sechs Zylinder des 525 leisten 145 PS. Wem das zu flott ist, der kann ab 1974 den 518 mit 1,8-Liter-Motor erwerben. 1975 dreht sich wieder das PS-Karussell: der neue 528 hat 165 PS zu bieten. Nun ist Zeit für äußerliche Retuschen: 1976 wird Front- und Heckpartie überarbeitet. 1977 sind dann wieder die Motoren dran: Der neu konstruierte kleine Sechszylinder ersetzt im 520 den Vierzylinder. Spitzenmodell wird der 528i mit elektronischer Benzineinspritzung.
Damit sind nur die wesentlichen Änderungen an dieser Baureihe aufgezählt – kleine Veränderungen gibt es während der Bauzeit von über 9 Jahren unzählige. Zählbar sind jedoch die produzierten Wagen dieser werksintern E12 genannten Baureihe: immerhin ca. 700000 Stück, davon rund die Hälfte für die Bundesrepublik.

Die drei 5er-Generationen im Bild vereint.

Die zweite 5er-Generation

Zum Mai 1981 wird die zweite Generation der 5er-Baureihe vorgestellt. Der Wagen wirkt gegenüber seinem Vorgänger nur wenig verändert, zumal dieselbe Grundkarosserie – wenn auch optimiert – verwendet wird. Front-, Heck- und Seitenbereich sind jedoch neu gestaltet, ebenso die Innenausstattung. Alle Sechszylinder-Modelle besitzen Benzineinspritzung, das Einstiegsmodell 518 mit Vierzylindermotor hat noch einen Vergaser. Die Leistungsdaten der übrigen Modelle sind: 520i: 92 kW/125 PS, 525i: 110 kW/150 PS, 528i: 135 kW/184 PS.

Leider bleibt vielen verborgen, daß sich unter dem Blech einiges getan hat: Die Vorderachse stammt nun vom 7er-Modell. Es handelt sich um eine Konstruktion mit zwei unteren Querlenkern, wie sie auch am aktuellen 5er noch für guten Fahrkomfort sorgt. Nicht zuletzt wird mit diesem Modell das fahrzeugbezogene Wartungssystem mit Service-Intervallanzeige eingeführt – um nur einige Änderungen zu nennen.
Im Laufe der Jahre erweitert sich die Modellpalette: Der 525e kommt dazu, der mit niedrigerem Drehzahlband den Kraftstoffverbrauch reduzieren soll und der als erster 5er schon ab 1984 mit geregeltem Katalysator zur Verfügung steht. Der 518i erhält eine Benzineinspritzung und die sportlichen Modelle M5 und M 535i runden die Modellpalette ab. Erst gegen Produktionsende dieser Reihe sind auch der 520i und der 535i mit geregeltem Katalysator zu haben.
Im Dezember 1987 kommt das Aus für den E 28 nach 705 000 produzierten Einheiten (BRD: ca. 250 000). Die Karosserie wird zu diesem Zeitpunkt schon als etwas antiquiert empfunden – späte Folge der Entscheidung, den Wagen auf dem Vorgängermodell basieren zu lassen.

In gefälligem Blechkleid präsentiert sich die dritte 5er-Generation.

Alles neu?

Die dritte 5er-Generation

Was dem Vorgängermodell fehlte – die deutliche Abgrenzung zur älteren Baureihe – macht die dritte 5er-Generation (E34) mehr als wett. Vor allem die gefällige Karosserie ist es, die das Interesse auf sich zieht.

Die Motorenpalette

Seit 1977 verfolgt BMW das Ziel, Sechsylindermotoren wegen ihrer sprichwörtlichen Laufruhe auch in den unteren Hubraumklassen einzusetzen. Diesmal ist man noch weiter gegangen: Der Vierzylinder ist zu Produktionsbeginn der dritten 5er-Generation komplett aus der 5er-Reihe verbannt. (Der 518i-Vierzylinder wird erst viel später nachgeschoben – in diesem Buch nicht behandelt.)
Nun beginnt die Leistungspalette mit dem 520i Kat – einer Motorisierung auf Basis des kleinen Sechszylindermotors (Werksbezeichnung M20). Bekannt ist dieser Motor sowohl aus dem Vorgänger-5er wie aus der 3er-Reihe. Leistung: 95 kW/129 PS.

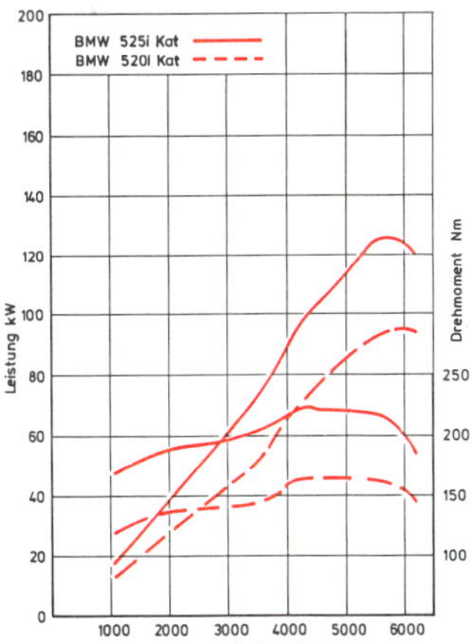

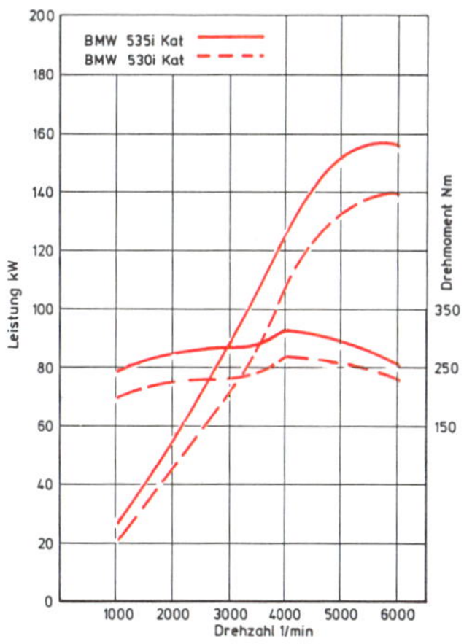

Den Verlauf von Drehmoment und Leistung über der Motordrehzahl zeigen diese beiden Diagramme für die Modelle 520i/525i bis 4/88 (links) und für die Modelle 530i/535i (rechts).

Den 525i treibt ebenfalls der M20-Motor. Es ist die identische Maschine wie im 325i; laufruhig und ausreichend drehmomentstark. In der 2,5-Liter-Klasse war der M20 übrigens bisher nicht im 5er-BMW vertreten. Statt seiner arbeitete in der alten Karosserie noch der große Sechszylinder (Werksbezeichnung

M30). Die Entscheidung zum kostengünstigen kleinen fiel leicht, denn dieser stand bereits fix und fertig auf Katalysator-Betrieb umgerüstet aus der 3er-Reihe zur Verfügung. Leistung: 125 kW/170 PS.
Eingebaut ist der M20-Motor bis etwa Mai 1990. Zu diesem Zeitpunkt wird er in den Modellen 520i und 525i abgelöst durch neu entwickelte Vierventil-Triebwerke (am Ende dieses Bandes behandelt).
Mit dem großen Sechszylinder M30 sind die Modelle 530i und 535i versehen. Auch hier wurde nach dem Baukastenprinzip verfahren und eine Herztransplantation vom 7er in den 5er vorgenommen. Vorteil dieser Methode: Es handelt sich stets um ausgereifte, erprobte Triebwerke. Leistung: 138 kW/188 PS bzw. 155 kW/211 PS. Mit Einführung der leistungsstärkeren Vierventil-Triebwerke wird der 530i zum Mai 1990 aus dem Programm genommen. Die Vierventiler sind auf auf 15 Zusatz-Seiten ganz hinten im Buch behandelt.

Die Karosserie

Die Blechhaut des 5ers hat es in sich: so ist z. B. durch optimierte Trägerprofile und verklebte Front- und Heckscheiben die Verwindungssteifigkeit stark erhöht. Auch die Aerodynamik kommt nicht zu kurz: Der c_W-Wert liegt je nach Version zwischen 0,3 und 0,32 – und das, obwohl die Regenleiste zum Anbringen von Dachträgersystemen und zur Vermeidung von Seitenscheiben-Verschmutzung beibehalten wurde. Saubere Umströmung der Karosserie senkt aber auch die Windgeräusche bei hohen Geschwindigkeiten, weshalb die Seitenscheiben nach Vorbild des 7er-Modells außenbündig angesetzt sind und – aus gleichem Grund – die Türen ein dreifaches Profilgummi-Dichtungssystem besitzen. Nachteil: Das Türenschließen erfordet mehr Kraft.
Noch ein Effekt der ausgeklügelten Aerodynamik sei genannt: Der Wagenboden steigt im Heckbereich leicht an, wodurch die Luftströmung in diesem Bereich während der Fahrt Unterdruck erzeugt. Der Physiker nennt das Venturi-Effekt. Der Wagen wird dadurch ein wenig gegen die Fahrbahn gesaugt, was ruhigeres Fahrverhalten zur Folge hat.

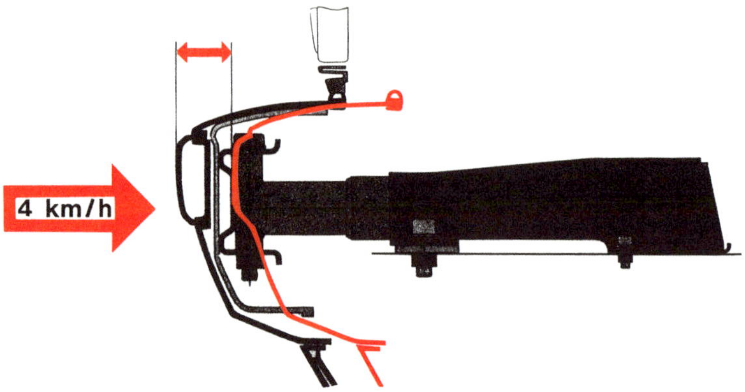

Die hydraulischen Dämpfer der vorderen Stoßstangenaufhängung können Stöße mit bis zu 4 km/h ohne Schäden absorbieren. Rot dargestellt ist der Einfederweg.

Unfallsicherheit

Die Unfallsicherheit der Karosserie läßt nichts zu wünschen übrig. Angefangen von den Prallboxen hinter der vorderen Stoßstange, die einen Stoß bis 4 km/h durch Hydraulikdämpfer absorbieren können und die bei einem 16 km/h-Aufprall zwar ersetzt werden müssen, aber weitere Karosserieschäden vermeiden. Bis hin zur Rahmenverstärkung zum Schutz des hinten liegenden Kraftstofftanks. Fast schon logisch, daß der BMW den für die USA-Zulassung vorgeschriebenen 56-km/h-Frontalaufprall ohne Deformation der Fahrgastzelle übersteht. Auch die hintere Stoßstange ist in der Lage, einen 4-km/h-Aufprall mittels Kunststoffträger und Gummielementen zu verdauen. Höhere Geschwindigkeiten verursachen hier allerdings Karosserieschäden.

Das Fahrwerk

Ausgewogenes Fahrverhalten wird erzielt, wenn Vorder- und Hinterachse des Wagens gleich stark belastet sind (Achlastverteilung von 50:50). Beim 5er wurde das erreicht, indem man den Radstand – also den Abstand von Vorder- und Hinterachse gegenüber dem Vorgängermodell vergrößerte. Die Vorderachse rutschte weiter nach vorn, das Motorgewicht wirkt so auch zum Teil auf die ansonsten nur schwach belastete Hinterachse. Die schwereren Motoren der 530i/535i-Modelle würden dieses ausgewogene Verhältnis wieder stören, weshalb hier die schwergewichtige Batterie unter den Rücksitz weichen mußte. Ein Pluspolabgriff im Motorraum ermöglicht trotzdem Starthilfe ohne Komplikationen.

Vorderachse

In diesem Bereich finden wir die aus der Vorgänger-Modellreihe bewährten Komponenten mit neuen Ideen angereichert:

Kern der Vorderradaufhängung ist nach wie vor das sogenannte Federbein, an dem das Rad direkt befestigt ist und das sich gleichzeitig für Federung und Stoßdämpfung zuständig fühlt. Ein elastisch aufgehängtes Lager verbindet das Federbein an der Oberkante mit der Karosserie. Ab BMW 525i ist die Lagerung von Stoßdämpfer und Feder getrennt. So lassen sich Fahrwerksgeräusche, die vornehmlich aus den Stoßdämpfern auf die Karosserie übertragen werden, besser eliminieren. Auch der eigentliche Achsträger ist zur Geräuschminderung über Gummilager mit der Karosserie verschraubt.
Schlichtweg genial ist jedoch die untere Federbeinlagerung des 5ers: Denn die Verbindung zum Vorderachsträger und zur Karosserie schaffen hier zwei Querlenker statt nur einem. So kommt diese Achskonstruktion zu der Bezeichnung Doppelgelenk-Federbein-Vorderachse.
Die beiden Querlenker sind am Federbein in einem geringen Abstand voneinander angebracht. Das bewirkt, daß sich das Rad beim Lenken nicht nur um einen, sondern um zwei Punkte dreht. Erfolg: Das Rad beschreibt

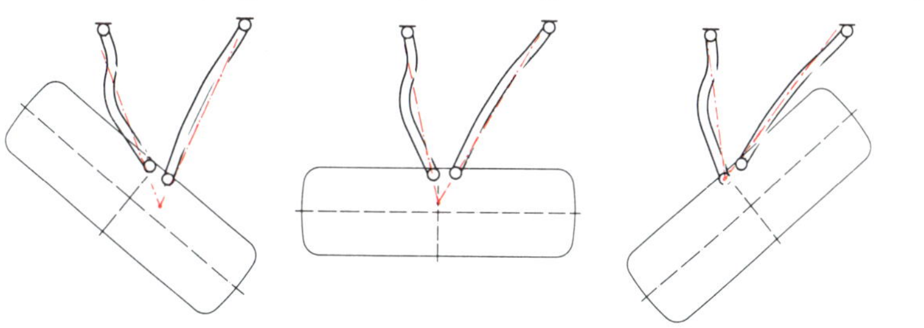

Die doppelten Querlenker bewirken, daß das Rad beim Einschlagen der Lenkung nicht um einen festen Punkt schwenkt, sondern um einen »scheinbaren« Lagerpunkt (Schnittpunkt der roten Linien). Dieser Punkt verschiebt sich je nach Lenkeinschlag.

beim Einschlagen keinen Kreisbogen, sondern es macht gewissermaßen eine ovale Bewegung. Von dieser Anordnung versprechen sich die BMW-Techniker einen sichereren Geradeauslauf, weil die Rückstellkräfte – also das Bestreben des Wagens, nach Kurven wieder geradeaus zu fahren – schon bei kleinen Lenkeinschlägen recht hoch sind.
Solch ein Querlenker hat seinen Namen übrigens deshalb, weil an ihm das Federbein angelenkt (sprich: gelenkig aufgehängt) sind und weil sie quer zur Fahrtrichtung stehen. Mit der Lenkung hat das nichts zu tun.

Hinterachse

Die Schräglenker-Hinterachse ist für ein fahraktives Auto wie den BMW wie geschaffen. Die Hinterräder werden sehr exakt geführt und erhalten – was die Seitenführung in Kurven verbessert – beim Einfedern einen stärkeren negativen Sturz. Beim Ausfedern verändert sich der Sturz dagegen nur geringfügig.
Außerdem besitzt die Achse an jeder Seite einen kleinen Zusatzlenker, der dem Schräglenker beim Ein- und Ausfedern zusätzliche Querbewegung verleiht. Dieses unscheinbare Bauteil bewirkt dabei eine geringere Spurweitenänderung bei Federbewegungen, geringere Sturzänderung, geringeren Beladungs-Einfluß sowie geringere Neigung zum Einfedern beim Anfahren.

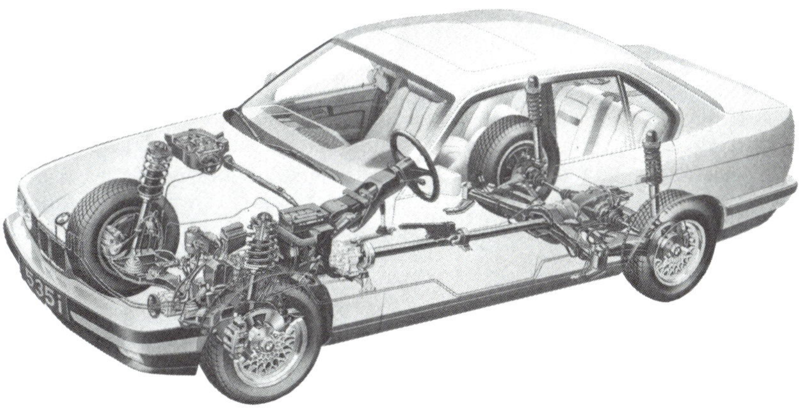

Sportliche Note: Das Fahrwerk des 5ers zählt zu den besten.

Stoßdämpfer mit EDS

Auf Sonderwunsch kann ab BMW 525i mittels Elektronischer Dämpfer-Control (EDS) zwischen den Dämpfereinstellungen »sportlich« und »komfortabel« gewählt werden.
Dazu besitzt der BMW umschaltbare Stoßdämpfer mit jeweils zwei in Doppelkolben unabhängig voneinander arbeitenden Ventilsystemen – für jede Einstellung eines. Die Umschaltung erfolgt mittels eines Elektromotors, der seinen Platz in der hohlen Stoßdämpfer-Kolbenstange hat. Er leitet den Ölstrom, je nach gewähltem Programm, einer der beiden Ventileinheiten zu.

Hydrolenkung und Servotronic

Unsere 5er-Modelle sind alle serienmäßig mit einer sogenannten Kugelumlauf-Hydrolenkung (Erklärung im Kapitel »Radaufhängung und Lenkung«), also einer Servolenkung ausgestattet. Auf Wunsch kann die geschwindigkeitsabhängige Lenkkraftunterstützung Servotronic eingebaut sein. Sie sorgt für noch leichteres Lenken beim Einparken, reduziert aber die Lenkkraftunterstützung bei schneller Fahrt.

Eine so umfangreiche Lenkungsunterstützung würde auch einen kleineren Lenkraddurchmesser zulassen. Doch davon hält man bei BMW nichts, denn der Fahrer soll den Wagen auch steuern können, wenn die Servolenkung einmal ausfällt.

Elektronische Systeme zur Fahrstabilität

ASC

Als Zusatzausstattung ist für den 535i die Automatische Stabilitäts-Control (ASC) erhältlich. Sinn der Sache ist es, nur so viel Motorkraft auf die Hinterräder zu bringen, wie das der jeweilige Untergrund maximal zuläßt, ohne daß die Räder durchdrehen. Gedacht ist dabei natürlich in erster Linie an regennasse oder verschneite Straßen.

Funktion: Die Raddrehzahlsensoren des Antiblockiersystems (ABS) melden unterschiedliche Drehzahlen an Vorder- und Hinterrädern – das Kennzeichen für durchdrehende Antriebsräder. Sofort wird das System wirksam und reduziert die Motorleistung.

Dazu muß man folgendes wissen: Das Gaspedal ist bei diesen Wagen nicht mehr über einen Gaszug mit der Drosselklappe des Motors verbunden, sondern mittels der Elektronischen Motor-Leistungsregelung (EML) und deren Drosselklappen-Stellmotor. Der drückt die Drosselklappe zu – die Motorleistung wird verringert.

Bei spontan auftretendem Schlupf – etwa beim Überfahren einer Eisplatte – auf sonst griffiger Straße ist die Drosselklappenregelung zu langsam. Dann wird zusätzlich von der Motronic Kraftstoffzufuhr und Frühzündung im Motor reduziert.

ASC läßt sich über einen Schalter in der Mittelkonsole abstellen. Das ist nötig zum Fahren auf Glatteis (der Wagen würde sonst stehenbleiben) oder zum Fahren mit Schneeketten.

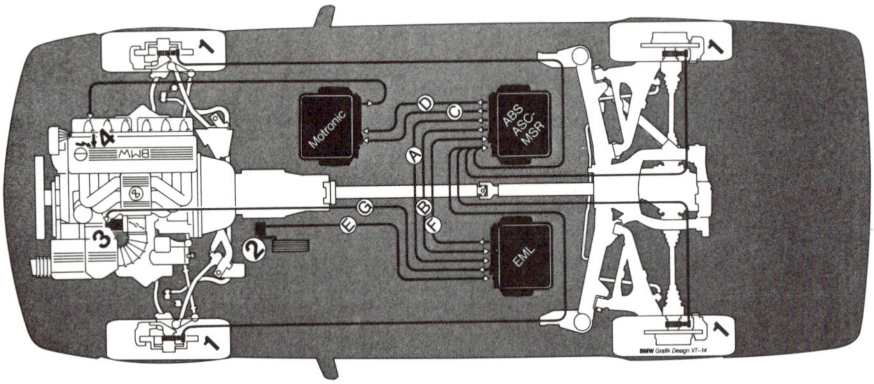

Die Teile der ASC:
1 – Raddrehzahlsensoren;
2 – Gaspedal mit Positionsgeber;
3 – Drosselklappe mit elektrischem Stellmotor;
4 – Zündanlage.
Die Buchstaben markieren die Verbindungsleitungen zwischen ABS, ASC/MSR, EML und der Motronic.

MSR

Im gegenteiligen Fall wirkt die Motor-Schleppmoment-Regelung (MSR). Um ein Beispiel zu nennen: Rollt der Wagen im Schubbetrieb (also ohne Gas) bergab und gerät dabei auf glatten Untergrund, wirken die Antriebsräder so stark bremsend, daß sich der Wagen drehen kann.

Dies zu vermeiden ist Sache der MSR. Bei Drehzahlabfall an den Hinterrädern regelt die EML nach und schafft durch Öffnen der Drosselklappe wieder gleiche Drehzahl an beiden Räderpaaren.

Räder und Bremsen

Grundsätzlich steht der BMW jetzt auf 15″-Felgen. Die lassen in der Felgenschüssel viel Platz für große Bremsscheiben mit 302 mm Durchmesser an der Vorder- und 300 mm an der Hinterachse. Ab 525i sind die vorderen Scheiben zur besseren Kühlung innenbelüftet. Ebenfalls erst ab dem 525i ist das Antiblockiersystem (Bosch ABS) serienmäßig.

Elektrische Ausstattung der Karosserie

Beginnen wir mit den Scheinwerfern: Damit das typische BMW-Gesicht gewahrt bleibt, besitzt der 5er vier Rundscheinwerfer, die wegen der niedrigen Haubenkante klein ausfallen mußten. Um ein ebensogutes Abblendlicht wie bei größerem Reflektordurchmesser zu erhalten, griff man zu zwei Ellipsoid-Scheinwerfern mit eingebauter Linsenoptik. Die Fernscheinwerfer besitzen herkömmliche Technik.

Bemerkenswert sind auch die Scheibenwischer des 530i/535i: Der fahrerseitige Wischerarm wird je nach Geschwindigkeit in vier Kraftstufen per Stellmotor an die Scheibe angedrückt. In Parkstellung ist das Wischerblatt entlastet. Ebenfalls bei diesen Modellen erfolgt ein automatisches Zurückschalten der Wischergeschwindigkeit bei Fahrzeugstillstand sowie ein geschwindigkeitsabhängiges Steuern der Wisch-Intervallzeiten. Daneben ist die Intervallzeit frei programmierbar.

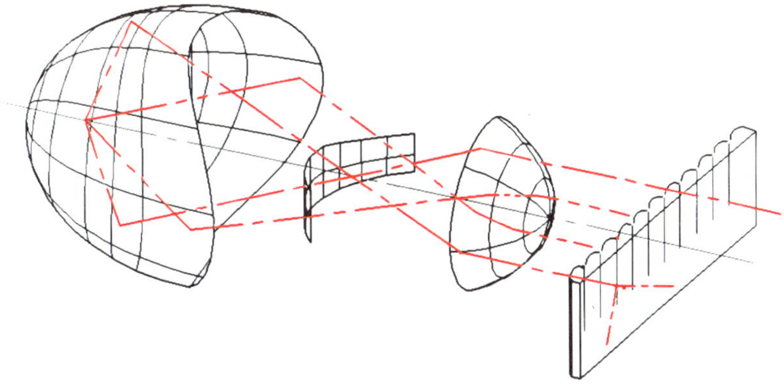

Gutes Licht aus kleinen Scheinwerfern erfordert hohen Aufwand an optischen Einrichtungen. Die Grafik zeigt den Verlauf der Lichtstrahlen durch Linsen und Blenden im Hauptscheinwerfer des BMW.

Karosserie-Elektrik in zwei Versionen

Der BMW 520i ist in der Grundausstattung mit der sogenannten **Basis-Elektrik** versehen. Das heißt, die Steuerung der Zentralverriegelung, der Wisch-/Waschanlage, der Heizungs- bzw. Klimaregelung erfolgt jeweils in eigenen, separaten Steuergeräten.
Anders ist das in den Modellen 525i, 530i und 535i. Sie verfügen über die **Zentrale Karosserie-Elektrik**. Das ist ein Grund-Steuerungsmodul, in dem die Steuerungslogik aller Karosserie-Zusatzausstattungen zusammengefaßt und bereits vorhanden sind. Die dazugehörigen Schaltfunktionen werden von getrennten Relais bzw. einem großen Relais-Modul übernommen. Die Anzahl der Relais richtet sich nach den tatsächlich vorhandenen Ausstattungen. Selbstverständlich läßt sich dieses System beliebig durch Relaismodule ergänzen.
Übrigens kann auch der 520i mit dieser Zentralen Karosserie-Elektrik ausgestattet sein. Nämlich dann, wenn eine der folgenden Zusatzausstattungen verbaut ist: Scheinwerfer-Reinigungsanlage, elektrische Fensterheber, elektrisches Schiebedach, Diebstahl-Warnanlage und/oder elektrische Sitzverstellung.

Kombi-Instrument

Auch beim Kombi-Instrument haben wir es wieder mit zwei Versionen zu tun:
Beim 520i ein Rundinstrumenten-Kombi in vertrauter BMW-Aufteilung mit Tankuhr, Tachometer, Drehzahlmesser mit Verbrauchsanzeige, Temperaturanzeige, Kontrolleuchten und Service-Intervallanzeige. Dem Stand der Technik entsprechend sind die Instrumente in Durchleuchttechnik angelegt, d.h. die Skalenbeleuchtung scheint nicht von vorn auf das Ziffernblatt, sondern die Ziffern und Zeiger selbst sind von hinten beleuchtet.
Mit in das Kombi-Instrument integriert ist bei den Modellen 525i, 530i und 535i die Check-Control. Diese Einrichtung, die Fahrer älterer BMW-Modelle als Anzeigetafel oberhalb des Innenspiegels kennen, tritt hier nicht mehr als gesondertes Teil in Erscheinung. Die Defektanzeige erscheint in Großbuchstaben im dafür vorgesehenen Schriftfeld unten im Kombi-Instrument – aber eben nur, wenn wirklich ein Teil defekt ist oder eine Fahrzeugfunktion oder ein Flüssigkeitsstand kontrolliert werden muß. Je nach Dringlichkeit der Sache meldet sich die Check-Control in unterschiedlicher Weise.
Dasselbe Schriftfeld wird auch dazu benutzt, um die Anzeige des Bordcomputers – serienmäßig bei 535i – in das Kombi-Instrument einzuspielen.
Neu und ungewöhnlich ist auch die Anzeige des Kilometerstands über eine Flüssigkristall-Anzeige. Der Kilometerstand ist natürlich stets gespeichert und zwar unabhängig von der Spannungsversorgung durch die Batterie. Löschen des Speicherwerts ist erst nach Zerstören eines Steckers an der Instrumenten-Rückseite möglich.

Eigendiagnose

Eine derartige Anhäufung von elektronischen Systemen wie im BMW schreit förmlich nach einem Verfahren, Fehlern in diesem Bereich leicht und schnell auf die Spur zu kommen. Die Voraussetzungen dafür trägt jeder 5er in sich – er ist diagnosefähig. Was das zu bedeuten hat, erfahren Sie im übernächsten Textkapitel.

Selbstkontrolle

Eigendiagnose lautet eines der Zauberworte im BMW – Elektronik macht's möglich. Genauso wie einige Systeme im Wagen sich selbst überwachen und eine Krankmeldung ausstellen, sagt uns der BMW selbst, wann er wieder durchgecheckt werden möchte.

Die Service-Intervallanzeige

Um die Art der Benutzung eines Autos zu erkennen, entwickelte man für den BMW einen kleinen Mikroprozessor, der ständig Verschleißdaten sammelt. Dazu gehören Motordrehzahl, Kühlwassertemperatur und die zurückgelegte Wegstrecke. Aus diesen Informationen ermittelt er einen Vergleichswert für den Fahrzeugverschleiß, der naturgemäß für ein Langstreckenfahrzeug geringer ist als für einen Wagen, der nur im Stop-and-go-Verkehr einer Großstadt bewegt wird.
Zusätzlich kommt noch eine Zeitkomponente mit ins Spiel, denn auch ein nicht benutzter Wagen altert.
Ist ein festgesetztes, vom elektronischen Rechner bewertetes Verschleißmaß überschritten, signalisiert die Anzeige am Armaturenbrett, daß nun eine Wartung ansteht.

Individuelle Wartung

Mittels verschiedener Leucht- und Schriftfelder zeigt die Service-Intervallanzeige unmißverständlich, wann die Fahrzeugtechnik gewartet werden soll und was zu tun ist:
○ **Grüne Leuchtfelder** signalisieren, daß noch **keine Wartung** nötig ist. Je mehr grüne Leuchtfelder beim Einschalten der Zündung brennen, desto mehr Zeit haben Sie bis zur nächsten Wartung.
○ Das **gelbe Leuchtfeld** sagt Ihnen, daß nun eine **Wartung** durchgeführt werden muß. Damit sie nicht übersehen wird, brennt sie beim Start und während der Fahrt. Welche Maßnahme jetzt zu treffen ist, zeigt die gleichzeitig aufleuchtende Schrift **Oilservice** oder **Inspection**.
○ Das **rote Leuchtfeld** brennt erst, wenn Sie der Aufforderung zur Wartung nicht nachgekommen sind und den **Termin überzogen** haben.
○ Das **Uhrensymbol** leuchtet einmal im Jahr in Verbindung mit dem Schriftzug Inspection. Dann ist die **Jahreskontrolle** unabhängig von der Kilometerleistung fällig.

Sonderfälle

Bisweilen gerät die Service-Intervallanzeige in Verdacht, falsche Informationen zu liefern. Meist sind aber in einem solchen Fall die unregelmäßigen Wartungsgewohnheiten des Fahrzeugbesitzers die Ursache für die vermeintliche Fehlanzeige, denn:
○ Durch Überziehen der Wartungsintervalle können Sie den Rechner der Service-Intervallanzeige nicht überlisten. Er sammelt weiter seine Verschleiß- und Wartungsdaten und bittet Sie dann eben beim nächsten Mal früher zum Wartungstermin.
○ Auch bei einem nicht benutzten Fahrzeug fordert die Anzeige nach einem Jahr zur Inspektion bzw. Jahreskontrolle auf. Grundlage dafür ist die Erkenntnis, daß auch ein nicht benutzter Wagen altert.

Fingerzeig: Durch Abklemmen der Fahrzeugbatterie kann der Speicher der Service-Intervallanzeige nicht gelöscht werden. Das Bauteil besitzt eine eigene kleine Nickel-Cadmium-Batterie, die für Monate die Stromversorgung sicherstellt.

Wartungsrhythmus

Angeregt durch die Service-Intervallanzeige ergibt sich der Rhythmus der verschiedenen, aufeinanderfolgenden Wartungen so:
Ölservice – Inspektion I – Ölservice – Inspektion II – Ölservice – Inspektion I usw.
Zusätzlich muß einmal im Jahr die **BMW-Jahreskontrolle** durchgeführt werden. Die wird getrennt vom übrigen Wartungsrhythmus betrachtet und auch durch das Uhrensymbol getrennt angezeigt. Die Jahreskontrolle braucht also nicht mit einer regulären Inspektion zusammengelegt zu werden, sondern sie erfolgt nach Aufleuchten des Uhrensymbols.

Wartungsintervalle für den Selbstpfleger

Die verschleißorientierte Wartung mit Service-Intervallanzeige bringt auch dem Selbsthelfer erhebliche Vorteile. Wir basieren deshalb auch hier im Buch auf diesem System. Um nach dieser Methode arbeiten zu können, müssen wir jedoch in der Lage sein, die Anzeige der SI zurückzustellen – ein Problem, auf das wir im folgenden Abschnitt eingehen.

Das Blockschaltbild zeigt die Einflußgrößen auf die Service-Intervallanzeige.

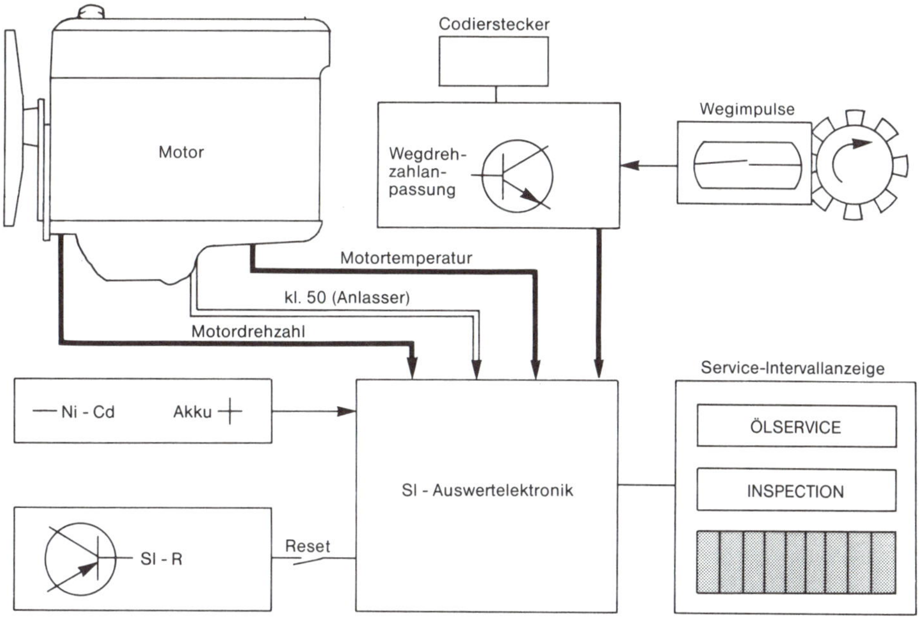

Eine andere Möglichkeit für den Selbstpfleger sehen wir darin, die SI zu ignorieren und die Wartung wieder nach festen Kilometer- und Zeit-Intervallen durchzuführen. Laut Untersuchungen von BMW ist dann der Ölservice alle 7500–12500 km fällig, die Inspektion alle 15000–23000 km. Langstreckenfahrer dürfen die obere Intervallgrenze ausnutzen, bei normaler Nutzung gilt – wie vor Einführung der SI – der jeweils niedrigere Kilometer-Wert. Der Wartungsrhythmus bleibt wie gehabt, die Jahreskontrolle natürlich auch.
Letztere Methode halten wir jedoch nicht für sinnvoll. Der Selbsthelfer bringt sich dadurch um die zahlreichen Vorzüge der Intervallanzeige.

Service-Intervallanzeige zurückstellen

Nach erfolgter Wartung muß die SI wieder zurückgestellt werden, wenn man sich auf die nächste Wartungs-Ankündigung verlassen will. Da stehen uns mehrere Möglichkeiten offen:

○ Die BMW-Werkstatt stellt den Rechner freundlicherweise zurück. Auch freie Werkstätten verfügen häufig über ein Rückstellgerät. Guter Werkstattkontakt ist meist Voraussetzung für diese Gefälligkeit.

○ Man erwirbt – evtl. zusammen mit anderen BMW-Fahrern – ein Rückstellgerät von BMW (Bestell-Nr. 621100).

○ Man kauft ein Rückstellgerät beim Zubehörhandel, über eine der zahlreichen Anzeigen in Automobilzeitschriften oder direkt beim Hersteller (z. B. Fa. Hermann Elektronik, Rathausstraße 1–5, 90556 Cadolzburg-Wachendorf). Vorteil der Rückstellgeräte: Bedienungsfehler sind nicht möglich.

○ Beim Kauf des Rückstellgeräts darauf achten, daß es für den großen Motordiagnose-Stecker paßt. Sonst muß evtl. zusätzlich ein teurer Adapter erworben werden.

○ Mit einer Drahtbrücke überbrückt man die Rückstellkontakte im Motordiagnose-Stecker, wie im folgenden Abschnitt beschrieben. Allerdings ist bei dieser Methode Vorsicht und umsichtiges Arbeiten geboten.

Zurückstellen der Service-Intervallanzeige mittels Rückstellgerät. Das Gerät wird dazu in den Motordiagnose-Stecker (Pfeil) eingesteckt.

Fingerzeige: Die Anzeige »Jahreskontrolle« durch das Uhrensymbol wird in derselben Weise gelöscht wie die Anzeige Inspection der Verschleißwartung.
Nach Rückstellen der Jahreskontrolle (Uhr) bleibt die Leuchtfeldanzeige unverändert. Sollte der Sonderfall eintreten, daß Jahreskontrolle und Verschleiß-Inspektion zusammenfallen und somit auch zusammen zurückgestellt werden müssen, können die beiden Rückstellvorgänge nacheinander mit einer Pause von mindestens 10 Sekunden erfolgen.

SI-Anzeige mit Drahtbrücke löschen

Wer den Kauf eines Rückstellgeräts für die SI-Anzeige scheut, geht so vor:

- Eine Drahtbrücke aus einem kurzen Stück flexibler Leitung fertigen. Guten Kontakt schaffen sogenannte Aderendhülsen für 4-mm²-Kabel (vom Elektriker), die an den Kabelenden festgelötet werden.
- **Zündung einschalten**, Motor aber **nicht starten**.
- Deckel des Motordiagnose-Steckers abschrauben.
- Drahtbrücke zunächst in Kontakt 19 (Masse) und erst dann in Kontakt 7 einschieben – so kann es auf keinen Fall Schäden durch statische Aufladung geben.
- Die Numerierung ist am Stecker aufgedruckt.
- Zum Rückstellen bei OILSERVICE die Brücke **ca. 3 Sekunden** lang eingesteckt lassen. Abstoppen der Zeit mit der Armbanduhr ist genau genug.
- Zum Rückstellen bei INSPECTION die Brücke **ca. 12 Sekunden** lang eingesteckt lassen.
- Deckel des Motordiagnose-Steckers wieder anschrauben.

Der Wartungsplan

Damit Sie zu unserem Pflegeplan während der Arbeit nicht ständig zurückblättern müssen, haben wir ihn **innen auf der hinteren Umschlagseite** abgedruckt. So haben Sie ihn ständig vor Augen und können die Arbeiten Punkt für Punkt erledigen. Die Reihenfolge haben wir speziell für den Heimwerker zusammengestellt und auch zusätzliche Punkte eingefügt, die nach unseren Erfahrungen wichtig sind.
Ganz zu Anfang finden Sie eine Anzahl von Arbeiten unter der Überschrift »Ständige Kontrollen«. Diese Wartungspunkte lassen sich in kein herkömmliches Intervall pressen, und ein Teil der Kontrollpunkte wird zusätzlich durch das Check-Control-System regelmäßig geprüft. Dennoch kann es nicht schaden, all diese Teile von Zeit zu Zeit selbst in Augenschein zu nehmen.

Was können Sie selbst machen?

Fast alle Wartungsarbeiten am BMW können Sie selbst ausführen, das entsprechende Wissen hierzu liefert unser Handbuch. Wenn dennoch Werkstatt oder Tankstelle den einen oder anderen Wartungspunkt rationeller durchführen können, so haben wir das im Wartungsplan vermerkt. Die Selbsthelfer-Ampel weist Ihnen dabei vor jedem Wartungspunkt in den bekannten Farben grün – gelb – rot den richtigen Weg:
Grün – Freie Fahrt für den Selbsthelfer. Diese Arbeit können Sie mit den Kenntnissen aus diesem Buch fachgerecht ausführen und Geld sparen.
Gelb – Die Arbeit ist zwar nicht schwierig, doch es fehlen meist die nötigen Einrichtungen. An der Tankstelle sind Sie in diesem Fall am besten aufgehoben.
Rot – Halt, hier lassen Sie am besten die Werkstatt ran. Spezielle Werkzeuge oder Meßgeräte sind erforderlich, der Aufwand an Eigenarbeit lohnt sich nicht, weil die Werkstatt wesentlich schneller arbeitet oder weitergehende Kenntnisse erforderlich sind.

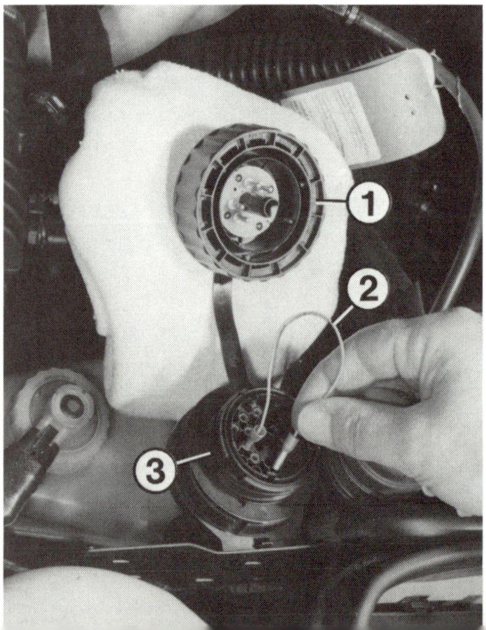

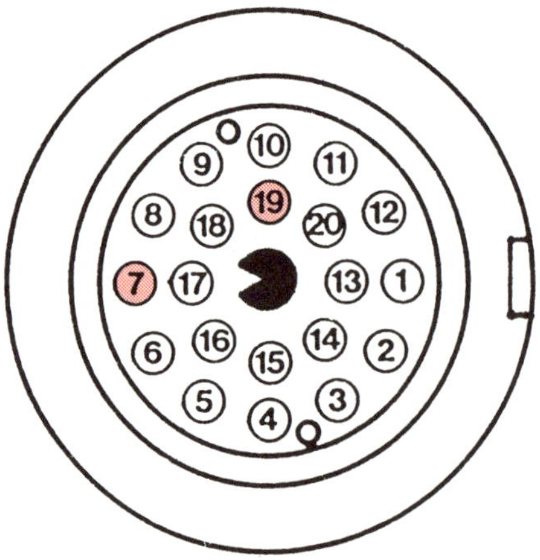

Rückstellen der Service-Intervallanzeige mittels Drahtbrücke: Deckel (1) vom Motordiagnose-Stecker (3) abschrauben. Mit der Drahtbrücke (2) Steckkontakt 19 (= Masse) und Steckkontakt 7 (= Rückstell-Leitung) verbinden, wie im Text beschrieben.
Die Polbelegung – wie sie die Zeichnung zeigt – ist mit kleinen Zahlen im Stecker aufgedruckt.

Veranstaltungsort

Wenn die Autopflege Hobby bleiben soll, müssen die äußeren Voraussetzungen stimmen. Das gilt auch für die Wahl des Pflegeplatzes: Beim Suchen von heruntergefallenen Kleinteilen auf Rasenplätzen verliert man schnell die Lust am Basteln.

Wagen immer abstützen!

Wagenheber sind – wie ihr Name schon sagt – nur dazu da, das Fahrzeug anzuheben. Das gilt generell für alle Wagenhebertypen. Sie sind keine ausreichende Abstützung für Arbeiten an der Wagenunterseite! **Lassen Sie es auch in der größten Eile nie an der fachgerechten Abstützung des aufgebockten Fahrzeugs fehlen!** Sonst kann die eigenhändige Reparatur das Leben kosten. Zum richtigen Abstützen gehört natürlich auch das Unterlegen der Räder mit Steinen oder Holzkeilen, damit der Wagen beim Anheben nicht wegrollen kann.

Womit abstützen?

Hohlbocksteine haben sich als preisgünstige Abstützmöglichkeit erwiesen. Doch sie dürfen nicht feucht oder rissig sein, sonst könnten sie unter Belastung in sich zusammenbrechen. Zwischen Stein und Karosserie muß ein Brett gelegt werden, damit sich die Last gleichmäßg über den ganzen Stein verteilen kann. Der Hohlblockstein selbst muß mit den Öffnungen senkrecht auf ebenem und tragfähigem Grund (Beton oder Asphalt) stehen.
Unterstellböcke stellen eine ideale Ergänzung zum Rangierwagenheber dar. Bei allen anderen Hebern – aber auch bei seitlich angesetztem Rangierheber – besteht die Gefahr, daß der auf der gegenüberliegenden Seite angesetzte Dreibeinbock einfach zur Seite weggedrückt wird.
Auffahrrampen sind die schnellste Aufbockmöglichkeit, da kein Wagenheber gebraucht wird. Auch steht der Wagen dann absolut sicher.

Wagenheber

Wagenheber gibt es für jeden Geldbeutel und Einsatzzweck. Hier die verschiedenen Typen:
Bordwagenheber: Er schafft nur eine geringe Hubhöhe, und das auch nur nach langem Kurbeln, wodurch er letztlich ein Notbehelf für unterwegs bleibt. Kleines Brettchen zum Unterlegen mitnehmen, damit sich der Wagenheberfuß nicht in den Untergrund drücken kann.
Scherenwagenheber: Hiervon ist nur eine stabile Ausführung ratsam. Er schafft eine größere Hubhühe bei geringerer Kurbelarbeit. Bei älteren, rostgeschwächten Fahrzeugen kann er an stabilen Fahrwerksteilen angesetzt werden.
Hydraulischer Stempelwagenheber: Er kann den Wagen sehr schnell und bequem anheben. Doch vor dem Kauf die Hubhöhe kontrollieren! Eine zu kurze Ausführung kann die Räder nicht weit genug vom Boden abheben. Ein zu hoher Heber läßt sich erst gar nicht am Wagenboden ansetzen.
Rangierwagenheber: Für den Heimwerker geeignet ist ein kleiner Rangierheber, der gut zu verstauen ist.

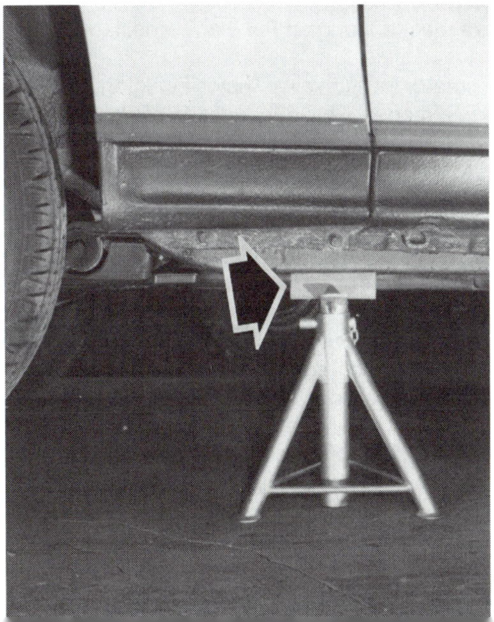

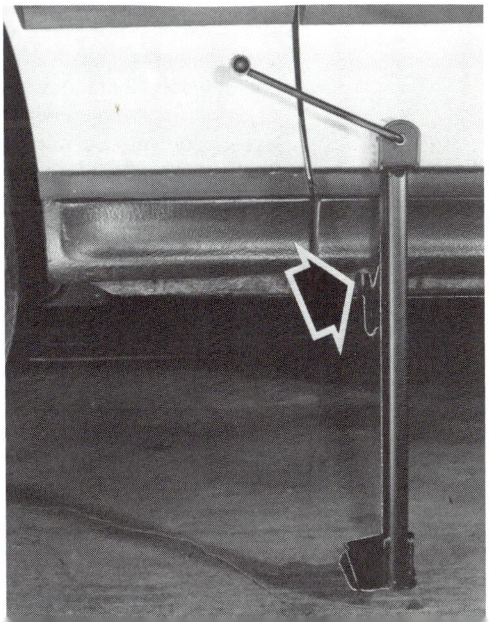

Links: Am Längsträger unter dem Wagenboden (hinter dem vorderen Radkasten) läßt sich ein Unterstellbock ansetzen. Passenden Holzklotz (Pfeil) zwischenlegen.
Rechts: Zum Ansetzen des Wagenhebers sind an der Karosserie-Unterkante vorn und hinten Verstärkungsbleche (Pfeil) angebracht.

Wo fehlt's denn?

Oft ist die Fehlersuche der teuerste Posten der Werkstattarbeit – speziell dann, wenn es sich um Effekte handelt, die nur hin und wieder auftreten. Was läge da näher, als die Nervenstränge eines Automobils anzuzapfen, um auf diesem Weg sofort über die Probleme in seinem Innersten Kenntnis zu erhalten?

Idee und Realisierung

Leider läßt sich nicht alles, was logisch erscheint, auch leicht realisieren. Weshalb z. B. VW Ende der 60er-Jahre mit einem umfassenden Diagnosesystem Schiffbruch erlitt. Zu viele Widrigkeiten – etwa Temperatur- und Kabelsteckerprobleme – stellten sich einer verläßlichen Anzeige entgegen. Die Zeit war noch nicht reif für derartige Systeme. Bei BMW arbeitet man seit 1977 an einer Problemlösung. Damals wurde zunächst damit begonnen, einen kleinen Stecker am Motor zu montieren, an dem ein fest installierter Geber (OT-Geber) angeschlossen war, der beim Einstellen des Zündzeitpunkts half. Ermuntert durch diese Erfolge bauten die BMW-Techniker das Diagnosesystem weiter aus. Ende 1986 mit Einführung der zweiten Generation der 7er-Reihe stand dann die fertige Problemlösung auf den Beinen, wie wir sie heute kennen.

Das Prinzip

Ab dem Modell 525i sind alle 5er-Versionen voll diagnosefähig – der 520i ist es in der Grundausstattung mit gewissen Einschränkungen, die sich jedoch mit zunehmendem Ausstattungsgrad reduzieren. Diagnosefähige Steuergeräte gibt es im BMW nicht wenige. Das Steuergerät der Motronic (Einspritzung, Zündung), der Zentralen Karosserie-Elektronik oder des Antiblockiersystems seien hier genannt. Diagnosefähig ist ein solches Steuergerät, wenn es über einen Fehlerspeicher verfügt, in dem Fehlfunktionen im Fahrbetrieb festgehalten werden. Darüber hinaus muß es eine Sender- und eine Empfängerleitung besitzen, über die es mit dem Service-Tester in der BMW-Werkstatt kommunizieren kann.

Die Handhabung

Richtig angewandt funktioniert die Sache dann so: Der Autofahrer kommt mit seinem BMW in die Vertragswerkstatt, und noch vor Beginn jeglicher Arbeiten am Wagen wird dieser an den Service-Tester angeschlossen. Der druckt als erste Maßnahme ein komplettes Fehlerprotokoll aus, auf dem alle diagnosefähigen Steuergeräte ihr Herz ausschütten – sprich: den Inhalt ihrer Fehlerspeicher zeigen. Der Tester führt dabei den Monteur mittels entsprechender Bildschirmanzeige durch sein Programm. Zum Schluß liegt zweifelsfrei fest, wo repariert werden muß.

Unterstützung bei der Reparatur

Unterstützt durch Werkstattliteratur zeigt das Rechnerprogramm die Fehlersuchpfade am Bildschirm Schritt für Schritt an – etwa so: Liegt Batteriespannung an Pin 5 an? – nein → Leitung prüfen, ggf. Spannungsversorgung instand setzen.

Entscheidend für eine zügige Reparatur ist auch eine Tester-Funktion, die BMW Statusabfrage nennt. Gemeint ist damit folgendes: Elektrische Funktionen – wie etwa das Betätigen der elektrisch getriebenen Türfenster – lassen sich vom Service-Tester aus in Betrieb setzen.

So kann grundsätzlich geklärt werden, ob der jeweilige Elektromotor defekt ist oder ob der Fehler am Steuergerät gesucht werden muß – eine ganz wesentliche Erleichterung bei der Fehlersuche.

Fingerzeig: Steht man vor dem verschlossenen Wagen, wohl wissend, daß der einzig greifbare Autoschlüssel sich im ebenso verschlossenen Kofferraum befindet, so ist das eine ärgerliche Situation. Doch auch hier kann der Service-Tester helfen, den Wagen ohne Einbruchspuren wieder zu öffnen. Die BMW-Mechaniker brauchen nur die Motorhaube von außen zu öffnen und mittels Statusabfrage die Türentriegelung zu betätigen. Die Abschleppkosten zur nächsten BMW-Werkstatt sind bestimmt geringer als der Aufwand zum Beseitigen der sonst nötigen Gewalteinwirkung.
Wie man es schafft, den Schlüssel in den verschlossenen Kofferraum zu bekommen? Ganz einfach: Man schließt die Türen ab, während der Kofferraumdeckel noch offen ist, legt Jacke samt Autoschlüssel in den Gepäckraum und schlägt die Klappe zu.

Er deckt auf, wo Fehler im Fahrzeug sitzen und hilft bei der Reparatur: Der BMW Service-Tester.

Fehlerabfrage im Diagnosesystem

Wartung Nr. 16

Im Sicherheitstest und in den Arbeitsumfängen der Inspektionen ist das Auslesen der Fehlerspeicher mit enthalten. Die Werkstatt hat damit sogar ohne Kundengespräch einen Überblick über etwaige Fehler an den Elektronikbauteilen des Fahrzeugs.
Wer die Wartung komplett selbst in die Hand nimmt, kann auf diesen Arbeitspunkt verzichten, zumal er ja den Wagen im Alltagsbetrieb ständig beobachtet – Fehlfunktionen wären in der Regel aufgefallen.

Aktualisierung der Daten

Mit jedem neuen BMW-Modell und natürlich auch mit jeder Änderung an den bestehenden Modellreihen müssen auch die Daten im Tester aktualisiert werden. Das geschieht im sogenannten Kommunikationsmodul des Testers, dessen Diskettenlaufwerk die jeweils aktuelle Datendiskette aufnimmt, damit die Daten im Rechner auf den neuesten Stand gebracht werden. Die neuesten Disketten erhält der BMW-Händler regelmäßig über die Werks-Händlerorganisation.
Wer's nicht weiß: Disketten sind die dünnen Datenträger-Scheiben, die in allen Computern zum Speichern und Sichern von Daten verwendet werden.

Modic

Fast alle Funktionen des großen Service-Testers hat auch der kleine **Mo**bile **Di**agnose-**C**omputer zu bieten. Das handliche Gerätchen ist aber letztlich immer vom großen Tester abhängig, weil er seinen Datenspeicher (der ist 1 Mega-Byte groß) nur am großen Bruder aktualisieren kann.
Doch ansonsten ist das Handgerät dank eigener Spannungsversorgung über Batterien selbständig einsatzfähig – etwa wenn das Fahrzeug unterwegs stehenbleibt. Dann kann der BMW-Mechaniker mit dem Modic im Handgepäck anreisen und an Ort und Stelle entscheiden, ob der Wagen wieder flottzukriegen ist oder ob abgeschleppt werden muß.

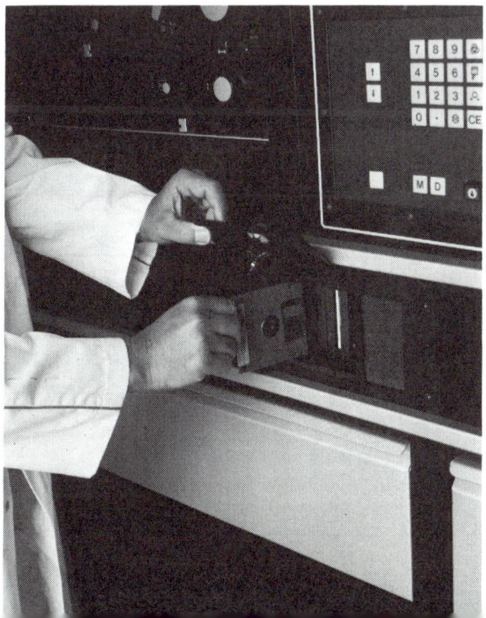

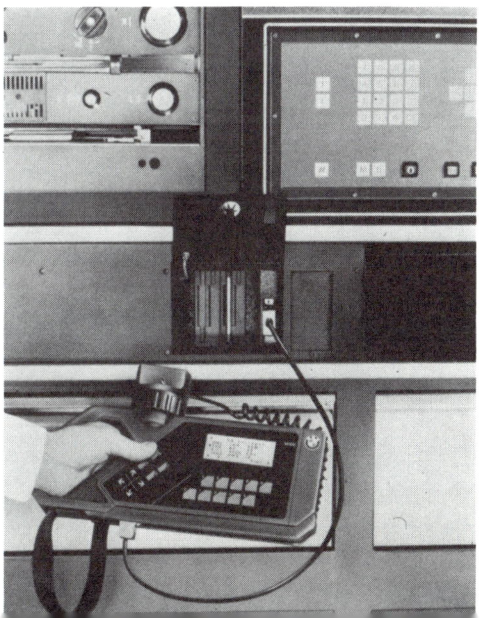

Links: Zum Aktualisieren der Daten im Service-Tester wird hier die neue Diskette in das Kommunikationsmodul gesteckt.
Rechts: Der Modic ist gewissermaßen der »Service-Tester für unterwegs«.

Wie man den BMW-Mechaniker samt Modic zum defekten BMW bekommt? Ganz einfach: Man wählt die Tag und Nacht zum Ortstarif erreichbare Nummer des BMW-Bereitschaftsdienstes **0130/3332**. Von dort aus wird eine Service-Mechaniker aus der nächstgelegenen dienstbereiten Werkstatt benachrichtigt.

Steuergeräte codieren mit Modic

Eine Funktion hat der Modic dem Service-Tester voraus: Er kann Steuergeräte codieren. Wird also beispielsweise ein Motronic-Steuergerät ausgewechselt, muß das neue mit der passenden Länder-Codierung versehen werden. Denn für alle Versionen stehen nur noch einheitliche, nicht codierte Steuergeräte zur Verfügung, die erst beim Einbau angepaßt werden. Das betrifft im besonderen Zündung und Einspritzung, die länderspezifische Differenzierungen aufweisen.
Derselbe Vorgang ist natürlich auch dann möglich, wenn ein hiesiges Fahrzeug ins ferne Ausland exportiert wird und den dortigen Gegebenheiten und Bestimmungen angepaßt werden soll.

Diagnose als Hilfe bei der Selbsthilfe

Die Zeiten als man – wie am VW Käfer – alles am Auto selbst reparieren konnte, sind endgültig vorbei. Doch das heißt längst nicht, daß Selbsthilfe am eigenen Wagen passé wäre. Ganz im Gegenteil. Wir müssen nur die Vorgehensweisen etwas verändern und uns die moderne Technik zunutze machen.
So läßt sich beispielsweise die Diagnose in der Werkstatt durchaus sinnvoll in unser Selbsthelfer-Programm einbauen. Die folgenden Beispiele sollen das veranschaulichen:

Selbsthelfer-Beispiel 1

○ Der Motor bringt unter Vollast zu wenig Leistung. Wir haben gerade wenig Zeit und wollen uns die Mühe nicht machen, alle Punkte im Störungsbeistand Einspritzung hier im Buch nachzuprüfen.
○ Also melden wir uns zu einer Fahrzeugdiagnose (mit Auslesen der Fehlerspeicher) beim BMW-Händler an, was dieser mit 6 Arbeitswerten (ca. 40 DM) verrechnet. Extra berechnet wird die genaue Lokalisierung des Fehlers.
○ In unserem Fall hat die Diagnose einen Fehler am Drosselklappenschalter ergeben. Wir können uns nun dafür entscheiden, den Schalter im Ersatzteillager zu kaufen und selbst (nach der Beschreibung im Einspritzungs-Kapitel hier im Buch) einzubauen. Oder wir lassen uns den Preis für den Einbau nennen und vergeben die Arbeit an die Werkstatt.
○ Wie immer wir uns entscheiden, wir waren bei dieser Vorgehensweise genau informiert, was dem Wagen fehlt und konnten uns den weiteren Ablauf des Geschehens aussuchen. Die Diagnose hat Klarheit über Art und Umfang des Schadens gebracht.

Selbsthelfer-Beispiel 2

○ Der elektrische Fensterheber rechts vorn geht nicht mehr.
○ Wir machen uns auf die Suche nach denjenigen Fehlermöglichkeiten, die wird in Eigenregie leicht ergründen können. Als da wären: Sicherungen, Schalter, Kabelstecker zur Tür, sowie (nach Abnehmen der Türverkleidung) der Fensterhebermotor.
○ Höchstwahrscheinlich haben Sie den Fehler jetzt schon gefunden, denn mit großer Wahrscheinlichkeit liegen die Defekte an Teilen der Peripherie, also der Umgebung des Steuergeräts und nicht am Steuergerät selbst.
○ War bis jetzt keine Fehlerursache zu finden, lohnt sich weiteres Suchen nicht. Ab in die Werkstatt zur Diagnose! Alles andere ist Zeitverschwendung.

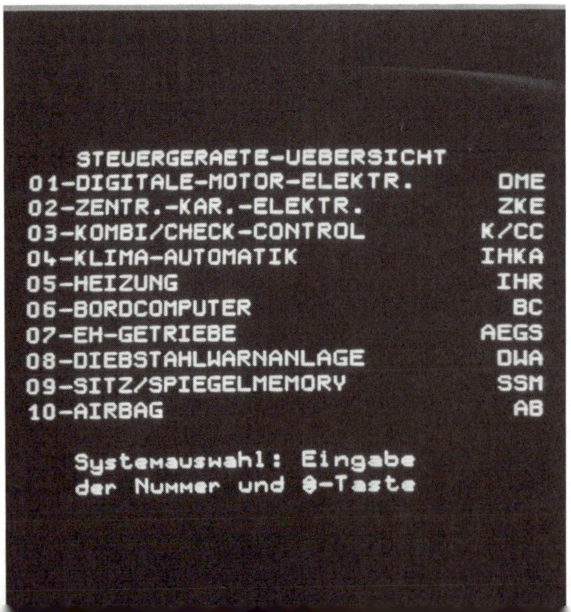

**Werkstattliteratur (links) und Bildschirmanzeige (rechts) ergänzen sich bei der Fehlersuche am Fahrzeug.
Hier zeigt der Service-Tester, welche diagnosefähigen Steuergeräte im Wagen eingebaut sind.**

Glättebildung

Moderne Motoren verlangen leistungsfähige Öle. Denn nicht nur die reine Schmierung zählt zu den Aufgaben des Motoröls. Es muß ferner Kühlungsaufgaben übernehmen, Schmutz in der Schwebe halten und an den Kolbenringen abdichtend wirken. Dabei darf sich natürlich kein motorschädlicher Ölschlamm bilden, und auch beim Verbrennen von Öl, was im Brennraum zwangsläufig geschieht, sollen nur wenig Rückstände entstehen.

Motorölstand prüfen

Ständige Kontrolle

- Den Peilstab sollten Sie nach jedem zweiten Volltanken ziehen. Dazu:
- Wagen auf waagrechtem Untergrund abstellen.
- Nach dem Abstellen des vorher warmgefahrenen Motors mindestens fünf Minuten warten, damit alles Öl in die Ölwanne abtropfen kann. Besser ist die Kontrolle vor dem ersten Start bei kaltem Motor.
- Peilstab an der Grifföse herausziehen, mit sauberem fusselfreien Lappen oder Papiertuch abwischen, bis zum Anschlag wieder hineinschieben, kurz warten und erneut herausziehen.
- An der Peilstabspitze können Sie nun den Ölstand ablesen: Der Pegel muß sich **zwischen den Markierungen** befinden; dann ist alles in Ordnung.
- Reicht die Schmiermittelmenge nur noch bis zur unteren Markierung, muß Motoröl bis zur oberen Peilstabmarke nachgefüllt werden.

Darf man Öle mischen?

Die Motorölsorten aller Hersteller lassen sich ohne Gefahr mischen, auch Einbereichs- mit Mehrbereichsölen. Diese Mischbarkeit ohne schädliche Folgen ist eine Grundforderung der internationalen Öl-Normen. Entscheidend ist lediglich, ob die **Spezifikation** für den BMW ausreicht – doch davon später.

Fingerzeig: Wegen ihrer doch sehr unterschiedlichen Eigenschaften raten wir vom Mischen von Mineralöl mit synthetischem Öl ab, obwohl das theoretisch ohne nachteilige Folgen möglich sein muß.

Ölverbrauch

Ein Teil des Motoröls verbrennt bei seiner Schmiertätigkeit. Ölverbrauch ist also völlig natürlich. Gut eingefahrene Motoren kommen mit **0,2 Liter Öl auf 1000 km** aus, bei BMW gilt als **höchstzulässiger Wert** ein Verbrauch von **1,5 Liter je 1000 km**, was aber tatsächlich als die Obergrenze des Vertretbaren anzusehen ist.

Ölverbrauch messen

Wenn Sie den Ölverbrauch exakt messen wollen, muß der Wagen jeweils auf einer absolut waagrechten Stelle stehen und der Motor mindestens fünf Minuten stillstehen.
Noch besser geht das vor dem ersten Start. Dann wird der Ölstand ganz genau angezeigt, da über Nacht alles Öl in die Ölwanne zurückgesickert ist, und Sie müssen nicht einmal den Peilstab abwischen.

Zur Ölstandskontrolle wird der Peilstab (2) aus dem Führungsrohr (1) an der linken Motorseite gezogen. Der Pegel muß sich zwischen den Marken (Pfeile) an der Peilstabspitze befinden. Genau ist die Messung nur, wenn der Wagen auf waagrechtem Untergrund steht.

Zu hoher Ölverbrauch

Wieviel Öl Ihr BMW verbraucht, hängt von folgenden Umständen ab:

○ Ölverlust wird häufig mit Ölverbrauch verwechselt. Bevor also der Ölverbrauch kritisiert wird, müssen erst die illegalen Ölquellen beseitigt werden (siehe Seite 36).

○ Wer Öl bis weit über die obere Peilstabmarke einfüllt, hat automatisch höheren Ölverbrauch, denn der übrige Schmierstoff wird zur Kurbelgehäuse-Entlüftung hinausgeblasen.

○ Dünnflüssiges Öl verbrennt schneller als dickflüssiges. Wenn das Einbereichsöl sehr heiß wird, fließt es dünn wie Wasser. Mehrbereichsöl bleibt dagegen dickflüssiger und kann so vor allem bei Langstreckenfahrern den Verbrauch senken.

○ Motoröl (vor allem Mehrbereichsöl), das zu lange im Motor bleibt, hat einen höheren Nachfüllbedarf.

○ Scharfe Fahrweise treibt nicht nur den Kraftstoffkonsum in die Höhe. Nach unseren Erfahrungen hängt auch der Ölverbrauch davon ab, ob bevorzugt in den höchsten Drehzahlen gefahren wird.

○ Einlaufvorgang noch nicht abgeschlossen (mindestens 5000 km).

○ Defekt im Motor; z.B. Ventilschaftabdichtungen defekt, Spiel zwischen Ventilführung und Ventilschaft zu groß, Kolbenringe falsch eingebaut oder schadhaft, beschädigte Zylinderwand durch Kolbenfresser.

Ihr Motor verbraucht kein Öl?

Im winterlichen Kurzstreckenbetrieb kann es vorkommen, daß der Ölstand steigt, statt wie normal leicht abzufallen. Das ist keineswegs ein positives Zeichen. Vielmehr wurde der Ölwanneninhalt durch Kraftstoffkondensat verdünnt, das sich an den Kolbenringen vorbeigemogelt hat. Sie riechen den Benzingehalt im Öl sogar am herausgezogenen Ölpeilstab.

Die Schmiereigenschaften des Öls sind dadurch beträchtlich herabgesetzt. Ein zusätzlicher Ölwechsel zwischen den Intervallen (oft schon nach 3000 km) ist da kein Luxus, denn er kann Ihnen schwere Motorschäden ersparen. Der Ölfilter braucht dabei natürlich nicht gewechselt zu werden.

Bei geringerer Ölverdünnung kann auch eine längere Fahrt Ölstand und Schmierfähigkeit des Öls wieder ins Lot bringen. Bei Öltemperaturen über 100°C verdunsten die Kondensatanteile nach etwa einer halben Stunde. Wichtig ist jetzt die sofortige Ölstandskontrolle! Durch die Verdunstung kann der Ölpegel erheblich absinken.

Die Ölqualität

Ölspezifikationen

Zahlreiche Institutionen, aber auch einzelne Automobilhersteller haben es sich zur Aufgabe gemacht, Schmierstoffe nach unterschiedlichen, aber letztlich doch ähnlichen Prüfbedingungen zu erproben. Mit Erfolg geprüfte Öle dürfen als Qualitätsnachweis die erreichte Spezifikation auf der Verpackung tragen.

BMW akzeptiert aber lediglich die Qualitätsprüfungen des American Petroleum Institute (API) und die der Vereinigung der Automobilhersteller der Europäischen Gemeinschaft (CCMC). Dabei handelt es sich aber um zwei der gebräuchlichsten Ölnormen.

Die richtige Ölspezifikation

BMW gibt für seine Benzinmotoren ausdrücklich nur die folgenden Ölspezifikationen frei:

○ API SF ○ API SG

○ CCMC–G2

Egal, ob Sie das Motoröl teuer an der Tankstelle oder billig im Supermarkt kaufen, auf der Verpackung muß mindestens **eine** der geforderten Ölspezifikationen aufgedruckt sein.

Zähflüssigkeit des Öls

Damit der Anlasser den kalten Motor durchdrehen kann, darf das Öl keinen großen Widerstand dagegensetzen. Außerdem soll es schnellstmöglich an die Schmierstellen gelangen; dazu muß es dünnflüssig sein. Bei hohen Temperaturen und Drehzahlen muß der Schmiersaft dagegen ausreichend zäh sein, damit der Schmierfilm nicht abreißt. Mineralöl ist leider umgekehrt veranlagt. Bei Kälte ist es zäh, mit zunehmender Erwärmung dagegen leichtflüssig. Das Öl und die vorherrschenden Betriebstemperaturen des Motors müssen daher genau aufeinander abgestimmt werden.

Das Fließverhalten, also die Dick- oder Dünnflüssigkeit, wird durch die Viskositätsklasse angegeben. Die entsprechenden Klassen wurden von der amerikanischen **S**ociety of **A**utomotive **E**ngineers (SAE) festgelegt. Die Viskositätsklassen reichen von den Winterölen SAE 5 W, 10 W, 15 W über die Übergangsstufe SAE 20 W/20 zu den Sommerölen SAE 30, 40 und 50.

Einbereichs- und Mehrbereichsöle

○ Einbereichsöl kommt mittlerweile fast nur noch in Fuhrparks zum Einsatz. An der Tankstelle ist es kaum noch erhältlich – nicht zuletzt wegen seines niedrigen Preises und der weniger komfortablen Anwendung. Denn für einwandfreie Motorschmierung muß dieses Öl entsprechend der Jahreszeit dick- oder dünnflüssiger sein. Das bedeutet, daß im Herbst Winteröl und im Frühjahr Sommeröl in den Motor gefüllt werden muß.

○ Aufwendiger in der Herstellung und deshalb teurer ist Mehrbereichsöl. Es besitzt Viskositätsindex-(VI-)Verbesserer – lange Molekülketten, die beim Erhitzen quellen und beim Abkühlen wieder schrumpfen. Das

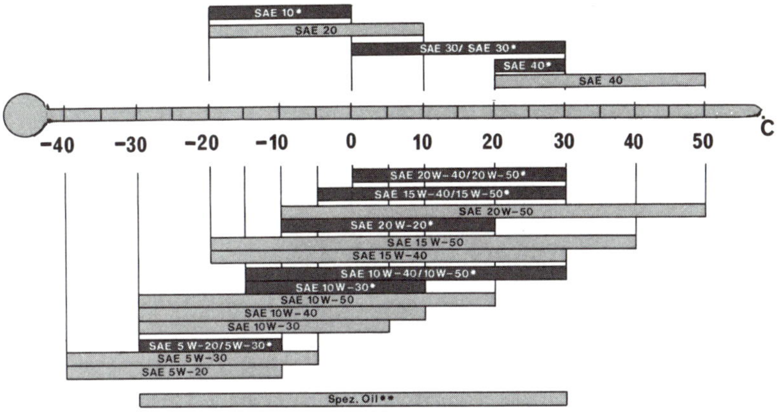

Die Grafik zeigt die Verwendbarkeit der verschiedenen Motoröl-Viskositäten in Abhängigkeit der Außentemperatur. Für unsere Benzinmotoren gelten jedoch nur die hellen Balken. Die dunklen haben für den Dieselmotor Gültigkeit. Unter »Spez. Oil« (unterer Balken) versteht man die von BMW namentlich freigegebenen Leichtlauföle.

Öl kann sich damit den Temperaturen elastisch anpassen und mehrere Viskositätsklassen überspannen. Ein Öl SAE 15 W-50 entspricht bei einer Temperatur von –15° C der Zählflüssigkeitsklasse 15 W und bei 100° C der Klasse 50.
Problematisch ist bei manchen Mehrbereichsölen, daß die Molekülketten ihrer Viskositäts-Verbesserer mit der Zeit regelrecht kleingehackt (abgeschert) werden können. Dann ist die obere Zähflüssigkeitsklasse nicht mehr gesichert, das Öl also nicht mehr in vollem Umfang temperaturbeständig. Aus diesem Grund sind Mehrbereichsöle der Klassen SAE 5 W-20, 5 W-30, 10 W-30, 10 W-40 und 10 W-50 in der warmen Jahreszeit für die BMW-Motoren nicht freigegeben.

Die richtige Ölviskosität

Bei welchen Temperaturen der BMW-Motor welche Öl-Zähflüssigkeit verlangt, zeigt die **Grafik oben**. Der Blick in die Tabelle macht klar, daß BMW bei richtiger Anwendung auch Einbereichsöl freigibt.

Das richtige Motoröl für den BMW

Hier die Zusammenfassung der Kriterien für den Kauf des richtigen Motoröls. Das Öl muß haben:
○ Die richtige **Ölspezifikation**. Etikettenschwindel auf der Packung ist da äußerst selten, denn die Ölfirmen überwachen sich gegenseitig.
○ Die richtige **Ölviskosität** (Zähflüssigkeit). Sie hängt von der überwiegenden Außentemperatur ab und kann aus der Grafik oben entnommen werden.
Andere Faktoren, wie Ölpreis oder Herkunft, sagen nichts über die Verwendbarkeit aus!

Leichtlauföle

Leichtlauf- oder Benzinsparöle sind teurer als herkömmliche Mehrbereichsöle. Die in kaltem Zustand sehr dünnflüssigen Leichtlauf-Schmierstoffe verringern vor allem in der Warmlaufphase und im Kurzstreckenverkehr die innere Reibung im Motor, setzen ihm also weniger Widerstand entgegen. Man kann realistisch mit einer Benzinverbrauchs-Einsparung von rund 3% rechnen. Diese Ersparnis macht sich nur bei einem Motor bezahlt, der einen geringen Ölverbrauch hat.
BMW gibt Leichtlauföle nur für Außentemperaturen von –30° bis +30° C frei, was für die hiesigen Klimaverhältnisse völlig ausreichend ist. Kurzfristige Überschreitungen der Temperaturgrenzen werden toleriert. Genauer nimmt man die Auswahl der Leichtlauf-Schmierstoffe: Sie müssen der Qualitätsstufe CCMC–G3 entsprechen und **vom BMW-Kundendienst freigegeben** sein. Die Freigabeliste liegt dem BMW-Händler vor; einen Auszug aus der Tabelle finden Sie auf Seite 283.

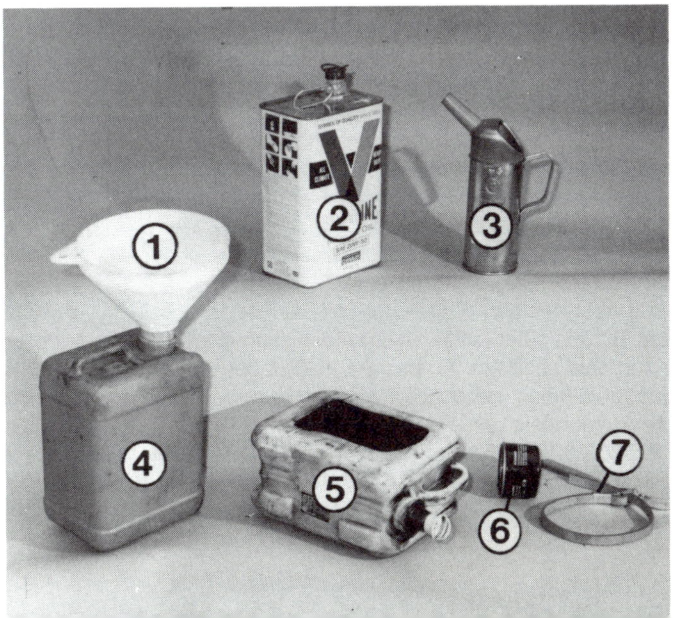

Ausstattung für den Heimwerker-Ölwechsel:
1 – Trichter zum Umfüllen des Altöls;
2 – Motoröl in ausreichender Menge;
3 – Öleinfüllkanne;
4 – Altölkanister;
5 – Ölkanister mit herausgeschnittener Seitenwand zum Auffangen des Ablaßöls;
6 – Ölfilter;
7 – Spannbandschlüssel zum Lösen des Ölfilters.

Alles über den Ölwechsel

Wo Öl wechseln?

○ In den Werkstätten kostet der Ölwechsel nach unseren Erfahrungen das meiste Geld, weil nur sehr teure Ölsorten vorrätig sind. Außerdem ist der Motor oft schon wieder kalt, bis das alte Öl abgelassen wird, so daß nicht aller Schmutz herausgeschwemmt wird. Manche Werkstätten berechnen die Arbeit für den Ölwechsel zusätzlich zum Ölpreis.
○ An Tankstellen kommt der Wagen dagegen meist sofort dran. Sie können auch ein billigeres Öl aus dem Tankstellenverkaufsprogramm auswählen, und im Ölpreis ist die Arbeit des Tankwarts inbegriffen.
○ Gegen den SB-Ölwechsel mit Absauggerät an der Tankstelle bestehen keine Bedenken, vorausgesetzt der Ölfilter wird ebenfalls ausgetauscht.
○ Ölwechsel zu Hause lohnt sich, wenn Sie das Öl preisgünstig einkaufen (Zubehörhandel, Großmarkt, Warenhaus oder Mitnahme-Öl an der Tankstelle).

Wie oft Öl wechseln?

Die Service-Intervallanzeige gibt die Ölwechsel-Abstände, abhängig von der Fahrzeugnutzung, recht realistisch an. Es gibt kaum Veranlassung, die Intervalle nach eigenem Gutdünken zu verändern.
Lediglich im Winter kann es durch Kraftstoffkondensat im Öl erforderlich sein, einen zusätzlichen Ölwechsel zwischenzuschieben. Für diesen Fall kann man sich natürlich den Wechsel des Ölfilters sparen.
Wer sich in seinen Wartungsgewohnheiten nicht nach der Service-Intervallanzeige orientiert, ist als Langstreckenfahrer nicht schlecht beraten, den Ölwechsel alle 12500 km durchzuführen. Bei vorwiegenden Kurzstreckenfahrten muß das Intervall dagegen noch unter 7500 km gelegt werden. An Wagen mit noch geringerer Jahresfahrleistung sollte wenigstens einmal im Jahr das Öl gewechselt werden.

Was wird gebraucht?

○ Auffanggefäß für das Altöl. Ein alter Ölkanister mit herausgeschnittener Seitenwand oder eine ausgediente Spülschüssel leisten hier gute Dienste.
○ Eine Ölkanne vereinfacht das Einfüllen des neuen Motoröls.
○ Ein Altölkanister dient zum Wegschaffen des Altöls.
○ 4,75 bzw. 5,75 Liter Motoröl der richtigen Spezifikation und Viskosität.
○ **520i und 525i:** Ein Ölfilter, z.B. BMW Et-Nr. 11421266773, Bosch 0451103091 oder 0451103086, Hengst H 14 W 07, Mann W 719/15, Knecht OC 49 oder Purolator OC 49.
○ **530i und 535i:** Eine Ölfilterpatrone, z.B. BMW Et-Nr. 11422242288, Bosch 1457429755, Hengst 128.28, Mann H 930, Knecht OX 41 oder Purolator OX 41.
○ **Nur 520i, 525i:** Ein Spannbandschlüssel zum Lösen des Filters.
○ Eine neue Dichtung für die Ölablaßschraube.

Wohin mit dem Altöl?

Das beim Ölwechsel anfallende Altöl muß ordnungsgemäß beseitigt werden. Wer es einfach im Erdreich versickern läßt, vergräbt oder in die Kanalisation schüttet, verunreinigt das Grundwasser, gefährdet die Trinkwasserversorgung und muß mit hohen Geldstrafen rechnen. Altöl kann man kostenlos dort abgeben, wo man Motoröl kauft (Quittung aufbewahren!) oder bei einer nahegelegenen Altölsammelstelle. Deren Adresse erfahren Sie von der Gemeindeverwaltung, der örtlichen Polizei oder einer Autoclub-Geschäftsstelle.

Fingerzeig: Der alte Ölfilter darf nicht in die Mülltonne wandern, sondern muß – wie übrigens auch ölgetränkte Lappen – zum Sonder-Müll gegeben werden. Die Adresse der Sammelstelle erfahren Sie von der Gemeindeverwaltung.

Motoröl und Ölfilter wechseln

Wartung Nr. 1

● Öl nur bei betriebswarmem Motor wechseln! Deshalb den Wagen evtl. warmfahren.
● Den BMW möglichst waagrecht aufbocken (abstützen!) oder über eine Rampe fahren.
● Geeignetes Gefäß (siehe Bild auf der Vorseite) unter die Ölwanne stellen.
● Ablaßschraube mit Ringschlüssel öffnen, Öl auslaufen lassen. Vorsicht, es ist heiß!
● Haben Sie den Wagen nur vorn aufgebockt, sollten Sie ihn zum völligen Auslaufenlassen des Altöls nochmals ablassen. Aufpassen, daß dabei das Auffanggefäß nicht beschädigt wird oder umkippt.
● Auffanggefäß unter den Ölfilter stellen.
● **520i, 525i:** Ölfilter mit dem im Bild rechts gezeigten Bandschlüssel lösen.
● Bei sehr festsitzendem Filter einen scharfen Schraubendreher durch das Blechgehäuse des Filters treiben (Vorsicht, heißes Öl läuft aus) und Filter mit dem Schraubendreher losdrehen.
● Dichtring am neuen Ölfilter mit etwas Fett einreiben. Kein Öl nehmen, das bei der Sichtkontrolle zum Schluß oft fälschlicherweise für austretendes Öl gehalten wird.
● Filter ohne irgendwelches Werkzeug von Hand festdrehen.
● **530i, 535i:** Zentrale Schraube oben am Filterdeckel losdrehen, Deckel abnehmen.
● Filtereinsatz auswechseln.
● Beim Zusammenbau auf die Dichtungen achten, defekte Dichtungen ersetzen.

Die Ölablaßschraube (Pfeil) sitzt in Fahrtrichtung rechts an der Ölwanne. Zum Lösen ist ein Ringschlüssel das am besten geeignete Werkzeug.

● Zentralschraube mit 27–33 Nm anziehen.
● Ölablaßschraube sauberreiben und mit neuem Dichtring eindrehen; nicht anknallen, sonst wird das Führungsgewinde in der Ölwanne beschädigt.
● Öl einfüllen (siehe Tabelle unten).
● Motor kurz laufen lassen, Öldichtheit kontrollieren.

Die Ölfüllmenge

Modell	520i, 525i	530i, 535i
Ölfüllmenge ohne Filterwechsel*	4,0 Liter	5,0 Liter
Ölfüllmenge mit Filterwechsel	4,25 Liter	5,75 Liter

* nur bei Ölwechsel zwischen den Intervallen

Ölstand im Schaltgetriebe kontrollieren

Wartung Nr. 31

Im Getriebe wird das Schmiermittel nicht wie im Motor verbraucht, sondern kann allenfalls durch undichte Stellen ins Freie gelangen. Zeigt das Getriebegehäuse von außen keine öldurchtränkte Schmutzkruste, ist nicht mit Ölverlust zu rechnen. Wer's genau wissen will, macht die Probe an der Kontroll- und Einfüllschraube (siehe Bilder auf den folgenden Seiten):
● Fahrzeug waagrecht aufbocken.
● Beim 520i/525i: Innensechskantschraube SW 17 herausdrehen.
● Beim 530i/535i: Sechskantschraube SW 17 herausdrehen.
● Läuft nun bereits etwas Getriebeöl heraus, stimmt der Ölstand.
● Ansonsten Finger in das Schraubengewinde stecken und fühlen, ob die Schmierflüssigkeit bis an die Öffnung heranreicht: Ausreichender Ölstand.
● Bei größerem Ölmangel an der Tankstelle oder in der Werkstatt die vorgeschriebene Getriebeölsorte einfüllen lassen.

Links: So wird der Ölfilter (Pfeil) beim 520i/525i mit dem Spannbandschlüssel losgedreht. Rechts: Beim 530i/535i kann der Deckel (1) des Ölfiltergehäuses nach Lösen der Zentralschraube (2) abgenommen werden.

Die Ölkontrollschraube (1) für das Schaltgetriebe sitzt in Fahrtrichtung rechts in halber Höhe des Getriebegehäuses. Die Ablaßschraube (2) hat ihren Platz unten am Getriebe.
Das Bild zeigt das Getriebe des BMW 520i/525i.

Die richtige Getriebeölsorte

Für den **BMW 520i/525i** kommt nur Getriebeöl der Viskositätsklasse **SAE 80** mit der Spezifikatikon **MIL – L – 2105 A** oder **API GL 4** (also kein Hypoidöl) in Betracht. Einige zugelassene Öle finden Sie auf Seite 282/283. Läßt sich das Getriebe in kaltem Zustand extrem schwer schalten, kann notfalls auch Einbereichs-Motorenöl SAE 20, 30 oder 40 eingefüllt werden (Spezifikation API SE oder SF) oder eine freigegebene ATF-Sorte. Synthetik-Motoröl oder Mehrbereichsöl darf es dagegen keinesfalls sein.
Andere Vorschriften gelten für den **530i und den 535i** mit Schaltgetriebe: Dieses Getriebe darf nur mit **ATF**, einer Flüssigkeit, die eigentlich für automatische Getriebe gedacht ist, befüllt werden (siehe übernächsten Abschnitt). Ein beliebiges Fabrikat darf es aber nicht sein. Deshalb hat BMW eine Freigabeliste erstellt. Einen Auszug daraus finden Sie auf Seite 283/284.

Getriebeöl wechseln

Wartung Nr. 36

Anläßlich der Inspektion II ist beim BMW ein Getriebeölwechsel fällig. Für diese Arbeit sind Sie an der Tankstelle oder in der Werkstatt am besten aufgehoben. Dort verfügt man über die nötige Einfüllvorrichtung, und das Öl braucht nicht erst umständlich ins Getriebe bugsiert zu werden.
Wer dennoch an Selbsthilfe denkt, verfährt so:

- Bei betriebswarmem Getriebe Ablaßschraube öffnen und Öl ablaufen lassen.
- Ablaßschraube wieder eindrehen, aber nicht zu fest anknallen.
- **1,15 Liter** Getriebeöl wird beim **520i** in die Einfüll- und Kontrollöffnung gegossen.
- **1,25 Liter** Getriebeöl erhält der **525i**.
- Die Modelle **530i und 535i** werden mit **1,25 Liter** ATF befüllt.
- Zum leichteren Einfüllen des Öls gibt es mittlerweile Öl- bzw. ATF-Dosen mit einem kurzen Schlauchstück zu kaufen. Bei herkömmlichen Dosen muß man sich mit einem separaten Schlauch (ca. 20 mm Außendurchmesser) und aufgestecktem Trichter behelfen. Öl zum leichteren Einfüllen etwas anwärmen.
- Das Getriebe ist richtig befüllt, wenn das Öl bei waagrecht stehendem Wagen **bis zur Unterkante** der Einfüllbohrung reicht.
- Einfüllschraube eindrehen. Nicht zu fest anknallen, da konisches Gewinde.

ATF-Stand im automatischen Getriebe kontrollieren

Ständige Kontrolle

Die Getriebeautomatik ist mit einer synthetischen Flüssigkeit namens **A**utomatic **T**ransmission **F**luid befüllt. Sie dient als Schmiermittel und zur Steuerung des hydraulischen Drucks im Getriebe.
Der BMW-Kundendienst hat eine große Anzahl ATF-Flüssigkeiten mehr oder minder bekannter Hersteller freigegeben; eine Liste liegt jedem BMW-Händler nach aktuellem Stand vor. Auf Seite 282/283 finden Sie die Zusammenstellung der bekanntesten Marken.
Neuere Automatikgetriebe besitzen übrigens keinen Peilstab mehr. Diese Getriebe werden einmal mit ATF befüllt, und man geht davon aus, daß dieser Füllstand erhalten bleibt, sofern von außen kein Leck sichtbar ist. Nachfolgend ist die Füllstandskontrolle bei der älteren Version mit Peilstab beschrieben.

- Die ATF soll zur Prüfung mindestens 80° C haben; es muß also eine Fahrt von ca. einer halben Stunde vorausgegangen sein. Die Flüssigkeitsmenge verändert sich temperaturabhängig, und deshalb wird in kaltem Zustand zu wenig oder gar nichts angezeigt.
- Handbremse anziehen und Wählhebel in Stellung P oder N legen. Motor im Leerlauf drehen lassen.
- Peilstab in Fahrtrichtung links hinten am Motor herausziehen und mit einem sauberen, völlig fusselfreien Lappen abwischen.

Zur Erinnerung, daß beim 530i/535i ATF statt Getriebeöl eingefüllt wird, besitzt dieser Wagen statt der sonst üblichen Inbusschrauben (Bild auf der gegenüberliegenden Seite) an dieser Stelle Schrauben mit Außensechskant. Position »1« zeigt die Kontroll- und Einfüllschraube, Position »2« die Ablaßschraube.

● Meßstab einschieben und wieder herausziehen. Das Niveau muß zwischen oberer und unterer Marke abzulesen sein. **0,3 Liter** Flüssigkeitsdifferenz zeigen die beiden Markierungen an.

● Die ATF am Peilstab darf nicht verbrannt riechen, sonst liegt ein Getriebeschaden vor.

● Bei zu niedrigem Flüssigkeitsstand sollte nicht einfach ATF nachgefüllt, sondern zusätzlich das Getriebe auf Undichtigkeiten hin kontrolliert werden. Notwendige Abdichtarbeiten sollten Sie der Werkstatt überlassen.

● Wurde versehentlich zu viel ATF eingefüllt, muß die Mehrmenge durch die Peilstaböffnung abgesaugt oder durch die Ablaßschraube unten am Getriebe abgelassen werden. Bei zu hohem ATF-Stand schleifen die Kupplungen des Getriebes und nehmen Schaden.

Fingerzeig: Der ATF-Peilstab besitzt unterhalb des eigentlichen Meßbereichs eine Verlängerung. Auf der kann der ATF-Stand auch schon nach einer kurzen Probefahrt abgelesen werden. 40°C Flüssigkeitstemperatur sind schnell erreicht – der ATF-Stand soll dann auf jeden Fall schon über der Meßstab-Spitze ablesbar sein.

ATF wechseln

Mit jeder Inspektion II wird der Wechsel der ATF im automatischen Getriebe fällig. Dazu wird die alte ATF abgelassen oder abgesaugt. Gleichzeitig muß die Ölwanne gereinigt und das Ölsieb gewechselt werden – eine Arbeit für die BMW-Werkstatt. Wartung Nr. 37

Ölstand im Hinterachsantrieb kontrollieren

Sind am Hinterachsantrieb keine Ölspuren zu sehen, kann davon ausgegangen werden, daß der Ölstand stimmt. Genaueren Aufschluß gibt die auf der folgenden Seite beschriebene Prüfung. Wartung Nr. 32

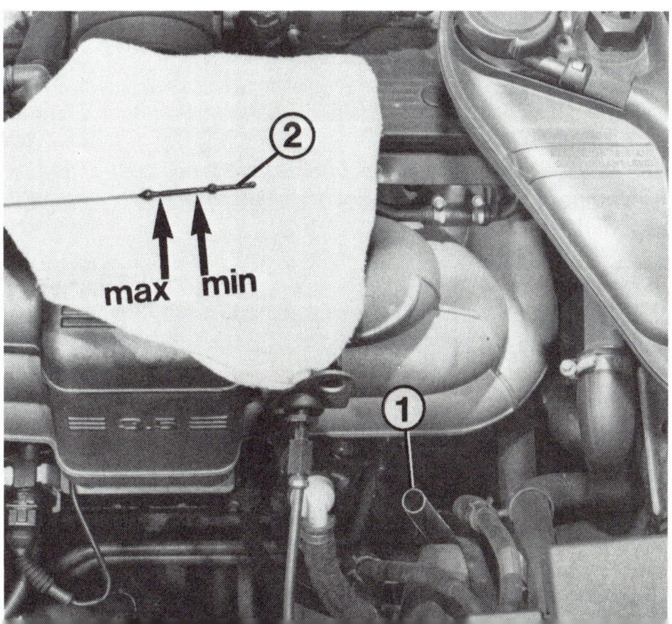

Zur Kontrolle des ATF-Stands bei automatischem Getriebe wird der Peilstab aus dem Führungsrohr (1) hinten links im Motorraum gezogen. Bei warmer ATF muß sich der Flüssigkeitsstand im normalen Meßbereich zwischen den Markierungen (Pfeile) abzeichnen. Zusätzlich besitzt der Peilstab eine Verlängerung (2), auf der der Pegel auch bei kalter ATF abzulesen ist.

Öleinfüllschraube (1) und die Ölablaßschraube (2) am Hinterachsgetriebe.

● Öleinfüllschraube des Hinterachsgetriebes bei genau waagrecht stehendem Wagen herausdrehen (Innensechskant 10 mm).

● Läuft etwas Öl heraus oder reicht der Flüssigkeitsspiegel genau bis zur Unterkante der Kontrollöffnung, ist alles in Ordnung.

● Ist der Ölstand beträchtlich gesunken, ist mit einer Undichtigkeit zu rechnen (ölverschmiertes Gehäuse?).

● Hinterachsgetriebe abdichten und Ölstand ergänzen lassen.

Öl für das Hinterachsgetriebe

Eine Zusammenstellung der freigegebenen Öle von bekannten Herstellern finden Sie auf Seite 283/284.

Öl im Hinterachsantrieb wechseln

Wartung Nr. 38

Wie beim Getriebe ist auch am Hinterachsantrieb zu jeder Inspektion II ein Ölwechsel fällig. Den macht die Werkstatt weit müheloser als der Selbsthelfer. Die Arbeit verläuft so:

● Wagen etwa 15 Minuten fahren, damit das Öl im Hinterachsgetriebe warm wird.

● Einfüll- und Ablaßschraube mit Innensechskantschlüssel 10 mm öffnen (siehe auch Bild oben) und Öl ablassen.

● Beide Schrauben – sie sind magnetisch – von evtl. anhaftenden Metallspänen reinigen.

● Ablaßschraube wieder eindrehen und vorgeschriebene Ölsorte einfüllen. Es werden **1,7 Liter** für die Modelle 520i, 525i und 530i gebraucht. Der BMW 535i benötigt dagegen **1,9 Liter**.

● Einfüllschraube nicht vergessen!

Flüssigkeitsstand der Servolenkung kontrollieren

Ständige Kontrolle

Die Servolenkung besitzt eine ATF-Dauerfüllung – man braucht damit zwar nicht an einen regelmäßigen Wechsel zu denken, wohl aber an die laufende Füllstandskontrolle:

● Bei **stehendem** Motor Deckel des Vorratsbehälters der Servolenkung abschrauben.

● Den im Deckel angebrachten Peilstab abwischen, Deckel jetzt nur lose auf den Behälter auflegen, damit der Meßstab eintaucht.

● Flüssigkeitsstand am wieder herausgenommenen Peilstab ablesen: Das Niveau soll sich zwischen den beiden Markierungen befinden.

● Stimmt der Pegel nicht, Motor starten und langsam ATF (siehe folgenden Abschnitt) nachgießen, bis der Füllstand die richtige Höhe hat. Dazu zwischendurch nachmessen.

● Nach dem Abstellen des Motors kann das Niveau 5 mm über die obere Marke ansteigen. Das ist normal.

● Deckel zuschrauben.

ATF für die Servolenkung

Als Hydraulik-Flüssigkeit für die Servolenkung dient ATF – genauso wie beim automatischen Getriebe. Doch BMW akzeptiert nicht alle Fabrikate. Einen Auszug aus der Freigabeliste finden Sie auf Seite 283/284.

Züge, Gelenke und Schlösser schmieren

Wartung Nr. 26

Beim Durchführen dieses Wartungspunkts gilt folgende Faustregel: An Scharnieren und Gelenken mit engen Durchgängen, in die kein Fett eindringen kann, ist Öl oder Schmierspray günstiger. Gegeneinander reibende Flächen werden besser gefettet oder mit einer Schmierpaste behandelt, da diese Gleitstoffe besser haften.

Zur Kontrolle des Flüssigkeitsstands im Vorratsbehälter (2) der Servolenkung ist am Behälterdeckel (1) ein Peilstab angebracht. Die Pfeile deuten auf die Markierungen »min« und »max«. Abgebildet ist der Vorratsbehälter für Wagen ohne Niveauregulierung.

Türen und Kofferaumdeckel

● Die Türscharniere sind beim BMW wartungsfrei. Trotzdem sind sie gelegentlich für einen Spritzer Öl dankbar.
● Die Schloßfallen an Türen und Kofferraumdeckel bzw. Heckklappe können mit etwas Sprühfett behandelt werden.
● Die Kofferraumdeckelscharniere besprühen Sie mit etwas Öl. Lappen dahinterhalten!

Schließzylinder

● Sprühen Sie spätestens zu Beginn der kalten Jahreszeit etwas Rostlöser-Isolierspray (siehe Seite 264) in den Schlüsselschlitz. Es schmiert, verdrängt Feuchtigkeit und schützt vor Rost sowie Einfrieren im Winter.

Motorhaube

● Die Motorhaubenscharniere und -stützen erhalten etwas Öl oder Schmierspray, ebenso das Haubenschloß und die Gleitbahnen der beiden Haubenrasten an der Hinterkante der Motorraumklappe.
● Auch das Ende des Hauben-Entriegelungszugs bedarf gelegentlich der Schmierung: Etwas Öl ansprühen und Zug einige Male betätigen, damit das Schmiermittel ins Innere der Zughülle gelangt.

Schiebedach

● Gleitschienen des Schiebedaches sauberreiben.
● Schienen mit Silikonpaste oder -spray fetten.
● Darauf achten, daß der empfindliche Dachhimmel nicht verfleckt wird.

Gasbetätigung schmieren

Wartung Nr. 25

● Alle Fahrzeuge ohne EML (Elektronische Motor-Leistungsregelung – Seite 14):
● Von einem Helfer bei ausgeschaltetem Motor das Gaspedal durchtreten lassen.
● An allen sich hierbei bewegenden Stellen die eventuell anhaftende Schmutzkruste abreiben und anschließend etwas Öl ansprühen, während ein Helfer ein paar Mal das Gaspedal durchtritt.
● Dem Gaszug kann es nicht schaden, wenn zusätzlich etwas Öl von vorn in seine Hülle gesprüht wird.

In Sechserreihe

Mit einem Zylinder wird der Mann zur noblen Erscheinung. Weit davon entfernt ist er dagegen, wenn er mit einem Einzylinder auftaucht. Drum gibt's im BMW Zylinder en masse: Sechs Stück in Reihe.

Zwei Grundtypen

Die Motorraumbilder auf Seite 8 und 9 zeigen es sofort: Im BMW haben wir es mit zwei grundverschiedenen Motorentypen zu tun: dem kleinen Sechszylinder, der werksintern M20 genannt wird, und seinem größeren Bruder, dem M30.

Der M20-Motor im BMW 520i und 525i

In den späten 70er Jahren sollte die BMW-3er-Reihe mit einem Sechszylindermotor ausgestattet werden. Das war nicht ganz so einfach, denn dazu war erst eine Neuentwicklung nötig. Der große Sechszylinder – entstammend aus der heute schon historischen Modellreihe 2500–3,0 Si – war um einiges zu groß und zu schwer für den relativ kleinen 3er.

Es mußte ein kompakteres, leichteres und billigeres Triebwerk her. Nach genannten Maßgaben entstand ein kleiner Sechszylinder für einen Hubraum von zunächst 2,0 bis 2,3 Liter. Weitere Eckdaten: 30 kg weniger Gewicht, Zahnriemen für den Antrieb der Nockenwelle (statt Steuerkette) und eine gegossene statt einer geschmiedeten Kurbelwelle. Bauzeit in der 5er-Reihe: bis etwa April 1990.

Der M30-Motor im BMW 530i und 535i

Der große Sechszylinder zählt zu den klassischen BMW-Motoren. Geschichtlich gesehen geht das Triebwerk auf das Jahr 1968 zurück, als es im damals neuen BMW 2500/2800 vorgestellt wurde. Verwendung findet diese Maschine bis hin zur zweiten 7er-Generation (vorgestellt 1986) und zur dritten 5er-Generation (1988).

Von seinen Konstruktionsmerkmalen her ist der Motor mit den alten Vierzylindern verwandt, aus denen er auch abgeleitet wurde. Besondere Merkmale: Die Nockenwelle wird von einer Kette angetrieben, die Ölpumpe unten in der Ölwanne ebenfalls. Doch sie besitzt eine eigene Kette.

Motordaten

Hier die Übersicht, welche Motoren unserer 5er-Reihe hier im Buch behandelt sind:

Typ		520i	525i	530i	535i
Motor		M 20	M 20	M 30	M 30
Leistung	kW/PS	95/129	125/170	138/188	155/211
Hubraum nach Steuerformel	cm^3	1976	2476	2966	3430
Gemisch-Aufbereitung Typ		Elektronische Einspritzung Motronic	Elektronische Einspritzung Motronic	Elektronische Einspritzung Motronic	Elektronische Einspritzung Motronic

Die Einzelteile der Motoren

Wer sich für die Funktion der Motoren interessiert, findet im folgenden die wichtigsten Teile herausgegriffen und beschrieben, bevor wir zu den Wartungs- und Reparaturarbeiten kommen.

Kolben und Zylinder

Die aus Leichtmetall gegossenen Kolben besitzen eine Stahleinlage, welche die Wärmedehnung verringert. Im oberen Drittel jedes Kolbens sind drei Kolbenringe elastisch in entsprechende Nuten im Kolben eingebettet. Sie drücken federnd gegen die Zylinderwand. Die beiden oberen Kolbenringe verwehren dem Gasgemisch den Weg aus dem Verbrennungsraum nach unten ins Kurbelgehäuse, während der untere Ölabstreifring verhindert, daß allzuviel Schmiersaft vom Kurbelgehäuse in den Brennraum gelangt.

Blick in den M20-Motor:
1 – Ventil;
2 – Verteiler;
3 – Nockenwelle;
4 – Kipphebel;
5 – Ansaugkrümmer;
6 – Drosselklappenstutzen;
7 – Schwungrad;
8 – Kurbelwelle;
9 – Kolben;
10 – Ölpumpe;
11 – Nebenwellen-Zahnriemenrad;
12 – Zahnriemenspannrolle;

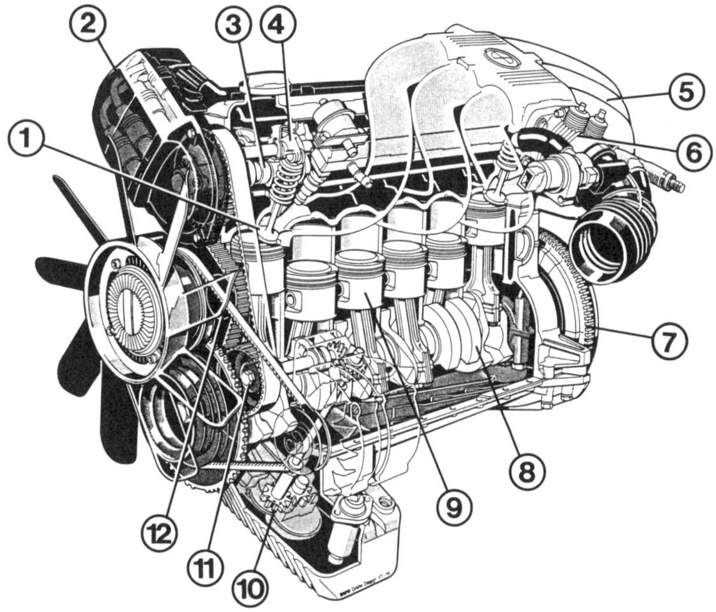

Die Zylinder, in denen die Kolben auf und ab laufen, sind in das Graugußmaterial des Motorblocks eingearbeitet. Die Zylinderbohrungen sind im sogenannten Kreuzschliff gehont (geschliffen). Die Wandungen dürfen nicht völlig glatt sein, weil sonst das zur Schmierung notwendige Öl nicht daran haften kann. Die Bohrungen der Zylinder sind um 0,02 mm (Motor M20) bzw. 0,03 mm (M30) weiter als die zugehörigen Kolben. Bis zu drei Mal können die Zylinderlaufbahnen bei Motorüberholungen ausgeschliffen werden – auf ein Zwischenmaß sowie auf ein erstes und ein zweites Übermaß.

Die Kurbelwelle

Die Kurbelwelle muß die geradlinige Bewegung der in den Zylindern auf und ab laufenden Kolben in eine Drehbewegung umzusetzen. Die zu den Kolben führenden Verbindungsstangen – die Pleuel – wirken deshalb, versetzt zur Mittelachse der Welle.
Die einzelnen Kurbeln sind auch zueinander versetzt angeordnet, und zwar jeweils im Winkel von 60°. Für vibrationsarmen Lauf sitzen gegenüber den Kurbelzapfen Gegengewichte – insgesamt sind es 12 Stück. Um ein Durchbiegen der Kurbelwelle im Betrieb zu vermeiden, ist sie an insgesamt sieben Stellen im Motorblock gelagert. Jede Kurbel wird also an beiden Seiten durch ein Motorlager gestützt.
In Fahrtrichtung hinten sitzt auf der Kurbelwelle eine Scheibe mit dem Zahnkranz für das Ritzel des Anlassers. Das ist entweder die Schwungscheibe, auf welche die Kupplung und damit die Verbindung zum Getriebe montiert wird, oder die Mitnehmerscheibe, an die der Drehmomentwandler der Getriebeautomatik geschraubt ist.
Am anderen Ende der Kurbelwelle ist das Antriebsrad für den Zahnriemen angeschraubt (M20) bzw. die Kettenräder für Nockenwellen- und Ölpumpenantrieb (M30) sowie die Keilriemenscheiben. Ebenfalls am vorderen Ende der Kurbelwelle ist der Schwingungsdämpfer befestigt – eine große, auf einer harten Gummieinlage gelagerte Metallscheibe, die einen Teil der Kurbelwellen-Schwindungen aufnehmen kann. Beim M20-Motor ist dieser Dämpfer als Zahnscheibe für den Drehzahl-/Positionsgeber der Motronic ausgebildet.

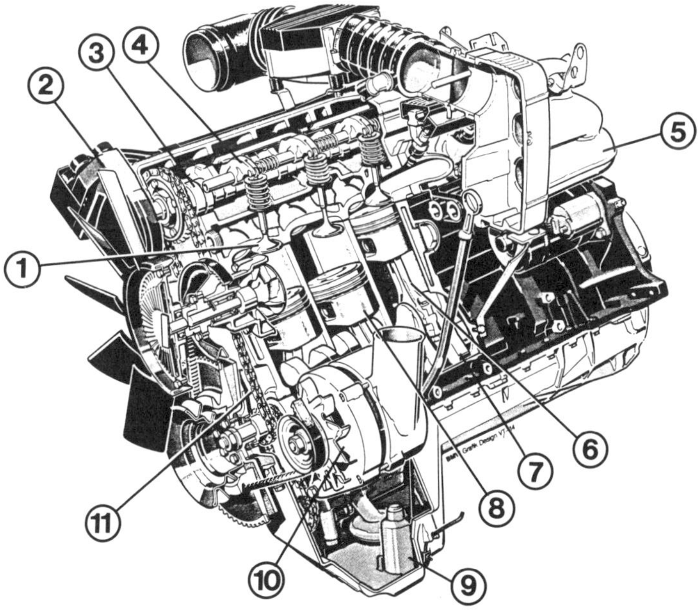

Dem M30-Motor ins Innere geschaut.
Es bedeuten:
1 – Einlaßventil;
2 – Zündverteiler;
3 – Nockenwelle;
4 – Kipphebel;
5 – Ansaugkanäle;
6 – Pleuel;
7 – Kurbelwelle;
8 – Kolben;
9 – Ölstandsgeber;
10 – Lichtmaschine;
11 – Steuerkette.

Zweimassen-Schwungrad

Die Modelle 530i und 535i in Schaltgetriebeversion sind mit einem Zweimassen-Schwungrad ausgestattet. Sinn dieser Einrichtung ist es, die bei Motorlauf an der Kurbelwelle bestehenden Drehschwingungen – sie entstehen durch die nacheinander zündenden Zylinder – nicht an den Antrieb weiterzugeben. So werden die durch die Schwingungen entstehenden Geräusche vermieden.
Der Aufbau des Zweimassen-Schwungrads sieht folgendermaßen aus: Fest mit der Kurbelwelle ist das vordere Teil des Schwungrads verschraubt. Darauf ist ein Drehschwingungsdämpfer montiert, der aus einem ausgeklügelten Feder-/Dämpfersystem besteht.
Das hintere Teil der Schwungscheibe ist an diesem Schwingungsdämpfer befestigt, hat also keinerlei starre Verbindung zum Vorderteil und damit zur Kurbelwelle. Schon die hier montierte Kupplung ist also schwingungsmäßig vom Motor getrennt.

Die Pleuel

Die sechs Pleuel sind mit auswechselbaren Lagerschalen auf den Kurbelwellenzapfen montiert. In ihrem anderen Ende tragen sie Bronzebuchsen für die Kolbenbolzen, die schwimmend gelagert sind. Darunter ist zu verstehen, daß sich Kolben und Kolbenbolzen auf dem Pleuel etwas vor und zurück bewegen können.

Zylinderkopf und Nockenwelle

Aus Gewichtsgründen und wegen der besseren Wärmeleitfähigkeit ist der Zylinderkopf aus Leichtmetall gegossen. Die Ventilsitze, die aus gehärtetem Stahl gefertigt sein müssen, werden bei erhitztem Zylinderkopf eingesetzt. Dadurch sind sie nach dem Abkühlen fest eingeschrumpft.
Die Ventile selbst gleiten in Messing-Ventilführungen und ragen von beiden Seiten V-förmig in den Brennraum oberhalb der Kolben. Das ermöglicht den Gasdurchsatz nach dem Querstromprinzip. Im Klartext heißt das: Frischgas – also neues Kraftstoff/Luft-Gemisch – tritt an der einen Seite in den Brennraum ein, und das verbrannte Auspuffgas entweicht an der anderen Seite. Geringe Strömungswiderstände beim Gasdurchsatz durch den Motor ermöglichen hohe Motorleistung.
Ganz oben im Zylinderkopf sitzt die Nockenwelle. Mit ihren eiförmigen Nocken drückt sie gegen die Kipphebel, welche ihrerseits die Ventile gegen die Kraft der Ventilfedern öffnen.

Die Ventilsteuerung

Bekanntlich haben wir im BMW einen Viertaktmotor, der das Gemisch aus Kraftstoff und Luft ansaugt, verdichtet, zündet und die verbrannten Gase wieder ausstößt. Fürs Ansaugen der Frischgase und das Ausschieben der Altgase bleibt dem ventilgesteuerten Verbrennungsmotor nur wenig Zeit. Weder kann die Nockenwelle die Ventile schlagartig öffnen noch vermögen sie die Ventilfedern derartig schnell zu schließen. Deshalb sind die Nocken so geformt, daß das Einlaßventil bereits gegen Ende des Auslaßtakts öffnet und erst dann schließt, wenn der Kolben nach Beendigung des Ansaughubs wieder verdichtend aufwärtsstrebt. Das Auslaßventil öffnet schon vor Abschluß des Arbeitstakts und schließt erst, wenn der Kolben bereits wieder Frischgas ansaugt. Beide Ventile sind deshalb einen Sekundenbruchteil gleichzeitig geöffnet, wenn der Kolben im Oberen Totpunkt (OT) vom Ausstoßen zum Ansaugen umkehrt. Diese Zeitspanne wird mit Ventilüberschneidung bezeichnet.

Der Zahnriemen

Als geräuscharmes Antriebselement für die obenliegende Nockenwelle dient beim 520i und 525i (M20) der von der Kurbelwelle in Bewegung gesetzte Zahnriemen. Der gezähnte Gummiriemen mit Stahldrahteinlage arbeitet nahezu verschleißfrei, zumal die Gummimischung des Zahnriemens überdies für eine Trockenschmierung der Riemenscheiben sorgt.
Außerdem ist der Zahnriemen für den Antrieb der sogenannten Nebenwelle zuständig. Deren Aufgabe ist es,

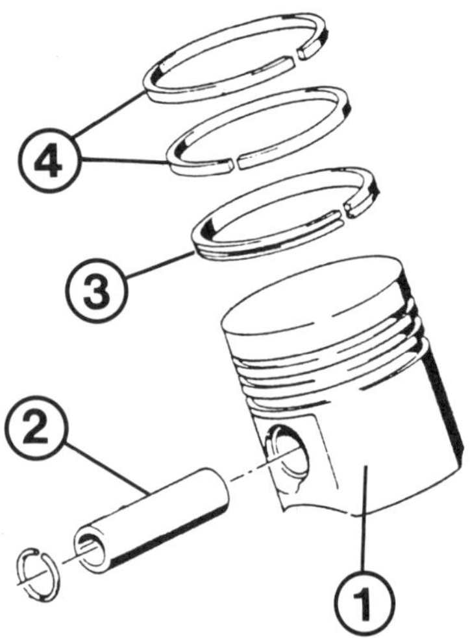

Der Kolben (1) mit Kolbenbolzen (2), Ölabstreifring (3) und den beiden Kolbenringen (4).

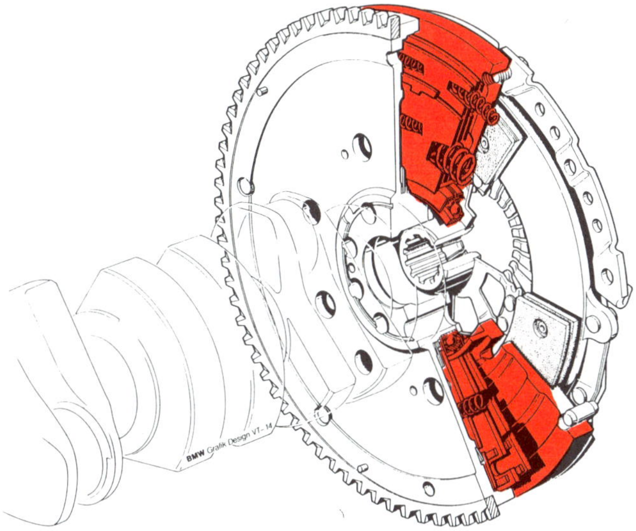

Das Zweimassenschwungrad ist hier als Schnittbild zu sehen. Es ist rot dargestellt und besteht aus dem vorderen Teil (links im Bild) und dem Drehschwingungsdämpfer (rot dargestellt). Dahinter ist die Kupplungs-Mitnehmerscheibe und die am Zweimassenschwungrad festgeschraubte Kupplungs-Druckplatte zu sehen.

die Ölpumpe in Gang zu setzen. Damit der Zahnriemen Kraft übertragen kann, muß er straff über die Zahnriemenräder gezogen werden. Dafür sorgt die Spannrolle, die ebenfalls in den Riemenkreislauf mit einbezogen ist.

Die Steuerkette

Die obenliegende Nockenwelle der Modelle 530i und 535i (M30) wird über eine sogenannte Steuerkette von der Kurbelwelle angetrieben. Die Zeichnung auf Seite 44 zeigt den Verlauf der Kette an der Stirnseite des Motors. Im Text auf derselben Seite erfahren Sie mehr über die Aufgaben der Kette und über den dazugehörigen Kettenspanner.

Die Zylinderkopfdichtung

Die Dichtung zwischen Motorblock und Zylinderkopf hat einen schweren Stand: Sie hat dafür zu sorgen, daß die Verbrennungsräume und die Kanäle für Kühlmittel und Öl voneinander getrennt bleiben. Dabei muß sie enormen Temperatur- und Druckschwankungen widerstehen.

Das Schmiersystem

Im Motor verlangen eine ganze Reihe von Lagerstellen und Reibpartnern nach Schmierung. Das Motoröl muß dorthin unter Druck gepumpt werden – von der Ölpumpe. Sie saugt den Schmiersaft durch einen siebbewehrten Schnorchel an und drückt ihn in den Hauptstromfilter. Ist das Filterpapier von Schmutz zugesetzt, weil der Filter nicht rechtzeitig gewechselt wurde, tritt ein Sicherheitsventil in Aktion. Es öffnet, der Filter wird umgangen, die Ölversorgung ist sichergestellt. Allerdings bewirkt ungefiltertes Motoröl höheren Verschleiß an den Lagerstellen. Vom Filter aus gelangt das schmierfähige Naß über Bohrungen im Zylinderblock zu den Kurbelwellen- bzw. Pleuellagern, den Lagern der Nebenwelle und den Lagerstellen des Ventiltriebs im Zylinderkopf. Dort austretendes Öl kann wegen der Schräglage des Motors an der tiefsten Stelle des Zylinderkopfs durch eine Bohrung schnell und ohne sich weiter zu erwärmen in die Ölwanne zurücklaufen.
Die Zylinderwandungen und Kolbenbolzen werden übrigens von Spritzöl geschmiert, das an den Pleueln austritt.

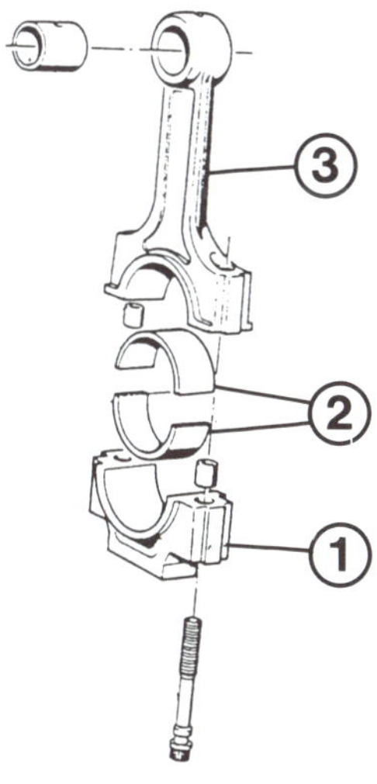

Die Hauptbestandteile des Pleuels: 1 – Lagerdeckel; 2 – Gleitlagerschalen; 3 – Pleuel-Oberteil.

Die Ölpumpe

Ganz unten in der Ölwanne sitzt das wohl wichtigste Zusatzaggregat des Motors: die Ölpumpe. Sie sorgt dafür, daß alle schmierbedürftigen Stellen – und das sind nicht wenige – mit dem nötigen Druck die richtige Menge des lebenswichtigen Schmiersafts erhalten.
Bei den Motoren des BMW 530i/535i haben wir es dabei mit einer Rotorölpumpe System Eaton zu tun. Hinter diesem Begriff, der sich recht exotisch anhört, verbirgt sich einfache Technik: Ein Außenzahnrad ist in einem innen verzahnten Rad untergebracht (das sind die beiden Rotoren). Durch eine spezielle Formgebung der Zähne und die außermittige Anordnung des Innenrotors wird erreicht, daß sich bei der gemeinsamen Drehung beider Zahnräder immer wieder neue Freiräume bilden. In diesen Freiräumen entsteht ein Unterdruck, der den Schmiersaft ansaugt. Von den sich drehenden Zahnrädern wird er nun zur Ausgangsseite der Pumpe und von dort aus in die Ölkanäle gedrückt.
Über die bereits erwähnte Nebenwelle wird beim kleinen Sechszylinder des BMW 520i/525i die Ölpumpe angetrieben. Anders wie bei den großen Motoren ist hier eine Zahnrad-Ölpumpe eingebaut, deren Funktion einfacher zu beschreiben ist. Zwei Zahnräder gleicher Größe sind miteinander im Eingriff und bewegen sich daher in entgegengesetzter Richtung. Da auch hier zwischen den Zähnen und hauptsächlich über ihnen noch etwas Platz ist, schaufeln die beiden Rädchen munter bei jeder Umdrehung etwas Motoröl von der Saugseite auf die Druckseite der Pumpe.
Obwohl das ganze recht spielerisch aussieht, wird da unten in der Ölwanne Schwerstarbeit geleistet: Mehr als 30 Liter liefert so eine Ölpumpe in der Minute bei Vollgas – und das ohne Wartungsanspruch, denn sie schmiert sich selbst.

Öltemperatur

In modernen Motoren geht man davon aus, daß die Öltemperatur stets im zulässigen Bereich bleibt. Zu Vergleichszwecken interessant ist die Motoröltemperatur am Ölfilterflansch oder in der Ölwanne; dort ist der Schmiersaft am kühlsten. Dagegen können an den Kolbenringen Temperaturen bis 300°C auftreten. Falls Sie nachträglich ein Ölthermometer eingebaut haben: 150°C in der Ölwanne gilt als höchstzulässige Temperatur. Voraussetzung ist dabei allerdings ein hochwertiges Motoröl.
Schädlich für den Motor ist auch eine zu niedrige Öltemperatur. Das Öl hat dann seine volle Schmierfähigkeit noch nicht erreicht. Deshalb sollten Sie nach Möglichkeit den Motor nach dem Kaltstart nicht hoch drehen lassen, bis das Öl etwa 60°C erreicht hat. Für den BMW gilt als Anhaltspunkt, daß das Motoröl gegenüber dem Kühlmittel etwa doppelt so lange braucht, bevor es seine Betriebstemperatur erreicht hat.

Öldruck

Nur im Falle einer Störung wird üblicherweise der Öldruck kontrolliert: Im **Leerlauf** soll er **0,5–2,0 bar** betragen, bei **Höchstdrehzahl** (siehe Tabelle rechts) **4,0–6,0 bar**. Natürlich beziehen sich diese Werte auf den **betriebswarmen Motor**, denn bei kaltem, zähflüssigem Öl ist der Druck schon im Leerlauf relativ hoch.
Normalerweise überwacht ein Öldruckschalter den Druck im Schmiersystem. Ein Kontakt im Schalter wird geschlossen, wenn der Öldruck unter **0,2–0,5 bar** fällt. Das ist ein sehr niedriger Druckwert. Er stellt das absolute Minimum dessen dar, was zum Sicherstellen der Motorschmierung nötig ist. Deshalb den Motor **sofort abstellen**, wenn unterwegs die Ölkontrolleuchte aufflackert bzw. das Check-Control-System die Meldung »Oeldruck Motor« zeigt! Sonst riskieren Sie einen Lagerschaden (siehe Seite 48).
Vielleicht war Ölmangel die Ursache für den fehlenden Öldruck. Sofort nachfüllen. Oder der Öldruckschalter selbst ist defekt (Seite 214).

Die Kurbelgehäuse-Entlüftung

Selbst völlig intakte Motoren blasen in der Minute 50 bis 70 Liter Verbrennungsgase an den Kolbenringen vorbei ins Kurbelgehäuse. Dieser Druck muß aus dem Motor entweichen können, damit die Dichtungen nicht zu stark beansprucht werden. Das geschieht über die Kurbelgehäuse-Entlüftung. Die giftigen Gase aus dem Motorinnern werden zum Schutz der Umwelt in den Ansaugtrakt des Motors zurückgeleitet und von dort aus zur vollständigen Verbrennung nochmals vom Motor angesaugt.

Fingerzeig: Bläst der Motor kräftig Öldunst zur Kurbelgehäuse-Entlüftung hinaus, sind die Kolben und Zylinder schon erheblich verschlissen.

Motor auf Öldichtheit kontrollieren

- Betrachten Sie den Motor von oben und unten.
- Geringfügig ölfeuchte Stellen sind nicht bedenklich, alle Motoren schwitzen gelegentlich etwas Schmiermittel aus.
- Ölflecken unter dem geparkten Wagen und deutlichen Ölnässen sollten Sie aber auf den Grund gehen.
- Motor mit einem Dampfstrahlgerät und Motorreiniger an der Tankstelle säubern.
- Nach einer Probefahrt von wenigen Kilometern wird kontrolliert, wo Öl austritt.

An welchen Stellen beim BMW-Motor Öl austreten kann, finden Sie hier aufgezählt:

Mögliche Leckstellen

- ○ Abdichtungen von Kurbelwelle und beim 520i/525i von Nockenwelle und Nebenwelle
- ○ Steuergehäusedeckel ganz vorn am Motor bei 530i/535i
- ○ Zylinderkopfdeckeldichtung
- ○ Zylinderkopfdichtung
- ○ Ölfilterdichtung bzw. Ölfiltergehäuse
- ○ Öldruckschalter
- ○ Ölwannendichtung

Die Motorlebensdauer

BMW-Motoren sind als langlebig bekannt. So kann der kleine Sechszylinder ohne weiteres 200000 km erreichen. In weit zurückliegender Zeit gab es bei diesen Motoren eine Häufung von Zylinderkopfschäden durch Rißbildung, doch das ist heute kein Thema mehr. Der große Sechszylinder erreicht, weil weniger stark beansprucht, oft mehr als 250000 km. Und das, ohne spürbar an Leistung zu verlieren.
Generell entscheidet der Fahrer durch seinen Umgang mit der Maschine, ob sie biblisches Alter erreicht, oder ob der Exitus schon früh erfolgt. Von Bedeutung ist hierbei die Motoröltemperatur. Während die Kühlmittel-Temperaturanzeige schon relativ früh Betriebstemperatur signalisiert, ist das Motoröl frühestens nach etwa 10 Minuten Fahrt völlig einwandfrei schmierfähig.
Nach wochenlangem Kurzstreckenverkehr ist es ebenfalls nicht ratsam, gleich voll aufs Gaspedal zu treten. Bei den langen Leerlaufzeiten in der Stadt bilden sich in den Brennräumen und an den Ventilen Ablagerungen, die bei voller Betriebstemperatur und zügiger, aber nicht scharfer Fahrt langsam abgebrannt werden sollen.

Alles über Drehzahlen

Ein Verbrennungsmotor gibt seine höchste Leistung bei einer bestimmten Drehzahl ab – der sogenannten **Nenndrehzahl**. Höher als diese hinauszudrehen bringt keine Mehrleistung, sondern allenfalls besseres Anschließen an den nächsten Getriebe-Gang, was aber nur für die maximale Beschleunigung entscheidend ist. Für eher geruhsames Fahren hält man den Motor möglichst im **Drehzahlbereich des größten Drehmoments**. Dort ist die beste Durchzugskraft vorhanden.
Die **Höchstdrehzahlen** in der Tabelle zeigen, daß man dem Motor nach guter alter BMW-Manier in Sachen Drehfreudigkeit einiges abverlangen kann. Denn die Ventile werden über kurze Kipphebel von der obenliegenden Nockenwelle betätigt. Dabei sind nur geringe Massen zu bewegen, was hohe Drehzahlen ohne Gefahr für den Ventiltrieb gestattet.
Höchstdrehzahl ist bei BMW nicht gleich **Dauerdrehzahl**. Um Überbeanspruchung vorzubeugen, wurde die zulässige Dauerdrehzahl um 200/min niedriger angesetzt. Eine sinnvolle Einschränkung zugunsten der Motorlebensdauer.
Die Tabelle gibt eine Übersicht über die verschiedenen Drehzahlen der einzelnen Motoren:

Modell		520i	525i	530i	535i
Nenndrehzahl	1/min	6000	5800	5800	5700
Höchstes Drehmoment bei	1/min	4300	4300	4000	4000
zulässige Dauerdrehzahl	1/min	6000	6000	6000	6000
Höchstdrehzahl	1/min	6200	6200	6200	6200

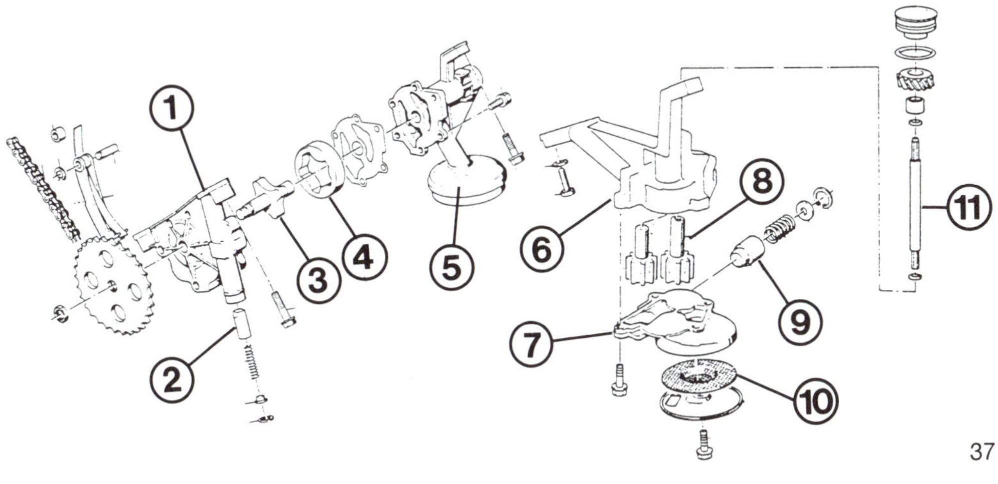

Links die Ölpumpe des M30-Motors:
1 – Pumpengehäuse;
2 – Überdruckventil;
3 – Innenrotor;
4 – Außenrotor;
5 – Ansaugvorrichtung mit Sieb.
Rechts die Ölpumpe des M20-Motors:
8 – Pumpenzahnräder;
9 – Überdruckventil;
10 – Ölsieb;
11 – Antriebswelle.

Drehzahl-Begrenzung

Oberhalb der Höchstdrehzahl, die für die einzelnen Motoren verschieden angegeben ist (Tabelle auf der Vorseite), geraten die Ventilfedern so stark ins Schwingen, daß ein einwandfreies Öffnen und Schließen der Ventile nicht mehr gewährleistet ist. Die Ventilfedern können brechen, was zur Folge hat, daß das betreffende Ventil auf dem Kolben aufschlägt und gewaltige Zerstörungen anrichtet. Damit es erst gar nicht so weit kommen kann, sperrt die Motronic-Einspritzung bei Überdrehzahlen die Kraftstoffzufuhr – die Drehzahl fällt wieder ab. Falls Sie sich also über Motoraussetzer in sehr hohen Drehzahlen gewundert haben, so ist das keine Störung, sondern der eingebaute Selbstschutz des Motors.

Kompressionsdruck messen

Die Messung des Kompressionsdrucks in den Motorzylindern gibt Aufschluß darüber, ob Ventile und Kolbenringe noch gut abdichten. Leistung, Kaltstartverhalten sowie Öl- und Kraftstoffverbrauch unseres Motors hängen davon ab. Eine Prüfung also, die zur Fehlersuche und beim Gebrauchtwagenkauf interessant ist.

- Motor warmfahren. Die Kolbenringe dichten bei warmem Öl besser ab.
- Hauptrelais der Motronic und Kraftstoffpumpenrelais abziehen (siehe Bild unten), damit kein Kraftstoff mehr eingespritzt wird.
- Bei Fahrzeugen mit EML (Seite 14) nur das Kraftstoffpumpenrelais abziehen, aber dafür das Kabel an Klemme 1 der Zündspule abklemmen und isolieren.
- Alle Zündkerzen herausschrauben.
- Gummikonus des Druckprüfers auf das Kerzenloch des 1. Zylinders (in Fahrtrichtung der vordere) pressen bzw. Anschlußleitung ins Zündkerzengewinde schrauben.
- Handbremse anziehen, Schalthebel in Leerlauf bzw. Getriebeautomatik-Wählhebel in Stellung »P« drücken.
- Von Helfer den Motor mit dem Anlasser durchdrehen lassen. Das Gaspedal muß er dabei voll durchtreten (zwecks besserer Zylinderfüllung).
- Steigt der Druckwert nicht mehr wesentlich an, Anzeigewert notieren und am nächsten Zylinder weitermessen.
- Der minimale Kompressionsdruck soll bei allen Zylindern **10–11 bar** betragen.
- Wichtiger als der absolute Kompressionsdruck (Meßgerätetoleranz ist möglich) ist jedoch die Differenz zwischen den Zylindern. Maximal **0,5 bar** Unterschied sind zulässig.
- Nach der Messung Zündkerzen wieder einbauen (Seite 189).

Zu niedrige Druckwerte

Gleichmäßig niedriger Kompressionsdruck ist nicht unbedingt ein Alarmzeichen; Ursache können Meßtoleranzen zwischen verschiedenen Prüfgeräten sein. Bedenklich ist es dagegen, wenn zwischen den Meßwerten für die Zylinder Unterschiede von mehr als ca. 3 bar bestehen. Das kann bedeuten:

○ Kolben- und Kolbenringverschleiß
○ Festsitzende Kolbenringe durch Rückstandsbildung
○ Unrunde Zylinder als Folgeerscheinung von Kolbenklemmern
○ Ablagerungen an den Ventilschäften oder -sitzen durch Verbrennungs- bzw. Schmierölrückstände
○ Verbrannte Ventile durch zu knappes Ventilspiel. In den meisten Fällen sind undichte Ventile die Ursache für mangelhaften Kompressionsdruck und damit geringere Motorleistung. Abhilfe bringt entweder Einschleifen der Ventile oder die Überholung des Zylinderkopfes.

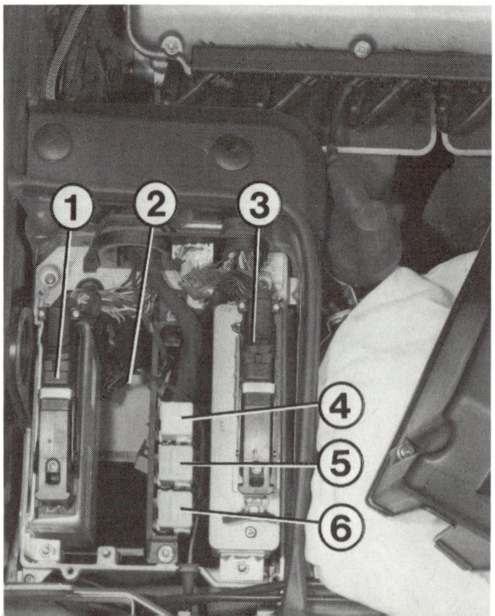

Links: Wenn Sie selbst den Kompressionsdruck Ihres Motors messen wollen, brauchen Sie kein teures Werkstattgerät zu kaufen. Von Moto Meter oder VDO gibt es handliche Kompressionsdruckprüfer.
Rechts: Relais und Steuergeräte (hier im BMW 525i):
1 – Motronic-Steuergerät;
2 – Platz für Tempomat-Steuergerät;
3 – ABS-Steuergerät;
4 – Hauptrelais;
5 – Relais für Lambdasondenheizung;
6 – Kraftstoffpumpenrelais.

Damit die Dichtung unter dem Ventildeckel kein Öl durchdringen läßt, sollen ihre Muttern und die Schraube in der hier gezeigten Reihenfolge angezogen werden. Das darf nicht mit Gewalt geschehen, sonst verzieht sich der Ventildeckel und wird erst recht undicht. Der hier gezeigte Ventildeckel des 530i/535i hat 9 Verschraubungen, der des 520i/525i hat dagegen nur 8.

Motor durchdrehen

Zu manchen Arbeiten muß man die Kurbelwelle entweder in eine bestimmte Stellung bringen oder durchdrehen.

- Dazu auf ebener Fläche den 5. Gang (Schaltgetriebe ist Voraussetzung) einlegen und den Wagen vor- oder zurückschieben. Oder:
- Einen gekröpften SW-22-Ringschlüssel auf der Zentralmutter der Lichtmaschinen-Riemenscheibe ansetzen und den Motor jetzt über den Keilriemen durchdrehen.
- Zwecks besserer Zugänglichkeit muß dazu beim 520i/525i der Luftmengenmesser samt Luftfiltergehäuse ausgebaut werden.
- Rutscht der Riemen durch, wird er mit der freien Hand zwischen den Riemenscheiben belastet und damit gestrafft.

Oberen Totpunkt suchen

Beim Viertaktmotor kommt der Kolben während der vier Arbeitstakte zweimal in den Oberen Totpunkt (OT): Einmal beim Zünden des angesaugten Gemisches und zum zweiten Mal nach dem Ausstoßen der Altgase mit anschließend beginnendem Wiederansaugen von Kraftstoff/Luft-Gemisch. Üblicherweise wird bei verschiedenen Einstellarbeiten der OT von Zylinder 1 (der vordere) während des Zündzeitpunkts gebraucht.

- Zylinderkopfdeckel abnehmen (folgender Abschnitt) und Kurbelwelle so lange durchdrehen, bis die beiden Kipphebel von Zylinder 6 – das ist der in Fahrtrichtung hintere – auf Überschneidung stehen.
- Dann bewegt sich der eine nach unten, während sich der andere gerade nach oben bewegt. Kontrolle: An Zylinder 1 haben beide Kipphebel jetzt Spiel.
- Damit die Sache ganz genau wird, Kurbelwelle ein Stückchen hin- oder herdrehen, bis die Kerbe der OT-Marke vorn auf dem Schwingungsdämpfer genau unter der Markierung an der Stirnseite des Motors steht (Bilder).

Zylinderkopfdeckel abnehmen

- **530i/535i**: Luftmengenmesser ausbauen (Seite 78) und Verteiler-Abdeckung ausclipsen.
- **520i/525i**: Abstützblech Zylinderkopfdeckel/Ansaugkrümmer ausbauen.

Links: Der Obere Totpunkt ist gefunden, wenn die Marke »OT« auf dem Schwingungsdämpfer hinter der Kurbelwellen-Riemenscheibe genau unter der Gußkante am Zahnriemenschutz bzw. am unteren Räderkastendeckel steht. Die Positionen »1« und »2« zeigen Marke und Bezugskante hier beim M20-Motor des 520i/525i. Rechts: Zum Durchdrehen der Kurbelwelle von Hand wird ein SW-22-Schlüssel bzw. eine gleich große Stecknuß mit Rätsche auf der Lichtmaschinen-Riemenscheibe angesetzt. Rutscht der Riemen durch, wird er mit der Hand belastet.

● Schlauch der Kurbelgehäuse-Entlüftung abnehmen.
● 8 Sechskantmuttern entgegen dem Anzugsschema im Bild oben auf der Vorseite lösen.
● **530 i/535 i:** Schrauben in derselben Reihenfolge lösen, die zusätzliche Befestigung ganz vorn am Verteiler wird zuletzt gelöst.
● **Alle:** Zündkabel und Masseband abnehmen.
● Zylinderkopfdeckel abheben, dabei die Dichtung nicht beschädigen.
● Zum Einbau nur intakte oder neue Dichtung verwenden, Kabelkanal und Masseband mit anschrauben.
● Muttern nach Anzugsschema (Bild) mit 9 Nm anziehen. Die neunte Befestigung ganz vorn ist nur beim **530 i/535 i vorhanden.**

Das Ventilspiel

Durch die Erwärmung des Motors dehnen und längen sich die einzelnen Teile des Ventiltriebs. Deshalb muß – damit auch bei warmem Motor die Ventile trotz ihrer etwas länger gewordenen Schäfte richtig abdichten – etwas Luft oder Spiel zwischen Ventilen und Kipphebeln vorhanden sein. Das Prüfen dieses Spiels gehört demzufolge zu den wichtigsten Wartungsarbeiten am Motor. Was bewirkt falsches Ventilspiel?
Zu kleines Ventilspiel: Die Ventile liegen nicht satt auf den Ventilsitzringen, und vor allem die sehr heiß werdenden Auslaßventile können dadurch ihre Wärme nicht mehr an die Sitzringe abgeben. Dann verbrennen die Ventile und ihre Sitze, weil an den Ventilsitzen laufend heiße Verbrennungsgase vorbeistreichen. In leichteren Fällen verziehen sich die Ventile, darunter leidet die Abdichtung, und in der Folge brennt auch bald der Sitz ab. Die Kompression sinkt, der Motor verliert an Leistung, springt schlechter an und verbraucht mehr Kraftstoff.
Zu großes Ventlspiel: Die Ventile öffnen etwas später als normal, die Zylinder werden schlechter gefüllt, und der Motor kommt nicht auf volle Leistung. Der Verschleiß an der Nockenwelle und an den Kipphebeln wird größer. Das wird durch lauteres Ventilgeräusch hörbar.

Fingerzeig: Üblicherweise wird das Ventilspiel im Lauf der Zeit kleiner, weil sich die Ventile auf ihren Sitzen einschlagen.

Ventilspiel prüfen

Wartung Nr. 17

Die Ventilspielkontrolle soll bei kaltem, höchstens handwarmem Motor (max. 35°C Kühlmitteltemperatur) erfolgen. Muß unbedingt bei warmem Motor eingestellt werden, gilt ein anderer Einstellwert.
Gebraucht wird eine Fühlerblattlehre und – zum Einstellen – ein Schraubenschlüssel SW 10 sowie ein Dorn mit etwa 2,5 mm Durchmesser. Geeignet ist auch ein entsprechender Draht oder Nagel mit abgekröpfter Spitze.
● Ventildeckel abnehmen (siehe Vorseite).
● Gemessen werden gleichzeitig das Einlaß- und das Auslaßventil eines Zylinders. Dazu müssen beide Ventile entlastet sein (also Spiel haben).
● Deshalb Motor von Hand durchdrehen (siehe Vorseite), bis der betreffende Zylinder auf **OT Zündzeitpunkt** steht. Wie man das bei Zylinder 1 – dem in Fahrtrichtung vorderen – macht, ist ebenfalls auf der Vorseite beschrieben.
● Gemäß der Zündfolge **1–5–3–6–2–4** wird nach Weiterdrehen der Kurbelwelle um ⅓ Umdrehung der nächste Zylinder – also Zylinder 5 – geprüft bzw. eingestellt.
● Weil das Weiterdrehen um genau ⅓ Umdrehung nicht einfach ist, bedienen wir uns der sogenannten Siebener-Methode, und das geht so:
● Steht Zylinder 5 zum Einstellen auf OT Zündzeitpunkt, überschneiden gerade die Kipphebel von Zylinder 2, d.h. das Auslaßventil dieses Zylinders ist noch nicht geschlossen, während das Einlaßventil schon zu öffnen beginnt.
● Kontrolle: Bei leichtem Hin- und Herdrehen der Kurbelwelle bewegen sich beide Kipphebel von Zylinder 2.
● Gleich funktioniert das bei Zylinder 1 und 6 wie bei 3 und 4. Und jedesmal ergibt die Summe der Zylinderzahlen 7. Daher Siebener-Methode.
● Zum **Prüfen** des Ventilspiels im OT die betreffende Fühlerlehre **zwischen Ventilschaft und Kipphebel** schieben (Ventilspiel siehe Tabelle). Das Lehrenblatt soll sich mit leichtem Widerstand durchziehen lassen.
● Niemals zwischen Nockenwelle und Kipphebel messen. Hier gelten andere Werte.
● Zum **Einstellen** die Kontermutter seitlich am Kipphebel lösen.
● Den erwähnten Dorn in die Bohrung am Einstellexzenter des Kipphebels stecken und damit den Exzenter etwas drehen, bis das Ventilspiel stimmt.
● Kontermutter wieder anziehen.
● Ventilspiel nachmessen und evtl. nochmals korrigieren.
● Zylinderkopfdeckel wieder montieren.

Zum Einstellen des Ventilspiels braucht man einen Schraubenschlüssel SW 10 (3), eine Fühlerblattlehre (1) und einen Draht oder Dorn mit 2,5 mm Durchmesser (2). Wir haben uns hier einen Nagel abgezwickt und passend zurechtgebogen. Die im Text beschriebene Ventilspiel-Einstellung erleichtert man sich, wenn man zuerst den Exzenter mit dem Nagel, wie gezeigt, etwas lockert, das passende Fühlerblatt (siehe Text) dazwischen legt und nun den Exzenter anzieht, bis leichter Widerstand spürbar ist. Exzenter in dieser Stellung halten und Kipphebel-Klemmschraube (Ringschlüssel ist darauf angesetzt) fest anziehen. Anschließend nochmals nachprüfen!

Tabellen zum Einstellen der Ventile

Motor	520i/525i	530i/535i
Ventilspiel	Einlaß und Auslaß	Einlaß und Auslaß
Motor kalt (max. 35°C Kühlmitteltemperatur)	0,25	0,30
Motor warm Betriebstemperatur (Thermostat offen)	0,30	0,35

Siebener-Methode	OT Zündzeitpunkt	Ventilüberschneidung
Zylinder Nr.	1	6
Zylinder Nr.	5	2
Zylinder Nr.	3	4
Zylinder Nr.	6	1
Zylinder Nr.	2	5
Zylinder Nr.	4	3

Fingerzeige: Lautes Ventilgeräusch kann auch von losen Gleitsteinen herrühren. Diese Gleitsteine sind an den Kipphebeln angebracht, um deren Verschleiß an der Berührungsfläche zur Nockenwelle zu mindern. Sind sie locker, müssen die betreffenden Kipphebel ausgetauscht werden, wozu allerdings eine Zylinderkopfdemontage nötig wird.
Des weiteren kann lautes Ventilgeklapper auch auftreten, wenn die Kipphebel Spiel auf der Kipphebelwelle haben.

Bei abgenommenem Schutzdeckel sehen wir den Verlauf des Zahnriemens (2): Er wird von der Kurbelwelle (6) angetrieben und versetzt so die Nebenwelle (4) und die Nockenwelle (1) in Drehung. Gespannt und umgelenkt wird er von der Spannrolle (3).
Im Vordergrund ist die Keilriemenscheibe der Wasserpumpe (5) zu sehen. Sie steht mit dem Zahnriemen nicht in Verbindung. Allerdings stützt sich die Feder der Spannrolle gegen das Pumpengehäuse ab.

Der Zahnriemen des 520 i/525 i

Arbeiten am Zahnriemen

Die Ventilsteuerung erfolgt beim M20-Motor, wie bereits angesprochen, über einen Zahnriemen. Dieser versetzt die Nockenwelle in die halbe Umdrehungszahl der Kurbelwelle. Ferner wird die Nebenwelle vom Zahnriemen angetrieben.

Dem gezähnten Gummiriemen kommt bei unseren BMW-Motoren hohe Bedeutung zu. Die kleinen Brennräume des Motors lassen es nämlich nicht zu, daß eines der Ventile geöffnet hat und somit in den Verbrennungsraum ragt, während sich der betreffende Kolben nach oben – seiner höchsten Stellung zu – bewegt. Dieser Fall kann eintreten, wenn der Zahnriemen reißt oder mehrere Zähne auf den Riemenscheiben überspringt. Dann schlägt das Ventil auf den Kolbenboden auf, und im Handumdrehen gibt es Motorschaden. Wegen schlechter Erfahrungen in der Vergangenheit geht BMW heute kein Risiko mehr ein und verlangt bei jeder zweiten Inspektion II – also bei jedem vierten Aufleuchten des Inspektion-Schriftzugs – den Einbau eines neuen Riemens.

Zahnriemenabdeckung ausbauen

- Je nach geplanter Arbeit zuerst Kühler und Lüfterrad ausbauen (Seite 59 und 64).
- Verteilerdeckel von der Zahnriemenabdeckung abschrauben, Verteilerfinger losschrauben und Abdeckung dahinter abziehen (Seite 186).
- Rechts und links oben an der Zahnriemenabdekkung je eine Sechskantschraube herausdrehen.
- Zwei Stecker von der Motorkabelleiste abziehen, ebenso den Stecker am Öldruckschalter abziehen.
- Kabelschacht unterhalb des Verteilers aushängen und Kabel zur Seite legen.
- Lichtmaschinen-Keilriemen lockern (Seite 177).
- Haltemutter für Lichtmaschinen-Spannbügel lösen.
- **Oberen Teil** der Zahnriemenabdeckung samt seitlicher Gummidichtung abnehmen.
- Der **untere Teil** der Zahnriemenabdeckung wird nur bei Bedarf ausgebaut:
- Lichtmaschinen-Spannbügel vollends ausbauen.
- Riemenscheibe mit Schwingungsdämpfer abschrauben (6 Schrauben). Dazu Riemenscheibe evtl. mit Spannbandschlüssel (Ölfilterschlüssel; siehe Bild Seite 27) gegenhalten.
- Halteschraube unten an der Zahnriemenabdekkung herausdrehen.
- Beim Einbau auf die richtige Montage der Riemenscheibe mit Schwingungsdämpfer achten: Der Zylinderstift muß in die Bohrungen am Schwingungsdämpfer und an der Riemenscheibe passen. Anzugsmoment der Schrauben: 23 Nm.
- Ferner beachten: Die seitliche Gummiabdichtung der Zahnriemenabdeckung und der Dichtring am Verteiler müssen richtig sitzen.
- Der Verteilerfinger kann nur in einer Stellung befestigt werden.

Steuerzeiten einstellen
520i/525i

Unter dem Begriff Steuerzeiten versteht man das zeitgerechte Öffnen und Schließen der Ventile in Abhängigkeit zur Stellung der Kolben und damit der Kurbelwelle. Einzustellen im Sinn von Justieren gibt es da nichts. Es wird lediglich geprüft, ob Nocken- und Kurbelwelle in der richtigen Stellung zueinander stehen, was nach Abnehmen des Zahnriemens nicht mehr unbedingt der Fall zu sein braucht. Dagegen ist die Stellung der Nebenwelle, die ja lediglich die Ölpumpe antreibt, gleichgültig.

- Wie die Steuerzeiten eingestellt werden, ist im folgenden Abschnitt Zahnriemen auswechseln beschrieben.
- Zu Arbeiten an der Nockenwelle oder zum Ausbau des Zylinderkopfes muß der Zahnriemen am Kurbelwellen-Riemenrad nicht abgenommen werden.
- Es wird also an der Kurbelwelle nach der OT-Marke auf dem Schwingungsdämpfer eingestellt.
- Übrige Arbeiten wie beschrieben.

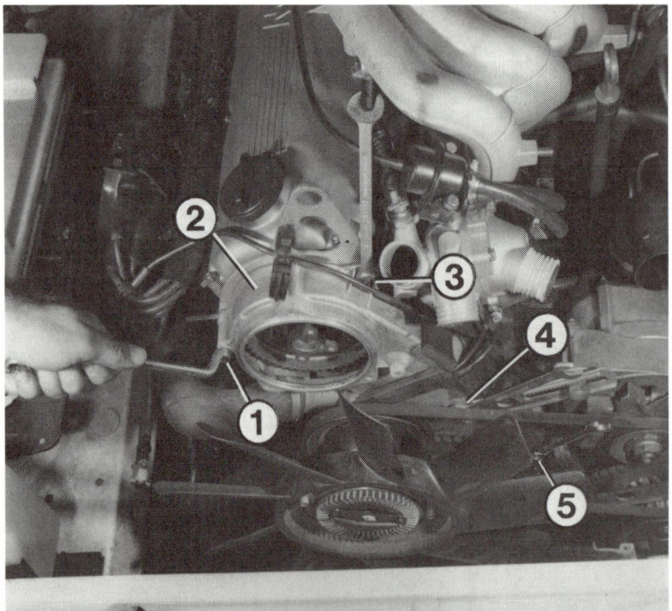

Ausbau der Zahnriemenabdeckung (2): Der obere Teil läßt sich nach Lösen der Halteschrauben (1 und 3) sowie der Haltemutter des Lichtmaschinen-Spannbügels (4) abnehmen. Zum Ausbau des unteren Teils u. a. die Halteschraube unten (5) lösen.

Die Feder (2) der Spannrolle (1) spannt den Zahnriemen nach Lockern der Halteschrauben (3 und 4) von selbst, wenn die Kurbelwelle einmal entgegen dem Uhrzeigersinn durchgedreht wurde. Anschließendes Festziehen der Halteschrauben nicht vergessen.

Zahnriemen auswechseln

520 i/525 i
Wartung Nr. 44

Das Auswechseln des Zahnriemens soll einem Motorschaden durch Zahnriemendefekt vorbeugen.

- Kurbelwelle auf OT Zylinder 1 stellen (Seite 40) und jetzt nicht mehr verdrehen.
- Zahnriemenabdeckung komplett ausbauen, wie bereits beschrieben.
- Bei Wiederverwendung des alten Zahnriemens (Ausbau im Rahmen einer Reparatur) Laufrichtung mit Kreide am Riemen kennzeichnen.
- Halteschrauben bzw. -muttern der Spannrolle lockern.
- Federunterstützte Spannrolle zur rechten Motorseite hin drücken und in dieser Stellung mit den Halteschrauben fixieren.
- Alten Zahnriemen abnehmen.
- Neuen Zahnriemen auflegen. Dabei vom Kurbelwellen-Zahnriemenrad ausgehend den Riemen zum Nebenwellen- und dann zum Nockenwellenrad verlegen.
- Kontrollieren, ob die Markierungen an Kurbelwelle und Nockenwelle noch fluchten.
- Halteschrauben der Spannrolle lockern und Kurbelwelle einmal entgegen dem Uhrzeigersinn durchdrehen. Die Spannrolle kann dabei den Riemen straffen.
- Halteschrauben mit 22 Nm festziehen. Die Riemenspannung stimmt jetzt.
- Flucht der Markierungen nochmals prüfen.
- Zahnriemenabdeckung wieder befestigen (wie beschrieben).
- Datum und km-Stand bei Zahnriemenwechsel notieren.

Zahnriemen nachspannen?

Bei BMW hält man nichts vom regelmäßigen Nachspannen des Zahnriemens. Vielmehr wird empfohlen, einen locker gewordenen Zahnriemen gleich zu ersetzen und dann den neuen zu spannen.

Damit nach dem Wiederauflegen des Zahnriemens die Ventilsteuerzeiten wieder stimmen, werden Nockenwelle, Nebenwelle und Kurbelwelle in eine bestimmte Stellung zueinander gebracht. Man hat dazu die Stellung ausgesucht, bei der der Kolben im ersten Zylinder in seinem höchsten Punkt steht (= OT). Die Nockenwelle muß dabei, wie im Bild links gezeigt, so gedreht werden, daß der Pfeil (2) auf dem Zahnrad der Kerbe (1) am Zylinderkopf gegenübersteht.
Bei abgenommener Kurbelwellen-Keilriemenscheibe ist die OT-Stellung des 1. Zylinders daran zu erkennen, daß die Kerbe an der Kurbelwelle (2) der Gußnase (1) am Gehäuse gegenübersteht (Bild rechts).

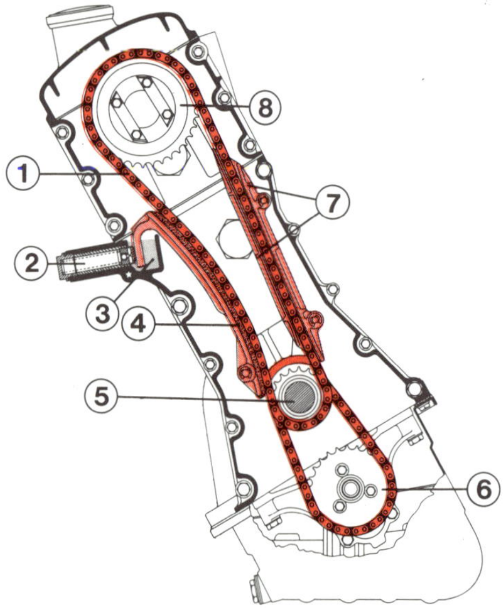

Damit die Kette (1) für den Antrieb der obenliegenden Nockenwelle nicht peitscht und laut wird, muß sie straff gespannt werden. Dazu wird eine kunststoffbeschichtete Spannschiene (4) verwendet, gegen die ein federbelasteter Kolben (2) drückt. Der ölgefüllte Vorratsraum (3) dient zur Öldämpfung des Kettenspanners. Dadurch wird erreicht, daß der Ketten-spanner-Kolben nicht ins Schwingen gerät. Auf der Zugseite wird die Kette beidseitig von Führungsschienen (7) gefaßt. Über die Steuerkette treibt die Kurbelwelle (5) lediglich die Nockenwelle (8).
Der Antrieb der Ölpumpe (6) erfolgt über eine separate Kette. Diese kurze Kette ist es übrigens, die für Heulgeräusche bei älteren Motoren verantwortlich ist. Grund: Die Kette ist nicht geführt und kann deshalb frei schwingen.

Die Steuerkette des 530i/535i

Die Ventilsteuerung erfolgt beim M30-Motor über eine Steuerkette. Diese versetzt die Nockenwelle in die halbe Umdrehungszahl der Kurbelwelle.
Die kleinen Brennräume lassen es auch bei diesem Motor nicht zu, daß eines der Ventile geöffnet hat und somit in den Verbrennungsraum ragt, während sich der betreffende Kolben nach oben – seiner höchsten Stellung zu – bewegt. Dieser Fall könnte eintreten, wenn durch eine falsch eingebaute Kette die Einstellung von Nockenwelle zu Kurbelwelle nicht stimmt (siehe »Zylinderkopf einbauen«). Dann schlägt das Ventil auf den Kolbenboden auf – Motor-Totalschaden.

Spann-mechanismus der Steuerkette

Zur Vermeidung von Kettengeräuschen und zum Ausgleich von Verschleiß an der Steuerkette (sie längt sich etwas im Laufe der Zeit) dient der Kettenspanner an der rechten Motorseite. Ein federbelasteter und mit Öl gedämpfter Kolben drückt dazu die rechte Führungsschiene gegen die Kette, wodurch sich diese spannt.

Störungen am Kettenspanner

Rasselgeräusche, die von der Steuerkette ausgehen, lassen auf eine stark gelängte Kette (Verschleiß bei mehr als 150000 km) oder einen defekten Spannmechanismus schließen. Fehlerursache:
○ Dämpfungskolben sitzt verklemmt
○ Feder ist erlahmt
○ Luftpolster im Kolbenkanal behindert die Dämpfung (mangelhaft entlüftet)
○ Kugelventil oder Entlüftungsschlitze des Kolbens sind verstopft

Kettenspanner aus- und einbauen

● Außen sitzende Verschlußschraube lösen; Vorsicht, sie steht unter Federdruck!
● Feder und Kolben herausziehen.
● Kontrollieren Sie, ob das Kugelventil gängig ist (schütteln) und die Entlüftungsventile nicht verstopft sind (mit Preßluft).
● Die entspannte Feder muß 155,5 mm lang sein.
● Zum Einbau muß die Aussparung am Kolben in

Hier schauen wir von rechts unten auf den Motor des 530i/535i. Hinter der Verschlußschraube (Pfeil) sitzt der Kettenspanner mit seiner Feder.

die Spannschiene eingreifen; das spitze Ende der Feder muß zur Verschlußschraube zeigen.

● Diese Schraube zunächst nur lose eindrehen.
● Zylinderkopfdeckel abschrauben und die Öltasche (siehe Zeichnung links) gut mit Motoröl füllen.
● Jetzt mit einem langen Schraubendreher die Spannschiene so lange hin- und herbewegen, bis an der Verschlußschraube Öl austritt und Widerstand spürbar wird.
● Die Schraube kann nun festgedreht werden (35 Nm).
● Zylinderkopfdeckel wieder montieren (Seite 39).

Arbeiten am Zylinderkopf

Arbeiten am Zylinderkopf – beginnend mit dem Ausbau – setzen bessere Kenntnis der Materie voraus, als dies bei den bisher beschriebenen Reparatur- und Pflegearbeiten nötig war. Außerdem ist ein Drehmomentschlüssel als wichtigstes Werkzeug jetzt unerläßlich.

Störungsbeistand

Zylinderkopfdichtung

Häufigster Schaden im Bereich Zylinderkopf ist eine defekte Zylinderkopfdichtung. Dieser Defekt tritt meistens als Folge von Überhitzung auf.

Erkennungsmerkmal	Ursache/Besonderheiten
A Kühlflüssigkeitsstand nimmt stetig langsam ab	**Kühlmittel gelangt in sehr geringer Menge in die Brennräume. Diese Erscheinung kann sich ohne weitere Merkmale über längere Zeit hinziehen. Andere Möglichkeit: Kühlanlage undicht**
B Beträchtlicher Kühlmittelverlust. Der Wagen zieht bei Betriebstemperatur einen weißen Abgasschleier hinter sich her	**Kühlmittel dringt in großer Menge in einen Verbrennungsraum, verdampft dort und entweicht als weiße Fahne durch den Auspuff**
C Aus dem geöffneten Kühler bzw. Ausgleichsbehälter steigen bei laufendem Motor Luftblasen auf oder beim Öffnen des Verschlußdeckels sprudelt eine größere Menge Kühlmittel heraus	**Verbrennungsgase werden ins Kühlsystem gedrückt. Aus der Öffnung des Kühlers bzw. des Ausgleichsbehälters riecht es nach Abgasen**
D In Regenbogenfarben schillernde Verfärbung oder schwarze Verfärbung an der Oberfläche des Kühlmittels	**Öl aus dem Schmierkreislauf gelangt ins Kühlsystem**
E Grau oder braun aussehende Emulsion am herausgezogenen Ölpeilstab oder Öl von Wasserbläschen durchsetzt	**Kühlflüssigkeit ist in den Schmierkreislauf geraten. Achtung: Wasser im Motoröl kann einen Lagerschaden verursachen. Zylinderkopfdichtung sofort wechseln (lassen). Motor nicht mehr starten; Wagen zur Reparatur abschleppen**

Fingerzeige: Ist nach einem Schaden an der Zylinderkopfdichtung Öl ins Kühlsystem gelangt, muß der Kühler gespült werden. Dazu 2 Liter Kühlerreinigungsmittel (z.B. Solvethane) in die ausgebauten Teile einfüllen und kräftig schütteln. Gebrauchtes Kühlerreinigungsmittel zum Sondermüll geben. Kühlsystem anschließend durch mehrmaliges Neubefüllen mit heißem Wasser komplett durchspülen.
Ähnliche Symptome wie bei einer defekten Zylinderkopfdichtung entstehen auch durch kleine Risse im Zylinderkopf. Wenn also trotz offensichtlichen Defekts die Dichtung nach Demontage keine Schäden zeigt, muß ein Motorinstandsetzungsbetrieb den Zylinderkopf unter Druck prüfen.

Zylinderkopf ausbauen

● **Alle Modelle:** Batterie abklemmen.
● Untere Motorraumverkleidung lösen (Seite 241).
● Auspuffrohre vom Krümmer abschrauben, Auspuffbefestigung am Getriebe lösen.
● Luftmengenmesser und Luftfilter ausbauen (Seite 78 und 81).
● Kühlmittel ablassen (Seite 60).
● Verteilerdeckel abbauen (Seite 186), Zündleitungsrohr abschrauben, Kerzenstecker abziehen. Alle Teile zusammen abnehmen.
● Gaszug und – falls vorhanden – Zug zum Automatikgetriebe aushängen (Seite 80 und 93).
● Abstützung für Ansaugkanal ausbauen.
● Wasserschläuche zur Heizung und zum Kühler bzw. Thermostat und Ansaugkrümmer abbauen.
● Kühlerventilator und Lüfterzarge ausbauen (Seite 64).
● Stecker an den Temperaturgebern sowie am Öldruckschalter kennzeichnen und abziehen.
● Stecker am Drosselklappenschalter abziehen.
● Stecker am Leerlaufregelventil abziehen.
● Steckerleiste von den Einspritzventilen abziehen (Seite 79).
● Kraftstoffzu- und -rücklaufschlauch kennzeichen, damit sie beim Einbau nicht vertauscht werden und vom Druckregler/Verteilerrohr abziehen (520i/525i) bzw. an der Trennstelle hinten unterhalb des Ansaugrohrs (530i/535i).
● Unterdruckschlauch am Bremskraftverstärker abziehen.

● Kabel von der Lichtmaschine und vom Anlasser lösen.
● Stecker und Schlauch am Tankentlüftungsventil abziehen.
● **520i/525i:** Halter für Ölpeilstab abschrauben.
● Kurbelgehäuse-Entlüftungsrohr unter dem Ansaugkrümmer entgegen Federkraft nach unten ziehen und mit Draht oder Blechbügel in dieser Stellung fixieren.
● Rändelmutter des Anschlußsteckers am Motor-Kabelkanal lösen, Stecker abziehen, Kabelkanal abschrauben.
● Zahnriemenabdeckung ausbauen (Seite 42).
● Zylinderkopfdeckel abschrauben (Seite 39).
● In OT-Stellung den Zahnriemen vom Nockenwellen-Riemenrad abnehmen (Seite 43).
● **530i/535i:** Kühlmittel-Ausgleichsbehälter nach Abbau aller Schläuche und Stecker ausbauen.
● Zylinder 1 auf OT Zündzeitpunkt stellen (Seite 40).
● Zylinderkopfdeckel abschrauben (Seite 39).
● Deckel vorn am Zylinderkopf (Räderkastendeckel) nach Lösen von 8 Schrauben abnehmen.
● Kolben des Kettenspanners ausbauen (Seite 44).
● Kettenrad der Nockenwelle abschrauben.
● Darauf achten, daß die Kette bei dieser Arbeit gestrafft bleibt. Sonst könnte es sein, daß sie auf dem Kettenrad einen Zahn überspringt, und die Steuerzeiten wären verstellt.
● Kette am Nockenwellenrad sichern, wie im Bild unten gezeigt.
● Kettenrad außerdem mit Draht an die Garagendecke hochbinden. So bleibt die Kette auch auf dem unteren Kettenrad gespannt.
● Kurbelwelle nicht mehr verdrehen!
● **Alle Modelle:** Zylinderkopfschrauben entgegen der im Anzugsschema rechts unten gezeigten Reihenfolge lösen.
● Nochmals kontrollieren, ob alle Verbindungen vom Zylinderkopf zum Motorblock und zur Karosserie gelöst sind.
● Zylinderkopf abnehmen.
● Ist der Zylinderkopf mit der Dichtung am Motorblock festgebacken, helfen leichte Schläge mit dem Kunststoff-Hammer auf die Seitenfläche des Kopfes.

Zylinderkopf einbauen

Der Wiedereinbau des Zylinderkopfes geht natürlich sinngemäß umgekehrt vonstatten wie der Ausbau. Doch auf einige Punkte gilt es besonders zu achten:
● **Alle Modelle:** Reste der alten Zylinderkopfdichtung sorgfältig von Block und Kopf entfernen. Am relativ weichen Zylinderkopf dazu kein hartes Werkzeug verwenden. Am besten ist Dichtungsentferner aus der Sprühdose.
● Dichtfläche am Kopf mit langem Metallineal auf Ebenheit kontrollieren. War Überhitzung die Ursache für den Dichtungsschaden, kann der Zylinderkopf verzogen sein. Dann den Kopf planschleifen lassen. Als Bearbeitungsgrenze gelten 124,7 mm beim 520i/525i bzw. 128,6 mm beim 530i/535i Gesamthöhe von der Dichtfläche zum Zylinderkopfdeckel bis zur Dichtfläche zur Kopfdichtung.
● Ca. 0,3 mm kann der Kopf also gegenüber dem Originalmaß nachgearbeitet werden. Dafür gibt es im Ersatzteillager eine 0,3 mm stärkere Zylinderkopfdichtung, die wieder Ausgleich schafft.
● Nach Planen des Zylinderkopfes beim 525i/528i auch den Räderkastendeckel entsprechend nacharbeiten lassen.
● Auch Risse können nach Überhitzung im Zylinderkopf auftreten. Das können Sie bei einem Motorinstandsetzer am ausgebauten Kopf prüfen lassen.
● In den Gewindelöchern am Zylinderblock darf kein Öl oder Wasser stehen. Sonst stimmt die Anpreßkraft der Zylinderkopfschrauben trotz richtigem Drehmoment nicht. Außerdem kann der Zylinderkopf im Bereich der Gewindelöcher reißen.
● Die Zylinderkopfschrauben sollen sorgfältig gereinigt und am Gewinde sowie unten am Schraubenkopf leicht eingeölt sein.
● **Vor dem Aufsetzen** des Zylinderkopfes kontrollieren, ob Nockenwelle und Kurbelwelle noch auf OT stehen (siehe Abbildungen Seite 39, 43 und 47).

So wird die Steuerkette bei abgeschraubtem Kettenrad gegen Abrutschen gesichert: Ein Draht (Pfeil) hält die Kette unterhalb des Kettenrades zusammen, so daß sie nicht aus Versehen einen Zahn weiterspringen kann, was die Steuerzeiten verändern würde.

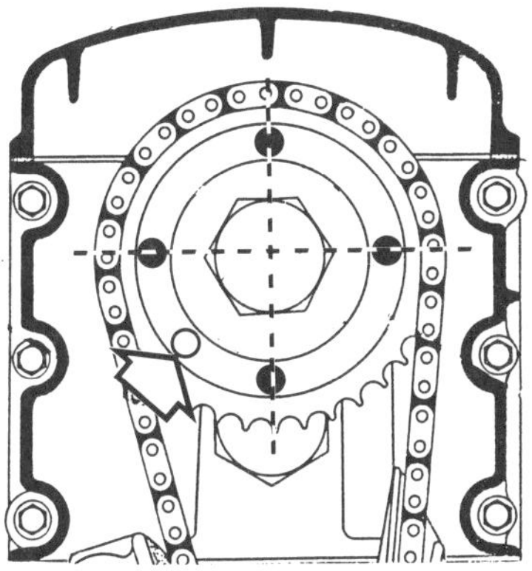

OT-Stellung der Nockenwelle: Die Gewindebohrungen müssen senkrecht zum Motor stehen (gestrichelte Linien), und der Paßstift muß sich, wie hier gezeigt, links unten befinden (Pfeil).

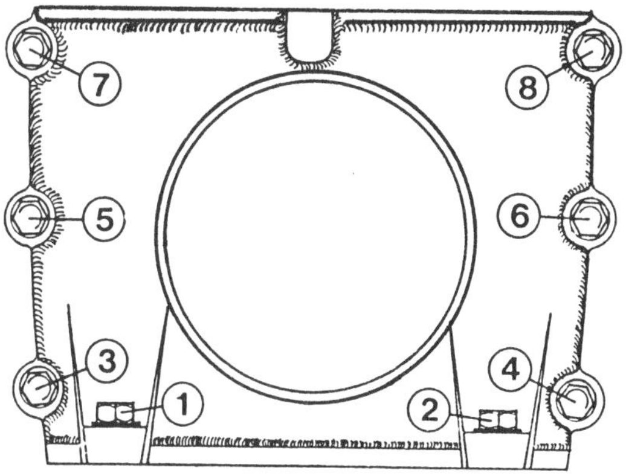

Räderkastendeckel befestigen: Schrauben »1« und »2« erst leicht anziehen. Dann die übrigen Schrauben der Reihenfolge nach festdrehen, und erst zum Schluß die Schrauben »1« und »2« festziehen.

● Nach Auflegen der (neuen!) Zylinderkopfdichtung kann der Zylinderkopf montiert werden. Die Schrauben werden nach dem Anzugsschema unten in mehreren Durchgängen (Tabelle unten) festgezogen.

● Die richtige Zylinderkopfdichtung ist an einer Einprägung zu erkennen: Beim 520i: 2,0/2,3E; beim 525i: 2,5; beim 530i: 3,0/3,0E/3,2E; beim 535i: 3,4E.

● **520i/525i:** Das beim Ausbau nach unten gedrückte Kurbelgehäuse-Entlüftungsrohr kann wieder von unten in den Ansaugkrümmer gesteckt werden. Dabei auf den Zustand des Dichtrings und den richtigen Sitz des Rohrs achten.

● OT-Marken kontrollieren, Zahnriemen auflegen (Seite 43).

● **530i/535i:** Oberes Kettenrad wieder an der Nockenwelle festschrauben (7 Nm). Kette dabei unter Spannung halten. Erwähnte OT-Stellung beachten: Der Paßstift am Nockenwellenrad muß jetzt, ohne daß an der Kurbelwelle gedreht wird, genau in das Loch am Nockenwellenflansch passen.

● Kolben und Feder des Kettenspanners wieder einbauen (Seite 44).

● Beide Löcher der Zylinderkopfdichtung im Bereich der Trennfuge mit streichbarer Dichtmasse (z. B. Dirko-Dichtmasse) füllen.

● Dichtung am Verteilerantrieb überprüfen.

● Räderkastendeckel montieren (Anzugsdrehmoment der Schrauben: 9–11 Nm). Anzugsreihenfolge der Schrauben siehe Zeichnung oben.

● Verteiler einbauen (Seite 186)

● Thermostat einbauen, Dichtung ersetzen. Einbaulage: Der Bügel am Thermostat zeigt nach außen.

● **Alle Modelle:** Gewindestifte am Auspuffkrümmer mit Kupferpaste (Seite 264) fetten und Auspuff mit neuer Dichtung und neuen selbstsichernden Auspuffmuttern am Krümmer festschrauben (50–55 Nm). Dann den Auspuffträger spannungsfrei am Getriebe befestigen (22–24 Nm).

● Kühlwasserschläuche befestigen, Kühlmittel einfüllen (Seite 60)

● Motoröl wechseln.

● Gaszug und – wo vorhanden – Zug zum Automatikgetriebe einstellen (Seiten 80 und 93).

● Zylinderkopfdeckel wieder anbauen (Seite 39).

● Keilriemen auflegen und spannen (Seite 176/177).

● Ventilspiel einstellen (Seiten 40).

Zylinderkopf-Anzugsdrehmomente

Motor	1. Stufe	2. Stufe	3. Stufe	4. Stufe	5. Stufe
M20 (520i/525i) Sechskantschrauben	40 Nm	15 Minuten Wartezeit	60 Nm	Motor 25 Minuten warmlaufen lassen	Schrauben 25° (Drehwinkel) weiter anziehen
M20 (520i/525i) TORX-Schrauben	30 Nm	–	Schrauben 90° (Drehwinkel) weiter anziehen	–	Schrauben 90° (Drehwinkel) weiter anziehen
M30 (530i/535i)	60 Nm	20 Minuten Wartezeit	Schrauben 33° (Drehwinkel) weiter anziehen	Motor 25 Minuten warmlaufen lassen	Schrauben 35° (Drehwinkel) weiter anziehen

Damit der Zylinderkopf absolut plan und gleichmäßig aufliegt, müssen die 14 Zylinderkopfschrauben in der hier gezeigten Reihenfolge und den in der Tabelle oben angegebenen Drehmomenten angezogen werden. Nur so ist der richtige Sitz des Zylinderkopfes gewährleistet.

Lagerschäden

Klopfgeräusche aus dem Motorraum, die mit wärmer werdendem Öl lauter werden, sind Anzeichen für einen Lagerschaden.

Ursachen

- ○ Mangelnde Schmierung durch zu niedrigen Ölstand
- ○ Wasser im Motoröl als Folge einer defekten Zylinderkopfdichtung
- ○ Zu hohe Drehzahlen bei kaltem Motor und daher zähflüssigem Öl
- ○ Abgerissener Schmierfilm bei hohen Öltemperaturen, evtl. durch falsche Ölviskosität

Maßnahmen bei einem Lagerschaden

Um es vorweg zu nehmen – fast immer sind die Gleitlager der Pleuel defekt. Wenn Sie ein defektes Pleuellager bereits im Frühstadium erkennen, kann der Austausch der Lagerschalen genügen. Deshalb:

- ○ Bei harten Klopfgeräuschen aus dem Motorraum den Motor **sofort abstellen**. Oft leuchtet zusätzlich die Ölkontrollampe auf.
- ○ Motor nicht mehr starten, Wagen jetzt in die Werkstatt schleppen lassen.
- ○ Ist der Motor noch jünger als 100000 km, kann sich eine Teilreparatur lohnen:
- ○ Ölwanne ausbauen und Lagerdeckel aller Pleuellager abschrauben lassen.
- ○ Sind nur einzelne Lagerschalen beschädigt, die Zapfen der Kurbelwelle aber noch glatt, reicht Austauschen der Lagerschalen.
- ○ Eventuell muß anhaftendes Lagermetall vom Kurbelwellenzapfen entfernt werden.
- ○ In jedem Fall die Pleuelbohrung am defekten Lager vermessen lassen. Meist muß die Pleuelbohrung nachgebohrt werden – das kann nur der Motoreninstandsetzer.

Motor aus- und einbauen

Der Motor wird nach vorangegangenem Ausbau des Getriebes nach oben aus dem Motorraum gehoben. Dazu brauchen Sie einen Flaschenzug und einen Raum, in dem er stabil und in ausreichender Höhe aufgehängt werden kann. Günstig ist auch ein »vorbelasteter« Helfer.

Ausbau

- ● Beide Batteriepole abklemmen, beim 520i/525i dünnes Kabel vom Pluspol lösen.
- ● Getriebe ausbauen (Seite 89 bzw. 94).
- ● Wo vorhanden, untere Motorraumverkleidung (Unterschutz) ausbauen (Seite 241).
- ● Motorhaube ausbauen (Seite 245).
- ● Kühlwasser ablassen (Seite 60), Kühler ausbauen (Seite 59).
- ● Kühlerventilator ausbauen (Seite 64).
- ● Gaszug und, wo vorhanden, Zug zum Automatikgetriebe und zum Tempomat am Drosselklappenstutzen aushängen.
- ● 530i/535i: Kühlmittel-Ausgleichsbehälter zum Schutz vor Beschädigungen ausbauen.
- ● Behälter für Intensivreiniger ausbauen.
- ● Flügelpumpe der Servolenkung am Motor abschrauben und mit Draht an der Karosserie befestigen. Die Druckschläuche bleiben angeschlossen.
- ● Bei Klimaanlage den Kompressor am Motor abschrauben. Die Schläuche müssen unbedingt angeschlossen bleiben, der Kompressor wird ebenfalls mit Draht im Motorraum aufgehängt.
- ● 530i/535i: Bei automatischem Getriebe die Getriebeölleitungen von der Ölwanne abschrauben.
- ● Hauptzündkabel an der Zündspule abziehen.
- ● Luftfiltergehäuse mit Luftmengenmesser ausbauen (Seite 78 bzw. 81).
- ● Kraftstoffzu- und Rücklaufschläuche kennzeichnen und am Verteilerrohr (520i/525i) bzw. am Trennstück (530i/535i) nach Lösen der Schellen abziehen.
- ● Unterdruckschlauch zum Bremskraftverstärker abziehen.
- ● Stecker am Leerlaufsteller abziehen; beim 530i/535i zusätzlich das Ventil aus dem Ansaugluftschlauch ziehen.
- ● Fahrzeuge mit Kat: Steckverbindung zur Lambdasonde trennen.
- ● Auspuffrohre von Auspuffkrümmer und Getriebestütze abbauen.
- ● Luftschläuche am Drosselklappenstutzen abziehen.
- ● Masseband am Zylinderkopfdeckel (nicht bei allen Modellen vorhanden) abschrauben.
- ● Unterdruckschlauch für Heizungsregelung abziehen.
- ● Wasserschläuche zur Heizung bzw. zum Heizungsventil (hintere Motorraumwand) abbauen.
- ● 520i/525i: Kühlwasserrohr vorn am Motor abbauen. Kabelkanal unter dem Verteiler ausheben und Kabel zur linken Motorseite legen.
- ● Stecker vom Öldruckschalter abziehen.
- ● Kabel von Lichtmaschine und Anlasser abbauen.
- ● Stecker zum Ölstandsgeber trennen.
- ● Stecker für Drehzahl-Impulsgeber und Zylinderkennung abziehen.
- ● Schlauch und Stecker vom Tankentlüftungsventil abziehen.
- ● 520i/525i: Steckverbindung unten am Motorkabelbaum linksdrehen und abziehen.
- ● Motorkabelbaum abschrauben und zur Seite legen.
- ● 530i/535i: Alle Stecker von Temperaturfühlern und Kabelleiste abziehen. Befestigungsschrauben der Leiste lösen, Kabelleiste abnehmen.

Motorausbau: Getriebe bzw. Kupplungsglocke sind teilweise mit sogenannten TORX-Schrauben (1–4) am Motor befestigt. Zusätzlich gibt es auch herkömmliche Sechskantschrauben zu lösen (Pfeile).

● Kontrollieren, ob alle Kabel und Schlauchverbindungen vom Motor zur Karosserie gelöst sind. Am Motor befestigte Kabel dürfen auch nicht mehr an einem Kabelbinder an der Karosserie hängen.
● Masseband am Motorlager lösen.
● Linkes Motorlager an der oberen Befestigung abschrauben, rechtes an der unteren.
● Zwei Ketten mit dem Flaschenzug verbinden und diese in die Ösen vorn und hinten am Motor einhängen.
● Motor nach oben herausheben.

Einbau

Sinngemäß wird beim Einbau in umgekehrter Reihenfolge des Ausbaus vorgegangen. Dabei gilt es einige Punkte besonders zu beachten:
● Generell alle selbstsichernden Muttern und alle Quetsch-Schlauchklemmen ersetzen.
● Hinweise zum Einbau des Getriebes beachten (Seite 90 bzw. 95).
● Keilriemen spannen (siehe Seite 176).
● Gaszug und – wo vorhanden – Zug zum Automatikgetriebe einstellen (Seiten 80 und 93).
● Kühlsystem befüllen und entlüften (Seite 60).
● Führungsstift des Motorlagers in die Bohrung am Achsträger stecken.
● Kraftstoffzu- und Rücklaufschlauch nicht verwechseln.

Anzugsdrehmomente

Bauteil	Nm
Gummilager an Vorderachsträger	45
Gummilager an Motorträger	45
Auspuffrohr an Auspuffkrümmer	22
Auspuffträger an Getriebe und Auspuff	22
Getriebe an Motor (siehe Seite 90 bzw. 95)	

Ausbau des Motors. Links: Der Zentralstecker des Motorkabelbaums (1) kann nach Linksdrehen des Schraubrings von seinem Gegenstück (2) getrennt werden.
Rechts: Der Motor ruht vorn auf den Motorstützen (2) und elastischen Motorlagern (1).

Hinterausgang

Unangenehmes muß schnell verschwinden. Doch auf saubere Weise. Und ohne allzuviel Aufhebens zu verursachen.
Das ist kein Politiker-Grundsatz, sondern die Aufgabe der Auspuffanlage. Sie leitet die Abgase nach hinten, reinigt sie mit dem Katalysator und dämpft das Verbrennungsgeräusch.

Die Teile der Auspuffanlage

Bei allen Motorversionen besteht die Auspuffanlage aus folgenden Teilen (von vorn nach hinten):
○ **Katalysator mit Abgasrohren vorn.** In dieses Bauteil ist auch die Lambdasonde eingeschraubt.
○ **Zwischenschalldämpfer.** Dieser Schalldämpfer ist durch zwei Abgasrohre an Flanschen mit dem Katalysator verschraubt. An seiner Ausgangsseite befindet sich beim BMW 520i nur ein Abgasrohr, bei den übrigen Modellen sind es – wie auf der Eingangsseite – zwei Rohre.
○ **Nachschalldämpfer.** Er schließt sich an den Zwischenschalldämpfer an. Ein- und Ausgangsseite sind beim Modell 520i mit nur einem Abgasrohr bestückt, bei den stärkeren Versionen sind es deren zwei.

Fingerzeig: Zwischen- und Nachschalldämpfer sind bei der im Neuwagen eingebauten Auspuffanlage mittels eines durchgehenden Rohrstücks fest miteinander verbunden. Als Ersatzteil sind die Auspufftöpfe nur einzeln lieferbar. Sie müssen im Reparaturfall mittels passender Muffen miteinander verschweißt werden.

Auspuffanlage kontrollieren

Wartung Nr. 33

Die Auspuffanlage ist starr nur mit dem Auspuffkrümmer und durch einen Halter mit dem Getriebe verbunden. Am Fahrzeugboden hängt sie frei schwingend in Gummischlaufen.

- Haltegummis auf Brüchigkeit, Einrisse oder sonstige Schäden überprüfen, ggf. ersetzen.
- Schrauben der Halterungen am Getriebe und am Endschalldämpfer auf festen Sitz prüfen, aber nicht mit aller Gewalt »anknallen«.
- Gleiches gilt für die Verschraubungen am Auspuffkrümmer und an den Rohr-Verschraubungen.
- Mit einem Lappen in der Hand bei laufendem Motor Auspuff-Endrohr(e) zuhalten. Der Motor muß nach kurzer Zeit stehenbleiben.
- Hören Sie zischende Geräusche und läuft der Motor ungestört weiter, ist die Anlage an der Geräuschstelle undicht.
- Ein dumpferer Auspuffton als gewöhnlich und Knallen im Schiebebetrieb weist auf einen durchgerosteten Auspuff hin.

Auspuffanlage erneuern

Reparaturen an einer durchgerosteten Auspuffanlage sind meist nur kurzer Erfolg beschieden. Auf rostgeschwächtem Blech kann nicht mehr geschweißt werden. Auspuffkitt und Bandagen sind zwar recht dauerhaft, aber das Blech bricht bald neben der Reparaturstelle aus. Das ist also nur ein Behelf für unterwegs.
Selten sind beide Schalldämpfer gleichzeitig austauschreif. Doch es liegt die Überlegung nahe, daß der momentan noch ganz gute Auspufftopf schon binnen kurzem ebenfalls den Geist aufgeben wird. Damit man dieselbe Arbeit nicht in kurzen Abständen mehrmals machen muß, kann es sich also empfehlen, Zwischen- und Nachschalldämpfer gleichzeitig auszuwechseln.
Der Katalysator ist in nichtrostenden Stahl eingebettet, so daß dieser Teil der Auspuffanlage zumindest nicht durch Korrosion verschleißen wird.
Um das Ausmaß des Schadens an der Auspuffanlage feststellen zu können, müssen beide Schalldämpfer – auch der scheinbar intakte – vor dem Wiedereinbau gründlich geprüft werden.

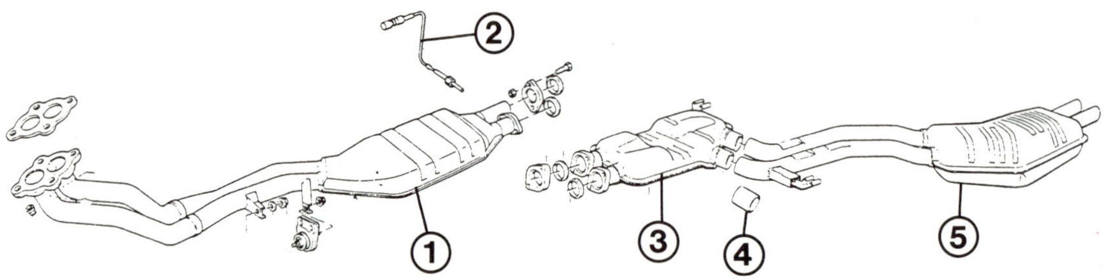

Die Teile der Auspuffanlage (hier die Doppelrohr-Version): 1 – Katalysator; 2 – Lambdasonde; 3 – Zwischenschalldämpfer; 4 – Verbindungsmuffe; 5 – Nachschalldämpfer.

Trennen von Katalysator (3) und Mittelschalldämpfer (1) an den beiden Auspuffflanschen (2).

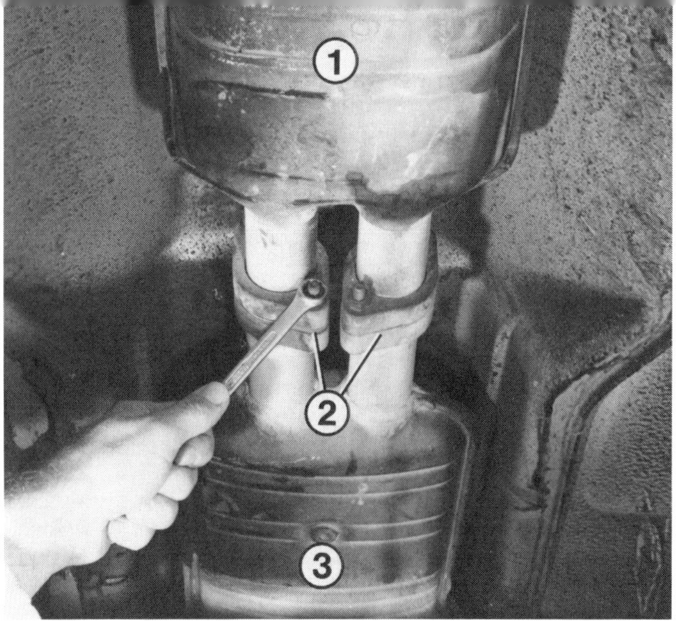

● Klopfen Sie den ausgebauten Schalldämpfer mit einem Hammer rundum gründlich ab, auch an den Stirnseiten. Dabei nicht zu zaghaft hämmern.

● Klingt es bei jedem Schlag hell, ist das Blech noch gesund.

● Wird das Klopfgeräusch an manchen Stellen dumpfer, ist die Außenhaut bereits geschwächt und wird bald durchbrechen; besonders in der streusalzhaltigen Winterszeit.

Fingerzeig: Für den Ersatzteilkauf gilt, daß Dichtungen und selbstsichernde Muttern ersetzt werden müssen. Wird einer der Schalldämpfer ersetzt, die Verbindungsmuffen nicht vergessen.

Katalysator mit Abgasrohren vorn ausbauen

● Steckverbindung der Lambdasonde (Bilder Seite 77) trennen. Kabel zur Lambdasonde aus den Karosseriehaltern nehmen.

● Die Muttern auf den Stehbolzen des Auspuffkrümmers werden am besten mit einem scharfen Meißel zerstört.

● Sie bestehen für gewöhnlich aus sehr weichem Material mit eingelegter Gewindespirale. Das Gewindeteil muß dann noch einzeln vom Gewinde des Stehbolzens »gepopelt« werden.

● Verschraubung am Getriebe und die Flansche zum Vorschalldämpfer lösen (siehe dazu den Tip im folgenden Abschnitt).

● Zum **Einbau** unbedingt neue selbstsichernde Auspuffmuttern aus dem beschriebenen »weichen« Material verwenden. Keine Muttern aus der heimischen Schraubenkiste verwenden.

● Konus der Auspuffflansche vorn am Krümmer mit Kupferpaste (siehe Werkzeugkapitel) einfetten.

● Federn auf die Stehbolzen schieben und die selbstsichernden Auspuffmuttern mit 10 Nm anziehen, damit die Feder ganz gespannt ist. Um ein Verspannen der Abgasanlage zu vermeiden, das Rohr mit dem Wellstück zuerst anziehen.

● Danach die Muttern um 1,5 Umdrehungen lokkern.

● Dichtungen am Flansch zum Zwischenschall-

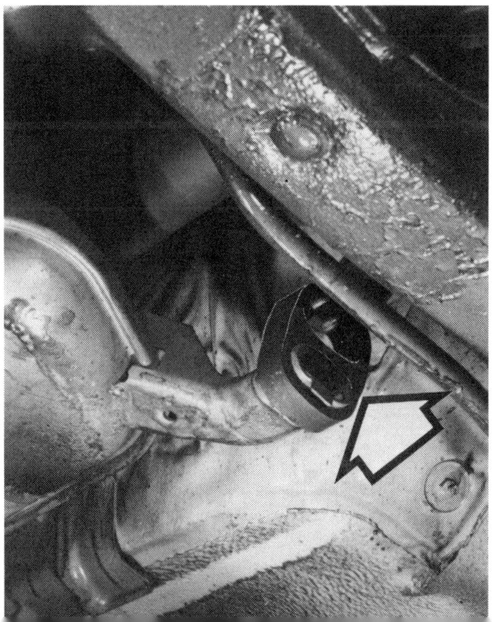

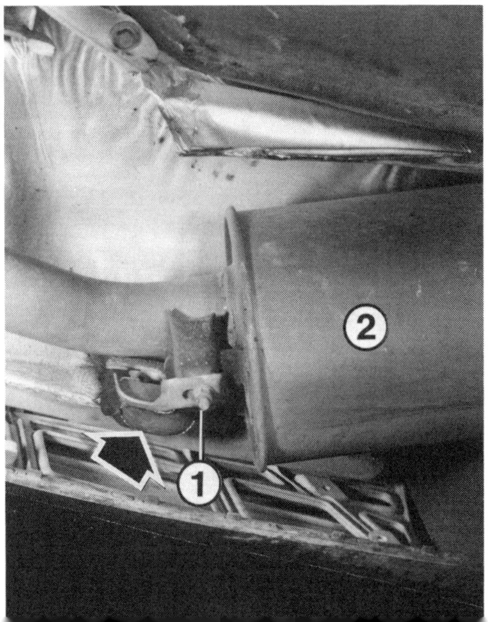

Elastische Aufhängungen der Auspuffanlage:
Links: Vorn am Hinterachsträger ist die Auspuffhalterung (Pfeil) nach Lösen der Halteschraube einstellbar.
Rechts: Am Nachschalldämpfer (2) stellt ein Haltebügel (Position »1« deutet auf die Befestigungsmutter) die Verbindung zur elastischen Auspuffhalterung (Pfeil) her.

dämpfer prüfen. Neue selbstsichernde Muttern mit 22 Nm anziehen.

● Getriebeträger ebenfalls spannungsfrei festziehen (22 Nm). Bei Wagen mit Automatikgetriebe die beiden Kontermuttern am Halter so verdrehen, daß spannungsfreier Einbau möglich ist.

Fingerzeig: Katalysatoren liefert BMW als Ersatzteil im Austauschverfahren. Sie geben den beschädigten Kat am Ersatzteilschalter zurück und erhalten (preisgünstiger) einen neuen. Der alte Kat wird nicht weggeworfen – er ist wertvoller Recycling-Rohstoff. Es werden sowohl der Stahlblechmantel wie auch die Edelmetalle Platin und Rhodium auf dem Keramikkörper weiterverwertet.

Zwischen- und Nachschalldämpfer zusammen abbauen

● Je zwei Verschraubungen pro Verbindungsflansch zum Katalysator lösen.

● Wenn sich eine Verschraubung nicht lösen läßt, niemals den Sechskant der Schraube bzw. Mutter runddrehen, sondern die Verbindung durch Überdrehen der Schraube lösen (sie reißt dann ab).

● Halter der Auspuffaufhängung(en) am Hinterachsträger lösen.

● Haltelasche(n) am Nachschalldämpfer abschrauben.

● Jetzt können beide Schalldämpfer nach hinten abgenommen werden.

● Beim **Einbau** neue selbstsichernde Muttern verwenden. Dichtringe prüfen und gegebenenfalls ersetzen.

● Zuerst die Schalldämpfer ausrichten und die Flanschverschraubungen zum Katalysator mit 22 Nm anziehen.

● Haltelasche(n) am hinteren Auspufftopf so befestigen, daß der Gummiring (die Gummiringe) sich unter 7 mm Vorspannung befinden. Verschraubungen mit 22 Nm anziehen.

● Jetzt kann der (die) Auspuffhalter am Hinterachsträger gelöst und so verstellt werden, daß die Haltegummis sauber »tragen«.

Zwischen- und Nachschalldämpfer voneinander trennen

Bei der Original-Auspuffanlage bilden Zwischen- und Nachschalldämpfer eine Einheit. Um die Teile zu trennen, muß an einer bestimmten Stelle gesägt werden. Als Reparaturlösung stehen einzelne Schalldämpfer und zum Verbinden derselben aufzuschweißende Verbindungsmuffen zur Verfügung.

Leider bedingt die Verbindungsart, daß zum Auspuffwechsel ein Schweißgerät zur Verfügung stehen muß, was zwangsläufig die Zahl der Heimwerker, die einen Auspuffwechsel durchführen können reduziert.

Die Arbeit verläuft so:

● Zwecks besserer Zugänglichkeit Zwischen- und Nachschalldämpfer zum Absägen der Rohre ausbauen.

● Am Verbindungsrohr bzw. an den Verbindungsrohren der ausgebauten Schalldämpfer die Maße für den Trennschnitt bzw. die Schnitte anzeichnen (siehe Bild unten).

● Die exakte Trennstelle übertragen Sie vom neuen Auspuffteil auf das Verbindungsrohr der alten Auspuffanlage. Lieber etwas »Luft« lassen, denn die Schweißmuffe überdeckt auch einen breiteren Stoß.

● Rohre an den Trennstellen durchsägen und entgraten.

● Neuen und die noch brauchbaren Schalldämpfer von der Altanlage am Wagen montieren und Verbindungsmuffe(n) auf die Rohre stecken.

● Auspuffanlage ausrichten. Dabei auf genügend Abstand in den Problemzonen Verbindungsrohr/Hinterachsträger und Endrohr/Heckabschlußblech achten.

● Verbindungsmuffe(n) in dieser Stellung mit einigen Schweißpunkten festheften.

● Anlage wieder ausbauen und die Muffe(n) rundum verschweißen.

● Jetzt den endgültigen Einbau vornehmen (siehe vorigen Abschnitt).

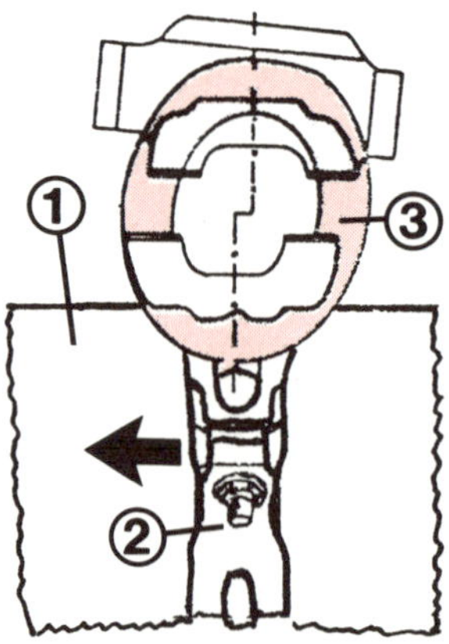

Links: Der Mittelschalldämpfer (2) ist mit dem Nachschalldämpfer (1) mittels eines durchgehenden Rohrstücks verbunden. Soll einer der beiden Schalldämpfer ersetzt werden, muß das Verbindungsrohr an der mit Pfeil gekennzeichneten Stelle durchgesägt werden. Im Bild sehen Sie den Auspuff des BMW 520i. Die übrigen Modelle besitzen Doppelrohr-Auspuffanlagen.
Rechts: Haltelasche(n) am hinteren Auspufftopf/rohr (1) so befestigen, daß der/die Gummiring(e – Position »3«) unter ca. 7 mm Vorspannung stehen.

Putzkolonne

Benzin besteht im wesentlichen aus den Elementen Kohlenstoff und Wasserstoff. Wenn der Kraftstoff im Motor verbrannt wird, verbindet sich der Kohlenstoff mit dem Luftsauerstoff zu **Kohlendioxid** (chemische Kurzformel CO_2), und der Wasserstoff vereinigt sich mit Sauerstoff zu **Wasserdampf** (H_2O).
Diese Verbrennungsprodukte bilden sich, wenn Luft und Kraftstoff im optimalen Verhältnis (14,6:1) gemischt sind. Das ist leider fast nie der Fall. Deshalb entstehen auch Schadstoffe:

○ **Kohlenmonoxid** (CO) ist wohl die bekannteste Verbindung, denn der CO-Gehalt im Abgas wird bei der Abgas-Sonderuntersuchung gemessen. Es entsteht um so mehr, je fetter, also kraftstoffreicher das Benzin/Luft-Gemisch ist.

○ Unverbrannte **Kohlenwasserstoffe** (HC) entstehen, wenn die von der Zündkerze entzündete Flammenfront an kalten Wandungen und engen Winkeln im Brennraum erlöscht. Zu fettes oder zu mageres Gemisch erhöht den Ausstoß der Kohlenwasserstoffe.

○ **Stickoxide** (NO_x) bilden sich vor allem durch den zu über ¾ in der Verbrennungsluft enthaltenen Stickstoff. Ihr Anteil ist besonders hoch bei einer Auslegung des Motors für geringen Kraftstoffverbrauch und niedrigen CO- sowie HC-Ausstoß: Hohe Verbrennungstemperaturen und mageres Kraftstoff/Luft-Gemisch.

Was ist wie gefährlich?

○ Kohlenmonoxid ist giftig und kann beim Einatmen in geschlossenen Räumen zum Tod führen. In der Luft verbindet sich das Kohlenmonoxid relativ schnell mit Sauerstoff zu dem ungefährlichen Kohlendioxid (CO_2).

○ Die Kohlenwasserstoff-Verbindungen sind der Übersichtlichkeit wegen zusammengefaßt, wobei die Bandbreite von harmlos bis – bei bestimmten Verbindungen (Diesel) – möglicherweise krebserregend reicht. In der Luft sind die Kohlenwasserstoffe mit den Stickoxiden für Bildung von Smog (schwer auflösbare Abgasnebelwolken) verantwortlich.

○ Stickoxide können entsprechend konzentriert zu Reizungen der Atmungsorgane führen.

○ Die Bleiverbindungen lagern sich in der Umgebung ab und werden u.a. mit der Nahrung im Körper aufgenommen, aber nicht mehr ausgeschieden. Das ist bei höheren Konzentrationen gesundheitsgefährlich.

Abgas-Entgiftung

Funktion des Katalysators

Ein Katalysator ist in der Chemie ein Stoff, der eine chemische Reaktion einleitet oder beschleunigt. Dabei bleibt der Katalysator in seiner Zusammensetzung unverändert.
Im Auto verstehen wir unter dem Katalysator ein mit den Edelmetallen Platin und Rhodium beschichtetes Keramik-Bauteil samt der Umhüllung, die einem Auspufftopf ähnelt. Das auf Drahtgeflecht gelagerte Keramik-Bauteil ist von mehreren tausend parallel verlaufenden Kanälen durchzogen. Auf die Wandungen der Kanäle ist eine Zwischenschicht zur Oberflächenvergrößerung (der sogenannte wash-coat) aufgetragen. Er vergrößert die aktive Katalysatorfläche etwa auf die Größe eines Fußballfeldes.
Die katalytisch wirkenden Substanzen sind Platin (5 Teile) und Rhodium (1 Teil). Von diesen Edelmetallen enthält der Katalysator 2–3 Gramm. Wobei das Platin die Oxidation und das Rhodium die Stickoxidreduktion unterstützt.
Mit dem Dreiwege-Katalysator rückt man den Schadstoffen Kohlenmonoxid, Kohlenwasserstoff und den Stickoxiden zu Leibe:

○ Es werden **Kohlenmonoxid und Kohlenwasserstoffe** durch Oxidation mit Sauerstoff zu harmlosem Kohlendioxid (CO_2) umgewandelt.

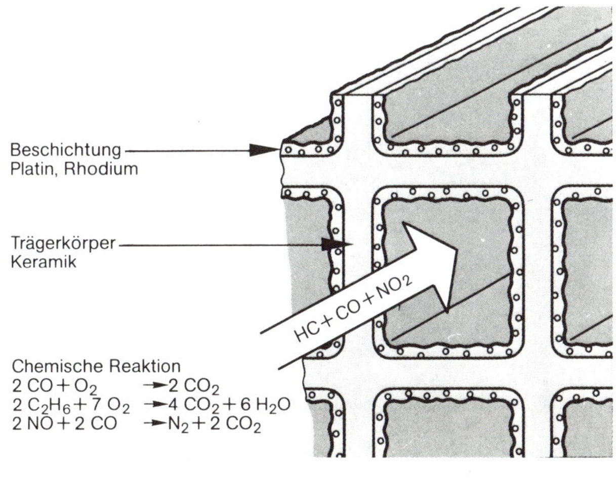

Hier wird die Wirkungsweise des Dreiwege-Katalysators gezeigt: Das Abgas mit seinen Schadstoffen (Pfeil) strömt durch die vielen Kanäle im Keramikteil und kommt dort mit den katalytisch wirksamen Edelmetallen Platin und Rhodium in Berührung.
Die Reaktionsgleichung beschreibt, wie durch Oxidation CO_2 und HC unschädlich gemacht werden. Das Stickoxid (NO_x) wird durch Abspaltung von Sauerstoff (Reduktion) in harmlose Verbindungen umgewandelt.

○ Zum Abbau der **Stickoxide** wird ein Mittel gebraucht, welches den Sauerstoff entzieht. Wie aus der Reaktionsgleichung in der Zeichnung auf der Vorseite zu sehen ist, kann der Schadstoff Kohlenmonoxid dieses Mittel sein. Dabei entsteht Stickstoff (N_2) und wieder CO_2. Beides ungefährlich.

Fingerzeig: Im Zusammenhang mit dem Katalysator tauchen oft weitere Begriffe auf: »Einbett«-Katalysator bedeutet, daß der Keramikkörper des Katalysators in ein geschlossenes Gehäuse (mit einer Metallwolle-Zwischenlage) eingebettet ist. Ein »Zweiwege«-Katalysator kann nur zwei Schadstoffen im Abgas zu Leibe rücken, der »Dreiwege«-Katalysator (im BMW eingebaut) dagegen drei.

Arbeitsbereich

Der Katalysator arbeitet nur in einem schmalen Bereich mit hohem Wirkungsgrad. Das Kraftstoff/Luft-Verhältnis muß dazu in einem genauen Verhältnis zueinander stehen. Ideal ist die Zusammensetzung bei $\lambda = 1$. Die größte Schwierigkeit bei der Katalysatortechnik ist es, dieses Verhältnis bei jedem Betriebszustand einzuhalten. Das ist Sache der Lambda-Regelung (siehe folgenden Abschnitt).

Ehe der Kat arbeiten kann, muß er eine Anspringtemperatur von etwa 300°C erreichen. Die sind normalerweise nach 25–80 Sekunden erreicht, im Stadtverkehr können aber auch drei Minuten vergehen, ehe die notwendige Temperatur erreicht ist. Der Katalysator ist aber andererseits überhitzungsempfindlich. Steigen die Temperaturen im Kat über 900°C, setzt eine verstärkte Alterung ein. Ab 1200°C wird er auf Dauer zerstört.

Für den Katalysator ist unverbleiter Kraftstoff unbedingt erforderlich. Blei würde die Oberfläche im Katalysator schnell verstopfen, und die Abgase könnten die katalytisch wirkenden Substanzen nicht mehr erreichen. Versuche haben gezeigt, daß bereits nach einer Tankfüllung Kohlenmonoxid kaum noch abgebaut wird. Nach 2–3 Tankfüllungen werden auch die restlichen Schadstoffe nicht mehr abgebaut. Der Katalysator ist vergiftet.

Funktion der Lambdasonde

Die Lambdasonde (auch Sauerstoffsonde bzw. O_2-Sonde genannt) ist vor dem Katalysator in den Auspuff eingeschraubt. Die Sonderkeramik der Sonde ist außen dem Abgas ausgesetzt und steht an ihrer Innenseite mit der Umgebungsluft in Verbindung. Durch den unterschiedlichen Sauerstoffgehalt in Abgas und Außenluft erzeugt die Sonde eine Spannung, die bei einem bestimmten Rest-Sauerstoffgehalt im Abgas steil ansteigt. Dieser Spannungssprung findet genau bei einem Kraftstoff/Luft-Verhältnis von $\lambda = 1$ statt. Bei Sauerstoffmangel (λ kleiner 1), also bei fettem Gemisch, beträgt die Spannung 0,8–1 Volt. Bei magerem Gemisch (λ größer 1) werden um 0,1 Volt erreicht.

Die Lambdasignale werden zum Steuergerät der Einspritzung geleitet. Von dort aus wird die Gemischaufbereitung beeinflußt, um das Kraftstoff/Luft-Verhältnis möglichst nahe an $\lambda = 1$ zu halten.

Die Lambdasonde reagiert auf Sauerstoffschwankungen in Abhängigkeit ihrer Betriebstemperatur unterschiedlich schnell: Bei 300°C hat sie ca. 1 Sekunde, bei 600°C hat sie weniger als 50 Millisekunden Reaktionszeit. Durch eine eingebaute Heizung wird die günstigste Betriebstemperatur von ca. 600°C schneller erreicht.

Die Lambdasonde (Pfeil) sitzt beim 520i/525i in einem der vorderen Abgasrohre, gleich hinter dem Auspuffkrümmer.

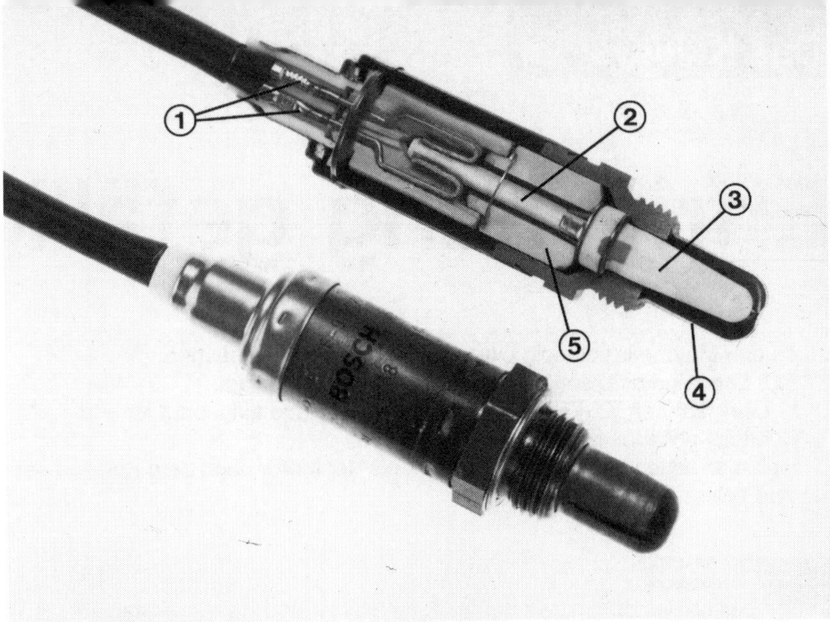

Die Lambdasonde komplett und als Schnittmodell. Es bedeuten:
1 – Anschlüsse der Sondenheizung;
2 – Heizstab;
3 – Sondenkeramik;
4 – Schutzrohr;
5 – Stützkeramik.

Fahren mit Katalysator-Fahrzeugen

In der Betriebsanleitung sind zahlreiche Hinweise für Katalysator-Fahrzeuge aufgeführt. Besonders **gefährlich ist unverbranntes Gemisch**, das sich im heißen Katalysator entzündet und so die Temperaturen in gefährliche Höhen ansteigen läßt. Folge: Der Katalysator kann teilweise schmelzen und wird dadurch funktionsunfähig.

Deshalb:

○ Das Anrollenlassen, Anschieben oder Anschleppen des Wagens ist problemlos, wenn der Anlasser wegen einer leeren Batterie den Motor nicht zum Laufen brachte.

○ Anschleppen über lange Distanzen – was z. B. bei defekter Zündung der Fall sein könnte – ist nicht zulässig. Denn so gerät eine große Menge unverbrannten Kraftstoffs in die Abgasanlage, was besonders bei noch betriebswarmem Kat schädliche Folgen hat.

○ Lassen Zündaussetzer oder Fehlzündungen auf einen Defekt an der Zündanlage schließen, diese sofort überprüfen (lassen). Auf der Weiterfahrt hohe Drehzahlen vermeiden.

○ Ungefährlich sind kleine Mengen unverbrannten Gemisches, besonders, wenn sie in den kalten Kat gelangen. Das passiert oft bei Werkstattarbeiten, wie z. B. Messen des Kompressionsdrucks.

○ Zu einem Überhitzen des Kat kann es auch bei Dauervollgas nicht kommen, denn der höhere Gasdurchsatz wirkt gewissermaßen kühlend auf den Katalysator. Dieser ist nämlich durch die »Nachverbrennung« in seinem Innern stets viel heißer als die vom Motor kommenden Abgase.

Außerdem:

○ Im Hochsommer nach wochenlanger Trockenheit beim Parken den Wagen nicht über trockenem Laub, Heu o. ä. abstellen. Unter besonders ungünstigen Umständen könnte es zu einer Entzündung unter dem Wagen kommen.

○ Beim Auftragen von Unterbodenschutz darf nichts davon an den Katalysator oder die Hitzeschutzschilde über der Auspuffanlage geraten.

○ Kontrollieren Sie gelegentlich bei aufgebocktem Fahrzeug, ob die Hitzeschutzbleche nicht beschädigt oder verloren gegangen sind.

Was sonst noch wissenswert ist:

○ Hoher Ölverbrauch ist für den Kat weitgehend unschädlich. Da Motoröl wie Kraftstoff aus Kohlenwasserstoffen besteht, behandelt der Kat verbranntes Öl genauso wie verbrannten Kraftstoff.

○ Additive in Kraftstoffen und Motorölen schädigen den Kat nicht. Ganz sicher ist das, wenn die Betriebsstoffe von BMW freigegeben sind.

○ Defekte an Kat oder Lambdasonde lassen sich leider nur in recht aufwendigen Abgastests nachweisen. Ein thermisch beschädigter Katalysator ist dagegen an Klappergeräuschen zu erkennen. Der Keramik-Träger des Kat schrumpft durch das teilweise Schmelzen, was zur Folge hat, daß er sich lose im Blechmantel bewegt.

Fingerzeig: Kat-Fahrzeuge machen gelegentlich durch stechenden Geruch auf sich aufmerksam. Was da übel riecht, sind kleinste Mengen der aus »Stinkbomben« bekannten Schwefelverbindung H_2S (Schwefelwasserstoff), die im Katalysator entstehen kann. In den im Auto auftretenden Konzentrationen ist dieses Gift jedoch völlig unschädlich. Abhilfe: Keine. Versuchsweise an einer anderen Tankstelle tanken, um weniger schwefelhaltigen Kraftstoff zu erwischen.

Erfrischung gefällig?

Durch den Motor wird ständig eine ganze Menge Kühlmittel gepumpt:
○ **10,5 Liter** sind es beim 520 i und 525 i ohne Klimaanlage,
○ **11 Liter** faßt der 520 i/525 i, wenn eine Klimaanlage eingebaut ist und
○ **12 Liter** Kühlmittel passen in den 530 i/535 i.
Da muß man schon etwas Geduld haben, bis der Motor nach dem Kaltstart seine Betriebstemperatur erreicht hat und voll belastet werden darf.

So wird gekühlt

Die Zirkulation des Kühlmittels durch Motor, Kühler und Heizung veranlaßt die Wasserpumpe. Vom Keilriemen angetrieben, beschleunigt sie den Wasserstrom durch ein kleines Schaufelrad an ihrer Rückseite.
Auf welchem Weg das Naß durch die zahlreichen Kanäle und Schläuche strömt, hängt von seiner momentanen Temperatur ab:
○ Bei noch nicht betriebswarmem Motor fließt das Kühlmittel im »kleinen Kreislauf«, der durch den Motor und durch den Heizungs-Wärmetauscher führt.
○ Über ca. 80°C öffnet der Thermostat den »großen Kühlwasserkreis«, der den Kühler mit einbezieht. Dort wird das Kühlmittel durch den Fahrtwind und durch den vom Kühlerventilator erzeugten Luftstrom abgekühlt.

Überdruck-Kühlsystem

Im Kühlsystem herrscht ein Überdruck von **1 bar**, was die Siedetemperatur des Kühlmittels von normalerweise 100°C auf etwa 120°C erhöht. Somit ist eine gewisse Reserve geschaffen. Der Motor kann also bequem Betriebstemperaturen von mehr als 100°C erreichen, ohne daß »Kochgefahr« im Kühlsystem besteht. Das ist vor allem bei starker Belastung des Motors – etwa bei einer Paßfahrt – wichtig.
Zuständig für den richtigen Systemdruck ist der Verschlußdeckel des Kühlers bzw. des Ausgleichsbehälters, der ein Überdruckventil (0,9–1,1 bar) und ein Unterdruckventil (0,09 bar) enthält. Das Unterdruckventil läßt Luft einströmen, wenn das Kühlmittel kälter wird und damit weniger Raum einnimmt.

Stand der Kühlflüssigkeit prüfen

Ständige Kontrolle

Der Kühlmittelstand ist zwar bei den Modellen 525 i, 530 i und 535 i von der Check-Control bestens überwacht, doch kann auch hier ein gelegentlicher Blick in den Motorraum nicht schaden:
● Nur bei stehendem Motor läßt sich der Kühlmittelstand exakt kontrollieren.
● Der Flüssigkeitsstand ist beim BMW 520 i/525 i im linken, durchsichtigen Teil des Kühlers zu erkennen, beim 530 i/535 i ist er im durchscheinenden unteren Teil des Ausgleichsbehälter ablesbar.
● Bis zur Markierung (siehe Bilder) soll der Pegel bei kaltem Motor reichen.
● Bei warmem Motor kann der Flüssigkeitsstand natürlich etwas höher sein.

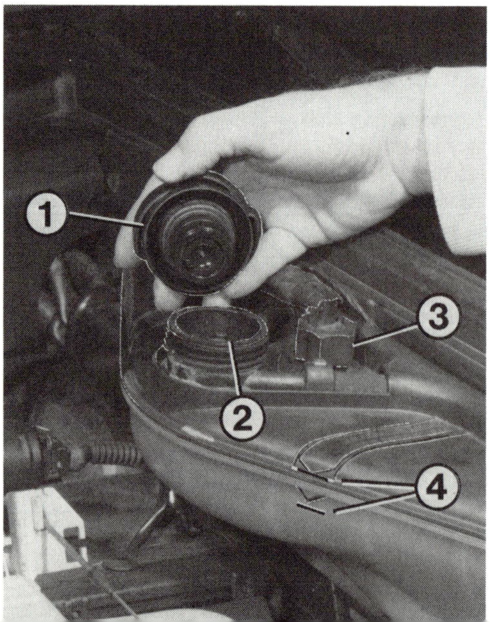

Links: Beim 520 i/525 i befindet sich die Füllstandsmarke (Pfeil) für kaltes Kühlmittel links am durchsichtigen Teil des Kühlers. Rechts: Im Kühlsystem-Verschlußdeckel (1 – hier im Bild der 530 i/535 i) ist das Überdruck- und das Unterdruckventil eingesetzt. Weiter zu sehen: Der Kühlmittel-Einfüllstutzen (2) und der Wasserstandsgeber (3). Position »4« zeigt die Füllstandsmarken am Ausgleichsbehälter.

Kühlmittel nachfüllen

Merklicher Kühlmittelverlust ist ein Zeichen für eine Störung oder einen Defekt. Die Kühlflüssigkeit wird nicht verbraucht und kann im geschlossenen Kühlsystem auch nicht verdampfen. Lediglich bei Überhitzung des Motors kann etwas Kühlmittel zum Verschlußdeckel herausdrücken. Was bei Kühlmittelverlust zu tun ist, steht auf der folgenden Seite.

● Wird der Verschlußdeckel des Kühlers bzw. des Ausgleichsbehälters bei heißem Motor geöffnet, besteht **Verbrühungsgefahr** – deshalb Vorsicht walten lassen:

● Deckel mit Handschuh oder Lappen langsam zunächst eine Umdrehung öffnen und den Überdruck aus dem Kühlsystem entweichen lassen. Erst dann den Deckel vollends abschrauben.

● Wird nur Wasser nachgefüllt, verdünnen Sie den Frostschutz allmählich, daher evtl. gleich etwas Frostschutz mit einfüllen.

● Nicht über die Markierung (siehe vorigen Abschnitt) nachfüllen; das Kühlmittel dehnt sich bei Erwärmung aus, und die Mehrmenge entweicht aus dem System.

● Kleinere Flüssigkeitsmengen können Sie sowohl bei warmem wie kaltem Motor nachfüllen.

● Bei erheblichem Wasserverlust und heißer Maschine kein kaltes Wasser nachgießen. Durch den »Kälteschock« kann sich der Zylinderkopf verziehen oder der Motorblock reißen.

Das Frostschutzmittel

Im Kühlsystem sorgt nicht allein klares Wasser für die notwendige Abkühlung des Motors, sondern eine Mischung von Frost- und Korrosionsschutz sowie Wasser. Man spricht daher auch besser von Kühlflüssigkeit oder Kühlmittel. Das Mischungsverhältnis beträgt für europäische Verhältnisse 2:3. In der Praxis sieht das so aus:

Modell	Wasser	Frostschutz	ergibt Gefrierschutz bis
520i/525i ohne Klimaanlage	6,3 l	4,2 l	–27°C
520i/525i mit Klimaanlage	6,6 l	4,4 l	–27°C
530i/535i (alle)	7,2 l	4,8 l	–27°C

Als Frostschutz dient gewöhnlich Äthylenglykol – eine Flüssigkeit auf Alkoholbasis, die nicht verdampft oder verdunstet. Ebenso wichtig wie der Gefrierschutz ist auch der Korrosionsschutz. Er verhindert, daß sich im Kühlsystem Kesselstein, Rost und andere Korrosionsprodukte bilden. Das werksseitig eingefüllte Kühlmittel mit Korrosionsschutz darf deshalb auch nicht im Frühjahr abgelassen werden, sondern verbleibt ganzjährig in der Kühlanlage.

BMW-Werkstätten besitzen eine Liste der vom Werk ausdrücklich freigegebenen Frostschutzmittel. Einen Auszug daraus finden Sie auf Seite 283/284.

Frostschutz prüfen

Wartung Nr. 21

Zum Nachprüfen der Kühlmittel-Frostfestigkeit brauchen Sie einen Hebe-Messer (Spindel, Aräometer). Damit wird das spezifische Gewicht der Flüssigkeit gemessen. Durch unterschiedliche Zugabe von Korrosionsschutzmitteln sind die spezifischen Gewichte der einzelnen Frostschutzprodukte nicht gleich. Für eine absolut

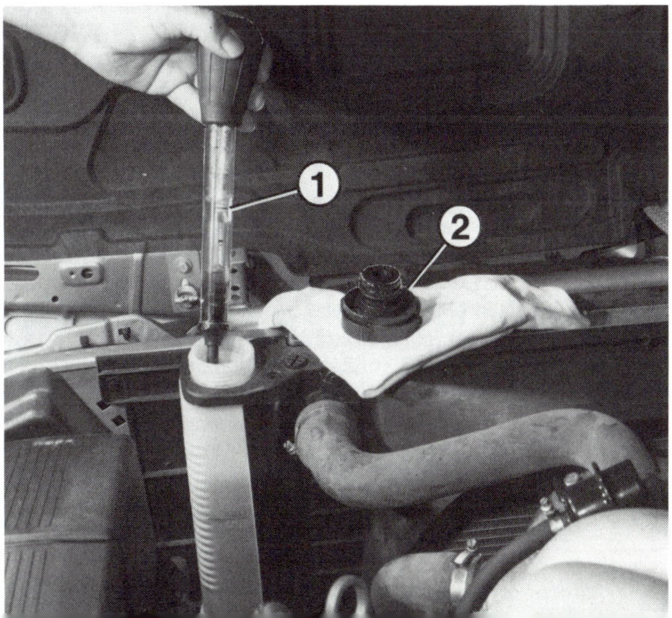

Bei abgeschraubtem Verschlußdeckel (2) wird hier mit dem Frostschutzprüfer (1) die Gefrierschutzmittel-Konzentration im Kühler kontrolliert. Im Bild der 520i/525i.

genaue Messung brauchen Sie eine auf das eingefüllte Gefrierschutzmittel abgestimmte Spindel. Im Zweifelsfall ziehen Sie vom ermittelten Wert eine Meßtoleranz von 2–3°C ab.

- Etwas Kühlmittel aus Kühler bzw. Ausgleichsbehälter ansaugen, die Spindel muß frei schwimmen können.
- Je nach spezifischem Gewicht der Flüssigkeit taucht die Spindel mehr oder minder tief ein.
- An der Skala ablesen, wie weit der Gefrierschutz reicht.
- Manche Frostschutzprüfer haben Zeiger, an denen die Frostfestigkeit abgelesen werden kann.

Frostschutzkonzentration einstellen

Meist stellt sich heraus, daß die Konzentration des Gefrierschutzmittels nicht mehr ausreicht. Dann muß etwas Frostschutz nachgefüllt werden; grob über den Daumen gepeilt 1,5–2 Liter für einen um 10°C erweiterten Frostschutz.

- Wanne zum Auffangen der Kühlflüssigkeit unter den Wagen stellen.
- Ablaßschraube am Motorblock öffnen, 1–2 Liter Kühlmittel ablassen.
- Schraube wieder festdrehen.
- Entsprechende Menge unverdünnten Frostschutz eingießen und mit der aufgefangenen Kühlflüssigkeit nachfüllen.
- Kühlsystem entlüften (Seite 60).

Kühlsystem auf Dichtheit prüfen

Wartung Nr. 22

- Schläuche am Kühler und Motor dicht, auch die dünneren zur Heizanlage?
- Schläuche rissig? Durch Kneten feststellen, ob die Wasserschläuche hart und spröde sind – dann umgehend austauschen.
- Sitzen die Schlauchenden nicht zu knapp auf ihren Stutzen?
- Sind die Spannschrauben der Schlauchschellen festgezogen?
- Verrostete Schlauchschellen können unvermutet während der Fahrt und bei vollem Betriebsdruck im Kühlsystem nachgeben. Auswechseln!
- Die Werkstatt kontrolliert die Dichtheit der Kühlanlage mit einer speziellen Handluftpumpe mit Druckmesser.
- Dieses Gerät wird auf die Einfüllöffnung des Kühlers bzw. Ausgleichsbehälters gesetzt und ein Druck von 1 bar aufgepumpt.
- Fällt der Skalenzeiger nicht innerhalb von 2 Minuten um mehr als 0,1 bar, ist das Kühlsystem dicht.

Kühlmittelschläuche ausbauen

Besorgen Sie sich als Ersatz Originalschläuche in der richtigen Bogenform und grundsätzlich neue Schlauchschellen.

- Kühlmittel ablassen und auffangen.
- Schlauchschellen lösen, Schläuche abziehen.
- Die Schlauchstutzen besitzen Quernuten, die sicheren Sitz der Schläuche gewährleisten sollen. Entsprechend schwer lassen sich die Schläuche abziehen. Deshalb:
- Festsitzende Schlauchenden mit einem Schraubendreher lockern, den man zwischen Schlauch und Stutzen schiebt und dann vorsichtig hebelt.
- Neue Schläuche weit genug auf die Stutzen schieben, damit sie nicht wieder abrutschen können.
- Schraubschellen nicht mit Gewalt anziehen, sonst wird das Gewinde überdreht.

Fingerzeig: Unterwegs kann man einen gerissenen Wasserschlauch selten ersetzen. Hier hilft das »Pannenband« von Weyer, Düsseldorf, oder Holts »Hoseweld Bandage«. Beide kleben auf gesäuberten und trockenen Gummischläuchen recht gut. Bei einem großen Leck kann es vorteilhaft sein, den Verschlußdeckel des Kühlers/Ausgleichsbehälters eine Umdrehung zu öffnen, damit sich im Kühlsystem kein Druck aufbauen kann, dem die Bandage dann nicht mehr standhält. Jetzt nur noch sehr schonend bis zur Werkstatt weiterfahren. Temperaturanzeige und Kühlmittelstand im Auge behalten!

Der Kühler

In unseren 5er-Modellen haben wir es mit zwei verschiedenen Grundtypen von Kühlern zu tun:

○ Im 520i/525i finden wir eine neuartige Kühler-Konstruktion. An der linken Seite dieses Kühlers ist der Ausgleichbehälter mit angebaut. Bei Beschädigungen kann er jedoch getrennt ersetzt werden.

○ Im 530i/535i ist dagegen ein herkömmlicher Querstromkühler eingesetzt. Der Ausgleichsbehälter befindet sich an der hinteren Motorraumwand.

Beide Kühler besitzen sogenannte Wasserkästen aus Kunststoff. Die sitzen rechts und links am Kühler. Von diesen Sammelkästen aus strömt das Kühlmittel durch die Leichtmetallröhren des Kühlers, die zur Vergrößerung ihrer Oberfläche (und damit der Kühlfläche) mit Kühlrippen versehen sind. Über die Kühlrippen kann das Kühlmittel Wärme an die Umgebung abgeben.

Bei Wagen mit Automatikgetriebe ist der Wasserkühler mit einem kleinen Kühler für die Getriebeflüssigkeit (ATF) kombiniert.

Haben Sie den Verdacht, der Kühler könnte undicht sein, sollten Sie in der Werkstatt die beschriebene Druckprüfung durchführen lassen. Bei einem offenkundigen Defekt können Sie den Kühler auch gleich selbst ausbauen und zur Reparatur bringen. Es gibt spezielle Kühlerwerkstätten (Branchentelefonbuch!), oder vielleicht befindet sich in Ihrer Nähe eine Kühlerfabrik, die ebenfalls Reparaturen durchführt.

Kühler ausbauen

- Kühlmittel ablassen und auffangen.
- Alle Kühlmittelschläuche am Kühler abbauen.
- Lüfterzarge (Ring um Kühlerventilator) abnehmen. Dazu die Stöpsel der Haltedübel mit einem scharfen Schraubendreher nach hinten hebeln und die Dübel herausziehen.
- Nur 520i/525i: Stecker vom Wasserstandsgeber links unten am Kühler abziehen.
- Bei Wagen mit Automatikgetriebe die Schlauchanschlüsse zum Getriebeölkühler (im Wasserkühler integriert) abschrauben und die Schlauchenden mit Stopfen verschließen. Dabei auf äußerste Sauberkeit achten. Schmutz im ATF des Automatikgetriebes führt zu Funktionsstörungen!
- Austretende ATF auffangen.
- Bei Klimaanlage Stecker von den Temperaturschaltern abziehen. Dazu Scheinwerferabdeckung rechts abnehmen.
- Beide Halteclips oben am Kühler abnehmen. Das geht so:
- Passenden Schraubendreher tief in die Öffnungen oben am Clip stecken. Schraubendreher nach vorn hebeln. So gibt der Clip seine Verrastungen an der Vorderseite frei. Jetzt kann er aus dem Frontblech ausgehakt werden.
- Kühler zuletzt nach oben herausheben.
- Beim **Einbau** den Kühler wieder exakt auf die Gummilager setzen.
- Halteclips am Kühler anbringen und sorgfältig am Frontblech einrasten.
- Bei Automatikgetriebe die Getriebeöl-Schlauchanschlüsse mit 18–21 Nm anziehen.
- ATF im automatischen Getriebe ergänzen.
- Aufgefangene Kühlflüssigkeit nach Montieren der Schläuche wieder einfüllen und Kühlsystem entlüften (folgende Abschnitte).

<u>Fingerzeig:</u> An den scharfkantigen Kühlerlamellen kann man sich böse Schnittverletzungen holen. Arbeitshandschuhe tragen!

Kühler reinigen

Vor und nach dem Sommerhalbjahr sollten die Kühlerlamellen von den dort festgesetzten Insektenleichen gesäubert werden, sonst wird die Kühlwirkung verschlechtert.

- Angetrocknete Insektenreste durch das Kühlergrill hindurch mit einem eiweißlösenden Mittel einsprühen, z. B. »Summer Screen« von Holts.
- Nach einer gewissen Einwirkzeit von der Kühlerrückseite her mit einem Gartenschlauch abspülen. Oder ein Dampfstrahlgerät zur Selbstbedienung – wie es an Tankstellen und »Reinigungsparks« zur Verfügung steht – verwenden.
- Besser geht das nach Ausbau der Lüfterzarge, wie unter »Kühler ausbauen« beschrieben.
- Hartes Bürsten oder scharfes Werkzeug kann die Kühlerlamellen knicken oder beschädigen.

Kühlflüssigkeit wechseln

Wartung Nr. 50

Alle zwei Jahre – so empfiehlt es BMW – soll die Kühlflüssigkeit gewechselt werden, weil die Korrosionsschutz-Zugaben allmählich unwirksam werden. Das recht kurze Intervall schließt wirklich alle Sonderfälle mit ein, so daß es bei normalem Betrieb mit ruhigem Gewissen um ein Jahr ausgedehnt werden kann. Wie die Arbeit abläuft, beschreiben die folgenden Abschnitte und Text und Tabelle auf Seite 57.

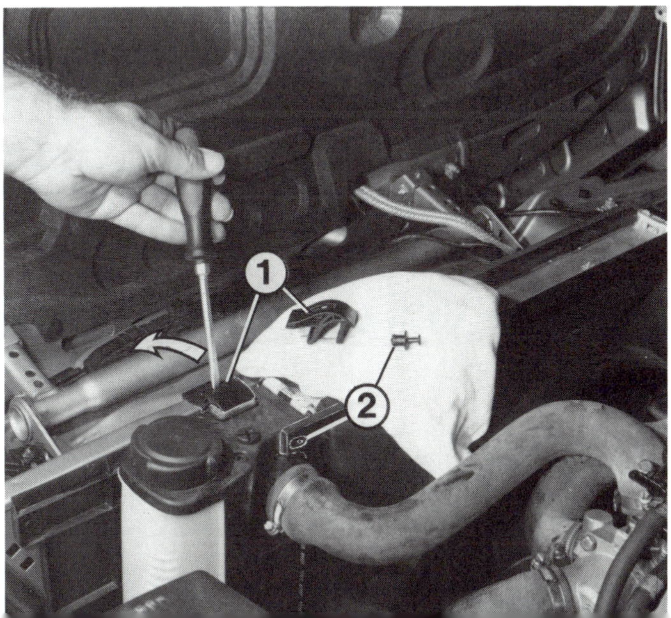

Ausbau des Kühlers: Schraubendreher in die Öffnung der Halteklammer (Position »1« zeigt sie eingebaut und ausgebaut) stecken und in Pfeilrichtung drücken.
Ausbau der Lüfterzarge: Sie ist an den oberen Ecken mit Kunststoff-Haltedübeln befestigt (2).

Kühlmittel ablassen

- Motor abkühlen lassen, sonst **Verbrühungsgefahr!**
- Verschlußdeckel am Kühler bzw. am Ausgleichsbehälter öffnen.
- Wanne zum Auffangen des Kühlmittels bereitstellen.
- Wo vorhanden, untere Motorraumverkleidung ausbauen (Seite 241).
- Beide Heizungsregler am Armaturenbrett auf »Warm« stellen, Zündung einschalten.
- Ablaßschraube unten am Kühler herausdrehen (siehe Abbildungen). Eventuell kann ein kurzes Schlauchstück auf den Ablaufstutzen gesteckt werden.
- Bei Fahrzeugen ohne Ablaßschraube unteren Kühlmittelschlauch am Kühler ausbauen.
- Ablaßschraube rechts unten am Motorblock herausdrehen (siehe Bild).
- Nachdem alle Kühlflüssigkeit abgelaufen ist, Motor-Ablaßschraube mit 50–56 Nm anziehen.
- Die Kunststoff-Ablaßschraube im Kühler sanft anziehen (nur 2 Nm).
- Anschließend bei eingefülltem Kühlmittel und warmem Motor nochmals festen Sitz prüfen.

Fingerzeig: Kühlerfrostschutzmittel ist giftig, es darf deshalb nicht einfach in die Kanalisation geschüttet werden. Stattdessen in ein gesondertes Gefäß füllen und zum Sondermüll geben (Annahmestelle von der Gemeindeverwaltung erfragen).

Kühlsystem neu befüllen und entlüften

Da eine gewisse Restmenge von Kühlflüssigkeit im Motor zurückbleibt, kann möglicherweise nicht die gesamte in der Tabelle auf Seite 57 genannte Flüssigkeitsmenge eingefüllt werden.

- Heizungsregler am Armaturenbrett auf »Warm« stellen, Zündung einschalten.
- Zuerst Gefrierschutzmittel, dann möglichst kalkarmes Wasser einfüllen, bis der Ausgleichsbehälter randvoll ist.
- Motor starten und laufen lassen, bis Betriebstemperatur erreicht ist. Dabei immer wieder Wasser nachfüllen, wenn der Pegel absinkt.
- Bei warmem Motor folgt das **Entlüften:**
- Motor mit erhöhter Leerlaufdrehzahl laufen lassen, **Entlüftungsschraube am Thermostatgehäuse** ca. 2 Umdrehungen lösen.
- Schraube erst wieder zudrehen (mit Gefühl; 6–10 Nm), wenn das Kühlmittel **ohne Luftblasen** austritt. Kühlmittel währenddessen gegebenenfalls ergänzen.
- Gleiche Prozedur an der **Entlüftungsschraube des Kühlers** (nur 520 i/525 i).
- Motor abstellen und Kühlflüssigkeit auffüllen. Bei warmem Motor kann der Flüssigkeitspegel etwas über der Füllstandsmarke stehen.

Fingerzeige: Strömungsgeräusche in der Heizung können nur durch besonders sorgfältiges Entlüften beseitigt werden. Bei BMW kennt man dazu folgenden Trick: Ausgleichsbehälter bis zum Rand füllen, Heizungsdrehknopf in Stellung »Warm«, den Wagen vorne etwa einen halben Meter anheben und den Motor dann mit ca. 3000/min eine Minute lang laufen lassen.
Zur Behebung von kleineren Undichtigkeiten im Kühlsystem hat sich das Mehrzweckmittel »5 in 1« (Bezugsquellennachweis: Firma Munz, Oelser Straße 17, 7450 Hechingen) sehr gut bewährt. Es dient aber auch als zusätzlicher Korrosionsschutz, schmiert die an sich wartungsfreie Wasserpumpe und hält Thermostat und Heizventil beweglich.

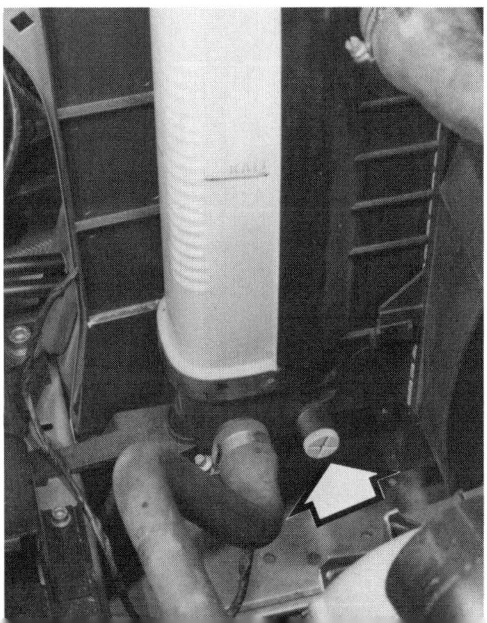

**Ablassen des Kühlmittels. Links: Am Kühler unten die Ablaßschraube (Pfeil) öffnen oder – wo diese nicht vorhanden ist – den unteren Wasserschlauch am Kühler abbauen.
Rechts: Am Motor wird die Ablaßschraube (Pfeil) rechts am Motorblock herausgedreht.**

Der Kühlmittel-Verschlußdeckel im Schnitt. Der schwarze Pfeil zeigt das Überdruckventil, der weiße das Unterdruckventil. Rot dargestellt ist der Druckraum innerhalb des Kühlers; die rosa abgesetzten Bereiche zeigen den Zugang der Außenluft.

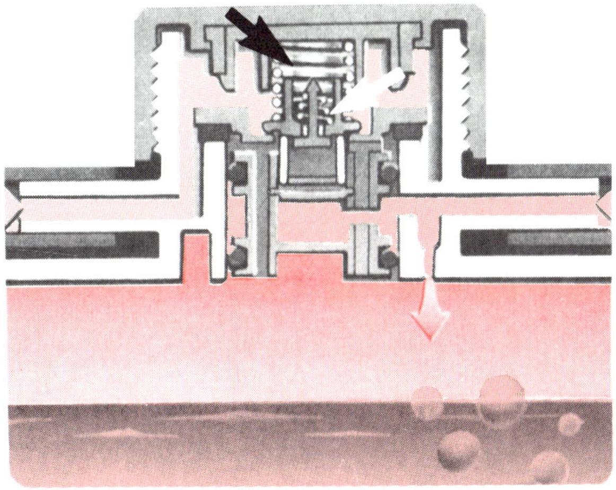

Der Kühlsystem-Verschlußdeckel

Im Überdruck-Kreislauf spielt der Kühlsystem-Verschlußdeckel auf dem Kühler (520i/525i) bzw. auf dem Ausgleichsbehälter (530i/535i) eine wichtige Rolle:

○ Die Dichtfläche wird bei aufgeschraubtem Deckel fest auf den Rand der Einfüllöffnung gedrückt. Es kann kein Druck entweichen.

○ Wenn bei Erwärmung der Überdruck im Kühlsystem **0,9–1,1 bar** übersteigt, öffnet das Überdruckventil. Jetzt kann zum Druckausgleich etwas Wasserdampf entweichen.

○ Beim Abkühlen zieht sich die Kühlflüssigkeit wieder zusammen, und es entsteht ein Unterdruck in der Kühlanlage. Für diesen Unterdruckausgleich sitzt im Deckel ein zweites Ventil. Es öffnet bei einem Unterdruck von **0,09 bar**, so daß Außenluft einströmen kann.

Überdruckventil prüfen

Wer sich die Mühe der Kontrolle nicht machen will, wechselt den relativ preisgünstigen Verschlußdeckel im Verdachtsfall einfach aus. Die Werkstatt prüft ihn mittels Druckprüfer:

● Druck aufpumpen.

● Zwischen **0,9 und 1,1 bar** muß das Ventil öffnen.

Unterdruckventil prüfen

Ob das Unterdruckventil richtig arbeitet, läßt sich nur behelfsmäßig feststellen.

● Bei abgenommenem Verschlußdeckel einen dicken Wasserschlauch fest zusammendrücken.

● Deckel aufsetzen und festdrehen.

● Schlauch loslassen.

● Rundet sich der zusammengepreßte Schlauch wieder, dürfte das Ventil intakt sein.

● Sind die Kühlwasserschläuche morgens vor dem ersten Start plattgedrückt, streikt sicher das Unterdruckventil.

Der Thermostat

Der Thermostat sitzt in Fahrtrichtung links oben am Zylinderkopf in einem separaten Gehäuse.
Er hat das Sagen darüber, ob das Kühlmittel im Kühler abgekühlt werden soll oder nicht. Er bestimmt also, ob das Kühlwasser im »kleinen« oder im »großen Kühlwasserkreislauf« zirkuliert (siehe Kapitel-Anfang).

Links: Zum Entlüften des Kühlsystems nach dem Neueinfüllen von Kühlmittel wird die Entlüftungsschraube (1) oben am Thermostatgehäuse (2) geöffnet. Rechts: Beim 520i/525i muß zusätzlich die Entlüftungsschraube am Kühler (Pfeil) gelöst werden.

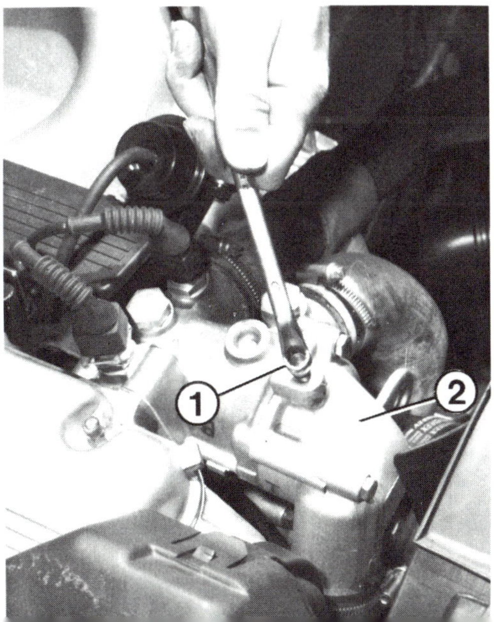

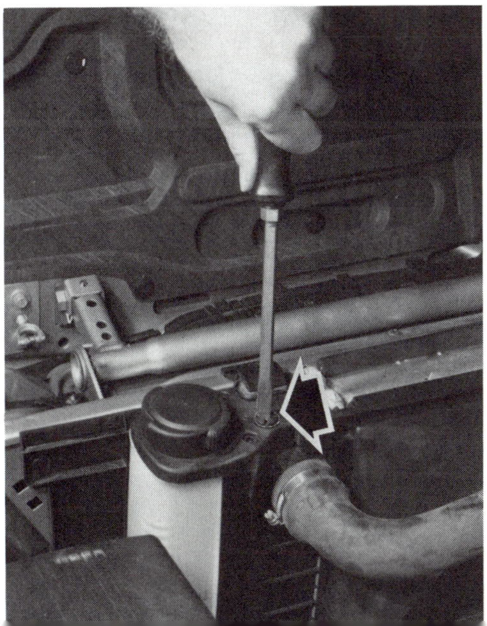

Welchen Kreislauf er dabei schaltet, hängt ausschließlich von der Wassertemperatur ab. So bleibt die Betriebstemperatur annähernd konstant.

Funktion des Thermostats

○ Das »Umschalten« des Thermostats bewirkt eine mit Spezialwachs gefüllte Büchse und der daran befestigte Ventilteller. Bei Erwärmung des Kühlmittels verflüssigt sich das Wachs und dehnt sich dabei aus. Zwangsläufig öffnet es durch sein größeres Volumen jetzt den Ventilteller.
○ Solange die Wassertemperatur steigt, wird vom Thermostat der Zufluß zum Kühler zunehmend geöffnet und gleichzeitig der Kurzschluß-Kreislauf geschlossen.
○ Sinkt während der Fahrt die Wassertemperatur wieder unter die gewünschte Betriebstemperatur, drückt eine Feder am Thermostat den Ventilteller wieder in Richtung »Zu« und sperrt den Kühlerdurchfluß so lange, bis das Kühlmittel wieder genügend warm ist.

Störungsbeistand

Thermostat

Erkennungsmerkmal	Ursache/Auswirkungen
A Temperaturanzeige steigt langsam, Betriebstemperatur wird später erreicht, Heizwirkung ungenügend	**Thermostat-Ventilteller ist in »Offen«-Stellung blockiert (etwa durch Ablagerungen); der Zufluß zum Kühler bleibt ständig offen. Motor bleibt zu lange im Kaltlaufbetrieb. Es kommt jedoch kurzfristig zu keinen Schäden. Trotzdem Thermostat in Bälde auswechseln**
B Temperaturanzeige steht trotz richtigem Kühlmittelstand im roten Bereich	**Thermostat-Ventilteller ist in »Geschlossen«-Stellung blockiert (etwa durch eine defekte bzw. undichte Thermostatbüchse). Auf keinen Fall weiterfahren, sonst entstehen schwere Hitzeschäden am Motor! Thermostat auswechseln**

Fingerzeig: Wenn der Motor unterwegs wegen defektem Thermostat ins Kochen kommt, hilft nur noch Abschleppen oder der komplette Ausbau des Thermostaten an Ort und Stelle. Sollten Sie sich für den Ausbau entscheiden, müssen Sie erst abwarten, bis die Kühlmitteltemperatur abgesunken ist. Besorgen Sie sich derweil Gefäße zum Auffangen des Kühlmittels.

Thermostat ausbauen

● Einen Teil des Kühlwassers an der Ablaßschraube am Motorblock ablassen und auffangen.
● Drei Sechskantschrauben am Thermostatgehäuse herausdrehen.
● Deckel des Thermostatgehäuses abnehmen, Thermostateinsatz herausziehen.
● Neuen Thermostat – möglichst mit neuem Dichtring – wieder einsetzen. Die Einbaurichtung zeigt das Bild rechts.
● Aufgefangenes Kühlmittel einfüllen, Kühlsystem entlüften (wie bereits beschrieben).

Thermostat prüfen

● Thermostat in einen Topf mit Wasser hängen und Wasser erhitzen.
● Kontrollieren, ob der Ventilteller bei **ca. 80° C** von seinem Sitz abhebt.
● Der genaue Öffnungsbeginn ist zusätzlich im Thermostat eingeprägt.

Die Wasserpumpe

Die Kühlflüssigkeit wird von der Wasserpumpe beschleunigt, damit sie im Kühlsystem zirkulieren kann. Sie sitzt vorn an der Stirnseite des Motors und ist beim »kleinen« Sechszylinder größtenteils von der Zahnriemenabdeckung verdeckt.
Wartungen an der Wasserpumpe gibt es nicht. An Defekten ist nur Verschleiß an den Lagern durch minderwertige Kühlmittelzusätze oder zu straff gespannten Keilriemen denkbar oder Undichtigkeiten – ausgelöst durch schadhafte Dichtringe. Das Kühlmittel läuft in diesem Fall durch die kleine Bohrung unten an der Wasserpumpe ab. Schadhafte Lager machen sich zusätzlich durch Mahlgeräusche bemerkbar. Für die Wasserpumpe bietet BMW Reparatursätze an, die aber für den Laien mangels Preßwerkzeugen nur schwer zu montieren sind. Besser ist eine Austausch-Wasserpumpe – eventuell vom Zubehörhandel.

Wasserpumpe ausbauen
520i/525i

Der eigenhändige Ausbau der Wasserpumpe ist beim 520i und 525i nicht ganz unproblematisch, zumal der Heimwerker in Ermangelung eines Spezialwerkzeugs die Spannrolle des Zahnriemens ausbauen muß. Das hat zur Folge, daß anschließend die Steuerzeiten neu eingestellt oder doch zumindest kontrolliert werden müssen.
● Kühlmittel ablassen und auffangen, wie weiter vorn im Kapitel beschrieben.
● Kühlerventilator ausbauen (siehe Seite 64).
● Der Ausbau des Kühlers (ebenfalls in diesem Ka-

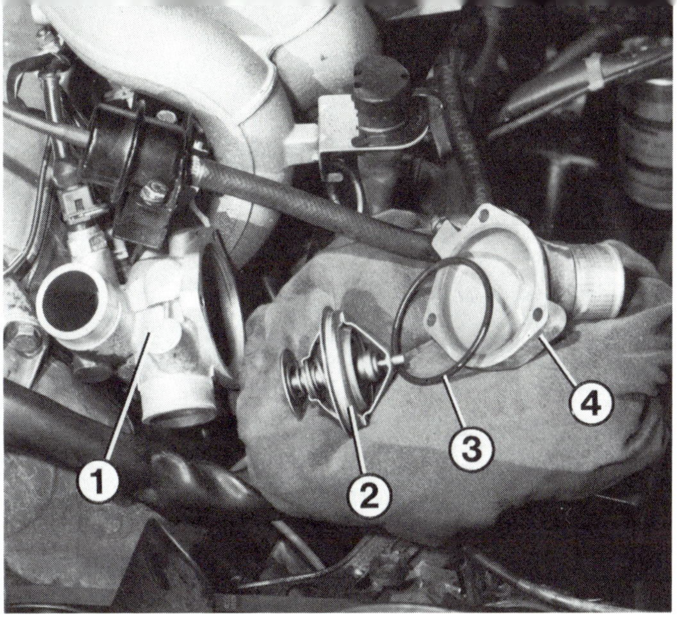

Hier wurde der Deckel (4) vom Thermostatgehäuse (1) abgeschraubt. Thermostat (2) und Dichtring (3) sind mit ausgebaut. Gut zu erkennen ist die Einbaulage des Thermostats. Im Bild der 520i/525i.

pitel) und des Kühlergrills (Seite 242) erleichtert die Arbeit.

● Keilriemen der Wasserpumpe abnehmen (Seite 177).
● Wasserpumpen-Keilriemenscheibe abschrauben.
● Zahnriemenabdeckung ausbauen (Motorkapitel).
● Die Feder der Zahnriemen-Spannrolle stützt sich auf dem Wasserpumpengehäuse ab. Diese Feder zusammendrücken und mit BMW-Werkzeug 115010 festklemmen.
● Wer das Werkzeug nicht hat, baut die Spannrolle komplett aus.
● Kühlmittelschläuche an der Wasserpumpe abnehmen.
● Wasserpumpe ausbauen (drei Schrauben).
● Beim **Einbau** neue Wasserpumpen-Dichtung verwenden.
● Einbaulage der Spannfeder an der Wasserpumpe beachten.
● Wer die Spannrolle ausgebaut hatte: Steuerzeiten prüfen (Seite 42) und Zahnriemen spannen.
● Keilriemen spannen (Seite 176).
● Kühlmittel wieder einfüllen und Kühlsystem entlüften (in diesem Kapitel beschrieben).

Wasserpumpe ausbauen
530i/535i

● Kühlmittel ablassen und auffangen (in diesem Kapitel beschrieben).
● Kühlerventilator ausbauen (siehe 64).
● Der Ausbau von Kühlergrill (Seite 242) und Kühler (ebenfalls in diesem Kapitel) erleichtert die Arbeit.
● Wasserpumpen-Keilriemenscheibe ausbauen.
● Kühlmittelschlauch und Aufhängeöse an der Wasserpumpe abbauen.
● Wasserpumpe ausbauen (sechs Schrauben).
● Beim **Einbau** neue Wasserpumpen-Dichtung verwenden.
● Keilriemen spannen (Seite 176).
● Kühlmittel wieder einfüllen, entlüften (weiter vorn in diesem Kapitel).

Der Wasserpumpen-Keilriemen

Den Antrieb der Wasserpumpe besorgt bei unserem BMW der Keilriemen, der zusätzlich auch die Lichtma-

Links: Ein Blick auf die Wasserpumpe (Pfeil) des 520i/525i von rechts unterhalb des Wagens. Von hier aus kann kontrolliert werden, ob die Pumpe undicht ist.
Das Bild rechts zeigt die Wasserpumpe des 530i/535i (Pfeil) links oben am Motorblock.

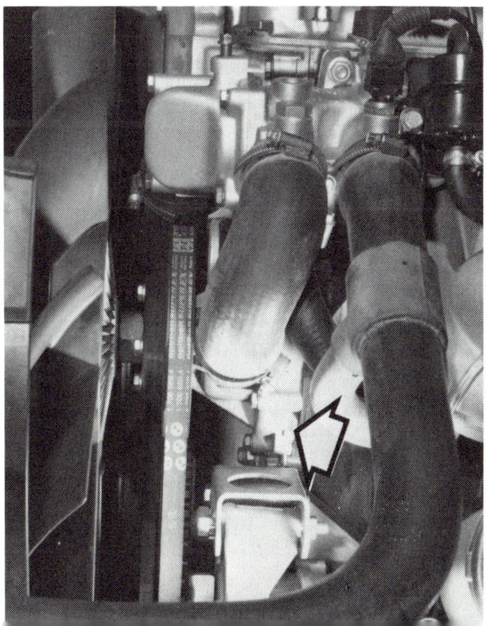

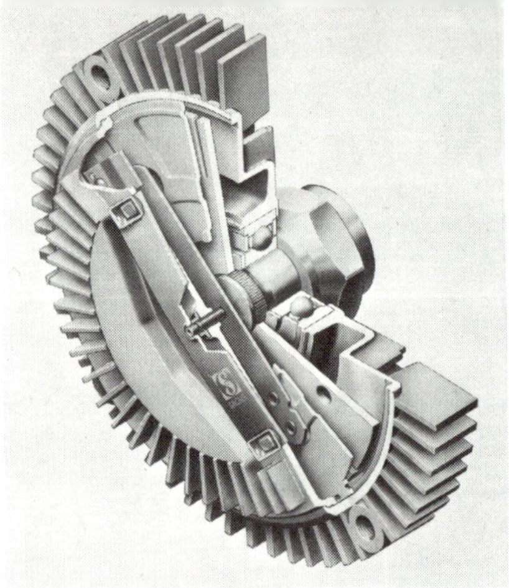

Die Viscokupplung des Lüfters (hier ein Schnittbild) schaltet den Kühlerventilator ab 82° C zu. Unter 60° C unterbricht sie den Kraftfluß zum Lüfter – er läuft mit langsamer Drehzahl mit, ohne Kraft zu verbrauchen.

schine treibt. Generell darf der Motor **nie ohne Keilriemen und damit ohne Wasserpumpe betrieben werden!** Sie riskieren sonst einen schweren Motorschaden.

Der Kühlerventilator

Er soll – wenn das vom Fahrtwind nicht in ausreichender Weise besorgt werden kann – einen stetigen Luftstrom durch die Kühlerlamellen erzeugen. Die Luft nimmt die vom Kühler abgegebene Wärme gewissermaßen »mit«. Je mehr Luft durch die Lamellen zieht, desto besser ist die Wärmeabfuhr. Um Leistung zu sparen, ist der Ventilator mit einer sogenannten Viscokupplung versehen. Sie schaltet den Lüfter ab einer Umgebungstemperatur von 82° C zu. Das geschieht über ein Bimetallband, das (temperaturabhängig) über ein Ventil zähes Silikonöl in den Arbeitsraum der Viscokupplung einfließen läßt. Das Öl schafft den Kraftschluß zwischen Keilriemenscheibe und Lüfter – der Ventilator fördert Kühlluft. Unter 60° C fließt das Silikonöl vom Arbeitsraum in den Vorratsraum zurück – der Ventilator läuft mit langsamer Drehzahl mit, ohne Kraft zu verbrauchen.

Störungen

Die Viscokupplung muß ersetzt werden, wenn
○ der Ventilator sich bei stehendem Motor nicht mehr leicht durchdrehen läßt,
○ der Ventilator starkes Axial- und Radialspiel hat (leichtes Spiel ist zulässig).
○ Silikonöl aus der Viscokupplung austritt.

Kühlerventilator ausbauen

● Wo vorhanden, Lüfterzarge – das ist der »Ring« um den Ventilator – abbauen (siehe »Kühler ausbauen«).
● Zarge vorsichtig nach oben herausziehen oder über den Kühlerventilator hängen.
● Halteschraube des Ventilators (sie ist gleichzeitig Ventilator-Achse) mit Gabelschlüssel SW 32 lösen. Achtung: Linksgewinde! Dabei die Riemenscheibe, wenn nötig, mit einem Ölfilter-Spannbandschlüssel gegenhalten.
● Gegebenenfalls Lüfterkupplung vom Ventilator abschrauben.
● Beim **Einbau** die Schraube mit 40–50 Nm anziehen.
● Anzugsdrehmoment Ventilator an Lüfterkupplung: 8–10 Nm.

Störungsbeistand

Kühlsystem

Die Störung	– ihre Ursache	– ihre Abhilfe
A Temperatur-Anzeigenadel steht im roten Bereich	1 Keilriemen zu schwach gespannt oder gerissen	Keilriemenspannung kontrollieren oder Riemen ersetzen
	2 Zu wenig Flüssigkeit im Kühlsystem	Auffüllen, notfalls aus der Scheibenwaschanlage
	3 Kabel zur Temperaturanzeige hat Massekontakt	Kabel am Temperaturfühler abziehen, Zeiger muß zurückgehen, sonst Masseschluß. Kabelverlauf kontrollieren
	4 Thermostat öffnet den Kaltwasserzufluß aus dem Kühler nicht (Kühler kalt)	Thermostat ausbauen und ohne ihn weiterfahren oder Wagen abschleppen lassen
	5 Viscokupplung des Kühlerventilators defekt. Ventilator hat keinen Kraftschluß	Viscokupplung ersetzen
	6 Überdruckventil im Verschlußdeckel defekt	Deckel prüfen (lassen), ggf. austauschen
	7 Instrument defekt	Austauschen (Seite 207)
	8 Kühlerlamellen zugesetzt	Kühler reinigen
B Temperaturanzeige spricht sehr langsam an, schwache Heizleistung	Thermostat schließt nicht völlig, aufgeheiztes Kühlwasser strömt zu früh durch den Kühler	Thermostat säubern, ggf. ersetzen

Lokalrunde

Keine Frage, daß leistungsfähige Motoren wie die unseres BMW bei voller Arbeitsleistung auch einen gesunden Durst entwickeln. Doch keine Angst, für Getränke ist gesorgt, denn der Tank ist ausreichend dimensioniert.

Der richtige Kraftstoff

Die Zweiventiler-Motoren geben sich mit **bleifreiem Normalbenzin** zufrieden. Nach Kraftstoff-Alternativen zu suchen, macht in diesem Fall keinen rechten Sinn, denn alle anderen Ottomotor-Kraftstoffe sind teurer. Falls aber nur **Eurosuper bleifrei** oder **Super Plus bleifrei** zur Verfügung steht, kann natürlich auch damit gefahren werden – nur, Vorteile bringt das keine.

Bleifrei muß sein

Was der Katalysator überhaupt nicht mag, ist Blei. Kommt er mit Blei oder Bleiverbindungen – wie sie im verbleiten Kraftstoff vorhanden sind – in Berührung, wird er binnen kurzem wirkungslos. Das ist der ganze Grund, weshalb in Katalysator-Autos bleifreies Benzin gefahren werden **muß**.

Fingerzeig: Unser BMW besitzt im Tankeinfüllstutzen ein Sicherheitsventil, das nur von der schlanken Bleifrei-Zapfpistole aufgestoßen werden kann. So soll versehentliches Einfüllen von verbleitem Kraftstoff verhindert werden. Damit im Notfall auch bleifreies Benzin aus einem Reservekanister eingefüllt werden kann, benötigen Sie einen Einfüllstutzen für den Kanister, der ebenfalls diesen kleineren Querschnitt hat. Oder Sie müssen während des Einfüllens die Ventilklappe mit einem Schraubendreher niederdrücken.

Der Tank

Rechts unter dem Kofferraumboden ist im BMW 5er der 80 Liter fassende Kunststoff-Tank untergebracht. Dort muß er besonders gut geschützt sein, denn bei einem Heckaufprall darf natürlich kein einziger Benzintropfen aus der Tankanlage austreten – die Brandgefahr wäre zu hoch.
BMW-Fahrer können in dieser Hinsicht beruhigt sein, denn eine besonders steif ausgelegte Trägerstruktur im Fahrzeugheck verhindert Beschädigungen am Tank. Teil des Sicherheitskonzepts ist auch das Reserverad im Kofferraum, das ebenfalls Aufprallenergie absorbiert. Auch besonders schwere Heckbeschädigungen können dem Tank nichts anhaben. Er wird dann zusammen mit Reserverad und Karosserieträgern nach vorn geschoben.

Fingerzeig: Bevor Sie irgendwelche Arbeiten an der Kraftstoffanlage in Angriff nehmen, sollten Sie unbedingt das Batterie-Massekabel abnehmen. Unbeabsichtigte elektrische Verbindungen können zu gefährlicher Funkenbildung führen.

Wozu Tankentlüftung?

Wichtig für den einwandfreien Kraftstoffnachschub ist die Belüftung des Tanks: In dem Maß, wie Kraftstoff verbraucht wird, muß Luft nachströmen können, sonst würde sich im Tank ein Vakuum bilden, und der Kraftstofffluß würde stocken. Ferner muß der Tank belüftet werden, um dem Inhalt Gelegenheit zum Ausdehnen bei Erwärmung zu geben. Auch muß beim Betanken genug Luft aus dem Tank austreten können, damit der hineingeschüttete Kraftstoff nicht wieder zum Einfüllstutzen heraussprudelt.

Die Tankentlüftung im BMW

○ Drei Entlüftungsleitungen führen zum Ausgleichsbehälter, der – versteckt unter einer Kunststoffabdeckung – im Radkasten des rechten Hinterrads sitzt. Der Ausgleichsbehälter kann bei Ausdehnung (durch Wärme) ein gewisses Kraftstoffvolumen aufnehmen. Zusätzlich kondensiert in ihm auch schon ein Teil der Kraftstoffdämpfe, die aus dem Tank austreten.
○ Zwei Entlüftungsleitungen kommen direkt vom Tank, wo ihre Enden im Tank-Innern an die höchsten Stellen herangeführt sind – also an die Stellen, an denen sich Luft sammelt.
○ Die dritte Leitung kommt direkt vom Tankeinfüllstutzen, also auch von einem hochgelegenen Punkt der Tankanlage.
○ Der Ausgleichsbehälter selbst muß natürlich auch entlüftet werden. Doch diese Entlüftungsleitung führt

nicht einfach ins Freie, sondern mündet in einen Aktivkohlebehälter im Motorraum. Zweck der Sache ist es, die durch diese Leitung austretenden umweltschädlichen Kraftstoffdämpfe aufzufangen. Bei laufendem Motor werden die Gase – über das elektrische Tankentlüftungsventil im Motorraum (gesteuert von der Motronic) – bei bestimmter Motorlast wieder aus dem Aktivkohlebehälter herausgesaugt.

○ Unabhängig von den vorgenannten Leitungen läßt die dicke Schnell-Entlüftungsleitung ausschließlich beim Betanken Luft aus dem Tankinneren zum Einfüllstutzen strömen.

Tank ausbauen

Vor dem Ausbau sollten Sie den Tank möglichst weit leerfahren, das erleichtert die Arbeit.

● Batterie abklemmen.

● Wenn noch vorhanden: Restlichen Kraftstoff ablassen. Dazu den Schlauch am Kraftstoffilter lösen und in bereitgestellte (mehrere) Kanister abfließen lassen.

● Kofferraummatte rechts zurückschlagen.

● Blechdeckel abschrauben und darunter beide Leitungen zunächst kennzeichnen und dann vom Tankgeber abbauen.

● Schieber am Mehrfach-Kabelstecker entriegeln, Stecker abziehen.

● Tankklappe öffnen, Tankverschluß abnehmen.

● Abdeckgummi rings um den Einfüllstutzen heraushebeln und abziehen.

● Rechtes Hinterrad abbauen, Abdeckung hinten im Radkasten abschrauben.

● Halter der Entlüftungsschläuche lösen, Entlüftungsschläuche abziehen.

● Tank von Helfer festhalten lassen oder stabil unterbauen, damit er nicht herabfällt.

● Verschraubung vom Wärmeschutzblech lösen.

● Vor dem Einbau eines neuen Tanks die Unterlagen und Folienstreifen aufkleben; sofern vorhanden, Kantenschützer umbauen bzw. ersetzen.

● Auf richtigen Sitz der Befestigungsbänder achten.

● Anschläge an der Karosserie prüfen.

● Neuen Dichtring für den Tankgeber und neue Schlauchklemmen für die Kraftstoffleitungen verwenden.

Geber für die Tankanzeige

Der Tankgeber ist oben in den Kraftstoffbehälter eingesetzt. Er meldet die Flüssigkeitsmenge auf elektrischem Weg an das Anzeigeinstrument am Armaturenbrett. Über Schlauchleitungen und elektrische Kabel ist der Geber mit der Kraftstoffpumpe verbunden, die genau unter ihm am Boden des Tanks befestigt ist.

Tankgeber mit Kraftstoffpumpe ausbauen

● Tank möglichst weit leerfahren, damit kein Kraftstoff herausschwappt.

● Kofferraummatte an der rechten Seite zurückschlagen.

● Blechdeckel abschrauben.

● Schläuche am Tankgeber für späteren Wiedereinbau kennzeichnen und abbauen.

● Schieber am Mehrfach-Kabelstecker entriegeln, Stecker abziehen.

● Kunststoff-Überwurfmutter des Tankgebers losdrehen. Dazu einen stumpfen Schraubendreher an einer Rippe der Mutter ansetzen und mit leichten Hammerschlägen die Mutter lockern.

● Tankgeber vorsichtig nach oben herausziehen bzw. -schwenken. Sie hält nun noch an den Schläuchen und Kabeln zur Kraftstoffpumpe.

● Säurefeste Gummihandschuhe anziehen, in die Tanköffnung fassen und die beiden Sicherungshaken zusammendrücken, die die Pumpe im Tank arretieren.

● Pumpe aus dem Tank herausziehen.

● Zum Trennen von Pumpe und Geber die Ver-

Aus Gründen des Umweltschutzes endet der Schlauch der Tankentlüftung nicht einfach im Freien. Damit keine schädlichen Benzindämpfe freigesetzt werden, führt die Entlüftung in einen Aktivkohlebehälter (Pfeil), der rechts vorn im Motorraum angebracht ist (hier im Bild der 520i/525i). Der Aktivkohlebehälter nimmt die Dämpfe auf und gibt sie bei laufendem Motor über die zweite Anschlußleitung und das Tankentlüftungsventil (1) zum Ansaugsystem ab, wodurch sie der Verbrennung zugeführt werden. Position »2« bezeichnet Kraftstoffvor- und Rücklaufschlauch (am 530i/535i).

Der Tankgeber (2) ist hier ausgebaut. Ferner bedeuten:
1 – Anschlußstecker,
3 – Kunststoff-Überwurfmutter.

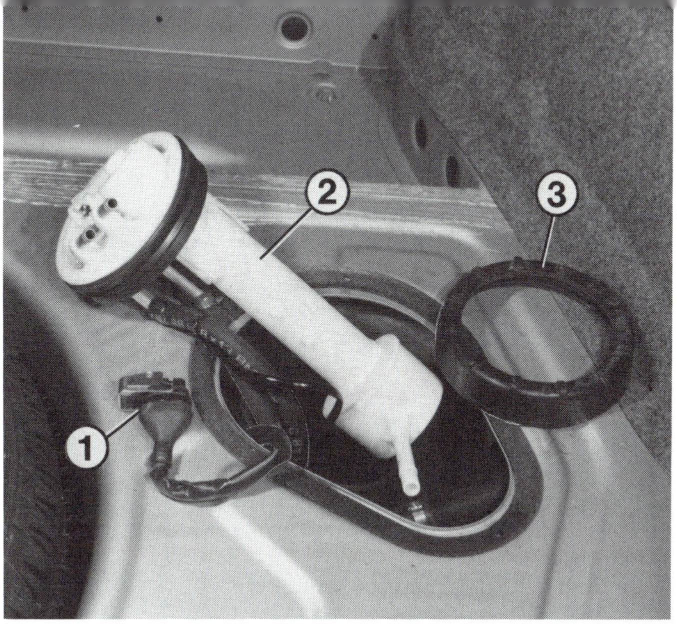

schraubungen an der Pumpe lösen und Schläuche (kennzeichnen!) und Kabel abziehen.

● Zum Wiedereinbau Dichtring am Tankgeber prüfen.

● Kabel zur Kraftstoffpumpe auf halber Länge mit Kabelbinder am Kraftstoffschlauch befestigen.

● Darauf achten, daß die Schlauchanschlüsse in die richtige Richtung zeigen.

● Kraftstoffpumpe so einsetzen, daß die Sicherungshaken richtig einrasten.

● Tankgeber mit Dichtung vorsichtig in die Öffnung stecken. Der Dichtring darf nicht verrutschen.

● Richtig eingesetzt ist der Tankgeber, wenn die Schlauchanschlüsse nach rechts vorn zeigen.

Die Kraftstoffleitungen

Die Kraftstoffanlage unserer Einspritzermotoren muß dem hohen Betriebsdruck von bis zu 3 bar widerstehen können.
Die Schläuche sind deshalb aus besonders druckfestem Material gefertigt. Zudem sind sie an allen Verbindungsstellen mit Klemmschellen, Schraubschellen oder mit stabilen Verschraubungen gesichert.

Kraftstoffleitungen und -schläuche ausbauen

● Sauberkeit ist oberstes Gebot bei Arbeiten an der Kraftstoffanlage. Zumindest den Bereich, in dem gearbeitet wird, vorher reinigen, damit kein Schmutz in die offenen Leitungen gelangen kann.

● Teilweise werden zur Befestigung der Leitungen **Klemmschellen** benutzt.

● Um sie zu lösen, muß mit einer Zange die Blechschlaufe an ihrem Umfang plattgedrückt werden. Dadurch weitet sich die Klemmschelle, und der Kraftstoffschlauch kann unter Drehen abgezogen werden.

● Andere Möglichkeit: Blechschlaufe mit einem schmalen Schraubendreher weiten.

● Ist dies nicht möglich, kleinen Gabelschlüssel am Schlauchende ansetzen und damit abdrücken.

● Beim Einbau sollten Sie statt der Klemmschellen solche zum Schrauben verwenden.

● **Schraubschellen** (Schlauchbänder) können na-

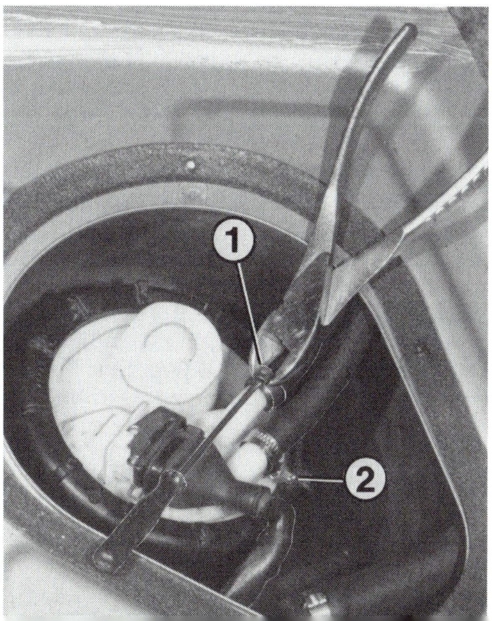

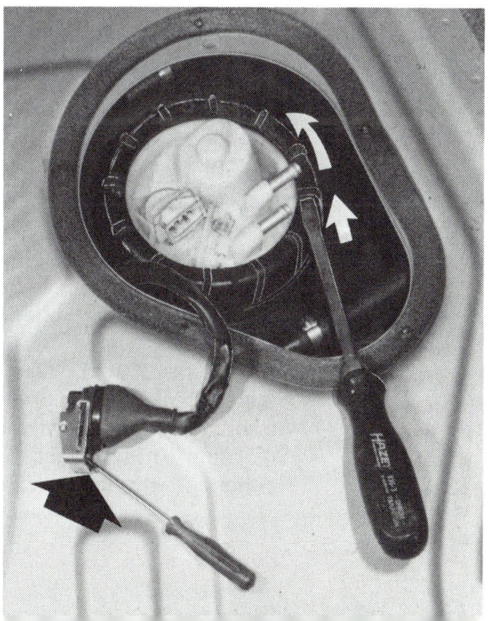

Links: Lösen einer werksseitig angebrachten Benzinschlauch-Quetschklemme (1) durch Aufweiten mit einem kleinen Schraubendreher. Im Notfall kann die alte Quetschklemme wiederverwendet werden. Das Zusammendrücken erfolgt mit einem Seitenschneider. Generell sollte aber nach Reparaturen eine Schraubklemme (2) angebracht werden.
Rechts: Zum Ausbauen des Tankgebers muß zuerst die Sicherungsspange am Mehrfachstecker (schwarzer Pfeil) mit einem Schraubendreher zurückgedrückt werden. Zum Lösen der großen Kunststoff-Überwurfmutter Schraubendreher an der Verrippung ansetzen und leichte Schläge auf den Griff ausüben.

türlich wiederverwendet werden. Beim Anziehen nicht zuviel Kraft anwenden, sonst rutscht die Verzahnung durch, und die Schraubschelle ist unbrauchbar.

● Möglicherweise steht das Kraftstoffsystem auch nach Abschalten des Motors noch unter einem geringen Restdruck. Deshalb beim Lösen einer Benzinleitung einen Lappen bereithalten, damit kein Kraftstoff in die Augen spritzen kann.

Kraftstoffanlage auf Dichtheit prüfen

Wartung Nr. 23

Riecht es am Abstellplatz des Wagens nach Benzin, tritt dies irgendwo aus einer Leitung oder an einem Bauteil der Kraftstoffanlage aus. Zur Suche einer Undichtigkeit sollte der Wagen über Nacht an einem trockenen, sauberen Platz gestanden haben.

● Flecken unter dem Wagenboden?

● Wenn nicht, Motor starten und einige Minuten laufen lassen.

● Nach dem Abstellen erneut kontrollieren.

● Falls nichts sichtbar, sämtliche Leitungen verfolgen und auf Benzingeruch bzw. auf Verfleckungen achten.

Die elektrische Kraftstoffpumpe

Die Kraftstoffpumpe hat ihren Platz innen im Tank, direkt unterhalb des Tankgebers. Da sie ständig von kühlendem Benzin umgeben ist, können sich auch bei hohen Betriebstemperaturen keine Dampfblasen bilden, die zu Aussetzern führen.

Die Stromversorgung der Kraftstoffpumpe läuft von der Batterie über die Motronic-Relais 1 und 2 (das sind Kraftstoffpumpenrelais und Hauptrelais) zur Pumpe. Gesteuert werden die Relais vom Motronic-Steuergerät, das eine Sicherheitsschaltung beinhaltet. Diese sorgt dafür, daß die Pumpe nur dann läuft, wenn der Motor dreht. Ob das der Fall ist, erfährt das Steuergerät von der Zündung, die ja ebenfalls in der Motronic enthalten ist. Die Sicherheitsschaltung soll Brände durch auslaufendes Benzin nach Unfällen verhindern.

Relais der Motronic

Im Steuergeräte-Kasten hinten rechts im Motorraum sind die drei Relais der Motronic untergebracht:

○ Zur Fahrzeugmitte gerichtet sitzt das Hauptrelais (Motronic-Relais 2 genannt bzw. mit K202 bezeichnet), das die Stromversorgung zum Motronic-Steuergerät bei entsprechender Zündschlüsselstellung schaltet.

○ Zum rechten Kotflügel zeigt das Kraftstoffpumpenrelais (auch Motronic-Relais 1 genannt oder mit K201 bezeichnet).

○ Zwischen beiden genannten sitzt das Relais für die Beheizung der Lambdasonde (Bezeichnung K203). Dieses Relais ist nur beim 520i/525i vorhanden.

<u>Fingerzeig:</u> Nicht bei allen Wagen stimmt die Anordnung der Relais mit der hier genannten überein. Auch die Werks-Unterlagen sagen bisweilen Widersprüchliches. Deshalb vorsichtshalber prüfen, ob die angeschlossenen Kabelfarben mit den Schaltplänen ab Seite 151 übereinstimmen.

Störungen an der Kraftstoffpumpe

Die elektrische Kraftstoffpumpe erhält aus Sicherheitsgründen nur dann Strom, wenn der Anlasser betätigt wird oder der Motor läuft. Deshalb ist das Prüfen der Pumpe etwas kompliziert.

● Sicherung für Kraftstoffpumpe überprüfen (ab Seite 145). Wenn sie intakt ist:

● Schwarzen Blechdeckel rechts am Kofferraumboden losschrauben.

● Von Helfer den Anlasser kurz betätigen lassen. Dabei muß die Pumpe anlaufen. Sie läuft nach Abschalten des Anlassers noch einen Moment weiter, was durch die Öffnung im Kofferraumboden gut hörbar ist.

● Ist das nicht der Fall, Steuergeräte-Kasten rechts hinten im Motorraum öffnen, Benzinpumpenrelais abziehen.

● Klemme 30 und 87 (im Relaissockel sind das die Steckkontakte 2 und 6) mit einem selbstgefertigten Überbrückungskabel verbinden.

● Läuft die Pumpe jetzt (auch bei ausgeschalteter Zündung), war das Relais defekt. Ersetzen.

● Läuft sie immer noch nicht, wird die Stromversorgung der Pumpe mit der Prüflampe kontrolliert. Dazu das Relais wieder aufstecken.

● Am Tankgeber im Kofferraum den Schieber an der Mehrfach-Steckverbindung zur Seite drücken und Stecker abziehen. Prüflampe an die Kontakte »–Kraftstoffpumpe« und »+Kraftstoffpumpe« anschließen.

● Anlasser von Helfer kurz betätigen lassen. Die Prüflampe muß jetzt aufleuchten.

● Fehlt es an der Spannung, muß der Leitungsverlauf überprüft werden.

● War Spannung vorhanden, ist die Kraftstoffpumpe zu ersetzen.

Links: Relais und Steuergeräte (hier im BMW 525i):
1 – Motronic-Steuergerät;
2 – Platz für Tempomat-Steuergerät;
3 – ABS-Steuergerät;
4 – Hauptrelais;
5 – Relais für Lambdasondenheizung;
6 – Kraftstoffpumpenrelais.
Rechts: Nahe der rechten Hinterachs-Antriebswelle sitzt der Kraftstoffilter (Pfeil).

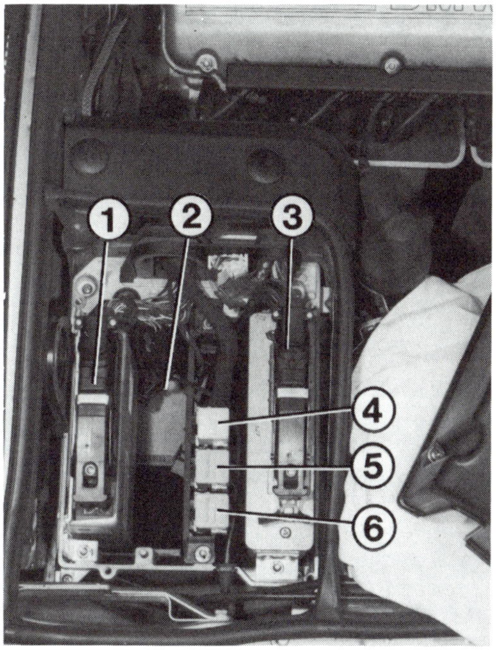

Fördermenge der Kraftstoffpumpe prüfen

Wenn mangelhafte Motorleistung bei hohen Drehzahlen oder »Verschlucker« beim Fahren Zweifel an der ausreichenden Kraftstoffversorgung aufkommen lassen, kann die Fördermenge der Benzinpumpe gemessen werden.

- Rücklaufschlauch vom Druckregler im Motorraum (siehe Bilder Seite 78/79) abnehmen. Ersatzschlauch auf den Druckregler aufstecken und von einem Helfer in ein Meßglas halten lassen.
- Rücklaufleitung mit sauberer Schraube verschließen.
- Steuergeräte-Kasten rechts hinten im Motorraum öffnen, Benzinpumpenrelais abziehen.
- Klemme 30 und 87 (im Relaissockel sind das die Steckkontakte 2 und 6) mit einem selbstgefertigten Überbrückungskabel verbinden.
- Nach 30 Sekunden muß die Pumpe 875 cm^3 Kraftstoff gefördert haben.

Kraftstoffilter ersetzen

Wartung Nr. 43

Verunreinigungen stammen meist aus dem Tank einer Zapfstation. Etwa dann, wenn Sie getankt haben, als die Erdtanks eben frisch befüllt wurden. Dadurch können Schmutzpartikel und auch Kondenswasser aufgewirbelt werden und über den Zapfhahn in Ihren Tank gelangen. Deshalb an frisch belieferten Tankstellen möglichst nicht auftanken.

Sicherheitshalber ist bei allen Modellen ein Kraftstoffilter eingesetzt, der regelmäßig ausgewechselt werden soll.

- Der Filter sitzt rechts unter dem Wagenboden in Höhe der Hinterachse.
- Zuerst den Arbeitsbereich am Wagenboden säubern.
- Verschraubungen des Haltebügels am Filter lösen.
- Schlauchschellen vorn und hinten am Filter lokkern.
- Vergessen Sie nicht das Abklemmen der Kraftstoffschläuche, sonst läuft während der Arbeit Benzin aus.
- Das Abklemmen beider Schläuche besorgt ein Helfer mit zwei Zangen, oder Sie verwenden schraubbare Schlauchklemmen.
- Beachten Sie die Durchflußrichtung beim Einbau: Der Pfeil auf dem Gehäuse muß in Richtung des zum Motor führenden Schlauches zeigen. Oder eine der Stirnseiten des Filters ist mit dem Wort »Auslauf« gekennzeichnet.

Zapfhahn elektronisch

Im BMW hilft die Elektronik, die Trinksitten des Motors etwas im Zaum zu halten. Bei durchschnittlichen Verbräuchen von 11 bis 14 Liter pro 100 km ist man zwar nicht immer überzeugt, daß dieses Vorhaben auch glückt, doch muß man bei den Modellen der 5er-Reihe mit ins Kalkül ziehen, daß es sich hier weder um Leichtgewichte noch um Schwächlinge handelt.

Die Einspritzung

Traditionsgemäß finden wir im BMW ein Einspritzsystem aus dem Hause Bosch. Und weil's nur vom Feinsten sein darf, handelt es sich dabei um eine **Motronic** – das derzeit aufwendigste Einspritzsystem, dessen Steuergerät zusätzlich auch die elektronische Zündung beinhaltet (Seite 181).
BMW hat die Motronic mit dem hauseigenen Namen »Digitale Motor-Elektronik« – »DME« versehen. Oft ist auch von der Version die Rede: Im BMW 520i/525i finden wir die DME 1.3, im 530i/535i die Version 1.1. Die Unterschiede wirken sich jedoch im Fahrbetrieb nicht aus.
Das Steuergerät der Motronic ist voll diagnosefähig. D. h. die im Fahrbetrieb auftretenden Störungen werden in einem Fehlerspeicher abgelegt, der erst nach Abklemmen der Batterie gelöscht wird. Genial daran ist, daß auch diejenigen Fehler gespeichert werden, die nur kurzzeitig auftreten. Erfahrungsgemäß sind es eben jene Defekte, die extrem schwer auffindbar sind.
Und noch eins: Das Steuergerät ist codierbar. Das heißt, die verschiedenen Programme der Fahrzeugversionen (z. B. Schalt- oder Automatikgetriebe) und der Länderversionen (wie Europa, USA, Golf-Staaten) sind im Steuergerät bereits angelegt und brauchen bei Einbau eines neuen Steuergeräts nur noch aufgerufen zu werden, was mittels des »Modic«-Geräts (Seite 21) geschieht.

Die Teile der Einspritzung

Zum besseren Verständnis der Gesamtfunktion unserer Einspritzung ist es wichtig, zunächst die Einzelaufgaben der Bauteile zu kennen:

Steuergerät

Zwischen den Eingangsinformationen (durch die verschiedenen Geber) und den Einspritzventilen steht das Steuergerät. Es billigt dem Motor – abhängig von den herrschenden Last- und Temperaturbedingungen – eine ganz bestimmte Kraftstoffmenge zu. Dazu variiert das Steuergerät die Öffnungsdauer der elektrisch gesteuerten Einspritzventile. Da der Druck im Kraftstoffsystem stets annähernd konstant ist, kann die Einspritzmenge nur über die Einspritzzeit variiert werden.
Woher bezieht das Steuergerät die Informationen, nach denen es die Einspritzzeit festlegt? Dafür sind verschiedene Geber zuständig:

- ○ Luftmengenmesser; er gibt Auskunft über die angesaugte Luftmenge.
- ○ Temperaturgeber im Luftmengenmesser; er signalisiert die Temperatur der Ansaugluft.

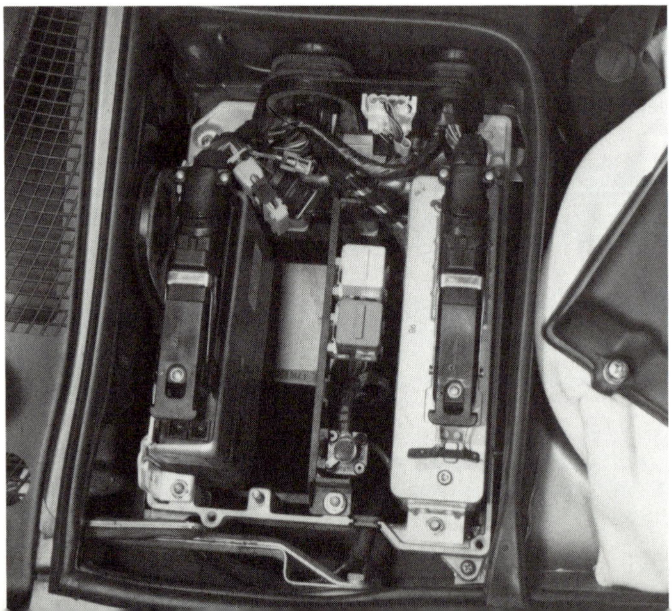

Das Steuergerät der Einspritzung ist in Fahrtrichtung hinten im Steuergerätekasten (hier am 530i/535i gezeigt) eingebaut. Vorn sitzt das etwas größere Steuergerät des Antiblockiersystems.

Funktionsschema der Motronic-Einspritzanlage.

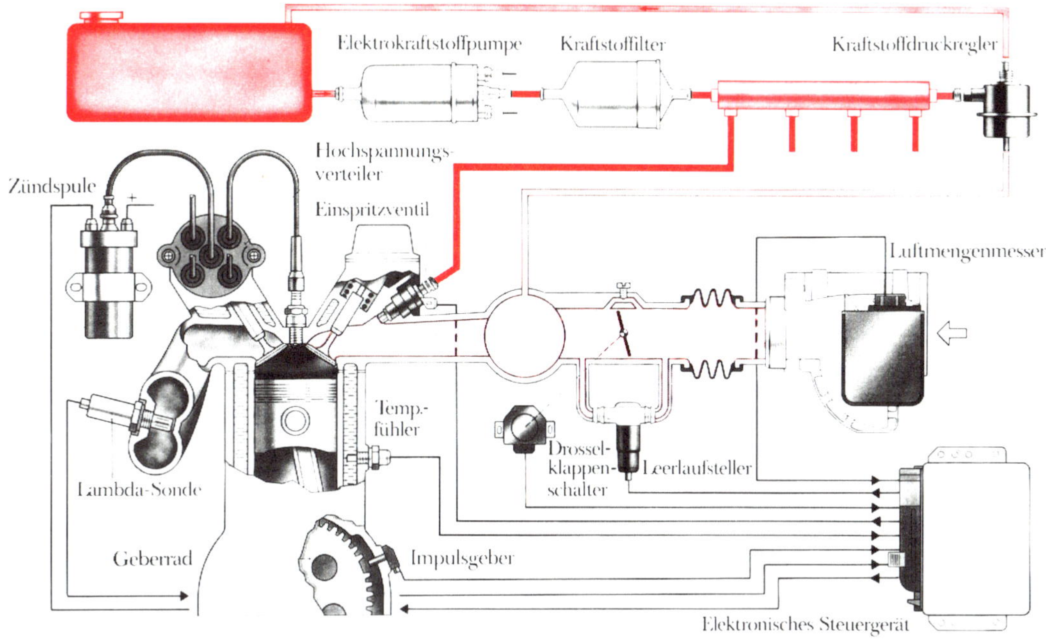

- ○ Kühlwasser-Temperaturgeber; er liefert eine Vergleichsgröße für die Motortemperatur.
- ○ Drosselklappenschalter; er hat Schaltkontakte für Leerlauf und Vollast.
- ○ Drehzahlgeber; er übermittelt das Drehzahlsignal für das Zündungs- und Einspritzungsteil der Motronic.
- ○ Das Startsignal kommt von der Zündschloß-(Anlasser-)Klemme 50.

Einspritzventile

Im Ansaugkanal eines jeden Motorzylinders sitzt je ein Einspritzventil. Es mißt dem jeweiligen Zylinder die momentan benötigte Kraftstoffmenge zu und sorgt gleichzeitig für Feinzerstäubung des Benzins.
Die Ventile werden mittels Elektromagnet betätigt. Dabei wird die Düsennadel ungefähr 0,1 mm von ihrem Sitz abgehoben – der Kraftstoff kann durchfließen. Interessant ist die schnelle Reaktionszeit des Ventils: Anzugs- und Abfallzeit liegen im Bereich von 1–1,5 Millisekunden.

Kraftstoff-Verteilerrohr

Es dient dazu, alle Einspritzventile gleichmäßig mit Kraftstoff zu versorgen. Außerdem wirkt das Verteilerrohr als Kraftstoffspeicher und verhindert damit Druckschwankungen.

Kraftstoff-Druckregler

Er sitzt vorn auf dem Kraftstoff-Verteilerrohr und muß – wie der Name schon sagt – den Druck im Verteilerrohr konstant halten. Das macht er, indem er mehr oder weniger Kraftstoff durch die Rücklaufleitung zum Tank zurückfließen läßt. Läuft mehr zurück, sinkt der Druck; bei geringerer Rücklaufmenge steigt er.
Durch einen Unterdruck-Anschluß weiß der Druckregler gleichzeitig über den Lastzustand des Motors Bescheid. Bei Vollast hebt er den Druck noch um etwa 0,5 bar an. Dadurch wird mehr Kraftstoff eingespritzt, was der Motor zum Erreichen der vollen Leistung dringend braucht.

Kraftstoffpumpe und Relais

Mehr über die elektrische Kraftstoffpumpe, das Kraftstoffpumpenrelais und die übrigen Relais der Motronic erfahren Sie auf Seite 68.

An diesem Schnittmodell ist die Wirkungsweise der Einspritzventile (Pfeil) zu sehen. Die Kraftstofftröpfchen werden genau vor das Einlaßventil des Motors gesprüht und haben kaum Gelegenheit, an den Wänden der Ansaugkanäle zu kondensieren, was Verluste zur Folge hätte.

Luftmengenmesser

Nach Passieren des Luftfilters gelangt die vom Motor angesaugte Luft in den Luftmengenmesser und lenkt dort eine V-förmige Stauklappe aus. Passiert eine größere Luftmenge die Stauklappe, wird die Klappe stärker zur Seite gedrückt. Bei kleinerer Luftmenge bleibt die Bewegung der Klappe geringer. Ein mit der Stauklappe verbundener elektrischer Widerstand (Potentiometer) ändert je nach Klappenstellung seinen Widerstandswert und gibt so dem Steuergerät einen Vergleichswert für die angesaugte Luftmenge.

Drosselklappe

Weiter hinten im Ansaugluftstrom sitzt die Drosselklappe. Betätigt wird sie vom Gaspedal über den Gaszug. Sie öffnet oder verschließt den Luftweg zum Ansaugkrümmer und damit zu den Brennräumen des Motors.

Drosselklappenschalter

Im Drosselklappenschalter sitzen zwei Schaltkontakte. Der eine schaltet bei voll geöffneter Drosselklappe, der andere bei geschlossener Klappe. So wird dem Steuergerät das Signal »Vollast« bzw. »Leerlauf« oder »Schubbetrieb« übermittelt.

Leerlaufregelventil

Wie sein Name schon sagt, sorgt das Leerlaufregelventil für eine stets konstante Leerlaufdrehzahl – egal ob der Motor kalt oder warm ist oder ob kraftzehrende Verbraucher (Klimaanlage) eingeschaltet sind.
Das Ventil ist dabei nur ausführendes Organ. Kopf der Regelung ist das Motronic-Steuergerät. Es vergleicht die Momentan- mit der Solldrehzahl und sorgt so für das fein abgestimmte Öffnen und Schließen des Regelventils zur Drehzahlanpassung.
Variiert wird dabei der Querschnitt eines Luft-Nebenkanals, der die Drosselklappe umgeht. Ist der Kanal geöffnet, wird mehr Luft angesaugt, die Stauklappe wird weiter ausgelenkt und somit »glaubt« der Luftmengenmesser durch die Mehrmenge an Luft, man habe die Drosselklappe geöffnet. Was wiederum die Einspritzung dazu veranlaßt, die nötige Mehrmenge an Kraftstoff beizusteuern. Resultat: die Motordrehzahl erhöht sich.

Die Funktion

Zusammenspiel der Einzelteile

Grundfunktion: Bei laufendem Motor saugen die in den Zylindern auf- und abwandernden Kolben Luft an. Treten wir das Gaspedal voll durch, saugt der Motor das größtmögliche Volumen an, denn die Drosselklappe ist dann voll geöffnet. Entsprechend geringer ist die Luftmenge, wenn die Drosselklappe geschlossen oder nur teilweise geöffnet ist.
Für sauberen Motorlauf muß der Ansaugluft im genau richtigen Verhältnis Kraftstoff beigemischt werden (15:1–18:1). Dazu muß natürlich die angesaugte Luftmenge bekannt sein. Die erfaßt der Luftmengenmesser: Eine Stauklappe wird je nach Geschwindigkeit des Ansaugluftstroms mehr oder weniger zur Seite gedrückt. Diese Bewegung überträgt sich auf einen veränderlichen elektrischen Widerstand – eine Meßgröße, die unser zentrales Steuergerät erfassen kann.
Dieses Steuergerät ist es auch, das die Impulse zum Öffnen und Schließen der Einspritzventile gibt. Längeres Öffnen ist angesagt, wenn viel Kraftstoff gebraucht wird – kurze Offenzeiten reichen aus, wenn die benötigte Kraftstoffmenge gering ist. Die »Sprühstärke« der Einspritzventile bleibt also konstant. Die Mengenreduzierung erfolgt über die Reduzierung der »Sprühzeit«. Interessant ist, daß die Einspritzventile nicht etwa einzeln beim Ansaugtakt des betreffenden Zylinders abspritzen. Sie sprühen vielmehr alle gleichzeitig je einmal pro Motorumdrehung – und zwar nur die Hälfte der benötigten Kraftstoffmenge. Nach zwei Umdrehungen (sprich: einem Arbeitstakt) ist dann die Gesamtmenge abgespritzt. Die Kraftstoffzuteilung für unsere Zylinder besteht also jeweils aus einer Vorratsration und einer Ration zum »gleich essen«.
Start: Zum Starten des kalten Motors wird ein fetteres – also kraftstoffreicheres – Gemisch benötigt, weil sich viele der Kraftstofftröpfchen schon auf dem Weg in die Brennräume an den Wänden der Einlaßkanäle absetzen und so für die Verbrennung nicht mehr zur Verfügung stehen. Das Gemisch muß also angefettet werden. Doch die Motronic kann auf ein gesondertes Kaltstartsystem verzichten. Sie besitzt eine Kaltstartsteuerung, die dafür sorgt, daß die Einspritzventile mehrmals pro Kurbelwellenumdrehung abspritzen. So kommt man zu der erforderlichen Mehrmenge an Kraftstoff und erzeugt außerdem ein sehr gleichmäßiges Gemisch.
Nach einer Anzahl von Motorumdrehungen wird dann die hohe Kaltstart-Kraftstoffmenge wieder langsam an die Normalmenge angepaßt.
Warmlauf: Auch nach dem Start braucht der Motor noch eine gewisse Zeit fetteres Gemisch, denn immer noch kondensiert eine gewisse Kraftstoffmenge im Ansaugbereich. Dafür gibt es die »Nachstartanhebung«. Es wird – temperaturabhängig – noch für eine gewisse Zeit mehr Kraftstoff zugeführt. Die nötige Information über die Motortemperatur erhält das Steuergerät vom Temperaturfühler.
Das bei kaltem Motor noch recht zähflüssige Motoröl verursacht eine höhere innere Reibung in der Maschine. Es wird mehr Kraft – sprich Gemisch – gebraucht, um den Motor auf Drehzahl zu halten. Für diese Gemisch-Mehrmenge sorgt das schon erwähnte Leerlaufregelventil.
Leerlauf: Bei geschlossener Drosselklappe (losgelassenes Gaspedal) wird eine geringe Menge Luft durch einen Bypass-Kanal um die Drosselklappe herumgeführt. Diese Luftmenge wird vom Luftmengenmesser

Bereich um den Drosselklappenstutzen (2) bei einem 520 i/525 i:
1 – Anschluß der Kühlwasserbeheizung des Drosselklappenstutzens;
3 – Drosselklappenhebel;
4 – Unterdruckanschluß für Bremskraftverstärker;
5 – Anschluß des Drosselklappenschalters;
6 – Drosselklappe.

erfaßt und deshalb mit der hierzu nötigen Menge Kraftstoff zum Leerlaufgemisch ergänzt. Übrigens ist das Leerlaufgemisch etwas fetter als das Normalgemisch, damit der Motor schön rund läuft und keine Zündaussetzer bekommt. Wann die Leerlauf-Anreicherung zu erfolgen hat, erfährt das Steuergerät vom Drosselklappenschalter, der jetzt seinen Leerlaufkontakt geschlossen hat.
Natürlich wird der Leerlauf zusätzlich durch das Leerlaufregelventil stabilisiert (siehe dazu Vorseite).
Teillast: Bei Teillast erhält der Motor die Normalmengen an Kraftstoff zugeteilt. Dabei wird auf möglichst geringen Verbrauch Wert gelegt.
Beschleunigen: Wird das Gaspedal zum Beschleunigen plötzlich niedergetreten, schwingt die Stauklappe des Luftmengenmessers weit aus. Das Überschwingen bewirkt zusätzliche Kraftstoffzufuhr, die beim Beschleunigen dringend gebraucht wird, damit sich der Motor nicht »verschluckt«. Bei kaltem Motor wird zum Beschleunigen noch mehr Kraftstoff gebraucht. Das Steuergerät wertet deshalb den »Überschwing-Impuls« des Luftmengenmessers als Beschleunigungs-Signal aus und steuert zusätzlichen Kraftstoff bei.
Vollast: Der geschlossene Vollast-Drosselklappenschalter zeigt dem Steuergerät an, daß der Fahrer das Gaspedal voll durchgetreten hat. Zum Erreichen der Höchstleistung bekommt der Motor jetzt ein fetteres Gemisch vorgesetzt (Vollastanreicherung).
Schubbetrieb: Bergab mit losgelassenem Gaspedal braucht dem Motor kein Kraftstoff zugeführt zu werden. Der Wagen rollt durch Gewicht oder Schwung von selbst. An der hohen Drehzahl und dem geschlossenen Leerlauf-Drosselklappenschalter erkennt das Steuergerät, wann Schubbetrieb vorliegt und kann auf »Kraftstoff sparen« schalten. Diesen Vorgang können Sie sogar am Verbrauchsmesser im Armaturenbrett verfolgen.
Drehzahlbegrenzung: Das Motronic-Steuergerät vergleicht die Momentan- mit der Höchstdrehzahl und dreht bei Überschreiten der zulässigen Drehzahl einfach den Kraftstoffhahn zu.

Lambda-Regelung

Der Katalysator kann nur dann richtig arbeiten, wenn die Luftzahl λ (Lambda) dem Wert 1 möglichst

Am ausgebauten Luftmengenmesser ist die bewegliche Stauklappe (2) gut zu sehen. Der Ansaugschnorchel des Luftfilters (1) kann in das Gehäuse zurückgeschoben werden, wenn man die Tasten (3 und eine weitere gegenüber) niederdrückt.

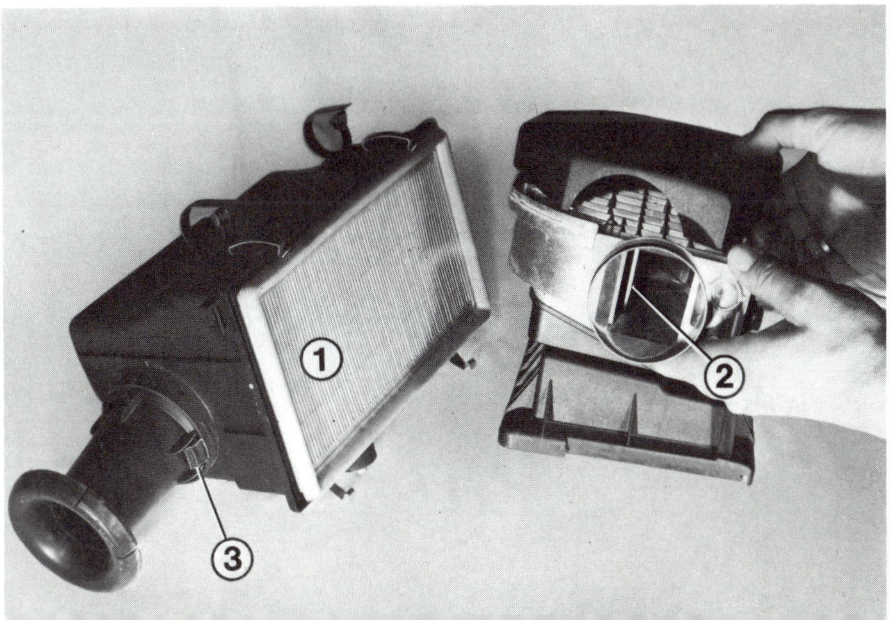

nahekommt; davon war schon auf Seite 54 die Rede. Damit dies der Fall sein kann, ist die Motronic mit einer sogenannten Lambda-Regelung versehen.
Dabei mißt die Lambdasonde den Sauerstoffgehalt im Abgas – eine Vergleichsgröße für die Zusammensetzung des Kraftstoff/Luft-Gemisches. Weicht die Messung vom Idealwert ab, regelt das Steuergerät nach. Die Regelung arbeitet im Bereich von $\lambda = 0{,}8$ bis $\lambda = 1{,}2$.
Die Lambda-Sonde gibt erst bei Temperaturen über 350°C ein verwertbares Signal ab. Damit diese Temperatur schnell erreicht wird, ist die Sonde elektrisch beheizt. Bis es soweit ist, bleibt die Anlage ungeregelt und richtet sich nach einem vorgegebenen mittleren λ-Wert.

Selbsthilfe

Viele Prüfungen an der Einspritzung sind dem Selbsthelfer in Ermangelung der nötigen Prüfgeräte leider unmöglich gemacht. Dennoch bleibt ein breites Betätigungsfeld.

Vorgehensweise

Das Steuergerät selbst kann mit Heimwerkermitteln nicht kontrolliert werden. In der Praxis ist hier auch nur sehr selten mit Fehlern zu rechnen. Geber, Schalter und Kabelverbindungen geben ungleich häufiger Anlaß zu Beanstandungen.
Damit bietet sich bei einem Defekt folgende Vorgehensweise an:

○ Sicherstellen, daß die Zündung in Ordnung ist.
○ Kraftstoffversorgung prüfen (Seite 68).
○ Sichtprüfung an den Teilen der Einspritzanlage durchführen (siehe folgenden Abschnitt).
○ Wurde durch genannte Prüfungen kein Fehler gefunden, den Störungsbeistand auf Seite 82 studieren, mögliche Fehlerquelle ermitteln, verdächtiges Bauteil nach Prüfanleitung (folgende Seiten) kontrollieren.
○ Brachte das keinen Erfolg, Fehlerspeicher des Steuergeräts im Rahmen einer Fahrzeugdiagnose auslesen lassen (siehe dazu Seite 21). Das ist aber nur möglich, wenn zuvor **die Batterie nicht abgeklemmt** wurde. Denn so wird der Speicherinhalt gelöscht.

Sichtprüfung

● Luftschläuche auf Dichtheit prüfen. Alle Schläuche – vom dicken Ansaugluftschlauch bis zum kleinen Unterdruckschlauch zum Druckregler – müssen geprüft werden.
● Sind die Dichtungen an den Einspritzventilen in Ordnung; ebenso die Flanschdichtungen der Ansaugkanäle?
● Undichtigkeiten lassen »Nebenluft« ins Ansaugsystem eindringen – Luft also, die der Luftmengenmesser nicht erfassen kann und die deshalb die Gemischaufbereitung empfindlich stört. Das Gemisch magert unkontrolliert ab, Motorlaufstörungen – hauptsächlich im Leerlauf – sind die Folge.
● Sind an den Kraftstoffleitungen Undichtigkeiten zu erkennen?
● Wurden die Kabelstecker mehrfach auseinandergezogen und wieder verbunden? Korrosion oder ungeschicktes Reißen kann mangelnden Kontakt zur Folge haben.
● Sehen Sie sich die Stecker an den einzelnen Bauteilen der Einspritzung genau an. Mit einem schmalen Schraubendreher lassen sich die Zungen ein wenig nachbiegen.

Der Anschlußstecker (1) ist hier vom Drosselklappenschalter (2) abgezogen. Wie bei allen Steckverbindungen an der Einspritzanlage muß zum Lösen des Steckers der Sicherungsbügel niedergedrückt werden (Pfeil).

Stecker der Einspritzanlage abziehen

Die Stecker der Einspritzanlage unterscheiden sich grundsätzlich von den meisten anderen im Wagen. Zunächst sind sie durch verschiedene Einfärbung kodiert. Man sieht sofort, wo welcher Stecker hingehört. Zum anderen besitzen sie eine Drahtsicherung, die beim Abziehen des Steckers gelöst werden muß:

- Sicherungsbügel niederdrücken.
- Stecker abziehen.
- Beim Aufstecken den Sicherungsbügel nicht berühren.
- Stecker aufdrücken, bis der Sicherungsbügel einrastet.

Prüfen der Bauteile

Die folgenden Abschnitte beschreiben Prüfungen an den Komponenten der Einspritzanlage, soweit sie mit Heimwerkermitteln möglich sind.

Einspritzventile

Besteht der Verdacht, daß eines der Einspritzventile nicht funktioniert, können Sie zunächst versuchen, das brachliegende Ventil durch Fühlen mit der Hand ausfindig zu machen. Das nicht funktionierende Ventil vibriert nicht – im Gegensatz zu den anderen.
Weitergehende Kontrollen erfordern einen Spannungsprüfer mit Leuchtdioden (Seite 139) und einen genauen Ohmmeter:

- Zuerst die **Spannungsprüfung:**
- Beim **520i/525i** Die Steckerleiste der Einspritzventile abziehen und etwas drehen. Beim **530i/535i** den Deckel des Einspritzventile-Kabelkanals öffnen, um so von hinten an die Steckerkontakte heranzukommen.
- **Alle:** LED-Spannungsprüfer (keine Prüflampe) an den Steckkontakten anschließen. Motor starten: Die Leuchtdioden im Spannungsprüfer müssen flackern, sonst ist keine Versorgungsspannung da, oder das Masse schaltende Steuergerät ist defekt. Mit einem Meßgerät klappt diese Kontrolle nicht.
- **Widerstandsprüfung:** Steckerleiste der Einspritzventile abziehen, Ohmmeter an den beiden Kontakten des Ventils anschließen: bei kaltem Motor müssen **15–17,5 Ω** abzulesen sein.
- Liegt der Wert außerhalb der Toleranz, Ventil ersetzen (sofern genau gemessen wurde).
- **Dichtheit prüfen:** Kraftstoff-Verteilerrohr samt Einspritzventilen ausbauen (Seite 79).
- Die Anschlußsteckerleiste an den Einspritzventilen sind abgezogen, die Kraftstoffleitungen bleiben angeschlossen.
- Von Helfer den Motor einige Male mit dem Anlasser durchdrehen lassen, damit die Kraftstoffpumpe anläuft und Kraftstoffdruck aufbaut.
- Einspritzventile beobachten: Jedes einzelne darf höchstens einen Kraftstofftropfen in der Minute verlieren. Sonst Ventil auswechseln.
- Unabhängig hiervon kann der Spritzstrahl und die Dichtheit des Ventils geprüft werden, falls es Motorlaufstörungen erforderlich machen.
- **Spritzstrahl prüfen:** Kraftstoff-Verteilerrohr mit Einspritzventilen ausbauen (Seite 79), die Kraftstoffleitungen bleiben angeschlossen, die Stecker der Ventile ebenfalls.
- Zündung aus Sicherheitsgründen lahmlegen (Seite 184).
- Unter das zu prüfende Ventil ein Gefäß halten, die übrigen werden wegen des herausspritzenden Kraftstoffs mit Lappen »verbunden«.
- Motor von Helfer mit dem Anlasser durchdrehen lassen: Am Ventil muß der Kraftstoff kegelförmig abgespritzt werden.
- Prüfung gegebenenfalls an den übrigen Ventilen wiederholen.

Nach Abziehen der Anschlußsteckerleiste (2) von den Einspritzventilen (1) kann am 520i/525i die Stromversorgung der Ventile mit einem Leuchtdioden-Spannungsprüfer kontrolliert werden.

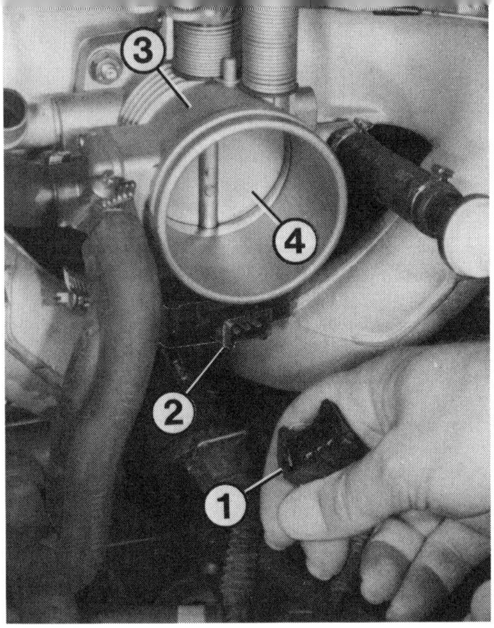

Links: Unterhalb des Drosselklappenstutzens (3) sitzt beim BMW 520i bzw. 525i der Drosselklappenschalter (2), dessen Anschlußkontakte bei abgezogenem Anschlußstecker (1) zugänglich sind. Entsprechend der Stellung der Drosselklappe (4) öffnen oder schließen die beiden Schaltkontakte.
Rechts: Der Drosselklappenschalter (2) – hier mit abgezogenem Stecker (1) sitzt beim 530i/535i seitlich am Drosselklappenstutzen. Im Bild der sechspolige Schalter für Fahrzeuge mit elektronisch gesteuertem Automatikgetriebe.

Luftmengenmesser

- Luftmengenmesser ausbauen (Seite 78).
- Mit einem Finger oder Schraubendreher in den Luftdurchlaß des Luftmengenmessers fahren und prüfen, ob sich die Stauklappe leicht bewegen läßt.
- Falls die Klappe klemmt oder der Luftmengenmesser verölt ist, Verschmutzung mit Benzin reinigen.

Drosselklappenschalter

- Beim 520i/525i den Luftmengenmesser mit Ansaugschlauch ausbauen.
- Stecker am Drosselklappenschalter abziehen.
- Leerlaufschalter prüfen:
- Ohmmeter zwischen Kontakt 18 (Mittelkontakt) und 2 anschließen, bei Fahrzeugen mit elektronisch gesteuertem Automatikgetriebe zwischen Steckerkammer 4 und 6.
- Es müssen 0 Ω angezeigt werden. Drosselklappe leicht öffnen: Der Widerstandswert muß sofort auf ∞ Ω ansteigen.
- Spricht der Schalter etwa zu spät an, kann er eingestellt werden:
- Beide Halteschrauben lockern und Schalter so verdrehen, daß er schon gleich bei geringfügigem Öffnen der Drosselklappe schaltet.
- Schrauben wieder festziehen.
- Vollastschalter prüfen:
- Ohmmeter zwischen Kontakt 18 (Mittelkontakt) und 3 anschließen, bei Fahrzeugen mit elektronisch gesteuertem Automatikgetriebe zwischen Steckerkammer 5 und 4.
- Es werden ∞ Ω angezeigt.
- Drosselklappe bis zum Anschlag öffnen: Nach Ansprechen des Schalters werden 0 Ω angezeigt.

Leerlaufregelventil

- Bei eingeschalteter Zündung und bei laufendem Motor müssen die Arbeitsschwingungen am Gehäuse des Leerlaufregelventils spürbar sein, sonst ist das Ventil, die Kabelzuleitung oder das Motronic-Steuergerät defekt.
- Stecker abziehen, Ohmmeter an den Steckkontakten des Ventils anschließen: Zwischen Mittel- und jedem der seitlichen Kontakte gemessen müssen jeweils ca. 20 Ω angezeigt werden.
- Weitere Funktionsprüfung: Leerlaufregelventil ausbauen; der Stecker bleibt angeschlossen. Dreh-

Links: Das eingebaute Leerlauf-Regelventil (Pfeil).
Rechts: Am ausgebauten Leerlaufregelventil ist der Luftspalt (Pfeil) gut zu sehen, den das Ventil abhängig von der Leerlaufdrehzahl vergrößert oder verkleinert.

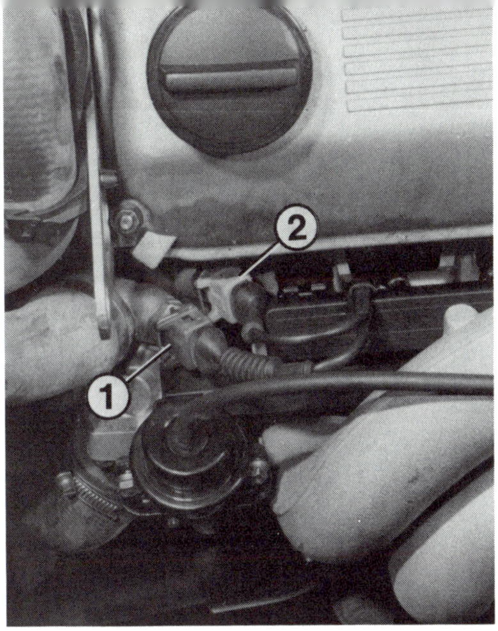

Vorn links am Motor befinden sich der Temperaturfühler der Motronic (1) und der Geber der Temperaturanzeige (2).
Das Bild links zeigt den 520i/525i, das Bild rechts den 530i/535i.

kolben im Luftdurchlaß des Ventils in »Offen«- oder »Geschlossen«-Stellung bringen.

● Zündung einschalten und Drehkolben beobachten: Er muß sich etwa in Mittelstellung einpendeln.

● Leichtgängigkeit des Drehkolbens prüfen: Er muß sich durch ruckartiges Drehen des ausgebauten Ventils bewegen lassen.

Kühlmittel-Temperaturgeber der Einspritzung

● Temperaturgeber aus dem Thermostatgehäuse herausschrauben.

● Ohmmeter an den Steckkontakten des Gebers anschließen und Geber in ein entsprechend temperiertes Wasserbad tauchen.

● Die Wassertemperatur von 80°C kontrolliert man mit einem Einmach-Thermometer.

● Bei folgenden Temperaturen müssen die genannten Widerstandswerte angezeigt werden:

● Bei –10°C (Kühltruhe): **8,2–10,5 kΩ**; bei +20°C: **2,2–2,7 kΩ**; bei +80°C: **0,3–0,36 kΩ**.

● Werden die Widerstandswerte nicht erreicht: Thermoschalter ersetzen, Kühlmittel auffüllen.

Lambdasonde prüfen

Wartung Nr. 35

Für diese Prüfung wird die Steckverbindung im Kabel zur Lambdasonde getrennt. Wo die Steckverbindung sitzt, zeigen die Bilder unten. Die Zeichnung links unten gibt die Belegung der Steckkontakte an.
Gemessen wird mit Ohmmeter und Voltmeter in der Leitung zur Lambdasonde hin:

● **Sondenheizung prüfen:** Ohmmeter an beide Buchsen der Heizungskabel anschließen.

● Bei intakter Heizung muß ein Wert **kleiner 5 Ω** angezeigt werden.

● **Sondenspannung prüfen:** Dieser Wert wird erst nach einigen Minuten Motorlauf gemessen, wenn die Lambdasonde angewärmt, also wirksam ist.

● Die Steckverbindung muß wieder zusammengesteckt sein, also entweder hinten im Stecker nach Zurückschieben der Gummistulpe messen oder Kabelbrücken legen.

● An den Sondenspannungskabeln gemessen muß die Spannung auf dem Voltmeter (es muß ein Zei-

Links: Die Steckverbindung zur Lambdasonde (1 und 2) befindet sich beim 520i/525i hinten rechts im Motorraum.
Rechts: Dieselbe Steckverbindung (Pfeil) sitzt beim 530i/535i links am Motor unter dem Ansaugkrümmer.
Die Zeichnung zeigt die Polbelegung des Steckers:
1 und 2 – Sondenspannung;
3 und 4 – Sondenheizung.

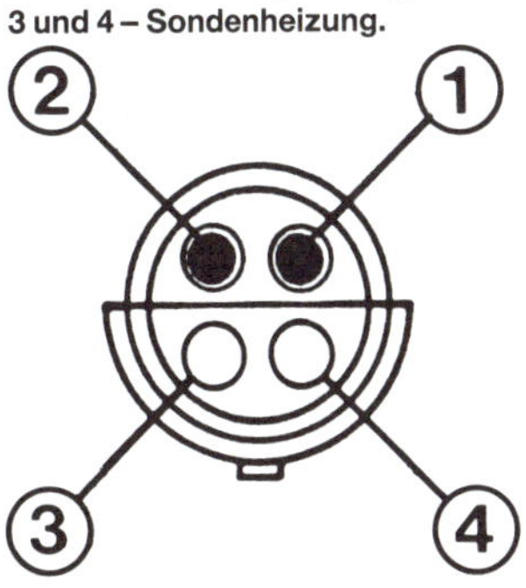

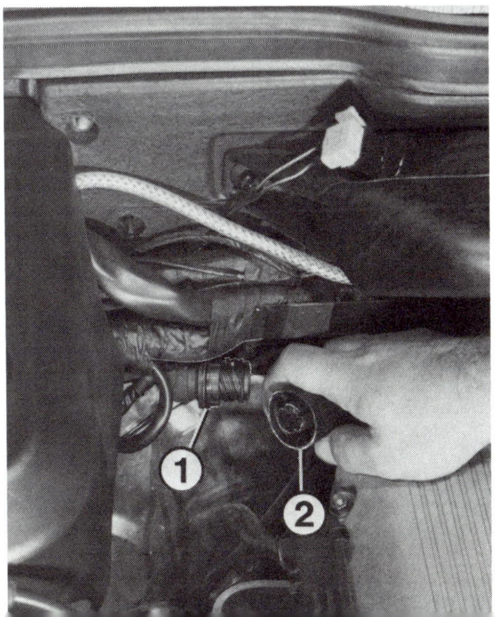

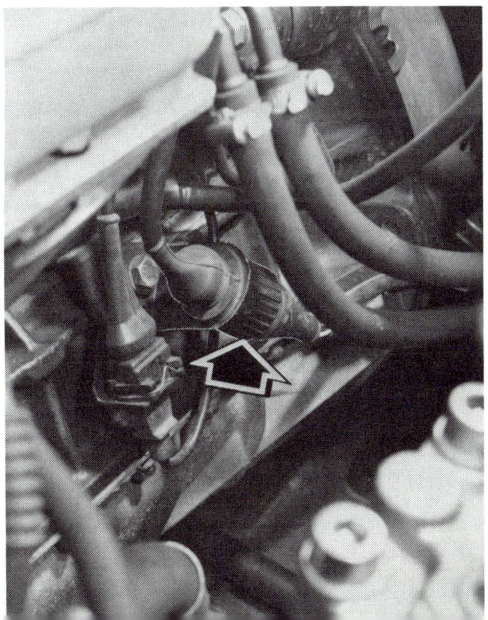

Der Luftmengenmesser (1) ist beim 530i/535i mit drei Gummimetallagern (Pfeile) auf dem Halter am Zylinderkopf befestigt. Zum Ausbau die Blechspangen (3) unten am Halter abziehen. Gut zu sehen ist hier die Stauklappe (2).

gerinstrument sein) **zwischen 0,02 und 0,85 V pendeln.**

- Werden konstant 0,45 Volt gemessen, ist die Lambdasonde außer Betrieb, was an der Sonde oder deren Zuleitung liegen kann.
- Muß die Lambdasonde ersetzt werden, Gewinde vor dem Einbau mit »Anti-Seize-Paste« aus der BMW-Werkstatt bestreichen. Anzugsmoment: 55 Nm.

Einzelteile ausbauen

Bei vielen Einzelteilen der Einspritzung bedarf es keiner zusätzlichen Ausbaubeschreibung. Die Ausnahmen sind in den folgenden Abschnitten behandelt.

Luftmengenmesser ausbauen

- **520i/525i:** Sechskantmuttern des Halters (vor dem linken Radkasten) lösen.
- Schlauchbinder am Luftschlauch zum Drosselklappenstutzen lösen.
- Luftschlauch zum Drosselklappenstutzen abziehen.
- Stecker am Luftmengenmesser ausstecken.
- Vier Spannklammern rings um das Luftfiltergehäuse lösen. Gehäusedeckel samt Luftmengenmesser abnehmen.
- Oder Luftmengenmesser zusammen mit dem kompletten Luftfiltergehäuse ausbauen.
- **530i/535i:** Schlauchschelle am Luftschlauch zwischen Drosselklappenstutzen und Luftmengenmesser sowie am Schlauch zwischen Luftfilter und Luftmengenmesser losschrauben.
- Stecker am Luftmengenmesser abziehen.
- Unten am Halter des Luftmengenmessers sind die Gummimetallager mit Blech-Sicherungsspangen eingehängt.
- Sicherungsspangen mit Schraubendreher vorsichtig von den Bolzen der Gummimetallager abhebeln – Hand dagegenhalten, damit sie nicht verlorengehen.
- Luftmengenmesser vom Halter abheben.

Teile, die beim Ausbau der Einspritzventile am 530i/535i genannt werden:
1 – Kraftstoff-Zulaufschlauch;
2 – Kabelkanal;
3 – Kraftstoff-Rücklaufschlauch;
4 – Anschlußstecker;
5 – Verschlußstopfen für Befestigungsschrauben des Kabelkanals.

Einspritzventile (Pfeile) und Druckregler (5) sind am Kraftstoff-Verteilerrohr (6) befestigt. Die Positionen »1« bis »4« deuten auf die Befestigungsschrauben des Verteilerrohrs. Das Bild zeigt den BMW 520i/525i.

Einspritzventil ausbauen

● **520i/525i:** Stütze für Ansaugkanal und Schlauch der Kurbelgehäuse-Entlüftung vom Zylinderkopfdekkel abbauen.
● Steckerleiste über den Einspritzventilen abziehen.
● Schläuche für Vor- und Rücklaufleitung am Verteilerrohr bzw. am Druckregler abbauen.
● **530i/535i:** Schlauch zwischen Drosselklappenstutzen und Luftmengenmesser ausbauen.
● Zwecks besserer Zugänglichkeit auch Leerlauf-Regelventil und Luftmengenmesser abbauen.
● Zwei Stecker vorn links am Kabelkanal nach Drücken der Sicherungsspangen abziehen.
● Zwei runde Stopfen oben am Kabelkanal heraushebeln, darunter die Inbusschrauben lösen.
● Kabelkanal hochheben, dabei ziehen sich die Stecker aus den Einspritzventilen.
● Klammern für Kraftstoffleitung am Verteilerrohr lösen.
● Schläuche für Vor- und Rücklaufleitung am Verteilerrohr bzw. am Druckregler abbauen.
● **Alle:** Vier Befestigungsschrauben des Kraftstoff-Verteilerrohrs lösen.
● Verteilerrohr vorsichtig nach oben ziehen, bis die Einspritzventile aus ihrer Führung im Ansaugkrümmer herausgezogen sind.
● Sicherungsklammer zwischen Ventil und Kraftstoff-Verteilerrohr abziehen, und Ventil aus dem Verteilerrohr ziehen.
● Vor dem **Wiedereinbau** die Gummi-Dichtringe am Einspritzventil prüfen. Beschädigte, gealterte Ringe ersetzen.
● Lage von Kunststoffscheibe, Dichtung bzw. Spritzdüsenschutz beachten.
● Beim Ersatzteilkauf unbedingt auf gleiche Kennnummer des Einspritzventils achten.
● Zum leichteren und beschädigungsfreien Einsetzen der Ventile die Dichtringe mit Vaseline oder Getriebeöl SAE 90 bestreichen. Nichts anderes verwenden!

Der Gaszug

Der Gaszug verbindet bei Fahrzeugen ohne EML (siehe Seite 14) Gaspedal und Drosselklappe. Sein größter Fehler: Er ist sehr knickempfindlich, worauf wir beim Einbau besonders achten müssen.

Wenn der Gaszug in Leerlaufstellung am Drosselklappenhebel (1) zu viel Spiel hat, muß er in seiner Länge verändert werden. Dazu Kunststoffmutter (4) auf dem Gewindeschaft (5) weiterdrehen. Die Gaszughülle (6) wird dadurch gewissermaßen länger und der Zug (2) wird gespannt. Position »3« zeigt das Gaszug-Widerlager. Bild links: BMW 520i/525i. Bild rechts: BMW 530i/535i.

Gaszug ausbauen

● Im Motorraum ist das Gaszugende am Drosselklappenhebel befestigt.
● An dieser Stelle die Kunststoffklammern am Einhängnippel (also dort, wo das Gaszugende eingehängt ist) zusammendrücken und Einhängnippel aus dem Hebel herausdrücken.
● Jetzt kann der Gaszug samt Metall-Lagerstück vom Einhängnippel getrennt werden.
● Gaszug nun nach hinten aus dem Widerlager am Ansaugkanal herausziehen.
● Verkleidung links unten am Armaturenbrett ausbauen (Seite 257).
● Gaszug oben am Pedal aushängen.
● An der Kunststoff-Durchführungshülse in der Zwischenwand zum Motorraum von innen die Sicherungshaken zusammendrücken, und Hülse in Richtung Motorraum hinausdrücken.
● Zug vollends nach außen durchziehen.

Gaszug einstellen

● Einstellmutter am Widerlager so weit zurückdrehen, bis der Bowdenzug am Drosselklappenhebel weder lose hängt noch unter Zug steht (Drosselklappe und Gaspedal in Leerlaufstellung).
● Gaspedal jetzt voll durchdrücken.
● In dieser Stellung muß der Drosselklappenhebel zum Vollastanschlag der Drosselklappe noch 0,5 mm »Luft« haben.
● Muß eingestellt werden, so geschieht das jetzt an der Anschlagschraube unter dem Gaspedal.
● Faustregel beim Verdrehen der Anschlagschraube: 1½ Umdrehungen ergeben 0,5 mm »Luft« am Drosselklappenstutzen.
● Bei Wagen mit Automatikgetriebe wird ebenfalls bei voll durchgetretenem Gaspedal (Kickdown) eingestellt.

Abgas-Sonder-Untersuchung

Wartung Nr. 51

Seit Dezember 1993 ist in der Bundesrepublik Deutschland eine Regelung in Kraft, nach der Fahrzeuge mit geregeltem Katalysator erstmals drei Jahre nach Erstzulassungsdatum und darauf alle zwei Jahre die Hürden der Abgas-Untersuchung bestehen müssen.
Für die Prüfung wird der Wagen an einen aufwendigen Werkstattester angeschlossen, dessen Drucker die erzielten Meßwerte zu einer Prüfbestätigung zusammenfaßt. Werden einzelne Vorgaben nicht erreicht, gibt's auch keine Prüfbestätigung. Voraussetzung für die Prüfung ist eine intakte Auspuffanlage, ein sauberer Luftfilter und der richtige Abstand der Zündkerzenelektroden (sofern noch einstellbar). Außerdem sollten Sie mit betriebswarmem Motor zur Messung vorfahren und ggf. einen Motorölwechsel spendieren, falls der Wagen lange Zeit im winterlichen Kurzstreckenbetrieb gefahren wurde. Das so ins Motoröl gelangte Kraftstoff-Kondensat verschlechtert die Abgaswerte.
Wenn Sie die Wartung Ihres BMW immer in der Werkstatt durchführen lassen, gehört die Abgas-Untersuchung zum Umfang der Wartung dazu. Wer die Instandhaltung seines Wagens selbst überwacht, muß selber drandenken – deshalb die Erwähnung dieses Wartungspunkts.

Leerlaufdrehzahl einstellen?

Die **Leerlaufdrehzahl** kann bei unseren BMW-Modellen nicht mehr korrigiert werden – sie besitzen keine Leerlauf-Einstellschraube. Eine automatische Leerlaufregelung sorgt dafür, daß die vom Steuergerät vorgegebenen **760 ± 40/min** (520 i/525 i) bzw. **800 ± 50/min** (530 i/535 i) stets beibehalten werden.
Überdies paßt sich die Leerlauf-Korrektur eventuellen Veränderungen an Motor, Ansaug- und Abgassystem an. Der Korrekturwert wird gespeichert, so daß die Drehzahl sofort nach dem Start richtig einreguliert wird.
Kommt es dennoch zu Drehzahlveränderungen, sind diese als Störungen zu betrachten. Mögliche Ursachen:
○ Nebenluft durch Undichtigkeiten im Ansaugsystem (Seite 74),
○ verschmutzter Luftfilter,
○ nachlassende Kompression der Zylinder (Seite 38).

<u>Fingerzeig:</u> **Abklemmen der Batterie löscht den Drehzahl-Korrekturfaktor der Motronic. Das System muß sich erst wieder langsam an den richtigen Drehzahlwert herantasten, was einige Minuten dauern kann. Also nicht gleich in Panik verfallen, wenn nach Austausch der Batterie der Wagen plötzlich nicht mehr richtig läuft, sondern erst einige Zeit fahren, bis die Einregulierung abgeschlossen ist.**

Abgas-CO-Gehalt prüfen

Der **Abgas-CO-Gehalt** wird auch bei Kat-Fahrzeugen lediglich zur Fehlersuche kontrolliert, was aber mangels CO-Meßgerät keine Arbeit für den Heimwerker ist. **0,7 ± 0,5 Vol.% CO** lautet der Sollwert für alle 5er-Modelle.
BMW fordert bestimmte **Voraussetzungen** zum Einstellen von Leerlauf und Abgas:
○ Motor betriebswarm (mind. 60°C Öltemperatur);
○ Zündanlage und Ventilspiel in Ordnung;
○ Luftfiltereinsatz einwandfrei sauber;
○ elektrische Verbraucher ausgeschaltet;
○ zur Abgasmessung darf keine Absauganlage am Auspuff angeschlossen sein;
○ der Abgaswert wird am Auspuffkrümmer gemessen;
○ die Einstellschraube am Luftmengenmesser darf **keinesfalls** verstellt werden.

Wird bei der Messung der schon genannte Sollwert nicht erreicht, kann das an folgenden Ursachen liegen:

Zu hoher CO-Wert:
- ○ Einspritzventile lecken
- ○ Kraftstoffdruck zu hoch
- ○ Kühlmittel-Temperaturgeber defekt

Zu niedriger CO-Wert:
- ○ Nebenluft dringt in das Ansaugsystem ein (Seite 74)

Luftfiltereinsatz ausbauen

- ● Spannklammern rund um das Luftfiltergehäuse lösen; beim 520i/525i sind es vier, beim 530i/535i sechs Stück.
- ● Oberteil des Luftfiltergehäuses hochheben; leichter geht's, wenn der Ansaugluftschlauch zusätzlich abgeschraubt wird.
- ● Luftfiltereinsatz herausnehmen.
- ● Vor Einbau des neuen Filtereinsatzes Filtergehäuse mit sauberem Lappen auswischen.

Luftfiltergehäuse ausbauen

- ● **520i/525i:** Stecker am Luftmengenmesser abziehen.
- ● Schlauch zum Drosselklappenstutzen abziehen, dazu Schlauchschelle lösen.
- ● Muttern links am Luftfilter-Halter lösen.
- ● Kunststoffrasten am Ansaugrohr vorn am Filtergehäuse niederdrücken und Ansaugrohr gewissermaßen ins Filtergehäuse hineinschieben.
- ● Filtergehäuse nach oben aus dem Motorraum nehmen.
- ● Nach dem Wiedereinbau das Ansaugrohr nach vorn ziehen, bis die Kunststoffrasten einschnappen.
- ● **530i/535i:** Schlauch zum Luftmengenmesser abziehen, dazu Schlauchschelle lösen.
- ● Mutter am Luftfilter-Halter rechts am Radkasten lösen.
- ● Filtergehäuse nach oben aus den seitlichen Haltern ziehen.
- ● Beim Einbau erst den Ansaugstutzen in die Aussparung an der Scheinwerferabdeckung einschieben, dann die Gummilager sorgsam in den Halter einsetzen.

Luftfiltereinsatz ausblasen

Wartung Nr. 10

Anläßlich des Motorölservice empfehlen wir die Reinigung des Papierfiltereinsatzes von gröberer Verschmutzung. Bei einer Reise über extrem staubige Straßen kann dieses Intervall bis hin zur täglichen Reinigung verkürzt werden.

- ● Papierfiltereinsatz ausbauen, wie vorstehend beschrieben.
- ● Filter auf harter Unterlage ausklopfen, damit sich die groben Schmutzteilchen lösen.
- ● Soll auch der feine Staub entfernt werden, muß mit Preßluft seitlich an den Filterlamellen vorbeige-

Beim 520i/525i kann nach Lösen der Spannklammern (1, 2, 3 und weitere) das Gehäuse-Oberteil (6) vom Unterteil (4) abgehoben werden, um den Luftfiltereinsatz (5) auszuwechseln.

Luftfilter-Ausbau beim 530i/535i: Nach Lösen der Spannklammern (Pfeile) kann das Gehäuse-Oberteil (3) vom Unterteil (2) abgehoben und der Filtereinsatz (1) herausgenommen werden.

blasen werden. Niemals den Preßluftstrahl direkt auf das Filterpapier richten! Sonst drückt sich ein Teil der Staubkörnchen fest in die Filterporen.

- Filtergehäuse mit sauberem Lappen auswischen.
- Filter wieder einbauen.

Luftfiltereinsatz wechseln

Wartung Nr. 19

BMW ordnet den Wechsel des Filtereinsatzes bei jeder Inspektion II an. Das ist ein recht kurzes Intervall. Wenn der Filtereinsatz also noch schön hell aussieht, kann der Austausch noch etwas aufgeschoben werden. Andererseits muß bei Reisen über unbefestigte Straßen trotz häufigerer Reinigung des Filters schon wesentlich früher an Ersatz gedacht werden.

Störungsbeistand

Motronic

Die Störung	– ihre Ursache	– ihre Abhilfe
A Kalter Motor springt nicht oder schlecht an	1 Sicherung der Einspritzung defekt	Auswechseln
	2 Kraftstoffpumpen- bzw. Hauptrelais defekt	Überprüfen, siehe Seite 68, ggf. austauschen
	3 Kraftstoffpumpen fördern nicht oder nicht genügend	Benzin im Tank? Pumpen kontrollieren (Seite 68), Fördermenge messen (Seite 69)
	4 Druckregler defekt	Druck messen lassen
	5 Leerlaufregelvenil defekt	Prüfen
	6 Steuergerät defekt	Prüfen lassen
	7 Kein Drehzahlsignal vom Drehzahlgeber	Kabelverlauf kontrollieren
	8 Motor erhält Nebenluft	Sämtliche Schlauchleitungen überprüfen
B Warmer Motor springt nicht oder schlecht an	1 Unterdruckleitung zum Druckregler defekt	Leitung überprüfen
	2 Siehe A 1–4, 6 und 7	
	3 Einspritzventile undicht	Ventile überprüfen
	4 Kühlwasser-Temperaturfühler defekt	Fühler überprüfen
C Motor springt an, stirbt aber wieder ab	1 Siehe A 1 und 5	
	2 Siehe B 1	
	3 CO-Wert stimmt nicht	Einspritzung prüfen lassen
	4 Luftmengenmesser oder Zuleitungskabel defekt	Widerstandswerte messen bzw. Kabelverlauf überprüfen
	5 Drosselklappenschalter falsch eingestellt oder defekt	Einstellen bzw. Funktion kontrollieren
D Kalter Motor schüttelt im Leerlauf	Siehe A 5	
E Warmer Motor schüttelt im Leerlauf	1 Siehe A 4 und 5	
	2 Siehe C 3	
F Warmer Motor dreht im Leerlauf zu hoch	Siehe A 5	
G Motor hat Aussetzer	1 Kraftstoffilter verstopft	Filter austauschen
	2 Siehe A 3 und 5	
	3 Siehe B 3	
	4 Siehe C 3 und 4	
H Motor stottert, setzt aus	Kraftstoffpumpen fördern ungleichmäßig	Fördermenge messen
I Motorleistung ungenügend	1 Siehe A 3, 4 und 8	
	2 Siehe C 3 und 5	
	3 Drosselklappe geht nicht in Vollgasstellung	Gaszug einstellen
J Motor patscht ins Saugrohr	1 Siehe A 4	
	2 Siehe C 3	
K Kraftstoffverbrauch zu hoch	1 Siehe B 4	
	2 Siehe C 3	

Trennung auf Zeit

Die Kupplung verkuppelt Motor und Getriebe. Doch nicht auf immer und ewig. Denn für den Schaltvorgang brauchen beide wieder etwas Abstand – Trennung auf Zeit. Reibereien entstehen beim Anfahren: Der laufende Motor muß sanft mit den zunächst noch stehenden Teilen des Antriebs Kontakt aufnehmen.

Funktion der Kupplung

Die Kraftübertragung zwischen Motor und Getriebe erfolgt durch die Kupplung. Die arbeitet ausschließlich mit Reibung, und das kann man sich so vorstellen: Zwei Anlageflächen nehmen eine dritte in die Zange und halten sie so stark fest, daß sie sich mit den beiden anderen mitdrehen muß. Trick der Sache ist der, daß diese Verbindung jederzeit gelöst werden kann, denn sonst könnten beide Teile genauso gut miteinander verschraubt werden. Um die Teile beim Namen zu nennen: Fest mit dem Motor verbunden sind die **Schwungscheibe** und die federbelastete **Druckplatte**. Dazwischen eingeklemmt ist die **Mitnehmerscheibe**, die mit der Getriebewelle fest verzahnt ist.

Eine weitere wichtige Funktion hat das **Ausrücklager** zu erfüllen: Beim Niedertreten des Kupplungspedals wird es mittels der Kupplungsbetätigung (siehe folgenden Abschnitt) gegen die Druckplatte gepreßt und übernimmt nun gewissermaßen die Federkraft der Druckplatte. Die Mitnehmerscheibe ist dadurch aus ihrer Zwangslage befreit und kann sich zwischen Druckplatte und Schwungscheibe frei drehen. Motor und Getriebe sind kraftmäßig getrennt.

Wird das Kupplungspedal wieder losgelassen, quetscht die Tellerfeder der Druckplatte die Mitnehmerscheibe an die Schwungscheibe, und aus ist's mit der Freiheit. Alle drei Teile stellen nun eine feste, kraftschlüssige Verbindung dar. Die Motorkraft kann auf den Antrieb übertragen werden.

Die Kupplungsbetätigung

Die Kraft, die wir zum Niedertreten des Kupplungspedals aufwenden, muß zum Ausrücklager übertragen werden. Das erfolgt im BMW hydraulisch – wie bei der Bremse. Während Sie das Kupplungspedal niedertreten, verdrängt der Kolben im Geberzylinder (am Kupplungspedal) eine gewisse Flüssigkeitsmenge und drückt sie zum Nehmerzylinder (am Getriebe). Dort tritt der Kolben ein Stück aus dem Zylinder heraus und bewegt so das Ausrücklager.

Zum leichteren Niedertreten ist das Kupplungspedal mit einer sogenannten Übertotpunktfeder ausgestattet. Das ist eine Druckfeder, die das Pedal in der Ruhestellung nach hinten drückt, aber nach Überwinden ihres Totpunkts den Fahrerfuß beim Niederdrücken des Pedals unterstützt.

Lebensdauer der Kupplung

Es gibt Fahrer, die bereits nach 15000 km eine neue Kupplung brauchen, andere bringen es dagegen auf mehr als 100000 km. Eine hohe Laufzeit erreicht man, wenn der Wagen vorwiegend auf Langstrecken gefahren und

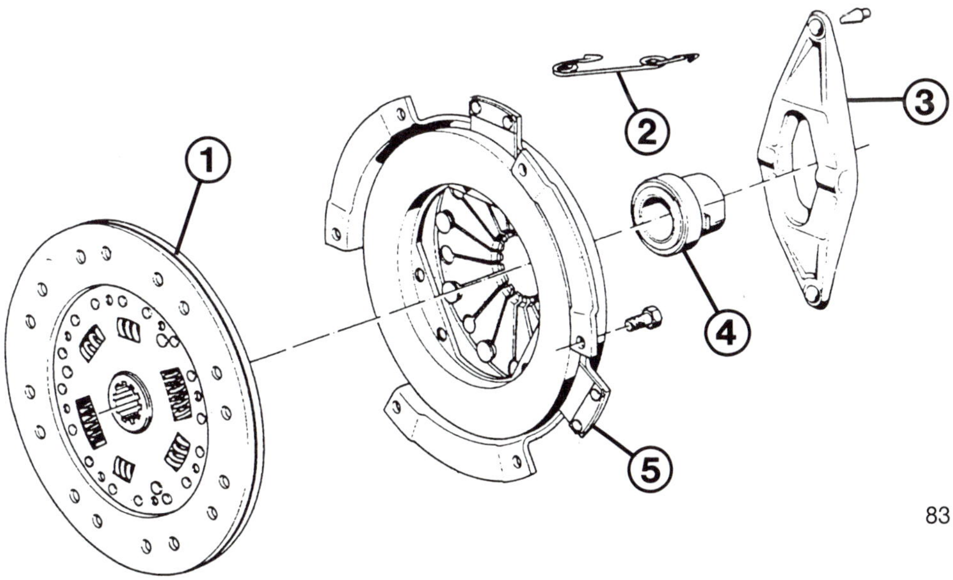

Die Teile der Kupplung:
1 – Mitnehmerscheibe;
2 – Haltefeder für Ausrückhebel (3);
4 – Ausrücklager;
5 – Druckplatte.

die Kupplung vernünftig behandelt wird. Wer mit seinem Wagen hauptsächlich im Stadtverkehr fahren muß – wobei auch die Kupplung viel öfter getreten wird –, kann kaum so lange mit den ersten Kupplungsbelägen auskommen wie ein Langstreckenfahrer.
Wie im Abschnitt »Funktion der Kupplung« angesprochen, bewirkt jedes Einkuppeln, daß die Beläge der Mitnehmerscheibe an ihren Gegenreibflächen schleifen und dabei heiß werden. Besonders verschleißfördernd ist hierbei das Anfahren mit hoher Motordrehzahl – Kavalierstart genannt –, Anfahren im 2. Gang, »Herummogeln« an Kreuzungen im 2. oder 3. Gang mit teilweise getretenem Kupplungspedal oder das »In-der-Waage-halten« an einer Steigung.

Auskuppeln beim Halt an der Kreuzung?

Recht verbreitet ist die Angewohnheit, mit eingelegtem 1. Gang und durchgetretenem Kupplungspedal an der roten Ampel zu warten. Mancher fürchtet, den Gang nicht gleich einlegen zu können, wenn das grüne Licht den Weg freigibt. Wenn auch kein direkter oder sofort meßbarer Schaden entsteht, so beansprucht das Auskuppeln doch das Ausrücklager und bewirkt so wieder Verschleiß. Je öfter und länger das vor den vielen Ampeln geschieht, desto früher ist dieses Lager abgenutzt.

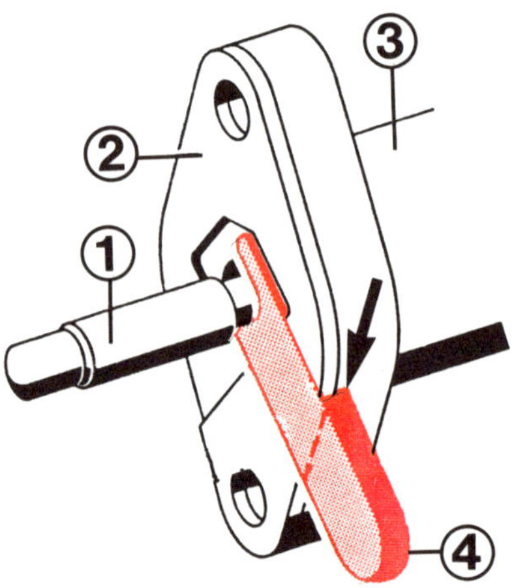

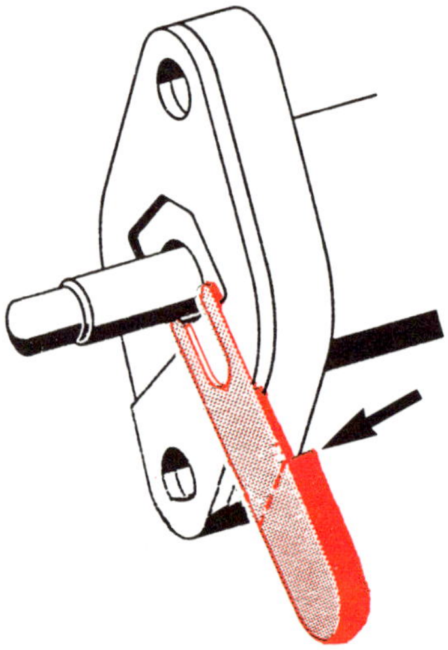

Hier wird der Kupplungsverschleiß überprüft. Es bedeuten:
1 – Nehmerzylinder;
2 – Flansch;
3 – Druckstange zum Ausrückhebel;
4 – Prüflehre.
In der linken Darstellung liegt die Lehre bis zum Anschlag (Pfeil) an – es ist noch genügend Belag auf der Mitnehmerscheibe vorhanden. Rechts läßt sich die Lehre nicht einschieben (Pfeil) – die Mitnehmerscheibe muß ersetzt werden.

Verschleiß der Kupplung prüfen

Wartung Nr. 40

Die Werkstatt prüft den Verschleiß der Kupplung gewissermaßen vorbeugend. Diesen Wartungspunkt können wir uns sparen, wenn wir das Verhalten der Kupplung im Fahrbetrieb einigermaßen aufmerksam beobachten (siehe folgenden Abschnitt). So prüft die Werkstatt:

- An der Wagen-Unterseite die BMW-Prüflehre 212069 in den Spalt zwischen Kupplungs-Nehmerzylinder und Getriebegehäuse schieben.
- Läßt sich die Lehre bis zum Anschlag einschieben, ist die Mitnehmerscheibe intakt.
- Bleibt dagegen ein Abstand von 5 mm zwischen Anschlag der Lehre und Gehäuse, ist die Mitnehmerscheibe verschlissen und muß bald ausgetauscht werden.

Kupplung selbst prüfen

Der Sinn der vorbeugenden Kupplungsprüfung bleibt fraglich, denn die Mitnehmerscheibe wird wohl kaum vor dem endgültigen Verschleiß gewechselt werden. Das erste Anzeichen für einen Defekt ist, wenn die Kupplung durchrutscht. Eine schleifende Kupplung bemerken Sie beim Fahren zuerst im höchsten Gang unter Last. Der Motor dreht hoch, ohne daß die Fahrgeschwindigkeit in gleichem Maß zunimmt. Einen gewissen Aufschluß kann folgende Methode geben, die Sie aber nur gelegentlich anwenden sollten:

Schleift die Kupplung?

- Handbremse anziehen, Motor starten.
- 3. Gang einlegen, langsam einkuppeln und Gas geben.
- Bei einwandfreier Handbremse müßte der Motor abgewürgt werden.
- Dreht er durch, wird ein Kupplungstausch fällig.

Trennt die Kupplung richtig?

Läßt sich das Getriebe auch bei warmem Motor nur schwer durchschalten oder wird der Schaltvorgang sogar von kratzenden oder krachenden Geräuschen »untermalt«, trennt wahrscheinlich die Kupplung nicht mehr richtig. **Nur selten ist dieser Effekt auf ein schadhaftes Getriebe zurückzuführen.** Um sicherzugehen, machen wir die Probe:

- Motor im Leerlauf drehen lassen.
- Kupplungspedal voll durchtreten, etwa drei Sekunden warten, dann versuchen den 1. oder den Rückwärtsgang einzulegen:

Der Kupplungs-Nehmerzylinder (3) links oben am Getriebegehäuse mit Hydraulikschlauch (1), Befestigungsmutter (2) und Entlüftungsventil (4). Der Pfeil zeigt auf den Spalt, in den die Kupplungs-Prüflehre geschoben wird.

- Läßt sich der Gang nur schwer oder sogar unter Kratzen einlegen, trennt die Kupplung nicht mehr sauber. Die Mitnehmerscheibe läuft also nicht ganz frei.
- Normalerweise werden jedoch die Kratzgeräusche von der Synchronisation weitgehend unterdrückt.
- Meist liegt die Ursache in einer defekten Kupplungshydraulik (siehe Abschnitt »Kupplungshydraulik defekt?«).
- Andere Ursachen für nicht trennende Kupplung finden Sie im Störungsbeistand am Ende des Kapitels.

Nachstellfreie Kupplung

Vielleicht haben Sie bislang einen Wagen gefahren, bei dem regelmäßig das sogenannte Kupplungsspiel nachgestellt werden mußte. Bei der hydraulischen Kupplungsbetätigung des BMW ist das nicht mehr nötig, denn hier stellt sich der Ausrückweg entsprechend dem Verschleiß der Mitnehmerscheibe selbsttätig nach.

Fingerzeig: Die Kupplungshydraulik bezieht ihre Flüssigkeit zwar auch aus dem Bremsflüssigkeitsbehälter, doch droht bei einem Leck in diesem Bereich der Bremsanlage keine Gefahr. Der Entnahmestutzen zur Kupplungshydraulik ist relativ hoch am Behälter angebracht, so daß immer ein ausreichender Flüssigkeitsrest für die Bremse zurückbleibt.

Kupplungshydraulik defekt?

Ob die hydraulische Kupplungsbetätigung funktioniert, prüfen Sie gewissermaßen bei jedem Auskuppeln:

- Wenn die Kupplung richtig trennt, ist in jedem Fall auch die Kupplungshydraulik in Ordnung.
- Trennt sie dagegen schlecht oder fällt das Pedal ohne Widerstand durch, ist sicher Luft in die hydraulische Anlage geraten.
- Nur Entlüften hilft da nicht – die Leckstelle muß ausfindig gemacht und repariert werden.
- Jetzt können Sie entlüften (siehe folgende Seite). Andere Ursachen für nicht trennende Kupplung finden im Störungsbeistand am Ende des Kapitels.

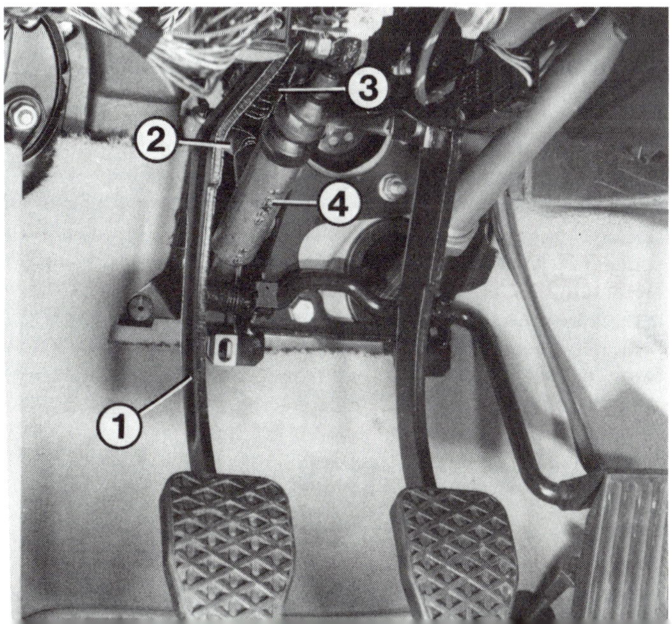

Bei abgenommener Armaturenbrettverkleidung links unten sehen wir:
1 – Kupplungspedal;
2 – Zulaufleitung zum Geberzylinder (4) der Kupplungsbetätigung;
3 – Rückzugfeder.

● Wer eine vorbeugende Untersuchung der Kupplungshydraulik vornehmen will, sucht nach Spuren von Bremsflüssigkeit am Geberzylinder (oberhalb des Kupplungspedals) und am Nehmerzylinder (am Getriebe).
● Ölfeuchte Kupplungszylinder sind undicht und müssen ausgetauscht werden.
● Am Nehmerzylinder wird's jedoch schwierig mit der Kontrolle: Bei Undichtigkeiten leckt er ins Innere der Kupplungsglocke, und dort läßt sich die Herkunft des Ölschmutzes, der an der Trennfuge Motor/Getriebe austreten muß, nur schwer lokalisieren.

Kupplungs-Geberzylinder ausbauen

● Im Bremsflüssigkeitsbehälter möglichst viel Flüssigkeit absaugen (evtl. mit einer großen Einweg-Injektionsspritze aus der Apotheke).
● Unter dem Wagen an der hinteren Motorraumwand die Leitung zum Nehmerzylinder lösen.
● Armaturenbrettverkleidung links unten abbauen (Seite 257).
● Kolbenstange des Geberzylinders vom Kupplungspedal abschrauben.
● Zulaufschlauch am Geberzylinder abziehen, und Flüssigkeitsrest in einen Lappen tropfen lassen.
● Halteschrauben lösen und Zylinder abnehmen.
● Beim **Einbau** beachten: An der Exzenterschraube der Zylinder-Druckstange kann die Pedalstellung justiert werden. 265–275 mm soll die Spitze des Kupplungspedals (mit Pedalgummi) von der vorderen Motorraumwand (ohne Dämmatten) entfernt sein.
● Exzenterschraube an der Lagerstelle mit Molykote Longterm 2 fetten.
● Übertotpunktfeder vor dem Befestigen der Kolbenstange in die Führungsnase ganz vorn einhängen.
● Kontrollieren Sie, ob nach dem Einstellen der Kolben im Geberzylinder wirklich an seinem hinteren Anschlag anliegt. Das ist hörbar und sogar am Pedal fühlbar.

Kupplungs-Nehmerzylinder ausbauen

● Im Bremsflüssigkeitsbehälter möglichst viel Flüssigkeit absaugen (mit Spritze aus der Apotheke).
● Zwei Muttern lösen, Nehmerzylinder abnehmen.
● Hydraulikleitung am Zylinder abschrauben.
● Druckstange des Zylinders vor dem Einsetzen vorne mit etwas hitzebeständigem Fett (Molykote Longterm 2) fetten.
● Zylinder so einsetzen, daß die Entlüfterschraube nach unten zeigt.
● Kupplungshydraulik entlüften.

Kupplungs-hydraulik entlüften

Wer nicht das in der Werkstatt übliche Entlüftungsgerät zur Verfügung hat, entlüftet die Kupplungshydraulik so wie die Bremsen (Seite 124) oder – fast ohne Kleckerei – nach der folgenden Methode:
● Entlüftungsnippel einer Vorderradbremse und Nippel des Kupplungs-Nehmerzylinders je 1½ Umdrehungen öffnen.
● Beide Nippel mit einem Schlauch verbinden.
● Bremspedal jetzt mehrmals langsam und behutsam niedertreten, damit Bremsflüssigkeit von der Vorderradbremse durch die Kupplungshydraulik gedrückt wird.
● Nicht mit Gewalt treten, sonst rutscht der Schlauch ab!
● Flüssigkeitsstand im Bremsflüssigkeits-Vorratsbehälter im Auge behalten.
● Wenn keine Luftbläschen mehr aus der Kupplungshydraulik aufsteigen, werden beide Entlüftungsnippel zugedreht und der Schlauch abgenommen.
● Bremsflüssigkeitsstand kontrollieren!

Fahren mit defekter Kupplungsbetätigung

Sollte unterwegs die hydraulische Kupplungsbetätigung ausfallen, so muß das noch nicht das Ende der Reise bedeuten. Ein nahes Ziel oder die nächste Werkstatt kann man auch ohne Kupplung erreichen. Man kann sogar hoch- bzw. herunterschalten. Voraussetzung ist feinfühliger Umgang mit dem Gaspedal und Schalthebel, besonders beim Herunterschalten.
Gang herausnehmen: Gas wegnehmen und bei langsamer werdender Fahrt oder bei leicht abgebremsten Wagen Schalthebel in Richtung Leerlauf drücken.
Anfahren: Motor ausschalten, 1. Gang einlegen und Anlasser betätigen. Der BMW ruckelt los und setzt sich in Bewegung. Den kalten Motor sollten Sie hierzu erst etwas warmlaufen lassen. Wer während der Fahrt nicht schalten will, fährt auf diese Weise in der Ebene im 2. Gang an.
Hochschalten: Im 1. Gang mit dem Anlasser anfahren. 1. Gang nur knapp über Leerlaufdrehzahl hinausdrehen. Gas etwas zurücknehmen, Schalthebel in Leerlaufstellung ziehen. Gaspedal loslassen und den Schalthebel mit leichter Hand in Richtung des 2. Gangs drücken. Bei richtiger Motor- und Getriebedrehzahl rutscht der Gang fast von selbst hinein. Wenn Sie zu lange gewartet haben, müssen Sie ein ganz klein wenig Gas geben, damit sich der Gang ohne Zähneknirschen einlegen läßt. Hat es nicht geklappt, halten Sie noch einmal an und versuchen das Ganze von neuem. In die weiteren Gänge wird auf die gleiche Weise hochgeschaltet. Am leichtesten geht es in sehr niedrigen Geschwindigkeiten: In den 2. Gang bei höchstens 20 km/h, in den 3. bei 25 km/h, in den 4. bei 35 km/h und in den 5. bei 45 km/h.

Herunterschalten: Hierbei muß die Motordrehzahl angehoben werden, damit sich der nächstniedrige Gang einlegen läßt. Fuß etwas vom Gas, Gang herausnehmen, behutsam Gas zugeben und gleichzeitig den Schalthebel in Richtung des neuen Gangs drücken. Bei richtiger Motordrehzahl rutscht der Gang fast ohne Nachdruck hinein. Auch das Herunterschalten geschieht am besten wieder bei niedrigen Geschwindigkeiten und Drehzahlen.

Kupplung ausbauen

An speziellen Werkzeugen wird für diese Arbeit ein Zentrierdorn für die Mitnehmerscheibe gebraucht. Dieser Dorn ist nichts anderes als das Ende einer Getriebe-Antriebswelle (ersatzweise ein passender Stahlstift).

- Getriebe ausbauen (Seite 89).
- Noch in eingebautem Zustand kontrollieren: Stehen die Spitzen der Tellerfeder (im »Zentrum« der Kupplung) schön parallel zur übrigen Druckplatte oder bilden sie an einer Seite ein Tal? Höchstens 0,8 mm Absenkung sind zulässig.
- 6 Halteschrauben der Druckplatte zunächst nur eine Umdrehung lösen, damit sich die Druckplatte entspannt.
- Schrauben vollends herausdrehen, Druckplatte und Mitnehmerscheibe abnehmen.
- Mitnehmerscheibe prüfen: Die Gesamtstärke von Belagfläche zu Belagfläche darf nicht geringer als 7,5 mm sein. Einseitige Abnutzung dürfen die Beläge ebensowenig aufweisen wie Risse. Festen Sitz der Torsionsdämpfer-Federn und der Belagnieten prüfen.
- Druckplatte prüfen: Die Planlaufabweichung der Tellerfederspitzen wurde bereits kontrolliert. Darüber hinaus: Sind alle Nieten noch fest? Sind die Blattfedern unter dem Anlagering in Ordnung? Ist der Anlagering selbst frei von Rissen und Riefen?
- Außerdem darf der Ring nicht zur Mitte hin durchgebogen sein (Metallineal auflegen), sondern er muß absolut plan sein. Sonst Druckplatte auswechseln.
- Kleines Nadellager hinten in der Mitte der Kurbelwelle und das Ausrücklager auf Leichtgängigkeit prüfen.

Kupplung einbauen

Der Ausbau der Kupplung ist eine aufwendige Arbeit. Jedes der verschleißempfindlichen Teile, wie Mitnehmerscheibe, Druckplatte und Ausrücklager, sollte deshalb schon beim kleinsten Zweifel an seiner Funktionstüchtigkeit ausgetauscht werden. Sonst besteht die Gefahr, daß dieselbe Arbeit bald wieder ins Haus steht. Noch besser: Kompletten Kupplungssatz einbauen, wie ihn auch der Zubehör-Handel anbietet.

Auch austretendes Motor- und Getriebeöl kann die neue Kupplung schon bald wieder lahmlegen. Deshalb auf Ölspuren im Kupplungsbereich achten, und die Dichtringe der Kurbelwelle bzw. der Getriebe-Eingangswelle gegebenenfalls gleich ersetzen.

- Getriebe-Eingangswelle mit Molykote Longterm 2 im Bereich der Verzahnung leicht einfetten. Bei Wagen mit Zweimassenschwungrad (Seite 34) Microlupe 261 verwenden.
- An neuer Druckplatte das Korrosionsschutzwachs vollständig entfernen.
- Mitnehmerscheibe auflegen; Markierung der zum Getriebe hin gerichteten Seite beachten.
- Druckplatte in die drei Paßstifte an der Schwungscheibe einsetzen.
- Halteschrauben lose eindrehen und Mitnehmerscheibe zentrieren. Sie muß genau mittig auf der Schwungscheibe sitzen, damit anschließend die Getriebewelle eingeführt werden kann. Dazu den Zentrierdorn oder Behelfswerkzeug verwenden.
- Schrauben – in mindestens zwei Durchgängen – nacheinander bis auf 22–24 Nm anziehen.
- Ausrücklager prüfen, Lagerungen und Führungen des Ausrücklagers fetten (siehe Ausrücklager ausbauen).

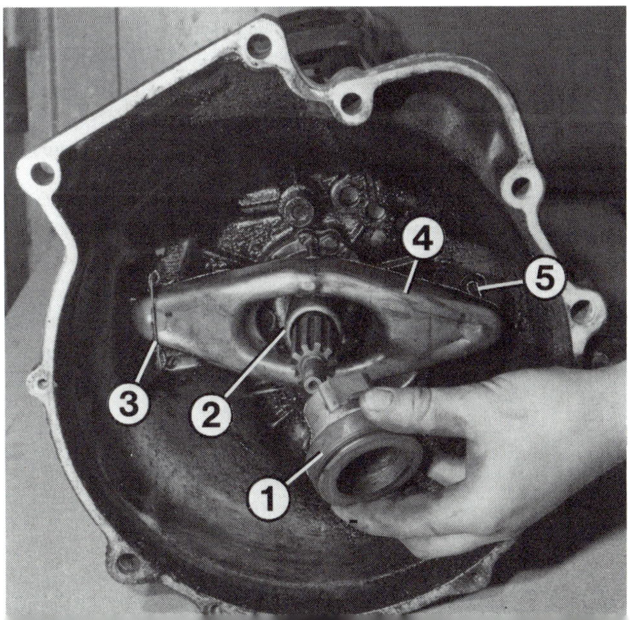

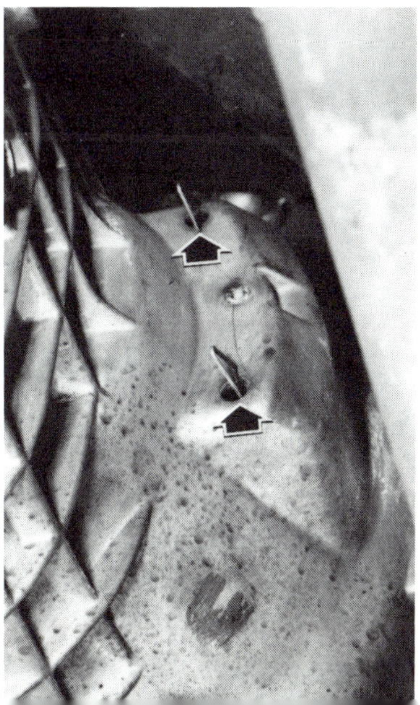

Links: Ein Blick in die sogenannte Kupplungsglocke bei ausgebautem Getriebe:
1 – Ausrücklager;
2 – Führung des Ausrücklagers;
3 – Haltefeder für Ausrückhebel (4);
5 – Druckstange des Kupplungs-Nehmerzylinders.
Rechts: An der – in Fahrtrichtung gesehen – rechten Getriebeseite ragen die Spitzen (Pfeile) der Haltefeder des Ausrückhebels aus dem Getriebegehäuse heraus.

Fingerzeig: Lassen Sie die Kupplung niemals aus größerer Höhe auf den Boden fallen! Sonst könnten die drei Tangential-Blattfedern, die die Kupplung in Drehrichtung halten, umknicken. Auswirkung: trotz intakter Tellerfeder löst die Kupplung dann nicht mehr vollständig.

Das Ausrücklager

Das Ausrücklager wird beim Durchdrücken des Kupplungspedals vom Ausrückhebel auf die Tellerfederspitzen der Kupplungs-Druckplatte gepreßt. Die Kupplung wird dadurch entlastet.
Dieses Drucklager ist wartungsfrei. Ist es defekt, macht es sich durch Mahlgeräusche bei getretener Kupplung bemerkbar. Deswegen muß es jedoch nicht sofort ausgewechselt werden. Man kann die Arbeit bis zum nächsten Kupplungswechsel aufschieben.

Ausrücklager ausbauen

- Getriebe ausbauen (Seite 89).
- Haltefeder am Ausrückhebel aushängen. Dazu an der Rückseite der Getriebeglocke die nach außen ragenden Federspitzen zusammendrücken, und Feder nach innen schieben.
- Ausrückhebel samt Lager nach vorn abziehen.
- Lager vom Hebel trennen.
- Vor dem Einbau des neuen Ausrücklagers die Nut am Innendurchmesser des Lagers mit Molykote Longterm 2 füllen. Ebenso die Führungen am Lager und die beiden Auflagepunkte des Ausrückhebels.

Störungsbeistand

Kupplung

Die Störung	– ihre Ursache	– ihre Abhilfe
A Kupplung rutscht	1 Kupplungsbeläge abgenutzt	Mitnehmerscheibe ersetzen
	2 Anpreßdruck der Kupplung zu gering	Kupplungsdruckplatte ersetzen
	3 Belag verölt	Mitnehmerscheibe und defekte Getriebe- oder Kurbelwellendichtung ersetzen
	4 Kupplung wurde überhitzt	Defekte Teile ersetzen
B Kupplung trennt nicht	1 Luft in der Kupplungshydraulik	Defektes Teil ersetzen, entlüften
	2 Mitnehmerscheibe hat Schlag	Mitnehmerscheibe richten oder ersetzen
	3 Mitnehmerscheibe verzogen oder Belag gebrochen	Mitnehmerscheibe ersetzen
	4 Mitnehmerscheibe klemmt auf Getriebewelle	Gangbar machen, Kerbverzahnung schmieren
	5 Nach sehr langer Standzeit: Belag an Schwungscheibe festgerostet	Anfahren, wie unter »Fahren mit defekter Kupplungsbetätigung« beschrieben. Kupplung dauernd durchtreten. Gaspedal ruckartig durchtreten und loslassen, um die Kupplung loszubrechen. Andernfalls ausbauen
	6 Tangential-Blattfedern der Druckplatte gebrochen	Ersetzen
C Kupplung trennt nicht und rutscht gleichzeitig durch	Kupplungsdruckplatte defekt	Druckplatte auswechseln
D Kupplung rupft	1 Motor- oder Getriebeaufhängung defekt	Motor- oder Getriebelager ersetzen
	2 Unebenheiten auf der Anlagefläche von Schwungscheibe oder Druckplatte	Defektes Teil ersetzen
	3 Falsche Beläge	Mitnehmerscheibe ersetzen
E Kupplungsgeräusche	1 Unwucht der Kupplungsdruckplatte bzw. Mitnehmerscheibe	Kupplungsdruckplatte bzw. Mitnehmerscheibe ersetzen
	2 Torsions-Dämpferfeder defekt	Mitnehmerscheibe ersetzen
	3 Ausrücklager defekt	Ausrücklager ersetzen
	4 Nietverbindungen in der Kupplung locker	Kupplungsdruckplatte ersetzen
	5 Nadellager hinten in der Kurbelwelle defekt	Nadellager ersetzen

Anpassungswillig

Die Unterteilung in mehrere Getriebegänge entspricht den verschiedenen Geschwindigkeitsbereichen, die unser Auto zu fahren in der Lage ist. Hätten wir nur den ersten Gang – wir könnten kaum schneller als 50 km/h fahren. Und wäre nur der fünfte Gang vorhanden, dann könnten wir nicht anfahren und müßten schon vor dem kleinsten Berg kapitulieren.
Das liegt an folgendem: Der Hubkolben-Verbrennungsmotor – und einen solchen haben wir im BMW – gibt nur in einem engen Drehzahlbereich genügend Kraft ab. Weshalb wir mit den Gängen die Drehzahl an die Geschwindigkeit und Fahrbedingungen anpassen.
Nicht variabel ist hingegen das Übersetzungsverhältnis des Hinterachsantriebs. Zum Ausgleich der unterschiedlichen Wegstrecken, die bei Kurvenfahrt von den Antriebsrädern zurückgelegt werden, dient das Differential – ebenfalls Teil des Achsantriebs.

Das Schaltgetriebe

Die Motorleistung wird über die Kupplung auf die Eingangswelle des Schaltgetriebes geleitet. Auf dieser Eingangs- oder Antriebswelle sitzen 6 Zahnräder, die mit 6 dazu passenden Zahnrädern auf der sogenannten Abtriebswelle ständig im Eingriff stehen. Diese Zahnräder können frei umlaufen, bis eines von ihnen beim Schalten eines bestimmten Gangs mit seinem entsprechenden Gegenrad auf der Antriebswelle gekuppelt wird. Das Verhältnis der Zähnezahlen des jeweiligen Zahnradpaars ergibt die betreffende Übersetzungsstufe. Die Zahnräder auf der Antriebs- und Abtriebswelle sind auf »Nadeln« (stiftartige Rollen) gelagert. Es besteht also keine starre Verbindung zwischen Wellen und Rädern. Die Zahnräder bleiben, wie schon erwähnt, immer im Eingriff.
Beim Gangwechsel wird nicht etwa eine Verbindung zwischen den Zahnrädern, sondern zwischen Zahnrad und Welle hergestellt. Um die Drehzahlen von Welle und Zahnrad einander anzugleichen, läßt man einen Teil der Welle gegen einen Teil der anderen Welle über Reibelemente schleifen. Durch die Reibung wird die schnellere Welle abgebremst, bis bei Gleichlauf eine kraftübertragende Verbindung hergestellt werden kann. Da die Synchronisation für diese Drehzahlanpassung einen Sekundenbruchteil braucht, soll man besonders bei kaltem Motor und noch steifem Getriebeöl den Schalthebel nicht gewaltsam »durchreißen«.

Schaltungs-Probleme

Spiel in der Schaltbetätigung rührt nicht von einem defekten Getriebe, sondern kommt meist von ausgeschlagenen Gelenk- bzw. Gummibüchsen in der Übertragung vom Schalthebel zum Getriebe. Im Zweifelsfall diese Teile von der Wagenunterseite her kontrollieren. Einstellmöglichkeiten für die Schaltbetätigung gibt es nicht.

Schaltgetriebe ausbauen

Der Wagen muß so aufgebockt werden, daß Sie an der Wagenunterseite bequem arbeiten können.
Bei vielen Wagen ist das Getriebe mit sogenannten TORX-Schrauben – der Schraubenkopf sieht aus wie ein Stern – am Motor befestigt. Dann benötigen Sie an zusätzlichem Werkzeug die zugehörigen TORX-Steckeinsätze für den Rätschenkasten in den Größen E 10 und E 14.

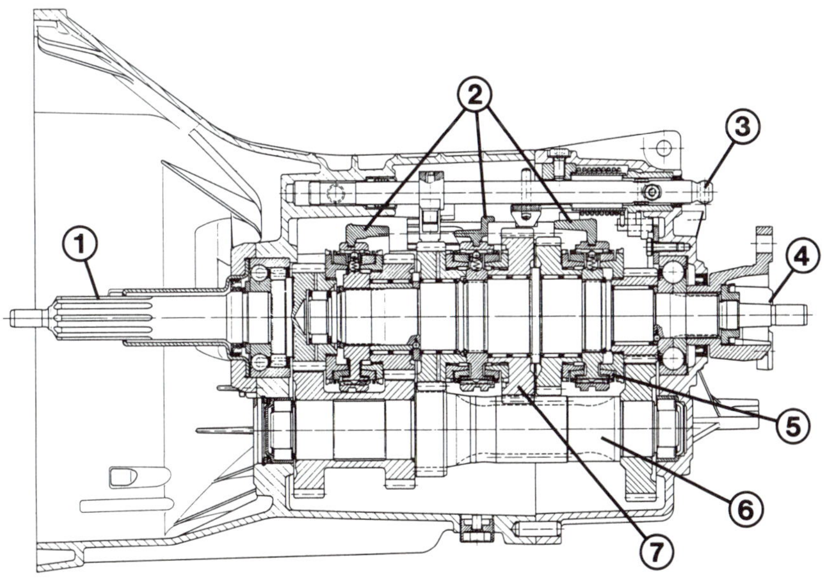

Ins Innere des Schaltgetriebes geblickt:
1 – Antriebswelle;
2 – Schaltgabeln;
3 – Schaltstange;
4 – Abtriebswelle;
5 – Synchronring;
6 – Vorgelegewelle;
7 – Gangrad.

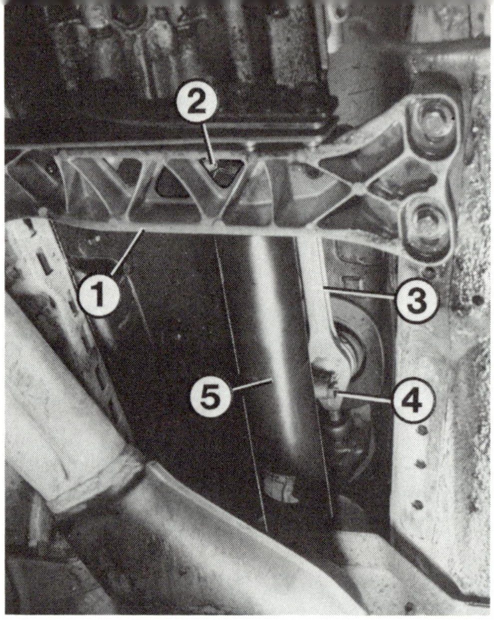

Ausbau des Schaltgetriebes. Es bedeuten im Bild links:
1 – Getriebeträger;
2 – Kardanwelle;
3 – Gummi-Gelenkscheibe;
4 – Auspuffstütze.
Bild rechts:
1 – Getriebeträger;
2 – Verschraubung der Kardanwelle (hier durch die Öffnung im Getriebeträger sichtbar);
3 – Schaltarm (Schalthebel-Halterung);
4 – Sicherungsscheibe der Schaltstange;
5 – Kardanwelle.

● Batterie abklemmen.
● Auspuffanlage komplett abbauen.
● Wärmeschutzblech für Auspuff abschrauben.
● Getriebe von unten abstützen.
● Getriebeträger hinten ausbauen.
● Kardanwelle vorn und am Mittellager abbauen (siehe Seite 96). An der Hinterachse kann sie angeschraubt bleiben. Damit die Welle nicht nach unten hängt, bindet man sie mit Draht an die Karosserie hoch. Vorderes und hinteres Wellenteil **keinesfalls auseinanderziehen!**
● Am Verbindungspunkt Schaltstange Getriebe/Schaltstange Karosserie die Sicherungsscheibe abhebeln, Beilegscheiben abnehmen und Schaltstangen trennen.
● Kabel vom Rückfahrscheinwerfer-Schalter oben am Getriebe abziehen.
● An der hinteren Abstützung (Schaltarm) des Getriebes die Sicherungsfeder von der Nase am Gehäuse abhebeln und nach oben schwenken. Dann Lagerbolzen herausziehen.
● Kupplungs-Nehmerzylinder ausbauen (Seite 86). Die Leitung bleibt angeschlossen.
● Getriebe jetzt etwas absenken.
● Motor zusätzlich abstützen.
● Getriebe vom Motor abschrauben. Für die oberen Befestigungsschrauben geeignete Verlängerungen und ein Gelenkstück verwenden.
● Getriebe vom Motor abziehen und auf den Boden absenken.

Schaltgetriebe einbauen

Beim Wiedereinbau des Getriebes sollten Sie auf folgende Punkte besonders achten:
● Schmiernut im Ausrücklager mit Molykote Longterm 2 füllen. Bei Fahrzeugen mit Zweimassenschwungrad Microlupe 261 verwenden.
● Zum Einschieben des Getriebes Gang einlegen und am Antriebsflansch hin- und herdrehen, bis die Verzahnung der Eingangswelle in die Verzahnung der Kupplung einrastet.
● Bei der Version mit TORX-Schrauben unbedingt Unterlegscheiben unter den Schrauben verwenden.
● Einbaulage des Kupplungs-Nehmerzylinders: Entlüfter-Nippel zeigt nach unten.
● Kardanwelle einbauen (siehe Seite 96).
● Auspuff einbauen (siehe Seite 50).

Anzugsdrehmomente Schaltgetriebe

Bauteil		Gewinde	Nm
Getriebe (Kupplungsglocke) an Motor			
	Sechskantschrauben	M 8	22–27
		M 10	47–51
		M 11	66–82
	TORX-Schrauben	M 8	20–24
		M 10	38–47
		M 12	64–80
Versteifungsschale an Getriebe		M 8	22–24
Gummilager hinten an Getriebeträger und Getriebe		M 10	43–48
Getriebeträger an Karosserie		M 8	22–24

Getriebegeräusche

Im Lauf der Zeit kann das Getriebe durch Geräuschentwicklung auf sich aufmerksam machen.
○ Zuerst sollten Sie nach dem Ölstand im Getriebe sehen.
○ Tritt ein heulendes Geräusch in einem Gang auf und verändert sich der Ton beim Gasgeben und Gaswegnehmen, dürfte die Verzahnung des betreffenden Gangradpaares verschlissen sein.

○ Bei Geräuschen in allen Gängen liegt es an den Getriebe-Wellenlagern.
○ Rauhe, mahlende Geräusche, die erst bei warmem Getriebe hörbar werden, weisen auf schlagende Synchronringe hin. Bei dünnflüssiger werdendem Öl wird dieses immer an derselben Stelle vom Synchronring weggedrückt.

Fingerzeig: Werkstätten wagen sich nur selten an die Reparatur oder Überholung eines Getriebes, sondern raten lieber zu einem Austauschaggregat. Preiswerter ist in den meisten Fällen der Einbau einer gebrauchten Schaltbox von der Autoverwertung. Achten Sie dabei auf die richtige Getriebe-Version. Zusätzliche Hilfe bieten die Getriebebezeichnung bzw. die Kennbuchstaben, die oben am Flansch der Kupplungsglocke eingeschlagen sind.

Automatisches Getriebe

Kernstück aller Automatikgetriebe sind sogenannte Planetensätze. Die bestehen aus einem Zahnrad, um das drei weitere Zahnräder umlaufen. Über diese Anordnung ist ein Ringrad mit Innenverzahnung gestülpt. Jeweils zwei dieser Baugruppen sind zu einem Radsatz zusammengefaßt und bilden ein eigenes kleines Zweiganggetriebe.
Das Geniale an diesen Getrieben ist die Art, sie zu schalten. Dazu werden nämlich keine Zahnräder getrennt und zugeschaltet, sondern die Übersetzungsänderung erfolgt lediglich durch Festhalten oder Loslassen von Teilen des Planetensatzes. Das Schalten geschieht also ohne Unterbrechen des Kraftflusses. Das Halten und Lösen besorgen in der Praxis hydraulisch gesteuerte Bremsen bzw. Kupplungen.
Wann das Schalten zu erfolgen hat, bestimmt – je nach Ausführung – die hydraulische oder elektronische Getriebesteuerung nach den Kriterien Fahrgeschwindigkeit, Motorbelastung, Kickdown und Wählhebelstellung.
Um ein mehrstufiges Getriebe zu erhalten, werden zwei oder drei Planetensätze hintereinandergeschaltet. So entsteht ein Drei- oder (wie im BMW) ein Vierganggetriebe mit Rückwärtsgang. Die Koordination der Radsätze erledigt die Getriebesteuerung.

Der Drehmomentwandler

Zwischen Motor und Automatikgetriebe sitzt keine herkömmliche Reibkupplung, wie wir sie vom Schaltgetriebe her kennen. Vielmehr wurde ein hydraulischer Drehmomentwandler verwendet, in dem das Drehmoment des Motors auf Schaufelräder übertragen wird. Bei laufendem Motor versetzt das mit ihm gekuppelte Pumpenrad die Wandlerflüssigkeit (ATF) in eine Drehbewegung und schleudert sie nach außen gegen das Wandlergehäuse. Dabei trifft die Flüssigkeit auf das sogenannte Leitrad, das den ATF-Strom in die vorgesehene Richtung lenkt. Dabei wird auch das mit dem Getriebe verbundene Turbinenrad in Drehung versetzt. Weil die Zahnräder des Planetengetriebes dauernd im Eingriff stehen und die Wandlerflüssigkeit bei laufendem Motor immer versucht – durch den Motor in Drehung versetzt – das Getriebe und damit auch die Antriebsräder zu bewegen, »kriecht« der BMW im Leerlauf, muß also mit der Fuß- oder Handbremse gehalten werden.

Verschiedene Getriebeversionen

Je nach Investitionsbereitschaft beim Neuwagenkauf kann der BMW mit zwei unterschiedlichen Automatikgetriebe-Versionen ausgestattet sein. Beide kommen – wie bei den Automatikgetrieben im BMW üblich – von der Firma ZF in Friedrichshafen.
○ Das **hydraulisch gesteuerte 4-Gang-Automatikgetriebe** stellt die preisgünstigere Methode des »Schal-

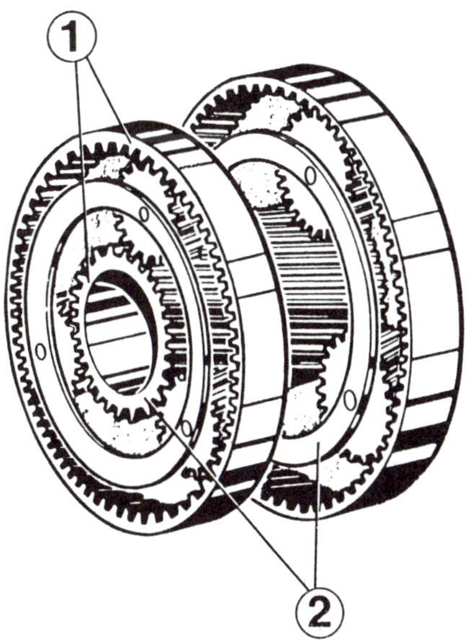

Bei einem Planetengetriebe sind alle Zahnräder ständig im Eingriff. Die verschiedenen Übersetzungsstufen werden ohne Zugkraftunterbrechung durch Antreiben oder Festhalten des Sonnenrades, der Planetenräder oder des Ringrades erreicht.
1 – angetriebene Teile; 2 – festgehaltene Teile.

ten-lassens« dar. Doch schon hier haben wir es mit einem recht aufwendigen Getriebe zu tun. Denn zur Vermeidung von Schlupf (was Verlust bedeutet) besitzt der Drehmomentwandler dieses Automatikgetriebes eine Überbrückungskupplung, die bei einer Getriebeöltemperatur von mehr als 20°C und einer Geschwindigkeit von über 85 km/h im 4. Gang wirksam wird. Getriebe und Motor sind dann starr miteinander verbunden. Getriebebezeichnung **4 HP 22/H**.

○ Vom Feinsten ist das **elektronisch-hydraulische 4-Gang-Automatikgetriebe**. Die Getriebesteuerung erfolgt hier durch eine Elektronikeinheit, die ihren Platz oben im Einbauschacht des rechten Fußraum-Lautsprechers hat. Dieses Steuergerät verarbeitet Informationen von der Motronic, vom Getriebe und von einem Geschwindigkeits-Geber.

Nach Bedarf kann der Fahrer drei verschiedene Programme für sportliches oder energiesparendes Fahren sowie für Schalten von Hand aufrufen. Bei erneutem Motorstart springt der Wahlschalter automatisch auf »E« (Economy) zurück.

Motronic und elektronische Getriebesteuerung (beide von Bosch) korrespondieren übrigens wechselseitig: Zum Beispiel wird nach Schaltvorgängen das Drehmoment des Motors durch automatisches Verstellen des Zündzeitpunkts kurzzeitig reduziert. Der Gangwechsel erfolgt dadurch ruckfrei und komfortabel.

Die Notlaufschaltung wurde nicht vergessen. Bei gestörter Elektronik bleibt der Wagen im 3. und im Rückwärtsgang fahrfähig.

Natürlich besitzt auch dieses Getriebe eine Wandler-Überbrückungskupplung. Getriebebezeichnung **4 HP 22/EH**. Die elektronische Getriebesteuerung wird bei BMW **AEGS** genannt.

Automatikgetriebe prüfen

Für den Selbsthelfer bietet das Automatikgetriebe kaum Möglichkeiten zur Eigeniniative. Gezielte Prüfungen helfen jedoch, den Fehler einzukreisen, was nicht zuletzt beim Gebrauchtwagenkauf interessant ist:

○ Der ATF-Stand im Getriebe ist bei Störungen als erstes zu prüfen (Seite 28).

○ Riecht die ATF am Peilstab verbrannt, liegt ein schwerer Getriebeschaden vor. Die Bremsbänder bzw. Kupplungslamellen sind dann defekt.

○ Auf einer Probefahrt können die Schaltpunkte überprüft werden.

○ Beurteilen der Schaltvorgänge gehört dazu.

○ Die Einstellung des Gaskabelzugs zwischen Getriebe und Einspritzung (hydraulisch gesteuertes Getriebe) ist eine wichtige Voraussetzung für fehlerfreie Arbeitsweise.

○ Gleiches gilt für die Einstellung des Wählhebels.

Schaltpunkte prüfen

Zahlreiche verschiedene Hinterachsübersetzungen und unterschiedliche Getriebeauslegungen machen es unmöglich, die Schaltpunkte für alle Versionen hier aufzuführen – der Umfang würde den Rahmen dieses Buches sprengen. Deshalb finden Sie nachstehend einige Getriebe- bzw. Fahrzeugversionen stellvertretend herausgegriffen. Bei folgenden Fahrgeschwindigkeiten soll das automatische Getriebe schalten:

Motor	Getriebe	Gaspedal-stellung	Hochschalten (km/h)			Zurückschalten (km/h)		
			1.–2. Gang	2.–3. Gang	3.–4. Gang	4.–3. Gang	3.–2. Gang	2.–1. Gang
520i	4 HP 22/H	Vollgas	48–56	86–94	119–129	99–108	63–72	36–47
		Kickdown	55–63	94–102	151–160	146–155	89–98	45–55
525i	4 HP 22/H	Vollgas	58–68	105–115	146–157	121–133	77–88	44–57
		Kickdown	68–77	115–125	173–183	167–178	109–119	55–67
530i	4 HP 22/EH	Vollgas	57–63	98–105	149–156	124–130	70–76	33–38
		Kickdown	67–74	117–123	195–201	189–195	102–108	54–60
535i	4 HP 22/EH	Vollgas	58–65	101–108	154–160	128–134	72–78	34–40
		Kickdown	69–76	120–127	195–201	189–195	105–111	55–62

Beurteilen der Schaltvorgänge

Bei einer Probefahrt können Sie Ihre Aufmerksamkeit auf die Schaltvorgänge richten:

○ Hochschalten: Bei Teilgas ist der Gangwechsel kaum wahrnehmbar; bei Vollgas oder Kickdown werden die Übergänge zwar etwas deutlicher, doch stets muß der höhere Gang geschmeidig fassen. Kurzes Hochdrehen beim Gangwechsel deutet auf Fehler hin, die genauer untersucht werden müssen.

○ Herunterschalten: Ohne Gas (beim Ausrollenlassen) kaum spürbar bei sehr niederen Geschwindigkeiten. Ein Stoß ist beim Rückschalten mit Teil- oder Vollgas normal. Das Zurückschalten ohne Gas mit dem Schalthebel dauert 1 bis 2 Sekunden. Wird beim zwangsweisen Zurückschalten mit dem Schalthebel Gas gegeben, erfolgt der Gangwechsel ohne Verzögerung.

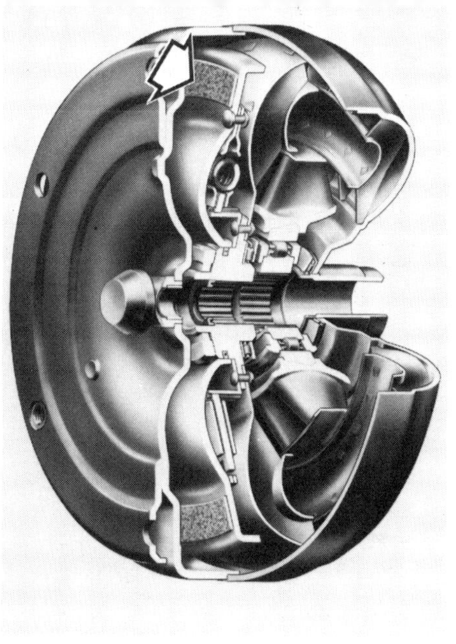

Das Schnittbild des Drehmomentwandlers zeigt deutlich die Schaufeln des Pumpenrades und des Leitrades. Der Pfeil deutet auf den Reibbelag der Wandlerkupplung, die – außer bei kalter ATF – ab 85 km/h zur Vermeidung von Schlupf auf starren Durchtrieb schaltet.

Gaskabelzug einstellen

Der Gaskabelzug gibt dem Getriebe mit rein hydraulischer Steuerung Informationen über Drosselklappenstellung und Kickdown-Betätigung. Eingestellt wird am Drosselklappenhebel des Motors:

● **Normalversion:** Mit den beiden Kontermuttern der Gaskabelzug-Hülle die Einstellung so verändern, daß zwischen dem Ende des Gewindestücks und der Plombe auf dem Zug ein Abstand von 0,5 mm besteht.

● **Version mit »Überholelement«** (federnder Ausgleich für Kickdown-Gaspedalweg):

● Grundeinstellung: Das Ende des Gewindestücks der Seilzughülle muß 22,5 mm vom Halter entfernt sein.

● Drosselklappe in Vollgasstellung bringen.

● Am Gaskabelzug (nach Lösen der Kontermuttern) Vollgas-Stellung bzw. Kick-down-Druckpunkt spielfrei einstellen.

● Ein weiterer Einstellschritt für beide Versionen: **Kickdownanschlag überprüfen:**

● Der Gaszug muß richtig eingestellt sein (Seite 80).

● Kontermutter am Anschlag unter dem Gaspedal lösen. Anschlag ganz hineindrehen.

● Gaspedal jetzt durchtreten, bis der Druckpunkt (Pedal geht schwerer) spürbar wird.

● Pedal in dieser Stellung halten und Anschlag so weit herausdrehen, bis er von unten am Pedal anliegt. Anschlag mit Kontermutter festziehen.

● Prüfung: Gaspedal voll durchtreten (Kickdown). Im Motorraum muß ein Helfer prüfen, ob die Plombe auf dem Gaskabelzug mindestens 44 mm vom Ende des Gewindestücks entfernt ist.

Automatik-Schalthebelweg einstellen

● Schalthebel auf »P« stellen.

● Am Getriebe die Klemmutter (sie hält den Wählhebelzug am Hebel des Getriebes) lockern.

● »Schalt«-Hebel am Getriebe ganz nach vorn drücken (Stellung »P«).

● Seilzugende etwas nach hinten drücken, um Spiel zu eliminieren und Klemmutter in dieser Stellung festziehen.

Der Startblockierschalter

Wagen mit automatischem Getriebe besitzen einen Startblockierschalter, der ein Anlassen des Motors nur in Wählstellung »P« und »N« zuläßt. Der Schalter sitzt seitlich unten am Wählhebel und steuert ein Relais im

Die Steuerung des rein hydraulisch gesteuerten Automatikgetriebes erfolgt vom Gaszug (5) über den Drosselklappenhebel (4) zum Gaskabelzug (3) des Getriebes. Zum Einstellen des Zugs dienen die Plombe (2) und die Kontermuttern (1).

Stromverteilerkasten (siehe Seite 142). Über den Arbeitskontakt des Relais läuft beim Startvorgang der Strom von Zündschloß-Klemme 50 zum Anlasser-Magnetschalter.

- Streikt der Anlassser, obwohl »P« oder »N« eingelegt ist, Relais K1 im Stromverteilerkasten überbrükken, wie auf Seite 144 unter »Behelf bei defektem Schaltrelais« beschrieben. Jetzt müßte sich der Motor starten lassen.
- Zur Klärung, ob der Fehler am Relais oder am Startblockierschalter lag, zunächst das Relais prüfen (Seite 144).
- War das Relais intakt, wird es wieder eingebaut.
- Wählhebelabdeckung abnehmen (Seite 258).
- Am Mehrfachstecker des Startblockierschalters neben dem Wählhebel das grün/rote und das braun/schwarze Kabel überbrücken.
- Läßt sich der Anlasser jetzt betätigen (Wählhebelstellung »P« oder »N«), muß der Schalter am Wählhebel ausgetauscht werden.

Störungsbeistand

Automatik-getriebe

Hier finden Sie nur Störungen beschrieben, die Sie selbst beheben können.

Die Beanstandung	– ihre Ursache
A Ruckartige Schaltübergänge beim Einlegen der Fahrstufen »D« oder »R« aus der Leerlaufstellung »N« heraus	1 ATF-Stand zu niedrig 2 Leerlaufdrehzahl zu hoch
B Starkes Kriechen im Leerlauf bei eingelegtem Fahrbereich	Siehe A 2
C Fahrzeug setzt sich bei eingelegtem Fahrbereich nicht in Bewegung, kein Antrieb in allen Fahrstufen	Siehe A 1
D Langgezogene, schleifende Schaltübergänge	Siehe A 1
E Verzögerter Antrieb nach längerer Standzeit	Siehe A 1
F Unregelmäßiger Antrieb in allen Fahrstufen	Siehe A 1
G Kickdown arbeitet nicht	Gaskabelzug bzw. Gaszug falsch eingestellt
H Getriebe schaltet bei mittleren Geschwindigkeiten zu spät hoch	Siehe G
J Schlechte Beschleunigung, Höchstgeschwindigkeit wird nicht erreicht	1 Siehe A 1 2 Schlechte Motorleistung durch falsche Einstellung oder Verschleiß

Fingerzeig: Fahrzeuge mit Automatikgetriebe dürfen nicht weiter als 40 bis 50 km geschleppt werden, sonst reicht die Getriebeschmierung nicht aus. Aus dem gleichen Grund gilt eine Höchstgeschwindigkeit von 50 km/h. Im Zweifelsfall den bequemeren Weg wählen und den Wagen verladen lassen. Für wirkliche Notfälle im Ausland Kardanwelle (nicht die Antriebswellen!) zum Schleppen ausbauen.

Automatik-getriebe ausbauen

Der Wagen muß so hoch aufgebockt werden, daß Sie bequem von unten daran arbeiten können. Besorgen Sie sich zudem einen großen Rangier-Wagenheber zum Abstützen und Ablassen des sehr schweren Automatikgetriebes.

Das Getriebe ist großteils mit sogenannten TORX-Schrauben am Motor befestigt. Sie benötigen dann TORX-Steckeinsätze für den Rätschenkasten in den Größen E 10 und E 14.

- Batterie abklemmen.
- Gaskabelzug (hydraulisch gesteuertes Getriebe) am Drosselklappenstutzen aushängen und vom Widerlager abschrauben.
- Auspuffanlage komplett ausbauen (Seite 51).
- Darunter das Wärmeschutzblech ausbauen.
- Getriebe stabil abstützen.
- Hinteren Getriebeträger komplett abbauen.
- Kardanwelle vorn und am Mittellager abbauen (siehe Seite 96). An der Hinterachse kann sie angeschraubt bleiben. Vorderes und hinteres Wellenteil keinesfalls auseinanderziehen.
- Kardanwelle am Mittellager nach unten knicken und vom Zentrierzapfen am Getriebe ziehen.
- Damit die Welle nicht nach unten hängt, kann sie mit Draht an die Karosserie hochgebunden werden.
- ATF ablassen.
- Öleinfüllrohr am Getriebe abschrauben und ausbauen.
- Beide Leitungen zum Ölkühler am Getriebe abschrauben, dabei auf äußerste Sauberkeit achten. Leitungen mit Stopfen verschließen.
- Beim elektronisch gesteuerten Getriebe den Steueranschlußstecker links unten am Getriebe linksdrehen und herausziehen.
- Bowdenzug des Wählhebels am Getriebe abbauen.
- **520i/525i:** Abdeckblech bzw. Versteifungsschale

unten zwischen Motor und Getriebe abbauen. Dadurch werden die Befestigungsschrauben des Drehmomentwandlers zugänglich.

● **530i/535i:** Abdeckung an der runden Öffnung der Ölwanne abdrücken. Darunter sind die Befestigungsschrauben des Drehmomentwandlers zugänglich. BMW verwendet zum Lösen eine Spezial-Stecknuß mit der BMW-Bezeichnung 241110.

● Alle Befestigungsschrauben des Drehmomentwandlers von der Motorseite des Schwungrads her lösen. Dazu die Kurbelwelle jeweils ein Stück weiterdrehen (Seite 40).

● Getriebe etwas ablassen und Verbindungsschrauben Motor/Getriebe lösen.

● Schutzgitter unten am Wandlergehäuse abhebeln und durch diese Öffnung hindurch den Wandler von der Mitnehmerscheibe des Motors mit einem Schraubendreher abdrücken.

● **Der Wandler muß im Getriebe bleiben!** Achten Sie auch später darauf, daß er nicht herausfällt (mit Draht festbinden).

● Getriebe vollends herausziehen und nach unten absenken. Motor gegen Kippen sichern.

Automatikgetriebe einbauen

Im Gesamten läuft der Einbau sinngemäß umgekehrt wie der Ausbau. Besondere Beachtung verdienen die folgenden Punkte:

● Kontrollieren, ob der Wandler richtig im Getriebe sitzt. Darauf achten, daß er beim Einbau nicht nach vorn rutscht.

● Mitnehmerscheibe am Motor auf Bruchstellen oder Rißbildung prüfen. Wenn defekt: Ersetzen.

● Zum Festschrauben des Wandlers an der Mitnehmerscheibe unbedingt die Originalschrauben M10×16 mm (mit Federscheiben) benutzen, sonst wird der Wandler zerstört.

● TORX-Schrauben nur mit Unterlegscheiben verbauen.

● Kardanwelle einbauen, siehe Seite 96.

● Wurde ein defektes Getriebe ausgetauscht, Leitungen zum Ölkühler mit Preßluft durchblasen und anschließend zweimal mit ATF durchspülen.

● Neue ATF einfüllen.

● Auspuff einbauen (Seite 51).

● Wählhebelweg einstellen (Seite 93).

● Gaskabelzug einstellen (Seite 93).

Drehmomente Automatikgetriebe

Bauteil	Nm
Drehmomentwandler an Mitnehmerscheibe (M-10-Schrauben)	47–51
Öleinfüllrohr	98
Ölleitungen an Getriebe	35–38
Übrige Drehmomente wie Schaltgetriebe (siehe Seite 90)	

Die Kardanwelle

Die Kardan- oder Gelenkwelle überträgt die Motorkraft vom Getriebe zur Hinterachse – genauer gesagt zum Hinterachsgetriebe. Die Welle verläuft in Fahrzeugmitte im sogenannten Kardantunnel. Sie ist zweiteilig und besitzt an der Verbindung beider Hälften eine zusätzliche Lagerung, das Mittellager. Vorn ist die Welle über eine Gelenkscheibe aus Gummi bzw. einem Kreuzgelenk mit dem Getriebe verbunden. In der Mitte der Welle finden wir Kreuzgelenke, hinten ein homokinetisches Gelenk.

Störungssuche

Kardanwelle

○ **Vibrationen und Brummgeräusche** deuten auf Störungen im Rundlauf der Welle: Fehlende Wuchtbleche lassen darauf schließen, daß die Wuchtung nicht mehr stimmt.
Beide Wellenhälften werden zusammen gewuchtet. Trennen der Teile ohne Kennzeichnung der Einbaulage der Teile zueinander macht die Wuchtung unwirksam. Weitere Möglichkeiten für Brummgeräusche: Defektes Gummigelenk, ausgeschlagenes Mittellager, verschlissene Kreuzgelenke. Betreffende Teile ersetzen bzw. Austauschwelle einbauen.

○ **Pfeifgeräusche** können von einem defekten Mittellager herrühren.

○ **Rassel- und Schabgeräusche** haben meist ihre Ursache in zu großem Spiel am Schiebestück (Verbindung der Wellenhälften).

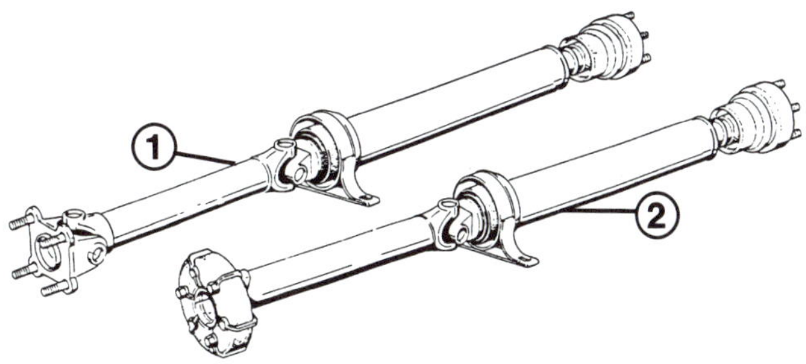

Am Automatikgetriebe ist die Kardanwelle (1) vorn mit einem Kreuzgelenk angeflanscht. Am Schaltgetriebe ist die Kardanwelle (2) dagegen mit einer Gummi-Gelenkscheibe befestigt. In Wellenmitte befindet sich ein Kreuzgelenk, hinten ein homokinetisches Gelenk.

Kardanwelle ausbauen

Am 5er-BMW werden je nach Motorisierung und Getriebe verschiedene Ausführungen von Kardanwellen verbaut. Im folgenden sind alle Versionen aufgeführt – Sie müssen lediglich die für Ihren Wagen passende aussuchen:

- Wagen stabil aufbocken, damit an der Unterseite gearbeitet werden kann.
- Auspuffanlage komplett ausbauen (siehe Seite 51).
- Wärmeschutzbleche der Auspuffanlage abbauen.
- **Zuerst** wird die Gelekwelle am Getriebe abgebaut. Dazu:
- **Bei Ausführung mit Schiebestück am Mittellager** den Schraubring am Kardanwellen-Mittellager mit dem BMW-Werkzeug 261 040 (ersatzweise große Rohrzange) einige Umdrehungen lösen.
- Bei Ausführung mit Gelenkscheibe vorn die Gummi-Gelenkscheibe (vorn an der Welle) vom Getriebe abbauen.
- Wo ein **Schwingungstilger** vorhanden ist, Schwingungstilger nach Lösen der drei Schrauben um 60° drehen und an die Gummi-Gelenkscheibe anlegen. Der Schwingungstilger wird später zusammen mit der Welle abgenommen.
- **Bei Ausführung mit Kreuzgelenk vorn** (Automatik) Getriebe stabil unterbauen, hinteren Getriebeträger komplett ausbauen, Kreuzgelenk vom Getriebeflansch abschrauben.
- **Als nächsten Arbeitsschritt** Kardanwelle jetzt vom Hinterachsgetriebe abschrauben.
- **Ausführung mit Kreuzgelenk:** Gelenkwelle am Hinterachsgetriebe abbauen. Dabei den Flansch mit einem stabilen Schraubendreher gegen Durchdrehen sichern.
- **Ausführung mit Gleichlaufgelenk:** Gelenkwelle am Hinterachsgetriebe abschrauben.
- **Zuletzt** Kardanwellen-Mittellager von der Karosserie abschrauben.
- Kardanwelle am Mittelgelenk nach dem Abschrauben nach unten durchknicken. Jetzt das vordere Wellenende aus der Zentrierung am Getriebe ziehen.
- Welle komplett abnehmen.
- Die beiden Wellenhälften **nicht** voneinander **trennen** (siehe folgenden Fingerzeig).

Fingerzeig: Sollen hinteres und vorderes Teil der Kardanwelle getrennt werden, muß die Stellung der Teile zueinander zuvor mit Körner oder Farbpunkten markiert sein. Sonst stimmt beim anschließenden Zusammenbau die Wuchtung nicht mehr.

Kardanwelle einbauen

- Beim Einbau gibt es folgende Punkte zu beachten:
- Kardanwelle nie in die Gelenke »fallen« lassen, denn die Gelenke können sonst Schaden nehmen. Insbesondere betrifft das die Gummimanschette des hinteren Gleichlaufgelenks, die in diesem Fall zerquetscht wird.
- Generell neue selbstsichernde Muttern verwenden.
- Zentrierung am vorderen Kardanwellen-Ende prüfen und gegebenenfalls mit Molykote Longterm 2 fetten.
- Beim Anziehen der Verschraubungen am Gummigelenk die Schrauben festhalten und nur an den Muttern drehen (wo immer das möglich ist). Sonst besteht die Gefahr, daß sich das Gelenk verspannt (Brummgeräusche, Verschleiß).
- Mittellager der Welle vor dem Festschrauben in Fahrtrichtung drücken (vorspannen).
- Die Vorspannung muß bei Gelenkwellen **mit Schiebestück 4–6 mm** betragen, bei Wellen **ohne Schiebestück 2–4 mm**.
- Bei Wellen mit Gleichlaufgelenk hinten die Dichtung zum Hinterachsgetriebe-Flansch prüfen bzw. erneuern. Auf ausreichende Fettfüllung des Gelenks achten.
- Bei fertig eingebauter Kardanwelle die Schraubbuchse am Mittellager anziehen (Drehmoment).
- Auspuff einbauen (siehe Seite 51).

Anzugs-drehmomente Kardanwelle

Bauteil	Gewinde	Nm
Gelenkscheibe an Gelenkwelle	M 12	81
Kreuzgelenk der Gelenkwelle an Getriebe	M 10	71
Klemmring für Schiebestück (nach Montage im Wagen)	–	17
Gelenkwelle an Hinterachse (Kreuzgelenk)	M 10	72
Gelenkwelle an Hinterachse (Gleichlaufgelenk)	M 8	32
Mittellager an Karosserie	–	22

Das Hinterachsgetriebe

Das Hinterachsgetriebe lenkt die Antriebskraft über Kegel- und Tellerrad gewissermaßen rechtwinklig um die Ecke und über zwei Antriebswellen zu den Hinterrädern. Es paßt durch seine Übersetzung die Drehzahl der Kardanwelle der erforderlichen Raddrehzahl an und gleicht bei Kurvenfahrt die unterschiedlichen Radwege des inneren und äußeren Rads durch sein Kegelradgetriebe (Differential) aus.

● Kardanwelle am Hinterachsgetriebe abschrauben (siehe gegenüberliegende Seite).
● Antriebswellen am Hinterachsgetriebe abschrauben (siehe Text auf der folgenden Seite).
● **520i:** Versteifungsstrebe rechts am Hinterachsgetriebe abbauen.
● Schrauben vom Hinterachsgetriebe am Hinterachsträger oben lösen.
● Hinterachsgetriebe mit Wagenheber abstützen.
● Vordere Befestigungsschrauben lösen.
● Kabel vom Tachometer-Impulsgeber abziehen.
● Befestigungsschraube oben am Gummilager herausdrehen; das Hinterachsgetriebe kann jetzt abgenommen werden.
● **525i, 530i, 535i:** Schraube vom Hinterachsgetriebe am Hinterachsträger vorne lösen.
● Steckverbindung am Tachometer-Impulsgeber trennen und getriebeseitigen Stecker aus dem Haltebügel ziehen.
● Hinterachsgetriebe mit Wagenheber abstützen.
● Befestigungsschraube vom Gummilager links und rechts lösen.
● Hinterachsgetriebe ablassen.
● Beim **Einbau** das Hinterachsgetriebe zuerst mit den oberen (520i) Schrauben bzw. mit der vorderen Schraubenbohrung (525i, 530i, 535i) am Hinterachsträger fixieren.
● Anzugsdrehmomente: Hinterachsgetriebe an Achsträger: 123 Nm; Hinterachsgetriebe an Gummilager 77,5 Nm. Übrige Anzugsdrehmomente siehe Antriebs- und Kardanwelle.

Hinterachsgetriebe ausbauen

Fingerzeige: Häufig wird übersehen, daß auch Getriebe und Hinterachse »eingefahren« werden müssen. Hier wird eine Schonzeit von mindestens 1000 km gefordert, in der bevorzugt mit wechselnden Geschwindigkeiten, jedoch nicht schneller als ⅔ der Höchstgeschwindigkeit gefahren werden soll. Gerade am empfindlichen Hinterachsgetriebe können sonst Schäden (Fresser) entstehen, die zu Laufgeräuschen, Überhitzung und Ölaustritt führen.
Bei Einbau eines gebrauchten Hinterachsgetriebes muß auf die richtige Hinterachsübersetzung geachtet werden (siehe »Technische Daten« hinten im Buch). Die Übersetzung ist auf einer Blechfahne, die mit einer der Gehäuseschrauben hinten am Hinterachsgetriebe befestigt ist, vermerkt.

Die Antriebswellen

Zum Hinterachsantrieb gehören die Antriebswellen. Sie übertragen die Antriebskraft auf die Räder. Die Gelenke dieser Welle müssen dazu in der Lage sein, die Kraft bei allen Hinterachs-Federbewegungen gleichmäßig zu übertragen. Diese Anforderung erfüllen sogenannte homokinetische Gelenke (Gleichlaufgelenke). Ihre Funktion beruht auf sechs Kugeln, die in speziell geschliffenen Laufbahnen beim Knicken des Gelenks hin und her laufen. So wird bei jedem im Fahrzeug möglichen Beugewinkel der Antriebswelle absolut gleichmäßige Kraftübertragung gewährleistet.

Manschetten der Antriebswellen prüfen

Wartung Nr. 39

Die Gelenke der Antriebswellen sind durch Gummimanschetten vor Feuchtigkeit und Schmutz geschützt. Deshalb sollten Sie diese Manschetten regelmäßig unter die Lupe nehmen, ob sie nicht durch Risse undicht geworden sind.
● Jeweils ein Antriebsrad hochbocken, Wagen absichern.
● Achswelle langsam durchdrehen und dabei die Manschette auf spröde Stellen bzw. Löcher prüfen.

Die Manschetten (Pfeil) an den Enden der Antriebswellen schützen die Gelenke vor Feuchtigkeit und Schmutz. Eine regelmäßige Kontrolle der Manschetten und ihrer Schlauchbinder ist dringend anzuraten, denn eindringender Schmutz und Feuchtigkeit lassen ein Gelenk schnell ausschlagen.

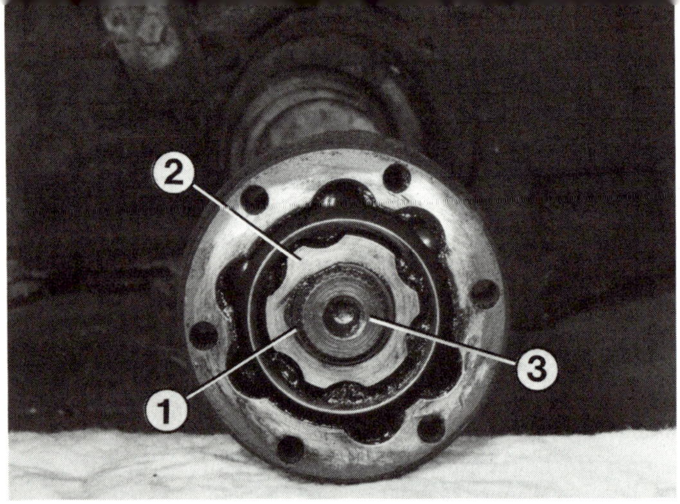

Das Antriebsgelenk (2) kann nach Entfernen des Sprengrings (1) von der Antriebswelle (3) abgezogen werden.

Störungssuche

Antriebswellen

○ Die Gelenke der Antriebswellen zeigen meist schlagartig Ausfallserscheinungen, die aber zwischendurch wieder völlig verschwinden können. Die »ruhige Phase« kann sich über mehrere Tage und Kilometer erstrecken.

○ Charakteristisch sind rhythmische Schlag- oder Knack-knack-knack-Geräusche beim Gasgeben und im Schiebebetrieb.

○ Einfachste, aber teuerste Reparaturmöglichkeit ist der Einbau kompletter Austausch-Antriebswellen (evtl. vom Zubehörhandel).

○ Billigere Methode: ein einzelnes Gelenk auswechseln. Schwierig ist allerdings, das defekte Gelenk zu lokalisieren. Am besten erkennen Sie den Übeltäter durch konzentriertes Horchen während der Fahrt. Erkennt man so auch nicht das einzelne Gelenk, kann man doch die Fahrzeug-Seite festlegen.

○ Bei ausgebauter Welle sind schadhafte Gelenke leichter zu erkennen: Sie lassen sich nur schwer und ruckartig durchdrehen. Nach dem Zerlegen und Auswaschen der Gelenke zeigen sich die Schäden an den Kugel-Laufflächen am Außenring.

Antriebswelle ausbauen

● Wagen aufbocken und sichern.

● 6 Innensechskantschrauben an jedem Antriebsgelenk herausdrehen.

● Antriebswelle abnehmen.

● Nachdem ein Gelenk abgeschraubt wurde, loses Antriebswellenende jetzt nicht nach unten fallen lassen, sonst nimmt das noch festgeschraubte Gelenk Schaden.

● Beim Einbau die Schrauben der Wellengelenke mit 58 Nm anziehen.

● Unterlegplatten sowohl rad- wie getriebeseitig verbauen.

Antriebswellengelenk ausbauen

● Antriebswelle ausbauen.

● Blech-Schutzkappe auf der einen, Blechflansch der Gummimanschette auf der anderen Seite mit Durchschlag und Hammer vorsichtig vom Gelenk herunterklopfen. Dabei den Durchschlag an mehreren Stellen rund um das Gelenk ansetzen.

● Am Wellenende den Sicherungsring, der das Gelenk auf der Antriebswelle hält, mit zwei schmalen Schraubendrehern und etwas Geduld aus der Nut »popeln« und abnehmen. Wenn Seegerring verbaut, Seegerringzange benutzen.

● Antriebsgelenk jetzt von der Welle ziehen; notfalls mit dem Hammer etwas nachhelfen.

● Will sich das Gelenk so nicht lösen, muß es in der Werkstatt unter der Reparaturpresse von der Welle gedrückt werden.

● Soll die Gummimanschette gewechselt werden, Spannbänder der alten Manschette mit Seitenschneider durchschneiden. Manschette abziehen.

● Neue Manschette montieren.

● Verzahnung an Gelenk und Welle fettfrei säubern und mit Loctite Nr. 270 (Sicherungsmittel) bestreichen. Es darf kein Sicherungsmittel auf die Kugelbahnen gelangen.

● Vor der Montage des Gelenks die Tellerfeder-Unterlegscheibe auf das Wellenende schieben bzw. deren Lage kontrollieren: Sie muß am Außenrand zum Gelenk hin gewölbt sein.

● Gelenk bis zum Anschlag auf die Welle schieben und Sicherungsring einsetzen.

● Der Sicherungsring rutscht so evtl. noch nicht in die Nut. Deshalb Antriebswelle in einen stabilen Schraubstock spannen, eine große Stecknuß oder Rohrstück auf dem Innenteil des Gelenks ansetzen und einen kräftigen Hammerschlag auf die Stecknuß ausführen. So rutscht das Gelenk gegen die Kraft der Tellerfeder ein Stück zurück – der Sicherungsring kann in die Nut springen.

● Gelenk mit 120 g MoS_2-Schmierfett versehen (im Reparatursatz enthalten); gebrauchte Gelenke nur nachfetten.

● Blech-Schutzkappe und Blechflansch der Manschette mit Dichtmittel (Curil K) am Gelenk festkleben.

● Vor Festziehen der Spannbänder an der Gummimanschette die Dichtflächen fettfrei säubern.

Richtungweisend

Gute Straßenlage hat Tradition bei BMW. Tradition haben auch die wesentlichen Fahrwerks-Komponenten im 5er-Modell: Doppelgelenk-Federbeinachse vorn, Schräglenkerachse mit Zusatzlenkern hinten. All das ist tausendfach bewährt in je zwei Modellgenerationen der 5er- und der 7er-Reihe.

Das Fahrwerk

Vieles zu Aufbau und Konstuktion des BMW-Fahrwerks haben Sie bereits im Kapitel »Der BMW stellt sich vor« am Anfang des Buches erfahren. Auf den folgenden Seiten wollen wir hier gleich einsteigen in die Fachbegriffe sowie die Wartungs- und Reparaturarbeiten am Fahrwerk.

Eigenarbeiten an Lenkung und Fahrwerk

Fahrwerk und Lenkung sind für die Verkehrssicherheit von entscheidender Bedeutung. Eigenarbeiten an diesen Teilen sollte wirklich nur derenige vornehmen, der sich seiner Sache völlig sicher ist. Andere sind mit derartigen Instandsetzungsarbeiten in einer Fachwerkstatt besser aufgehoben.
Wer jedoch unbedingt an diesen Teilen schrauben will, sollte wenigstens nicht blindlings drauflosarbeiten, sondern nach fachkundiger Anleitung arbeiten. So sind auch die Arbeitsbeschreibungen dieses Kapitels zu verstehen.

Staubkappen und Spiel der Achsgelenke kontrollieren

Wartung Nr. 28

Der BMW besitzt pro Fahrzeugseite je zwei Achsgelenke an der Vorderachse – je eines pro Querlenker. Von Haus aus sind die Traggelenke wartungsfrei. Die stählernen Kugelköpfe der Achsgelenke sitzen in einer Fett-Dauerfüllung und zusätzlich in Kunststoffschalen. Als Schutz vor Nässe und Schmutz dienen Staubkappen aus Gummi. Eindringender Schmutz wirkt wie Schmirgelsand im Gelenk; Feuchtigkeit läßt es mit der Zeit rosten.

- Lenkung nach einer Seite voll einschlagen.
- Kappen beider Achsgelenke rechts und links auf Beschädigungen kontrollieren.
- Prüfung auf Spiel:
- Räder in Geradeaus-Stellung bringen.
- Wagen aufbocken, das betreffende Rad muß frei hängen.
- Ein Helfer muß das Rad unten fassen und quer zur Fahrtrichtung daran rütteln, während Sie mit der Hand fühlen, ob eines der Gelenke »Luft« hat.
- Bei beschädigten Manschetten oder Spiel im Gelenk muß der komplette Querlenker ersetzt werden. Einzelteile sind nicht erhältlich.
- Bei dieser Gelegenheit empfiehlt sich auch die **Kontrolle der Gummi-Metall-Lager**, mit denen die Querlenker am Achsträger befestigt sind.
- Die Lagerung des vorderen Querlenkers muß spielfrei sein.
- Ungleichmäßig herausgedrücktes Gummimaterial deutet auf Verschleiß – schlechteres Fahrverhalten.
- Am hinteren Querlenkerlager wird mit einer Fühlerlehre der Abstand zwischen Gummi und Mitten-

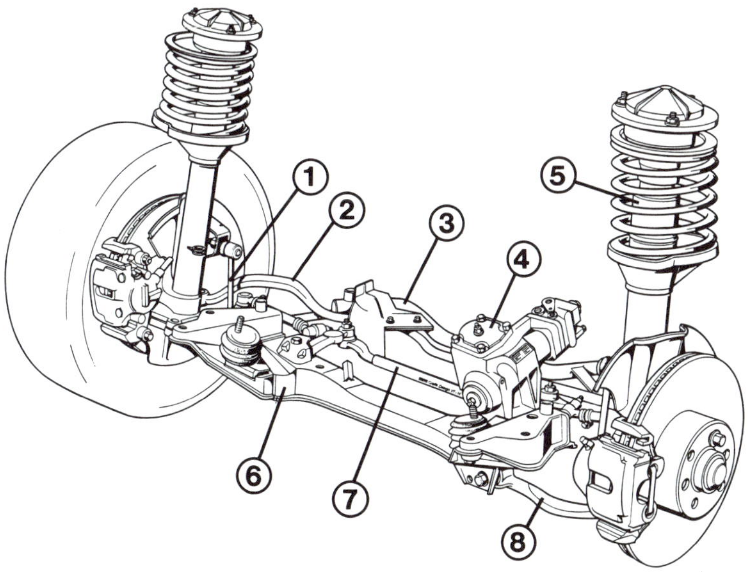

Die Vorderachse:
1 – Verbindungsstange vom Stabilisator zum Federbein;
2 – hinterer Querlenker;
3 – Stabilisator;
4 – Lenkgetriebe;
5 – Federbein;
6 – Achskörper;
7 – mittlere Spurstange;
8 – vorderer Querlenker.

hülse gemessen. Das Fahrzeug muß sich in »Normallage« befinden (siehe unten).

● 1,0–2,0 mm Abstand sollen an dieser Stelle sein. Sonst muß das Gummilager ersetzt werden.

● Grundsätzlich müssen die Gummilager immer an der rechten und linken Fahrzeugseite gleichzeitig ersetzt werden.

Radeinstellung messen

Nur nach einer harten Bordsteinberührung, einem Unfall, bestimmten Reparaturarbeiten an der Achsaufhängung oder ganz einfach im Verdachtsfall wird die Radeinstellung vermessen. Was die einzelnen Größen dabei sagen, erklärt der folgende Abschnitt. Das Vermessen geht jedoch nur auf einem optischen Achsmeßstand. Zur Messung muß der Wagen in »Normallage« (siehe übernächsten Abschnitt) gebracht werden. Dann gelten die folgenden Meßwerte:

Vorderachse	
Gesamtspur	**0° 18′ ± 5′ bzw. 2,2 ± 0,6 mm**
Sturz	**–12′ ± 30′**
Spurdifferenzwinkel* bei 20° Radeinschlag des Innenrads	**–1° 50′ ± 30′**
Spreizung* bei ± 10° Radeinschlag	**12° 4′ ± 30′**
Nachlauf* bei ± 10° Radeinschlag	**7° 57′ ± 30′**
Nachlauf* bei ± 20° Radeinschlag	**8° 8′ ± 30′**
Radversatz der Vorderräder	**0° ± 15′**
Hinterachse	
Gesamtvorspur	**0° 18′ ± 7′ bzw. 2,2 ± 0,8 mm**
Sturz	**–2° 20′ ± 30′**

*** Toleranzdifferenz zwischen links und rechts max. 30′**

Was bedeutet die Radeinstellung?

Die Vorderräder müssen für ein sicheres Fahrverhalten in Längs- und Seitenrichtung in bestimmten Winkelstellungen stehen. Damit Sie sich unter der Bezeichnung »Lenkgeometrie« etwas vorstellen können, haben wir hier die Begriffe mit einer entsprechenden Erläuterung zusammengestellt:

○ **Vorspur:** Bei Geradeausfahrt stehen die Räder vorn geringfügig enger zusammen als hinten. Sie rollen gewissermaßen aufeinander zu. Das ist die Vorspur. Genau parallel stehende Räder haben nämlich das Bestreben, auseinanderzulaufen. Die Reibung zwischen Rad und Straße möchte das linke Rad nach links weg und das rechte nach rechts drücken. Durch die Vorspur laufen die Räder wunschgemäß parallel ohne das Bestreben, seitlich wegzuziehen.

Beim Hineinlenken des Wagens in eine Kurve geht die Vorspur durch die trapezförmige Anordnung des Lenkgestänges in »Nachspur« über. Das kurveninnere Rad schwenkt stärker herum als das kurvenäußere. Dies ist auch notwendig, weil ja in einer Kurve die inneren Räder einen engeren Kreis fahren müssen als die äußeren. Das ergibt automatisch eine Unterstützung der Lenkbewegung und der Lenkkräfte.

Sturz: So nennt man die leichte Auswärtsneigung der Vorderräder – oben im Radkasten haben sie beim BMW einen engeren Abstand voneinander als unten am Boden. Das heißt in der Fachsprache »negativer« Sturz. Das Rad stemmt sich gewissermaßen gegen die Kurvenaußenseite.

Spreizung: Sie gehört zum Sturz. Spreizung ist die geringfügige Neigung der Schwenkachse, um die beim Lenken die Räder samt Aufhängung schwenken. Beide Schwenkachsen haben oben einen kleineren Abstand voneinander als unten. Sturz und Spreizung verhindern zusätzlich das Flattern der Räder. Ferner erleichtern sie das Einschlagen der Räder.

Nachlauf: Darunter versteht man die Schrägstellung der Schwenkachse in Fahrzeuglängsrichtung. Das hilft ebenfalls, den Geradeauslauf zu stabilisieren und Flattern der Vorderräder zu verhindern. Außerdem bewirkt er eine Rückstellung der Lenkung nach Kurven.

Die »Normallage«

Für die Fahrzeugvermessung wurde bei BMW eine »Normallage« des Fahrzeugs definiert. Dabei wird ein gleichmäßiger Beladungszustand simuliert, der eine in der Praxis übliche Einfederung des Wagens bringen soll.

So wird die »Normallage« erzeugt: Je 68 kg auf den Vordersitzen, 68 kg auf dem Rücksitz und 21 kg im Kofferraum. Der Wagen muß vollgetankt sein, Felgen, Reifen, Luftdruck und Radlagerspiel müssen den Vorschriften entsprechen. Auch bei Arbeiten am Fahrwerk ist oft von der »Normallage« die Rede. Etwa, wenn die Schrauben an Gummimetallagern bzw. Silentbüchsen angezogen werden sollen. Die darf man nicht

festschrauben, wenn das betreffende Rad voll ausgefedert ist. Sie würden sich sonst einseitig vorspannen, was beim vollen Einfedern zu einer Überbelastung (Überdehnen) des Lagers führen würde.
In solchen Fällen braucht die »Normallage« natürlich nur annäherungsweise angestrebt zu werden. Ein paar Millimeter spielen da keine Rolle.

Erkennungsmerkmale für falsche Radeinstellung

Wenn Sie fehlerhafter Lenkgeometrie beim Fahren auf die Schliche kommen wollen, müssen Sie zuerst sicherstellen, daß beide Vorderreifen dieselbe Reifensorte, Profiltiefe und den vorgeschriebenen Luftdruck (siehe Seite 132) aufweisen.
○ **Stehen die Lenkradspeichen** bei Geradeausfahrt **symmetrisch?** Ein schiefsitzendes Lenkrad ist oft das Zeichen für falsche Spureinstellung.
○ **Unruhiger Geradeauslauf**; er ist besonders gut auf schnee- oder eisglattem Untergrund zu erkennen.
○ **Zieht der BMW** auf völlig ebener Fahrbahn und bei losgelassenem Lenkrad **zur Seite?**
○ **Stellt sich die Lenkung** nach Kurven wieder **von selbst in Geradeausstellung?**
○ Schauen Sie sich die **Vorderräder** aus fünf bis zehn Meter Entfernung an – **stehen** sie **in Geradeausstellung symmetrisch** zueinander?
○ Ist das **Reifenprofil einseitig abgenutzt?** Bei scharfer Fahrweise ist es allerdings nicht ungewöhnlich, daß an beiden Vorderreifen die Außenkanten stärkere Verschleißspuren zeigen als innen.
○ Eine **verbeulte Felge** deutet auf eine harte Bordsteinberührung, wodurch die Geometrie der Federbein-Vorderradaufhängung garantiert aus dem Winkel gerät.
○ **Weitere Ursachen** für fehlerhafte Stellung der Räder können verschlissene Gelenke bzw. Gummilager sein oder unsachgemäße Unfallreparaturen.

Radlagerspiel prüfen

Wartung Nr. 27

Die Räder laufen vorn und hinten auf zweireihigen Kugellagern, die – mit Dauerfett montiert – für weitaus mehr als 100000 km gut sind. Defekte Lager machen durch Laufgeräusche auf sich aufmerksam, die meist bei Kurvenfahrt lauter werden. Heimtückischerweise kann nicht immer genau definiert werden, welches Lager einer Achse laut ist. Deshalb möglichst beide ersetzen.
Auch Radlagerspiel ist eine Verschleißerscheinung. Das prüft man so:
● Fassen Sie nacheinander die fest am Boden stehenden Räder oben und versuchen Sie, diese quer zum Wagen zu bewegen.
● Bei einwandfreien Lagern darf praktisch keine »Luft« vorhanden sein.
● Ist Spiel spürbar, von Helfer kräftig die Fußbremse treten lassen und nochmals am Rad rütteln: Ist kein Spiel mehr vorhanden, lag es nur am Radlager. Trotzdem noch Spiel: Die Radaufhängung muß kontrolliert werden.
● Defekte Radlager müssen ausgetauscht werden. Eine Nachstellmöglichkeit gibt es nicht.

Stoßdämpfer prüfen

Nachlassende Dämpferwirkung wird oft unbewußt durch verändertes Fahrverhalten ausgeglichen. Eine Faustregel besagt, daß nach zwei verschlissenen Reifensätzen die Serienstoßdämpfer nur noch die Hälfte ihrer ursprünglichen Wirkung besitzen und somit austauschreif sind.
Keine genaue Diagnose erhält man durch die bekannte »Schaukelmethode« im Stand, bei der man den Wagen am betreffenden Kotflügel aufschaukelt und plötzlich losläßt: Die Federbewegung müßte sofort gedämpft werden. So läßt sich aber nur ein total ausgefallener Stoßdämpfer feststellen.
Ein genaueres Bild über den Stoßdämpferzustand liefert ein spezieller Prüfstand. Solche Prüfstände haben Autoclubs im »Wandereinsatz« sowie manche Werkstätten und TÜV-Stellen.

Zum besseren Verständnis der verschiedenen Grundbegriffe bei der Radeinstellung sollen die Zeichnungen beitragen.

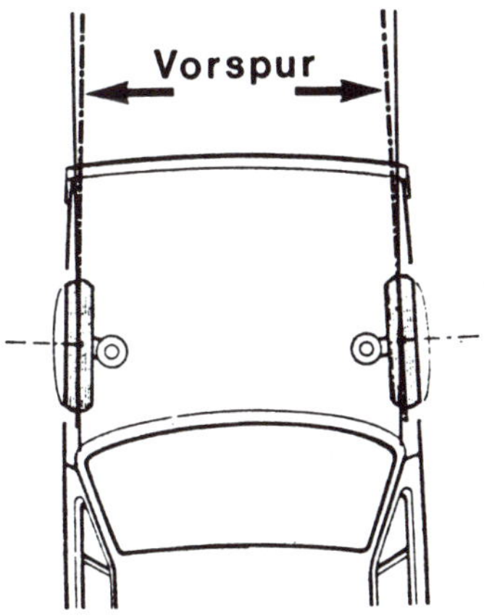

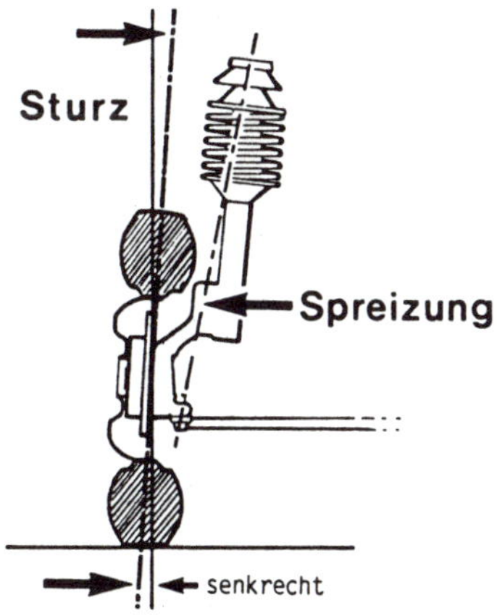

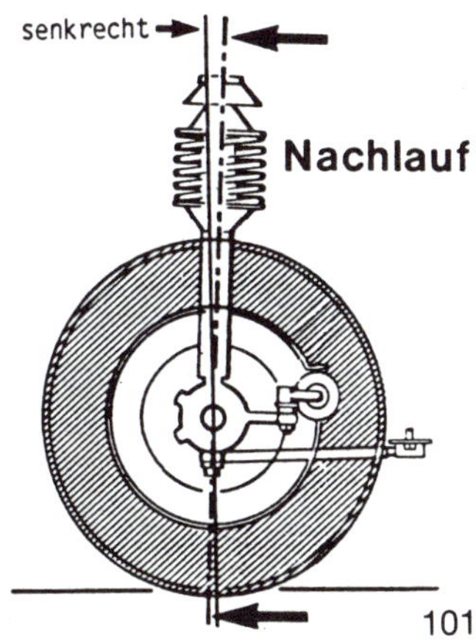

Störungsbeistand

Stoßdämpfer

Es gibt einige untrügliche Anzeichen für nachlassende Stoßdämpferwirkung:

○ **Flatternde Lenkung**, weil die Räder keinen ständigen Bodenkontakt haben.

○ **Die Karosserie schwingt** nach Überfahren von Unebenheiten **nach**.

○ **»Schwammiges« Verhalten in Kurven**, weil die kurveninneren Räder nicht genügend auf den Boden gedrückt und die äußeren nicht stark genug entlastet werden.

○ **Springende Räder**; das muß freilich ein neben- oder hinterherfahrender Begleiter beobachten.

○ **Vielfach unterbrochene Bremsspur bei Vollbremsung** durch springende Räder (nicht bei ABS).

○ **Ungleichmäßige Abnutzung der Reifen** und erhöhter Reifenverschleiß.

○ **Erhebliche Ölspuren außen am Stoßdämpfer** bzw. bis unter den Federteller des Federbeins. Geringe Leckverluste sind dagegen normal.

Stoßdämpfer mit EDS

Als Sonderausstattung bietet BMW Stoßdämpfer mit einstellbarer Dämpfercharakteristik (genannt EDS – Elektronische Dämpfer-Control) an. In den folgenden Arbeitsbeschreibungen gehen wir auf diese Ausstattungsvariante nicht ein. Die Beschreibung der Anlage finden Sie jedoch vorn im Buch im Kapitel »Der BMW stellt sich vor«.

Vorderradaufhängung zerlegen

An den Teilen der vorderen Radaufhängung läßt sich manches selbst aus- und einbauen. Für bestimmte Arbeiten sind allerdings Werkstattgeräte erforderlich. Beschädigte Teile der Radaufhängung dürfen nicht gerichtet oder gar geschweißt, sondern müssen grundsätzlich erneuert werden.

Federbein vorn komplett ausbauen

- Vorderrad abbauen.
- Stecker der Belagverschleißanzeige trennen.
- ABS-Impulsgeber ausbauen.
- Bremssattel abschrauben (Seite 117) und mit angeschlossener Leitung an der Karosserie aufhängen.
- Verbindungsstange zum Stabilisator vom Federbein abbauen. Dabei mit schmalem Gabelschlüssel gegenhalten.
- Unten am Federbein die drei Halteschrauben am Spurstangenhebel (Lenkhebel) abschrauben.
- Bei dieser Ausbau-Methode bleiben die Querlenker und die Spurstange eingebaut, während nur das Federbeingehäuse vom Lenkhebel getrennt wird.
- Federbein unten abstützen.
- Am Federbeindom im Motorraum die schwarze Kunststoffkappe abziehen und die drei Sechskantmuttern lösen.
- Federbein nach unten herausnehmen.
- Beim **Einbau** das Federbein zuerst oben festschrauben (22 Nm).
- Untere Federbeinbefestigung: Darauf achten, daß der Zapfen oben an der Montagefläche des Lenkhebels sauber in die Nut am Federbeingehäuse eingreift.
- Die drei Halteschrauben mit Sicherungsmitttel Loctite Nr. 270 einsetzen. Zuvor Gewinde säubern. Anzugsdrehmoment 110 Nm.
- Anzugsdrehmoment für die Verbindungsstange zum Stabilisator: 59 Nm.
- Bremssattel einbauen (Seite 117).
- Bei dieser Ausbaumethode verändert sich die Radeinstellung beim Wiedereinbau desselben Federbeins nicht.

Die Teile der linken Vorderradaufhängung:
1 – vorderer Querlenker;
2 – Spurstange;
3 – Stabilisator;
4 – hinterer Querlenker.

Die Zeichnung zeigt alle Teile des Federbeins (hier Version ab 525 i) in der Reihenfolge des Zusammenbaus.

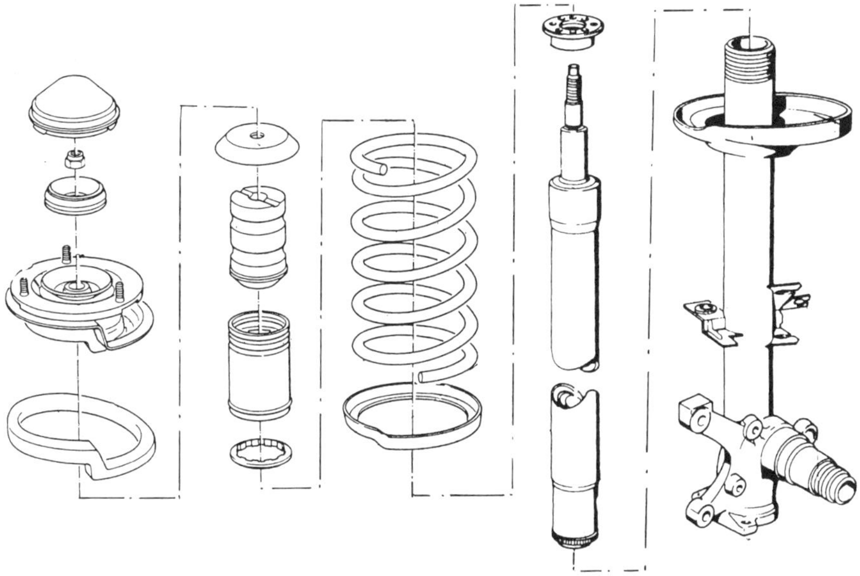

Stoßdämpfer vorn ausbauen

Zu dieser Arbeit, die am ausgebauten Federbein durchgeführt wird, ist eine Federspannvorrichtung dringend erforderlich. Zwei Federspanner werden mindestens gebraucht; besser sind drei. Ohne Verwendung der Federspannvorrichtung darf die Mutter oben an der Stoßdämpfer-Kolbenstange nicht gelöst werden, denn die Feder steht unter hoher Vorspannung. Die Federbeinteile würden explosionsartig auseinanderfliegen – **Unfallgefahr!** Außerdem läßt sich die entspannte Feder anschließend so nicht mehr einbauen. Federspanner führt der Zubehörhandel.

- Federbein ausbauen (siehe vorhergehenden Abschnitt).
- Federbein ganz unten und auch dort nur sehr vorsichtig und mit Holz-Zwischenlagen in einen Schraubstock einspannen. Keinesfalls am zylindrischen Stück einspannen; das Rohr wird sonst eingedrückt.
- Federspanner an den Federwindungen ansetzen und Feder zusammenspannen. Damit die Federspanner nicht abrutschen, die betreffenden Federwindungen evtl. mit Klebeband umkleben.
- Abdeckung oben im Federbein abnehmen und die selbstsichernde Mutter auf der Stoßdämpfer-Kolbenstange lösen. Kolbenstange gegenhalten.
- Stützlager und Feder abnehmen.
- Schraubring am oberen Federbeinende mit BMW-Werkzeug 313 150 oder mit einer großen Rohrzange lösen.
- Stoßdämpfer aus dem Federbeinrohr ziehen.
- Altes Öl aus dem Federbeinrohr entfernen. Beim 520 i 42–47 cm^3 neues Motorenöl einfüllen, ab 525 i werden nur 20–25 cm^3 benötigt. **Kein Öl** einfüllen bei Einbau von Gasdruck-Stoßdämpfern.
- Beim Einbau Schraubring nach Einsetzen des neuen Stoßdämpfers mit 130 Nm anziehen.
- Schutzrohr und Gummi-Zusatzfeder einsetzen.
- Unterlage der Schraubenfeder prüfen. Feder so in die Federteller einsetzen, daß die Federenden an den dafür vorgesehenen Aussparungen anliegen.
- Stützlager mit allen Unterlegscheiben montieren.
- Selbstsichernde Mutter der Stoßdämpfer-Kolbenstange mit 65 Nm anziehen.
- Federspanner lösen; dabei Feder ausrichten.
- Federbein einbauen.

Links: Federspannklammern (schwarze Pfeile) werden gebraucht, um bei ausgebautem Federbein die Feder vom Stoßdämpfer zu trennen.
Rechts: Das Federbein ist unten mit drei Sechskantschrauben (1, 2 und 3) am Lenkhebel befestigt. Der Pfeil zeigt auf die Nase am Lenkhebel, die in die Aussparung am Federbein eingesetzt werden muß.

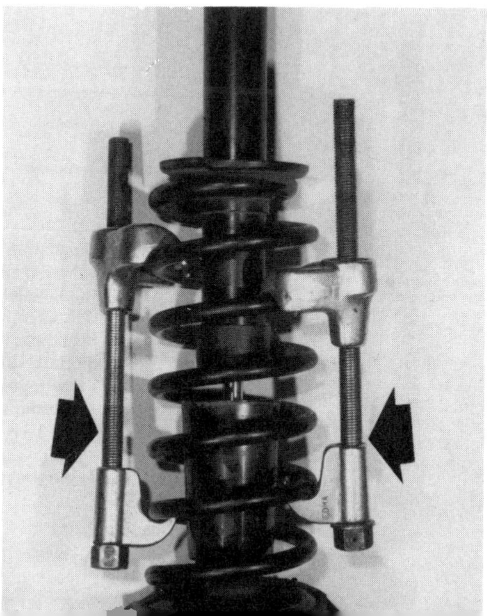

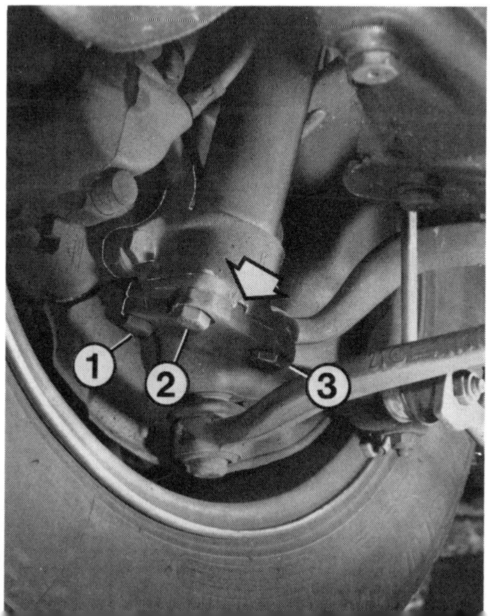

Federbein ausbauen

Sie benötigen für jedes der beiden Stoßdämpfer-Stützlager eine neue Dichtung sowie drei selbstsichernde Muttern. Beschrieben ist diese Arbeit – wie schon erwähnt – für Fahrzeuge ohne Niveauregulierung und ohne EDS.

- Wagen hochbocken, Rad abnehmen.
- Schräglenker (Radaufhängung) unterbauen und Wagen einige Zentimeter ablassen.
- Untere Federbein-Befestigungsschraube herausdrehen.
- Rücksitzlehne ausbauen (Seite 256).
- Gummiabdeckung des oberen Federbeinlagers abnehmen.
- Die drei Muttern am Stützlager (Bild unten) losdrehen.
- Federbein unten abfangen und herausnehmen.
- Beim **Einbau** beachten: Neue Dichtung oben am Stützlager einlegen.
- Stützlager an Karosserie mit neuen selbstsichernden Muttern unter 24 Nm festschrauben.
- Untere Stoßdämpferbefestigung zunächst nur handfest anschrauben.
- Wagen jetzt mit den Rädern auf den Boden stellen und in »Normallage« (siehe Seite 100) bringen.
- Erst jetzt die untere Stoßdämpferbefestigungsschraube mit 127 Nm festschrauben. Geschieht das im aufgebockten Zustand, verspannt sich das Gummimetallager – erhöhter Verschleiß.

Stoßdämpfer hinten auswechseln

Grundsätzlich Stoßdämpfer vom gleichen Hersteller wieder einbauen. Stoßdämpfer möglichst paarweise auswechseln. Zu dieser Arbeit, die am ausgebauten Federbein durchgeführt wird, ist eine Federspannvorrichtung erforderlich. Zwei Federspanner werden mindestens gebraucht; besser sind drei. Ohne Verwendung der Federspannvorrichtung darf die Mutter oben an der Stoßdämpfer-Kolbenstange nicht gelöst werden, denn die Feder steht unter hoher Vorspannung. Die Federbeinteile würden explosionsartig auseinanderfliegen – **Unfallgefahr!** Außerdem läßt sich die entspannte Feder anschließend so nicht mehr einbauen. Federspanner führt der Zubehörhandel.

- Federbein ausbauen (siehe vorhergehenden Abschnitt).
- Federbein ganz unten und auch dort nur sehr vorsichtig und mit Holz-Zwischenlagen in einen Schraubstock einspannen. Keinesfalls am zylindrischen Stück einspannen; das Rohr wird sonst eingedrückt.
- Federspanner an den Federwindungen ansetzen und Feder zusammenspannen. Damit die Federspanner nicht abrutschen, die betreffenden Federwindungen evtl. mit Klebeband umkleben.
- Rücksitzlehne ausbauen (Seite 256).
- Schutzkappe oben am Federbein abnehmen und die Kontermuttern auf der Stoßdämpfer-Kolbenstange lösen. Kolbenstange gegenhalten.
- Kontermuttern, Scheibe, Gummilager mit Dichtung und Feder abnehmen.
- Jetzt können die Kappe sowie die Gummi-Zusatzfeder mit Schutzrohr abgenommen und gleich auf den neuen Stoßdämpfer umgebaut werden; die gespannte Feder ebenfalls.
- Gummilager aufsetzen und Feder ausrichten.
- Scheibe auflegen, Kontermuttern der Stoßdämpfer-Kolbenstange mit 25 Nm anziehen.
- Federspanner lösen; dabei Feder nochmals ausrichten.
- Federbein einbauen.

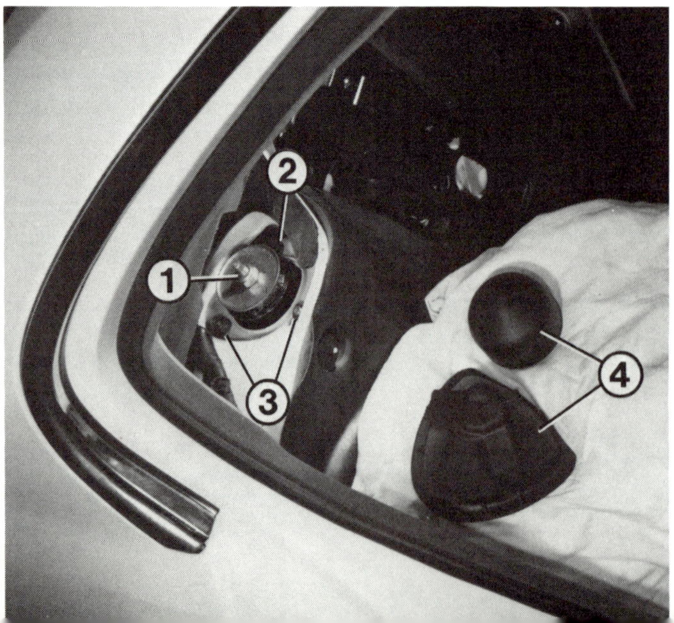

Die hintere rechte Tür ist hier geöffnet; wir schauen an die Stelle, an der normalerweise Rücksitzlehne und Hutablage zu sehen sind. Beides ist hier ausgebaut, damit man zum Stoßdämpferwechsel an den oberen Stoßdämpfer-Befestigungspunkt herankommt. Es bedeuten:
1 – Mutter auf der Stoßdämpfer-Kolbenstange;
2 und 3 – Haltemuttern des Federbein-Stützlagers;
4 – abgenommene Abdeckkappen.

Ein Stoßdämpfer mit elektronischer Dämpfkraftverstellung und Niveauregulierung. Es bedeuten:
1 – Ventilsystem der Niveauregulierung;
2 – Stellmotor der Dämpfkraftverstellung;
3 – Ventile der Dämpfkraftverstellung;
4 – Druckspeicher.

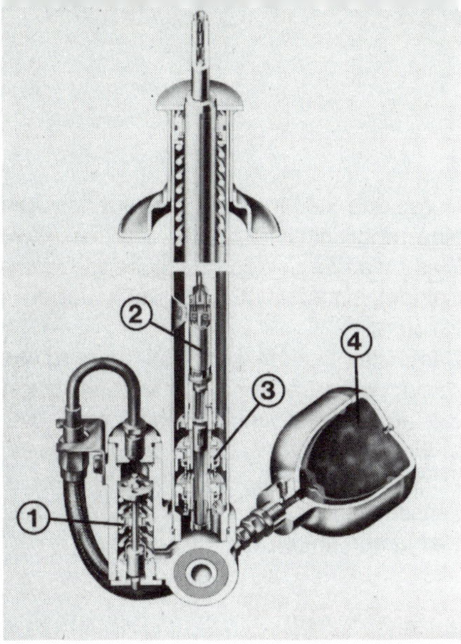

Fingerzeig: Stoßdämpfer sollten immer senkrecht stehend gelagert werden. Bei liegender Lagerung fließt das Dämpferöl in den oberen Dämpferbereich, und der Stoßdämpfer kann im Betrieb Klappergeräusche verursachen. Zurückfließen des Öls erreicht man nur, indem man den Stoßdämpfer 24 Stunden lang mit voll ausgezogener Kolbenstange bei Zimmertemperatur senkrecht stellt.

Niveauregulierung

Geht das Wagenheck unter Beladung in die Knie, wird bei Fahrzeugen mit Niveauregulierung Hydraulikflüssigkeit aus dem Pumpenkreis der Servolenkung unter hohem Druck in die hinteren Spezialstoßdämpfer gepumpt, bis sich die Karosserie wieder auf das übliche Niveau hebt.
Wieviel Flüssigkeit benötigt wird, bestimmt das hydraulische Niveauregelventil, das am Stabilisator der Hinterachse abtastet, wie weit das Fahrzeugheck eingefedert ist. Je tiefer das Heck steht, desto weiter öffnet das Ventil. Damit man nicht Gefahr läuft, den Kofferraum zu überladen, geht dieses Spiel nur bis zum Erreichen der maximalen Hinterachslast. Darüber senkt sich das Fahrzeugheck trotz Niveauregulierung.
Damit die Karosserie nach Abstellen des Motors nicht sofort absinkt, sind den Stoßdämpfern Druckspeicher zugeordnet, die durch ein komprimiertes Stickstoffvolumen den Druck im Stoßdämpfer aufrecht erhalten können. Diese Druckspeicher sind es auch, die im Fahrbetrieb diejenige Hydraulikflüssigkeit aufnehmen, die beim Einfedern von der Kolbenstange des Stoßdämpfers verdrängt wird.

Die Lenkung

Alle 5er-Modelle sind mit einer sogenannten Kugelmutter-Hydrolenkung ausgestattet. Hinter diesem Doppelbegriff verbirgt sich folgendes:
Das Lenkgetriebe besteht im wesentlichen aus einer Spindel mit Gewinde (verbunden mit dem Lenkrad) und einer darauf aufgeschraubten Mutter (verbunden mit dem Lenkgestänge). Durch diese Anordnung läßt sich eine Drehbewegung am Lenkrad in eine Hin- und Herbewegung an den Rädern umsetzen.

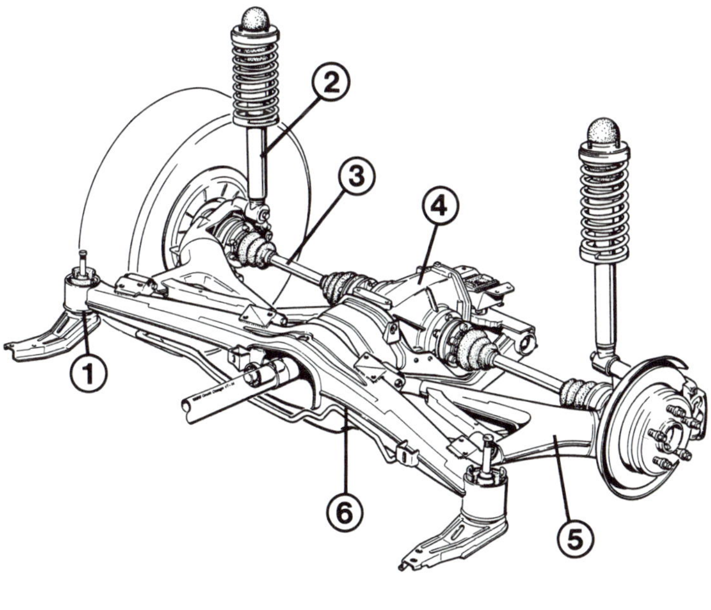

Die Hinterachskonstruktion ist auf der Zeichnung am besten zu erkennen. Es bedeuten:
1 – elastische Achsaufhängung;
2 – Federbein;
3 – Antriebswelle;
4 – Hinterachsgetriebe;
5 – Schräglenker;
6 – Achsträger.

Durch das Gleiten der Mutter auf der Spindel würden diese Teile trotz Ölfüllung schnell verschleißen. Also muß eine Möglichkeit gefunden werden, die Reibung zu vermindern, und das geschieht mit Kugellager-Kugeln. Diese werden in den ausreichend bemessenen Zwischenraum in den Gewindegängen zwischen Mutter und Spindel eingefüllt. Erfolg: Jetzt haben wir an dieser Stelle statt Gleit-Reibung verschleißmindernde Roll-Reibung.
Damit das Lenken zur Spielerei wird, besitzen alle 5er-Modelle eine hydraulische Lenkkraftunterstützung – daher Hydro-Lenkung. Die unterstützende Hilfskraft ist dabei das unter hohem Druck stehende Hydrauliköl, das auf Arbeitszylinder geleitet wird, die sich ebenfalls im Lenkungsgehäuse befinden.
In welche Richtung dabei gepumpt werden soll, bestimmen Sie beim Drehen des Lenkrads. Diese Drehung wird auf ein Ventilsystem (ebenfalls im Lenkungsgehäuse) übertragen, das Richtung und Menge des Flüssigkeitsstromes regelt. Den Druck im hydraulischen System erzeugt eine Flügelpumpe, die der Motor über einen Keilriemen antreibt.

Die Servotronic

Die Servotronic steuert die Lenkkräfte abhängig von der Fahrgeschwindigkeit. Denn beim Einparken soll sich das Lenkrad extrem leicht drehen lassen, was jedoch bei schneller Autobahnfahrt unerwünscht ist.
Diese Regelung ist gar nicht mal so kompliziert: Das Geschwindigkeits-Signal des Drehzahlmessers wird von einem Steuergerät im Türpfosten der Fahrertür erfaßt und zur Steuerung des Wandlerventils in der Servolenkung verwendet.
Dieses Wandlerventil läßt Öl hinter die Ventilkolben der Servolenkung fließen um Rückstellkräfte an der Lenkung zu erzeugen. Denn das Lenkrad soll ja nach Kurven in Neutralstellung zurückstreben.
Viel Öl hinter den Kolben erzeugt hohe Rückstellkraft, gegen die Sie beim Lenken drücken müssen, wenig Öl bewirkt geringe Rückstellkraft – also leichtgängige Lenkung. Und wieviel Öl hier »gegendrückt«, bestimmt das Wandlerventil.

Lenkgetriebe auf Dichtheit prüfen

Wartung Nr. 4

Im Lenkgetriebe der Servolenkung befindet sich als Hydraulikflüssigkeit die vom Automatikgetriebe her bekannte ATF (siehe auch Seite 28). Die Flüssigkeit wird von der Flügelpumpe unter hohen Druck gesetzt, weshalb schon bei kleinen Undichtigkeiten mit viel Flüssigkeitsverlust zu rechnen ist. Aus Sicherheitsgründen – schließlich wird die Lenkung ohne Servounterstützung schlagartig extrem schwergängig – sollte daher die Dichtheit des Systems geprüft werden. Um es nochmals zu sagen: Der Wagen läßt sich auch ohne Lenkkraft-Unterstützung steuern – allerdings bedeutend schwerer.
Hier die Kontrolle:

- Die Überprüfung findet gewissermaßen mit der Kontrolle des Flüssigkeitsstands im Vorratsbehälter statt. Denn fehlt keine Flüssigkeit, kann sie auch nirgendwo ausgetreten sein. Wenn doch:
- Lenkrad bei laufendem Motor einmal nach rechts und nach links zum Anschlag drehen. So baut sich der größtmögliche Leitungsdruck in der Servolenkung auf, und Undichtigkeiten werden am ehesten sichtbar.
- Lenkrad an einem Anschlag festhalten und an folgenden Stellen nach Undichtigkeiten suchen:
- Am Drehkolbenventil: Es sitzt etwa dort, wo die Lenksäule ins Lenkgetriebe mündet.
- An der Abdichtung der Lenkhebelwelle unten am Lenkgetriebe.
- An der Flügelpumpe der Servolenkung: Zum Feststellen von Undichtigkeiten muß evtl. vorher eine Motorwäsche durchgeführt werden.
- An den Leitungsanschlüssen: Alle Anschlüsse einzeln prüfen und evtl. nachziehen (45 Nm).

Staubkappen und Spiel der Spurstangenköpfe prüfen

Wartung Nr. 5

Die gelenkigen Spurstangenköpfe an den Enden der Spurstangen bestehen aus Stahl-Kugelköpfen, die mit etwas Fett wartungsfrei in eine Kunststoffschale eingebettet sind. Schutz vor Staub und Feuchtigkeit erhalten die Gelenke durch Gummikappen, deren Zustand öfters kontrolliert werden soll.

- Kontrollieren Sie die Staubschutzmanschetten rundum auf Risse.
- Spurstangenköpfe mit gerissenen Manschetten sind generell als defekt anzusehen – austauschen.
- Eventuelles Spiel im Gelenk wird bei auf dem Boden stehenden Wagen geprüft. Am besten geht das auf einer Montagegrube.
- Lassen Sie einen Helfer das Lenkrad mehrmals kurz nach links bzw. rechts drehen und fühlen Sie mit der Hand am Gelenk, ob Spiel vorhanden ist.
- Spurstangenköpfe mit Spiel sofort ersetzen!
- Auf gleiche Weise kontrollieren Sie, ob die Spurstangengelenke am Lenkgetriebe spielfrei sind.
- Unter dem Wagen liegend wird gleich geprüft, ob sich Verschraubungen am Lenkgetriebe oder an der Lenksäule gelockert haben. Ggf. nachziehen.

Die Teile des Lenkgestänges sind auf diesem Foto zu sehen:
1 – linke Spurstange;
2 – Hebel des Lenkgetriebes;
3 – mittlere Spurstange;
4 – Lenkhebel rechts;
5 – rechte Spurstange.

Lenkungsspiel prüfen

Wartung Nr. 11

- Linkes Seitenfenster herunterkurbeln. Stellen Sie sich neben den Wagen.
- Durchs Fenster greifen und Lenkrad kurz hin und her drehen.
- Bewegt sich das linke Vorderrad aus der Geradeausstellung sofort mit? Achten Sie auf die Felge, denn der elastische Reifen kann einen Teil des Einschlags »schlucken«, ehe er sich bewegt.

Ursachen für Lenkungsspiel

Spiel in der Lenkübertragung kann ausgelöst werden von:
- ○ Verschleiß im Lenkgetriebe. Es kann nachgestellt werden (Seite 108)
- ○ ausgeschlagenen Spurstangengelenken; vor allem bei der mittleren Spurstange
- ○ einem ausgeschlagenen Lenkhebel (rechts anstelle des Lenkgetriebes angebracht)
- ○ einem defekten Kreuzgelenk der Lenksäule
- ○ einer verschlissenen Gummi-Gelenkscheibe in der Lenksäule

Keilriemen prüfen

Wie schon erwähnt, wird die Flügelpumpe der Servolenkung über einen Keilriemen vom Motor aus angetrieben. Mehr über das Prüfen des Riemens erfahren Sie auf Seite 176.

Flüssigkeitsstand

Was zum Prüfen des ATF-Stands in der Servolenkung zu sagen ist, finden Sie im Schmierkapitel auf Seite 30 beschrieben.

Mit dem Spurstangenabzieher (3) wird das Spurstangengelenk (1) aus dem Lenkhebel (2) gedrückt.

Spurstangen auswechseln

Gebraucht wird ein Spurstangenabzieher bzw. ein kleiner Klauenabzieher. Denn der Spurstangenkopf kann nach Lösen der Schraube nicht einfach aus dem entsprechenden Gegenstück – also dem Lenkhebel oder der mittleren Spurstange – herausgezogen werden. Er ist mit einem sogenannten Haftkegel eingesetzt. Die kegeligen Ausformungen an Spurstangenkopf und Lenkhebel passen dabei »saugend« ineinander und können dann nicht mehr ohne Hilfsmittel getrennt werden. Für jedes Spurstangengelenk benötigen Sie ferner eine neue selbstsichernde Mutter.

Mit einem Abzieher (der sich schon beim ersten Einsatz amortisiert) geht die Arbeit am Beispiel einer äußeren Spurstange so:

- Rad abnehmen.
- Selbstsichernde Mutter am Spurstangenkopf losdrehen.
- Spurstangenkopf mit dem Abzieher nach oben aus dem Lenkhebel am Federbein herausdrücken.
- Gleichen Vorgang am inneren Spurstangengelenk wiederholen; Spurstange abnehmen.
- **Einbau:** Kugelbolzen des Spurstangenkopfes in den Lenkhebel hineindrücken, ggf. vorsichtig hineinklopfen. Beide Teile müssen frei von Fett sein.
- Neue selbstsichernde Mutter mit 33–40 Nm anziehen.
- Wurde eine neue Spurstange eingebaut oder die Einstellung der alten verändert, Vorspur neu einstellen lassen.

Fingerzeige: In ähnlicher Weise, wie hier für die äußeren Spurstangen beschrieben, wird auch die mittlere ausgebaut. Leider sind die Spurstangengelenke etwas schlechter zugänglich.
Da das linke Gelenk der mittleren Spurstange Lenkkräfte zu beiden Rädern übertragen muß, ist es oft schneller verschlissen als die anderen Gelenke.

Spurstangenkopf einzeln auswechseln

- Spurstange außen ausbauen.
- Verschraubung an der Klemmschelle lösen.
- Lage der Spurstangenkopf-Verschraubung anzeichnen, dann stimmt die Spur nach dem Zusammenschrauben wieder einigermaßen.
- Spurstangenkopf abschrauben.
- Markierung auf den neuen Spurstangenkopf übertragen und neuen wieder bis zur Markierung eindrehen.
- Verschraubung an der Klemmschelle mit 14 Nm anziehen.

Druckpunkt der Lenkung einstellen

Die Werkstatt erledigt diese Arbeit mit dem Reibwertmesser 002000, der auf die Zentralmutter des Lenkrades aufgebaut wird. Voraussetzung für die Einstellung ist ein einwandfreies und nicht verschlissenes Lenkgetriebe.

- Spurstange vom Lenkgetriebehebel abbauen.
- Lenkgetriebe auf Geradeausfahrt stellen. Dazu gibt es eine Marke am Lenkgetriebe und das Gegenstück am unteren Ende der Lenkspindel. Die Markierungen müssen fluchten.
- Reibwertmesser auf dem Lenkrad montieren.
- Lenkrad eine Umdrehung nach links drehen.
- Lenkrad mit dem Reibwertmesser nach rechts über die Geradeaus-Stellung hinwegdrehen und dabei den Reibwert ablesen.
- Sollwert: 0,3–0,4 Nm.
- Stimmt der Reibwert nicht, Kontermutter der Einstellschraube am Lenkgetriebe lösen und Einstellschraube verdrehen (Hineindrehen ergibt höheren Reibwert bzw. geringeres Lenkungsspiel).
- Reibwert-Prüfung wiederholen, bis der Sollwert erreicht ist.
- Spurstange wieder befestigen (siehe oben).

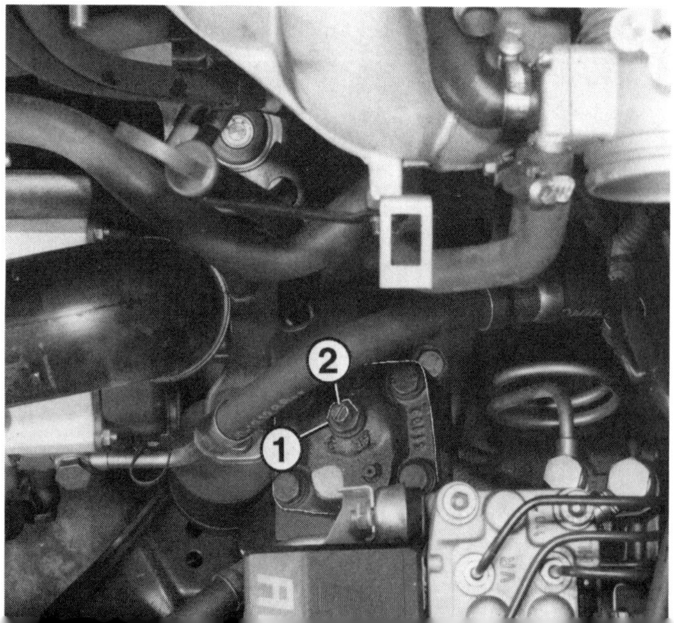

Oben auf dem Lenkgetriebe sind Einstellschraube (2) und Kontermutter (1) zu sehen. Das Lenkgetriebe selbst sitzt links neben dem Motor.

Lenkung behelfsmäßig einstellen

Geringfügiger Verschleiß im Lenkgetriebe läßt sich noch durch Nachstellen auffangen. Ideal ist hierzu das genaue Einstellen des Druckpunkts in der Werkstatt (siehe vorangegangenen Abschnitt). Behelfsmäßig stellt man so nach:

- Beide Vorderräder aufbocken oder mittlere Spurstange vom Hebel des Lenkgetriebes abbauen (siehe gegenüberliegende Seite).
- Lenkung in Geradeausfahrt-Stellung bringen.
- Kontermutter der Einstellschraube lösen, Einstellschraube etwa 20° rechtsdrehen.
- Jetzt über den ganzen Lenkungsweg prüfen, ob sich das Spiel verringert hat. Dabei darf die Lenkung an keinem Punkt schwergängig sein oder klemmen.
- Diesen Vorgang so lange wiederholen, bis das geringstmögliche Spiel bei noch freigängiger Lenkung erreicht ist.
- Zum Schluß Kontermutter anziehen, dabei Einstellschraube festhalten.

Lenkrad ausbauen
Fahrzeuge ohne Airbag

- Sie brauchen eine neue selbstsichernde Lenkrad-Zentralmutter.
- BMW-Emblem in Lenkradmitte bzw. zentralen Hupenknopf (535 i) mit einem schmalen Schraubendreher ausheben.
- Lenkrad in Sperrstellung einrasten lassen.
- Lenksäulenmutter mit Stecknuß SW 22 lösen.
- Lenkschloß wieder entriegeln, denn nur so kann das Lenkrad abgenommen werden.
- Vorderräder genau geradeaus stellen, so daß die Lenkradspeichen symmetrisch stehen.
- Mutter und Unterlegscheibe abnehmen, Lenkrad mit ruckelnden Bewegungen abziehen.
- Beim Einbau des Lenkrades auf die symmetrische Ausrichtung der Speichen achten.
- Lenkschloß einrasten lassen.
- Lenksäulenmutter mit 80 Nm anziehen.

Airbag

Je nach Baujahr und Ausstattung kann der BMW mit Airbag ausgerüstet sein, was am anders geformten Lenkrad mit großer Prallplatte erkennbar ist. Unter dieser befindet sich ein Luftsack, der bei Unfällen von einer kleinen Menge Fest-Treibstoff gezündet wird. Die Zündung erfolgt bei einem Aufprall mit mindestens 18 km/h auf ein starres Hindernis bzw. vergleichbar höherer Geschwindigkeit bei Kollision zweier Fahrzeuge. Wie stark der Aufprall ist, melden die Crash-Sensoren auf den Radkästen vorn im Motorraum an die Diagnose-Einheit links unter dem Armaturenbrett, die dann gegebenenfalls die »Zündpille« im Lenkrad auslöst.
Schutz bietet der Airbag übrigens nur in Verbindung mit Sicherheitsgurten – er kann sie nicht ersetzen. Er bewahrt nur vor Kopfverletzungen, hervorgerufen durch den Lenkradkranz.
Um auch die Funktion der Sicherheitsgurte zu optimieren, sind Airbag-Fahrzeuge mit Gurtstrammern ausgestattet. Die straffen – gleichzeitig mit der Auslösung des Airbags – blitzartig die Sicherheitsgurte vorn: Die Fahrzeuginsassen können so nicht mehr in den lose übergelegten Gurt »fallen« und sich dabei Kopf- oder Beinverletzungen an Armaturenbrett oder Tür zuziehen.
Der Gurtstrammer arbeitet ebenfalls durch Zündung eines Festtreibstoffgemisches. Der Verbrennungsdruck wirkt auf einen Kolben, der über ein dünnes Drahtseil den Gurt aufwickelt.

Sicherheitsvorschriften

Die Gasgeneratoren des Airbags und der Gurtstrammer unterliegen den Bestimmungen des Sprengstoffgesetzes. Der Umgang damit ist nur Fachkräften gestattet, denen die Sicherheitsbestimmungen bekannt sind.

Nach Abhebeln des BMW-Emblems (1) in Lenkradmitte ist die Lenksäulenmutter zum Abschrauben des Lenkrads zugänglich. Als Werkzeug eignet sich am besten eine Knarre (2) mit Stecknuß.

Besonders wichtig aus dem Katalog der Vorsichtsmaßnahmen sind die folgenden:
- Zu Arbeiten am Airbag Batterie abklemmen und Minuspol zusätzlich abdecken.
- Zusätzlich die Steckverbindung unter dem Lenkrad trennen.
- Bei Arbeitsunterbrechung Airbag nie unbeaufsichtigt lassen.
- Airbag-Einheit nur mit Prallplatte (Polsterplatte) nach oben ablegen.
- Zu Schweißarbeiten am Wagen Batterie abklemmen.
- Nach Unfall alle Komponenten des Systems ersetzen.
- Fahrzeug-Verschrottung nur nach Vorschrift!

Lenkrad ausbauen
Fahrzeuge mit Airbag

Der Ausbau des Lenkrads bei einem Wagen mit Airbag kann nur einem geübten Selbsthelfer empfohlen werden. Wer unsicher ist, sollte die Werkstatt mit dieser Arbeit betrauen.

- Sicherheitsvorschriften (siehe Vortext) unbedingt beachten.
- **Unbedingt** Massekabel an der Batterie abklemmen.
- Untere Lenksäulenverkleidung ausbauen.
- An der Lenksäule die orangefarbene Steckverbindung aus der Halterung nehmen und trennen.
- Von der Lenkrad-Rückseite her die Halteschrauben der Polsterplatte mit TORX-Schlüssel lösen.
- Polsterplatte in Lenkradmitte mit Airbag-Einheit anheben und Stecker abziehen.
- Airbag-Einheit mit Polsterplatte nach oben vorsichtig im Kofferraum ablegen.
- Lenkrad **in Geradeausstellung** ausbauen, wie auf der Vorseite für Fahrzeuge ohne Airbag beschrieben.
- Beim Lösen der Lenksäulenmutter wird in Lenkradmitte die Sicherungsfeder wirksam, die den Kontaktring in Mittelstellung arretiert. Kontaktring nicht verdrehen!
- Beim Einbau Arretierstift am Lenkrad in die Aussparung oberhalb der Lenksäule einrasten lassen.
- Kabel zur Airbag-Einheit nicht einklemmen.
- Halteschrauben der Airbag-Einheit – mit der in Fahrtrichtung gesehen rechten Schraube beginnend – mit 5 Nm anziehen.

Arbeiten an der Servolenkung

Flügelpumpe der Servolenkung ausbauen

Soll die Pumpe lediglich wegen Montagearbeiten im Motorraum ausgebaut werden, bleiben ihre Schlauchleitungen angeschlossen, damit kein Schmutz in die Hydraulik gelangt. Auch braucht dann der Druckspeicher nicht geleert zu werden. Falls die Schläuche an der Pumpe abgenommen werden müssen, Schläuche mit sauberen Stopfen versehen, denn selbst kleinste Schmutzpartikel können Funktionsstörungen verursachen.

- Ggf. Unterschutz vorn abbauen (Seite 241).
- Keilriemen abnehmen (Seite 177).
- **520 i/525 i:** Zwei Halteschrauben an den Schwenkbügeln unter der Pumpe herausdrehen.
- Eine Halteschraube am Spannbügel (oben) herausdrehen.
- Pumpe abnehmen.
- **530 i/535 i:** Mutter des Bolzens oben am Schwenkbügel lösen, Bolzen herausziehen.
- Ebenso den Bolzen der Spannschiene unten an der Pumpe ausbauen.
- Pumpe festhalten und abnehmen.
- **Alle:** Hydraulikschläuche, wenn möglich, angeschlossen lassen, und Pumpe mit Schläuchen im Motorraum ablegen.
- Werden die **Schläuche abgebaut**, soll dies vor Ausbau der Pumpe geschehen:
- Zuerst alle Hydraulikflüssigkeit aus dem Vorratsbehälter absaugen.
- Leitungsanschlüsse abbauen, dabei auf äußerste Sauberkeit achten. Leitungsenden mit Staubkappen abdecken.

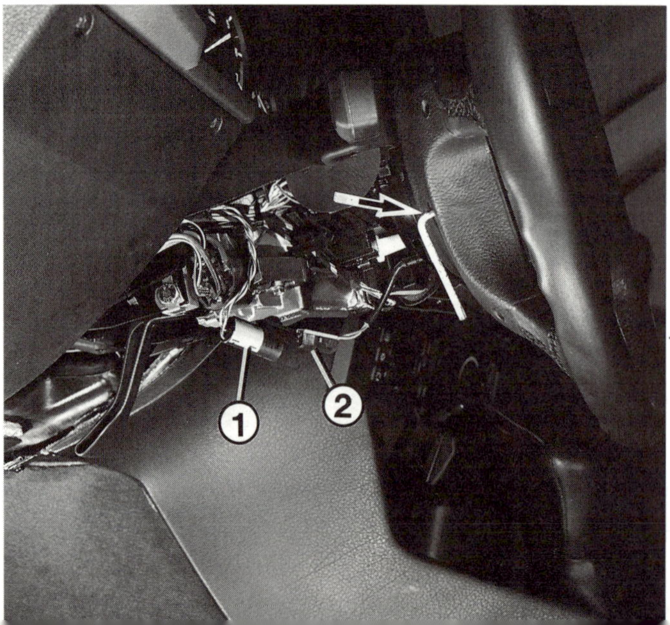

Nach Trennen der orangefarbenen Steckverbindung (1 und 2) kann die Polsterplatte mit Airbag mittels des BMW-Spezialwerkzeugs oder eine TORX-Schlüssels (Pfeil – nicht verkanten) abgeschraubt werden. Anzugsdrehmoment beim Einbau: 5 Nm.

Die Hochdruckpumpe der Servolenkung (Pfeil) sitzt links vorn am Motor (hier von unten am 520i/525i gezeigt).

● Zum **Wiedereinbau** der Schläuche neue Dichtungen verwenden.
● Anzugsdrehmoment: Bei M-14-Schrauben: 35 Nm. Bei M-16-Schrauben: 40 Nm.
● Abgesaugte, alte Hydraulikflüssigkeit nicht mehr verwenden (Sondermüll).
● Lenkungshydraulik entlüften (folgender Abschnitt).

Lenkungshydraulik entlüften

● Vorratsbehälter mit frischer ATF bis zur Peilstabmarke »MAX« auffüllen (Seite 30) bzw. bei Fahrzeugen mit Niveauregulierung bis ca. 25 mm unterhalb des Behälterrands auffüllen.
● Zum Entlüften Motor starten und Lenkrad je zwei Mal nach links und nach rechts zum Anschlag drehen.
● Motor abstellen und ATF bis zur »MAX«-Marke auffüllen (siehe Seite 30).
● Bei Wagen mit Niveauregulierung die Hinterachse anheben, bis die Räder frei hängen. Nach 2 Minuten muß der Ölstand maximal 5 mm über dem Siebboden stehen. Gegebenenfalls nachfüllen.

Funktion der Servolenkung prüfen

Wartung Nr. 24

Auch bei ausgefallener Servounterstützung bleibt der BMW lenkfähig. Die Lenkung ist dann eben erheblich schwerer zu bedienen. Das eigentliche Gefahrenmoment ist jedoch der Schreck, wenn die Lenkunterstützung während der Fahrt plötzlich ausfällt.
● Die Servounterstützung funktioniert einwandfrei, wenn sich das Lenkrad bei laufendem Motor erheblich leichter drehen läßt als bei stehendem.
● Außerdem muß sich das Lenkrad von Anschlag zu Anschlag ruckfrei durchdrehen lassen.
● Wurde im Vorratsbehälter der Servolenkung abgesunkener Flüssigkeitsstand festgestellt (Seite 30), Dichtheit der Anlage prüfen.

Störungsbeistand

Servolenkung

Die Störung	– ihre Ursache	– ihre Abhilfe
A ATF-Stand im Behälter zu niedrig	1 Eingeschlossene Luft im Hydrauliksystem hat sich selbst ausgeschieden	ATF bis »MAX«-Marke auffüllen (Seite 30)
	2 Undichtigkeiten im Hydrauliksystem	Leitungsanschlüsse nachziehen; neue Dichtungen einsetzen. Hydraulikpumpe bzw. Lenkgetriebe ausbauen und abdichten lassen
B Lenkung ist schwergängig	1 Förderdruck der Pumpe ist zu gering	Druck prüfen lassen. Ggf. Überdruckventil der Pumpe oder komplette Pumpe ersetzen
	2 Lenkgetriebe defekt	Ersetzen lassen
	3 ATF-Stand zu niedrig	Auffüllen und entlüften
	4 Druckpunkt zu stramm eingestellt	Druckpunkt neu einstellen
C Lenkgeräusche	1 Flüssigkeit mit Luftbläschen durchsetzt	Luftbläschen entweichen lassen, Undichtigkeit ermitteln, ATF auffüllen, Entlüften
	2 Saugseitige Verschraubung der Pumpe undicht	Dichtungen ersetzen, Verschraubungen nachziehen
	3 Keilriemen lose	Nachspannen (Seite 176)

Anhaltende Wirkung

Sind die Dinge erst einmal ins Rollen gebracht, tut man sich oft schwer, die Bewegung wieder aufzuhalten. Anders beim BMW: Seine Bewegungsenergie ist – in den Grenzen der physikalischen Möglichkeiten – dank großzügig dimensionierter Bremsen leicht zu zügeln.

Eigenarbeiten an der Bremse

Bei einer so wichtigen Einrichtung wie den Bremsen kann keine Kontrolle zu viel sein! Wenn Sie also in diesem Bereich zwischendurch mal nach dem Rechten sehen, haben Sie Ihre Wartungsaufgaben sicher besser erfüllt, als derjenige, der seinen Wagen einmal jährlich zur Wartung bringt. Denn gerade vor einer Urlaubsfahrt oder bei schon älteren Fahrzeugen sind verstärkte Kontrollen ratsam.
Andererseits erfordern Reparaturen im Bereich Bremsen ein erhöhtes Verantwortungsbewußtsein. Mit unserem Bremsenkapitel haben wir dem Selbstpfleger die Möglichkeit gegeben, z. B. auch Arbeiten an der Bremshydraulik durchzuführen. In solchen Fällen muß jeder Bastler für sich entscheiden, ob sein Kenntnisstand für eine verantwortungsvolle Ausführung dieser Arbeiten ausreicht.

So funktioniert die Bremse

○ Wenn Sie auf das Bremspedal treten, preßt eine mit dem Pedal verbundene Druckstange zwei hintereinanderliegende Kolben in den Hauptbremszylinder (im Motorraum).
○ Die Kolben verdrängen die dort eingeschlossene Bremsflüssigkeit. Dieser so entstehende hydraulische Druck in der Bremsanlage wird über Rohr- und Schlauchleitungen auf die Kolben der Bremssättel weitergeleitet.
○ Diese Kolben drücken die Bremsklötze gegen die Bremsscheiben.
○ Den Flüssigkeitsdruck übertragen zwei voneinander unabhängige Leitungssysteme (Bremskreise), und zwar für je ein Vorderrad und das gegenüberliegende Hinterrad (diagonal aufgeteilte Zweikreisbremse).
○ Falls ein Bremskreis ausfallen sollte, bleiben so ein Vorderrad und das Hinterrad auf der anderen Seite bremsfähig. Mit dem ungebremsten Vorderrad kann man selbst bei einem Wagen ohne ABS noch lenken, und das ungebremste Hinterrad hält das Heck in der Spur.
○ Die Handbremse wirkt über Seilzüge auf die Hinterräder. Dort sind innen in den Bremsscheiben kleine Trommelbremsen eingebaut, die ausschließlich der Feststellbremse dienen.
○ Ab dem Modell 525i ist das Antiblockiersystem (Bosch ABS) serienmäßig. Im 520i ist es nur als Mehrausstattung eingebaut. Mehr darüber auf Seite 126.

Fingerzeig: Obwohl nur ein Bremsflüssigkeitsbehälter vorhanden ist, kann bei einem undichten Bremskreis nicht die gesamte Bremsflüssigkeit auslaufen, denn der Behälter ist durch eine Zwischenwand in zwei Kammern geteilt.

Bremsen prüfen

Ständige Kontrolle

- Zuerst eine Vollbremsung bei Schrittgeschwindigkeit.
- Am Gummiabrieb auf der Straße sehen Sie bei gleich langen Spuren, daß die Bremsen gleichmäßig ziehen. Das gilt auch für Wagen mit Antiblockiersystem, denn ABS regelt unter ca. 5 km/h nicht.
- Gleiche Prüfung mit der Handbremse.
- Für die Bremsenprüfung bei höheren Geschwindigkeiten brauchen Sie eine ebene Strecke.
- Nun aus etwa 50 km/h bei losgelassenem Lenkrad, aber mit griffbereiten Händen zuerst sanft und dann scharf bis zum Stillstand abbremsen.
- Bei vollem Pedaldruck spüren Sie die harten Regelschwingungen des ABS-Systems – das ist normal (siehe auch folgendes Kapitel).
- Zieht der Wagen beim Bremsen nach links, ist eine der rechten Radbremsen nicht in Ordnung. Das Auto zieht in Richtung des stärker gebremsten Rades. Ursachen siehe Störungsbeistand auf Seite 125.
- Lassen Sie den BMW ein schwaches Gefälle hinunterrollen, um festzustellen, ob die Räder leichtgängig sind.
- Nach der Probefahrt machen Sie die Handprobe:
- Ist eine Felge auf der einen Wagenseite wärmer als auf der anderen Seite?
- Ursachen können sein ein verklemmter Bremssattel oder schwergängige Feststellbremsen.
- Bei aufgebocktem Wagen prüfen, welches Rad schwergängig ist.

Die Bremsflüssigkeit

Diese gelbliche – übrigens giftige und gegen Autolack aggressive – Flüssigkeit greift die Metall- und Gummiteile nicht an. Sie bleibt selbst bei −40° C noch ausreichend dünnflüssig, und sie hat trotz ihrer Dünnflüssigkeit den extrem hohen Siedepunkt von ca. 260° C.
Ihr Nachteil: Sie nimmt gern Wasser auf, sie ist »hygroskopisch«. Und das Wasser kann tatsächlich – z. B. über die Luftfeuchtigkeit – in die Bremsflüssigkeit gelangen: Über den Vorratsbehälter sowie durch mikroskopische Undichtigkeiten an den Bremsschläuchen und Gummimanschetten. Solche Wasseraufnahme führt nicht nur zu Korrosion an den Metallteilen der Anlage, sondern bewirkt ein rapides Absinken des Siedepunkts. Bei nur 2,5% Wassergehalt liegt der Siedepunkt nur noch bei 150° C. Das ist bei starker Belastung der Bremsen gefährlich, weil sie sich dann sehr stark aufheizen. In der Nähe der erhitzten Bremsen können sich Dampfblasen in der Hydraulikflüssigkeit bilden. Die lassen sich zusammenpressen – das Bremspedal kann tief durchgetreten werden; manchmal tritt man sogar ins Leere! In diesem Fall kann bisweilen noch schnelles Pumpen mit dem Bremspedal helfen.
Besonders gefährlich ist dieser Effekt nach dem Abstellen des Wagens nach starker Bremsbeanspruchung. Mangels Fahrtwind heizt sich die Bremsenumgebung noch stärker auf; die höchste Temperatur herrscht nach etwa 15 Minuten Standzeit. Erst nach etwa einer halben Stunde ist wieder die normale Bremsflüssigkeitstemperatur erreicht.
Vorbeugend schreibt der Wartungplan daher den Wechsel der Bremsflüssigkeit einmal jährlich vor. BMW beugt mit diesem sehr kurzen Wechselintervall wirklich allen Eventualitäten vor.
Auch bei der Auswahl der Flüssigkeiten ist man in München recht pingelig. Nur die auf Seite 283/284 aufgeführten sind für das Bremssystem des BMW zulässig.

Stand der Bremsflüssigkeit prüfen

Ständige Kontrolle

- Zu niedriger Bremsflüssigkeitsstand wird beim BMW zwar auch durch eine Kontrolleuchte bzw. über das Check-Control-Schriftenfeld am Armaturenbrett angezeigt, doch die Sichtkontrolle sollten Sie sich dennoch nicht ersparen:
- Motorhaube öffnen und den Bremsflüssigkeits-Vorratsbehälter evtl. mit einem Lappen reinigen.
- Im durchscheinenden Flüssigkeitsbehälter muß der Bremsflüssigkeitsstand zwischen den Markierungen »MIN« und »MAX« stehen. Dann ist alles in Ordnung.

Bremsflüssigkeitsstand zu niedrig?

Sind die Scheibenbremsbeläge schon etwas abgenutzt, tendiert der Flüssigkeitsspiegel eher zur unteren Markierung; sind sie neu, steht er weiter oben. Das ist völlig normal, denn die bei abgenutzten Belägen schon etwas weiter herausgetretenen Kolben der Scheibenbremse hinterlassen in den Zylindern der Bremssättel ein größeres Volumen, das sich mit Bremsflüssigkeit füllt. Kritisch wird es dagegen, wenn die Bremsflüssigkeit in einem Behälterteil unter »MIN« abgesunken ist. Da sie nicht verdunstet oder verbraucht wird, muß sie durch ein Leck ausgetreten sein. Also schleunigst nach der Ursache suchen (siehe folgenden Wartungspunkt), bevor Sie irgendwann ins Leere treten. Nachfüllen ist Augenwischerei!

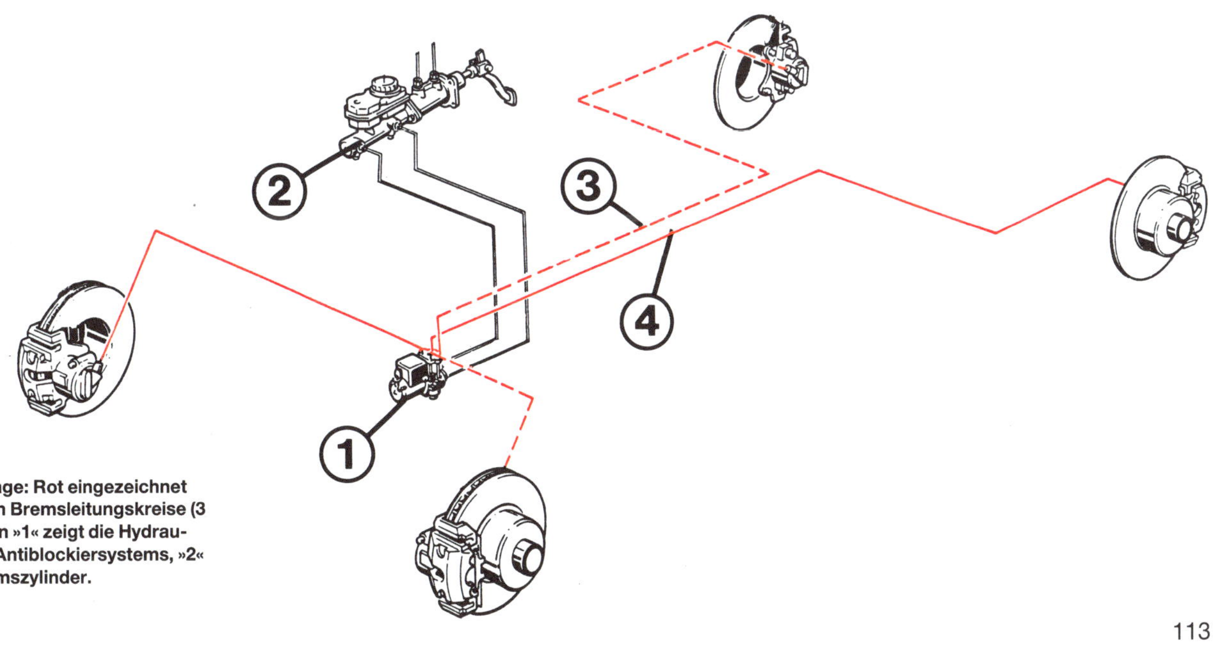

Die Bremsanlage: Rot eingezeichnet sind die beiden Bremsleitungskreise (3 und 4). Position »1« zeigt die Hydraulikeinheit des Antiblockiersystems, »2« den Hauptbremszylinder.

Fingerzeig: Bei einem Defekt in der Kupplungshydraulik von Schaltgetriebe-Wagen kann der Pegel im Bremsflüssigkeitsbehälter erheblich absinken. Grund: Die Kupplungshydraulik deckt ihren Flüssigkeitsvorrat aus dem Bremsflüssigkeitsbehälter. Der Abzweig zur Kupplungshydraulik sitzt jedoch recht weit oben im Behälter, so daß bei einem Leck im Bereich Kupplung niemals die Bremswirkung gefährdet ist. Umgekehrt kann jedoch ein langsames Ausfallen der Kupplungsbetätigung gesunkenen Bremsflüssigkeitsstand signalisieren.

Bremsanlage auf Undichtigkeiten und Beschädigungen überprüfen

Wartung Nr. 3

Zur Kontrolle muß die Wagenunterseite trocken sein, damit Sie undichte Stellen erkennen können. Bremsflüssigkeit kriecht auch unter Schmutz. Feuchtdunkle Stellen oder schwarzer Schmutz lassen eine Undichtigkeit vermuten.

● Kontrollieren Sie sämtliche Anschluß- und Verbindungsstellen; auch die Bremssättel und den Hauptbremszylinder.

● Die Bremsschläuche dürfen weder feucht noch aufgequollen, rissig oder angescheuert sein. Sonst auswechseln, siehe Seite 124.

● Die Bremsleitungen sind zum Schutz gegen Rost mit einer Kunststoffschicht überzogen. Wird diese Schutzschicht beschädigt, kann es zu Rostansatz kommen. Deshalb die Leitungen nie mit Schraubendreher, Schmirgelleinen oder Drahtbürste säubern, sondern einen alten Lappen nehmen.

● Ist die Schutzschicht beschädigt, auf die blanken Stellen Rostschutzgrundierung streichen.

● Leitungen mit Rostnarben und solche, die plattgedrückt sind, müssen ersetzt werden.

● Sind Schutzkappen auf allen Entlüftungsventilen? Sie sitzen oben an den Bremssätteln.

● Die Bremsdruckprobe können Sie provisorisch selbst machen:

● Treten Sie mit voller Kraft aufs Bremspedal.

● Es darf auch nach einigen Minuten der vollen Belastung nicht nachgeben, sonst ist eine Manschette im Hauptbremszylinder defekt.

● Durch die undichte Manschette sinkt der Flüssigkeitsstand im Behälter nicht, sondern die unter Druck gesetzte Flüssigkeit mogelt sich an einem Kolben des Hauptbremszylinders vorbei auf die drucklose Seite.

● Undichte Stellen an den Kolbenmanschetten lassen sich allerdings nur bei einer genauen Druckprüfung in der Werkstatt ermitteln.

Bremsflüssigkeit wechseln

Wartung Nr. 45

Nicht nur die schon erwähnte Gefahr von Dampfblasen macht den Bremsflüssigkeitswechsel erforderlich, sondern auch die vom aufgenommenen Wasser verursachte Korrosionsgefahr in den Bremszylindern und -leitungen. Beim Flüssigkeitswechsel geht man wie beim Entlüften (Seite 124) vor. Gebraucht werden 2 Liter frische Bremsflüssigkeit.

● Wenn möglich, Vorratsbehälter der Bremsflüssigkeit mit einer alten Injektionsspritze entleeren und gleich neu befüllen.

● So lange Bremsflüssigkeit durchpumpen, bis frische Flüssigkeit am Entlüfterventil austritt.

● Faustregel: Durch jedes Entlüfterventil 500 cm^3 Bremsflüssigkeit pumpen. Dann ist garantiert überall frische Flüssigkeit im System.

● Vorgeschriebene Reihenfolge: Hinten rechts, hinten links, vorn rechts und zuletzt vorn links.

● Bei Wagen mit Schaltgetriebe zusätzlich die Bremsflüssigkeit im Leitungsstrang der hydraulischen Kupplungsbetätigung wechseln (siehe dazu Seite 86).

Fingerzeig: Bremsflüssigkeit ist giftig! Deshalb gebrauchte Bremsflüssigkeit nie in den Ausguß kippen. Auch im Altölfaß hat sie nichts verloren, denn das macht ein Recycling unmöglich. Alte Bremsflüssigkeit nur in einem eigenen Gefäß zum Sondermüll geben. Annahmestelle bei der Gemeindeverwaltung erfragen.

Die Scheibenbremsen

Zusammen mit dem Rad dreht sich eine Stahlscheibe frei im Luftstrom. Sogenannte Bremssättel umfassen sattelförmig die Scheiben. Beim Tritt auf das Bremspedal drücken Kolben die Bremsbeläge gegen die Scheiben – es wird gebremst.

Durch den Fahrtwind werden die Scheibenbremsen ständig gekühlt. Belagabrieb wird gleich weggeblasen, und ohne besondere Mechanik stellen sich die Scheibenbremsen selbst nach.

Zur Verbesserung der Bremsenkühlung besitzen die Modelle 525 i, 530 i und 535 i innenbelüftete Bremsscheiben vorn. Die Bremsscheiben sind innen von Luftkanälen durchzogen und werden damit doppelt gekühlt.

Der Bremsflüssigkeitsbehälter (hier beim BMW 520i/525i):
1 – Deckel mit Schwimmer (2);
3 – Sieb in der Einfüllöffnung.
Die Füllstandsmarken finden Sie seitlich am Behälter (kleiner Pfeil).

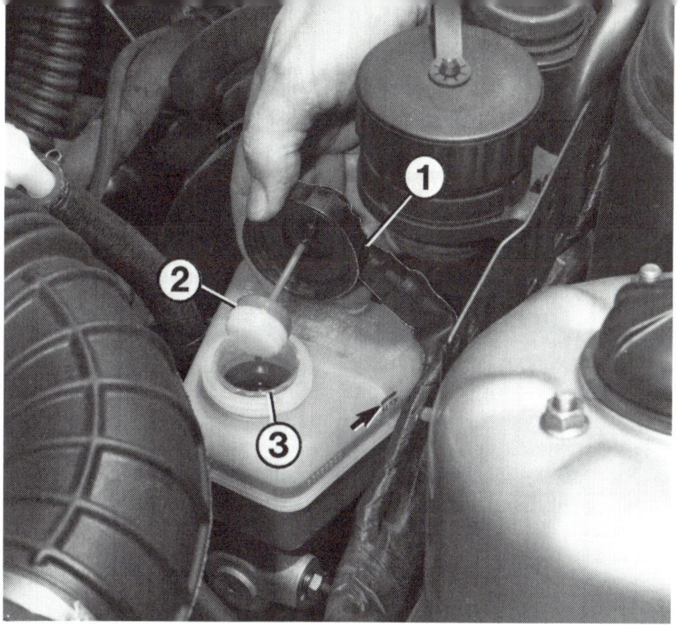

Faustsattelbremsen

Bei den Bremsen vorn und auch hinten handelt es sich um sogenannte Faustsattelbremsen. Der Bremssattel sieht wie eine geballte Faust aus. Der Bremskolben im Zylindergehäuse drückt den inneren Belag gegen die Bremsscheibe, wodurch das Zylindergehäuse in seiner Führung herübergezogen und der Bremsklotz auf der anderen Seite ebenfalls gegen die Scheibe gepreßt wird. Es wird also nur ein Bremskolben pro Radbremse benötigt.

Die Scheibenbremse bei Nässe

Bei starkem Regen werden auch die offen liegenden Bremsscheiben naß, weshalb die Bremswirkung einen Sekundenbruchteil verspätet einsetzt. Die Feuchtigkeit zwischen Bremsscheiben und -klötzen muß erst zum Verdampfen gebracht werden. In streusalzreichen Wintern tritt diese Erscheinung verstärkt auf, wenn die auf Bremsbelägen und -scheiben sitzende Salzschicht beim Bremsen erst abgeschliffen werden muß.
Nach Fahrten im Regen oder bei winterlicher Streusalznässe sollten Sie vor mehrtägigem Abstellen des Wagens die Bremsen trockenfahren, um starken Rostansatz auf den Bremsscheiben bzw. das Festkleben der Beläge zu vermeiden. Es genügt, die letzten hundert Meter Wegstrecke mit dauernd getretenem Bremspedal zu fahren.

Scheibenbremsbeläge vorn messen

Wartung Nr. 6

Trotz der Überwachung der Bremsbeläge durch eine Kontrollampe bzw. die Check-Control sollten Sie die zusätzliche Sichtprüfung nicht vergessen – und das nicht nur, wenn eine Urlaubsreise ansteht.

- Die **Mindestbelagstärke** beträgt **2 mm ohne** die **Trägerplatte** gemessen. Die Trägerplatte selbst – also das Metallstück, auf das der Belag geklebt ist – hat eine Stärke von ca. 5 mm.
- Eine genaue Kontrolle der Belagstärke ist nur bei abgenommenen Rädern möglich.
- Meterstab am Belag anlegen und messen, wie im Bild unten gezeigt. Bremsbelag auf der Innenseite nicht vergessen.

Messen der Belagstärke an den Vorderradbremsen: 1 – Trägerplatte aus Metall; 2 – Belagmaterial.

Zustand der Bremsscheiben kontrollieren

Wenn die Räder zur Belagkontrolle abgenommen sind, prüft man auch den Zustand der Bremsscheiben.

- Die Scheiben dürfen keine tiefen Rillen (durch Schmutz oder zu stark abgefahrene Beläge) aufweisen. Die Riefen graben sich in neue Bremsbeläge tief ein, was deren Lebensdauer wesentlich verkürzt und die Bremswirkung herabsetzt.
- Gleiches gilt für stark verrostete Bremsscheiben – meist eine Folgen von langer Standzeit bzw. extremem Kurzstreckenverkehr.
- Riefige Bremsscheiben kann man auf einer Drehbank bis zur **Bearbeitungsgrenze** abdrehen.
- Ist jedoch das **Mindestmaß** erreicht, müssen die Scheiben paarweise ausgetauscht werden (beide Maße finden Sie in nachfolgender Tabelle).
- Bei nicht allzu starken Riefen oder schwächerem Rostbefall helfen Politex-Bremsbeläge mit Schleifschicht (siehe folgenden Fingerzeig).
- Eine bläuliche Verfärbung der Bremsscheibe ist ohne Bedeutung.

Modell	Bearbeitungsgrenze	Mindestmaß
520i	10,4 mm	10,0 mm
525i, 530i, 535i	20,4 mm	20,0 mm
Hinterradbremse, alle	8,4 mm	8,0 mm

Fingerzeige: Fahrzeuge, die nach Übersee ausgeliefert werden, sind mit sogenannten Politex-Bremsbelägen ausgestattet. Die besitzen eine dünne Schleifschicht auf dem Belagmaterial, die Rostansatz auf der Bremsscheibe – entstanden auf der langen Schiffspassage – bei den ersten Bremsungen abschleift. Die Beläge sind auch hierzulande beim BMW-Händler erhältlich und lassen sich einsetzen, wenn eine leicht riefige oder rostige Bremsscheibe geglättet werden soll.
Wurden die Bremsscheiben auf das zulässige Mindestmaß nachgearbeitet, ist ihre Lebensdauer begrenzt: Beim nächsten Belagtausch sollten die Scheiben mit ausgewechselt werden.

Bremsbeläge vorn erneuern

Grundsätzlich müssen rechts und links beide Beläge ausgetauscht werden. Nur Beläge mit ABE verwenden. BMW schreibt die Beläge »Textar T476« oder »Jurid 506« vor.
Weil die Kolben in den Bremssätteln mit zunehmendem Verschleiß der Beläge weiter herauswandern, müssen sie vor dem Einsetzen neuer, dicker Beläge zurückgedrückt werden. Hierbei wird die Bremsflüssigkeit durch die Leitungen in den Vorratsbehälter gepreßt. Wurde in der Zwischenzeit unnötigerweise Bremsflüssigkeit nachgefüllt, muß das Zuviel jetzt abgesaugt werden. Andernfalls greift die am Vorratsbehälter austretende Bremsflüssigkeit umliegende lackierte Teile im Motorraum an. Zum Absaugen nur eine absolut saubere Pipette oder alte Injektionsspritze verwenden – nie mit dem Mund ansaugen!

- Wagen vorn aufbocken und sichern.
- Rad abnehmen.
- Lenkung einschlagen, damit die Beläge gut zugänglich sind.
- Links Verbindungsstecker der Kabel für Bremsbelag-Verschleißanzeige aus dem Halter am Federbein nehmen und Stecker vom Gegenstück trennen.
- Abdeckkappen an der Bremsen-Innenseite abnehmen.
- Inbusschlüssel im nun sichtbaren Innensechskant des Führungsbolzens ansetzen und Bolzen lösen.
- Sicherungsklammer seitlich am Bremssattel ab-

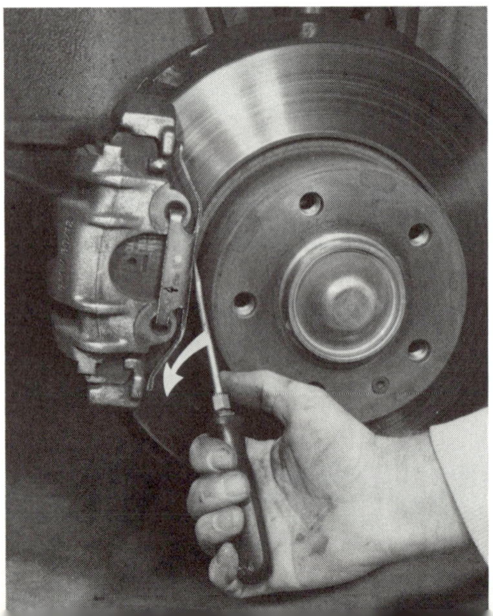

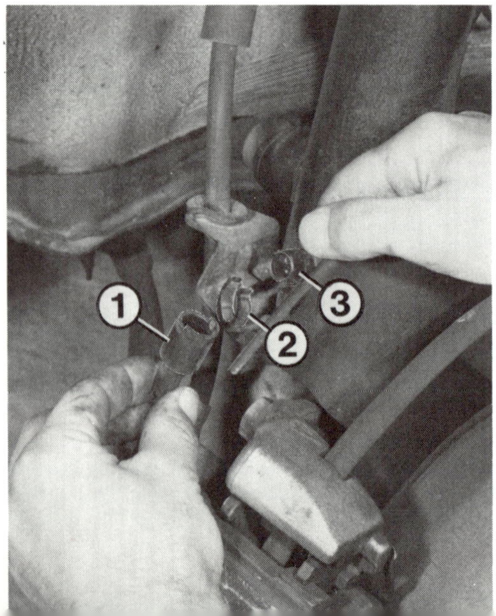

Ausbau der Beläge:
Links: Abdrücken der Sicherungsklammer mit einem Schraubendreher.
Rechts: Die Steckkontakte (1 und 3) der Belag-Verschleißanzeige sind in einem Halter (2) nahe des Bremssattels befestigt.

Links: Lösen der Inbusschrauben in den Schutzhülsen (1 und 2) nach Abnehmen der Abdeckkäppchen.
Rechts: Das Bremssattelgehäuse (3) wurde nach Lösen der Befestigungsschrauben abgenommen. Der äußere Belag befindet sich noch in der Führung. Der innere Bremsbelag (2) wird mit seiner Federklammer (1) im Kolben des Bremssattels eingesetzt.

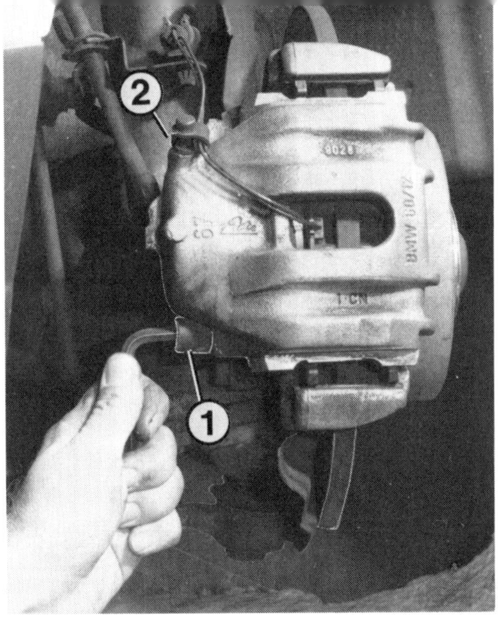

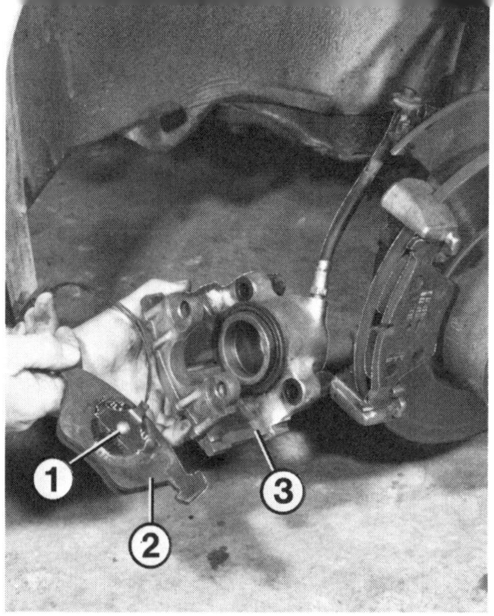

drücken. Der eingeprägte Pfeil an der Klammer zeigt in die zu drückende Richtung.

- Bolzen herausziehen, Bremssattelgehäuse abnehmen.
- Damit das Bremssattelgehäuse nicht an seinem Bremsschlauch zerrt, wird es mit Draht am Federbein aufgehängt.
- Äußeren Belag aus den Führungsschienen nehmen.
- Inneren Belag vom Bremskolben lösen. Er ist mit einer Feder gesichert, die in den hohlen Kolben eingesteckt ist.
- Kolben im Bremssattel mit einer Schraubzwinge zurückdrücken. Damit der Kolben nicht verkantet oder beschädigt wird, auf den Anlagering ein kleines Brettchen legen (Bild rechts unten).
- Clip der Bremsbelag-Verschleißanzeige vorsichtig aus dem alten Belag heraushebeln.
- Beim Wiedereinbau auf den Federring achten. Sollte das Plastikteil der Verschleißanzeige angeschliffen sein, den Bremsbelagfühler erneuern.
- Neue Beläge einsetzen; der am Bremszylinder sitzende Belag wird mit seiner Federklammer in den Bremskolben eingesetzt.
- Zum Vermeiden von Bremsen-Quietschgeräuschen die Beläge an den Bremskolben-Anpreßstellen mit »Plastilube«-Bremspaste (Zubehörhandel) einfetten.
- Bremsklotz-Führungen und -schächte mit einer Stahlbürste reinigen. Dabei die Gummimanschette nicht beschädigen.
- Bremssattel montieren.
- Führungsbolzen mit **30–35 Nm** anziehen und Abdeckkappen wieder aufsetzen.
- Nach dem Zusammenbau das **Bremspedal mehrmals treten**, bis die Beläge an den Bremsscheiben anliegen. Sonst ist keine Bremswirkung vorhanden!
- Mit den neuen Bremsbelägen – wenn möglich – die ersten 500 km nur behutsam bremsen.

Bremssattel vorn ausbauen

- Rad abschrauben.
- Links vorn das Kabel der Bremsbelag-Verschleißanzeige ausstecken.
- Evtl. Bremsbeläge ausbauen.
- Halteschrauben des Bremssattels losdrehen.
- Bremssattel mit angeschraubtem Bremsschlauch

Links: Die Teile der vorderen Scheibenbremse:
1 – Führungsbolzen mit Aufnahme für Inbusschlüssel;
2 – Fühler der Bremsbelag-Verschleißanzeige;
3 – Bremsbeläge;
4 – Blechklammer.
Rechts: Hier wird der Kolben im Bremssattel mit einer Schraubzwinge zurückgedrückt, damit die neuen Bremsbeläge eingebaut werden können. Zum Schutz haben wir ein kleines Holzbrettchen zwischengelegt.

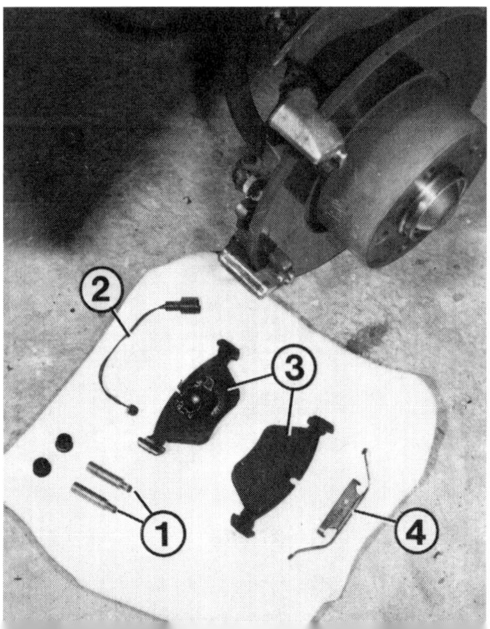

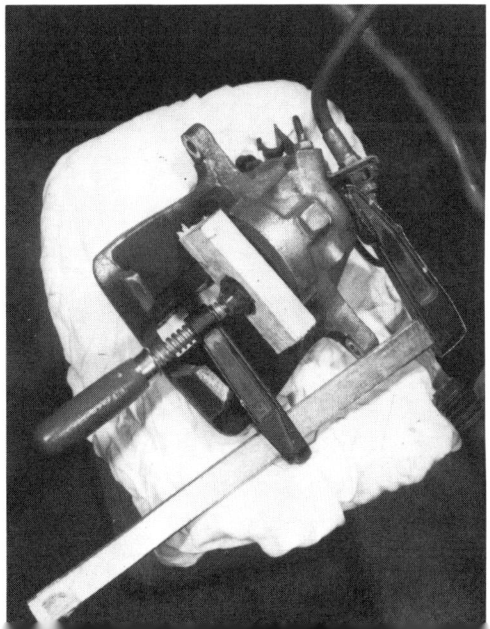

so aufhängen, daß der Schlauch nicht unter Spannung steht.

● Oder Bremsschlauch bzw. -leitung abschrauben (Seite 123 bzw. 124).

● Bremspedal niederdrücken und halten, um Auslaufen von Bremsflüssigkeit zu verhindern (siehe Seite 122).

● Beim Einbau beide Schrauben mit **110–123 Nm** anziehen.

● Bremsschlauch bzw. -leitung wieder festschrauben (Seite 123 bzw. 124).

● Bremsanlage entlüften, falls der Bremsschlauch bzw. die -leitung abgeschraubt war (Seite 124).

● **Bremspedal** vor den ersten Metern Fahrt **mehrmals durchtreten**, bis sich normales Pedalspiel einstellt.

Bremskolben-Staubmanschette vorn auswechseln

Wurde die Bremskolbenmanschette im Bremssattel beschädigt, müssen Sie baldigst für Ersatz sorgen, sonst klemmt bald der Bremskolben aufgrund von Schmutz und Korrosion. Die Manschette gibt's leider nur zusammen mit dem Bremskolben-Dichtring (der bei der Reparatur dann übrigbleibt) zu kaufen.

● Bremssattelgehäuse abbauen, Beläge herausnehmen.

● Der Bremskolben muß ein Stück über das Bremssattelgehäuse herausragen. Ist das nicht der Fall, Bremspedal ein Stück niedertreten, bis der Kolben ca. 10 mm übersteht.

● Federring an der Bremskolbenmanschette mit schmalem Schraubendreher abhebeln.

● Alte Manschette abziehen.

● Neue Manschette in die Nut am Bremskolben einsetzen, über den Wulst am Bremssattel ziehen und mit Federring befestigen.

● Kontrolle: Die Manschette muß jetzt rundum gleichmäßig im Bremssattel sitzen. In der Nut des Bremskolbens muß sie einwandfrei anliegen.

Bremsscheibe vorn ausbauen

Bremsscheiben müssen grundsätzlich beidseitig erneuert werden. Einseitiger Wechsel kann ungleiche Bremswirkung zur Folge haben.

● Bremssattel abschrauben und mit Draht an der Karosserie befestigen; die Hydraulikleitung bleibt angeschlossen.

● Halteschraube der Bremsscheibe mit Inbusschlüssel losdrehen.

● Die Bremsscheibe kann nun von Hand von der Radnabe gezogen werden.

● Ist sie festgerostet, mit kräftigen Hammerschlägen nachhelfen – aber nur, wenn die Scheibe ohnehin gewechselt wird.

● Vor dem Ansetzen der neuen Bremsscheibe die Anlagefläche an der Radnabe säubern.

● Korrosionsschutzwachs von der neuen Scheibe mit Verdünnung entfernen.

Scheibenbremsen hinten

Wie an den Vorderrädern handelt es sich hier um sogenannte Faustsattelbremsen.

Scheibenbremsbeläge hinten messen

Wartung Nr. 6

An den hinteren Scheibenbremsen erfolgt die Kontrolle des Belagverschleißes gleich wie an den vorderen (Seite 115). Es gelten hier ebenfalls 2 mm als Verschleißmaß – gemessen **ohne Belagträgerplatte**. Gleichzeitig mit der Belagkontrolle wird der Zustand der Bremsscheiben geprüft. Verschleißmaß und Arbeitsreihenfolge beschreibt der Text auf Seite 116.

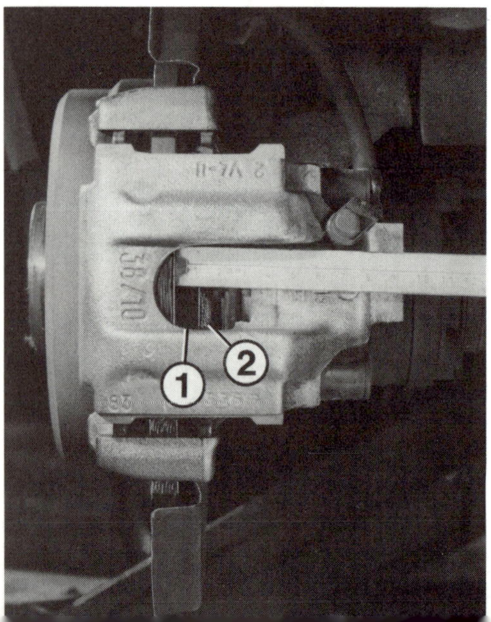

Links: Bei der hinteren Scheibenbremse können Sie den Belagverschleiß nach Abnahme des betreffenden Rades mit einem Meterstab kontrollieren. Position »1« zeigt das Bremsbelagmaterial, »2« den Belagträger. Rechts: Abdrücken der Blechklammer mit einem Schraubendreher zum Belagwechsel.

Scheibenbremsbeläge hinten erneuern

Grundsätzlich müssen beide Beläge an beiden Fahrzeugseiten ausgetauscht werden. Nur Beläge mit ABE verwenden. BMW schreibt die Beläge »Textar T477«, »Jurid 505« oder »Jurid 547« vor.

- Hinterräder abbauen.
- Abdeckkappen der Führungsbolzen abdrücken.
- Rechts den Verbindungsstecker der Bremsbelag-Verschleißanzeige aus dem Halter nehmen und Steckverbindung trennen.
- Inbusschlüssel im nun sichtbaren Innensechskant des Führungsbolzens ansetzen und Bolzen lösen.
- Blechklammer außen am Bremssattel herausdrücken.
- Bremssattel abnehmen.
- Äußeren Bremsbelag abnehmen. Inneren Bremsbelag mit der Feder im Bremskolben aushängen.
- Kolben im Bremssattel mit Schraubzwinge und Holzbrettchen zurückdrücken, wie im Bild Seite 117 rechts unten am vorderen Bremssattel gezeigt.
- Darauf achten, daß beim Zurückdrücken der Bremsflüssigkeitsbehälter nicht überläuft.
- Neue Beläge einsetzen.
- Beschädigten Belagfühler ersetzen.
- Führungsbolzen mit **30–35 Nm** anziehen und Abdeckkappen wieder aufsetzen.
- Nach dem Zusammenbau das **Bremspedal mehrmals treten**, bis die Beläge an den Bremsscheiben anliegen. Sonst keine Bremswirkung!

Bremssattel hinten ausbauen

- Wagen hochbocken, Hinterrad abnehmen.
- Bremsleitung am Bremsschlauch abbauen (Seite 123/124), sofern der Bremssattel gewechselt werden soll.
- Rechts den Stecker der Bremsbelag-Verschleißanzeige aus dem Halter nehmen und Steckverbindung trennen.
- Zwei Sechskant-Halteschrauben am Bremssattel lösen und Bremssattel nach hinten von der Bremsscheibe ziehen.
- Geht das wegen eines Grats am Bremsscheibenrand nicht, Bremssattel etwas hin- und herdrücken, damit der Bremskolben zurückgleitet und mehr Platz für die Scheibe freigibt.
- Beim Einbau die beiden Halteschrauben mit **110–123 Nm** anziehen.
- Bremspedal **mehrfach niederdrücken**, bis sich normales Pedalspiel einstellt.

Bremskolbenmanschetten hinten

Der Wechsel der Bremskolbenmanschetten am Bremssattel hinten verläuft identisch wie am Bremssattel vorn (siehe gegenüberliegende Seite).

Bremsscheibe hinten ausbauen

- Bremssattel hinten ausbauen (siehe Text oben). Der Bremsschlauch bleibt angeschlossen. Bremssattel mit Draht an der Karosserie anbinden.
- Innensechskantschraube vorn an der Bremsscheibe lösen.
- Bremsscheibe jetzt abziehen. Geht das nicht, Nachstellrädchen der Handbremsbeläge etwas zurückdrehen (siehe »Handbremse nachstellen« auf der folgenden Seite).
- Anlagefläche der Bremsscheibe an der Radnabe reinigen und neue Bremsscheibe montieren.
- Handbremsbacken nachstellen.

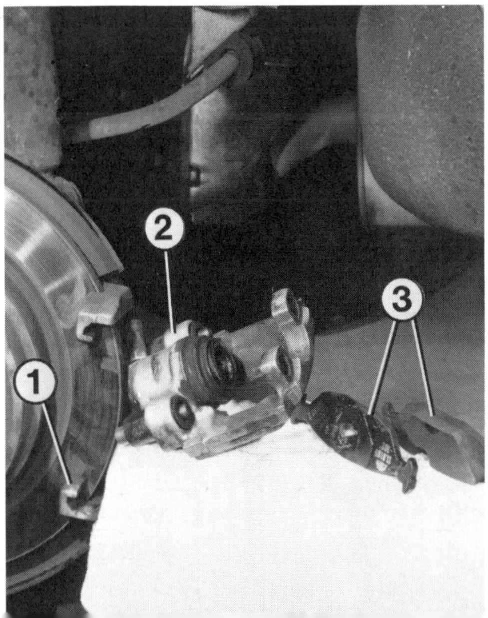

Wechsel der Scheibenbremsbeläge hinten:
Links: Lösen der Führungsbolzen in den Schutzhülsen (1 und 2) mit einem Inbusschlüssel.
Rechts: Das Bremssattelgehäuse (2) ist hier samt Belägen (3) vom Halter (1) abgenommen.

Die Handbremse

Innerhalb der hinteren Bremsscheiben sind die kleinen Bremstrommeln angebracht, auf deren Beläge die Handbremse wirkt:
Wenn Sie den Handbremshebel ziehen, spannen sich die Bremsseile zu den Hinterrädern. Dort preßt das Spreizschloß, in dem die Seilenden eingehängt sind, die halbrunden Bremsbacken gegen die Trommel – das Rad wird blockiert.

Handbremse prüfen

Wartung Nr. 12

Wird die Feststellbremse nahezu bei jedem Parken angezogen, längen sich die Handbremsseile im Laufe der Zeit. Wer andererseits die Handbremse nur selten benutzt, kann eines Tages mit Überraschung erleben, daß sie einseitig zieht – ein häufig auftretender Mangel beim TÜV. So kontrolliert man die Handbremse:

- Funktionsprüfung durchführen, wie am Kapitel-Anfang beschrieben.
- Zieht die Bremse schief oder ist die Wirkung unzureichend, müssen die Beläge bzw. die Bremstrommel-Reibflächen »eingebremst« werden (siehe folgenden Abschnitt).
- Leerweg des Handbremshebels prüfen: Läßt er sich um mehr als 8 Rasten hochziehen, muß die Handbremse eingestellt werden.

Handbremse »einbremsen«

Die Beläge der Handbremse verschleißen so gut wie gar nicht, denn sie wird ja normalerweise erst bei stehendem Wagen angezogen. Es kommt also fast nie zu der sonst üblichen Reibung zwischen Belägen und Trommeln. Dadurch kann sich der Reibwert der Handbremsbeläge verändern. Die Feststellbremse verliert an Wirkung.
Abhilfe: Den Wagen bei leicht angezogener Handbremse etwa 400 Meter weit fahren. »Eingebremst« werden muß auch, wenn neue Handbremsbeläge eingebaut wurden, wenn die Handbremse eingestellt werden soll oder wenn Sie ein Nachlassen der Wirkung an der Handbremse spüren.

Fingerzeig: Von Zeit zu Zeit sollten Sie den Wagen die letzten Meter bis zum Stillstand mit der Handbremse abbremsen. So bleiben die Reibflächen an Trommel und an Bremsbelägen der Handbremse intakt und können keinen Rost ansetzen. Achten Sie darauf, daß kein Wagen hinter Ihnen fährt, denn beim Ziehen der Handbremse leuchten die Bremslichter nicht auf.

Handbremse einstellen

Voraussetzungen: Bevor die Handbremse eingestellt wird, muß sichergestellt sein, daß die Seilzüge der Bremse leichtgängig sind, sonst nützt alles Einstellen nichts. Ebenso müssen Sie zuvor die Bremsbeläge der Handbremse nachstellen – erst dann können die Seilzüge nachgespannt werden (sofern dann überhaupt noch nötig).

- **Handbremsbacken nachstellen**: Wagen hinten aufbocken.
- Eine Radschraube an jedem Hinterrad herausdrehen.
- Leeres Schraubenloch so drehen, daß es nach unten etwa 45° hinter der Senkrechten steht. Genau an dieser Stelle befindet sich das Einstellritzel der Handbremsbacken. Zur Kontrolle mit der Taschenlampe durch das Schraubenloch leuchten.
- Schraubendreher durch die Radschraubenbohrung stecken und Einstellmutter unter hebelnden Bewegungen drehen, bis die Bremsbacken anliegen

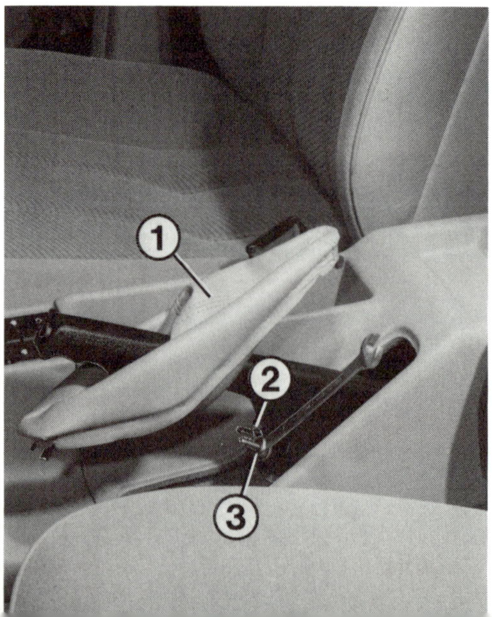

Links: Nachstellen der Handbremsbeläge durch ein Radschraubenloch hindurch. Die Lage des Einstellrädchens erkennen Sie im Bild auf der rechten Seite.
Rechts: Bei abgenommener Abdeckung (1) des Handbremshebels sind die Enden der Handbremszüge (2 und 3) mit den Einstellmuttern zugänglich.

Die Teile der Handbremse:
1 – Nachstellvorrichtung mit Einstellritzel;
2 – Rückzugfeder;
3 – Bremsbacke;
4 – Spreizschloß (es drückt bei gezogener Handbremse die Backen gegen die Trommel). Der Pfeil zeigt, wo das Handbremsseil eingehängt wird.

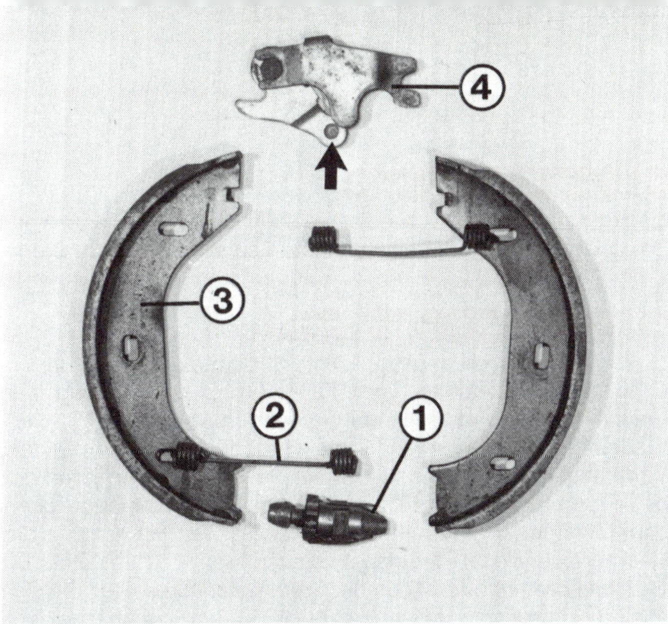

und das Rad sich nicht mehr bewegen läßt.

● Dann das Ritzel 4–6 Zähne zurückdrehen. Das Rad muß sich jetzt frei drehen.

● Zum Nachstellen wird das Ritzel an der linken Fahrzeugseite nach hinten gedreht, rechts dreht man es nach vorn.

● **Bremsseile einstellen**: Wagen hinten aufbocken; beide Hinterräder müssen frei sein.

● Abdeckmanschette am Handbremshebel aus der Mittelkonsole aushaken und nach vorn ziehen; die selbstsichernden Einstellmuttern auf den Seilzug-Enden sind jetzt zugänglich.

● Handbremshebel vier Rasten hochziehen.

● Nachstellmuttern beider Handbremsseile so weit anziehen, bis sich die Hinterräder rechts und links gleichmäßig gerade noch von Hand durchdrehen lassen.

● Handbremse lösen: Die Räder müssen sich jetzt frei drehen lassen.

Handbremsbeläge kontrollieren

Wartung Nr. 41

Die Beläge der Handbremse sind – außer beim Einbremsen – keinerlei Verschleiß unterworfen, weil sie ja erst bei stehendem Wagen in Aktion treten. Die Kontrolle bei schlechter oder einseitiger Handbremswirkung gilt also mehr der Belag-Oberfläche und der Reibfläche der Bremstrommel.

● Zum Kontrollieren Bremssattel und Bremsscheibe abbauen (weiter vorn im Buch beschrieben).

● Der Belag (ohne Bremsbacken) sollte mindestens 1,5 mm dick sein.

● Die Belag-Oberfläche soll glatt, aber nicht »verglast« (verhärtet) sein, was vorkommen kann, wenn mit gezogener Handbremse gefahren wurde. Test: Mit Schraubendreher über die Reibfläche fahren. »Splittert« das Belagmaterial ab, Beläge erneuern.

● Prüfen Sie bei dieser Gelegenheit, ob das Spreizschloß, in dem die Handbremsseile eingehängt sind, noch leichtgängig ist.

● Zuletzt die Reibfläche der kleinen Bremstrommel prüfen: Leichter Rostbefall kann durch Einbremsen entfernt werden. Tiefe Rostnarben oder Einlaufspuren erfordern eine neue Bremsscheibe (BMW gibt kein Maß fürs Nacharbeiten an).

Die Handbremse wirkt auf ein eigenes Bremssystem innen in der hinteren Scheibenbremse: Bei abgenommener Bremsscheibe hinten sehen wir:
1 – Bohrung in der Radnabe, durch die der Inbusschlüssel beim Lösen der Niederhalter (2) gesteckt wird;
3 – Bremsbelag;
4 – Rückzugfeder;
5 – Nachstellritzel.

Hydraulik und Betätigung

Nachdem wir uns bisher mit der mechanischen Seite der Bremsen beschäftigt haben, wenden wir uns jetzt der Bremsbetätigung mit ihren Hydraulik-Bauteilen und dem Bremskraftverstärker zu.

Arbeiten an der Bremshydraulik

Arbeitstips

○ Bremsflüssigkeit ist giftig. Nicht mit dem Mund in Berührung bringen.
○ Bremsflüssigkeit greift den Fahrzeuglack an. Deshalb keine bremsflüssigkeitsgetränkten Lappen oder -verschmierten Werkzeuge auf die Lackierung legen.
○ Beim Lösen eines Bremsschlauchs oder einer Bremsleitung läuft nach und nach der Bremsflüssigkeits-Vorratsbehälter leer. Das verhindern Sie so: Vor dem Lösen der Verschraubung eine Entlüftungsschraube im betreffenden Bremskreis lösen. Entlüftungsschlauch aufstecken und in ein Gefäß leiten. Nun das Bremspedal ganz durchtreten und mittels einer passenden Holzlatte in dieser Stellung halten. Die Zulaufbohrungen im Hauptbremszylinder sind damit verschlossen – es tritt keine Bremsflüssigkeit mehr aus.
○ Zum Lösen und Anziehen der Bremsleitungen sollten Sie sich den im Bild rechts gezeigten Bremsleitungsschlüssel besorgen. Ferner benötigen Sie zum Gegenhalten der Bremsschläuche einen Gabelschlüssel SW 14.
○ Nach Arbeiten an der Bremshydraulik muß grundsätzlich entlüftet werden (Seite 124). Oft genügt es, nur den Bremskreis zu entlüften, an dem gearbeitet wurde.

Der Hauptbremszylinder

Der Hauptbremszylinder ist das Oberhaupt im Bremssystem. Er sitzt ganz hinten im Motorraum und gibt den Bremssätteln den Befehl, wann sie zu bremsen haben. Mehr über seine Ausführung und Funktion finden Sie auf Seite 112.

Hauptbremszylinder ausbauen

● Bremsflüssigkeit aus dem Vorratsbehälter absaugen.
● Schlauch zur Kupplungshydraulik abziehen.
● Behälter aus dem Hauptbremszylinder herausziehen.
● Bremsleitungen am Zylinder abschrauben.
● Beide Halteschrauben hinten am Hauptbremszylinder herausdrehen.
● Beim Zusammenbau neuen Dichtring zwischen Bremskraftverstärker und Hauptbremszylinder einlegen.
● Selbstsichernde Haltemuttern erneuern und mit 25–29 Nm anziehen.
● Dichtstopfen für die Anschlußstutzen des Vorratsbehälters innen mit Bremsflüssigkeit anfeuchten, bevor der Behälter aufgedrückt wird.
● Bremsanlage entlüften (Seite 124).

Der Bremskraftverstärker

Scheibenbremsen wirken nicht, wie Trommelbremsen, selbstverstärkend. Es ist eine wesentlich höhere Pedalkraft vonnöten. Deshalb hat der BMW einen Bremskraftverstärker, der rund 60% der Bremskraft aufbringt.
Der Bremskraftverstärker hat seinen Platz links hinten im Motorraum, hinter dem Hauptbremszylinder. Das Bremspedal ist jedoch weiterhin direkt mit den Bremskolben im Hauptbremszylinder verbunden, so daß man auch noch bei ausgefallenem Hilfsgerät bremsen kann. Der notwendige Pedaldruck muß dann allerdings vervielfacht werden.

Unterdruck als Hilfskraft

Die Hilfskraft liefert der Unterdruck aus dem Ansaugrohr. Der Bremskraftverstärker ist über einen Schlauch mit dem Saugrohr verbunden. Beim Bremsen verschiebt der Druckunterschied zwischen dem äußeren Luftdruck und dem Unterdruck im Ansaugrohr eine große, elastische Membrane und drückt zusätzlich auf die Kolben im Hauptbremszylinder. Wenn der Motor nicht läuft, kann der Servo auch keine (zusätzliche) Bremskraft liefern. Bleibt der Motor unterwegs plötzlich stehen, haben Sie noch eine Reserve für einige Bremsungen. Aber dann werden die Wadenmuskeln voll beansprucht.

Bremskraftverstärker prüfen

Wartung Nr. 42

● Der Motor muß abgestellt sein.
● Bremspedal **20 Mal** durchtreten.
● Pedal jetzt voll durchgetreten halten und Motor starten.
● Bei intaktem Bremskraftverstärker muß das Pedal jetzt ein Stück nachgeben. Senkt sich das Pedal nicht, ist die Bremskraftverstärkung defekt.

Sind Bremsleitungen (4) und Bremsschläuche (1) mit einem Blechhalter (2) an anderen Bauteilen (wie hier am Hinterachsträger) befestigt, so darf der federnde Schlauchhalter (3) nicht fehlen. Hier wird die Verbindung mittels eines speziellen Bremsleitungsschlüssels gelöst.

Störungssuche Bremskraftverstärker

- Bei ausgefallener Bremskraftverstärkung ist ein Defekt im Unterdrucksystem am wahrscheinlichsten: Unterdruckschlauch vom Ansaugkrümmer zum Bremskraftverstärker undicht, Rückschlagventil im Unterdruckschlauch, Gummiring zwischen Hauptbremszylinder und Servogerät oder Membrane des Bremskraftverstärkers defekt.
- Zur Kontrolle des Rückschlagventils den Unterdruckschlauch am Bremsservo abziehen.
- Durchblasen muß, Ansaugen darf nicht möglich sein.
- Richtigen Einbau des Rückschlagventils kontrollieren.
- Zum Austausch eines schadhaften Gummirings zwischen Hauptbremszylinder und Verstärker muß der Zylinder demontiert werden, siehe Vorseite.
- Bleibt zuletzt noch der Defekt des Bremskraftverstärkers selbst. Eine Reparatur ist hier nicht möglich – austauschen lassen.

Bremsleitungen ausbauen

- Überwurfmutter der Bremsleitung losdrehen. Hierzu Gegenverschraubung – z. B. an einem Bremsschlauch – festhalten.
- Ist die Mutter auf der Leitung angerostet, wodurch sich diese mitdreht, muß die Leitung in jedem Fall erneuert werden. Die dünnwandigen Rohre knikken schnell ab.
- Zum Lösen der Leitungsanschlüsse kann folgender Trick weiterhelfen, wenn das betreffende Leitungsstück ohnehin ausgewechselt werden soll:
- Bremsleitung nahe der Verschraubung abzwikken, Überwurfmutter mit einer Sechskantnuß losdrehen.
- Muß eine neue Leitung noch etwas zurechtgebogen werden, darf dies nur in einem großen Radius geschehen. Andernfalls knickt das dünne Rohr ab.
- Innenseite des Bogens beim Biegen mit dem Daumen unterstützen. So können Sie sich langsam dem Radius entlang arbeiten.
- Evtl. vorhandene Schutzschläuche bzw. -tüllen nicht vergessen.
- Bremsleitungen in ihren Abstandshaltern verlegen.
- Anzugsdrehmoment: 10–15 Nm.
- Bremsanlage entlüften.

Das Bild zeigt den Bremskraftverstärker (1), den Unterdruckschlauch zum Ansaugkrümmer (2) und das Rückschlagventil (3) im Motorraum eines 520 i/525 i.

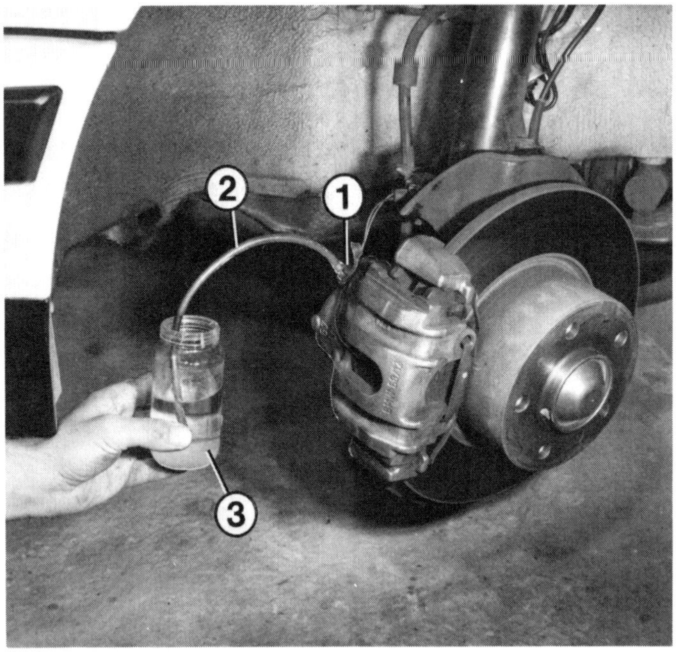

Bremsen entlüften am vorderen Bremssattel: Das Entlüftungsventil (1) wird mit einem Schlüssel SW 7 geöffnet. Der Kunststoffschlauch (2) ist auf das Ventil gesteckt und leitet die herausgepumpte Flüssigkeit in das vorbereitete Gefäß (3).

Bremsschläuche ausbauen

- Zuerst die Überwurfmutter der betreffenden Bremsleitung losdrehen. Dabei darauf achten, daß sich die Leitung nicht verdreht.
- Ist ein Bremsschlauch mit einem Blechhalter an der Karosserie befestigt, dann ist er mit einem Blechbügel gegen Hin- und Herrutschen gesichert. Beim Zusammenbau darf dieser sogenannte Schlauchhalter (Bild auf der Vorseite) nicht vergessen werden.
- Beim Einbau den Schlauch immer zuerst an der Stelle festdrehen, an der er sein Außengewinde hat (13–16 Nm).
- Dann die andere Verschraubung anziehen (10–15 Nm).
- Der Bremsschlauch darf nicht in sich verdreht sein. Zur Kontrolle dient der Farbstreifen oder Gummianguß entlang des Schlauches.
- Bremssystem entlüften.
- Sofort nach der Reparatur kontrollieren, ob der Schlauch bei Federbewegungen irgendwo scheuern kann.
- Die Kontrolle nach einer längeren Fahrtstrecke wiederholen.

Bremsanlage entlüften

Wenn sich das Bremspedal federnd durchtreten läßt und sich der gewohnte Pedalweg erst nach mehrmaligem »Pumpen« einstellt, ist Luft in die Bremsanlage eingedrungen. Es liegt also eine Undichtigkeit vor (siehe Seite 114). Defekt suchen und reparieren. Es ist in diesem Fall nicht damit getan, einfach zu entlüften. Entlüftet werden muß ferner nach Reparaturen an der Bremshydraulik, wenn Luft in Bremszylinder und Leitungen eingedrungen ist:

- Bremsflüssigkeits-Vorratsbehälter ganz mit frischer Bremsflüssigkeit (siehe Seite 113) auffüllen und auch während des Entlüftens immer dafür sorgen, daß er rechtzeitig vor Absinken des Spiegels mit frischer Flüssigkeit nachgefüllt wird. Sonst wird wieder Luft angesaugt.
- Staubkappe vom Entlüftungsventil nehmen (Arbeitsreihenfolge: hinten rechts; hinten links; vorn rechts; vorn links) und das Entlüftungsventil (SW 7) um ½ bis 1½ Umdrehungen öffnen.
- Durchsichtigen Schlauch (wie von der Scheibenwaschanlage) über das saubergeriebene Ventil schieben und das freie Schlauchende in ein teilweise mit Bremsflüssigkeit gefülltes Gefäß stecken.
- Von Helfer das Bremspedal so lange langsam niedertreten und wieder zurückkommen lassen, bis im Schlauch keine Luftbläschen mehr sichtbar sind. (Bei stark entleerter Hydraulik zwei Entlüftungsdurchgänge am Wagen machen.) So wird Bremsflüssigkeit – und natürlich auch Luft – durch das Entlüftungsventil gepumpt.
- Kommen keine Luftbläschen mehr, muß der Helfer das Bremspedal in der tiefsten Stellung halten, während Sie das Entlüftungsventil schließen. Mit Gefühl anziehen (3,5–5 Nm), sonst reißt das Ventil ab!
- An den übrigen Radbremsen auf gleiche Weise entlüften.

Die Störung	– ihre Ursache	– ihre Abhilfe
A Bremsen ziehen einseitig	1 Reifendruck ungleichmäßig	Korrigieren bei kalten Reifen
	2 Reifenprofil ungleichmäßig	Reifen wechseln
	3 Beläge verschmiert, verglast oder ungleichmäßig abgenutzt	Beläge erneuern
	4 Führungsbolzen im Bremssattel verschmutzt oder verrostet	Reinigen bzw. austauschen
	5 Kolben im Bremssattel festgerostet	Gängig machen oder erneuern
	6 Bremsscheiben stark riefig oder zu dünn	Bremsscheiben ersetzen
	7 Bremsschläuche innen zugequollen	Schläuche ersetzen
B Bremsen quietschen	1 Falsche Beläge	Original-Beläge einbauen
	2 Keine Bremspaste zwischen Bremsträgerplatte und Bremskolben	Beläge ausbauen, »Plastilube«-Bremspaste auf die Belagrückseite auftragen
	3 Siehe A 4, 5, 7 und 8	
C Bremsen rattern und blockieren	1 Siehe A 5 und 7	
	2 Bremsscheibe hat Schlag	Erneuern
	2 Bremsscheibe stark riefig	Erneuern
D Eine oder alle Radbremsen werden sehr heiß	1 Ausgleichsbohrung im Hauptbremszylinder verstopft	Säubern
	2 Kein Spiel zwischen Bremspedal (Druckstange) und Hauptbremszylinderkolben	Einstellen
	3 Verrostete Bremssättel	Überholen lassen
	4 Handbremse löst nicht vollständig	Bremsseile und Hinterradbremse kontrollieren
E Pedalweg zu groß	1 Siehe A 4 und 5	
	2 Radlagerspiel zu groß	Radlager erneuern
	3 Siehe C 2	
F Pedalweg zu groß, Pedal läßt sich weich und federnd durchtreten	1 Luft im Bremssystem	Bremsanlage entlüften
	2 Bremssystem undicht	Dichtheitsprüfung durchführen
	3 Hauptbremszylinder defekt	Austauschen
	4 Bei starker Bremsbelastung Dampfblasenbildung in zu alter Bremsflüssigkeit	Bremsflüssigkeit austauschen
	5 Siehe A 5	
G Schlechte Bremswirkung bei hohem Pedaldruck	1 Pedalweg normal: Beläge verölt oder verglast	Erneuern
	2 Pedalweg kurz: Bremskraftverstärker defekt	Kontrollieren
	3 Pedalweg lang: Ein Bremskreis ausgefallen durch Undichtigkeit	Kontrollieren, schadhafte Teile auswechseln
H Handbremse wirkt einseitig oder nur schwach	1 Korrosion in der Handbrems-Bremstrommel	Einbremsen oder Ersetzen
	2 Bremsseil eingerostet	Erneuern
	3 Bremsbeläge der Handbremse verglast	Kontrollieren bzw. ersetzen

Schutzengel

Bei einer Vollbremsung mit blockierten Vorderrädern schlittert das Fahrzeug geradeaus. Zu lenken wäre es nur, wenn der Fahrer in dieser Paniksituation in der Lage wäre, das Bremspedal kurz loszulassen, um ein eventuelles Hindernis zu umfahren. Von einem weniger routinierten Fahrzeuglenker ist eine solche Reaktion jedoch kaum zu erwarten. Hier liegt der Hauptvorteil des Antiblockiersystems: Es erhält die Lenkfähigkeit, indem es Blockierbremsungen vermeidet.

ABS kann nicht alles!

ABS kann keine Bremswunder vollbringen, wie häufig angenommen wird; der Bremsweg wird sich also nicht unter allen Bedingungen wesentlich verkürzen. Vielmehr hilft ABS, die Lenkfähigkeit des Wagens während einer starken Bremsung zu erhalten. Doch bedarf es dazu eines weit größeren Lenkeinschlags als normal. Das ist nur einer der Punkte, die anders sind als bei einer normalen Bremsanlage:

- Üben Sie deshalb auf einem abgelegenen Parkplatz Vollbremsungen unter Lenkeinschlag.
- Treten Sie dabei voll aufs Bremspedal. Das Dosieren der Bremskraft übernimmt das ABS für Sie.
- Das gilt für Bremsungen bei Geradeausfahrt wie auch bei eingeschlagener Lenkung.
- Wundern Sie sich nicht über das pulsierende Bremspedal. Wenn das ABS regelt, sind diese Pedalschwingungen normal.
- In Extremfällen werden Sie auch bei ABS das Bremspedal loslassen müssen, um heikle Situationen in der Kurve noch zu retten.

Was ABS macht

ABS sorgt immer für eine optimale »Stotterbremsung«, so daß eine reine Blockierbremsung nicht mehr möglich ist. Die Räder drehen sich selbst bei einer Vollbremsung auf Glatteis noch etwas, damit sie das Fahrzeug in der Spur halten können.

Funktion der Einzelteile

Die Hydraulikeinheit

Sie hat ihren Platz links vorn im Motorraum (siehe Bild): Die Einheit ist zwischen den Bremsleitungen vom Hauptbremszylinder und den Bremsleitungen zu den Radbremsen eingebaut. Entsprechend den Befehlen vom elektronischen Steuergerät wird der Druck zu den Radbremsen entweder konstant gehalten, verringert oder wieder aufgebaut. Höher als der Druck, den Sie über das Bremspedal im Hauptbremszylinder erzeugen, kann der Druck aber nicht werden. Für die Druckregelung sind vier schnell schaltende Magnetventile zuständig.
Sind die Magnetventile stromlos, wird der Druck erhöht. Fließt der Maximalstrom, erfolgt eine Druckreduzierung, und bei mittlerer Stromstärke wird der Druck gehalten. Besonders interessant ist die Druckabbauphase: Weil man die Bremsflüssigkeit, welche vom Hauptbremszylinder hergedrückt wird, zum Druckabbau nicht

Die Hydraulikeinheit (4) des Antiblockiersystems hat ihren Platz links vorn im Motorraum. Bei abgenommenem Schutzdeckel (1) sind ferner zu sehen das Relais der Magnetventile (3) und das Relais der Rückförderpumpe (2).

einfach irgendwohin entweichen lassen kann (das Bremspedal würde sich als Folge ganz durchtreten lassen), pumpt man die Bremsflüssigkeit mit einer kräftigen Rückförderpumpe zum Hauptbremszylinder zurück. Sie merken dies am Bremspedal, das leicht zu pulsieren beginnt, wenn die Rückförderpumpe läuft, das ABS also in Aktion tritt. Bei genauem Hinhören vernehmen Sie auch die Pumpgeräusche. Durch spezielle Dämpfer in der Hydraulikeinheit wird das Geräusch etwas unterdrückt.

Die Drehzahlfühler

Insgesamt vier Drehzahlfühler erfassen die Drehzahlen jedes einzelnen Rades und leiten diese Information zur Steuerelektronik weiter. Damit kann das Schaltgerät seinerseits die Hydraulikeinheit ansteuern.
Die Drehzahlfühler selbst bestehen aus einem Magnetkern und einer Spule und sind in geringem Abstand zu einer Zahnscheibe – dem Rotor – montiert. Der Rotor – sein Name sagt es schon – dreht sich mit dem Rad und läßt damit die zahnförmigen Erhebungen an seinem Umfang je nach Geschwindigkeit schneller oder langsamer am Fühler vorbeilaufen. Jeder Zahn, der unter dem Fühler vorbeiwandert, induziert im Fühler einen kurzen Spannungsanstieg. Auf diese Weise wird im Fühler eine Wechselspannung erzeugt, die entsprechend der Raddrehzahl ihre Frequenz ändert. Das Signal wird vom Schaltgerät als Drehzahlinformation verarbeitet.

Das Steuergerät

Im Steuergerät-Kasten (Seite 143) rechts hinten im Motorraum sitzt das »Hirn« des Antiblockiersystems. Es verarbeitet die Informationen von den Drehzahlfühlern und steuert gleichzeitig die Hydraulikeinheit so an, daß die Räder nicht blockieren. Neben der komplizierten Signalaufarbeitung und dem nachfolgenden Logikteil enthält das Steuergerät noch eine Sicherheitsschaltung. Damit kann sich das Gerät selbst überprüfen, Fehler außerhalb erkennen und die Betriebsspannung überwachen. Werden Fehler festgestellt, schaltet sich das ABS aus, und die Kontrollampe im Armaturenbrett leuchtet auf.

Die Relais

Drei Relais tragen zur Funktion des ABS bei:
- Das Relais für die Magnetventile sitzt unter der Abdeckhaube auf der Hydraulikeinheit.
- Das Relais für die Rückförderpumpe sitzt ebenfalls unter der Abdeckhaube der Hydraulikeinheit.
- Das Überspannungs-Schutzrelais hat seinen Platz im Stromverteilerkasten links hinten im Motorraum.

Störungen am ABS-System

Die ABS-Kontrolleuchte im Armaturenbrett leuchtet mit dem Einschalten der Zündung auf. Sie muß verlöschen, wenn der Motor läuft. Fällt die Bordspannung unter 10 Volt, leuchtet die Kontrolle ebenfalls. Sie kann weiterhin aufleuchten, wenn ein Rad länger als 20 Sekunden durchdreht. Dann die Zündung wieder ausschalten und erneut starten.
Leuchtet die Kontrolle ständig, ist das ABS nicht betriebsbereit. Eine entsprechend ausgerüstete BMW- oder Bosch-Werkstatt muß nach der Ursache suchen. Nicht jede Werkstatt kann das, denn es ist hierzu zusätzliches Werkzeug und weitergehende Mitarbeiterschulung erforderlich – also vorher nachfragen.
Als Laie können Sie allenfalls die Steckverbindungen zum Steuergerät, zu den Drehzahlfühlern oder zur Hydraulikeinheit kontrollieren. Fortgeschrittene reinigen die Stirnseiten der Drehzahlgeber und die Rotoren.

Fingerzeig: Auch wenn die ABS-Kontrolle ständig leuchtet, das ABS also abgeschaltet oder defekt ist, kann der Wagen ohne Einschränkungen gefahren werden. Die Bremse funktioniert dann eben wie bei einem Wagen ohne ABS.

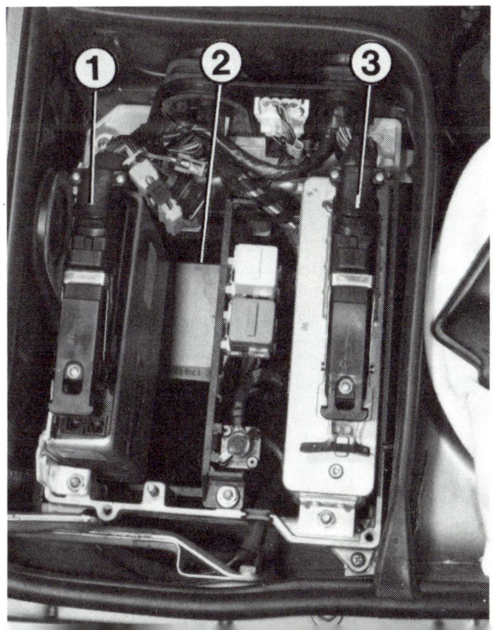

Links: Die Drehzahlfühler (1) tasten an jedem Rad eine Zahnscheibe (2) ab. Die entstehende Wechselspannung ist Meßgröße für die Drehzahl.
Rechts: Steuergeräte rechts hinten im Motorraum:
1 – Steuergerät der Motronic;
2 – Raum für Tempomat-Steuergerät;
3 – ABS-Steuergerät.

Abgerundete Werte

Der 5er-BMW ist mit allerlei Rundungen versehen, von denen die Mehrzahl der Aerodynamik oder dem guten Aussehen dienen. Vier weitere Rundungen sind für gutes Fahrverhalten zuständig. Sie befinden sich unten am Wagen.

Welche Reifen sind montiert?

	Reifenbezeichnung	Stahlfelge	Leichtmetallfelge	Einpreßtiefe (mm)
520i	195/65 R 15 91 H	6 J × 15 H 2 6½ J × 15 H 2		20 20
	205/65 R 15 94 H 225/60 R 15 95 H	6½ J × 15 H 2	7 J × 15 H 2	20
	TD 230/55 R 390 94 H		390 × 180 TD	19
	240/45 R 415 94 H		195 TR 415	19
	200/60 R 390 90 H M+S 220/55 R 390 93 H M+S	165 TR 390	165 TR 390	22
525i	195/65 VR 15 195/65 R 15 91 V	6½ J × 15 H 2		20
	205/65 VR 15 205/65 R 15 94 V	6½ J × 15 H 2	7 J × 15 H 2	20
	225/60 VR 15 225/60 R 15 95 V	6½ J × 15 H 2	7 J × 15 H 2	20
	TD 230/55 VR 390 TD 230/55 R 390 94 V		390 × 180 TD	19
	240/45 VR 415 240/45 R 415 94 V		195 TR 415	19
	200/60 R 390 90 H M+S 220/55 R 390 93 H M+S	165 TR 390	165 TR 390	22
530i	205/65 VR 15 205/65 R 15 94 V	6½ J × 15 H 2	7 J × 15 H 2	20
	225/60 VR 15 225/60 R 15 95 V	6½ J × 15 H 2	7 J × 15 H 2	20
	TD 230/55 VR 390 TD 230/55 R 390 94 V		390 × 180 TD	19
	240/45 VR 415 240/45 R 415 94 V		195 TR 415	19
	220/55 R 390 90 H M+S	165 TR 390	165 TR 390	22
535i	205/65 R 15 93 Q/T/H M+S	6½ J × 15 H 2	7 J × 15 H 2	20
	225/60 VR/ZR 15 225/60 R 15 95 Q/T/H M+S	6½ J × 15 H 2	7 J × 15 H 2* 7 J × 15 H 2	20 20
	TD 230/55 VR/ZR 390		390 × 180 TD	19
	240/45 VR/ZR 415		195 TR 415	19
	220/55 R 390 93 H M+S	165 TR 390	165 TR 390	22

*** Bei nachträglicher Umrüstung in Verbindung mit Sommerreifen unbedingt richtige Felgenausführung beachten, sonst kann es zu Bremsenüberhitzung kommen**

Für Ihren speziellen Wagen gelten diejenigen Reifengrößen, die in Ihrem **Kfz-Schein eingetragen** sind. Reifen mit anderen Bezeichnungen dürfen sich an Ihrem BMW nicht befinden, sonst kann es Ärger mit der Polizei geben. Denn die Betriebserlaubnis des Wagens ist dann erloschen. Und das wird teuer! Die Tabelle auf der gegenüberliegenden Seite zeigt die Aufstellung der Reifen/Felgen-Kombinationen, die werksseitig an den verschiedenen Versionen des BMW montiert sein **können**.

Nicht alle Größen gelten für Ihren Wagen

Wollen Sie eine der in der Tabelle genannten Reifengrößen an Ihrem Wagen montieren, obwohl sie im Kfz-Schein Ihres Wagens **nicht eingetragen** ist, muß diese zuvor beim TÜV in die Papiere eingetragen werden. Die dazu nötige Unbedenklichkeitsbescheinigung erhalten Sie von der Abteilung »Technischer Kundendienst« der BMW AG, Petuelring 130, 80788 München.

Die Reifenbezeichnungen

Bei den von BMW verwendeten Reifenbezeichnungen haben wir es mit dreierlei Schreibweisen zu tun – abhängig davon, wie alt der Wagen ist und welche demnach im Kfz-Schein verwendet wurde:

○ Die alte Schreibweise – z. B. 205/65 HR 15 – trägt den Reifen-Geschwindigkeitsbuchstaben (H) in der Mitte der Reifenbezeichnung.

○ Die neue Schreibweise – z. B. 205/65 R 15 94 H – trägt den Geschwindigkeits-Kennbuchstaben (H) am Schluß der Bezeichnung. Zusätzlich ist die Reifen-Tragzahl (in diesem Fall lautet sie 94) angegeben.

○ Die TD-Reifen mit Notlaufeigenschaften und TRX-Reifen sind mit metrischem Innendurchmesser angegeben. Das ist die Zahl »390« in der Reifenbezeichnung 230/55 VR 390 TD bzw. 220/55 R 390 93 H M+S (TRX). Ansonsten wird der Innendurchmesser in Zoll angegeben.

Was die Bezeichnungen bedeuten

Die Zahlen und Buchstaben in der Reifenbezeichnung haben die folgende Bewandtnis:
195, 200, 205, 220, 225, 230, 240: Reifenbreite in unbelastetem Zustand in mm.
45, 55, 60, 65: Verhältnis von Reifenhöhe zu Reifenbreite = 65:100 (zum Beispiel). Entsprechend niedriger ist das Höhen/Breiten-Verhältnis bei 60er-, 55er- und 45er-Reifen.
R: Kennzeichnung der Bauart als **R**adial- oder Gürtelreifen.
15, 390: Innendurchmesser des Reifens in Zoll (″) oder Millimeter (mm).
Q: zulässige Höchstgeschwindigkeit bis 160 km/h – Geschwindigkeitsklasse für herkömmliche M+S-Reifen.
S: bis 180 km/h.
T: bis 190 km/h – Hochgeschwindigkeits-M+S-Reifen.
H: bis 210 km/h.
VR: über 210 km/h (ältere, aber noch verwendete Bezeichnung. Wurde durch »V« und »ZR« abgelöst).
V: bis 240 km/h.
ZR: über 240 km/h.
TD: Reifensystem mit Notlaufeigenschaften.

Die Felgenbezeichnungen

Die Zahlen und Buchstaben der Felgenbezeichnungen bedeuten folgendes:
6, 6½, 7, 165, 180, 195: Felgenmaulweite in Zoll bzw. Millimeter (je nach Ausführung des Rades – TRX und TD). Gemessen wird an der Felgenhornbasis quer zur Laufrichtung des Rades.
J: Kennzeichnung der Felgenhorn-Höhe.
x: Zeichen für Tiefbettfelge.

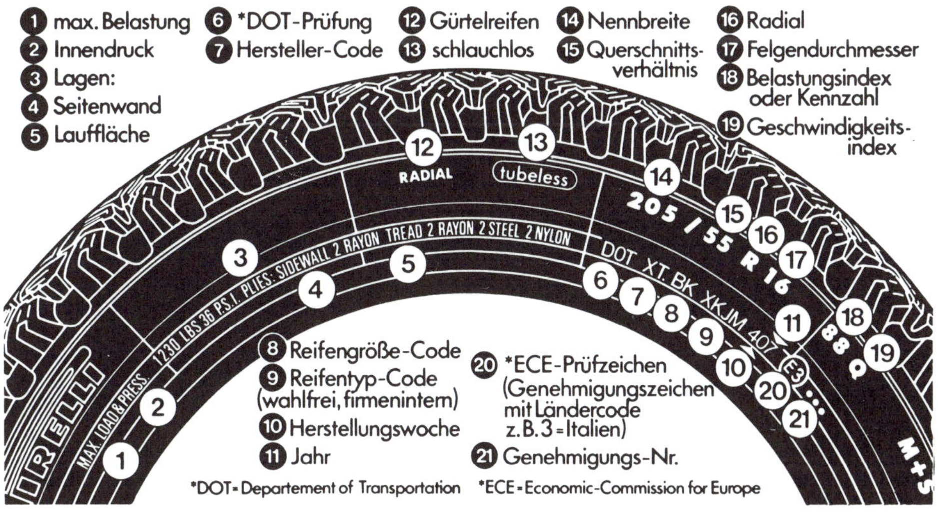

Was so alles an Beschriftung auf eine Reifenflanke paßt, finden Sie hier erklärt.

15, 390, 415: Felgendurchmesser in Zoll bzw. Millimeter. Gemessen wird von Wulst zu Wulst.
ET 19, ET 20, ET 22: Einpreßtiefe 19, 20, 22 mm. Dieses Maß erläutert die Zeichnung unten näher.
TR: Kennzeichen für TRX-Radsystem.
TD: Kennzeichen für Radsystem mit Notlaufeigenschaften.

Felgentypen

Wie man dem vorangegangenen Abschnitt entnehmen kann, haben wir es bei unserem BMW mit drei verschiedenen Felgentypen zu tun: der Standard-Tiefbettfelge, der TR-Felge und der TD-Felge. Wissenswert dabei ist, daß die Reifen und Felgen aufeinander abgestimmt sein müssen. Auf der Tiefbettfelge muß also ein Standard-Radialreifen gefahren werden, auf der TR-Felge ein TRX-Reifen und auf der TD-Felge ein TD-Reifen. Natürlich bietet es sich an, beispielsweise für die Winterbereifung das komplette Rad (Reifen samt Felge) zu wechseln, also etwa von TD-Rädern auf Standardräder umzusteigen.

TRX-Reifen und Felgen

Das TRX-Rad stammt aus der Entwicklungsabteilung der Michelin-Reifenwerke. Dort machte man es sich Ende der 70er-Jahre zur Aufgabe, Reifen und Felgen neu aufeinander abzustimmen. Denn die herkömmlichen Tiefbettfelgen waren ursprünglich für die Montage der längst außer Mode gekommenen Diagonalreifen konstruiert worden. Radialreifen (oft Gürtelreifen genannt) können aber auf dieser Felge nicht alle ihre guten Eigenschaften ausspielen.
Dazu kam folgendes: Hoher Fahrkomfort wird durch eine hohe, geschmeidige Reifenflanke erreicht, präzises Fahrverhalten dagegen durch eine starre, niedrige Reifenflanke. Um das alles unter einen Hut zu bringen, wurde die Karkasse des TRX-Reifens neu berechnet, um auftretende Zug- und Druckspannungen gleichmäßig zu verteilen. Daher auch der Name »TR« = »tension répartie« = »aufgeteilte Spannung«. Logisch, daß sich damit der Wulstbereich des Reifens veränderte, was zwangsläufig zu einer anderen Felge führte.

TD-Reifen und -Felgen

Das TD-Reifen/Felgen-System stellt eine Kombination der Reifenkonzepte Michelin **T**RX und Dunlop **D**enloc dar. Der Reifen besitzt eine stark ausgeprägte Wulstzehe (Zeichnung rechts oben), die in eine tiefe Rille am Felgenhorn eingreift. Erzielt wird dadurch ein wesentlich besserer Festsitz des Reifens auf der Felge, was dem Rad gewisse Notlaufeigenschaften verleiht: der platte Reifen kann im Weiterfahren nicht von der Felge rutschen.
So kann bei einem »Plattfuß« der Wagen problemlos aus einer Gefahrenzone (Tunnel, Engpaß, Baustelle) gebracht werden. Ein platter TD-Reifen hält an der Vorderachse bis zu 30 km durch, an der Hinterachse bis zu 9 km (wegen der Antriebskräfte). Allerdings sollte in Kurven nicht schneller als 30, auf gerader Straße nicht schneller als 60 km/h gefahren werden. Auch bei hohem Tempo und plötzlichem Luftverlust bleibt der Reifen auf der Felge – sogar in Kurven. Der Wagen bleibt beherrschbar und läßt sich sanft abbremsen.

Radschrauben

Alle BMW-Felgen – ob aus Leichtmetall oder Stahl – werden mit denselben Radschrauben befestigt. Es gibt lediglich aus optischen Gründen Unterschiede in der Einfärbung.

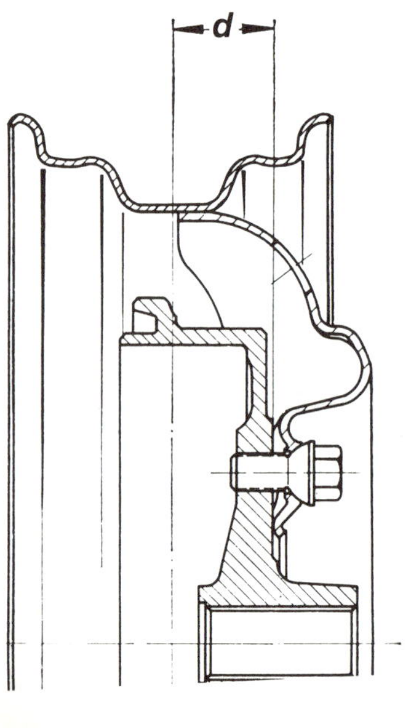

Ein wichtiges Felgenmaß stellt die Einpreßtiefe »d« dar. Damit bezeichnet man den Abstand zwischen der Felgenmitte und der Anlagefläche der Felge an die Radnabe.

Hier wird die Funktion des TD-Reifens und der TD-Felge sichtbar: Oben: Die ausgeprägte Wulstzehe am Innendurchmesser des Reifens greift in die umlaufende Denloc-Rille in der Felge ein.
Unten: Das bleibt auch bei luftleerem Reifen so, wodurch eine gute Seitenführung erhalten wird.
Rechts: Zusätzliche Anpreßkraft erzeugt der Reifenwulst (Einlage), um ein Abrutschen des Reifens von der Felge zu verhindern.

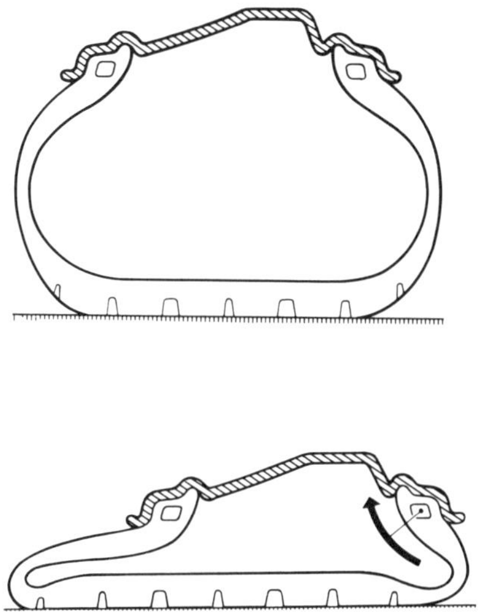

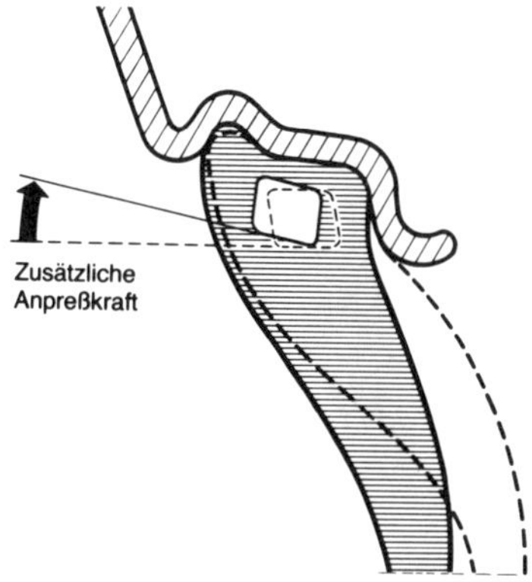

○ Die schwarzen Radschrauben – Ersatzteilnummer 36131126191 (für Leichtmetallfelgen).
○ Die verchromten Radschrauben – Ersatzteilnummer 36131126014 (für Stahlfelgen).
Sie brauchen also keine anderen Radschrauben mitzuführen, wenn Sie trotz Leichtmetallfelgen ein Stahl-Reserverad besitzen. Es passen übrigens auch die Radschrauben des Vorgängermodells ab Baujahr Juni 1981.

Andere Radschrauben für Sonderfelgen

Abweichend vom eben gesagten können nachträglich montierte Leichtmetallfelgen anderer Hersteller als BMW besondere Schrauben erfordern. Das hat folgende Gründe:
Für die entsprechende Stärke der Felgen-Anlagefläche muß die passende Radschraubenlänge verwendet werden. Eine zu kurze Radschraube hält das Rad nicht sicher an der Nabe. Eine Schraube mit zu langem Schraubengewinde ragt zu weit in die Schraubenbohrung der Radnabe und kann nicht genügend angezogen werden.

Anbau von Sonderfelgen

Sonderfelgen heißen auf Amtsdeutsch solche Räder, die in Form oder Material nicht der serienmäßigen Ausstattung entsprechen. Da es wegen nachträglich montierten Rädern und Reifen immer wieder Schwierigkeiten bei Polizeikontrollen oder der Hauptuntersuchung bei DEKRA oder TÜV gibt, hier einige Punkte, die Sie beachten müssen.
○ Keine Probleme gibt es, wenn Felgen- und Reifengröße mit den Angaben in den Fahrzeugpapieren übereinstimmen und die Felgen Original-BMW-Teile sind.
○ Eine Änderung der Fahrzeugpapiere durch die Zulassungsstelle ist erforderlich, wenn Felgen- und Reifengröße mit den Angaben in den Kfz-Papieren übereinstimmen und eine Rad-ABE vorliegt.
○ Ein Gutachten nach § 19 (2) StVZO beim TÜV (Teilgutachten) und die Berichtigung der Kfz-Papiere ist notwendig, wenn Felgen- und Reifengröße nicht mit den Angaben in den Papieren übereinstimmen und/oder für die Felgen lediglich ein TÜV-Bericht vorliegt.
○ Beim Kauf neuer Sonderfelgen muß eine Rad-ABE oder ein TÜV-Bericht beigefügt sein.

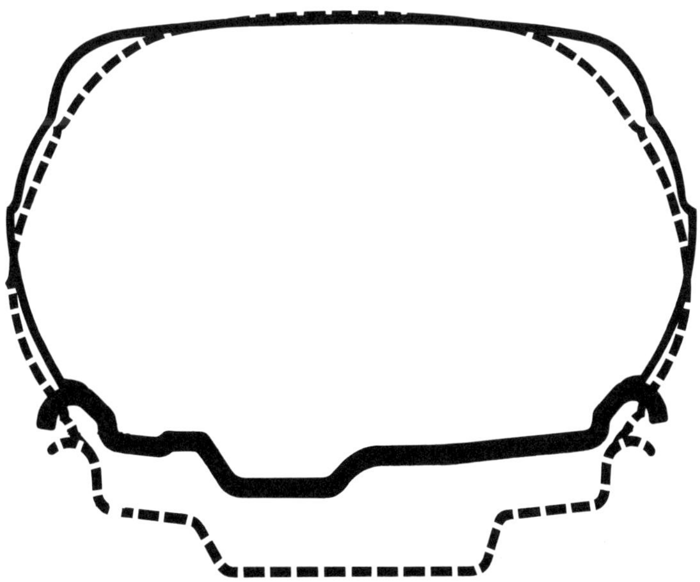

Die Zeichnung zeigt die Kontur eines TRX-Reifens mit Felge im Vergleich zu einer Standard-Bereifung.

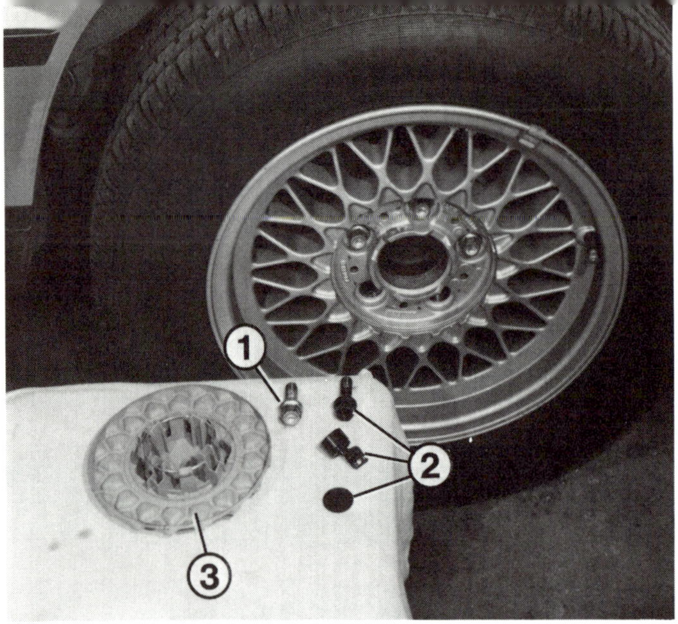

Die Radschrauben (1) passen an Stahl- und Leichtmetallfelgen aus dem Hause BMW. Abschließbare Radmuttern (2) schützen teure Felgen. Die Radnabenkappen (3) sind lediglich aufgesteckt.

○ Vor dem Kauf gebrauchter, nicht originaler Felgen ohne entsprechende Papiere sollten Sie anhand der genauen Hersteller- und Typenbezeichnung sowie des Herstellungsdatums (es ist in der Felge eingeschlagen oder eingegossen) aus dem Räderkatalog des TÜV heraussuchen lassen, ob hierfür eine Rad-ABE oder ein TÜV-Bericht vorliegt.
○ Räder ohne ABE oder TÜV-Bericht dürfen in der Bundesrepublik nicht montiert werden.

Reifendruck prüfen

Ständige Kontrolle

Die nachfolgend genannten Werte (in bar Überdruck) gelten für die **Zweiventiler-Modelle** und entsprechen den BMW-Werksangaben. Druckwerte für Vierventiler- und Touring-Modelle siehe »Anhang Vierventiler-Motoren«.

Modell	Reifengröße Sommerreifen	halbe Beladung		volle Beladung	
		vorn	hinten	vorn	hinten
520i	205/65 R 15 94 H 225/60 R 15 95 H TD 230/55 R 390 94 V TD 230/55 VR 390 240/45 R 415 94 V 240/45 VR 415	2,0	2,1	2,1	2,6
	195/65 R 15 91 H	2,0	2,3	2,3	2,8
525i	205/65 R 15 94 V 205/65 VR 15 225/60 R 15 95 V 225/60 VR 15 TD 230/55 VR 390 TD 230/55 R 390 94 V 240/45 R 415 94 V 240/45 VR 415	2,0	2,3	2,4	2,9
	195/65 R 15 91 H 195/65 VR 15	2,2	2,6	2,7	3,2
530i	205/65 R 15 94 V 205/65 VR 15 225/60 R 15 95 V 225/60 VR 15 TD 230/55 R 390 94 V TD 230/55 VR 390 240/45 R 415 94 V 240/45 VR 415	2,0	2,2	2,4	3,0
535i	225/60 ZR 15 225/60 VR 15 TD 230/55 ZR 390 TD 230/55 VR 390 240/45 ZR 415 240/45 VR 415	2,0	2,4	2,7	3,2

Modell	Reifengröße Winterreifen	halbe Beladung vorn	halbe Beladung hinten	volle Beladung vorn	volle Beladung hinten
520i	195/65 R 15 91 Q M+S 205/65 R 15 93 Q M+S 225/60 R 15 95 Q/T/H M+S TD 230/55 R 390 94 Q/T/H M+S 240/45 R 415 94 H M+S	2,0	2,3	2,3	2,8
	195/65 R 15 91 T M+S 200/60 R 390 90 Q/T M+S 205/65 R 15 93 H M+S 220/55 R 390 93 H M+S	2,2	2,5	2,5	3,0
525i	195/65 R 15 91 Q/T M+S 200/60 R 390 Q/T M+S 205/65 R 15 93 Q/T/H M+S 220/55 R 390 93 H M+S 225/60 R 15 95 Q/T/H M+S TD 230/55 R 390 94 Q/T/H M+S 240/45 R 415 94 H M+S	2,2	2,6	2,7	3,2
530i	205/65 R 15 93 Q/T/H M+S 220/55 R 390 94 H M+S 225/60 R 15 95 Q/T/H M+S TD 230/55 R 390 94 Q/T/H M+S 240/45 R 415 94 H M+S	2,2	2,4	2,6	3,2
535i	205/65 R 15 93 Q/T/H M+S 220/55 R 390 93 H M+S 225/60 R 15 95 Q/T/H M+S TD 230/55 R 390 94 Q/T/H M+S 240/45 R 415 94 H M+S	2,0	2,4	2,7	3,2

Luftdruck bei kalten Reifen messen

Bereits wenige Kilometer zügiger Fahrt lassen den Reifendruck um 0,2–0,3 bar ansteigen. Diese Druckerhöhung durch Erwärmung ist bei den Luftdruckempfehlungen bereits berücksichtigt worden und darf deshalb nicht abgelassen werden. Am günstigsten ist ein eigener Luftdruckprüfer, womit der Reifendruck vor Antritt der Fahrt bei kalten Reifen gemessen werden kann.

Reifenzustand kontrollieren

Wartung Nr. 8

Die Kontrolle geht am besten bei aufgebocktem Wagen, etwa beim Ölwechsel an der Tankstelle.

- Drehen Sie jedes Rad einmal komplett durch.
- Fremdkörper, wie kleine Steinchen, bohren Sie mit einem feinen Schraubendreher aus den Profillamellen, ohne den Reifen dabei zu beschädigen.
- Das Reifenprofil muß laut Gesetzesvorschrift seit 1992 über die gesamte Profilbreite noch mindestens 1,6 mm tief sein.
- Aus Sicherheitsgründen sollten Sie jedoch die Reifen schon bei Erreichen der 3-mm-Profilgrenze wechseln lassen, denn die breiten Reifen des BMW »schwimmen« schon bei geringer Profiltiefe auf nasser Fahrbahn.
- Zur Verschleißkontrolle dienen in regelmäßigen Abständen quer zur Lauffläche verlaufende Erhebungen in den Profilrillen. Sie sind an der Reifenflanke durch die Buchstaben »TWI« gekennzeichnet.
- Wenn diese Erhebungen mit den Profilrippen in gleicher Höhe stehen, hat der Reifen noch 1,6 mm Restprofil. Spätestens jetzt ist der Reifentausch fällig.
- Aus der Art der Profilabnutzung können Sie einiges herauslesen.

Das Reifenlaufbild

○ **An der Außenseite abgefahrene Vorderreifen** deuten auf flotte Fahrweise in Kurven hin. Einzige Abhilfe: Vorderräder regelmäßig gegen die Hinterräder austauschen.

○ **Einseitig abgefahrenes Profil** kann auch auf falsche Radeinstellung hinweisen; vor allem dann, wenn lediglich ein Reifen schräg abgelaufen ist.

○ **Starke Abnutzung in der Profilmitte** deutet auf wesentlich zu hohen Luftdruck. Oder der Wagen wird oft mit hoher Geschwindigkeit gefahren. Dann rundet sich die Lauffläche durch die auftretenden Zentrifugalkräfte. Die Bodenberührung und damit auch der Verschleiß finden verstärkt in der Laufflächen-Mitte statt.

○ Sind **beide Außenschultern** eines Reifens **stärker abgefahren als die Profilmitte**, wurde lange Zeit mit zu niedrigem Luftdruck gefahren.

○ **Gleichmäßige Auswaschungen** im Profil deuten auf einen defekten Stoßdämpfer.

○ Tritt die **ungleiche Abnutzung nur an bestimmten Stellen** auf, ist das Rad unwuchtig.
○ Eine **einzelne Stelle mit starker Abnutzung** im Profil stammt von einer Bremsung mit blockiertem Rad (Wagen ohne ABS) – eine sogenannte Bremsplatte.

Radwechsel

Unterwegs ist der Radwechsel nicht ganz problemlos. Die Radschrauben können festgerostet sein oder sie wurden beim letzten Radwechsel in der Werkstatt mit einem Schlagschrauber »angeknallt« (statt mit den vorgeschriebenen 100 Nm festgezogen).
Dann sind die Schrauben möglicherweise nicht einmal mit dem stabilen BMW-Radschraubenschlüssel mehr zu lösen. Hilfe ist dann nur noch von einem ausziehbaren Radschraubenschlüssel (Seite 264) oder einem Radkreuz mit aufgestecktem Rohrstück (als Verlängerung) zu erwarten.

● Handbremse anziehen und 1. oder Rückwärtsgang einlegen.
● Unterwegs Warnblinkanlage einschalten und Warndreieck aufstellen.
● Räder der anderen Wagenseite gegen Wegrollen sichern, z. B. mit Steinen oder Holzstücken.
● Bei Rad-Vollblende die Blende mit dem Kläppchen am Original-BMW-Radschraubenschlüssel abdrücken oder ersatzweise einen breiten Schraubendreher verwenden.
● An Leichtmetallfelgen die Radnabenabdeckung abnehmen. Dazu wird – je nach Felge – ein Schraubendreher oder der große Kunststoff-Sechskantschlüssel aus dem Bordwerkzeug verwendet.
● Felgenschloß – so vorhanden – öffnen.
● Radschrauben bei auf dem Boden stehendem Wagen jeweils knapp eine Umdrehung lockern.
● Bordwagenheber an einem der vier Aufnahmepunkte unten am Türschweller ansetzen (siehe dazu Kapitel »Der sichere Arbeitsplatz«). Darauf achten, daß der Wagenheberfuß zunächst stabil mit der ganzen Standfläche auf dem Boden aufliegt. Bei weichem Untergrund Brettchen unterlegen.
● Wagen hochkurbeln, bis das Rad frei hängt.
● Radschrauben vollends herausdrehen, Rad abnehmen.
● Wer sich das anschließende Aufsetzen des neuen Rades erleichtern will, steckt den Zentrierstift aus dem Bordwerkzeug in eine der Gewindebohrungen.
● Reserverad aufstecken.
● Schrauben über Kreuz gleichmäßig anziehen. Dabei das Rad hin- und herdrehen, damit es sich einwandfrei auf der Radnabe zentriert.
● Wagen ablassen, Schrauben nachziehen (100 Nm).
● Rad-Vollblende aufdrücken. Dabei die Blende zuerst am Reifenventil »einhängen«, mit dem Fuß festhalten und anschließend an der gegenüberliegenden Seite festdrücken.
● Am besten klappt dieser Balanceakt, wenn das Reifenventil unten am Rad steht.

Fingerzeig: Soll ein intaktes, am Wagen gewuchtetes Rad etwa nach Kontrollen an der Bremse wieder montiert werden, muß es in gleicher Stellung wie zuvor an der Radnabe festgeschraubt werden. Dazu die Einbaulage kennzeichnen, wie im Bild unten gezeigt.

Radmittenzentrierung fetten

Wartung Nr. 29

Wir würden diesen Wartungspunkt durchführen, wenn die Räder ohnehin zur Bremsbelagkontrolle oder anläßlich des Radwechsels abgenommen wurden.

Soll ein intaktes, am Wagen gewuchtetes Rad etwa nach Kontrollen an der Bremse wieder montiert werden, muß es in gleicher Stellung wie zuvor an der Radnabe festgeschraubt werden. Dazu die Einbaulage an Felge (1) und Nabe (2) kennzeichnen, wie hier gezeigt.

Die Art des Reifenverschleißes läßt Rückschlüsse auf dessen Ursachen zu. Die Zeichnung zeigt einige Beispiele.

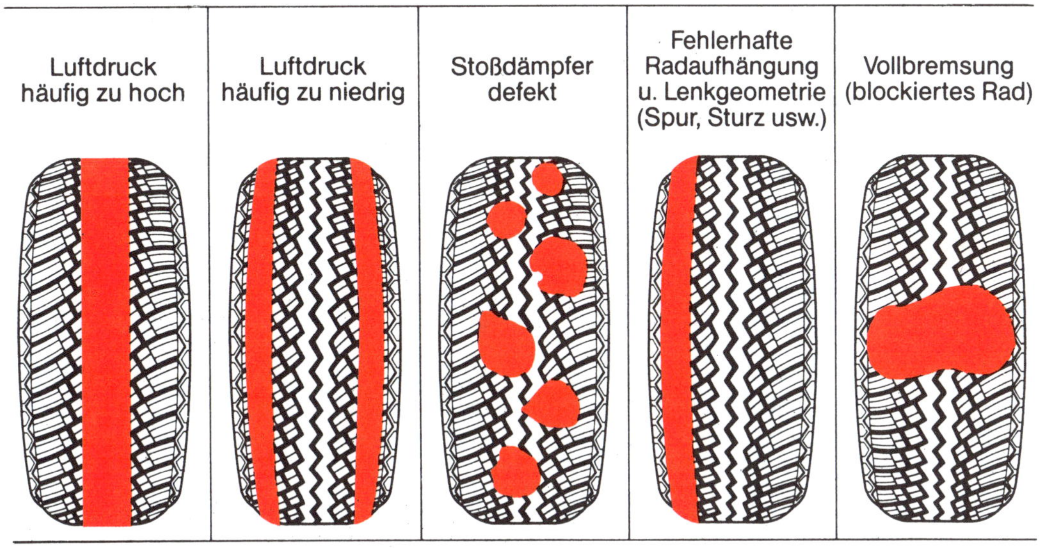

- Wegen der unterschiedlichen Materialien kann es zwischen Leichtmetallfelgen und Radnaben zu sogenannter Kontaktkorrosion kommen.
- Um das zu vermeiden, muß die Radmittenzentrierung dünn eingefettet werden.
- Tritt Korrosion an dieser Stelle auf, kann die Felge fast unlösbar an der Radnabe festbacken.

Festen Sitz der Radschrauben kontrollieren

Wartung Nr. 30

Nach einigen Kilometern Fahrtstrecke soll nach jeder Radmontage kontrolliert werden, ob die Radschrauben richtig angezogen sind. Als Anzugsdrehmoment sind 100 Nm vorgeschrieben, also nicht mit einem zusätzlich verlängerten Radschlüssel die Schrauben »anknallen«. Eine gute Gelegenheit, das eigene »Kraft-Empfinden« mit dem Drehmomentschlüssel zu überprüfen.

Rad-Unwuchten

Unwuchtige Räder spürt man durch Vibrationen im Lenkrad oder Schütteln im Vorderwagen. Beides tritt bei bestimmten Geschwindigkeiten besonders stark auf. Die Ursache liegt an ungleichmäßiger Gewichtsverteilung am Rad (siehe Zeichnung unten).

Räder auswuchten

Die Räder müssen statisch und dynamisch ausgewuchtet werden. Dazu gibt es zwei Methoden:

○ Das Rad wird am Wagen ab- und an einer Auswuchtmaschine angeschraubt. Dort läuft es zur Probe, Unwuchten werden dabei angezeigt und können durch Anbringen von Bleigewichten ausgeglichen werden.

○ Zum Ausschalten letzter Unwuchten ist Feinwuchten erforderlich. Dabei werden auch Unwuchten von Radnabe und Bremsscheibe ausgeglichen. Die am Wagen anmontierten Räder werden durch einen Elektromotor mit Reibrad in die notwendige schnelle Drehung versetzt und die Restunwucht angezeigt. Das gleicht man wieder durch Bleigewichte aus.

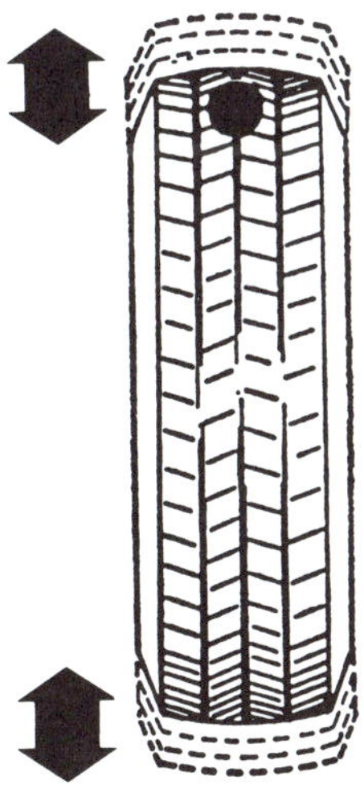

Unsere Skizze erläutert die Auswirkungen der Unwucht:

Die **statische** Unwucht erkennt man, wenn ein freihängendes, drehendes Rad immer mit der gleichen Stelle zu Boden sinkt und sich allmählich auspendelt. Folge: Das Rad hüpft während der Fahrt.

Die **dynamische** Unwucht ist durch Auspendeln des Rades nicht zu erkennen, denn sie liegt irgendwie schräg zur Radachse, so daß das schnellaufende Rad flattert und wackelt. Unausgewuchtete Räder führen zu schnellem Reifenverschleiß, unruhiger Lenkung und vorzeitiger Abnutzung der Radlager.

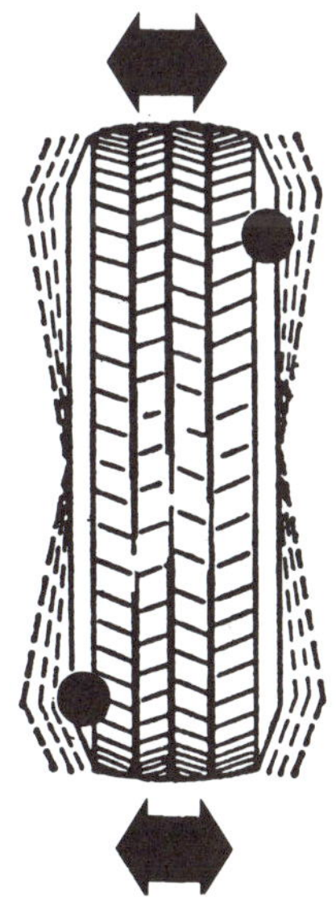

Fingerzeig: Feinwuchten ist besonders an den Vorderrädern des BMW anzuraten. Dort sind selbst kleinste Unwuchten am Lenkrad zu spüren. An den Hinterrädern ist das Auswuchten am Fahrzeug eher entbehrlich.

Neue Reifen kaufen

Steht die Anschaffung von neuen Reifen an, ist das eine gute Gelegenheit, auf eine andere Reifendimension zurückzugreifen, die evtl. den eigenen Anforderungen besser als die seitherige entspricht. Deshalb hier in Kürze die Eigenschaften und Besonderheiten der Reifengrößen, die am BMW montiert werden können. **Welche Reifen davon für Ihren Wagen in Frage kommen, entnehmen Sie Ihren Fahrzeugpapieren.**

○ Die Standardgröße **195/65 R 15** ist die preisgünstigste Bereifung für den BMW, aber nur auf den Modellen 520i und 525i zugelassen. Speziell beim 520i ist dieser Reifen voll ausreichend – und das bei noch vernünftigem Kaufpreis.

○ **205/65 R 15** lautet die Standardgröße beim 530i. Auf dem 535i darf sie nur als Winterreifen gefahren werden. Denn er muß bei Sommerbereifung mindestens mit der Größe **225/60 R 15** ausgestattet sein.

○ Diese breiteren **Standard-Radialreifen** können natürlich auch auf den schwächeren Modellen montiert werden – mit den entsprechenden Geschwindigkeits-Kennziffern; des Preises wegen.

○ Längere Lebensdauer ist mit breiteren Reifen nicht zu erwarten, denn: Je breiter die Reifen-Aufstandsfläche, desto schauerlicher die Aquaplaning-Eigenschaften bei zunehmendem Reifenverschleiß. Was wiederum früheren Austausch erfordert.

○ Welche Vorteile die TRX-Bereifung bietet, ist schon am Kapitel-Anfang erklärt. Leider muß man für diese Vorzüge einen ganz erheblich höheren Reifenpreis berappen. Der TRX-Reifen **240/45 R 415** ist gleichzeitig der breiteste und flachste Serienreifen des 5er-BMW. Die Felgen des TRX-Radsystems passen natürlich nicht für die übrigen Serienreifen. Auch ist die Montage von Schneeketten bei dieser Bereifung nicht gestattet, weil zu wenig Platz im Radkasten bleibt.

○ Die Fahrsicherheit steht bei den Reifen **230/55 R 390 TD** im Vordergrund (siehe dazu Seite 130). Abzuwägen, wieviel die nach wie vor hohe Spurtreue bei Luftverlust wert ist, bleibt jedem einzelnen überlassen. Demgegenüber stehen der höhere Reifenpreis und die Zusatzkosten für die Spezialfelgen, sofern diese nicht schon am Wagen montiert sind. Andererseits kann auf den TD-Felgen kein herkömmlicher Reifen gefahren werden.

Winterbereifung

○ Ohne Winterreifen ist der BMW kaum durch Matsch und Schnee zu bewegen. Relativ hohe Motorleistung und Antrieb der verhältnismäßig gering belasteten Hinterachse sorgen für nicht allzu gute Wintereigenschaften. Selbst die Beladung des Kofferraums mit einem Sandsack bringt keine überzeugende Verbesserung. Die Anschaffung von Winterreifen ist also kaum zu umgehen.

○ Bei Winterreifen haben Sie die Wahl zwischen den herkömmlichen M+S-Reifen, die lediglich 160 km/h schnell gefahren werden dürfen, und den teureren Hochgeschwindigkeitsreifen für 190 und 210 km/h Höchsttempo. Entsprechend lauten die Geschwindigkeits-Kennbuchstaben dieser Reifen »Q«, »T« oder »H«.

○ Stehen Kostengründe im Vordergrund und wird der Wagen winters vornehmlich im Kurzstreckenverkehr gefahren, so würden wir beim 520i/525i auf die preisgünstige Reifendimension 195/65 R 15 zurückgreifen. Für die Modelle 530i/535i bietet sich dann als Winterreifen die Größe 205/65 R 15 an, die für den 535i nur als Winterbereifung zugelassen ist.

○ Legt der Wagen dagegen auch winters viele Autobahnkilometer zurück, eignen sich breitere Winterreifen besser – speziell dann, wenn sie außerdem für höhere Dauergeschwindigkeiten zugelassen sind.

○ Noch bessere Fahreigenschaften und 210 km/h Höchsttempo versprechen – bei entsprechend höherem Preis – die TRX-Winterreifen. TRX-Stahlfelgen gibt es nur mit 390 mm Durchmesser. Die breiten 240/45 R 415-Reifen müssen auf Leichtmetallfelgen montiert werden.

○ Sogar TD-Reifen gibt es für teures Geld in Winterausführung zu kaufen. Die können allerdings auch nur auf Leichtmetallfelgen montiert werden.

○ Wenn der BMW schneller laufen kann, als es die bauartbedingte Höchstgeschwindigkeit der Winterreifen zuläßt, muß ein Hinweisschild mit der Reifen-Höchstgeschwindigkeit am Armaturenbrett angebracht werden.

○ Ein M+S-Reifen mit weniger als 4 mm Profiltiefe taugt nichts mehr im Winter. Wenn etwa im Gebirge Winterreifen vorgeschrieben sind, werden M+S-Reifen als solche nur dann anerkannt, wenn ihr Profil noch mindestens 4 mm tief ist.

Grüne Männchen

Elektrizität ist leider unsichtbar. Deshalb ist alles, was mit Strom zusammenhängt, für viele ein Buch mit sieben Siegeln. Verdeutlichen wir uns doch die Zusammenhänge von Strom und Spannung am Beispiel eines Wasserfalls: Seine Höhe stellt die elektrische **Spannung** dar (in Volt gemessen), seine Breite – also die herabfließende Wassermenge – symbolisiert den elektrischen **Strom** (in Ampere gemessen).
Steht am Fuß unseres Wasserfalls ein Mühlrad, so wird dort **Leistung** (in Watt) erzeugt. Und zwar so viel, wie sich aus dem Produkt von Höhe und Breite des Wasserfalls ergibt. Klar also, daß es egal ist, ob der Wasserfall hoch und schmal oder niedrig und dafür breiter ist. Denn erst das Ergebnis der Rechnung »Höhe mal Breite« (oder »Spannung mal Strom«) entscheidet über die abgegebene Leistung. Einleuchtendes Beispiel: Die 40-Watt-Birne zu Hause brennt genau gleich hell wie die 40-Watt-Birne am Auto, obwohl das Bordnetz statt 220 Volt nur 12 Volt aufzuweisen hat.
Bleibt noch der **Widerstand** zu erklären: Er ist mit einer Verengung in der Wasserleitung vergleichbar, durch den der Wasser(Strom-)fluß reduziert werden kann.

Grundbegriffe der Elektronik

Schon dem Wort nach basiert die Elektronik auf den Elektronen – jenen immens kleinen Bausteinen, aus denen das ohnehin schon kleine Atom zum Teil besteht. Die Elektronen sorgen in allen elektrisch leitenden Werkstoffen (Leiter) dafür, daß Strom überhaupt fließen kann. Die Elektronen wandern dabei im Leiter von Atom zu Atom.
Nichtleitende Werkstoffe besitzen zwar auch Elektronen, doch sind diese sehr stark an den Atomkern gebunden. Sie können also auch nicht weiterwandern, und somit fließt auch kein Strom.
Die dritte Werkstoffgruppe stellen die sogenannten Halbleiter dar. Das sind Kristalle (meist Germanium oder Silizium), die so nachbehandelt wurden, daß in ihrem Atomaufbau Elektronen fehlen oder überschüssige Elektronen vorhanden sind.
Dadurch ergibt sich der durchaus erwünschte Effekt, daß durch die Kristallplättchen nur unter bestimmten Bedingungen Strom fließen kann. Werden diese Bedingungen nicht erfüllt, baut sich eine Sperrschicht auf, und der Stromfluß wird gehemmt.
Halbleiterbauelemente findet man natürlich nicht nur einzeln in der Fahrzeugelektrik verwendet. Meist sind sie in größerer Stückzahl zu kompletten Schaltungen zusammengefaßt, wie zum Beispiel im Steuergerät der Einspritzanlage oder dem Schaltgerät der Zündung.

Halbleiter

Transistor: Er läßt nur dann Strom durchfließen, wenn an seinem dritten Anschluß eine Spannung anliegt. Ist diese Spannung hoch, fließt viel Strom durch; bei geringer Spannung entsprechend weniger. Vergleichbar ist das mit einem Wasserhahn. Je weiter das Ventil aufgedreht wird, desto mehr Wasser fließt durch.
Diode: Sie ist nur in einer Richtung für den elektrischen Strom leitend. Kommt der Strom aus der Gegenrichtung, sperrt sie den Durchgang. Das ist wie beim Reifenventil: Luft kann durchgepumpt werden, aber sie kommt nicht mehr heraus.
Leuchtdiode: Der Halbleiterkristall sendet Licht aus, sobald Spannung anliegt. Im Grund genommen ist das wie bei einer Glühlampe, aber es gibt keinen Glühfaden, der allmählich verbrennen kann.

Weitere Bauelemente

In nahezu allen elektronischen Schaltungen kommen Bauteile vor, die nicht zur Sparte der Halbleiter gehören, ohne die aber die Elektronik nicht denkbar wäre. Häufigste Vertreter sind:
Widerstand: Seine Aufgabe ist es, den Stromfluß zu hemmen, wie bereits beschrieben.
Kondensator: Er wirkt wie eine kleine Batterie und kann elektrische Energie für eine gewisse Zeit speichern. Er wird zur Glättung von Spannungsschwankungen und zum Dämpfen von Spannungsspitzen verwendet. Wenn eine Zeitverzögerung in einer Schaltung erwünscht ist (z. B. im Blinkrelais), wird ein Kondensator mit einem Widerstand zu einem »Zeitglied« zusammengeschaltet.

Elektronische Schaltungen

Integrierte Schaltkreise (IC): Eine Vielzahl von elektronischen Bauteilen ist im kleinen Gehäuse eines IC untergebracht. Die meist schwarzen »Käfer« mit 14 und mehr Anschlußfüßen gibt es mit allen erdenklichen Funktionen.
Mikroprozessoren: Sie spielen eine wachsende Rolle in der Technik. Es sind weiterentwickelte ICs, aber wesentlich »intelligenter«. Je nach Art des elektrischen Eingangssignals können sie vorher programmierte Schaltungsvorgänge auslösen.

Maß nehmen

Damit der Meßwert richtig abgelesen werden kann, bedarf es zunächst eines genauen Meßgeräts. Welche Geräte sich eignen, sehen Sie im Bild rechts.
Wie man das Meßgerät richtig anschließt und was bei den einzelnen Messungen zu beachten ist, finden Sie in den folgenden Abschnitten erklärt.

Vor Beginn der Arbeit

○ Schalten Sie vor Abziehen eines Steckers im Bereich der Fahrzeugelektronik immer die Zündung aus. Noch besser ist das Abklemmen der Batterie. Denn beim Trennen eines Steckkontakts können Spannungsspitzen entstehen, die nahegelegenen empfindlichen Elektronikgeräten (z. B. Bordcomputer) nicht gut bekommen.
○ Fast alle Stecker im BMW sind gegen unbeabsichtigtes Lockern geschützt. Zum Abziehen muß also fast immer eine Sicherung überwunden werden. Mehr dazu im folgenden Kapitel.

Verschiedene Messungen

Spannung messen mit Prüflampe

Praktisch ist eine Prüflampe mit Nadelkontakt, mit deren Nadel einfach die Isolierung des zu prüfenden Kabels durchstochen werden kann. Die Klemme am Kabel der Lampe wird irgendwo an blankem Fahrzeugmetall, der sogenannten Masse, angeclipst.
Die Lampe gibt in erster Linie Auskunft darüber, ob überhaupt Spannung anliegt. An ihrer Helligkeit kann man in etwa die Höhe der Spannung abschätzen.

Spannung messen mit Diodenprüfer

An elektronischen Bauteilen darf mit einer herkömmlichen Prüflampe nicht gemessen werden. Sie nimmt zu viel Leistung auf und kann so Bauteile der Elektronik beschädigen. Wer in diesem Bereich Messungen vornehmen will, sollte sich einen Spannungsprüfer mit Leuchtdioden anschaffen.

Spannung messen mit Voltmeter

Exakter ist die Spannungsmessung mit dem Volt-Meßbereich eines Zeiger- oder Digitalmeßgeräts. Durch den sehr geringen Stromverbrauch des Instruments droht auch Elektronikteilen keine Gefahr.
○ Zum Messen der Batteriespannung (als Beispiel) wird das mit »–« gekennzeichnete Meßkabel an den Minuspol der Batterie angeschlossen. Das »+«-Kabel kommt an den Pluspol:
○ Zeigt das Instrument beispielsweise nur 10,4 Volt an, hat eine der Batteriezellen Kurzschluß. Interessant kann es auch sein, die Batteriespannung zu messen, während der Anlasser betätigt wird. Sind dann nur noch 6 Volt abzulesen, steht es mit der Batterie sicher nicht zum besten.
○ Weitere Methoden, das Volt-Meßgerät einzusetzen:
○ Messen einer Spannung »gegen Masse«: »+«-Kabel des Meßgeräts an einer Klemme anschließen, an der Spannung anliegt, »–«-Kabel an ein blankes Teil der Karosserie oder des Motors anklemmen. Beide sind durch dicke Kabel mit dem Minuspol der Batterie verbunden, wodurch eine exakte Messung möglich ist.
○ Häufig wird die Spannung zwischen zwei bestimmten Kontakten (etwa an einem Steuergerät) gemessen.

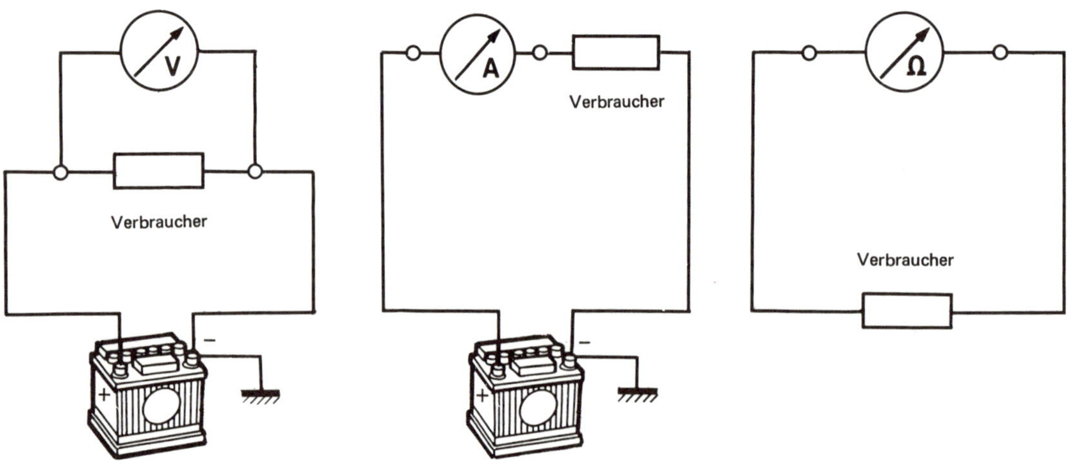

Verschiedene elektrische Messungen. Von links nach rechts: Spannung, Strom, Widerstand messen.

Meßgeräte für Fahrzeug- und Motorelektrik:
1 – Präzisions-Motortester mit Digitalanzeige; dazu Krokodilklemmen (2) und Meßspitzen (3); 4 – Leuchtdioden-Spannungsprüfer (auch für Elektronik-Bauteile geeignet); 5 – herkömmlicher Spannungsprüfer mit Glühlampe.

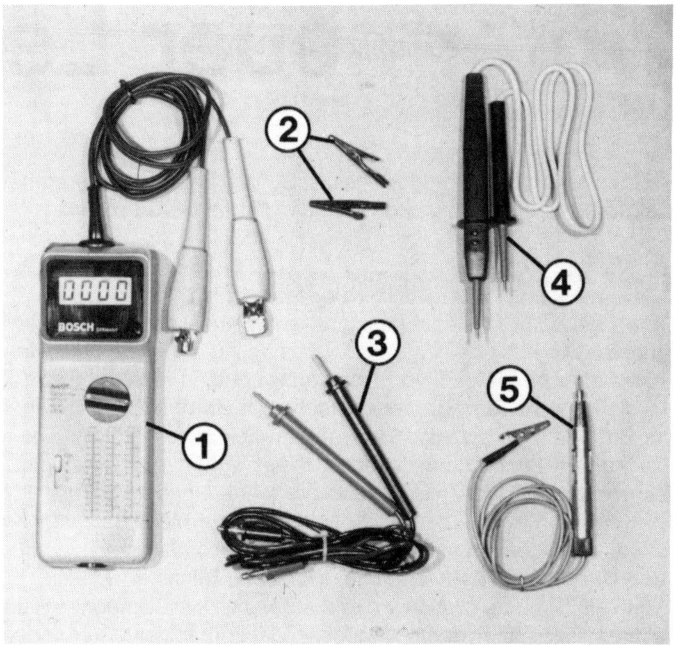

Wie das Meßgerät anzuschließen ist und welche Spannung anliegen soll, ist in einem solchen Fall Bestandteil der Prüfvorschriften.
○ Mit dem Volt-Meßbereich kann auch geprüft werden, ob ein Massekabel in Ordnung ist: »+«-Kabel des Meßgeräts am Pluspol der Batterie anschließen, »–«-Kabel des Geräts am Ende des Massekabels anklemmen. Ist die Masseversorgung intakt, muß volle Batteriespannung angezeigt werden.

Strom messen

Ob Strom zu einem Verbraucher hinfließt, wird mit dem Amperemeter bzw. dem entsprechenden Meßbereich des Vielfach-Meßinstruments gemessen.
○ Dazu muß der Stromkreis aufgetrennt und das Meßgerät zwischen die jetzt freien Pole zwischengeschaltet werden.
○ In der Praxis sieht das so aus: Einen Steckkontakt in der Leitung zu einem Verbraucher abziehen und Meßgerät zwischen Stecker und Kontaktzunge zwischenschalten.
○ Strom wird beispielsweise gemessen, wenn der Verdacht besteht, daß ein heimlicher Stromverbraucher irgendwo im Bordnetz sitzt, der über Nacht die Batterie leersaugt. Um diese Leckstelle zu lokalisieren, nehmen Sie eine Sicherung nach der anderen heraus, klemmen stattdessen das Amperemeter an den Kontakten im Sicherungskasten an und können so feststellen, in welchem Stromkreis Verluste entstehen.
○ **Niemals** versuchen, auf diese Weise den Stromverbrauch des Anlassers zu ermitteln! Der Strom ist viel zu hoch für unser kleines Meßgerät.

Widerstand messen

Die exakte Widerstandsmessung an einem Bauteil hat nur dann einen Sinn, wenn man ein genau anzeigendes Gerät besitzt. Sonst bleiben letztlich Zweifel an der Messung.
○ Mit dem Widerstandsmeßbereich läßt sich beispielsweise erkennen, welchen Innenwiderstand ein bestimmtes Bauteil hat. Die Angaben finden Sie – wo nötig – hier im Buch.
○ Die Kabel des Meßgeräts (Polung ist dabei gleichgültig) werden dazu an zwei Anschlüssen des Bauteils angeklemmt.
○ Oder es wird der Widerstand »gegen Masse« gemessen: Ein Kabel am Bauteil, das zweite an Motorblock oder Karosserie anklemmen.
○ Ferner läßt sich mit dem Widerstands-Meßbereich eines Meßinstruments prüfen, ob eine Leitung oder ein Schalter »Durchgang« hat (der Meßwert ist dann 0) oder ob der Stromweg irgendwo unterbrochen ist (dann erhalten Sie den Meßwert unendlich = ∞).

Unter neuer Leitung

Von Sicherungen, Leitungen, Relais, Schalt- und Steuergeräten handelt dieses Kapitel. Denn in einem so stark elektronifizierten Auto wie dem BMW gibt es davon mehr als genug.

Grundlagen der Fahrzeugelektrik

Minus an Masse

Strom kann nur in einem geschlossenen Kreislauf fließen. Wenn Sie zu Hause den Lichtschalter anknipsen, leuchtet das Licht auf. Genauso ist es im Auto, nur daß hier der von Batterie oder Lichtmaschine kommende Strom über den jeweiligen Stromverbraucher zurück zur Batterie oder Lichtmaschine fließt.
An die Mehrzahl der Stromverbraucher im BMW sind zwei Kabel angeschlossen. Doch nur eines läßt sich bis zur Batterie bzw. bis zum Generator zurück verfolgen, wie dies auch die Stromlaufpläne ab Seite 151 zeigen. Die andere Leitung ist dagegen meist schon nach wenigen Zentimetern irgendwo am Karosserieblech festgeschraubt oder mit einer Steckerfahne eingesteckt.
Hier hat man sich zunutze gemacht, daß die Metallteile von Karosserie und Motor bzw. Getriebe ebenfalls Strom leiten können. In der Autoelektrik bezeichnet man sie mit der »Masse«. Sie sorgen für die Stromrückleitung zum Minuspol der Batterie. Merksatz: **M**inus an **M**asse.
Wenn ein Stromverbraucher direkt auf Metall sitzt, braucht er nur ein einziges Anschlußkabel, aber im heutigen kunststoffreichen Automobil müssen fast immer kleine Verbindungsleitungen den Kontakt zur Fahrzeugmasse herstellen.

System im Wirrwarr

Normklemmen

Das bunte Kabelgewirr im Auto ist eigentlich ganz gut geordnet, denn viele Einzelheiten der Kraftfahrzeug-Elektrik sind genormt. Die Zahlen an verschiedenen Bauteilen und Kabelanschlüssen sowie in den Stromlaufplänen haben in allen deutschen und in manchen ausländischen Fahrzeugen dieselbe Bedeutung. Hier einige Beispiele:
Klemme 15 erhält nur bei eingeschalteter Zündung (Zündschloß-Raste II) Strom ab Zündschloß, wobei außer der Zündspule jene Stromverbraucher versorgt werden, die nur bei Betrieb des Wagens Strom erhalten sollen. Die Kabel an den Normklemmen 15 besitzen vielfach eine grüne Ummantelung, bisweilen auch mit farbigen Zusatzstreifen bei bestimmten Stromverbrauchern.
Klemme R ist eine BMW-eigene Benennung für Anschlüsse, die in Zündschloßraste I und II sowie in Anlaßstellung funktionieren sollen.
Klemme 30 erhält dauernd Strom vom Pluspol der Batterie bzw. bei laufendem Motor von der Lichtmaschine. Das kann bei unvorsichtigem Umgang mit Werkzeug zu Kurzschlüssen und Funkenregen führen, wenn das Minuskabel der Batterie nicht abgenommen wurde. Diese stets stromführenden Kabel haben meist eine rote Umhüllung, ggf. mit zusätzlichen Farbstreifen.
Klemme 31 ist die Masse-Klemme, mit der ein Stromverbraucher zur Fahrzeugmasse verbunden sein muß, damit der Stromkreis geschlossen ist. Diese Kabel sind braun umhüllt.
Klemme 49 ist für die Blink- und Warnblinkanlage zuständig. Kabelfarbe blau/grün und blau/braun.
Klemme 53 versorgt die Scheibenwischeranlage.
Klemme 56 ist für die Spannungszufuhr des Abblendlichts mit gelb/weißem und gelb/grünem Kabel sowie des Fernlichts mit weiß/grünem und weiß/blauem Kabel zuständig.
Klemme 58 gehört zum Standlicht vorn sowie zu den Schluß- und Kennzeichenleuchten. Die Grundfarbe der Kabelumhüllung ist grau, jeweils mit zusätzlichen Farbstreifen.

Kabelsteckverbindungen

Steckverbindungen als Orientierungshilfen

Im BMW sind Einzelkabel häufig zu ganzen Kabelbündeln in schwarzer Umhüllung zusammengefaßt, was die Suche nach einem bestimmten Kabel deutlich erschwert. Orientierungshilfe bieten in diesem Fall die zahlreichen Mehrfachsteckverbindungen, von denen Anzahl der Kabel und genaue Lage in den Stromlaufplänen verzeichnet sind.

Steckverbindungen lösen

Lange Zeit mußte der ADAC in seiner Pannenstatistik lose Kabelsteckverbindungen als eine der häufigsten Pannunursachen vermerken – und das bei fast allen Autos.
Dem hat BMW im wahrsten Sinne des Wortes einen Riegel vorgeschoben: Nahezu alle Steckverbindungen

Der Sicherungskasten des 520i: 1–29 – Sicherungs-Nummern 1 bis 29; K2 – Hupenrelais; K3 – Entlastungsrelais Klemme R; K4 – Lüfterrelais; K5 – Relais Intensivreinigung/Wascherpumpe; K8 – Wasserpumpenrelais (Frontscheibenheizung); K9 – Entlastungsrelais Kl. 15; K0 – ABS-Überspannungsschutzrelais; K6 – Blinkgeber; K9 – Relais Klimaanlage (mit SRA); K21 – Zusatzlüfter-Relais Stufe I; K22 – Zusatzlüfter-Relais Stufe II; K33 – Entkopplungsrelais Klimaanlage/Motronic; K46 – Fernlicht-Relais; K47 – Nebelscheinwerfer-Relais; K48 – Abblendlicht-Relais; N6 – Scheinwerferreinigungsmodul; U4 – nicht verbaut.

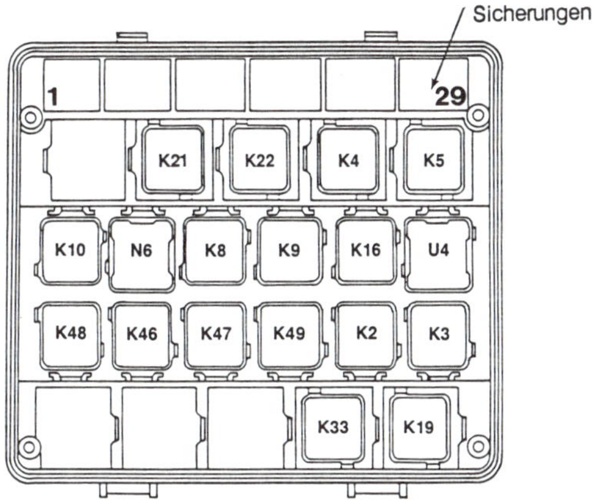

sind zusätzlich mechanisch gesichert. Klar, daß diese Sicherungen zum Abziehen des Steckers überwunden werden müssen.
Hier die am häufigsten vorkommenden Steckersicherungen:
○ Stecker der Einspritzanlage sind durch einen Drahtbügel gesichert, der niedergedrückt werden muß.
○ Die meisten der Mehrfachstecker haben seitlich zwei Sicherungsrasten, die zum Abziehen niedergedrückt werden müssen.
○ Beispielsweise am Kombiinstrument sitzen Mehrfachstecker, die mit einem Drehriegel gesichert sind.
○ Eine Blechspange, die seitlich verschoben werden muß, um den Stecker abzuziehen, sitzt an der Kabelsteckverbindung des Zentralverriegelungs-Antriebs in den Türen oder am Tankgeber.

Die Karosserie-Elektronik

Fraglos waren am BMW Vollblut-Elektroniker am Werk, denn die gesamte Karosserie-Elektrik und -Elektronik ist neu geordnet. Man unterscheidet jetzt zwei Grundausführungen:
○ Der **BMW 520i in Grundausstattung** besitzt nach wie vor Einzel-Schaltgeräte für Zentralverriegelung und Wischer-/Wascherbetätigung (Zentralverriegelungsmodul ZVM und Wisch-/ Waschmodul WWM).
Sind dagegen weitere Zusatzausstattungen eingebaut – etwa elektrische Fensterheber oder ein elektrisch betätigtes Schiebedach – wird automatisch die nachfolgend beschriebene »Zentrale Karosserie-Elektronik« verbaut.
○ Die Modelle **525i, 530i und 535i** sind schon in Basis-Ausstattung vollelektronisch. Sie besitzen die sogenannte Zentrale Karosserie-Elektronik (ZKE). Deren Grundmodul (GM) bewältigt alle an den Karosserie-Ausstattungen anstehenden Steuerungsvorgänge – von der Wisch-Intervallsteuerung bis zur Fensterheber-steuerung. Dem Grundmodul nachgeschaltet ist das Relaismodul (RM). Dort kann der Strom zu den Verbraucherm entsprechend den Befehlen des Grundmoduls an- und abgeschaltet werden. Einzel-Relais ergänzen das Relais-Modul.

Der Sicherungskasten im 525i bis 535i: 1–29 – Sicherungs-Nummern 1 bis 29; A3 – Lampenkontrollmodul; A4 – Check-Control-Modul; K1 – Anlaß-Sperr-Relais; K2 – Hupenrelais; K3 – Entlastungsrelais Klemme R; K4 – Lüfterrelais; K5 – Relais Intensivreinigung/Wascherpumpe; K8 – Wasserpumpenrelais (Frontscheibenheizung); K9 – Entlastungsrelais Kl. 15; K10 – ABS-Überspannungsschutzrelais; K16 – Blinkgeber; K31 – nicht verbaut; K61 – Entlastungsrelais Klemme 61; N17 – Crash-Steuergerät.

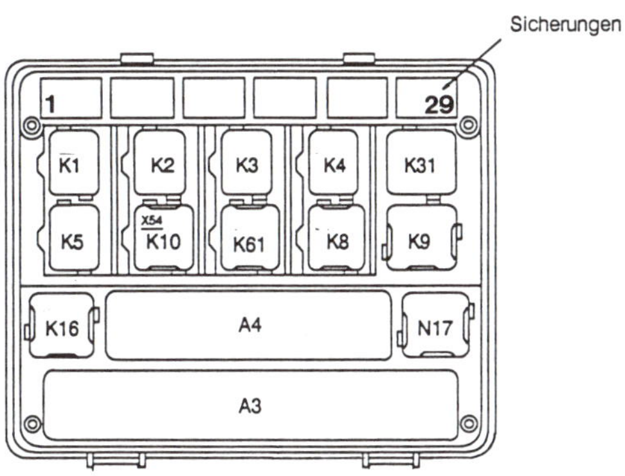

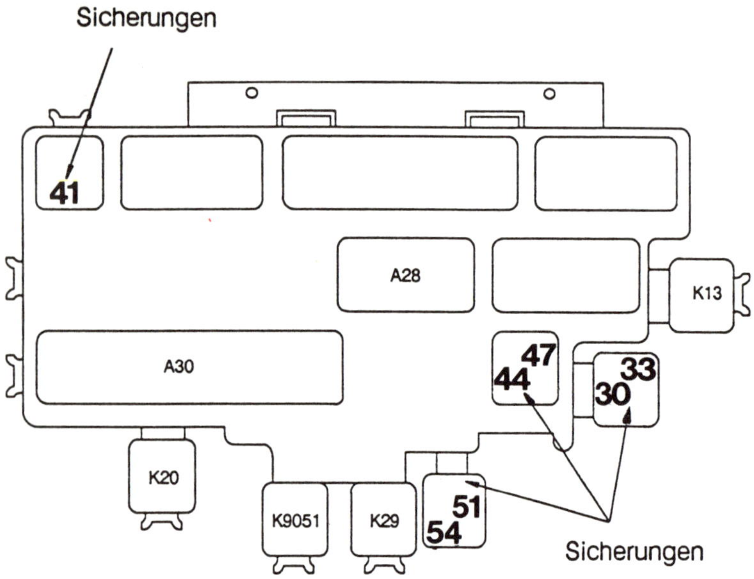

Belegung des Geräteträgers unter der hinteren Sitzbank beim 520i in der Basisversion. Die fett gedruckten Zahlen geben die Sicherungs-Nummern an (siehe Sicherungstabelle). Die Bezeichnungen der Relais und Steuergeräte lauten:
A28 – Wisch-/Wasch-Modul;
A30 – Zentralverriegelungsmodul;
K13 – Relais für heizbare Heckscheibe;
K20 – nicht verbaut;
K29 – Innenlichtrelais;
K9051 – Türschloß-Heizungsrelais.

Der Geräteträger

Links **unter der hinteren Sitzbank** hat der schwarze Kunststoffkasten seinen Platz, den BMW »Geräteträger« nennt. Hier sitzt die Zentrale der Karosserie-Elektrik und -Elektronik. Neben den im letzten Abschnitt genannten Steckmodulen sind dort einige Relais und die Sicherungen Nr. 30–47 untergebracht.

Die »Zentrale Karosserie-Elektronik«

In der »Zentralen Karosserie-Elektronik« sind die Steuerfunktionen fast aller Karosserie-Ausstattungen zusammengefaßt. Als da wären:

- Scheibenwischer, Scheibenwischer-Intervallschaltung;
- Scheibenwischer-Anpreßdruckverstellung;
- Scheibenwaschanlage;
- Intensivreinigungsanlage;
- Scheinwerfer-Reinigungsanlage (einschließlich Nebelscheinwerfer);
- Innenlichtsteuerung;
- Türschloßheizung;
- Zentralverriegelung mit Zentralsicherung;
- Steuerung der elektrischen Fensterheber;
- Steuerung des elektrischen Schiebedachantriebs;
- Stromsicherung;
- Eigendiagnose.

Die Einzelfunktionen finden Sie bauteilbezogen in den betreffenden Abschnitten hier im Buch erklärt.

Der Stromverteilerkasten

Links hinten im Motorraum ist der Stromverteilerkasten des BMW untergebracht. Er beherbergt neben der Mehrzahl der Sicherungen (Nr. 1–29) auch eine ganze Reihe von einfachen Schaltrelais (z. B. das Hupenrelais) und Sonderrelais (Blinkgeber).

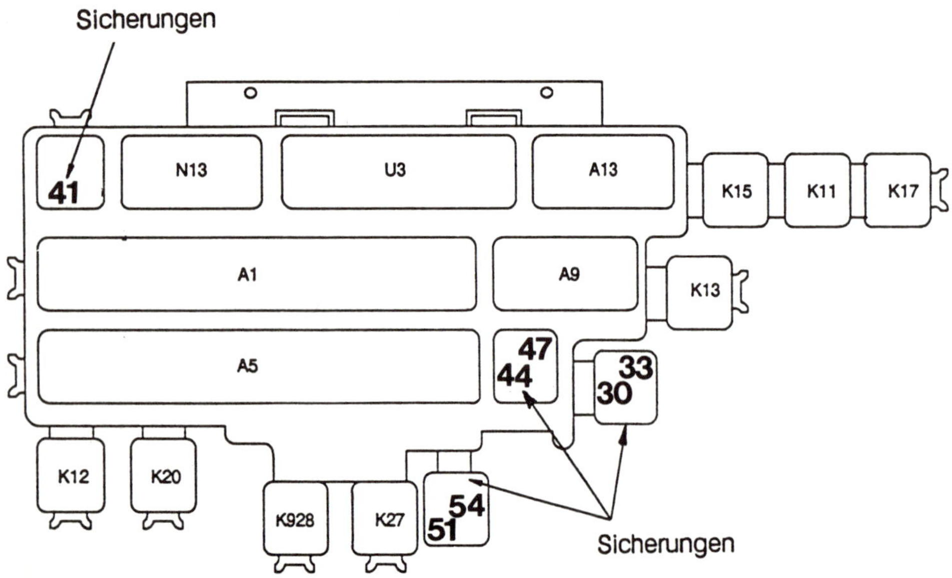

Belegung des Geräteträgers unter der hinteren Sitzbank beim 520i mit Sonderausstattung und bei den Modellen 525i bis 535i. Die fett gedruckten Zahlen geben die Sicherungs-Nummern an (siehe Sicherungstabelle). Die Bezeichnungen der Relais und Steuergeräte lauten: A1 – Grundmodul; A5 – Relaismodul; A9 – nicht verbaut; A13 – Steuergerät Kopfstützen hinten; K11 – Wischerrelais; K12 – Anpreßdruck-Verstellrelais; K13 – Relais für heizbare Heckscheibe; K15 – Grundmodul-Sicherheitsrelais; K17 – Relais Sitzheizung hinten; K20 – nicht verbaut; K27 – Relais für Sitzheizung/-verstellung hinten links; K928 – Relais für Rücksitzheizung/-verstellung; N13 – Steuergerät Infrarot-Verriegelung; U3 – nicht verbaut.

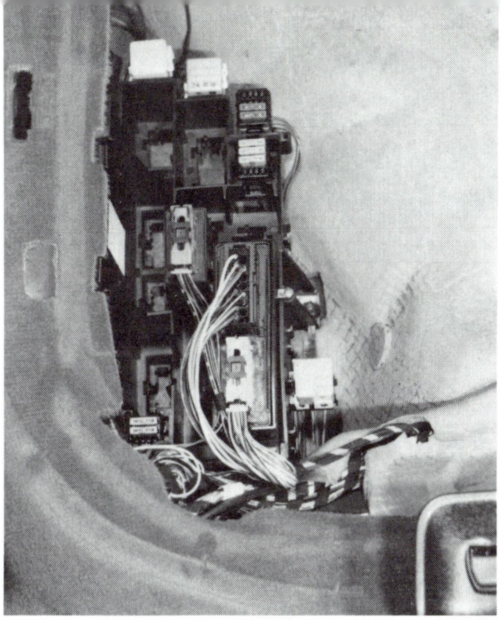

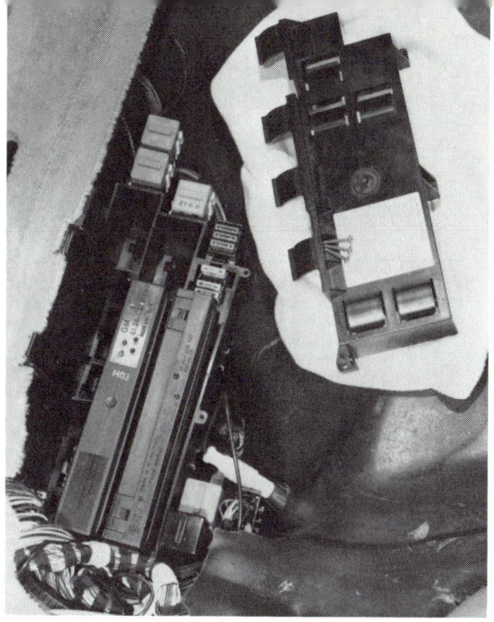

Der Geräteträger unter der hinteren Sitzbank (Belegung siehe Zeichnungen links). Das Bild links zeigt einen 520i ohne Zusatzausstattung, das Bild rechts einen Wagen mit Zentraler Karosserie-Elektronik (520i mit Zusatzausstattung, 525i bis 535i).

Daneben ist bei den Modellen 525i, 530i und 535i auch das Check-Control-Modul (für die Abfrageeinheit im Kombi-Instrument) und das Lampenkontrollmodul (für die Überwachung der Beleuchtung) in diesem Kasten untergebracht.

Die Zusatzrelaisbox

Sie sitzt **links vorn im Motorraum** vor dem linken Federbein. Hier ist Platz für bis zu vier Relais und (üblicherweise) eine Sicherung (Nr. 37 – siehe Seite 147 und 150).

Der Steuergeräte-Kasten

Hier sitzen die Steuergeräte für Motronic, für ABS und für den Tempomat. Ferner sind die Schaltrelais für Motronic-Spannungsversorgung (Hauptrelais), Kraftstoffpumpe und Lambdasondenheizung an dieser Stelle untergebracht.
In Tropenausführung ist der Steuergeräte-Kasten übrigens klimatisiert: Über 44°C (im Kasten) schaltet sich ein kleiner Elektro-Lüfter ein und sorgt für Absenkung der Temperatur durch einen Kanal aus dem Fahrzeug-Innenraum.
Bei Zusatzausstattung Klimaanlage ist der Steuergeräte-Kasten über einen Luftkanal mit dem Kältespender verbunden.

Die Schaltrelais

Durch die Neuordnung der Bordelektrik fallen im BMW eine ganze Menge Schaltelais an. Sie sind es – und natürlich in erster Linie das Relaismodul unter der Rücksitzbank – die die Schaltbefehle der Elektronik und einiger Schalter in die Tat umsetzen.

Die Zusatzrelaisbox kann mit der Sicherung Nr. 37 und den folgenden Relais bestückt sein:
K21 – Zusatzlüfter-Relais Stufe I;
K22 – Zusatzlüfter-Relais Stufe II;
K33 – Entkopplungsrelais Klimaanlage/Motronic;
N6 – Scheinwerferreinigungsmodul.

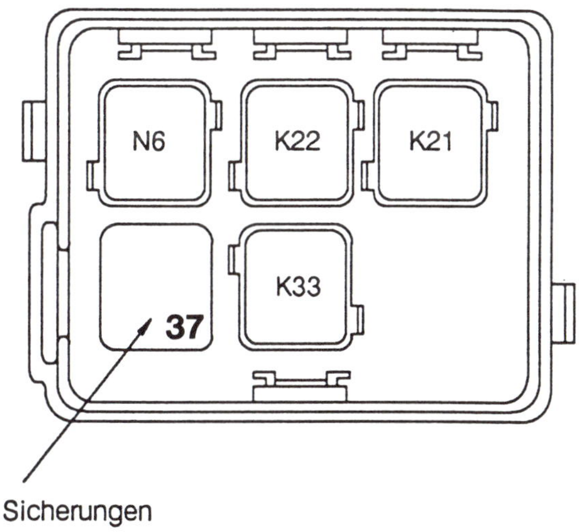

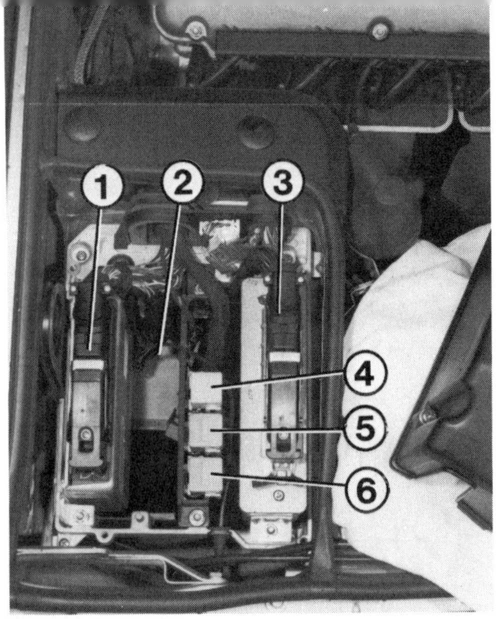

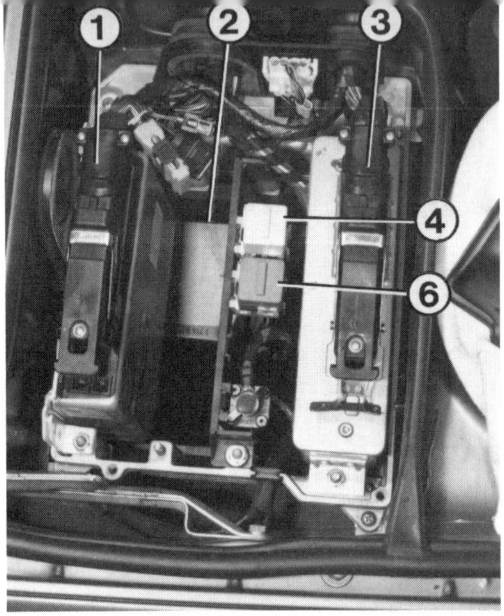

Der Schaltgerätekasten rechts hinten im Motorraum bei (linkes Bild der 520i/525i, rechte Abbildung der 530i/535i). Es bedeuten:
1 – Motronic-Steuergerät;
2 – Platz für Tempomat-Steuergerät;
3 – ABS-Steuergerät;
4 – Hauptrelais;
5 – Relais für Lambdasondenheizung;
6 – Kraftstoffpumpenrelais.

Wozu werden Schaltrelais benötigt?

Schaltrelais verwendet man in erster Linie für leistungsstarke Stromverbraucher. Das hat folgenden Grund: Leitet man den Strom auf langen Kabelwegen über den dazugehörigen Schalter, gibt es Spannungsverlust. Außerdem werden die Schalterkontakte durch den hohen Stromfluß stark beansprucht. Bei einer Relaisschaltung benutzt man den Schalter nur für den geringen Schaltstrom, womit nicht der Verbraucher direkt, sondern dessen Relais eingeschaltet wird.
Stammt der Schaltbefehl nicht von einem Schalter, sondern von der Elektronikbox unter der Rücksitzbank, gilt dasselbe: Die empfindlichen Elektronikbauteile können hohe Ströme nicht weiterleiten, ohne Schaden zu nehmen.

Funktion der Schaltrelais

○ Beim Einschalten des betreffenden Verbrauchers wird im Relais durch den an Klemme 86 ankommenden »Schaltstrom« der Schaltstromkreis zu Klemme 85 (Masse) geschlossen.
○ Dadurch zieht eine Magnetspule einen kräftigen Kontakt gegen Federdruck an und schließt so den Stromkreis für den »Arbeitsstrom«.
○ Der Arbeitsstrom wird zur Vermeidung von Spannungsabfall auf kurzem Weg direkt an Klemme 30 des Relais herangeführt und von dort weiter – bei geschlossenen Schalterkontakten – über Klemme 87 an den Stromverbraucher weitergeleitet.
○ Bisweilen ist noch eine Klemme 87a vorhanden. Die ist fest mit Klemme 87 verbunden, hat also dieselbe Funktion.

Störungssuche Schaltrelais

● An Klemme 30 muß immer Spannung anliegen, sofern es sich nicht um ein Relais handelt, dessen Verbraucher von einem anderen abhängt. Beispiel: Das Relais der Nebelschlußleuchten erhält nur dann Strom, wenn Licht eingeschaltet ist.
● Zur Kontrolle der Stromversorgung Relais herausziehen und mit Prüflampennadel Klemme 30 im Relaissockel antippen. Kein Strom: Zuleitung defekt.
● Relais abziehen, Klemme 86 mit Batterie-Plus und Klemme 85 mit Masse verbinden. Die Magnetspule muß den Relaiskontakt deutlich hörbar anziehen, sonst ist das Relais defekt.

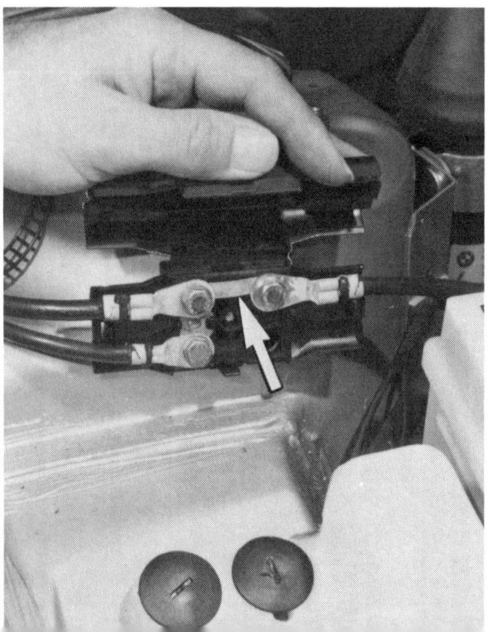

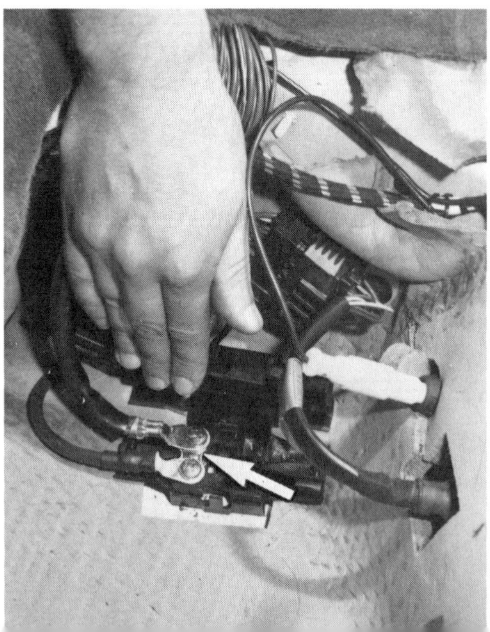

Am rechten Federbein (bei Batterieeinbau vorn – Bild links) und unter der Rücksitzbank (Bild rechts) ist eine sogenannte Sollschmelzstelle eingebaut. Das ist nichts anderes als eine 50-Ampere-Hauptsicherung (Pfeil) für die Fahrzeugelektrik.
Bei Totalausfall der gesamten Fahrzeugelektrik lohnt sich ein Blick in diese kleinen Sicherungskästen.

● Relais aus dem Stecksockel abziehen.
● Klemme 30 und 87 im Relaissteckfeld mit einer Büroklammer oder einem kurzen Drahtstück überbrücken. Dadurch erhält der betreffende Verbraucher Dauerstrom.
● Zum Abschalten die Kurzschlußbrücke abziehen, da der betreffende Schalter in diesem Fall ja überbrückt ist.

Behelf bei defektem Schaltrelais

Sicherungstabelle

Modell 520i

Sicherung Nr.	Stromstärke	Verbraucher
1	15	Antiblockiersystem (ABS; auch Sicherungen 17, 29) Zentrale Karosserie-Elektrik (ZKE; auch Sicherungen 3, 5, 17, 30, 44, 47) ZKE-Scheibenwischersteuerung (SWS; auch Sicherungen 24, 44) Wisch-Waschmodul (WWM; auch Sicherungen 22, 24) ZKE-Scheinwerfer-Reinigungsanlage (SRA; auch Sicherungen 3, 5, 17, 22, 24, 44) Kombi-Instrument (auch Sicherungen 17, 20) Bremsleuchten ZKE-Innenlichtsteuerung (IB; auch Sicherung 5, 17, 21, 30, 44) Standheizung/-lüftung mit Klimaanlage (IHKA; auch Sicherung 19, 20, 27, 51, 52) Standheizung/-lüftung mit Standardheizung (HR; auch Sicherung 19, 27, 51, 52) Automatische Geschwindigkeitsregelung (Tempomat; auch Sicherung 17) Bordcomputer (BC IV; auch Sicherungen 17, 20)
2	7,5	Lichtschalter (auch Sicherung 3, 4, 5, 27, 29) Scheinwerfer/Nebelscheinwerfer (auch Sicherungen 3, 5, 7, 8, 10, 11, 13, 14, 37)
3	7,5	Zentrale Karosserie-Elektrik (ZKE; auch Sicherungen 1, 5, 17, 30, 44, 47) Scheinwerfer-Reinigungsanlage (SRA; auch Sicherungen 1, 5, 17, 22, 24, 44) Lichtschalter (auch Sicherungen 2, 4, 5, 27, 29) Scheinwerfer/Nebelscheinwerfer (auch Sicherungen 2, 5, 7, 8, 10, 11, 13, 14, 37) Blinker/Warnblinker (auch Sicherung 6)
4	7,5	Lichtschalter (auch Sicherungen 2, 3, 5, 27, 29) Standlicht/Rücklicht/Motorraumbeleuchtung (auch Sicherung 5)
5	10	Elektrische Spiegel (auch Sicherungen 12, 30) Zentrale Karosserie-Elektrik (ZKE; auch Sicherungen 1, 3, 17, 30, 44, 47) ZKE-Scheinwerfer-Reinigungsanlage (SRA; auch Sicherungen 1, 3, 17, 22, 24, 44) Lichtschalter (auch Sicherungen 2, 3, 4, 27, 29) Scheinwerfer/Nebelscheinwerfer (auch Sicherungen 2, 3, 7, 8, 10, 11, 13, 14, 37) Standlicht/Rücklicht/Motorraumbeleuchtung (auch Sicherung 4) Kennzeichen-/Gepäckraumbeleuchtung (auch Sicherung 21) ZKE-Innenbeleuchtung (IB; auch Sicherungen 1, 17, 21, 30, 44) ZVM-Innenbeleuchtung (IB; auch Sicherungen 17, 21, 34) Handschuhfachbeleuchtung/Zigarettenanzünder/Ascherbeleuchtung/Ladesteckdose (auch Sich. 18, 21, 26)
6	7,5	Blinker/Warnblinker (auch Sicherung 3)
7	15	Scheinwerfer/Nebelscheinwerfer (auch Sicherungen 2, 3, 5, 8, 10, 11, 13, 14, 37)
8	7,5	Scheinwerfer/Nebelscheinwerfer (auch Sicherungen 2, 3, 5, 7, 10, 11, 13, 14, 37)
9	15	Signalhorn Heiz- und Klimaanlage (IHKA; auch Sicherungen 19, 20, 27, 29, 35, 46)
10	7,5	Scheinwerfer/Nebelscheinwerfer (auch Sicherungen 2, 3, 5, 7, 8, 11, 13, 14, 37)
11	7,5	Scheinwerfer/Nebelscheinwerfer (auch Sicherungen 2, 3, 5, 7, 8, 10, 13, 14, 37)
12	15	Elektrische Spiegel (auch Sicherungen 5, 30) Heizbare Scheibenwaschdüsen Rückfahrscheinwerfer (auch Sicherung 17)
13	7,5	Scheinwerfer/Nebelscheinwerfer (auch Sicherungen 2, 3, 5, 7, 8, 10, 11, 14, 37)
14	7,5	Scheinwerfer/Nebelscheinwerfer (auch Sicherungen 2, 3, 5, 7, 8, 10, 11, 13, 37)
16	15	Sitzheizung Lordosenstütze
17	7,5	Motronic (DME 1.1; auch Sicherung 23) Ladesystem Anlasser E-Box Lüfter (auch Sicherung 28) Elektronische Getriebesteuerung (AEGS) Antiblockiersystem (auch Sicherungen 1, 29) ZKE-Türschloßheizung (THS; auch Sicherung 30) ZVM-Türschloßheizung (TSH; auch Sicherung 34) ZKE-Elektrische Fensterheber (FH; auch Sicherungen 30, 31, 47) Automatische Kopfstützen hinten (auch Sicherung 40) ZKE-Elektrisches Schiebe-/Hebedach (SHD; auch Sicherungen 30, 31, 47)

Modell 520i

Sicherung Nr.	Stromstärke	Verbraucher
17	7,5	Zentrale Karosserie-Elektrik (ZKE; auch Sicherungen 1, 3, 5, 30, 44, 47) ZKE-Scheinwerfer-Reinigungsanlage (SRA; auch Sicherungen 1, 3, 5, 22, 44) Kombi-Instrument (auch Sicherungen 1, 20) Rückfahrscheinwerfer (auch Sicherung 12) ZKE-Innenbeleuchtung (IB; auch Sicherungen 1, 5, 21, 30, 44) ZVM-Innenbeleuchtung (IB; auch Sicherungen 5, 21, 34) Automatische Geschwindigkeitsregelung (Tempomat; auch Sicherung 1) Diebstahlwarnanlage (DWA; auch Sicherungen 18, 21, 30, 31) Bordcomputer (BC IC; auch Sicherungen 1, 20) Infrarot-Schließ-System (IR; auch Sicherungen 18, 31)
18	15	Zentralverriegelungsmodul (ZVM; auch Sicherungen 30, 31, 34) Sonnenschutzrollo (auch Sicherung 32) Handschuhfachbeleuchtung/Zigarettenanzünder/Ascherbeleuchtung/Ladesteckdose (auch Sich. 5, 21, 26) Radio/CD-Spieler (vorbereitet; auch Sicherungen 36, 41) Diebstahlwarnanlage (DWA; auch Sicherungen 17, 21, 30, 31) Infrarot-Schließ-System (IR; auch Sicherungen 17, 31)
19	30	Heizungsregelung (HR 34; auch Sicherungen 27, 29, 35, 46) Standheizung/-lüftung mit Klimaanlage (IHKA; auch Sicherungen 1, 20, 27, 51, 52) Standheizung/-lüftung mit Standardheizung HR 34 (auch Sicherungen 1, 27, 51, 52) Integrierte Heiz- und Klimaanlage (IHKA; auch Sicherungen 9, 20, 27, 29, 35, 46)
20	7,5	Kombiinstrument (auch Sicherungen 1, 17) Uhr Standheizung/-lüftung mit Klimaanlage (IHKA; auch Sicherungen 1, 19, 27, 51, 52) Heiz- und Klimaanlage (IHKA; auch Sicherungen 9, 19, 27, 29, 35, 46) Bordcomputer (BC IV; auch Sicherungen 1, 17)
21	7,5	Kennzeichen/Gepäckraumbeleuchtung (auch Sicherung 5) ZKE-Innenbeleuchtung (IB; auch Sicherungen 1, 5, 17, 30, 44) ZVM-Innenbeleuchtung (IB; auch Sicherungen 5, 17, 34) Handschuhfachbeleuchtung/Zigarettenanzünder/Ascherbeleuchtung/Ladesteckdose (auch Sich. 5, 18, 26) Diebstahlwarnanlage (DWA; auch Sicherungen 1, 24)
22	30	Wisch-Waschmodul (WWM; auch Sicherungen 1, 24) ZKE-Scheinwerfer-Reinigungsanlage (SRA; auch Sicherungen 1, 3, 5, 17, 24, 44)
23	7,5	Motronic (DME 1.1; auch Sicherung 17)
24	15	ZKE-Scheibenwischersteuerung (SWS; auch Sicherungen 1, 44) Wisch-Waschmodul (WWM; auch Sicherungen 1, 22) ZKE-Scheinwerfer-Reinigungsanlage (SRA; auch Sicherungen 1, 3, 5, 17, 22, 44)
25	30	Zusatzlüfter (auch Sicherung 29)
26	30	Handschuhfachbeleuchtung/Zigarettenanzünder/Ascherbeleuchtung/Ladesteckdose (auch Sich. 5, 18, 21)
27	15	Lichtschalter (auch Sicherungen 2, 3, 4, 5, 29) Heizungsregelung (HR 34; auch Sicherungen 19, 29, 35, 46) Standheizung/-lüftung mit Klimaanlage (IHKA; auch Sicherungen 1, 19, 20, 51, 52) Standheizung/-lüftung mit Standardheizung HR 34 (auch Sicherungen 1, 19, 51, 52) Heiz- und Klimaanlage (IHKA; auch Sicherungen 9, 19, 20, 29, 35, 46)
28	15	E-Box Lüfter (auch Sicherung 17) Servolenkung (Servotronic)
29	7,5	Antiblockiersystem (ABS; auch Sicherungen 1, 17) Lichtschalter (auch Sicherungen 2, 3, 4, 5, 27) Heizungsregelung (HR 34; auch Sicherungen 19, 27, 35, 46) Heiz- und Klimaanlage (IHKA; auch Sicherungen 9, 19, 20, 27, 35, 46) Zusatzlüfter (auch Sicherung 25)
30	7,5	Elektrische Spiegelverstellung (auch Sicherungen 5, 12) ZKE-Türschloßheizung (TSH; auch Sicherung 17) ZKE-Zentralverriegelung (ZV; auch Sicherungen 31, 47) Zentralverriegelungsmodul (ZVM; auch Sicherungen 18, 31, 34) ZKE-Elektrische Fensterheber (FH; auch Sicherungen 17, 31, 47) ZKE-Elektrisches Schiebe-/Hebedach (SHD; auch Sicherungen 17, 31, 47) Zentrale Karosserie-Elektrik (ZKE; auch Sicherungen 1, 3, 5, 17, 44, 47) ZKE-Innenlichtsteuerung (IB; auch Sicherungen 1, 5, 17, 21, 44) Diebstahlwarnanlage (DWA; auch Sicherungen 17, 18, 21, 31)
31	7,5	ZKE-Zentralverriegelung (ZV; auch Sicherungen 30, 47) Zentralverriegelungsmodul (ZVM; auch Sicherungen 18, 30, 34) ZKE-Elektrische Fensterheber (FH; auch Sicherungen 17, 30, 47) ZKE-Elektrisches Schiebe-/Hebedach (SHD; auch Sicherungen 17, 30, 47) Diebstahlwarnanlage (DWA; auch Sicherungen 17, 18, 21, 30) Infrarot-Schließ-System (IR; auch Sicherungen 17, 18)
32	7,5	Sonnenschutzrollo (auch Sicherung 18)

Modell 520i

Sicherung Nr.	Stromstärke	Verbraucher
34	30	ZVM-Türschloßheizung (THS; auch Sicherung 17) Zentralverriegelungsmodul (ZVM; auch Sicherungen 18, 30, 31) ZVM-Innenlichtsteuerung (IB; auch Sicherungen 5, 17, 21)
35	30	Heizungsregelung (HR 34; auch Sicherungen 16, 19, 24, 29, 46) Heiz- und Klimaanlage (IHKA; auch Sicherungen 9, 16, 19, 20, 24, 29, 46)
36	30	Radio/CD-Spieler (vorbereitet; auch Sicherungen 18, 41)
37	5	Scheinwerfer/Nebelscheinwerfer (auch Sicherungen 2, 3, 5, 7, 8, 10, 11, 13, 14)
40	15	Automatische Kopfstützen hinten (auch Sicherung 17)
41	30	Radio/CD-Spieler (vorbereitet; auch Sicherungen 18, 36)
44	30	Zentrale Karosserie-Elektrik (ZKE; auch Sicherungen 1, 3, 5, 17, 30, 47) ZKE-Scheibenwischersteuerung (SWS; auch Sicherungen 1, 24) ZKE-Scheinwerferreinigungsanlage (SRA; auch Sicherungen 1, 3, 5, 17, 22, 24) ZKE-Innenlichtsteuerung (IB; auch Sicherungen 1, 5, 17, 21, 30)
46	30	Heizungsregelung (HR 34; auch Sicherungen 19, 27, 29, 35) Heiz- und Klimaanlage (IHKA; auch Sicherungen 9, 19, 20, 27, 29, 35)
47	30	ZKE-Zentralverriegelung (ZV; auch Sicherungen 30, 31) ZKE-Elektrische Fensterheber (FH; auch Sicherungen 17, 30, 31) ZKE-Schiebe-/Hebedach (SHD; auch Sicherungen 17, 30, 31) Zentrale Karosserie-Elektrik (ZKE; auch Sicherungen 1, 3, 5, 17, 30, 44)
51	20	Standheizung/-lüftung mit Klimaanlage (IHKA; auch Sicherungen 1, 19, 20, 27, 52) Standheizung/-lüftung mit Standardheizung (HR 34; auch Sicherungen 1, 19, 27, 52)
52	10	Standheizung/-lüftung mit Klimaanlage (IHKA; auch Sicherungen 1, 19, 20, 27, 51) Standheizung/-lüftung mit Standardheizung (HR 34; auch Sicherungen 1, 19, 27, 51)

Modell 525i, 530i, 535i

Sicherung Nr.	Stromstärke	Verbraucher
1	15	Elektronische Motorleistungs-Regelung (EML; auch Sicherungen 17, 20) Antiblockiersystem (ABS; auch Sicherung 17) Automatische Stabilitäts-Control (ASC; auch Sicherungen 17, 29) Kombi/Check-Control-Modul (K/CC; auch Sicherungen 15, 17, 20, 29) Lampenkontrollmodul (LKM; auch Sicherungen 2, 3, 4, 5, 7, 8, 10, 11, 13, 14, 15) Bremsleuchten (auch Sicherung 15) Automatische Geschwindigkeitsregelung (Tempomat; auch Sicherung 17)
2	7,5	Lichtschalter (auch Sicherungen 3, 4, 5, 24, 29) Lampenkontrollmodul (LKM; auch Sicherungen 1, 3, 4, 5, 7, 8, 10, 11, 13, 14, 15) Scheinwerfer/Nebelscheinwerfer (auch Sicherungen 3, 4, 5, 7, 8, 10, 11, 13, 14, 15, 37) Blinker/Warnblinker (auch Sicherungen 3, 6, 10, 11) Crash- und Alarmgeber (auch Sicherung 6)
3	7,5	Zentrale Karosserie-Elektronik (ZKE; auch Sicherungen 4, 5, 15, 17, 30, 44, 47) ZKE Scheinwerferreingungsanlage (SRA; auch Sicherungen 4, 5, 15, 17, 22, 44) Lichtschalter (auch Sicherungen 2, 4, 5, 24, 29) Lampenkontrollmodul (LKM; auch Sicherungen 1, 2, 4, 5, 7, 8, 10, 11, 13, 14, 15) Scheinwerfer/Nebelscheinwerfer (auch Sicherungen 2, 4, 5, 7, 8, 10, 11, 13, 14, 15, 37) Blinker/Warnblinker (auch Sicherungen 2, 6, 10, 11)
4	7,5	Elektrische Spiegelverstellung (auch Sicherungen 5, 12, 30) Zentrale Karosserie-Elektronik (ZKE; auch Sicherungen 3, 5, 15, 17, 30, 44, 47) ZKE Scheinwerferreinigungsanlage (SRA; auch Sicherungen 3, 5, 15, 17, 22, 44) Lichtschalter (auch Sicherungen 2, 3, 5, 24, 29) Lampenkontrollmodul (LKM; auch Sicherungen 1, 2, 3, 5, 7, 8, 10, 11, 13, 14 15) Scheinwerfer/Nebelscheinwerfer (auch Sicherungen 2, 3, 5, 7, 8, 10, 11, 13, 14, 15, 37) Standlicht/Rücklicht/Motorraumbeleuchtung (auch Sicherungen 5, 15, 20) Kennzeichen-/Gepäckraumbeleuchtung (auch Sicherungen 5, 15, 21) ZKE-Innenlichtsteuerung (IB; auch Sicherungen 5, 15, 17, 18, 21, 30, 44) ZVM-Innenlichtsteuerung (IB; auch Sicherungen 5, 17, 18, 21, 45) Handschuhfachbeleuchtung/Zigarettenanzünder/Ascherbeleuchtung/Ladesteckdose; auch Sich. 5, 18, 21, 26)
5	10	Elektrische Spiegelverstellung (auch Sicherungen 4, 12, 30) Zentrale Karosserie-Elektronik (ZKE; auch Sicherungen 3, 4, 15, 17, 30, 44, 47) ZKE Scheinwerferreinigungsanlage (SRA; auch Sicherungen 3, 4, 15, 17, 22, 44) Lichtschalter (auch Sicherungen 2, 3, 4, 24, 29) Lampenkontrollmodul (LKM; auch Sicherungen 1, 2, 3, 4, 7, 8, 10, 11, 13, 14, 15) Scheinwerfer/Nebelscheinwerfer (auch Sicherungen 2, 3, 4, 7, 8, 10, 11, 13, 14, 15, 37) Standlicht/Rücklicht/Motorraumbeleuchtung (auch Sicherungen 4, 15, 20) Kennzeichen-/Gepäckraumbeleuchtung (auch Sicherungen 4, 15, 21) ZKE-Innenlichtsteuerung (IB; auch Sicherungen 4, 15, 17, 18, 30, 44) ZVM-Innenlichtsteuerung (IB; auch Sicherungen 4, 17, 18, 21, 45) Handschuhfachbeleuchtung/Zigarettenanzünder/Ascherbeleuchtung/Ladesteckdose (auch Sich. 4, 18, 21, 26)

Modell 525i, 530i, 535i

Sicherung Nr.	Stromstärke	Verbraucher
6	15	Blinker/Warnblinker (auch Sicherungen 2, 3, 10, 11) Crash- und Alarmgeber (auch Sicherung 2)
7	15	Lampenkontrollmodul (LKM; auch Sicherungen 1, 2, 3, 4, 5, 8, 10, 11, 13, 14, 15) Scheinwerfer/Nebelscheinwerfer (auch Sicherungen 2, 3, 4, 5, 8, 10, 11, 13, 14, 15, 37)
8	7,5	Lampenkontrollmodul (LKM; auch Sicherungen 1, 2, 3, 4, 5, 7, 10, 11, 13, 14, 15) Scheinwerfer/Nebelscheinwerfer (auch Sicherungen 2, 3, 4, 5, 7, 10, 11, 13, 14, 15, 37)
9	15	Signalhorn Heizungsregelung (HR 34-Digital; auch Sicherungen 19, 24, 29) Heiz- und Klimaautomatik (IHKA; auch Sicherungen 19, 20, 24, 29) Heiz- und Klimaregelung (IHKR; auch Sicherungen 19, 20, 24, 29)
10	7,5	Lampenkontrollmodul (LKM; auch Sicherungen 1, 2, 3, 4, 5, 7, 8, 11, 13, 14, 15) Scheinwerfer/Nebelscheinwerfer (auch Sicherungen 2, 3, 4, 5, 7, 8, 11, 13, 14, 15, 37) Blinker/Warnblinker (auch Sicherungen 3, 6, 11)
11	7,5	Lampenkontrollmodul (LKM; auch Sicherungen 1, 2, 3, 4, 5, 7, 8, 10, 13, 14, 15) Scheinwerfer/Nebelscheinwerfer (auch Sicherungen 2, 3, 4, 5, 7, 8, 10, 13, 14, 15, 37) Blinker/Warnblinker (auch Sicherungen 3, 6, 10)
12	15	Elektronische Dämpfer-Control (EDC) Elektrische Spiegelverstellung (auch Sicherungen 4, 5, 30) Sitz-Spiegel-Memory (SM/SPM; auch Sicherungen 16, 18, 42) Heizbare Scheibenwaschdüsen Rückfahrscheinwerfer
13	7,5	Lampenkontrollmodul (LKM; auch Sicherungen 1, 2, 3, 4, 5, 7, 8, 10, 11, 14, 15) Scheinwerfer/Nebelscheinwerfer (auch Sicherungen 2, 3, 4, 5, 7, 8, 10, 11, 14, 15, 37)
14	7,5	Lampenkontrollmodul (LKM; auch Sicherungen 1, 2, 3, 4, 5, 7, 8, 10, 11, 13) Scheinwerfer/Nebelscheinwerfer (auch Sicherungen 2, 3, 4, 5, 7, 8, 10, 11, 13, 37)
15	7,5	Zentrale Karosserie-Elektronik (ZKE; auch Sicherungen 3, 4, 5, 17, 30, 44, 47) ZKE Scheibenwischersteuerung (SWS; auch Sicherung 44) Wisch-Wasch-Modul (WWM; auch Sicherung 44) ZKE-Anpreßdruckverstellung (ADV; auch Sicherungen 22, 44) ZKE-Scheinwerferreinigungsanlage (SRA; auch Sicherungen 3, 4, 5, 17, 22, 44) Kombi/Check-Control-Modul (K/CC; auch Sicherungen 1, 17, 20, 29) Lampenkontrollmodul (LKM; auch Sicherungen 1, 2, 3, 4, 5, 7, 8, 10, 11, 13, 14) Scheinwerfer/Nebelscheinwerfer (auch Sicherungen 2, 3, 4, 5, 7, 8, 10, 11, 13, 14, 37) Standlicht/Rücklicht/Motorraumbeleuchtung (auch Sicherungen 4, 5, 20) Kennzeichen-/Gepäckraumbeleuchtung (auch Sicherungen 4, 5, 21) Bremsleuchten (auch Sicherung 1) ZKE-Innenlichtsteuerung (IB; auch Sicherungen 4, 5, 17, 18, 30, 44) Standheizung/-lüftung mit Klimaautomatik (IHKA; auch Sicherungen 19, 20, 24, 51, 52) Standheizung/-lüftung mit Standardheizung (HR 34; auch Sicherungen 19, 20, 28, 51, 52) Standheizung/-lüftung mit Klimaregelung (IHKR; auch Sicherungen 19, 20, 24, 51, 52) Bordcomputer (BC IV; auch Sicherungen 17, 20)
16	30	Sitz-Spiegel-Memory (SM/SPM; auch Sicherungen 12, 18, 42) Sitzheizung (auch Sicherung 40) Elektrische Lordosenstütze
17	7,5	Motronic mit EML (DME M 1.1/M 1.3; auch Sicherung 23) Motronic (DME M 1.3; auch Sicherung 23) Generator (auch Sicherung 28) Anlasser Elektronische Motorleistungs-Regelung (EML; auch Sicherungen 1, 20) E-Box Lüfter (auch Sicherung 28) Autarke Elektronische Getriebesteuerung (AEGS) Antiblockiersystem (ABS; auch Sicherung 1) Automatische Stabilitäts-Control (ASC; auch Sicherungen 1, 29) ZKE-Türschloßheizung (TSH; auch Sicherung 30) ZVM-Türschloßheizung (TSH; auch Sicherung 45) ZKE-Elektrische Fensterheber (FH; auch Sicherungen 30, 31, 47) ZKE-Schiebe-/Hebedach (SHD; auch Sicherungen 30, 31, 47) Zentrale Karosserie-Elektronik (ZKE; auch Sicherungen 3, 4, 5, 15, 30, 44, 47) ZKE-Scheinwerferreinigungsanlage (SRA; auch Sicherungen 3, 4, 5, 15, 22, 44) Kombi/Check-Control-Modul (K/CC; auch Sicherungen 1, 15, 20, 29) ZKE-Innenlichtsteuerung (IB; auch Sicherungen 4, 5, 15, 18, 30, 44) ZVM-Innenlichtsteuerung (IB; auch Sicherungen 4, 5, 18, 21, 45) Automatische Geschwindigkeitsregelung (Tempomat; auch Sicherung 1) Diebstahlwarnanlage (DWA; auch Sicherungen 18, 21, 30, 31) Bordcomputer (BC IV; auch Sicherungen 15, 20) Infrarot-Schließ-System (IR; auch Sicherungen 18, 31)
18	15	Zentralverriegelungsmodul (ZVM; auch Sicherungen 30, 31, 45) Elektrisches Sonnenschutz-Rollo (auch Sicherung 32) Sitz-Spiegel-Memory (SM/SPM; auch Sicherungen 12, 16, 42) Anhängermodul (AHM; auch Sicherung 22)

Modell 525i, 530i, 535i

Sicherung Nr.	Stromstärke	Verbraucher
18	15	ZKE-Innenlichtsteuerung (IB; auch Sicherungen 4, 5, 15, 17, 30, 44) ZVM-Innenlichtsteuerung (IB; auch Sicherungen 4, 5, 17, 21, 45) Handschuhfachbeleuchtung/Zigarettenanzünder/Ascherbeleuchtung/Ladesteckdose (auch Sich. 4, 5, 21, 26) Radio/CD-Spieler (auch Sicherung 41) Autotelefon (auch Sicherung 53) Diebstahlwarnanlage (DWA; auch Sicherungen 17, 21, 30, 31) Infrarot-Schließ-System (IR; auch Sicherungen 17, 31)
19	30	Heizungsregelung (HR 34; auch Sicherungen 9, 24, 29) Standheizung/-lüftung mit Klimaautomatik (IHKA; auch Sicherungen 15, 20, 24, 51, 52) Standheizung/-lüftung mit Standardheizung (HR 34; auch Sicherungen 24, 51, 52, 54) Standlüftung mit Klimaautomatik (IHKA; auch Sicherungen 20, 24) Standlüftung mit Standardheizung (HR 34; auch Sicherung 54) Standheizung/-lüftung (IHKR; auch Sicherungen 15, 20, 24, 51, 52) Standheizung/-lüftung mit Klimaregelung (IHKR; auch Sicherungen 20, 24) Heiz- und Klimaautomatik (IHKA; auch Sicherungen 9, 20, 24, 29) Heiz- und Klimaregelung (IHKR; auch Sicherungen 9, 20, 24, 29)
20	7,5	Elektronische Motorleistungs-Regelung (EML; auch Sicherungen 1, 17) Kombi/Check-Control-Modul (K/CC; auch Sicherungen 1, 15, 17, 29) Uhr Standlicht/Rücklicht/Motorraumbeleuchtung (auch Sicherungen 4, 5, 15) Standheizung/-lüftung mit Klimaautomatik (IHKA; auch Sicherungen 15, 19, 24, 51, 52) Standlüftung mit Klimaautomatik (IHKA; auch Sicherungen 19, 24) Standheizung/-lüftung mit Klimaregelung (IHKR; auch Sicherungen 15, 19, 24, 51, 52) Standlüftung mit Klimaregelung (IHKR; auch Sicherungen 19, 24) Heiz- und Klimaautomatik (IHKA; auch Sicherungen 9, 19, 24, 29) Bordcomputer (BC IV; auch Sicherungen 15, 17)
21	10	Kennzeichen-/Gepäckraumbeleuchtung (auch Sicherungen 4, 5, 15) ZKE-Innenlichtsteuerung (IB; auch Sicherungen 4, 15, 17, 18, 30, 44) ZVM-Innenlichtsteuerung (IB; auch Sicherungen 4, 5, 17, 18, 45) Handschuhfachbeleuchtung/Zigarettenanzünder/Ascherbeleuchtung/Ladesteckdose (auch Sich. 4, 5, 18, 26) Diebstahlwarnanlage (DWA; auch Sicherungen 17, 18, 30, 31)
22	30	ZKE-Anpreßdruckverstellung (ADV; auch Sicherungen 15, 44) ZKE-Scheinwerferreinigungsanlage (SRA; auch Sicherungen 3, 4, 5, 15, 17, 44) Anhängermodul (AHM; auch Sicherung 18)
23	7,5	Motronic mit EML (DME M 1.1/M 1.3; auch Sicherung 17) Motronic (DME M 1.3; auch Sicherung 17)
24	7,5	Lichtschalter (auch Sicherungen 2, 3, 4, 5, 29) Heizungsregelung (HR 34; auch Sicherungen 9, 19, 29) Standheizung/-lüftung mit Klimaautomatik (IHKA; auch Sicherungen 15, 19, 20, 51, 52) Standheizung/-lüftung mit Standardheizung (HR 34; auch Sicherungen 19, 51, 52, 54) Standlüftung mit Klimaautomatik (IHKA; auch Sicherungen 19, 20) Standheizung/-lüftung mit Klimaregelung (IHKR; auch Sicherungen 15, 19, 20, 51, 52) Standlüftung mit Klimaregelung (IHKR; auch Sicherungen 19, 20) Heiz- und Klimaautomatik (IHKA; auch Sicherungen 9, 19, 20, 29) Heiz- und Klimaregelung (IHKR; auch Sicherungen 9, 19, 20, 29)
25	30	Zusatzlüfter (auch Sicherung 29)
26	30	Handschuhfachbeleuchtung/Zigarettenanzünder/Ascherbeleuchtung/Ladesteckdose; auch Sich. 4, 5, 18, 21)
28	15	Generator (auch Sicherung 17) E-Box Lüfter (auch Sicherung 17) Servolenkung (Servotronic)
29	7,5	Automatische Stabilitäts-Control (ASC; auch Sicherungen 1, 17) Kombi/Check-Control-Modul (K/CC; auch Sicherungen 1, 15, 17, 20) Lichtschalter (auch Sicherungen 2, 3, 4, 5, 24) Heizungsregelung (HR 34; auch Sicherungen 9, 19, 24) Heiz- und Klimaautomatik (IHKA; auch Sicherungen 9, 19, 20, 24) Heiz- und Klimaregelung (IHKR; auch Sicherungen 9, 19, 20, 24) Zusatzlüfter (auch Sicherung 25)
30	7,5	Elektrische Spiegelverstellung (auch Sicherungen 4, 5, 12) ZKE-Türschloßheizung (TSH; auch Sicherung 17) ZKE-Zentralverriegelung (ZV; auch Sicherungen 31, 47) Zentralverriegelungsmodul (ZVM; auch Sicherungen 18, 31, 45) ZKE-Elektrische Fensterheber (FH; auch Sicherungen 17, 31, 47) ZKE-Schiebe-/Hebedach (SHD; auch Sicherungen 17, 31, 47) Zentrale Karosserie-Elektronik (ZKE; auch Sicherungen 3, 4, 5, 15, 17, 44, 47) ZKE-Innenlichtsteuerung (IB; auch Sicherungen 4, 5, 15, 17, 18, 44) Diebstahlwarnanlage (DWA; auch Sicherungen 17, 18, 21, 31)
31	7,5	ZKE-Zentralverriegelung (ZV; auch Sicherungen 30, 47) Zentralverriegelungsmodul (ZVM; auch Sicherungen 18, 30, 45) ZKE-Elektrische Fensterheber (FH; auch Sicherungen 17, 30, 47) ZKE-Schiebe-/Hebedach (SHD; auch Sicherungen 17, 30, 47)

Modell 525 i, 530 i, 535 i

Sicherung Nr.	Stromstärke	Verbraucher
31	7,5	Diebstahlwarnanlage (DWA; auch Sicherungen 17, 18, 21, 30) Infrarot-Schließ-System (IR; auch Sicherungen 17, 18)
32	7,5	Elektrisches Sonnenschutz-Rollo (auch Sicherung 18)
37	5	Scheinwerfer/Nebelscheinwerfer (auch Sicherungen 2, 3, 4, 5, 7, 8, 10, 11, 13, 14, 15)
40	15	Sitzheizung (auch Sicherung 16) Automatische Kopfstützen hinten
41	30	Radio/CD-Spieler (auch Sicherung 18)
42	30	Elektrische Sitzverstellung (auch Sicherung 43) Sitz-Spiegel-Memory (SM/SPM; auch Sicherungen 12, 16, 18)
43	30	Elektrische Sitzverstellung (auch Sicherung 42)
44	30	Zentrale Karosserie-Elektronik (ZKE; auch Sicherungen 3, 4, 5, 15, 17, 30, 47) ZKE-Scheibenwischersteuerung (SWS; auch Sicherung 15) Wisch-Wasch-Modul (WWM; auch Sicherung 15) ZKE-Anpreßdruckverstellung (ADV; auch Sicherungen 15, 22) ZKE-Scheinwerferreinigungsanlage (SRA; auch Sicherungen 3, 4, 5, 15, 17, 22) ZKE-Innenlichtsteuerung (IB; auch Sicherungen 4, 5, 15, 17, 18, 30)
45	30	ZVM Türschloßheizung (THS; auch Sicherung 17) Zentralverriegelungsmodul (ZVM; auch Sicherungen 18, 30, 31) ZVM-Innenlichtsteuerung (IB; auch Sicherungen 4, 5, 17, 18, 21)
46	30	Heckscheibenheizung
47	30	ZKE-Zentralverriegelung (ZV; auch Sicherungen 30, 31) ZKE-Elektrische Fensterheber (FH; auch Sicherungen 17, 30, 31) ZKE-Schiebe-/Hebedach (SHD; auch Sicherungen 17, 30, 31) Zentrale Karosserie-Elektronik (ZKE; auch Sicherungen 3, 4, 5, 15, 17, 30, 44)
51	25	Standheizung/-lüftung mit Klimaautomatik (IHKA; auch Sicherungen 15, 19, 20, 24, 52) Standheizung/-lüftung mit Standardheizung (HR 34; auch Sicherungen 19, 24, 52, 54) Standheizung/-lüftung mit Klimaregelung (IHKR; auch Sicherungen 15, 19, 20, 24, 52)
52	10	Standheizung/-lüftung mit Klimaautomatik (IHKA; auch Sicherungen 15, 19, 20, 24, 51) Standheizung/-lüftung mit Standardheizung (HR 34; auch Sicherungen 19, 24, 51, 54) Standheizung/-lüftung mit Klimaregelung (IHKR; auch Sicherungen 15, 19, 20, 24, 51)
53	10	Autotelefon (auch Sicherung 18)
54	10	Standheizung/-lüftung mit Standardheizung (HR 34; auch Sicherungen 19, 24, 51, 52) Standlüftung mit Standardheizung (HR 34; auch Sicherung 19)

Nervenstränge

Bei der Darstellung der elektrischen Einrichtungen und Leitungsverbindungen ist BMW neue Wege gegangen: Was früher noch in einem Gesamtschaltplan oder -stromlaufplan unterzubringen war, mußte beim 5er in zahlreiche Funktionsgruppen getrennt werden.
In dieser – aus dem gedachten Gesamtschaltplan herausgegriffenen – Teildarstellung ist dann alles enthalten, was zum Verstehen dieser Baugruppe dazugehört: Bauteilnamen, teils sogar kurze Funktionserklärungen, Steckernumerierungen, Steckverbinder-Zuordnungen, Kabelfarben etc. – eine separate Schaltplanerklärung ist deshalb nicht mehr erforderlich.
Nachteil dieser Darstellungsweise ist das ständig notwendige Blättern, wenn eine Querverbindung gesucht werden soll. Ideal angewandt werden diese Teilstromlaufpläne in Verbindung mit dem BMW-Diagnosecomputer. In Ermangelung dieses Geräts schafft die Anwendung der Stromlaufpläne nicht immer den gewünschten Überblick.

Fingerzeig: Die gesamten Stromlaufpläne für die in diesem Buch behandelten Modelle füllen zwei DIN A4-Ordner. Dieser Umfang kann natürlich hier im Buch nicht wiedergegeben werden. Wir haben uns für eine Auswahl der unserer Ansicht nach am häufigsten benötigten Pläne entschieden. Wer sich den kompletten Schaltplanordner zulegen möchte, kann ihn beim BMW-Händler oder einer BMW-Niederlassung offiziell im Ersatzteillager bestellen.

Aufbau der Stromlaufpläne

Im Stromlaufplan ist ein Stromkreis mit dem kürzestmöglichen Kabelweg – dem Strompfad – gezeichnet ohne Rücksicht auf die Einbaulage im Fahrzeug. Bauteile mit mehreren Funktionen können auf mehrere Pfade aufgeteilt sein.
Stromzufuhr: Oben im Stromlaufplan ist meist die Plus-Seite dargestellt. Von hier kommt der Strom von einer Sicherung, deren Klemmenbezeichnung, Nummer und Stärke angegeben ist.
Oder die Stromzuleitung ist nur über einen anderen Stromlaufplan zurückzuverfolgen. Dann ist über ein Dreieck mit einem Kennbuchstaben (z. B. »C«) die betreffende Schaltplan-Nummer (z. B. 1240.0–01) gedruckt. Um bei diesem Beispiel zu bleiben, muß das Kabel am Dreieck »C« im Schaltplan 1240.0–01 weiterverfolgt werden.
Sicherungen: Mit dem Kennbuchstaben »F« und einer nachfolgenden Zahl sind die im Sicherungshalter sitzenden Sicherungen bezeichnet. Die Numerierung entspricht ihrem Platz im Stromverteilerkasten, in der Zusatzrelaisbox oder im Geräteträger (siehe dazu Tabelle und Erklärung im vorangegangenen Kapitel).
Sicherungsdetails: Dieser Begriff taucht hin und wieder in den Stromlaufplänen auf. Er verweist auf einen Schaltplanteil im BMW-Schaltplanordner, der lediglich die Beschaltung der Sicherungen zeigt – wir haben hier im Buch ganz darauf verzichtet. Taucht dieser Begriff auf, weiß man, daß hier die Stromzuleitung über eine Sicherung erfolgt.
Leitungen: Die elektrischen Leitungen sind vor der Farbbezeichnung mit dem Querschnitt ihrer Metallseele angegeben; ».5« steht für 0,5 mm² Querschnitt, ».75« für 0,75 mm² und »2,5« beispielsweise für 2,5 mm². Die Kabelfarben sind abgekürzt wiedergegeben: Es bedeuten: BL – blau; BR – braun; GE – gelb; GN – grün; GR – grau; VI – Violett; RT – rot; SW – schwarz; WS – weiß.
Steckverbindungen: Sie tragen grundsätzlich den Kennbuchstaben »X«. Anhand der nachfolgenden Nummer läßt sich aus einer Tabelle im BMW-Schaltplanordner herausfinden, wo der Stecker im Fahrzeug eingebaut ist und wieviele Pole er besitzt.
Bauteile: Alle elektrischen Bauteile sind in den Stromlaufplänen mit voller Bezeichnung angegeben. Außerdem tragen sie Kennbuchstaben mit nachgestellten Unterscheidungsziffern. So bedeuten z. B. A – Anzeige-Kombinationen; B – Geber; E – Glühlampen; F – Sicherungen; G – Stromquellen; H – Signaleinrichtungen; K – Relais; M – Motoren; P – Anzeigegeräte; R – Widerstände; S – Schalter; W – Stromschienen; X – Steckkontakte.
Schaltzeichen: Zur Darstellung der Bauteile werden genormte Schaltzeichen verwendet, wobei alle Schalter und Kontakte den Zustand des stehenden, abgeschlossenen Wagens mit angezogener Handbremse zeigen.
Klemmen- oder Pinbezeichnungen: Ein- oder zweistellige Ziffern, ggf. mit Zusatzbuchstaben im Stromlaufplan finden sich gleichlautend an den Anschlußklemmen des entsprechenden Bauteils.
Masse: Karosserie, Motor oder Getriebe dienen in der Autoelektrik zur Rückleitung des Stromes – man spricht hier von »Masse«. Im Stromlaufplan ist jeder Masseanschluß als solcher bezeichnet.

Digitale Motorelektronik mit EML (DME M1.1/M1.3)

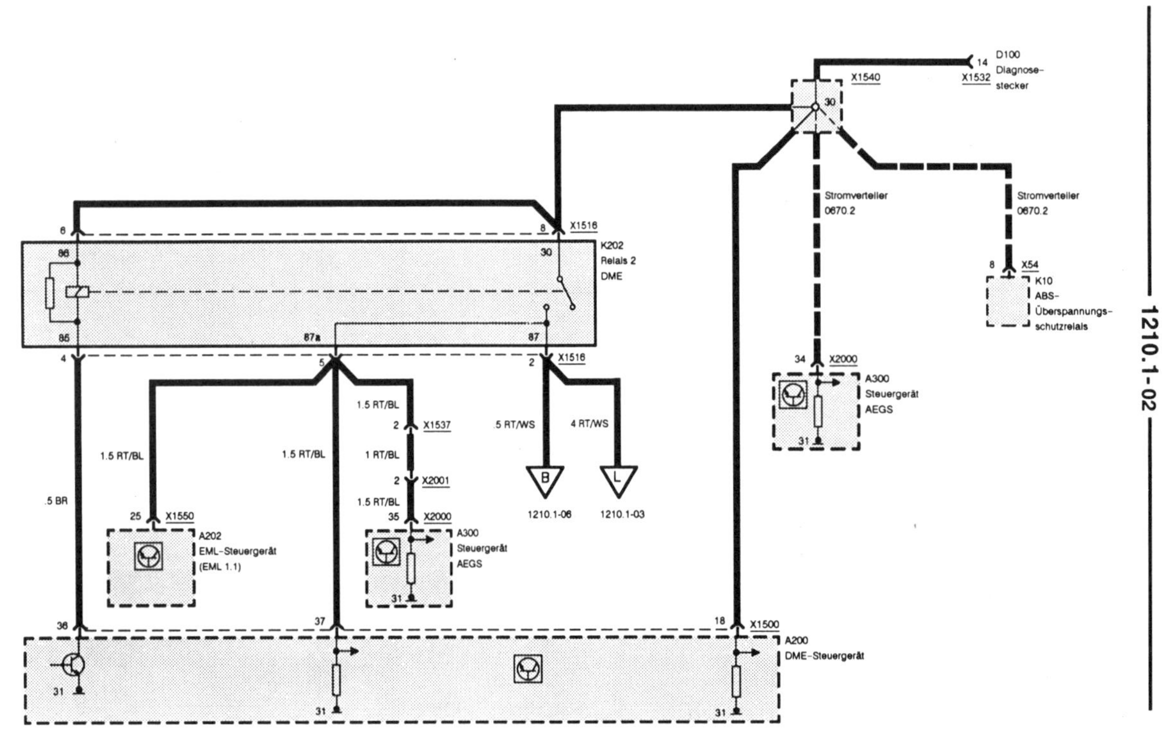

Digitale Motorelektronik mit EML (DME M1.1/M1.3)

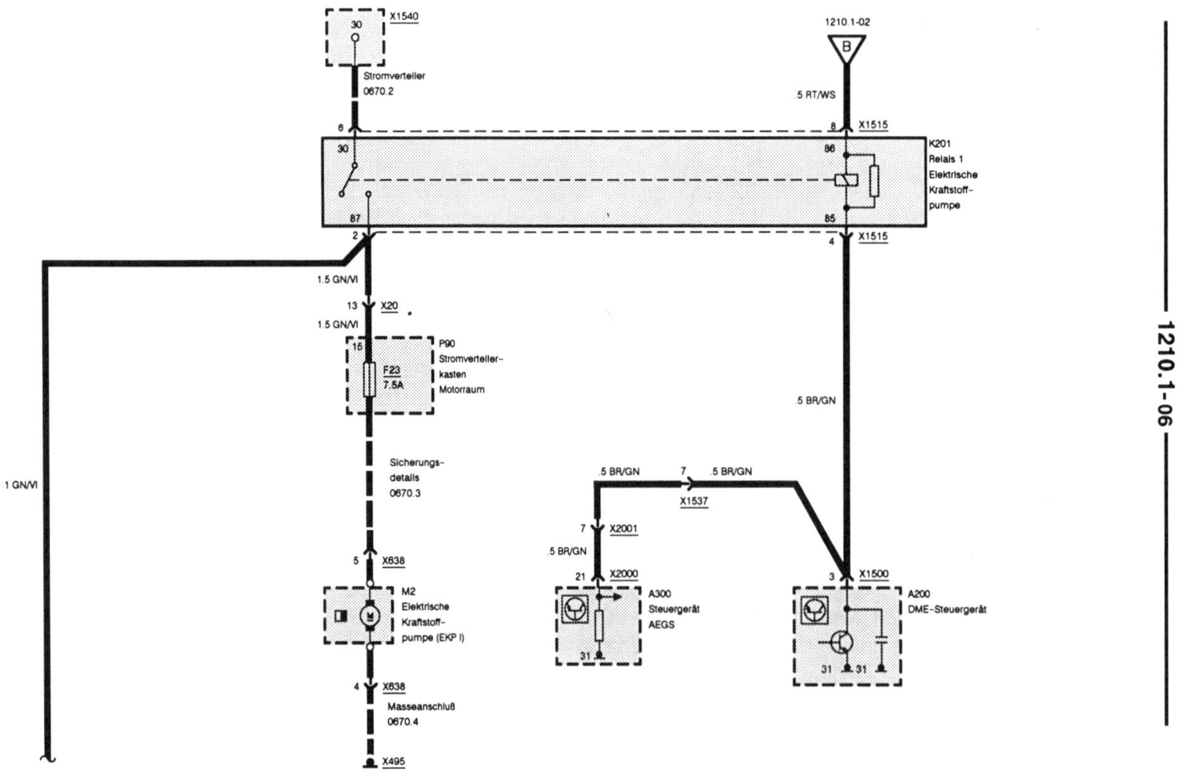

Digitale Motorelektronik mit EML (DME M1.1/M1.3)

Einspritzventile

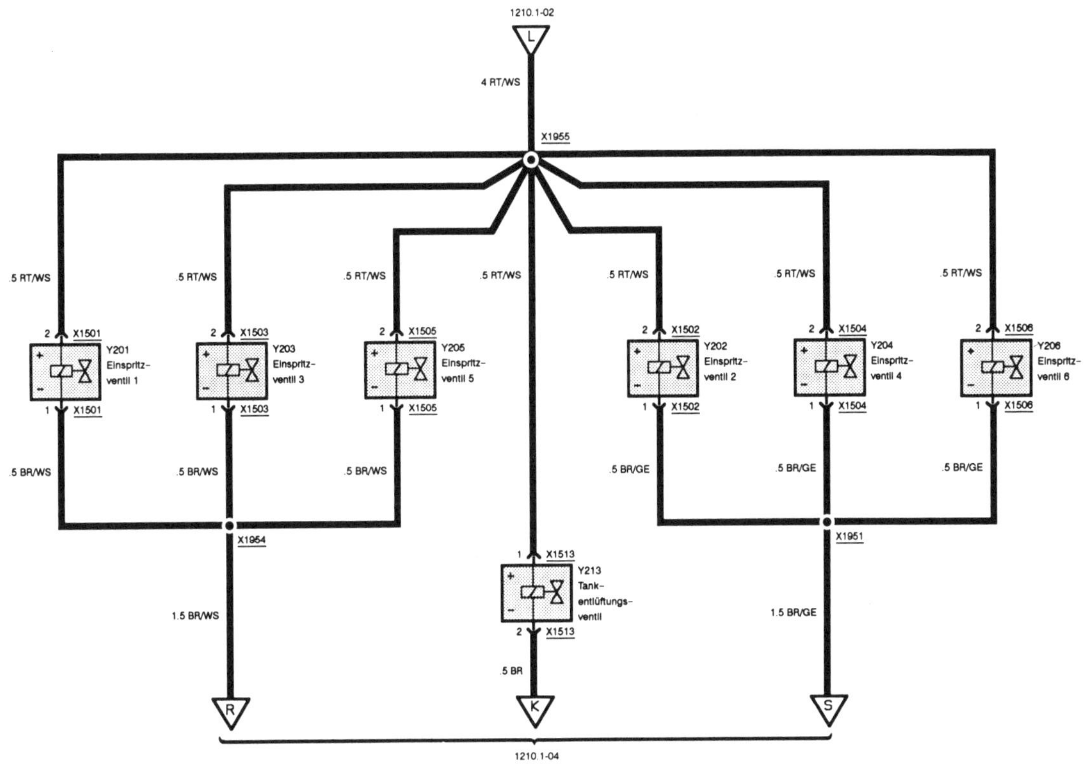

Digitale Motorelektronik mit EML (DME M1.1/M1.3)

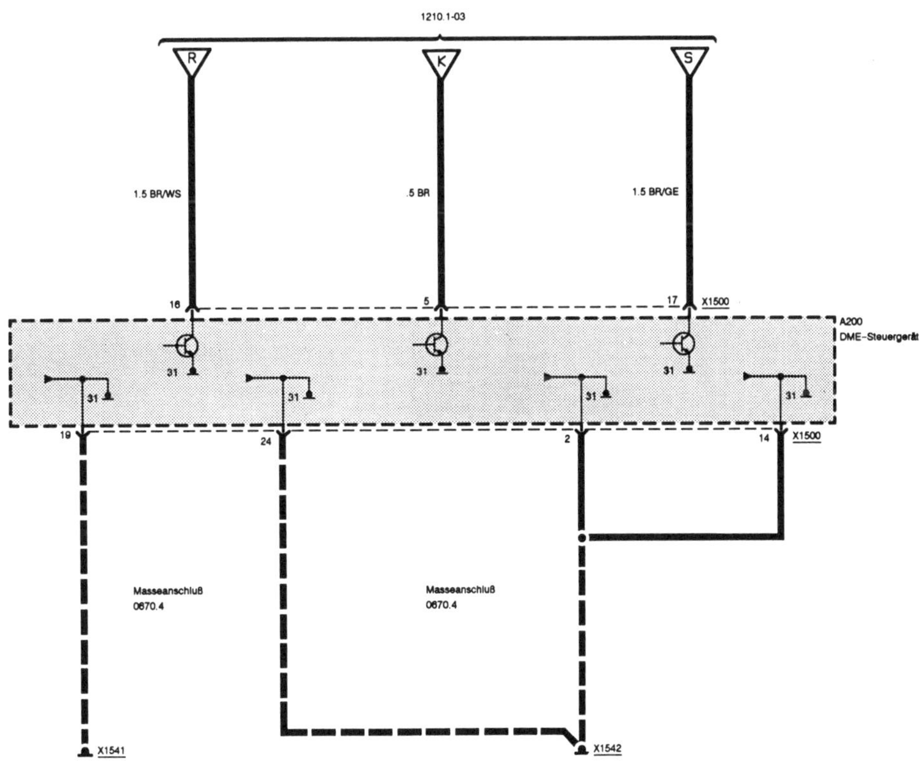

Generator

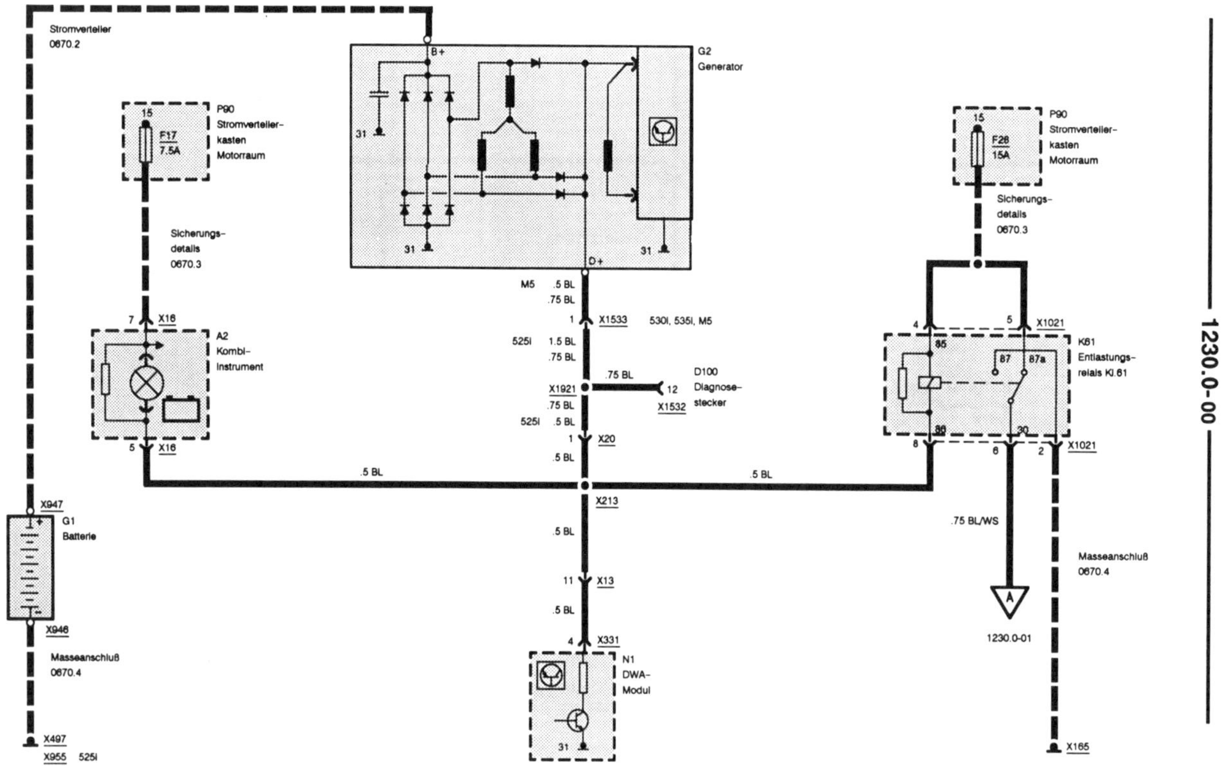

Generator

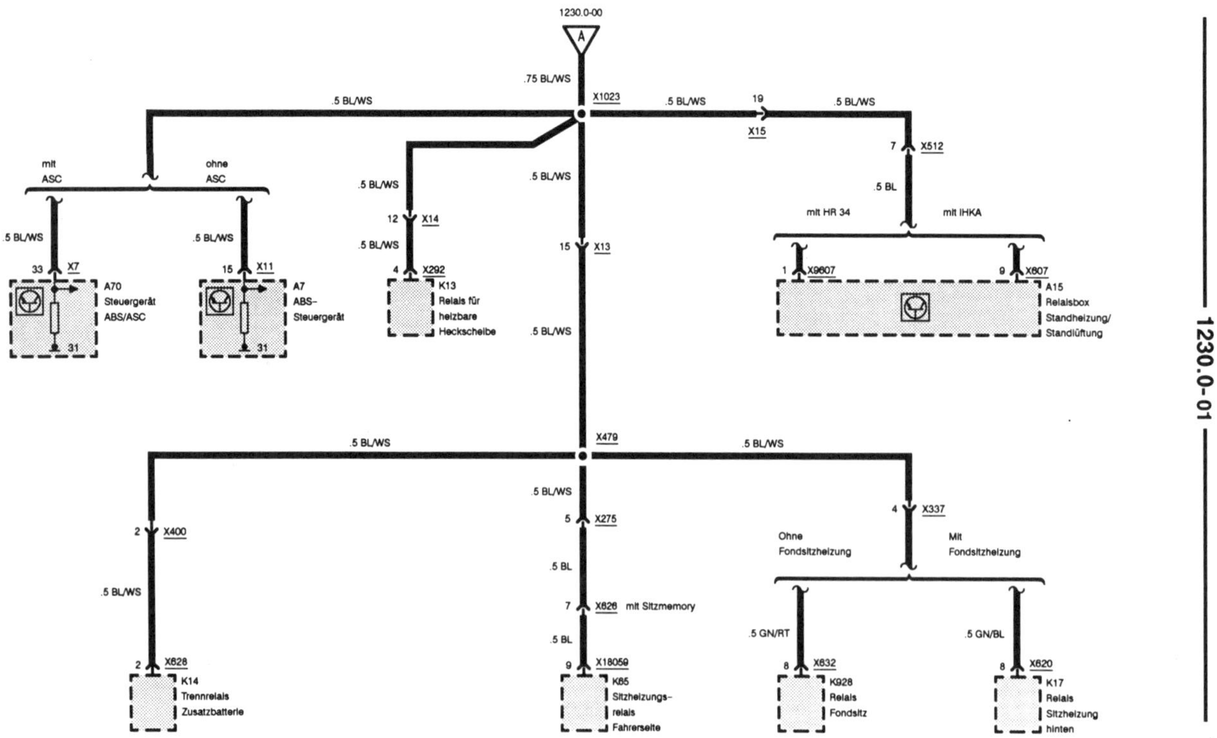

Anlasser

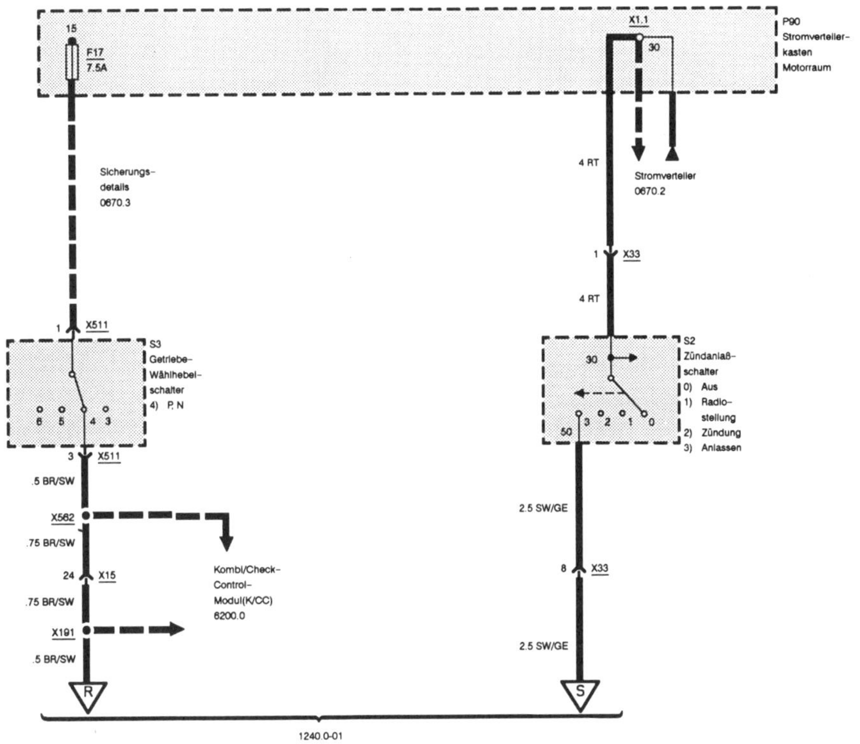

1240.0-00

Anlasser

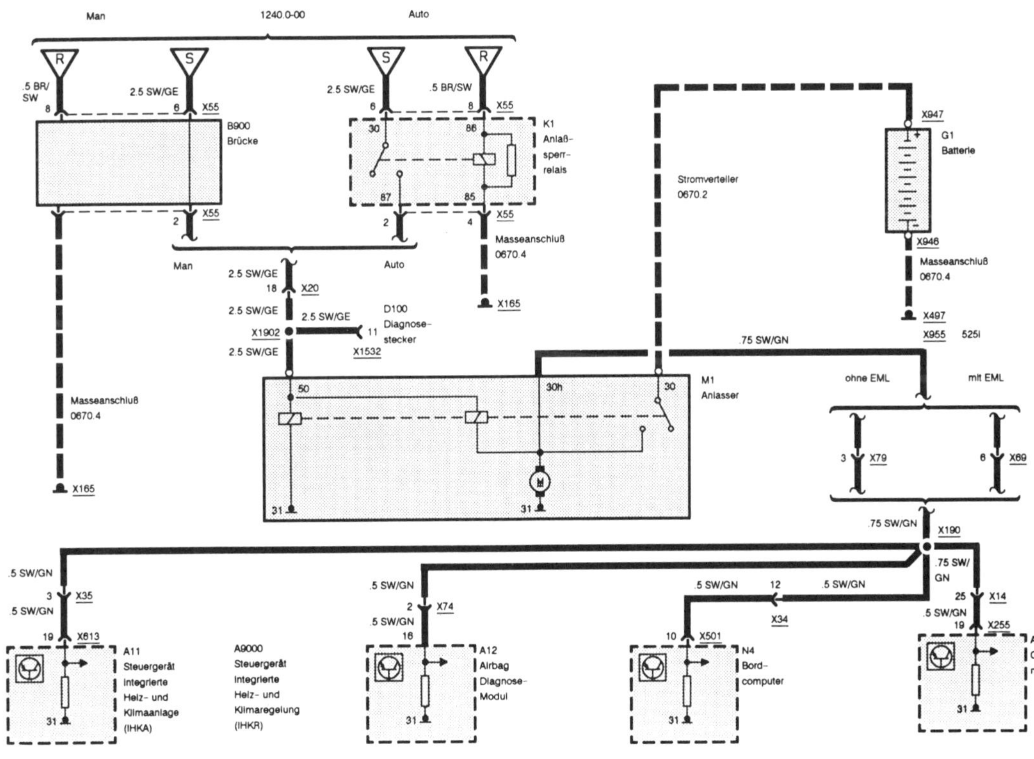

1240.0-01

Elektrische Spiegelverstellung

Außenspiegel

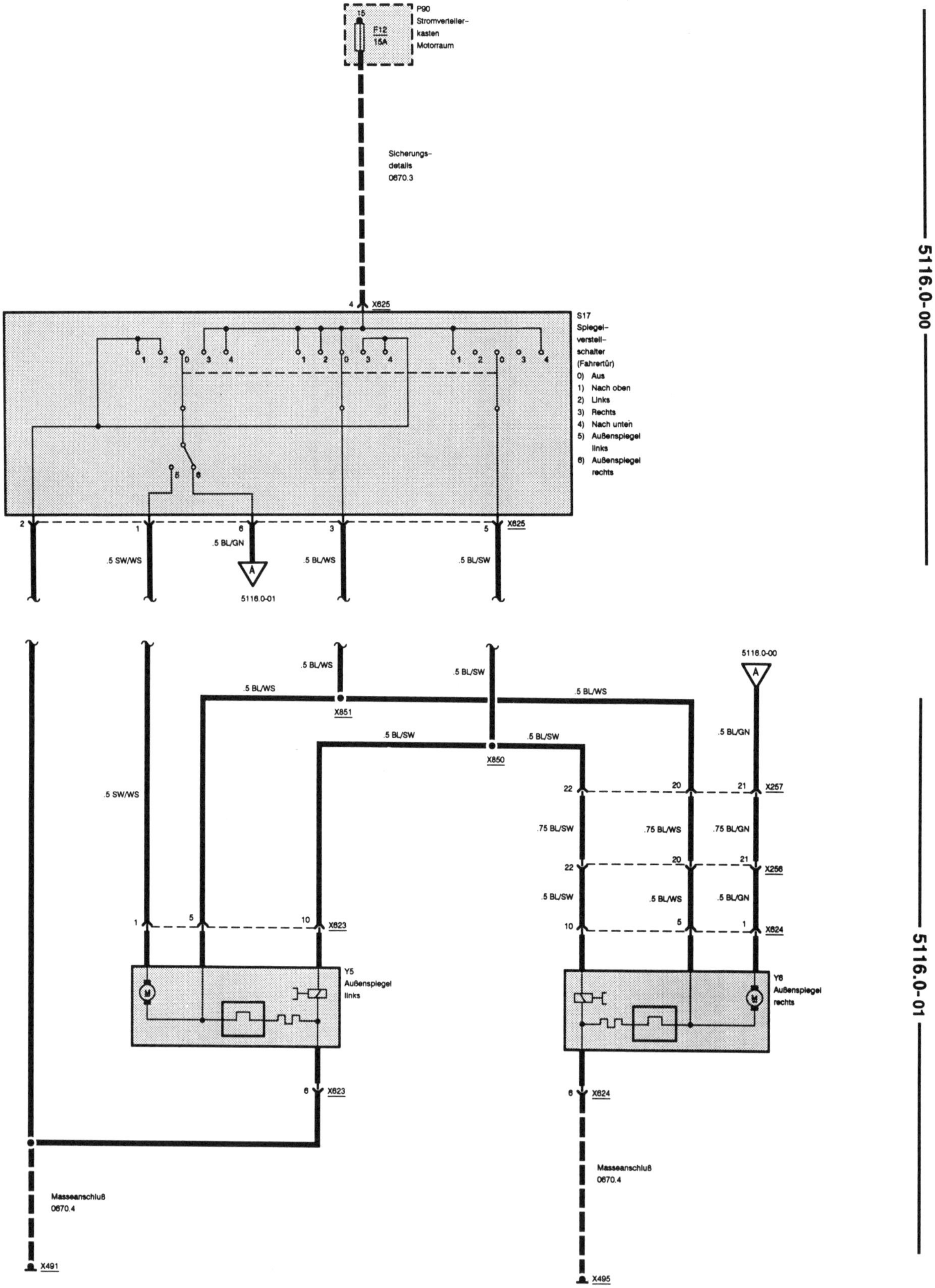

ZKE Zentralverriegelung (ZV)
Eingänge

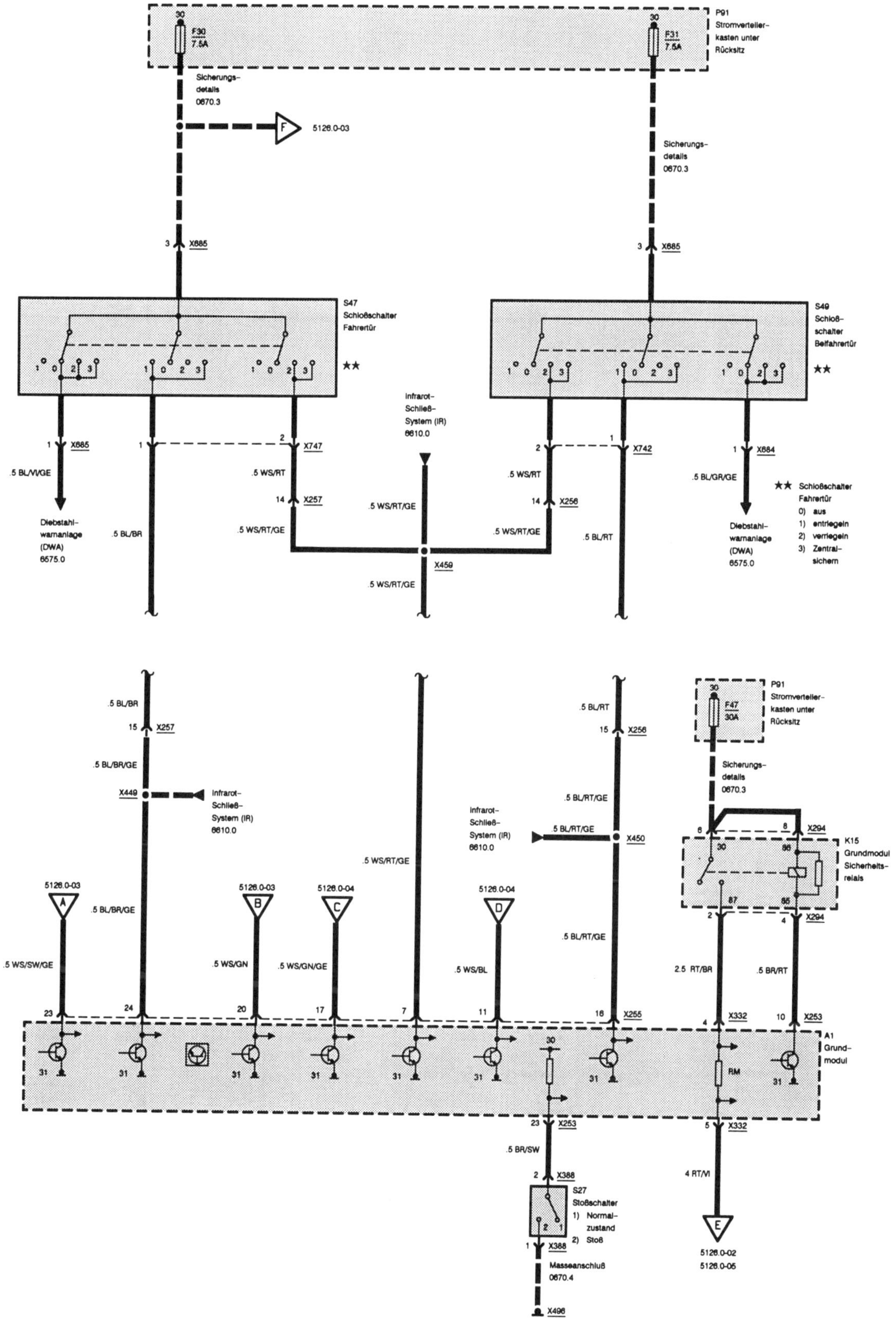

5126.0-00

5126.0-01

ZKE Zentralverriegelung (ZV)

Ausgänge

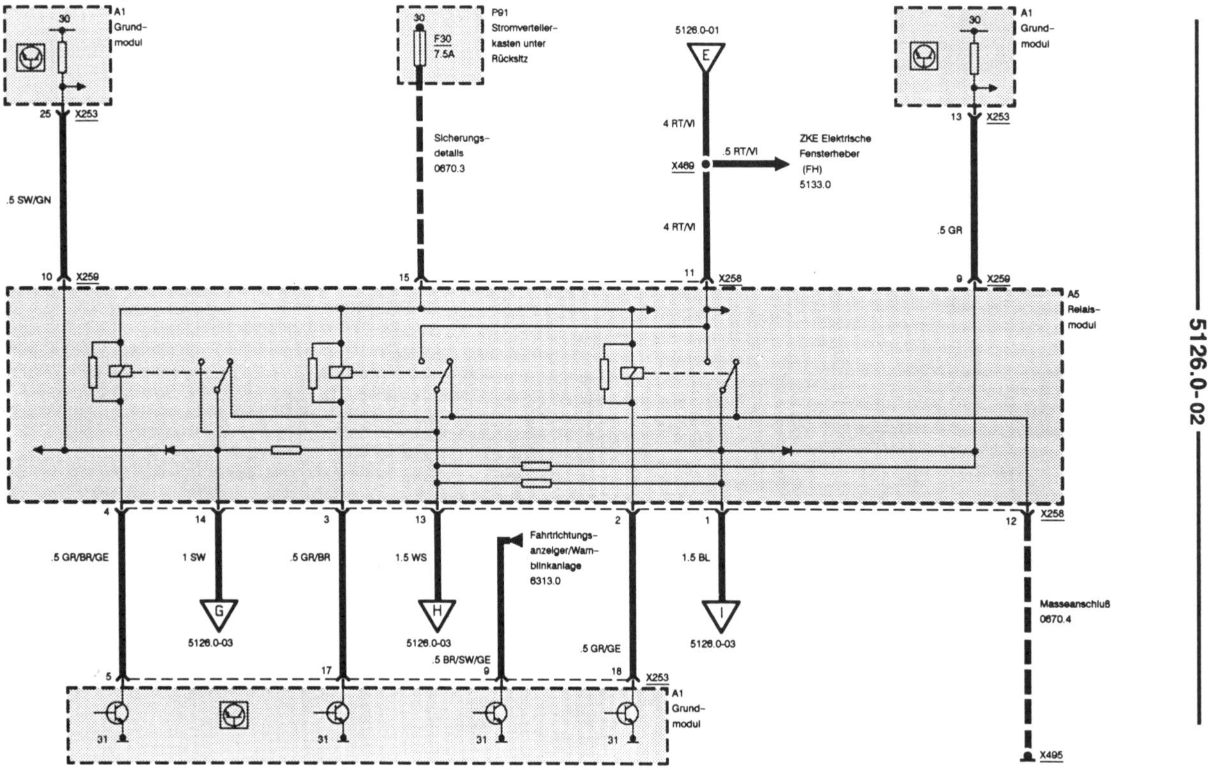

ZKE Zentralverriegelung (ZV)

Ausgänge

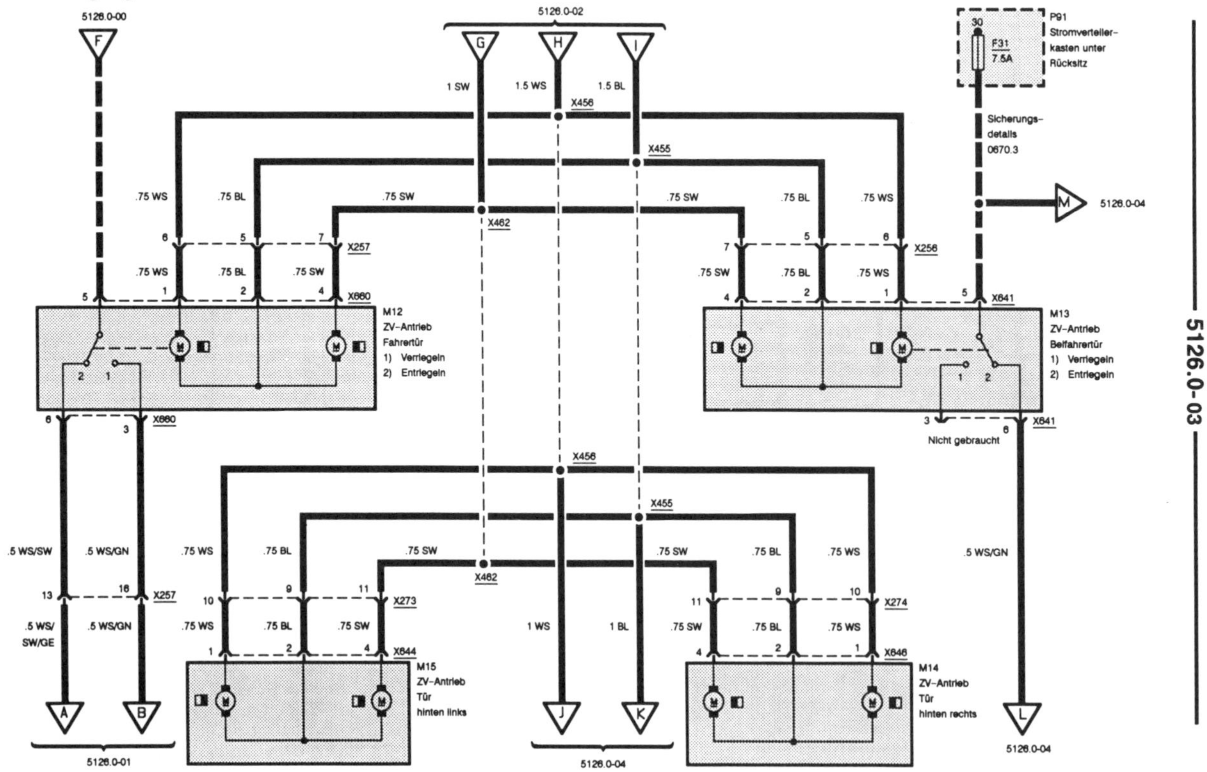

ZKE Zentralverriegelung (ZV)

Ausgänge

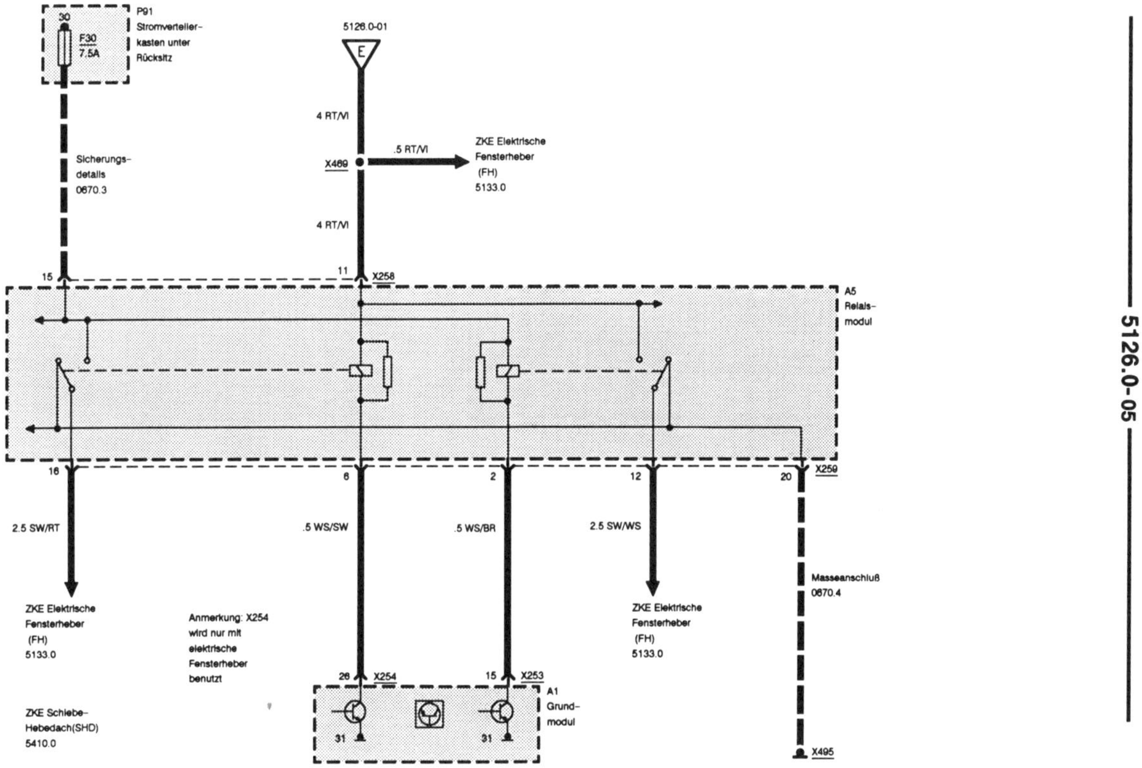

ZKE Zentralverriegelung (ZV)

Ausgänge

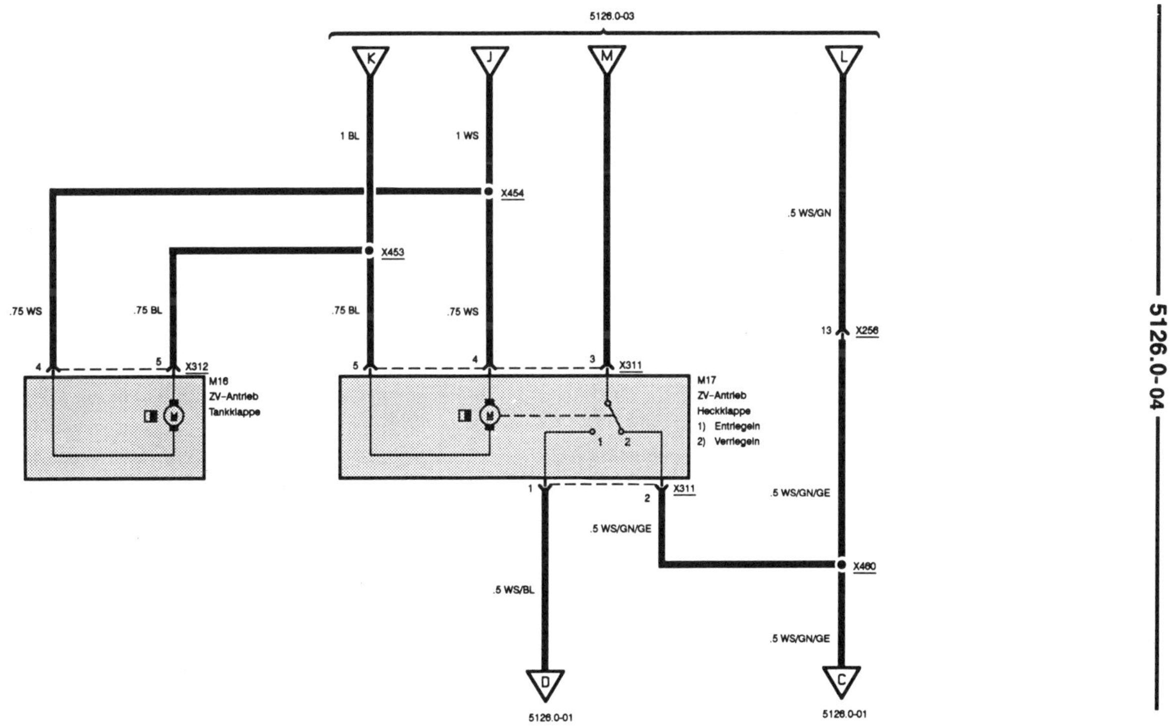

Signalhorn

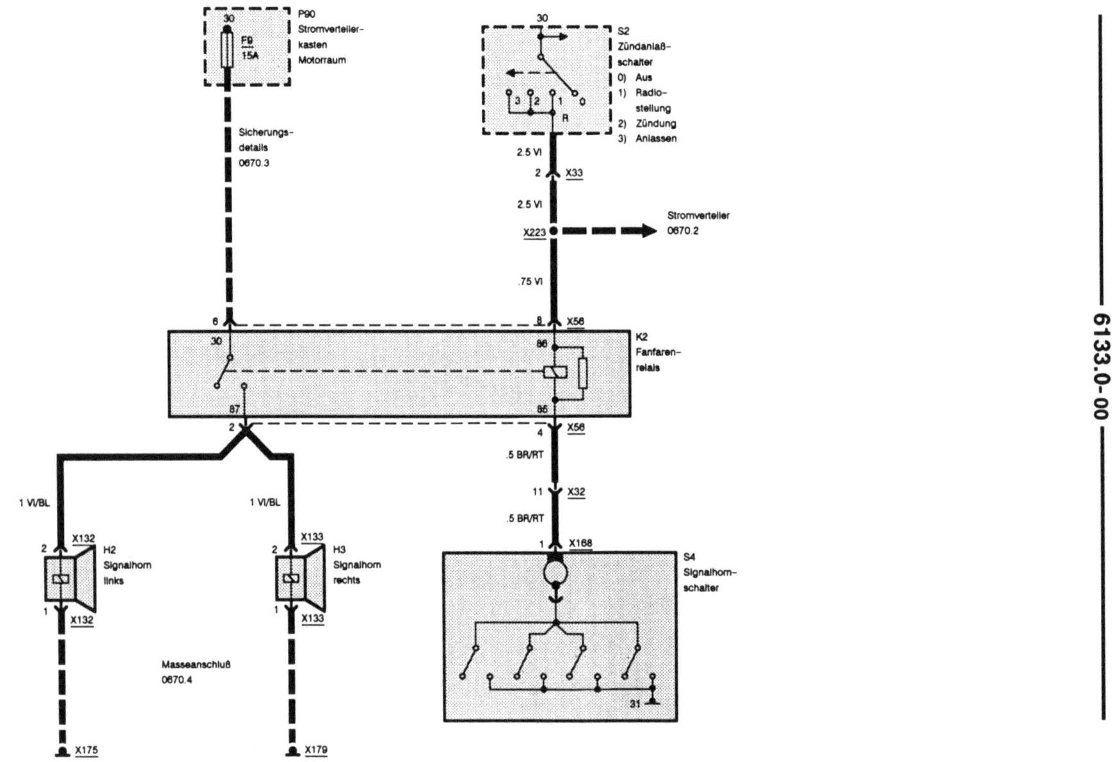

ZKE Scheibenwischersteuerung (SWS)

Eingänge

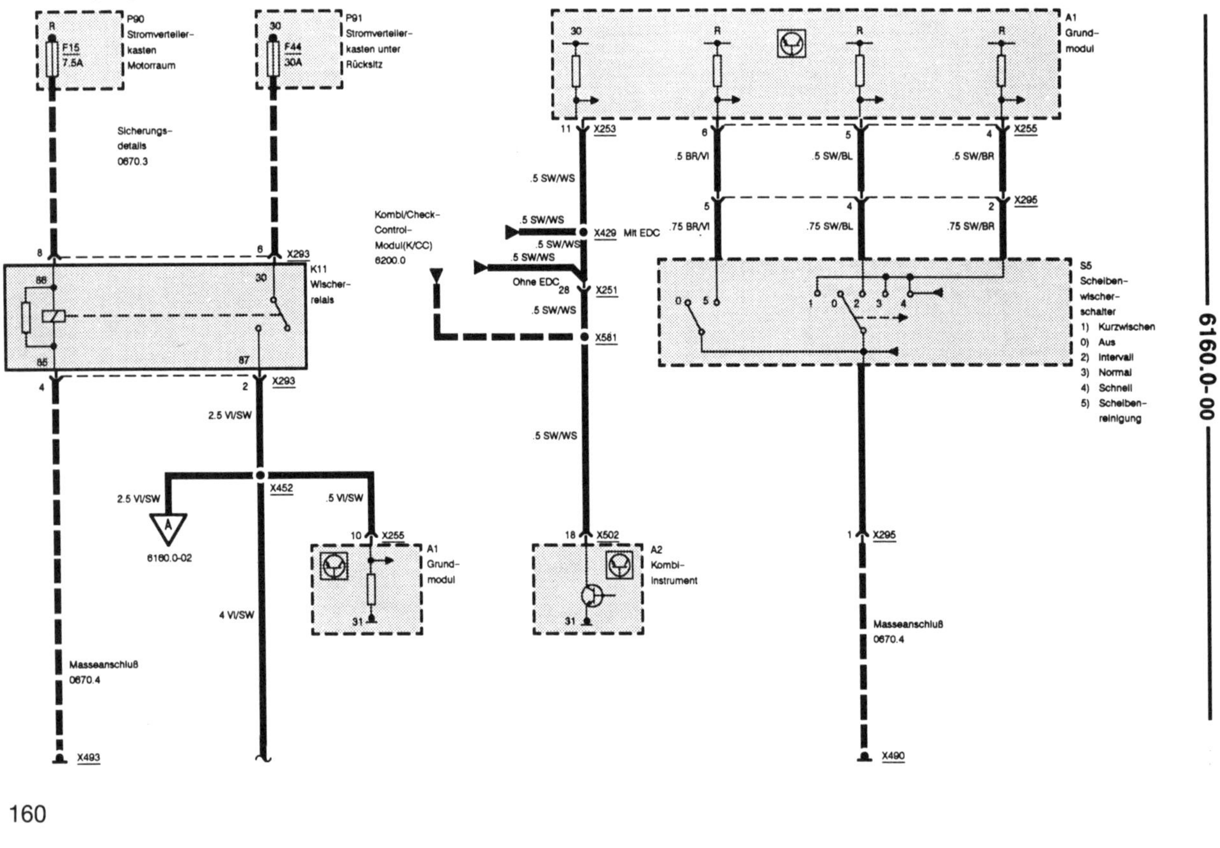

Ausgänge

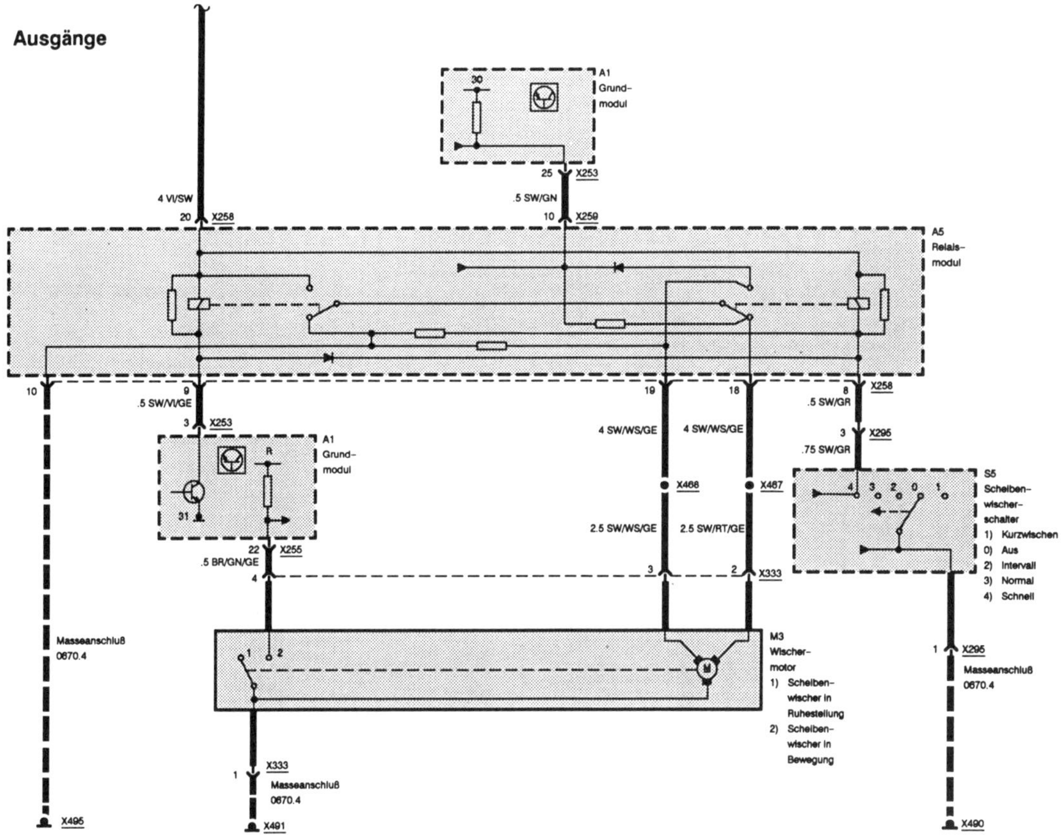

6160.0-01

ZKE Scheibenwischersteuerung (SWS)

Ausgänge

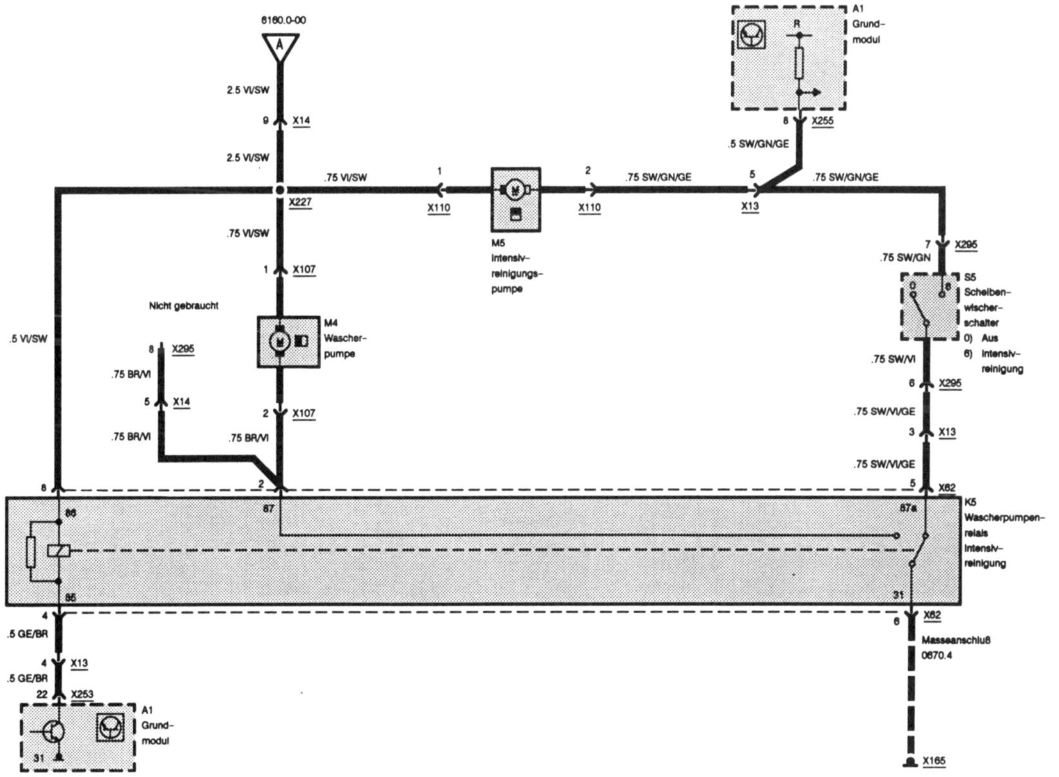

6160.0-02

Wisch-Wasch- Modul (WWM)

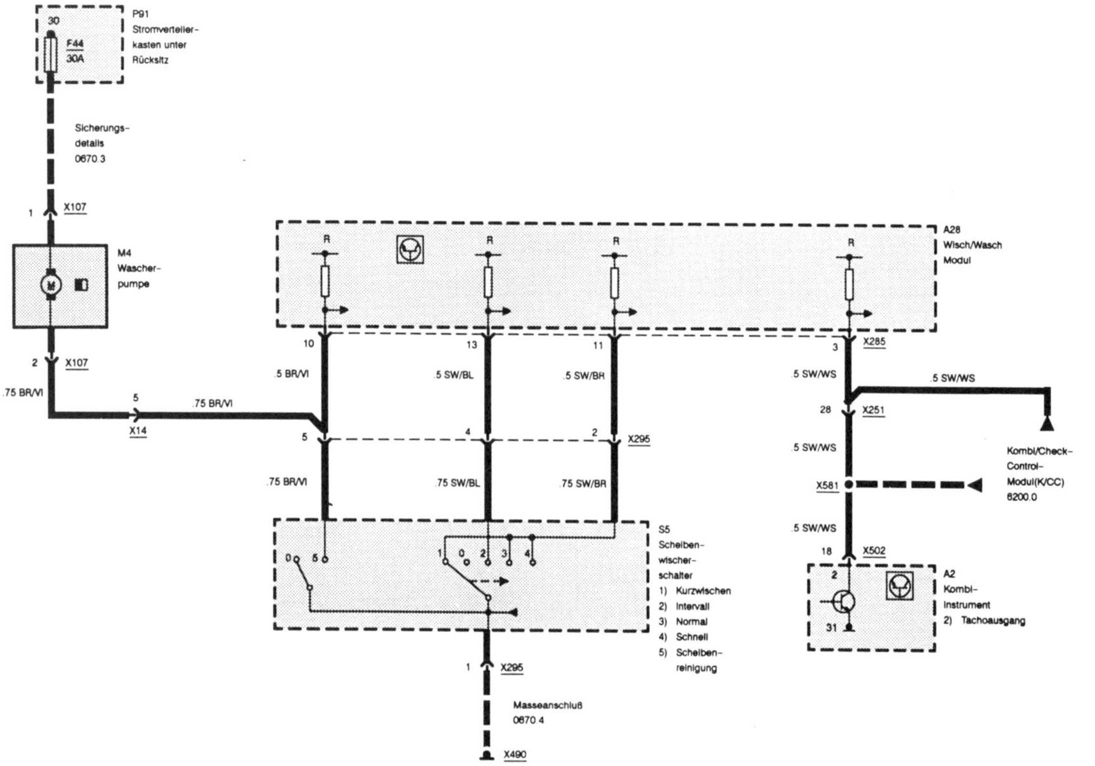

6160.1-00

Wisch-Wasch- Modul (WWM)

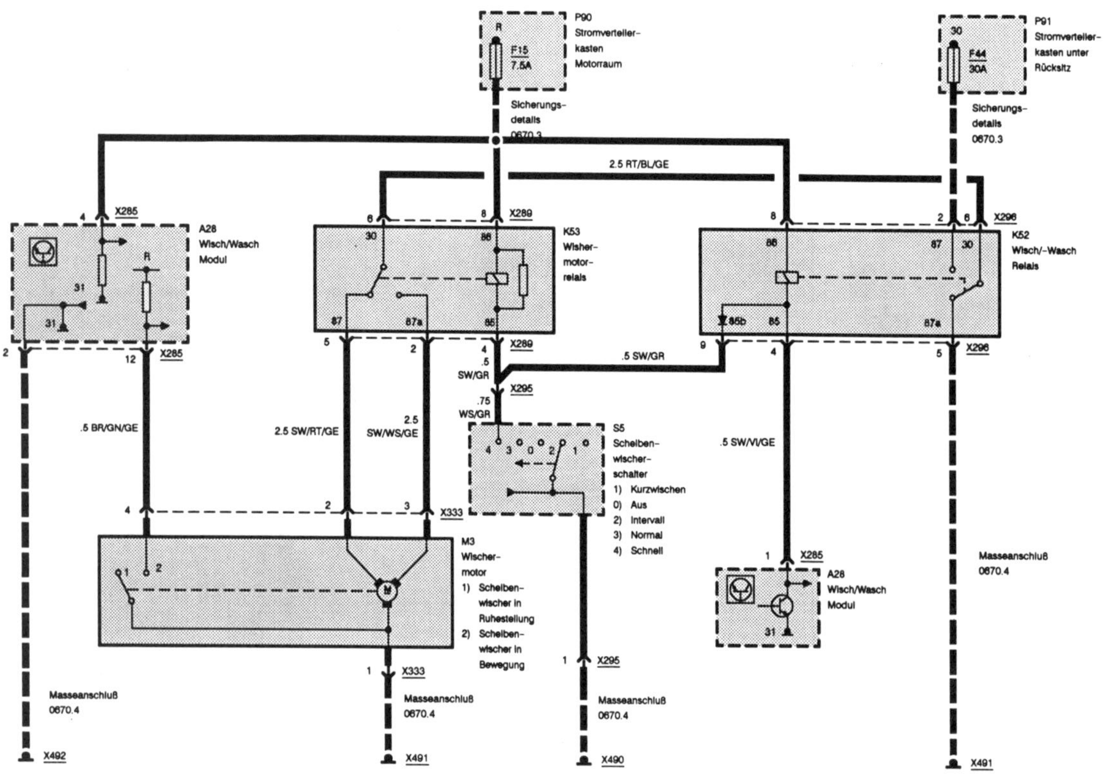

6160.1-01

Scheinwerfer/ Nebelscheinwerfer

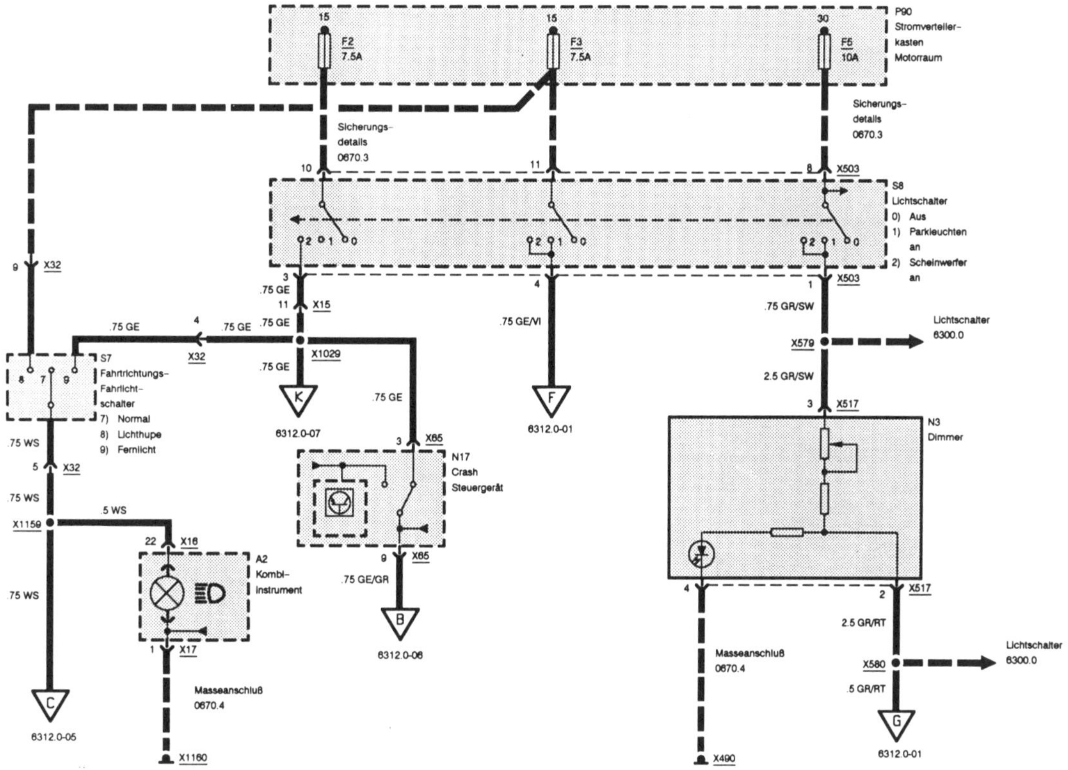

6312.0-00

Scheinwerfer/ Nebelscheinwerfer

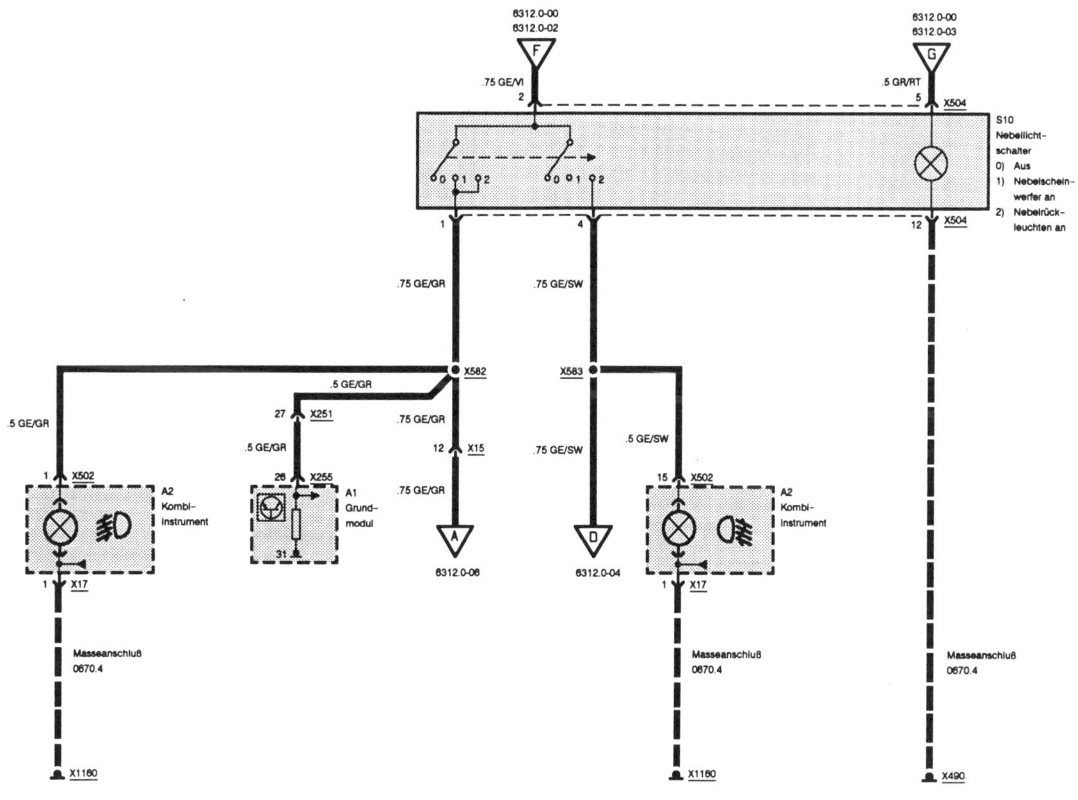

6312.0-01

Scheinwerfer/ Nebelscheinwerfer

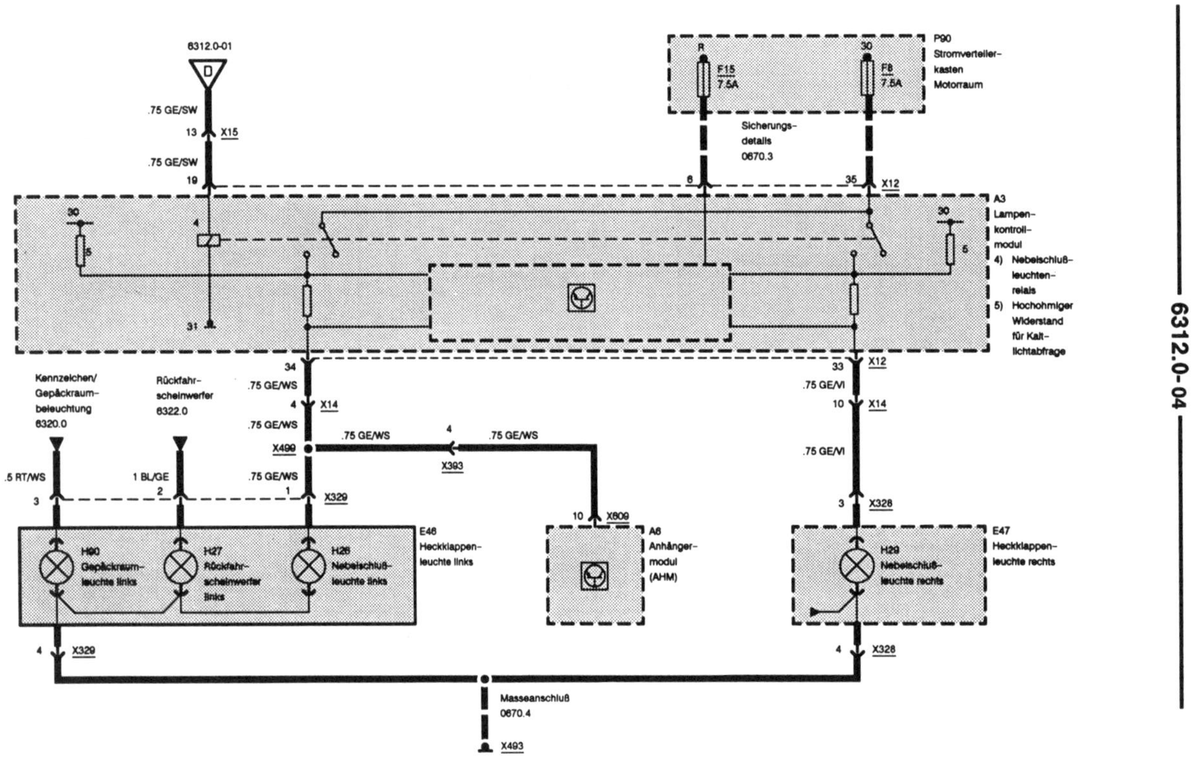

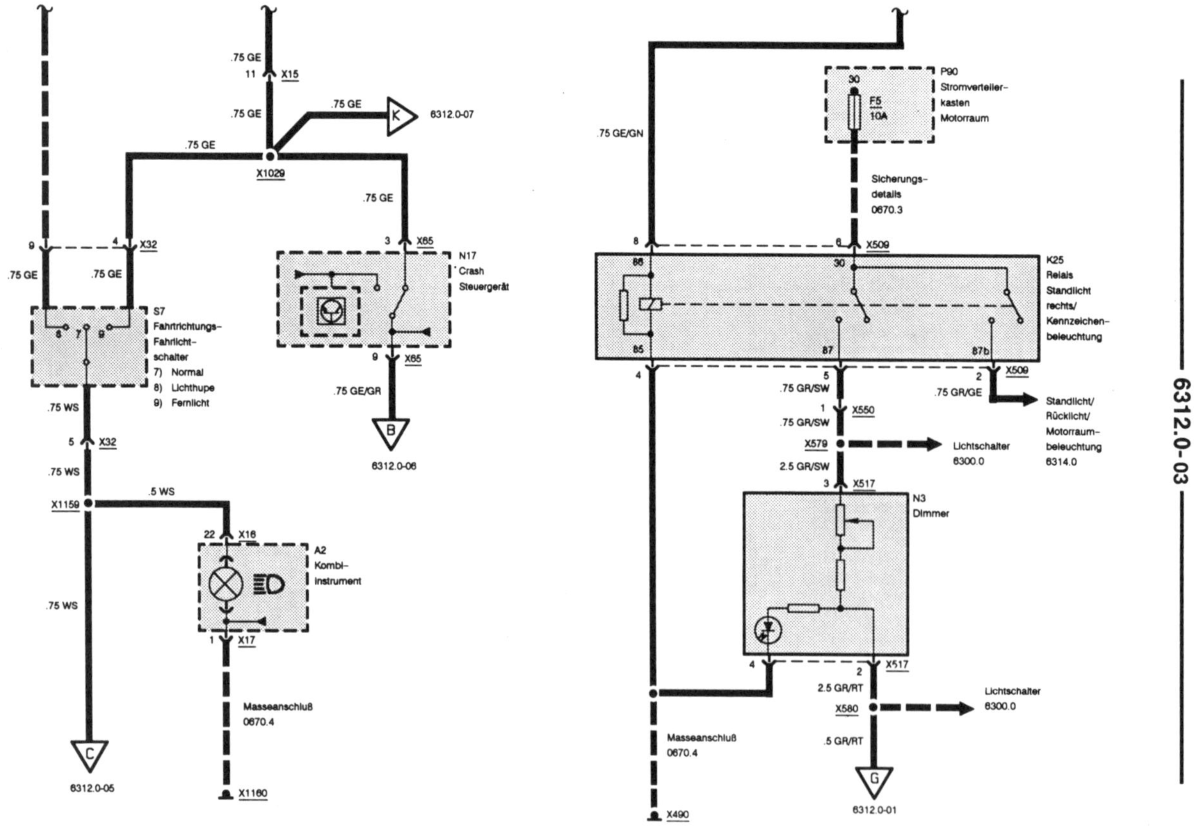

Scheinwerfer/ Nebelscheinwerfer

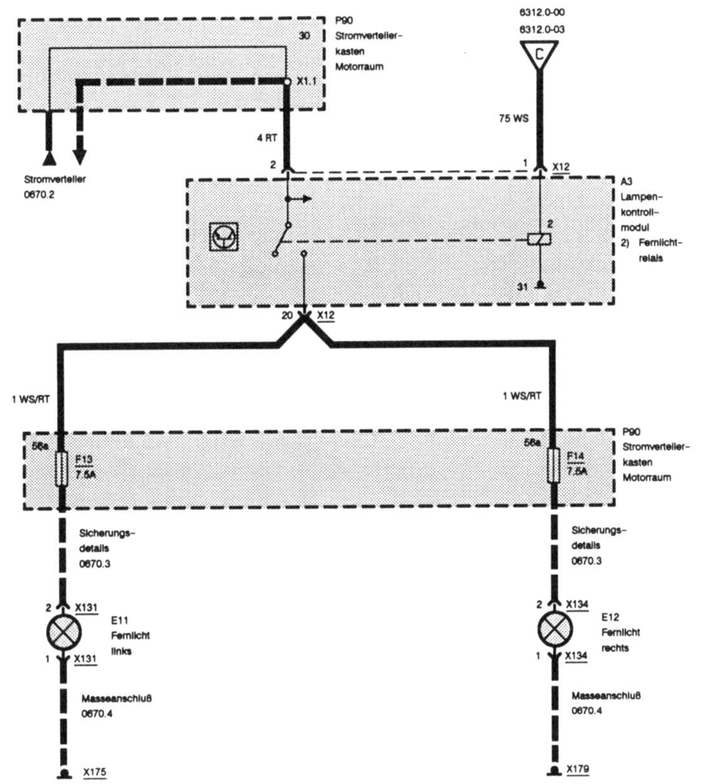

6312.0-05

Scheinwerfer/ Nebelscheinwerfer

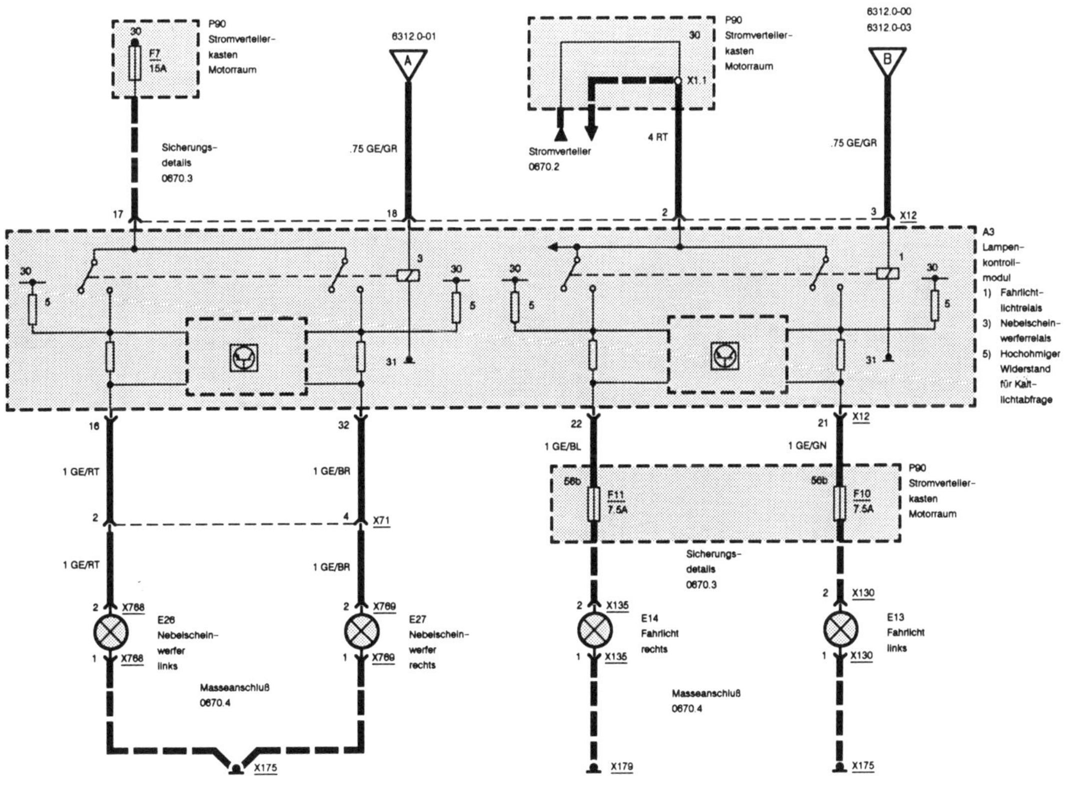

6312.0-06

Kennzeichen/ Gepäckraumbeleuchtung

Kennzeichenbeleuchtung

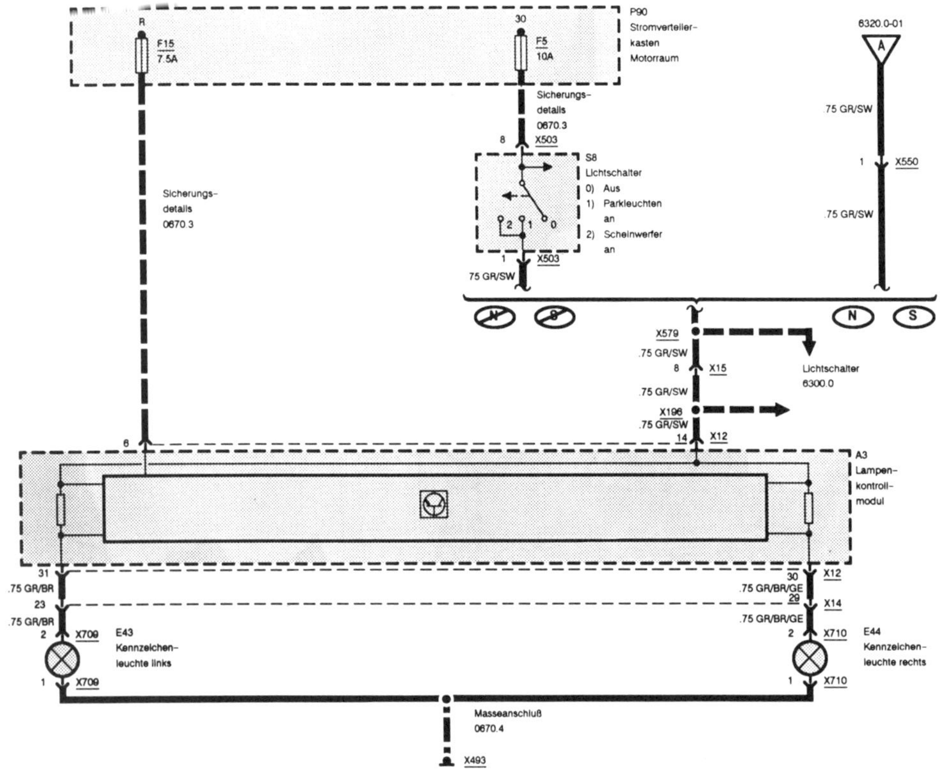

6320.0-00

Kennzeichen/ Gepäckraumbeleuchtung

Gepäckraumbeleuchtung

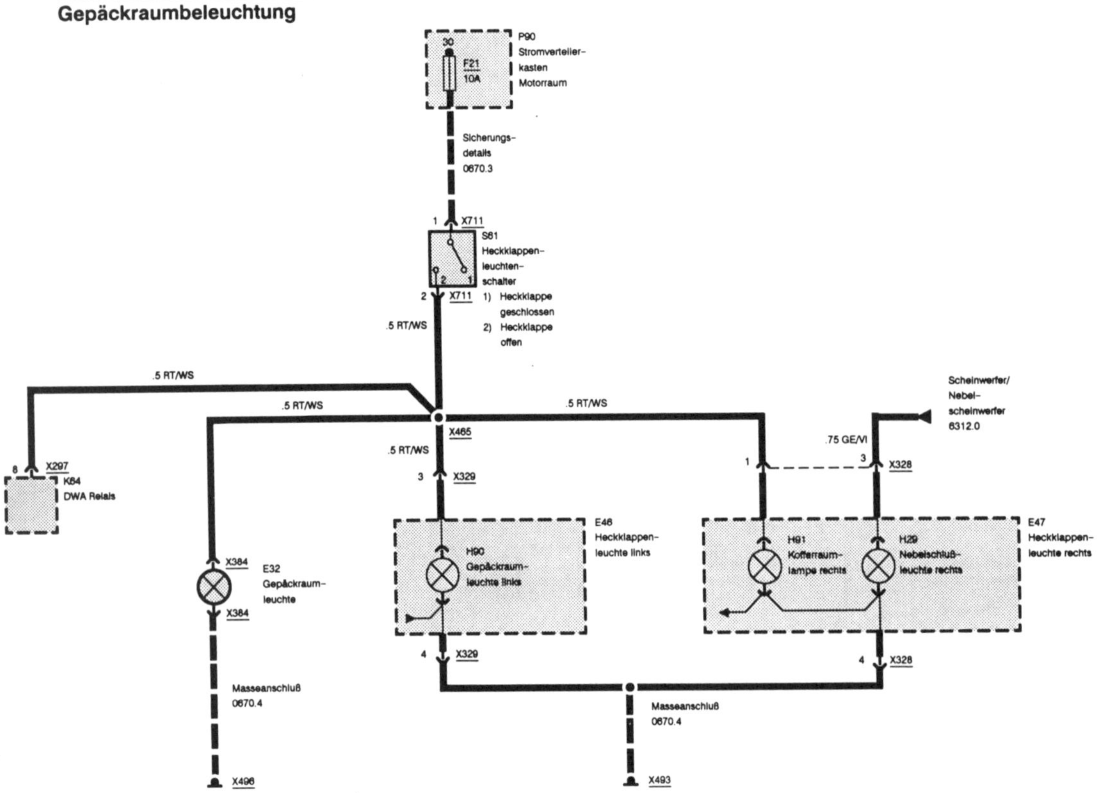

6320.0-02

Rückfahrscheinwerfer

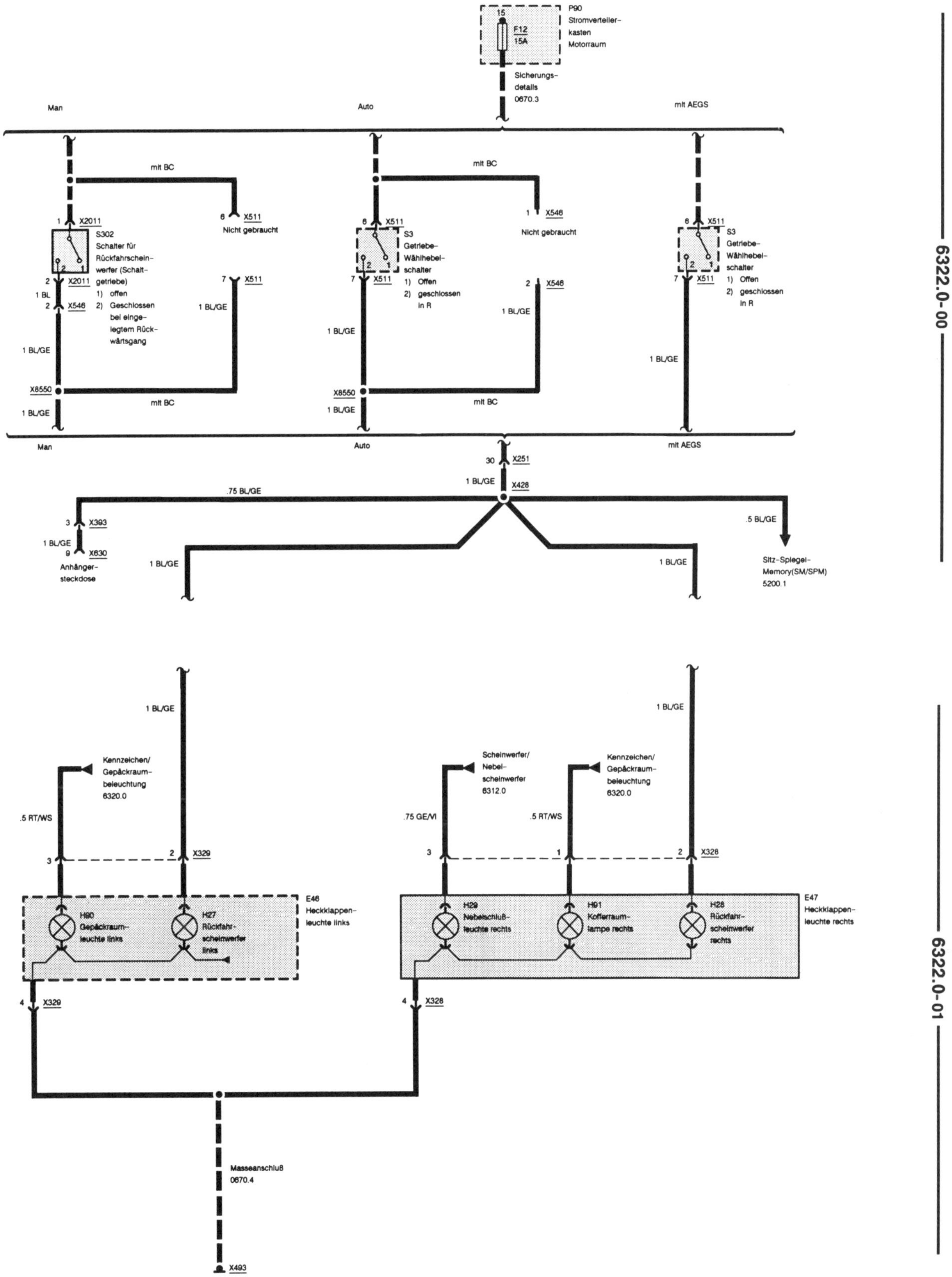

Fahrtrichtungsanzeiger/Warnblinkanlage

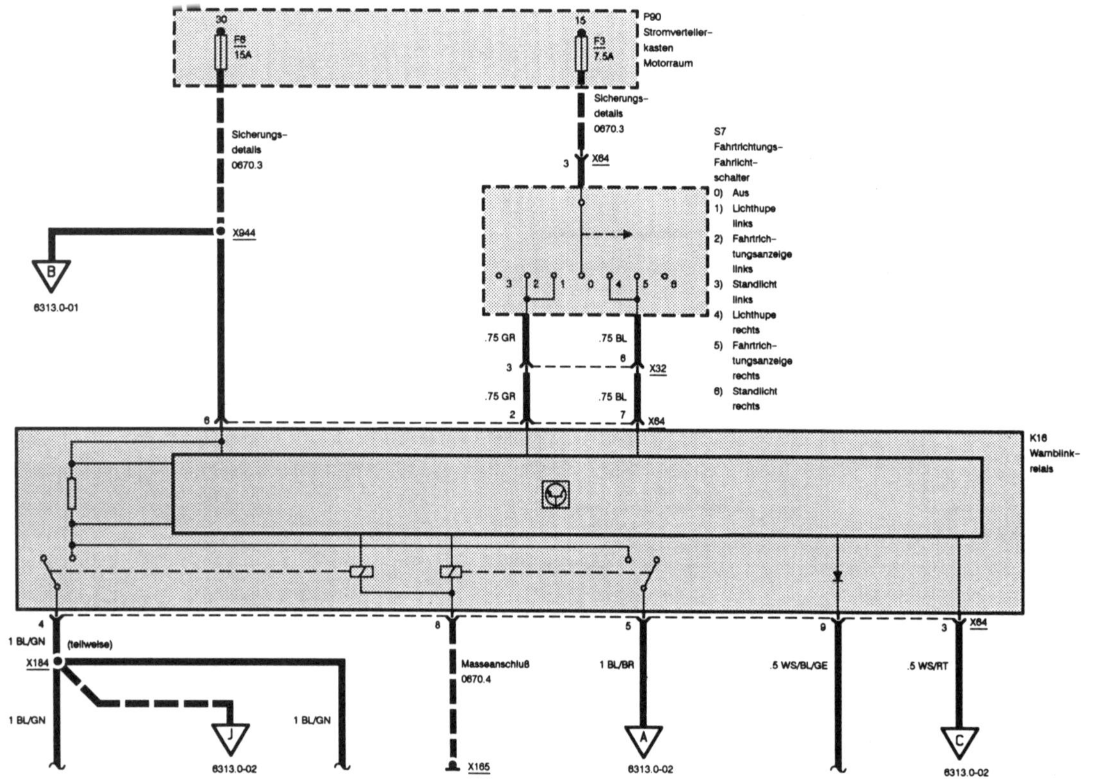

6313.0-00

Fahrtrichtungsanzeiger/Warnblinkanlage

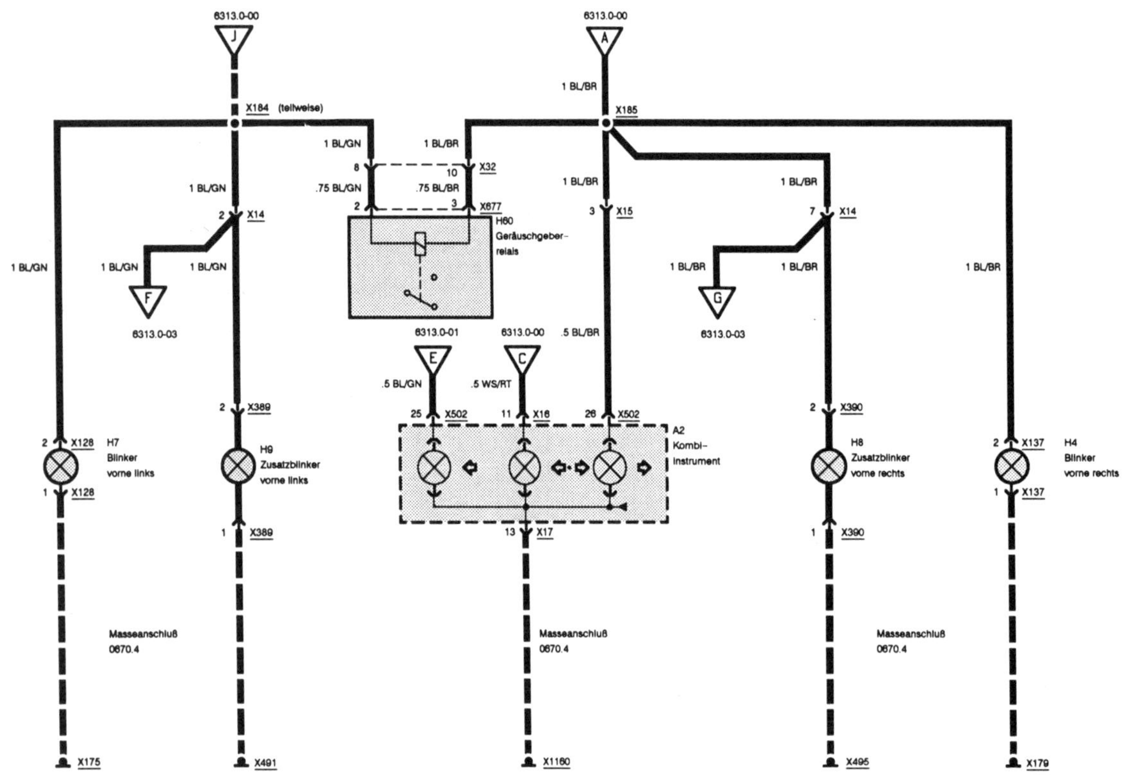

6313.0-02

Fahrtrichtungsanzeiger/Warnblinkanlage

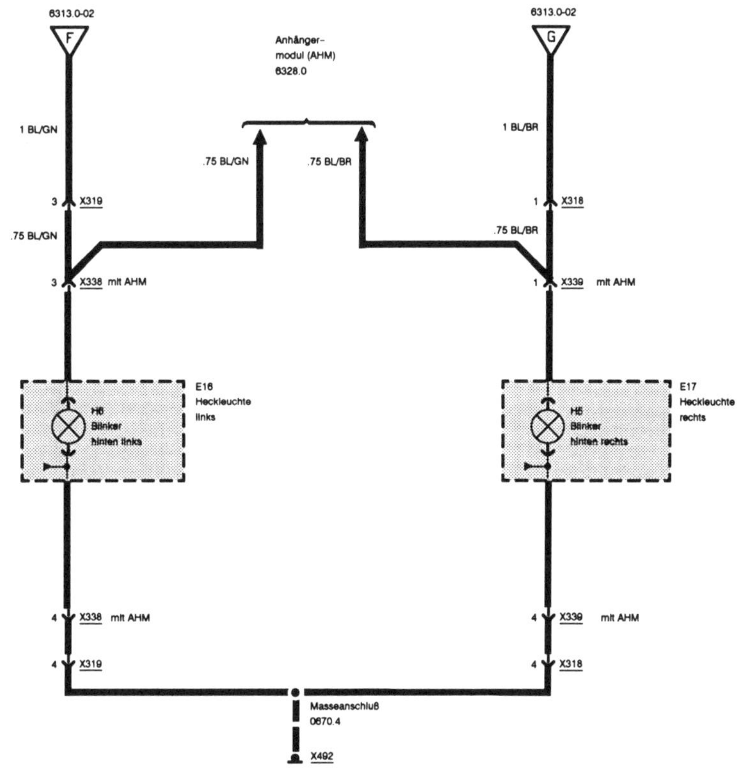

6313.0-03

Bremsleuchten

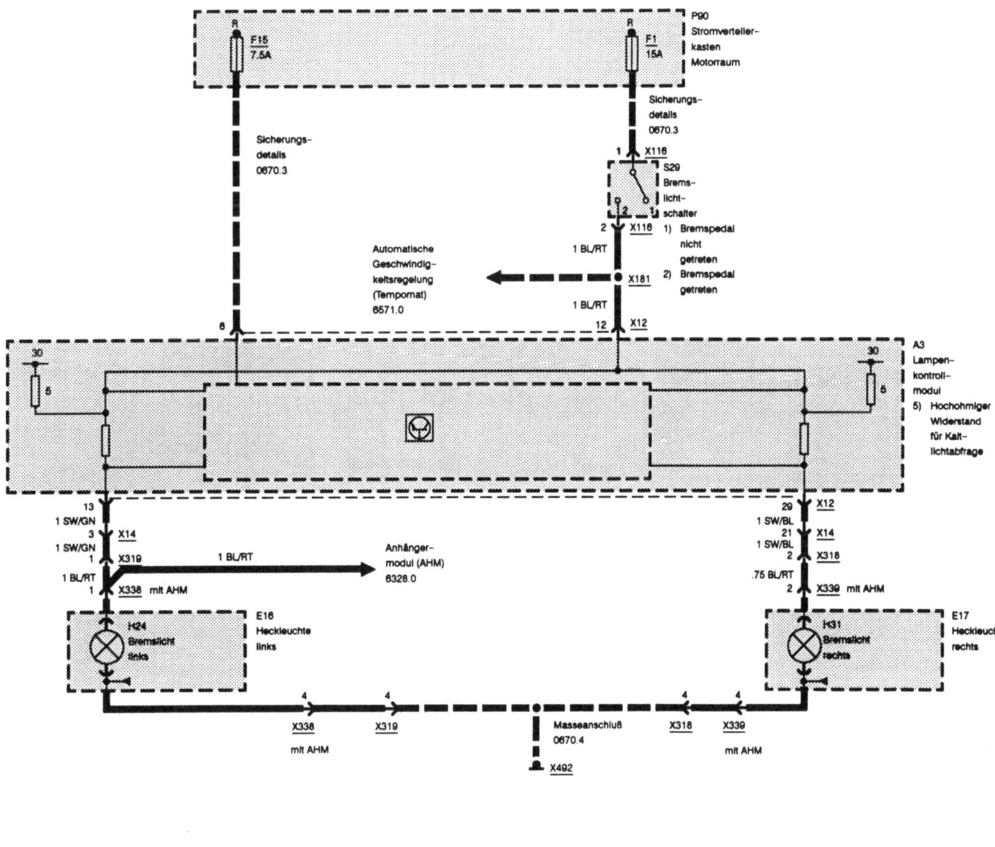

6325.0-00

Geballte Ladung

Um die Batterie dreht sich alles. Sie ist der Mittelpunkt der Bordelektrik im BMW. Ihr Energievorrat wird von den verschiedenen Stromverbrauchern in Anspruch genommen – wieder aufgeladen wird sie von der Lichtmaschine.

So funktioniert die Batterie

Eine Bleiplatte als Elektrode, die mit verdünnter Schwefelsäure (dem Elektrolyt) in Verbindung kommt, gibt unter dem Einfluß des Lösungsdrucks positive Ionen, also elektrisch geladene Teilchen an den Elektrolyt ab. Dadurch wird zwischen der Bleiplatte und dem Elektrolyten eine elektrische Spannung aufgebaut.
In der Praxis verläßt man sich jedoch nicht auf diesen freiwilligen Übertritt geladener Teilchen, sondern zwingt der Batterie eine Ladespannung auf. Das hat den Effekt, daß sich das Bleisulfat der Platten einer entladenen Batterie an der positiven Elektrode in Bleidioxid und an der negativen Elektrode in Bleischwamm umwandelt. Gleichzeitig wird im Elektrolyten wieder Schwefelsäure gebildet, und als äußeres Zeichen für den fast abgeschlossenen Ladevorgang steigen Gasbläschen auf.
Beim Entladen dreht sich der Vorgang um. Das Bleidioxid der positiven Platte und der Bleischwamm der negativen werden wieder zu Bleisulfat, wobei sich die Schwefelsäure verbraucht und Wasser gebildet wird. Mit der Entladung sinkt deshalb die Säuredichte ab.

Die richtige Batterie

Die BMW-Modelle 520i/525i haben ihre Batterie **rechts vorn im Motorraum** sitzen. Beim 530i/535i ist dort kein Platz, weshalb sie bei diesen Modellen **rechts unter der Rücksitzbank** untergebracht ist. So trägt dieser Einbauort gleichzeitig zu etwas ausgeglicheneren Gewichtsverhältnissen im Wagen bei.

Welche Batterie kommt in welches Auto?

Serienausstattung:
○ 520i/525i: **12 V/50 Ah**, Typnummer 55040
○ 530i/535i: **12 V/75 Ah**, Typnummer 57539
oder 12V/68 Ah, Typnummer 56818.

Sonderausstattung:
○ 520i/525i: **12 V/66 Ah**, Typnummer 56518
○ 530i/535i: **12 V/85 Ah**, Typnummer 58515
oder: **12 V/84 Ah**, Typnummer 58424.

Fingerzeig: Die im Fahrzeuginnenraum eingebauten Batterien der Modelle 530i und 535i besitzen eine sogenannte Zentralentgasung: Die beim Laden entstehenden, gesundheitsschädlichen Gase werden oben im Batteriegehäuse gesammelt und über einen dünnen Kunststoff-Schlauch nach außen geleitet.

Batterie-Daten

Spannung und Kapazität: In der Angabe 12 V/50 Ah gibt die vorangestellte 12 V natürlich die Spannung an. Hinter dem Schrägstrich ist die Stromstärke in ihrer »zeitlich lieferbaren Menge« vermerkt – »Ah« steht für Amperestunden. Das ist die Nenn-Batteriekapazität, die nach Normbedingungen gemessen wird.
In der Praxis rechnet man allerdings nur mit ⅔ der angegebenen Kapazität; bei einer älteren Batterie lediglich mit der Hälfte.
Kälteprüfstrom: Die Zahl 265 A, 380 A bzw. 410 A nennt die Stromstärke, welche die Batterie bei −18°C liefern kann.
Typnummer: Eine fünfstellige Zahl dient einheitlich bei allen deutschen Batterie-Herstellern zur Kennzeichnung.
Bei unseren Modellen lauten die entsprechenden Kennzahlen z. B. 55040 bzw. 58424 usw. Die erste Zahl (5) steht für die Batteriespannung von 12 Volt. Die darauf folgenden Zahlen 50 bzw. 84 geben die Batterie-Kapazität an. Die beiden letzten Ziffern kennzeichnen Konstruktionsmerkmale, wie Bauform, Pollage und Bodenleiste.

Wie lange reichen die Reserven?

Wie lange ein Stromverbraucher mit dem Stromvorrat aus der Batterie funktionieren kann, errechnen wir aus folgender Formel:
Betriebszeit = Batteriekapazität × Bordnetzspannung : Leistung des Verbrauchers. In der Praxis sollten Sie aber nie mit der vollen Batteriekapazität, sondern nur mit ½ bis ⅔ der Nennkapazität rechnen. Es ergeben sich damit beispielsweise die in der nebenstehenden Tabelle genannten Betriebszeiten.

Batterie	Parklicht	Standlicht	Warnblinkanlage
50 Ah	ca. 40 Stunden	ca. 16 Stunden	ca. 8 Stunden
65 Ah	ca. 52 Stunden	ca. 21 Stunden	ca. 10 Stunden
75 Ah	ca. 60 Stunden	ca. 24 Stunden	ca. 12 Stunden
84/85 Ah	ca. 68 Stunden	ca. 27 Stunden	ca. 14 Stunden

Am ärgsten wird die Batterie natürlich vom Anlasser gestreßt. Mit einer Leistung von 1100 Watt setzt er der Batterie vor allem in dem Moment zu, in dem der Motor vom Stillstand in eine Drehbewegung versetzt wird. Der Stromverbrauch steigt dann bis auf ein Vielfaches der normalen Werte an. Auch braucht der Anlasser natürlich weit weniger Strom, um den warmen Motor durchzudrehen als den kalten.

Temperatureinfluß auf die Batterie

Batterien haben die Eigenart, um so unwilliger auf Kälte zu reagieren, je weniger Strom sie gespeichert haben. Völlig leere Akkus sind so empfindlich, daß sie bei Frost einfrieren und platzen können. Ist die Batterie dagegen randvoll geladen, verträgt sie die Kälte verhältnismäßig gut. Vor der kalten Jahreszeit empfiehlt sich bei einem älteren Akku die Kontrolle des Ladezustands, siehe folgende Seite.

Wartungsfreie Batterien

Die Batterieflüssigkeit besteht aus Schwefelsäure, die mit destilliertem Wasser verdünnt ist. Ein Teil dieses Wassers kann verdunsten oder wird beim Ladevorgang in Wasserstoff und Sauerstoff zersetzt.
Bei herkömmlichen Autobatterien muß der Flüssigkeitsstand ergänzt werden. Wartungsfreie Batterien nach DIN 72311 besitzen ein größeres Flüssigkeitsvolumen. Unter normalen Bedingungen sollen sie ihr gesamtes Leben ohne Nachfüllen von destilliertem Wasser auskommen. Erhöhten Wasserverlust verursachen lediglich höhere Umgebungstemperaturen, längere Aufenthalte in heißen Regionen (Urlaub), ein defekter Lichtmaschinen-Spannungsregler, Selbstentladung bei langen Standzeiten des Fahrzeugs oder Tiefentladung, etwa durch eingeschaltetes Standlicht über Nacht.
Völlig wartungsfreie Akkus sind die teuerste Version. Da man bei ihnen von keinerlei Flüssigkeitsverlust ausgeht, haben sie auch keine Verschlußstopfen mehr.

Batteriesäurestand kontrollieren

Wartung Nr. 2

Auch beim wartungsfreien Akku sollte nach dem Flüssigkeitsstand gesehen werden:

- Die Batterieflüssigkeit muß mindestens bis zum unteren der beiden am Gehäuse auflackierten oder eingeprägten Striche reichen, zumindest aber die Plattenoberkanten gut bedecken.
- Bei abgesunkenem Flüssigkeitspegel Verschlußstopfen herausdrehen.
- Bei einer normal geladenen Batterie bis zum oberen Strich bzw. bis 15 mm über die Plattenoberkanten **destilliertes Wasser** auffüllen.
- In eine stark entladene Batterie nur so viel Wasser einfüllen, daß die Platten oben bedeckt sind. Beim Wiederaufladen steigt der Flüssigkeitsstand nämlich erheblich.
- Erst nach dem Laden bis zur oberen Marke nachfüllen.
- Die Wassermenge aus der Einfüllflasche muß gut dosierbar sein, sonst wird der Akku überfüllt.
- Eine überfüllte Batterie »kocht über«, die Säure tritt an den Verschlußstopfen bzw. am Entgasungsschlauch aus.

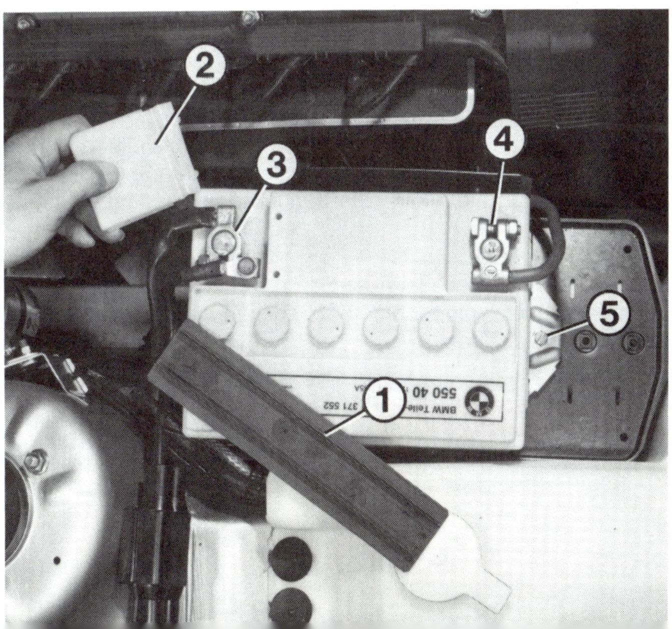

Die Batterie ist beim 520i/525i vorn links im Motorraum untergebracht. Ausbau: Massekabel (4) lösen, Pluspol-Abdeckung (2) abnehmen und Pluskabelschuh (3) abschrauben. Die Batterie selbst ist mit einem Halteblech und einer Schraube (5) befestigt. Bisweilen ist eine Abdeckung (1) für die Zellenstopfen vorhanden.

Batterie ausbauen

- Beim 520i/525i Motorhaube öffnen, beim 530i/535i Rücksitzbank ausbauen.
- Grundsätzlich **zuerst das Minuskabel** abnehmen, um beim weiteren Hantieren Kurzschlüsse zu vermeiden.
- Dazu Mutter an der Klemme des Minuskabels lösen, Klemme vom Batteriepol abheben.
- Pluspolabdeckung abheben.
- Pluskabel-Klemme lösen und abnehmen.
- Schraube der Halteleiste (530i/535i: Haltebügel) am Batteriefuß losdrehen, Schraube und Leiste abnehmen bzw. Haltebügel hochklappen.
- Darauf achten, daß der Haltebügel nicht mit dem Pluspol in Berührung kommt.
- Batterie herausheben.
- Beim Einbau zuerst das Pluskabel anschließen, dann die Minusklemme.
- Ein Vertauschen der Kabelklemmen wäre nur mit Gewalt möglich, denn der Plus-Polkopf ist dicker als der Minus-Polkopf.

Kontaktpflege an der Batterie

- Oxidkristalle an den Batterieklemmen mit warmem Sodawasser abwaschen oder mit »Neutralon« von Varta behandeln.
- Batteriepolköpfe und Kabelklemmen mit Säureschutzfett (Bosch »Ft 40 v 1«) einstreichen.
- Kein Fett erhalten die Polkopfseiten und die Innenseiten der Klemmen, sonst kann es Kontaktschwierigkeiten geben.

Ladezustand der Batterie prüfen

Erscheint der Akku trotz richtigem Säurestand kraftlos, muß der Ladezustand kontrolliert werden. Auskunft darüber gibt das spezifische Gewicht der Batteriesäure. Sie brauchen für die Kontrolle einen speziellen Hebe-Säuremesser (Aräometer), den Sie sich bei der Tankstelle ausleihen können.

- Batterie-Verschlußstopfen herausdrehen.
- So viel Batteriesäure ansaugen, daß die Meßspindel frei schwimmt.
- Säuregewicht ablesen. Es bedeuten: 1,28 kg/l = Batterie voll geladen; 1,20 kg/l = halb geladen; 1,12 kg/l = entladen.

Batterie laden

Heimladegerät anschließen

- Beim **520i/525i** Pluspolabdeckung lösen.
- Pluskabel am Batterie-Pluspol, Minuskabel am Batterie-Minuspol anklemmen.
- Beim **530i/535i** wird das Pluskabel des Ladegeräts am **Pluspolabgriff im Motorraum** (Bild auf der folgenden Seite) angeschlossen, das Minuskabel an einem blanken Motorteil.
- Die Batteriestopfen können eingeschraubt bleiben. Das sich beim Laden bildende Gas kann durch die Entlüftungsbohrungen in den Stopfen entweichen.
- Der Ladestrom soll anfangs etwa 10% der Batteriekapazität betragen (z. B. 5 A beim 50-Ah-Akku) und sich während der Ladung automatisch verringern.
- Die Batterie ist voll geladen, wenn ihre Säuredichte innerhalb von zwei Stunden nicht mehr ansteigt.
- Beim Batterieladen wird das destillierte Wasser teilweise zersetzt. Es bilden sich Gasblasen aus Wasserstoff und Sauerstoff – das hochexplosive Knallgas.
- Wenn mit hohem Strom geladen wird, für gute Durchlüftung des Raumes sorgen.
- Beim Laden der Batterie in deren Nähe nicht rauchen und kein offenes Feuer verwenden.
- Auch Funken beim Ab- oder Anklemmen des Laders bzw. der Batteriekabel können das Knallgas entzünden.

Schnelladen

Wer es eilig hat, kann seine Batterie bei Tankstelle oder Werkstatt schnelladen lassen. Dabei wird mit mindestens 40 Ampere geladen. Nach einer Stunde ist die Batterie wieder voll. Beachten Sie:

○ Einem älteren Akku kann die Schnelladung das Leben kosten, dann muß eine ohnehin bald fällige neue Batterie her.
○ Beide Batteriekabel müssen abgenommen werden. Durch den hohen Ladestrom können die empfindlichen elektronischen Bauteile im Auto Schaden nehmen.
○ Batterie-Verschlußstopfen herausdrehen und lose in die Öffnungen stecken, da der Akku bei der Schnelladung erheblich »gast«.

Start mit leerer Batterie

Nach einer Frostnacht oder durch versehentlich eingeschaltetes Standlicht oder Radio kann es am Strom zum Motorstart fehlen. Dann bieten sich mehrere Methoden an, den Motor in Gang zu bekommen.

<u>Fingerzeig:</u> Bei Fahrzeugen mit Katalysator wird oft vor dem Anrollenlassen, Anschieben oder Anschleppen gewarnt. Falls der Motor lediglich wegen einer leeren Batterie nicht anspringt, ist das aber ungefährlich. Anders bei einem Defekt an der Zündanlage: Da können unverbrannte Gemischanteile in den Katalysator gelangen, wo sie bei laufendem Motor nachgezündet werden und die Temperatur im Kat auf gefährliche Höhen treiben (siehe auch Seite 55).

Fremdstrom aus dem Starthilfekabel

● Fahrzeug mit geladener Batterie so dicht heranfahren, daß die Starthilfekabel in den Motorraum des BMW gelegt werden können.
● Kontrollieren Sie, ob an Ihrem stromlosen Fahrzeug alle Stromverbraucher abgeschaltet sind.
● Ein Kabel an beide Batterie-Pluspole anklemmen. Beim BMW 530i/535i ist die Batterie unter dem Rücksitz eingebaut. Hier verwenden wir statt dem Batteriepol den **Plus-Abgriff links hinten im Motorraum** (siehe Bild unten).
● Anderes Starthilfekabel zuerst am Minuspol der geladenen Fremdbatterie und dann im Motorraum des stromlosen Wagens an blanker Masse (z. B. direkt am Motor) anschließen.
● Motor des Hilfswagens starten und mit erhöhter Drehzahl laufen lassen, damit die Lichtmaschine kräftig Spannung liefert.
● Falls der Motor nicht gleich anspringt, zwischendurch eine Abkühlungspause für den Anlasser einlegen. Hilfsmotor weiterlaufen lassen, wodurch die leere Batterie bereits etwas nachgeladen wird.
● Beim Abklemmen der Starthilfekabel zuerst die Klemme vom Minuspol der geladenen Fremdbatterie abnehmen.

Wagen anschieben

Mit zwei Helfern läßt sich der BMW bei gutem Motorzustand anschieben:
● Zündung einschalten.
● 1. Gang einlegen, in höheren Gängen wird die Lichtmaschine für kräftige Stromlieferung zu langsam durchgedreht.
● Kupplung durchtreten, Wagen anschieben lassen, bis er in Schwung ist.
● Kupplung schlagartig kommen lassen. Der Motor wird abrupt durchgedreht und müßte anspringen.
● Sofort Kupplung treten und Gas geben.

Wagen anschleppen

Suchen Sie sich zum Anschleppen einen schlepperfahrenen Helfer aus, damit nicht durch Ungeschick größerer Schaden entsteht. Und denken Sie daran: Bei stehendem Motor arbeiten Servolenkung und Bremskraftverstärker nicht.
● Zündung einschalten, 2. Gang einlegen und Kupplung treten.
● Der Zugwagen muß langsam anfahren.
● Bei etwa 15 km/h die Kupplung langsam kommen lassen, dabei die rechte Hand an den Handbremshebel legen.
● Ist der Motor angesprungen, Kupplung treten und Gas geben.
● Handbremse sanft ziehen, damit Sie dem Vordermann nicht ins Heck rollen.
● Schleppfahrer Hupsignal geben.
● Gang herausnehmen, Kupplung loslassen.
● Mit der Handbremse zusammen mit dem Schleppwagen sanft abbremsen.

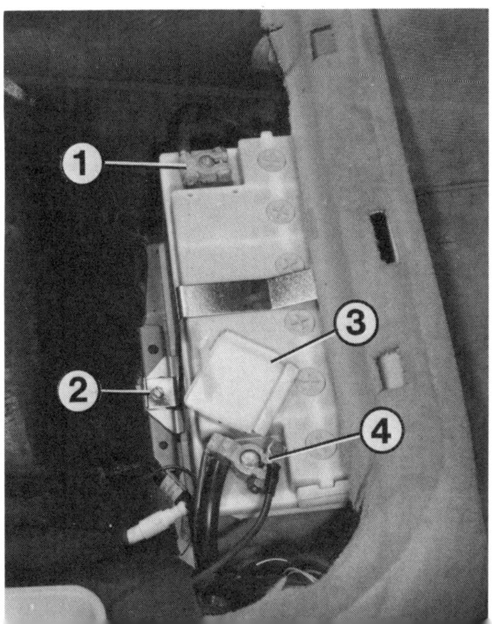

Links: Bei den Modellen 530i/535i ist die Batterie unter der Rücksitzbank eingebaut. Es bedeuten:
1 – Minuspol;
2 – Halteschraube für Batterie-Befestigungsband;
3 – Pluspolabdeckung;
4 – Pluspol.
Rechts: Damit zum Laden der Batterie und zum Anschließen der Starthilfekabel die Rücksitzbank eingebaut bleiben kann, befindet sich dieser Pluspolabgriff (Pfeil) unter einer kleinen Abdekkung links im Motorraum.

Kraftwerk für unterwegs

Weil der BMW kein Verlängerungskabel zur Stromversorgung hinter sich herziehen kann, muß die Stromherstellung direkt im Auto erfolgen. Und das ist Sache der Lichtmaschine.

Der Drehstrom-Generator

Leistung

Je nach Motorisierung sitzen im BMW unterschiedlich leistungsfähige Lichtmaschinen. Der 520i/525i begnügt sich mit einem 80-A-Generator. Die Modelle 530i/535i besitzen dagegen die stärkere 90-A-Lichtmaschine. Gegen Aufpreis ist für alle Modelle eine 115-A-Lichtmaschine zu haben. Nur für den 535i ist der 140-A-Generator als Sonderausstattung vorgesehen.
Übrigens erzeugt der Generator eine Spannung von ca. 14 Volt. Sie ist also höher als die Batteriespannung. Denn nur so kann Strom zur Batterie fließen, wodurch diese aufgeladen wird. Spannung und Maximalstrom multipliziert ergibt die Leistung der Lichtmaschine: 1120 Watt bei 80 Ampere, 1260 Watt bei 90 Ampere, 1610 Watt bei 115 Ampere und 1960 Watt bei 140 Ampere.
Damit die Lichtmaschine auch bei starker Belastung nicht den Hitzetod stirbt, wird ihr Gebläse über einen separaten Zuleitungsschlauch mit Kühlluft versorgt.

Umgang und Vorsichtsmaßnahmen

Die Drehstrom-Lichtmaschine hat neben ihrer insgesamt recht hohen Leistung einen entscheidenden Vorzug: Sie liefert schon bei Leerlaufdrehzahl des Motors Strom. Ferner halten ihre Schleifkohlen weit über 80000 km. Getreu ihres Namens erzeugt sie jedoch Drehstrom, den wir im Auto nicht gebrauchen können, denn die Batterie kann natürlich nur Gleichstrom speichern. Deshalb sind im Generator drei Gleichrichter-Dioden eingebaut, die den Drehstrom in einen pulsierenden Gleichstrom umwandeln. Diese Dioden sind allerdings gegen hohe Spannungen empfindlich, und deshalb sollten Sie folgende Punkte beachten:

- Bei laufendem Generator darf kein Kabel zwischen Akku und Lichtmaschine gelöst bzw. angeschlossen werden. Dadurch kann die Spannung schlagartig ansteigen (Spannungsspitzen) und eine Diode »verheizt« werden.
- Ohne richtig angeschlossene, intakte Batterie darf die Drehstrom-Lichtmaschine nicht laufen. Der Akku dient als Spannungsbegrenzer für den Generator, gewissermaßen als Puffer gegen Überspannungen.
- Sämtliche Kabelanschlüsse zwischen der Drehstrom-Lichtmaschine, der Batterie und dem Karosserieblech oder dem Triebwerkblock (Masse) müssen ganz fest sitzen. Schon ein Wackelkontakt kann zu gefährlichen Spannungsspitzen führen.
- Beim Schnelladen der Batterie (nicht zum Aufladen mit dem Heimlader) und beim elektrischen Schweißen an der Karosserie müssen beide Kabel vom Akku abgeklemmt werden, damit die Lichtmaschinen-Dioden keinen Schaden erleiden.

Die Ladekontrolle

- Die Kontrolleuchte im Armaturenbrett hat zwei Plus-Anschlüsse, und zwar einerseits von der Klemme D+ des Generators (blaues Kabel) und andererseits von Klemme 15 (grün/rotes Kabel).
- Mit Einschalten der Zündung führt Klemme 15 Spannung. Die Lichtmaschine steht aber noch, so daß der spannungslose D+-Kontakt als »Minus« wirkt. Die Kontrollampe leuchtet auf, denn zwischen dem von der Batterie versorgten Bordnetz und dem noch stehenden Generator herrscht eine Spannungsdifferenz.
- Wird der Motor gestartet und hat die Lichtmaschine ihre Ladedrehzahl erreicht, verbindet der Spannungsregler den Stromerzeuger mit der Bordelektrik. Nun kommt Plusstrom von Klemme 15 und zusätzlich von Klemme D+. Damit besteht keine Spannungsdifferenz mehr, die Ladekontrolle verlöscht.
- Beim Einschalten der Zündung muß die brennende Ladekontrolle – in Verbindung mit einem parallel geschalteten Widerstand – die Drehstrom-Lichtmaschine »vorerregen«. Nur so kann diese schon aus niedrigen Drehzahlen heraus Strom liefern. Allerdings ist die Vorerregung nur beim ersten Anlaufen des Generators erforderlich.

Nicht immer wird geladen

Ob die Batterie von der Lichtmaschine geladen wird, beweist das Verlöschen der Kontrollampe nicht. Es besagt nur, daß zwischen Batterie und Generator keine Spannungsdifferenz mehr besteht. Wenn im Motorleerlauf beispielsweise sämtliche Stromverbraucher eingeschaltet sind, leuchtet die Ladekontrolle nicht auf, obwohl mehr Strom der Batterie entnommen wird, als eine der leistungsschwächeren Lichtmaschinen liefern kann: Es besteht dennoch keine Spannungsdifferenz zur Batterie.

Fingerzeig: **Vielleicht haben Sie beobachtet, daß manchmal die Ladekontrolle brennen bleibt, wenn Sie den warmgefahrenen Motor ohne Gas starten und er in niedriger Leerlaufdrehzahl weiterläuft. Hierbei ist die Vorerregung der Drehstrom-Lichtmaschine zu schwach, sie liefert noch keinen Strom. Sobald Sie auf das Gaspedal tippen, verlöscht das rote Licht – alles ist wieder in Ordnung. Diese Erscheinung ist normal und deutet keinen Schaden an.**

Der Spannungsregler

Die Lichtmaschine kann man mit einem Fahrraddynamo vergleichen: Je schneller sie dreht, um so höher steigt die Spannung und somit auch der gelieferte Strom. Ein derartiges Auf und Ab würden die Stromverbraucher im Auto nicht lange ertragen, deshalb muß ein besonderer Regler die Lichtmaschinenspannung begrenzen und ein Überladen der Batterie verhindern. Dieser Regler – ein elektronischer Feldregler – ist direkt an der Drehstrom-Lichtmaschine festgeschraubt (siehe Bild unten rechts).

Selbsthilfe an Generator und Regler

Wartungsarbeiten an der Drehstrom-Lichtmaschine fallen nicht an, wenn man einmal vom wirklich selten notwendigen Schleifkohlenwechsel absieht. Tiefergehende Schäden sind mit Heimwerkermitteln nicht zu beheben.

Ladespannung prüfen

- Voltmeter zwischen +-Pol der Batterie und Masse anschließen.
- Motor mit mittlerer Drehzahl laufen lassen.
- Bei intaktem Regler sind jetzt etwa 13,3 bis 14,6 Volt abzulesen.
- Ist das nicht der Fall, Schleifkohlen kontrollieren bzw. Regler austauschen.
- Hilft das nicht, ist die Lichtmaschine selbst defekt. Austauschen.

Schleifkohlen kontrollieren

- **520i/525i:** Lichtmaschine ausbauen (siehe folgende Seite).
- Abdeckung an der Lichtmaschinen-Rückseite abschrauben.
- **530i/535i:** Kleine Abdeckung an der Lichtmaschinen-Rückseite mit Winkelschraubendreher lösen.
- **Alle:** Zwei Halteschrauben am Regler losdrehen.
- Regler gewissermaßen herausklappen, damit die Kohlebürsten nicht hängenbleiben.
- Überstand der Schleifkohlen messen.
- Sind sie nur noch **5 mm** lang, müssen sie ersetzt werden.

Schleifkohlen auswechseln

Die Schleifkohlen sind mit ihren Anschlußlitzen an einem Halter angelötet. Sie brauchen als Werkzeug daher einen Lötkolben. Ersatz-Schleifkohlen gibt's beispielsweise beim Bosch-Dienst.

- Regler ausbauen.
- Anschlußlitzen auslöten, Kohlen herausziehen.
- Druckfedern von den alten Kohlen abziehen und auf die neuen stecken.
- Anschlußlitzen anlöten.
- Dabei wenig Lötzinn verwenden und schnell arbeiten, damit sich die Anschlußlitzen nicht mit Zinn vollsaugen. Sonst werden sie starr.

Die eingebaute Lichtmaschine (1) eines BMW 530i/535i mit gekapselten Kabelanschlüssen (2). Gut zu sehen ist auch der Anschluß für den Kühlluftschlauch.

Rückansicht der ausgebauten und teilzerlegten Lichtmaschine (1) eines 520i/525i: 2 – Spannungsregler; 3 – Abdeckung für Kabelanschlüsse; 4 – Abdeckung für Rückseite mit Kühlschlauchanschluß.

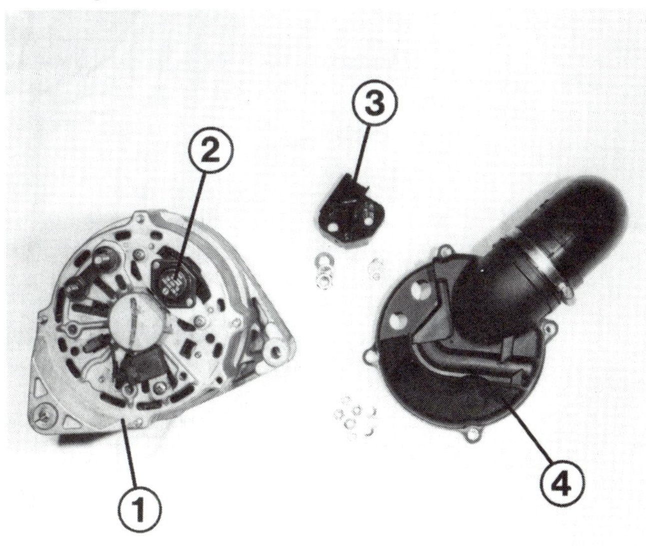

Fingerzeig: Bei ausgebautem Regler können Sie die Kupfer-Schleifringe des Lichtmaschinen-Ankers (auf ihnen laufen die Kohlen) gleich mit prüfen. Haben sie schon tiefe Einlaufspuren, kann man sie in einer Autoelektrik-Werkstatt überdrehen und polieren lassen.

Lichtmaschine ausbauen

- Batterie-Massekabel abklemmen.
- Beim **520i/525i** Luftmengenmesser ausbauen (Seite 78).
- Kühlluftschlauch abbauen.
- Abdeckkappe anheben, Kabelanschlüsse an der Lichtmaschine abschrauben.
- Massekabel nicht vergessen.
- Mutter des Bolzens am Spannbügel herausdrehen.
- Schraube herausdrücken.
- Keilriemen abnehmen.
- Lichtmaschine nach links klappen.
- Schwenkbolzen unten lösen, Lichtmaschine abnehmen.

Fahren mit defekter Lichtmaschine

Wenn die Lichtmaschine oder ihr Regler streikt, ist die Weiterfahrt noch nicht gefährdet, denn die Batterie kann hilfreich einspringen.
Bei Tag reicht der Batteriestrom noch eine ganze Weile, obwohl die Motronic zum Erzeugen der Zündfunken und zum Betreiben der Einspritzung (mit elektrischer Benzinpumpe) eine Mindestspannung benötigt. Zudem ist der Akku oft nur zu ⅔ geladen.
Doch je nach Batteriekapazität reicht der Strom aber zu mindestens vier Stunden Fahrt.

Keilriemenzustand kontrollieren

Wartung Nr. 20

- Drehen Sie zur Kontrolle der Riemen den Motor einige Male ganz durch.
- Nur so können Sie wirklich alle Flächen der Keilriemen sehen. Oft haben die Riemen nämlich nur einen einzigen, aber tiefen Riß, der bei der Kontrolle möglicherweise genau auf der Riemenscheibe zu liegen kommt.
- Angerissene oder ausgefranste Riemen umgehend ersetzen.

Keilriemenspannung prüfen

Wartung Nr. 9

Die richtige Keilriemenspannung ist in erster Linie für die Lebensdauer des Keilriemens entscheidend: Ein zu straff gespannter Riemen wird zu stark auf Dehnung beansprucht, was seine Gewebeeinlage zerstört. Zu schwach gespannt ist der Schlupf auf der Riemenscheibe so hoch, daß sich der Riemen zu stark erhitzt.

Modell	Keilriemen für	Keilriemengröße	Riemendurchhang unter Daumendruck
520i, 525i	Lichtmaschine und Wasserpumpe	9,5 × 983	10–15 mm
530i, 535i		12,5 × 1054 oder 12,5 × 1055	
520i, 525i	Pumpe der Servolenkung	9,5 × 820	10 mm
530i, 535i		9,5 × 855 10 mm	
520i, 525i	Kompressor der Klimaanlage	12,5 × 823 oder 12,5 × 810	10 mm
530i, 535i		12,5 × 835 oder 12,5 × 860	

Keilriemen spannen

- Zwecks besserer Zugänglichkeit muß zum Spannen von Lichtmaschinen- und Servopumpen-Keilriemen beim 520i/525i der Luftmengenmesser ausgebaut werden (Seite 78).
- **Lichtmaschinen-/Wasserpumpen-Keilriemen:** Sicherungsmutter an der Lichtmaschine etwas lokkern.
- Einstellmutter mit Zahnkranz so weit verdrehen, bis die Riemenspannung stimmt.
- Sicherungsmutter wieder festdrehen.
- **Keilriemen der Servopumpe:** Beim 520i/525i verläuft die Arbeit identisch wie beim Lichtmaschinen-/Wasserpumpen-Keilriemen. Einziger Unterschied: Die Sicherungsmutter sitzt vorn am Spannbügel.
- Beim 530i/535i muß vorn unter dem Wagen gearbeitet werden. Dazu Unterschutz ausbauen (Seite 241).

Links: Bei ausgebautem Spannungsregler kann die Länge der Schleifkohlen gemessen werden: Kürzer als 5 mm dürfen sie nicht sein.
Rechts: Prüfen der Keilriemenspannung unter Daumendruck. Riemendurchhang »a« siehe Tabelle auf der folgenden Seite.

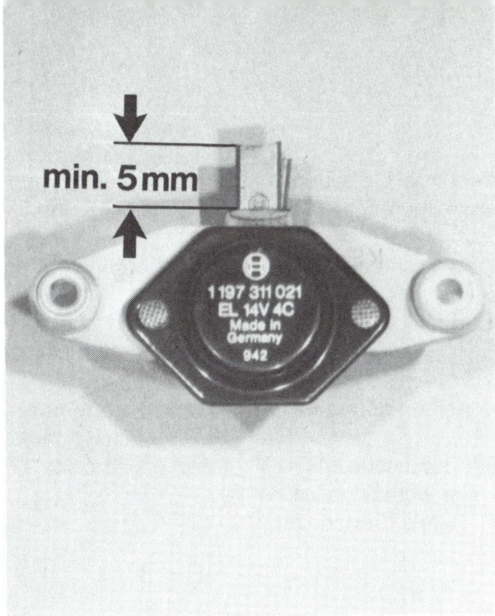

● Sicherungsmutter am Spannbügel lockern.
● Einstellmutter mit Zahnkranz so weit verdrehen, bis die Riemenspannung stimmt.
● Sicherungsmutter wieder festdrehen.
● **Keilriemen zum Klimaanlagen-Kompressor:** Beim 525i, 530i und 535i Unterschutz ausbauen (Seite 241).
● Sicherungsmutter auf dem unteren Lagerbolzen des Kompressors hinten an der Spannschiene lokkern.
● Einstellmutter mit Zahnkranz so weit verdrehen, bis die Riemenspannung stimmt.
● Mutter hinten an der Spannschiene wieder festziehen.
● **Alle:** Keilriemenspannung nach kurzer Fahrt nochmals nachprüfen.

Keilriemen gerissen

Leuchtet plötzlich während der Fahrt die Ladekontrolle auf und haben Sie vielleicht gehört, daß im Motorraum kurz etwas gegen das Blech schlug, ist sicher der Keilriemen gerissen. Anhalten und nachsehen! Falls ja, **dürfen Sie auf keinen Fall weiterfahren!** Durch die nun nicht mehr angetriebene Wasserpumpe ist der Kühlmittelkreislauf unterbrochen, siehe Seite 56. Deshalb sofort neuen Keilriemen montieren oder Wagen abschleppen lassen.

Keilriemen auswechseln

Die Keilriemen von Lichtmaschine und Servopumpe lassen sich beim 520i/525i leichter abnehmen, wenn man zuvor den Luftmengenmesser ausbaut (Seite 78).
● **Lichtmaschinen-/Wasserpumpen-Keilriemen:** Riemen von Servopumpe bzw. Klimaanlagen-Kompressor abnehmen.
● Sicherungsmutter oben an der Lichtmaschine etwas lockern.
● Einstellmutter mit Zahnkranz so verdrehen, daß der Keilriemen von den Riemenscheiben genommen werden kann.
● Geht das nicht, zusätzlich den Schwenkbolzen unterhalb der Lichtmaschine lockern.
● Keilriemen von den Riemenscheiben nehmen und über die Flügel des Kühlerventilators streifen.

Links: Spannen des Lichtmaschinen-Keilriemens:
1 – Einstellmutter mit Zahnkranz;
2 – Sicherungsmutter.
Rechts: Gut versteckt unter der Lichtmaschine (5) sitzt beim 520i/525i die Servopumpe (4). Ihr Keilriemen wird wie der der Lichtmaschine – gespannt, indem die Einstellmutter (2) mit ihrem Zahnkranz auf dem gezähnten Spannbügel (3) verdreht wird. Dazu Sicherungsmutter bzw. -schraube (1) lockern.

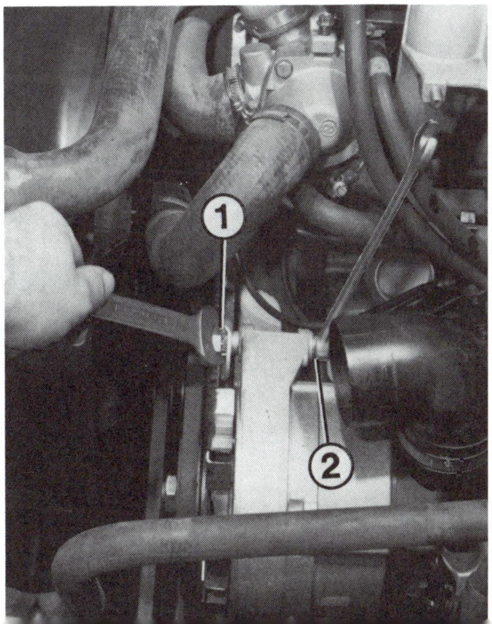

● Dazu gegebenenfalls die Lüfterzarge ausbauen.

● **Keilriemen der Servopumpe:** Beim 530i/535i Unterschutz ausbauen.

● Wo vorhanden, Klimaanlagen-Keilriemen abnehmen.

● Sicherungsmutter am Spannbügel bzw. an der Spannschiene etwas lockern.

● Einstellmutter mit Zahnkranz so verdrehen, daß der Keilriemen von den Riemenscheiben genommen werden kann.

● Läßt sich die Pumpe nicht genügend schwenken, zusätzlich die Schraube(n) am Schwenkbügel der Servopumpe lockern. Dazu auch beim 525i den Unterschutz ausbauen (Seite 241).

● **Keilriemen zum Klimaanlagen-Kompressor:** Bei 525i, 530i und 535i Unterschutz ausbauen (Seite 241).

● Sicherungsmutter an der Spannschiene etwas lockern.

● Einstellmutter mit Zahnkranz so verdrehen, daß der Keilriemen von den Riemenscheiben genommen werden kann.

● **Alle Keilriemen:** Nach dem Auflegen des neuen Keilriemens Riemenspannung einstellen und kontrollieren (siehe Seite 176).

Störungsbeistand

Batterie und Lichtmaschine

Die Störung	– ihre Ursache	– ihre Abhilfe
A Rote Ladekontrolle brennt nicht beim Einschalten der Zündung	1 Batterie leer	Mit Starthilfekabeln starten oder Wagen anschleppen
	2 Batteriekabel gebrochen, Kabelklemmen lose oder oxidiert	Batteriekabel und -klemmen kontrollieren
	3 Kontrollampe defekt	Ersetzen
	4 Kabelweg zwischen Zündschloß, Kontrollampe und Lichtmaschine unterbrochen	Stromweg mit Prüflampe kontrollieren
	5 Massekabel zwischen Lichtmaschine und Motorblock gebrochen	Kabel kontrollieren
	6 Schleifkohlen abgenutzt	Schleifkohlen erneuern (lassen)
	7 Spannungsregler defekt	Regler austauschen
	8 Lichtmaschine schadhaft	Lichtmaschine instand setzen lassen
	9 Nach zu heftiger Motorwäsche: Eingedrungene Feuchtigkeit hat einen isolierenden Schmierfilm zwischen den Schleifringen und Kohlen gebildet	Lichtmaschine so gut als möglich mit Druckluft ausblasen oder Schleifringe und Kohlen sauberreiben
B Ladekontrolle brennt oder glimmt bei laufendem Motor	1 Keilriemen lose	Riemen spannen
	2 Mangelnder Kontakt/Oxidation an Kabelanschlüssen oder unterbrochene Kabel	Kabelanschlüsse und Kabel prüfen
	3 Siehe A 6–8	
C Batterieoberfläche feucht	1 Batterie überfüllt	Zuviel eingefülltes destilliertes Wasser durch Überladen herausgasen. Keine Säure absaugen
	2 Batterieverschlüsse bzw. Zentralentgasungs-Schlauch verstopft	Entlüftungslöcher bzw. Schlauch säubern
	3 Siehe A 7	
D Batterie gast stark	Siehe A 7	

Bitte zum Start

Der Anlasser im BMW hört auf den spaßigen Namen »Schub-Schraubtrieb-Starter«. Dreht man den Zündschlüssel in Stellung »Start«, geschieht in seinem Inneren folgendes:
○ Die Klemme 50 am Zündschloß liefert Spannung an den oben auf dem Anlasser sitzenden Magnetschalter.
○ Dadurch schiebt ein Einrückhebel das Zahnritzel des Anlassers auf einem Steilgewinde in den Zahnkranz des Motor-Schwungrades.
○ Beim Eingreifen des Ritzels schaltet der Magnetschalter den vollen, von Klemme 30 kommenden Batteriestrom ein, so daß der Anlasser den Motor erst nach dem Einspuren des Ritzels kräftig durchdreht.
○ Ist der Motor angesprungen, wird das Ritzel aus dem Schwungrad wieder ausgespurt.

Anlasser ausbauen

- Batterie-Massekabel abklemmen.
- 520i/525i Luftmengenmesser ausbauen (Seite 78).
- Wo vorhanden, Abdeckung am Magnetschalter abnehmen und alle Kabel am Anlasser abschrauben.
- Wo vorhanden, Stützblech vom Anlasser abbauen.
- Beim 530i/535i Kühlmittel teilweise ablassen (Seite 60) und Ausgleichsbehälter von der hinteren Motorraumwand abbauen, um besser an die Haltemuttern heranzukommen.
- Haltemuttern bzw. -schrauben des Anlassers lösen.
- Besonders die obere Schraube ist sehr schwer zugänglich. Hier eignet sich als Werkzeug der »Starter- und Blockschlüssel« von HAZET (Nr. 615), ein seitlich gebogener, flacher Ringschlüssel.
- Wer ihn nicht hat, behilft sich mit einem schlanken geraden Ringschlüssel und einer Rätsche aus dem Stecknußkasten mit Verlängerungen und Gelenkstücken.
- Anlasser nach unten herausnehmen.

Schleifkohlen auswechseln

Wenn der Anlasser streikt, sind möglicherweise nur die Schleifkohlen abgenutzt. Diese Kohlebürsten können (teils nur komplett mit Halteplatte) als Ersatzteil in der BMW- oder Bosch-Werkstatt gekauft und ausgewechselt werden. Gebraucht werden Kenntnisse im Löten, Elektrolot und ein kräftiger Lötkolben.

- Anlasser ausbauen.
- An der geschlossenen Seite des Anlassers zwei Schlitz- oder Kreuzschlitzschrauben an dem kleinen Lagerdeckel herausdrehen, Deckel abnehmen.
- Sicherungsscheibe und Einstellscheibe(n) vom darunter liegenden Wellenstumpf abnehmen und der Reihenfolge nach ablegen.
- Beide Schrauben (oder Muttern mit Stehbolzen) am hinteren Gehäusedeckel herausdrehen und Deckel abnehmen.
- Länge der Schleifkohlen messen – Mindestlänge **13 mm**.
- Andruckfedern der Kohlebürsten hochheben und Kohlen aus der Führung ziehen.

Links hinten am Motor leider schwer zugänglich untergebracht: Der Anlasser (1) mit Magnetschalter (6). Weiter bedeuten:
2 – Kabel vom Magnetschalter zum Anlasser;
3 – Klemme-50-Kabel (vom Zündschloß);
4 – Klemme-30-Kabel (von der Batterie);
5 – Klemme-30-Anschluß.

● Bürsten-Halteplatte von der Ankerwelle ziehen.
● Alle Kohlebürsten mit ihren Anschlußkabeln auslöten bzw. abtrennen.
● Wird die komplette Halteplatte ersetzt, nur die Verbindungskabel trennen.
● Bei der Verlötung der neuen Kohlebürsten darauf achten, daß sich die Kupferlitze nicht durch einfließendes Lötzinn verhärtet. Deshalb möglichst schnell löten oder Kabel während des Lötens mit einer Zange nahe der Lötstelle zusammendrücken.
● Anlasser wieder zusammenbauen.

Störungsbeistand

Anlasser

Die Störung	– ihre Ursache	– ihre Abhilfe
A Beim Drehen des Zündschlüssels in Startstellung dreht der Anlasser zu langsam oder gar nicht	1 Kontrollampen brennen schwach oder verlöschen	
	a) Batterie entladen	Mit Starthilfekabeln starten
	b) Kabelanschlüsse lose oder oxidiert	Kabelanschlüsse kontrollieren
	c) Anlasser hat Masseschluß	Anlasser überholen lassen
	2 Kontrollampen brennen hell, Klicken aus Richtung Anlasser	Kurz auf den Magnetschalter klopfen. Dreht der Anlasser weiterhin nicht:
	a) Kohlebürsten bzw. deren Anschlüsse im Anlasser gelöst	Kohlebürsten überprüfen
	b) Kontakte im Magnetschalter verschmort	Magnetschalter ersetzen
	c) Anlasserwicklung schadhaft	Anlasser überholen lassen
	3 Kontrollampen brennen hell, keinerlei Geräusche	
	a) Klemme-50-Anschluß am Magnetschalter lose	Steckanschluß überprüfen
	b) Klemme-50-Leitung vom Zündschloß zum Magnetschalter unterbrochen	Leitung mit Prüflampe kontrollieren
	c) Magnetschalter klemmt	Zerlegen und fetten oder ersetzen
B Anlasser läuft, ohne den Motor durchzudrehen	1 Einrückvorrichtung klemmt	Anlasser überholen lassen
	2 Verzahnung des Ritzels oder des Motorschwungrades beschädigt	Wagen bei eingelegtem Gang ein Stück vorschieben. Erneut starten. Beschädigte Teile ersetzen lassen
C Anlasser läuft weiter, obwohl Zündschlüssel losgelassen wurde	1 Magnetschalter hängt und schaltet nicht ab	Zündung sofort abschalten, notfalls Batterie abklemmen. Magnetschalter ersetzen
	2 Zünd-/Anlaßschalter defekt	Zünd-/Anlaßschalter ersetzen
D Ritzel spurt nach Anspringen des Motors nicht aus	1 Rückstellfeder des Einrückhebels lahm oder gebrochen	Zündung sofort abschalten. Reparieren lassen
	2 Verzahnung des Ritzels bzw. des Motorschwungrades verschmutzt oder beschädigt	Reinigen bzw. schadhafte Teile ersetzen lassen

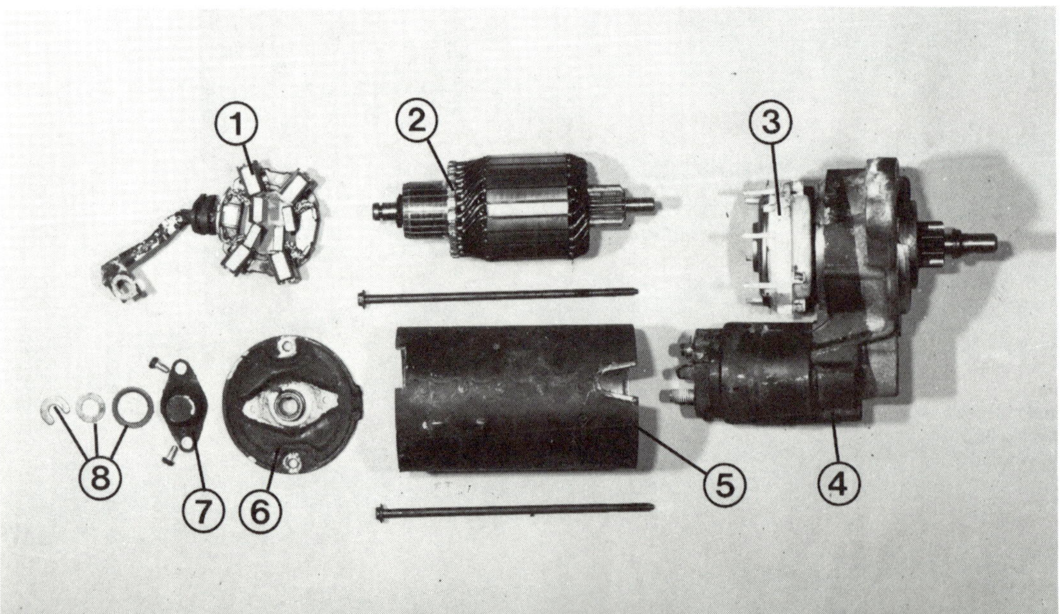

Hier ist der Anlasser zerlegt: 1 – Kohlebürsten-Halteplatte; 2 – Anker; 3 – Ritzelgetriebe; 4 – Lagergehäuse; 5 – Gehäuse; 6 – Gehäusedeckel; 7 – Lagerdeckel; 8 – Sicherungsscheibe, Einstellscheibe und Dichtung.

Hat's gefunkt?

Ein kräftiger elektrischer Funken ist schon vonnöten, um das von den Kolben angesaugte und verdichtete Kraftstoff/Luft-Gemisch zu entzünden. Dafür ist der Zündungsteil der Motronic verantwortlich. Die Motronic ist es auch, die sehr präzise festlegt, unter welchen Last- und Temperaturbedingungen der Funke zu welchem Zeitpunkt überspringen soll.

Das Zündsystem

In der Einleitung ist es schon erwähnt: Der BMW besitzt ein umfassendes Motor-Management – die **Motronic**. Die ist sowohl für die Einspritzung wie auch für die Zündung zuständig. Dabei nutzt sie für beide Teile dieselben Geber, wie z. B. den Drehzahl- (Impuls-)geber vorn hinter der Keilriemenscheibe, den Geber für Zylinder-Erkennung im Zündkabel des 6. Zylinders, den Drosselklappenschalter, den Temperaturgeber und andere.
Von der Funktion her ist die Motronic eine normale Transistorzündung geblieben – mit dem kleinen, aber feinen Unterschied, daß sie die Zündverstellung elektronisch berechnet und ausführt. Doch davon später.

Was die Zündung leistet

Damit an der Zündkerze im Verbrennungsraum überhaupt ein Funke überspringen kann, muß zwischen den Zündkerzenelektroden eine Spannung von mindestens 20000 Volt vorhanden sein. Die Batterie liefert aber nur 12 Volt. Also muß die Batteriespannung gewaltig hochtransformiert werden.
Ferner geht es beim Funkenüberschlag nicht um Zehntel- oder Hunderstel-, sondern um Tausendstelsekunden. Nur ein Minimales zu spät oder zu früh, und die Zündung und damit die Leistung des Motors ist mangelhaft. Nicht zu vergessen die Menge der Funken, die hier benötigt wird: Dreht ein Motor mit 3000 Touren pro Minute, dann verlangt jeder Zylinder 25 Funken pro Sekunde, das sind bei unseren Sechszylindermotoren zusammen 150 in der Sekunde.

Wann wird gezündet?

Der Funke muß im richtigen Augenblick überspringen – davon hängt die volle Leistung des Motors ab. Diesen Augenblick herauszufinden, ist allerdings nicht ganz einfach.
Am wirkungsvollsten ist die Verbrennung, wenn das Kraftstoff/Luft-Gemisch in dem Moment entzündet wird, da dieses auf engstem Raum zusammengepreßt ist. Diese höchste Verdichtung herrscht beim Viertaktmotor in jenem Augenblick, in dem der Kolben bei Beendigung des Kompressionshubs von der Aufwärtsbewegung in eine Abwärtsbewegung übergehen will.
Bevor sich die Bewegungsrichtung des Kolbens umkehrt, steht er einen winzigen Sekundenbruchteil lang am höchsten Punkt in seiner Bewegungsbahn still. Diesen Punkt nennt man den »Oberen Totpunkt« (OT).

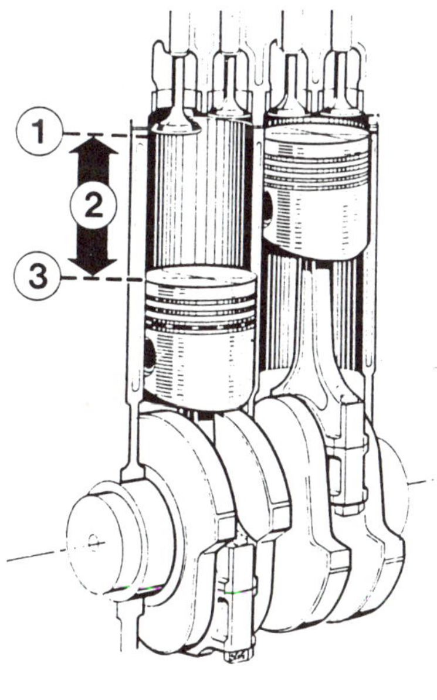

Oberer (1) und unterer (3) Umkehrpunkt des Kolbens auf der Kolbenlaufbahn (OT und UT) werden in dieser Zeichnung verdeutlicht. Der Kolbenhub (2) bezeichnet die Strecke dazwischen.

Der ideale Zündzeitpunkt zum Entzünden des Gemisches liegt geringfügig später – nämlich in dem Moment, in dem der Kolben gerade seine Abwärtsbewegung beginnt. Die Verdichtung ist am höchsten, und der Kolben kann mit Kraft und Schwung zum Motorblock hinuntergedrückt werden.
Nun wäre es aber falsch, den Zündzeitpunkt genau auf OT zu legen. Denn das Kraftstoff/Luft-Gemisch braucht eine gewisse Zeit (rund 1/3000 s), bis es sich entzündet hat und den vollen Verbrennungsdruck entwickelt. Also wird der Zündzeitpunkt vorverlegt. Wir haben »Frühzündung«. Der Startschuß für den Funken erfolgt deshalb noch während der Aufwärtsbewegung des Kolbens, der Verbrennungsdruck setzt jedoch erst knapp nach dem OT ein.

Oberer Totpunkt und Frühzündung

Mit steigender Motordrehzahl muß der Zündfunke immer früher überspringen, denn – wir haben das im letzten Abschnitt schon angesprochen – das Kraftstoff/Luft-Gemisch braucht ja immer die gleiche Zeit zur Entzündung. Nur so erfolgt die Verbrennung wieder genau zur richtigen Zeit, nämlich dann, wenn der Kolben gerade wieder beginnt abwärts zu laufen.
Das Verbrennen des Kraftstoff/Luft-Gemisches hängt aber auch von dessen Zusammensetzung ab. Bei nur gering durchgetretenem Gaspedal (bei »Teillast«) ist das Gemisch in den Brennräumen weniger zündfähig; es verbrennt daher langsamer und muß auch aus diesem Grund früher gezündet werden.

Zündverstellung in Richtung »spät«

Andere Situationen erfordern es, den Zündzeitpunkt in Richtung »spät« zu verschieben. Die Zündung erfolgt dann erst, wenn der Kolben den OT längst passiert hat. Es wird also fast in den Auspufftakt hinein gezündet, was die Abgaszusammensetzung verbessert, die Motorleistung aber verschlechtert. Demzufolge ist Spätzündung genau richtig, wenn der Motor ohne Last im Schiebebetrieb (z. B. bergab ohne Gas) läuft.

So entsteht der Zündfunke

Zur Zündanlage gehört die Zündspule, die für die notwendige Hochspannung sorgt, und der Verteiler, der diese Hochspannung reihum auf die Zündkerzen verteilt.

○ Das Grundprinzip der Zündung besteht darin, daß zunächst der Batteriestrom durch die Primärwicklung der Zündspule fließt.
○ Diese Wicklung besteht aus wenigen Windungen eines dicken Drahtes. Unter der Wirkung des Stromes baut sich um den Eisenkern in der Zündspule ein kräftiges Magnetfeld auf – unsere Zündenergie.
○ Nähert sich der Kolben in seinem Zylinder dem Punkt, da die angesaugte und verdichtete Ladung gezündet werden soll – dem Zündzeitpunkt –, wird der Strom zur Zündspule unterbrochen. Das geschieht im Motronic-Steuergerät.
○ Mit dem Ausschalten des Stromes bricht das Magnetfeld in der Zündspule zusammen. Dabei passiert folgendes: In der Sekundärwicklung aus sehr vielen Windungen eines dünnen Drahtes entsteht ein Hochspannungs-Stromstoß von einigen zigtausend Volt.
○ Diese Zündspannung wird über den Verteiler derjenigen Zündkerze zugeleitet, die in der Zündfolge des Motors gerade an der Reihe ist. Das Gemisch wird entzündet, der Motor dreht weiter. Der Stromkreis wird wieder geschlossen, und das Spiel läuft von neuem ab.

Funktion der Motronic-Zündung

○ Damit der Zündfunke entstehen kann, muß der Stromfluß zur Zündspule eingeschaltet bzw. unterbrochen werden. Diese Aufgabe erledigt das Motronic-Schaltgerät mit Hilfe von Leistungs-Transistoren besser und schneller als jeder mechanische Schalter.
○ Der eigentliche Clou an der Motronic ist jedoch die Zündverstellung: Ein Mikrocomputer errechnet die nötigen Verstellwerte, die dann das Schaltteil der Elektronik in die Tat umsetzt. Dabei wird von einem eingespeicherten Kennfeld ausgegangen, das für jedes mögliche Last/Drehzahl-Verhältnis den richtigen Zündverstellwinkel bereithält (siehe folgenden Abschnitt).
○ Weil sich keine mechanische Zündverstellung mehr im Zündverteiler befindet, konnte bei der Motronic auf einen Verteiler im herkömmlichen Sinn völlig verzichtet werden. Stattdessen sitzt ein einfacher Hochspannungs-Verteiler vorn an der Zahnriemenabdeckung und wird direkt von der Nockenwelle angetrieben.
○ Die Elektronik ermöglicht auch Korrekturprogramme für ruckfreies Schalten in Verbindung mit elektronisch gesteuertem Automatikgetriebe, für Kaltlauf des Motors, Start, Leerlauf, Schiebebetrieb und einiges mehr.

Das Motronic-Zündungskennfeld

Bei der Motronic bedarf es keiner zusätzlichen Einrichtung zur Verstellung des Zündzeitpunkts. Dem Steuergerät stehen alle möglichen Motordaten und -kennwerte zur Verfügung. Drehzahlgeber, Kurbelwellen-Positionsgeber, Geber für Motortemperatur, Drosselklappenstellung etc. machen's möglich. Aus all diesen Daten und Informationen errechnet die Motronic den für den jeweiligen Belastungszustand richtigen Zündzeitpunkt.
Zeichnet man den Zündwinkel (Zündzeitpunkt) über dem Lastzustand des Motors und der Motordrehzahl auf,

Die schematische Darstellung der Zündspule zeigt deren Verbindung zum Zündschloß über Klemme 15, den Kontakt zum Zündverteiler über Klemme 1, den Hochspannungsanschluß Klemme 4 sowie außerdem:
2 – Sekundärwicklung;
3 – lamellierter Eisenkern;
5 – gemeinsamer Wicklungsanschluß;
6 – Primärwicklung.

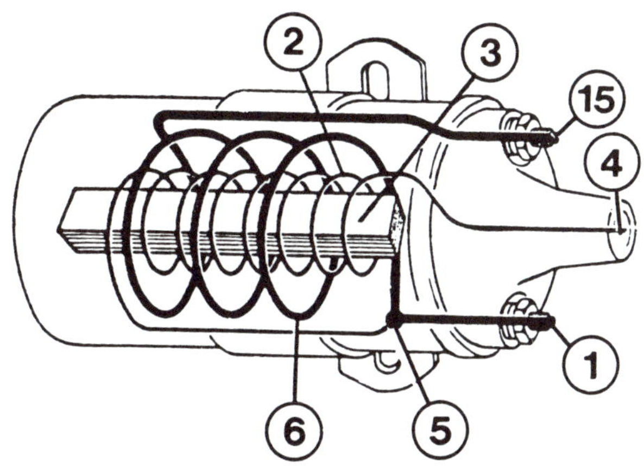

erhalten wir ein sogenanntes Zündkennfeld. Das Kennfeld der Motronic wird wegen seiner bizarren Form gerne gezeigt – es läßt auf genaue Einflußnahme auf die Betriebszustände schließen. Eine einfachere Form zeigt das Kennfeld von herkömmlichen Zündanlagen.

Die Geber der Motronic

Die Geber der Motronic sind doppelt genutzt: Von der Einspritzanlage wie von der Zündanlage. Drehzahlgeber und der Geber für Zylinder-Erkennung sind die wichtigsten. Beides sind sogenannte Induktionsgeber.
○ Der Drehzahlgeber funktioniert folgendermaßen: Spule und Magnet sind im Geber untergebracht. Das Gegenstück bilden die zackenförmigen Erhebungen am Kranz des Schwingungsdämpfers hinter der Kurbelwellen-Riemenscheibe.
○ Jedesmal, wenn nun eine Erhebung unter dem Geber vorbeiläuft, ändert sich das Magnetfeld des Dauermagneten, und in der Spule wird Spannung erzeugt. Dieses kleine Spannungssignal genügt zur Weiterverarbeitung im Steuergerät der Motronic. Die Information über die Drehzahl der Kurbelwelle liegt somit vor.
○ Um auch noch die genaue Stellung der Kurbelwelle zu erfassen, wurden an einer definierten Stelle am Umfang des Zackenrads zwei Zähne ausgelassen. An dieser Stelle setzt die sonst erzeugte Wechselspannung einen kleinen Moment aus, was das Steuergerät zur Positionsbestimmung zu deuten weiß.
○ Fast identisch funktioniert der Geber für Zylinder-Erkennung. Seine Spule ist gewissermaßen um das Zündkabel des 6. Zylinders herumgewickelt. Fließt Zündstrom durch das dicke Zündkabel, wird in der Spule eine Spannung erzeugt. Das Steuergerät weiß, daß Zylinder 6 in diesem Moment gezündet hat.
○ Weitere Geber übermitteln die Ansauglufttemperatur, die Motortemperatur und die Stellung der Drosselklappe (Lastzustand).

Vorsicht beim Umgang mit der Zündung!

Gegenüber den alten kontaktgesteuerten Zündungen sind die heutigen Zündsysteme, wie z. B. die Motronic, ungleich leistungsfähiger. Die höhere Zündenergie kommt zwar dem Motorlauf und der Zuverlässigkeit zugute, doch sind die **hohen Zündspannungen** nun in den **für Menschen gefährlichen Bereich** gerückt. Schon in der dünnen Steuerleitung zur Zündspule können Spannungen bis zu 100 Volt auftreten, ganz zu schweigen von der Zündspannung, die mit über 20000 Volt gefährlich hoch ist.
Zwar hört man glücklicherweise nichts davon, daß Autobesitzer von ihrer Zündung ermordet wurden, doch kann das Berühren blanker Kontakte unter ungünstigen Umständigen vor allem für Herzkranke sehr gefährlich werden. Deshalb:
○ Sämtliche elektrischen Leitungen – auch Anschlüsse von Prüfgeräten – nur bei **ausgeschalteter Zündung** berühren oder ab- bzw. anklemmen.
○ Soll der Motor vom Anlasser lediglich durchgedreht werden ohne anzuspringen, muß die Zündung lahmgelegt werden (siehe folgende Seite).
○ Der Stecker am Steuergerät der Motronic darf nur bei ausgeschalteter Zündung abgezogen und aufgesteckt werden.
○ Zur Motorwäsche muß die Zündung ebenfalls ausgeschaltet sein.

In der linken Zeichnung ist das Zündkennfeld einer herkömmlichen Zündanlage dargestellt. Rechts am Kennfeld der Motronic erkennen Sie, daß das Kennfeld wesentlich stärker ausgeformt ist. Folge: Der Zündzeitpunkt ist viel genauer auf den jeweiligen Betriebszustand angepaßt.

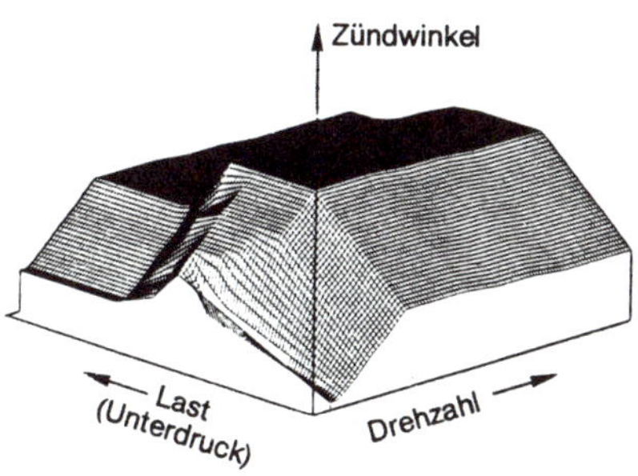

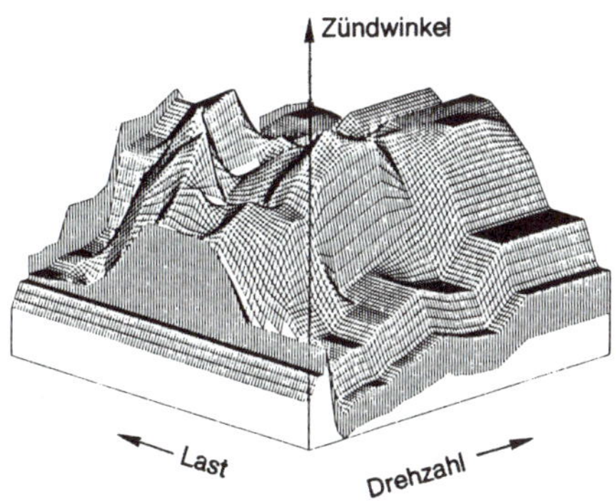

○ Zur Starthilfe bei leerer Batterie mit einem Schnellader darf dieser höchstens eine Minute lang angeschlossen sein und die Spannung nicht mehr als 16,5 V betragen.
○ An Klemme 1/– der Zündspule keinen Entstörkondensator und keine Prüflampe anschließen.
○ Ebenso darf Klemme 1 – etwa beim nachträglichen Einbau einer Alarmanlage – nicht mit stromführenden oder Massekabeln verbunden werden.
○ In jeder Zündleitung muß der Entstörwiderstand mindestens 4 kΩ betragen. Der Verteilerläufer mit 1 kΩ ist mit eingerechnet.
○ Zum elektrischen Schweißen am Fahrzeug müssen die Kabel an der Batterie abgeklemmt werden.

Zündung lahmlegen

Ist ein Zündkabel oder gar das Hauptzündkabel abgezogen, darf der Motor keinesfalls mit dem Anlasser durchgedreht werden. Denn so kann die Zündenergie nicht abgeleitet werden, und das Motronic-Steuergerät sowie die Zündspule können Schaden nehmen. Deshalb bei **ausgeschalteter Zündung** das Hauptrelais im Steuergeräte-Kasten (Seite 143) abziehen.

Störungssuche an der Zündung

Kompliziert sieht sie schon aus, die Motronic-Zündanlage, und manch einer wird sich fragen, ob hier die Störungssuche in Eigenregie noch sinnvoll ist. Wir meinen ja – sofern man nach folgendem System an die Sache rangeht:
○ Zuerst die Sichtprüfung. Da fallen einfach zu behebende Fehler sofort auf.
○ Die anschließende Funktionsprüfung zeigt, ob die Motronic einen Zündfunken zustandebringt.
○ Als nächstes wird die Spannungsversorgung des Steuergeräts geprüft.
○ Jetzt kommt die Prüfung der Zündspule dran.
○ Auch die Geber lassen sich leicht mit Heimwerker-Methoden überprüfen.
○ War bis zu diesem Punkt kein Fehler zu finden (was recht unwahrscheinlich ist), kann es eigentlich nur noch am Steuergerät selbst liegen. Das Steuergerät ist voll diagnosefähig, d. h. die BMW-Werkstatt kann mit dem Service-Tester oder dem mobilen Modic-Gerät genau feststellen, wo der Defekt sitzt. Um den Fehlerspeicher nicht zu löschen, darf jedoch die Batterie während der vorangegangenen Kontrollen nicht abgeklemmt werden.

Sichtprüfung der Zündanlage

○ Sitzen alle Kabelanschlüsse und Steckkontakte an Zündspule, Motronic-Steuerung und am Verteiler fest?
○ Ist im Mehrfachstecker an der Motronic-Steuerung eventuell ein einzelner Steckkontakt zurückgerutscht?
○ Ist an der Anschlußseite der Zündspule der runde Stopfen von überlaufender Vergußmasse herausgedrückt worden (siehe Bild auf der folgenden Seite)?
○ Zeigen sich am Zündspulengehäuse Risse oder Brandspuren von überschlagenden Funken?
○ Kontrollieren Sie zusätzlich die Haupt- oder Zündkerzenkabel auf festen Sitz und Schäden an der Isolation. Die modernen Zündanlagen sind durch ihre hohen Zündspannungen empfindlicher gegen Funkenüberschläge und Kriechströme.
○ Öffnen Sie im Zuge dieser Untersuchung auch das Zündleitungsrohr am Zylinderkopfdeckel: Feuchtigkeit, Funkenüberschlagspuren, Schmutz?
○ Zeigt die Verteilerkappe Schäden (Seite 186)? Vor allem die Innenseite beachten!
○ Sind alle Teile der Zündanlage sauber und trocken? Feuchter Schmutz begünstigt Spannungsüberschläge.

Ist Zündspannung vorhanden?

Gleich zu Anfang prüfen wir, ob die Zündanlage überhaupt Zündfunken zustandebringt:
● Eines der Zündkabel an der Zündkerze abziehen, Kerze herausschrauben.
● Zündkabel wieder auf die Kerze stecken und diese so auf dem Motorblock befestigen, daß sie sicheren Massekontakt hat und von der Motorbewegung nicht abgeschüttelt werden kann. Das erreicht man z. B., wenn man das Gewindeteil der Kerze mittels der Klemme eines Starthilfekabels leitend mit dem Motor verbindet.
● Motor von Helfer mit dem Anlasser durchdrehen lassen.
● Springen kräftige Funken an der Kerzenelektrode über, ist Zündstrom vorhanden und damit die Zündanlage aller Wahrscheinlichkeit nach in Ordnung. Dennoch können Fehler vorhanden sein, die auf diese Weise nicht zu erkennen sind: ein defekter Geber oder falsches Ausrechnen des Zündzeitpunkts durch das Steuergerät.
● Funkt nichts, versuchen Sie es mit der Kerze eines anderen Zylinders. Springen immer noch keine Funken über, muß nach folgender Anleitung weiter geprüft werden.

Fingerzeig: Beachten Sie bei den folgenden Messungen, daß Meß- und Prüfgeräte nur bei ausgeschalteter Zündung an- und abgeklemmt werden dürfen.

Neben einem Totalausfall der Zündanlage durch fehlende Spannung kann auch zu geringe Versorgungsspannung erhebliche Störungen bewirken! Deshalb ist hier ein Voltmeter besser zur Prüfung.

Stromversorgung der Zündanlage in Ordnung?

Zwei Strompfade müssen hier verfolgt werden:

● **Strompfad 1:** Meßgerät zwischen Klemme 15 der Zündspule und Masse anschließen.

● 11,5 Volt müssen dort mindestens abzulesen sein.

● Messen Sie gar keine Spannung oder eine zu geringe, liegt der Fehler im Kabelweg zum Zündschloß oder am Zündschloß selbst (Seite 219).

● **Strompfad 2:** Am Hauptrelais im Steuergeräte-Kasten prüfen, ob das rote Zuleitungskabel Batteriespannung führt (mindestens 11,5 Volt).

● Wenn nicht, Stromzufuhr von der Batterie prüfen.

● Ist das Relais selbst in Ordnung? Das prüft man, indem man die Zündung einschaltet und am rot/weißen und am rot/blauen Kabel mißt, ob Spannung vorhanden ist.

● Wenn nicht, obwohl die Stromzufuhr in Ordnung war: Steuerleitung vom Steuergerät zum Relais defekt oder Relais selbst defekt (Seite 143).

Zündspule defekt?

● Die **Sichtprüfung** an der Zündspule wurde bereits durchgeführt. Spule mit herausgedrücktem Verschlußstopfen ersetzen.

● Zur **Widerstandsprüfung** alle Leitungen an der Zündspule bei ausgeschalteter Zündung abnehmen. Wir messen Primär- und Sekundärwicklung der Spule.

● Mit einem genauen Ohmmeter zwischen den Zündspulenklemmen 1/– und 15/+ messen. Sollwert beim **520i/525i: 0,5** Ω. Bei den Modellen **530i/535i:** müssen jetzt **0,37** Ω abzulesen sein. Geringe Abweichungen von diesen Werten werden toleriert.

● Nächste Messung zwischen Klemme 1/– und 4 (Steckbuchse des dicken Hauptzündkabels): Hier müssen beim **520i/525i: 6,0 kΩ**, beim **530i/535i 9,0 kΩ** abzulesen sein. Mehr als 0,5 kΩ sollten Ihre gemessenen Werte nicht abweichen. Sonst Zündspule ersetzen.

● Mit diesen Messungen läßt sich ein Kurzschluß zwischen den Wicklungen nicht erkennen. Fällt also der Verdacht trotz guter Meßergebnisse auf die Zündspule, sollten Sie die ausgebaute Spule bei einer Autoelektrik-Werkstatt durchprüfen lassen.

Fingerzeig: Wie man aus den Meßwerten erkennt, besitzen selbst Fahrzeuge mit Motronic unterschiedliche Zündspulen. Deshalb vor Einbau einer neuen Spule unbedingt die Ersatzteilnummer kontrollieren. Keinesfalls eine beliebige Spule oder gar eine Spule einer Transistor- oder Kontaktzündung einbauen!

Drehzahlgeber prüfen

Der Drehzahlgeber sitzt vorn am Zahnkranz des Schwingungsdämpfers (hinter der Kurbelwellen-Riemenscheibe). Seine Kabelsteckverbindung ist zur Seite nach oben geführt, so daß die Messung nicht unter dem Wagen vorgenommen werden muß.

● **Geber kontrollieren**: Abschrauben und an der Stirnseite abwischen. Schmutz oder Fett an dieser Stelle stört die Funktion.

● Abstand Geber/Zahnkranz prüfen: Er soll 1,0 ± 0,3 mm betragen. Gegebenenfalls Halter nachrichten.

● Verlegung des Kabels vom Geber zum Kabelbaum verfolgen, Steckverbindungen und Kabel prüfen.

● **Elektrische Prüfung** mit genauem Ohmmeter:

● Steckverbindung trennen und Ohmmeter am Kabel zum Geber zwischen Kontakt 1 und 2 (siehe Zeichnung nächste Seite) anschließen.

Die Zündspule ist bei allen 5ern am rechten Radkasten befestigt. Die Abbildungen zeigen zwei verschiedene Spulen-Ausführungen, die Zahlen geben die Klemmenbezeichnungen der Spule wieder: 1 – zum Zünd-/Steuergerät; 4 – Hochspannungsklemme (zum Verteiler); 15 – Stromzufuhr (vom Zündschloß). Der Pfeil im linken Bild zeigt auf den Stopfen, aus dem bei defekter Spule die Vergußmasse herausgedrückt wird.

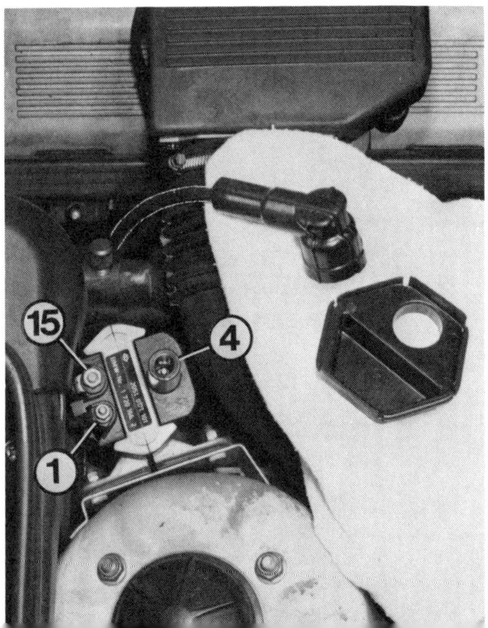

● Der Ohmmeter muß 540 ± 5 Ω anzeigen, sonst ist der Geber defekt.
● Der dritte Kontakt ist die Abschirmung des Kabels.
● Die Werkstatt hat außerdem die Möglichkeit, den Spannungsverlauf des Gebers an einem Bildschirm zu betrachten.

Geber für Zylindererkennung prüfen

● Schutzkappe über dem Verteiler aushaken, Geber einer kurzen Sichtprüfung unterziehen.
● Wird dabei nichts Ungewöhnliches festgestellt, Kabel bis zur Steckverbindung verfolgen und auf Beschädigungen überprüfen.
● Steckverbindung trennen und Ohmmeter am Kabel zum Geber zwischen Kontakt 1 und 2 (siehe Zeichnung) anschließen.
● Weniger als 1 Ω muß der Ohmmeter bei kaltem Motor anzeigen, sonst ist die Spule des Gebers defekt.

Temperaturgeber

Der Temperaturgeber hat ebenfalls Einfluß auf die Motronic. Wie er geprüft wird, steht im Einspritzungs-Kapitel.

Der Zündverteiler

Der Verteiler prangt an der Stirnseite des Motors auf der Zahnriemenabdeckung. Seine einzige Aufgabe ist es, die Zündfunken in der richtigen Reihenfolge auf die Zylinder zu verteilen. Dazu ist sein rotierender Verteilerfinger direkt auf dem Nockenwellen-Zahnriemen- bzw. -Kettenrad montiert.

Verteiler öffnen

● Schutzkappe über den Zündverteiler-Anschlüssen aushaken und abnehmen.
● Drei Schrauben rings um den Verteilerdeckel lösen und Deckel abnehmen.
● Der Verteilerfinger kann nach Herausdrehen seiner drei Innensechskant-Halteschrauben abgenommen werden.
● Deckel so festschrauben, daß seine Anschlüsse schräg zur rechten Fahrzeugseite zeigen.
● Beim Auswechseln des Verteilerdeckels Zündfolge beachten (Bild Seite 189).

Zündverteiler kontrollieren

● Verteilerkappe abnehmen. Sie muß innen und außen sauber sein, damit keine Strombrücke über Schmutz, Abrieb oder Feuchtigkeit den Zündstrom ableitet.
● Abbrand an den Kontaktstiften des Verteilerdeckels und der Kontaktplatte am Verteilerfinger abkratzen, sonst kann es zu Startschwierigkeiten kommen.
● Sind die Kontaktflächen schon stark verschmort, Verteilerdeckel und -finger ersetzen.
● Die Kontaktkohle in der Mitte muß glatt und glänzend sein, sich leicht einfedern lassen und ohne zu klemmen wieder zurückfedern.
● Der Verteilerfinger darf an seiner Kontaktzunge und über der Vergußmasse des Entstörwiderstands zwischen Mittelkontakt und der Zunge nicht verschmort sein.
● Bleistiftartige Striche im Verteilerdeckel sind Brandspuren von Kriechströmen, die sich über Schmutz oder Feuchtigkeit einen Weg gebahnt und eingebrannt haben.
● Behelfsmäßige Abhilfe schafft hier Auskratzen mit einem Schraubenzieher oder Messer und Überstreichen mit Alleskleber, Nagellack oder im Notfall auch Lippenstift.

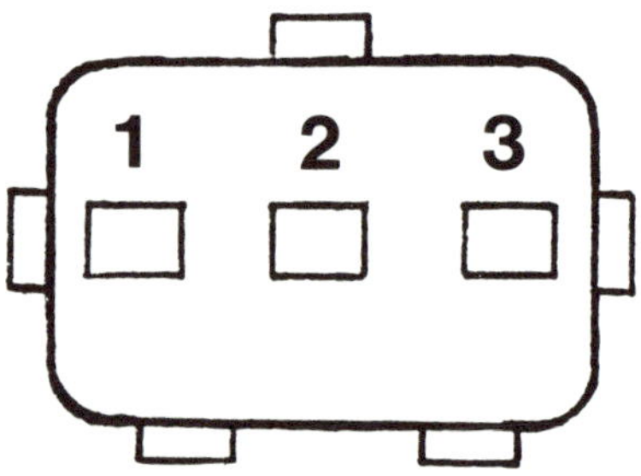

Die Motronic braucht nur einen Geber (1) für Drehzahl- und Kurbelwellen-Positionsbestimmung, und der sitzt vorn rechts am Motor über einer Zahnscheibe (2) am Schwingungsdämpfer. Zwei fehlende Zähne auf der Zahnscheibe (3) signalisieren dem Geber zusätzlich zur Drehzahl die Position der Kurbelwelle.
Die Zeichnung zeigt die Polbelegung im Kabelstecker zum Drehzahlgeber.

Nach Lösen von drei Sechskantschrauben (1 und 3) kann der Motronic-Verteiler (2) geöffnet werden. Das Bild zeigt den Motor des BMW 520i/525i.

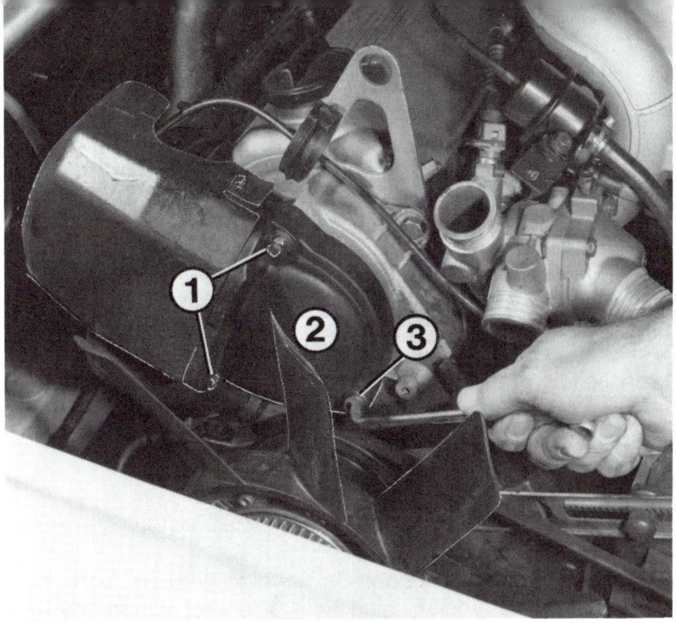

Fingerzeig: Ein defekter Entstörwiderstand im Verteilerfinger kann Ursache für schwer auffindbare Defekte an der Zündanlage sein, z. B. Startprobleme bei heißem Motor oder Fehlzündungen. Deshalb die Vergußmasse (unter ihr sitzt der Widerstand) auf dem Verteilerfinger sehr genau prüfen. Ist sie verfärbt oder rissig, Verteilerfinger ersetzen.

Zündzeitpunkt kontrollieren?

Die Kontrolle des Zündzeitpunkts ist bei der Motronic des BMW überflüssig geworden. Denn an dieser Zündung kann sich beim besten Willen nichts verstellen: Die Geber sitzen rüttelsicher in ihren Halterungen und das Zackenrad am Schwingungsdämpfer kann seine Position auch nicht verändern.
Fazit: Bei Motronic braucht der Zündzeitpunkt nur bei Störungen (von der Werkstatt) geprüft zu werden, denn verstellen läßt sich ohnehin nichts.

Die Zündkabel

Die Zündkabel sorgten früher nur bei Wagen mit sogenannten Entstörkabeln für Probleme. Die Kupferkabel, die BMW seit jeher verwendet, konnten stets als betriebssicher angesehen werden.
Die hohen Zündspannungen der elektronischen Zündanlagen stellen jedoch weit höhere Anforderungen an die Kabelisolation. »Spannungsdurchschläge« durch die Isolierschicht – begünstigt durch Feuchtigkeit und Streusalz – sind häufiger geworden. Bei Zündstörungen lohnt es sich durchaus, die Hochspannungskabel mit ihren Steckern kritisch zu beäugen:

- Schutzkappe über dem Zündverteiler aushaken sowie Deckel des Zündleitungsrohrs aushaken, damit die Kabel auf ganzer Länge zugänglich sind.
- Kontrollieren Sie, ob die Kabel fest in die Buchsen des Verteilerdeckels eingesteckt sind. Sie können sich durch Erwärmung der eingeschlossenen Luft etwas herausheben und so Motorstottern verursachen.

Der geöffnete Motronic-Verteiler:
1 – Verteilerdeckel;
2 – Verteilergehäuse in der Zahnriemenabdeckung (520i/525i);
3 – Verteilerfinger.

● Die Klemmen dürfen nicht oxidiert sein, und sie müssen guten Kontakt zu den Entstörsteckern haben.
● Wenn der Zündfunke schon vor der Zündkerze zur Masse überspringt, hören Sie das an Knack- oder Knattergeräuschen im Motorraum.
● Nachts sehen Sie die Funken deutlich springen. Ursache kann eine Streusalzschicht auf den Kabeln sein, oder das Kabel ist irgendwo durchgescheuert.
● Zündkabel mit Scheuer- oder Schmorstellen sollten Sie umgehend ersetzen.
● Bei Zündstörungen die Entstörstecker an der Zündspule sowie am Verteiler auf richtigen Widerstandswert messen:
● Der Ohmmeter soll 0,8–1,2 kΩ anzeigen.
● Widerstand der Zündkerzenstecker messen:
● 4–6 kΩ müssen am Ohmmeter abzulesen sein.

Die Zündfolge

Für ausgewogenen Motorlauf werden die Zylinder entsprechend der werksseitig festgelegten Zündfolge **1–5–3–6–2–4** gezündet.
○ In der dementsprechenden Reihenfolge sind die Zündkabel auch in den Verteilerdeckel eingesteckt.
○ Bei Reparaturarbeiten sind keine Verwechslungen beim Einstecken möglich: Es wird stur nach der Numerierung im Bild rechts unten vorgegangen.
○ Als zusätzliche Erleichterung sind die Kabel auf ihrer Isolierung numeriert. Die Zahlen stehen für die Zylinder (Zählweise: von vorn nach hinten), zu denen die Kabel führen. Keine Bezeichnung hat das Kabel zur Zündspule.

Zündkerzen kontrollieren

Wartung Nr. 18

Der Wartungsplan sieht bei jeder Inspektion I einen Kerzenwechsel vor. Das kann vor allem denjenigen Fahrern nicht empfohlen werden, die es auf weniger als 15000 km Jahresfahrleistung bringen. Da die Inspektion I spätestens jährlich erfolgt, wäre in einem solchen Fall der Kerzenwechsel um einiges verfrüht, denn Zündkerzen sind mindestens für 15000–20000 km gut.
Wir raten deshalb statt zum bedenkenlosen Austausch zunächst zu einer Kontrolle – am besten in kürzeren als den vorgeschriebenen Abständen. Je nach Zustand der Kerzen können Sie dann über deren Schicksal entscheiden: Wenn sie nach einer Überlandfahrt die richtige Färbung aufweisen (nach einer kurzen Stadtfahrt sind die Kerzen meist etwas rußig) und wenn die Elektroden noch nicht rundgebrannt sind, besteht kein Grund, sie auszuwechseln. Lesen Sie im nächsten Abschnitt, was das »Kerzengesicht« aussagt.
Von Hand sollten Sie die Zündkerzen möglichst nicht reinigen. Das schadet der Isolierschicht der Zündkerzen-Mittelelektrode (Speckstein).
Nur eine wirklich sinnvolle Tätigkeit können Sie an der Kerze ausüben: Das Einstellen des Elektrodenabstands (siehe übernächsten Abschnitt).

Das »Zündkerzengesicht«

Aus dem Aussehen und der Färbung der Zündkerzenelektroden können Sie erkennen, ob der Motor optimal arbeitet. Sehen Sie sich die Isolatorspitze mit der Mittelelektrode und die sie überdeckende Seitenelektrode an. Es bedeuten:
○ **Isolatorspitze grau bis braun gefärbt:** Einspritzanlage in Ordnung, der Motor läuft wirtschaftlich.
○ **Starke Ablagerungen:** Ursachen können Zusätze im Motoröl oder Kraftstoff sein oder erhöhter Ölverbrauch duch schadhafte Ventilschaftabdichtungen. Evtl. Öl- bzw. Kraftstoffmarke wechseln.
○ **Schwarze rußartige Ablagerungen:** Zündkerze erreicht durch ausschließlichen Kurzstreckenverkehr ihre Selbstreinigungs-Temperatur nicht, falscher Zündkerzen-Wärmewert, CO-Gehalt zu hoch.
○ **Isolatorspitze weißlich gefärbt:** Zündzeitpunkt zu »früh«, also Motronic defekt, CO-Gehalt zu niedrig.
○ **Schmelzerscheinungen an Mittel- und Seitenelektrode:** Glühzündungen durch Ablagerungen im Verbrennungsraum. Überhitzte Ventile, Mängel an der Zündanlage (Zündzeitpunkt) oder Hitzestau durch mangelhafte Kühlung.
○ **Bruch der Isolatorspitze,** im Anfangstadium als Haarrisse erkennbar: Klopfende Verbrennung durch minderwertigen Kraftstoff, Mängel an der Zündanlage (Zündzeitpunkt), ungenügende Motorkühlung oder Gemischabmagerung durch Nebenluft.
○ **Gelblich glänzende Schicht auf der Isolatorspitze:** Benzin- und Motorölzusätze haben Ablagerungen gebildet, die sich bei abrupter voller Belastung des Motors verflüssigt haben und elektrisch leitfähig wurden – als Folge Zündaussetzer. Motor nach langem Kurzstreckenbetrieb nicht sofort voll belasten.
○ **Ölschicht über Elektroden und Innenraum der Kerze:** Kolbenringe, Ventilführungen oder -schaftabdichtungen schadhaft.

Der Elektrodenabstand

Das Kraftstoff/Luft-Gemisch bzw. das verbrannte Altgas wirkt korrosiv auf die metallischen Zündkerzenelektroden. Und die hohe Spannung beim Funkenüberschlag sprengt kleine Metallpartikel ab, wodurch der Funkenspalt mit zunehmender Laufzeit vergrößert wird.

Zündkerzen sollen mit 24–28 Nm festgezogen werden. Wenn kein Drehmomentschlüssel zur Hand ist: Kerze eindrehen, bis der Dichtring anliegt – sie läßt sich dann von Hand oder mit dem Kerzenschlüssel ohne Kraftanstrengung nicht mehr weiterdrehen. Jetzt mit dem Kerzenschlüssel bei neuen Kerzen eine knappe Viertelumdrehung weiter anziehen (siehe Zeichnung). Bei gebrauchten Kerzen wird der Kerzenschlüssel nur etwa 15° weitergedreht, das genügt.

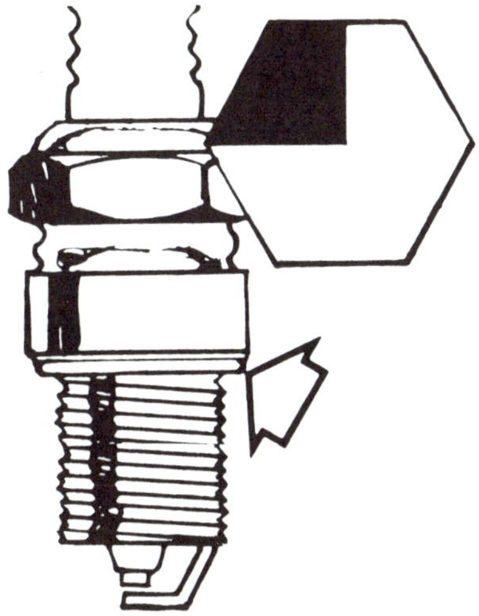

Für die im BMW eingebauten Zündkerzen gilt als Elektrodenabstand der Sollwert **0,7 mm**. Ist der Abstand wesentlich zu groß, wird zum Auslösen des Funkens eine höhere Zündspannung benötigt, und es kann zu Zündaussetzern kommen, oder der Motor springt schlecht an.

- Zum Messen das Fühlerlehrenblatt 0,7 mm oder entsprechende Zündkerzenlehre zwischen Mittel- und Stirnelektrode halten.
- Stirnelektrode so weit nachbiegen (mit Schraubendreherschaft vorsichtig draufklopfen), bis sich das Fühlerlehrenblatt noch mit leichtem Widerstand durchziehen läßt.
- Dann stimmt der Abstand.

Neue Zündkerzen kaufen

Wärmewert

Je nach Verdichtung und Leistungsausbeute entwickeln Benzinmotoren recht unterschiedliche Temperaturen in ihren Verbrennungsräumen. Darauf müssen die Zündkerzen abgestimmt sein. Diese Eigenschaft wird durch den sogenannten Wärmewert angegeben. Dessen Kennzahl (z. B. 7, 8 oder 9) besagt, wieviel Hitze die Zündkerze ertragen, d. h. ableiten kann, ohne selbst zu heiß zu werden. Leitet die Kerze zu viel Wärme ab, erreicht sie nicht ihre Selbstreinigungs-Temperatur. Die besagt, daß sich die heißen Zünkerzenelektroden selbst von Rußansatz freibrennen können. Leitet sie dagegen zu wenig Wärme ab, wird sie zu heiß.

Zündkerzengewinde

Das Einschraubgewinde muß 19 mm lang sein, das ist die größte handelsübliche Gewindelänge. Der Gewindedurchmesser beträgt 14 mm.

Elektrodenform

BMW hat sich bei seinen Zündkerzenerprobungen traditionsgemäß für Kerzen mit »vorgezogener Stirnelektrode« entschieden. Die Mittelelektrode ragt aus dem Zündkerzenkörper heraus und wird außerdem noch von der Außenelektrode nach vorne überdeckt.

Die richtigen Zündkerzen

BMW gibt nur eine einzige Zündkerze zur Verwendung in unseren 5er-Modellen frei: Die Bosch-Kerze **W 8 LCR**. Wir sind in diesem Punkt nicht ganz so markengläubig und würden auch die Vergleichstype eines anderen Zündkerzen-Herstellers verwenden.

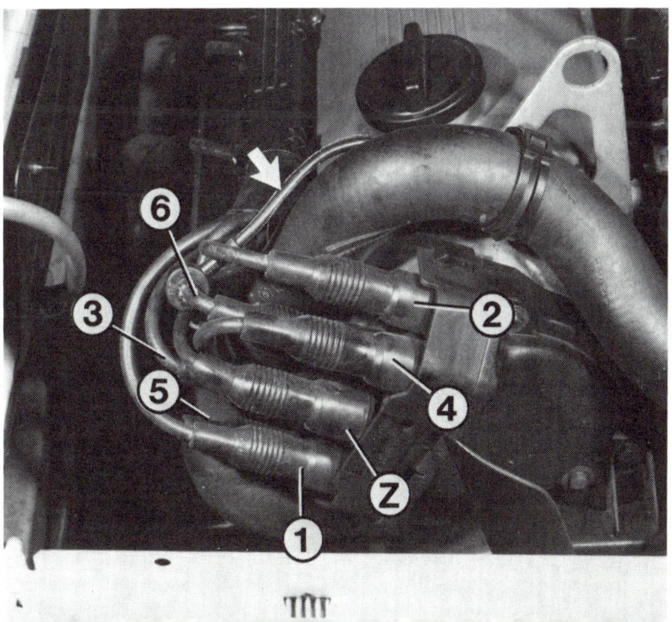

Der Zündfolge nach werden die Zündkabel des Verteilers mit den Zündkerzen verbunden. Die Zahlen zeigen, zu welchem Zylinder (Zählweise: von vorn nach hinten) das betreffende Kabel geführt werden muß. »Z« bezeichnet das Kabel zur Zündspule.
Der Pfeil zeigt auf das Kabel zum Bezugsmarkengeber, der über das Zündkabel zu Zylinder 6 gestülpt ist.

Lichteffekte

Beleuchtungseinrichtungen sind nicht selten stilistische Mittel bei der Gestaltung der Autokarosserie. Man denke nur an die für einen BMW so charakteristischen Doppelscheinwerfer oder die formal geglückten Heckleuchten des 5ers. Bei allem guten Aussehen sollen diese zusätzlich auch noch funktionieren. Das ist Anliegen dieses Kapitels.

Beleuchtung kontrollieren

Ständige Kontrolle

Die Check-Control (ab 525i) prüft automatisch Brems-, Abblend-, Rücklicht und Kennzeichenleuchten. Ein Großteil der Leuchten ist damit ständig überwacht. Trotzdem kann man sich auch bei diesen Modellen von Zeit zu Zeit vergewissern, ob auch wirklich die gesamte Außenbeleuchtung intakt ist:

- Zündung einschalten und nacheinander sämtliche Beleuchtungseinrichtungen einschalten:
- Standlicht, Abblendlicht, evtl. eingebaute Nebelscheinwerfer, Fernlicht.
- Blinker vorn rechts und links sowie Warnblinker.
- Rücklichter und Kennzeichenleuchten und Nebelschlußleuchte(n).
- Blinker hinten rechts und links, Warnblinker, Rückfahrleuchten.
- Bremslicht, wozu ein Helfer notwendig ist.

Ersatzlampen

Ein Vorrat der wichtigsten Ersatzlampen gibt Ihnen unterwegs die Möglichkeit, einen Lampendefekt sofort »ambulant« zu behandeln:

○ Halogen-Einfadenlampe H1, 55 Watt DIN-Form YA (Haupt- und Fernscheinwerfer, Nebelscheinwerfer).
○ Kugellampe, 21 Watt, DIN-Form RL (Blinker vorn und hinten, Bremslicht, Rückfahrscheinwerfer, Nebelschlußleuchte).
○ Kugellampe, 5 Watt, DIN-Form G (Schlußlicht).
○ Glassockellampe, 5 Watt (Standlicht).

Scheinwerferlampen auswechseln

Alle Glühlampen in den Scheinwerfern werden vom Motorraum her ausgebaut. Zum Auswechseln der Lampen sicherstellen, daß der betreffende Lichtschalter ausgeschaltet ist. Die Glaskolben der Glühbirnen nicht mit der bloßen Hand berühren, sondern nur mit einem sauberen Lappen oder einem Papiertaschentuch anfassen.

Scheinwerferabdeckung ausbauen

Nicht nur zum Auswechseln der Scheinwerferlampen muß die Scheinwerferabdeckung vorn im Motorraum ausgebaut werden.

- Motorhaube öffnen.
- **Linke Fahrzeugseite:** Schlauch zur Lichtmaschinen-Kühlung an der Scheinwerferabdeckung aushängen. Beim 520i/525i die Halterasten des Ansaug-

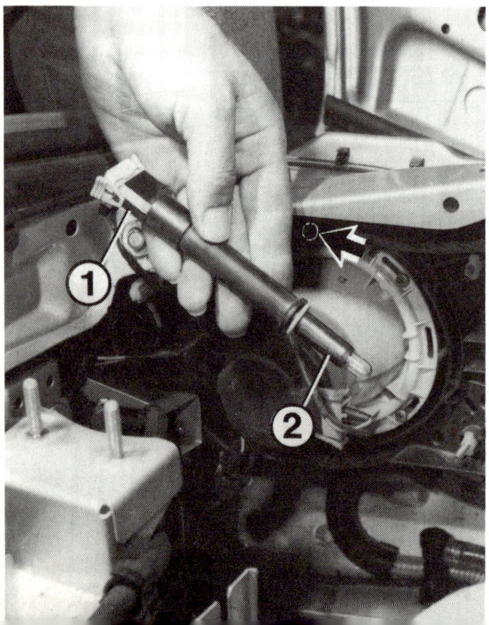

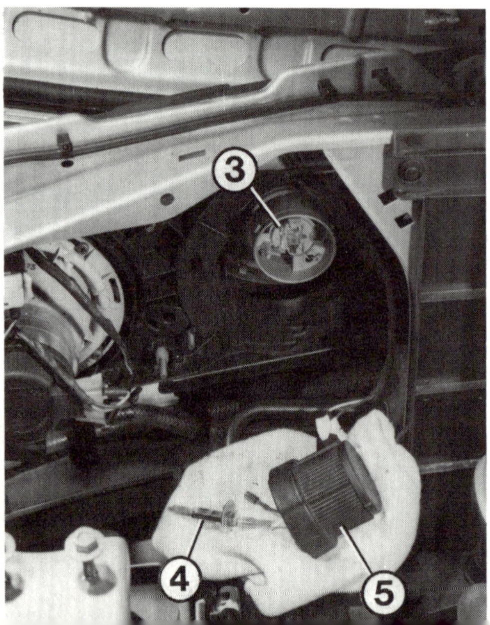

Lampenwechsel an den Scheinwerfern. Es bedeuten: 1 – Standlichtfassung mit Stecker (sie ist an der mit Pfeil bezeichneten Stelle eingesteckt); 2 – Standlichtlampe; 3 – Drahtbügel; 4 – H1-Lampe; 5 – Lampenabdeckung.

Hilfslinien zur Scheinwerfereinstellung in Eigenregie. Fahrzeug in genau 5 m Abstand vor der Wand aufstellen. Hilfslinie F markieren in Höhe d (= Höhe des Scheinwerfermittelpunkts vom Boden aus am eigenen Fahrzeug gemessen). Abblendlinie A 5 cm darunter markieren (5 cm = Abblendneigung auf 5 m Entfernung). Auf Linie A Kreuze markieren im Abstand a (a = Abstand des Scheinwerfermittelpunkts von Fahrzeugmittelachse aus gemessen). Abgeblendete Scheinwerfer mit dem Abknickpunkt ihres asymmetrischen Lichts auf diese Kreuze justieren. Bei den Fernscheinwerfern Lichtstrahl im Abstand f auf Kreuzmarkierung auf Linie F justieren.

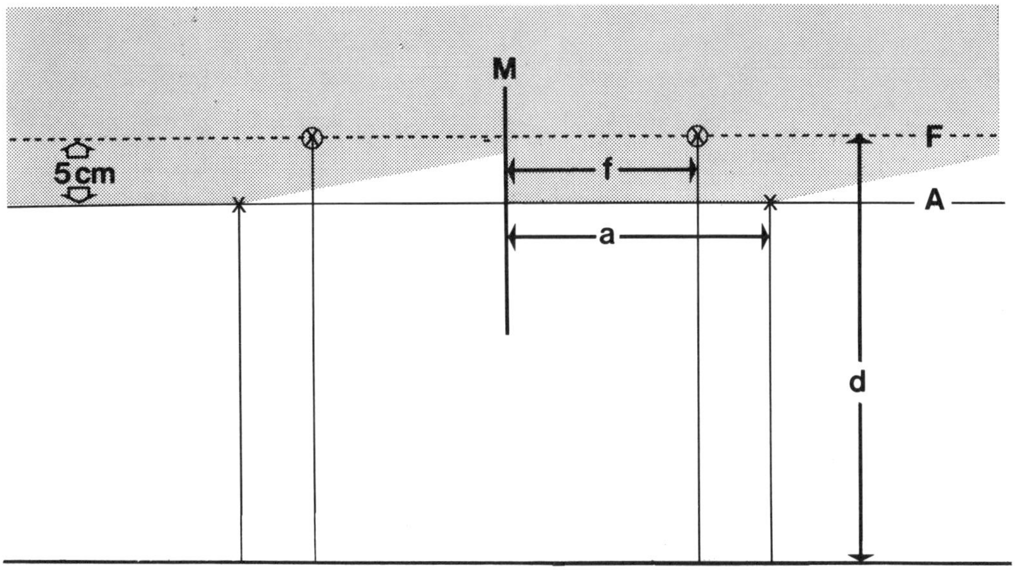

stutzens am Luftfiltergehäuse zusammendrücken und Stutzen ins Luftfiltergehäuse schieben.

● **Rechte Fahrzeugseite:** Beim 530i/535i die Halterasten des Ansaugstutzens am Luftfiltergehäuse zusammendrücken und Stutzen ins Luftfiltergehäuse schieben.

● Schnellverschlüsse der Scheinwerferabdeckung mit einem Kreuzschlitzschraubendreher um 90° drehen.

● Abdeckung abnehmen.

Haupt- und Fernscheinwerferlampe

● Scheinwerferabdeckung im Motorraum ausbauen.

● Schwarze Lampenabdeckung nach links drehen (Bajonettverschluß).

● Drahtbügel, der die Lampe hält, aushängen und Lampe nach hinten herausziehen.

● Kabelstecker von der Glühbirne abziehen, Massekabel lösen.

● Beim Einsetzen der neuen Lampe darauf achten, daß der Birnensockel in die Aussparung am Reflektor paßt. Die abgeschrägte Stelle am Sockel muß nach links unten zeigen.

Standlichtlampe

● Scheinwerferabdeckung im Motorraum ausbauen, wie beschrieben.

● Fassung oben am Hauptscheinwerfer unter leichtem Druck linksdrehen und nach hinten herausziehen.

● Standlichtlampe aus der Fassung herausziehen.

Scheinwerfereinheit ausbauen

● Scheinwerferabdeckung im Motorraum ausbauen.

● Frontgrill abbauen (Seite 242).

● Anschlußstecker an der Scheinwerferrückseite abnehmen (zum Abziehen Stecker-Halteklammern drücken).

● Ebenfalls vom Motorraum her außen an der Scheinwerfereinheit eine Halteschraube losdrehen sowie zwei weitere, die das Blinkleuchtengehäuse an einem Steg bzw. an der Seitenwand halten.

● Diese Schrauben sind schlecht zugänglich. Wer keinen kurzen Schraubendreher hat, baut – je nach Bedarf und Modell – Wasserbehälter, Luftfilter oder Aktivkohlebehälter aus.

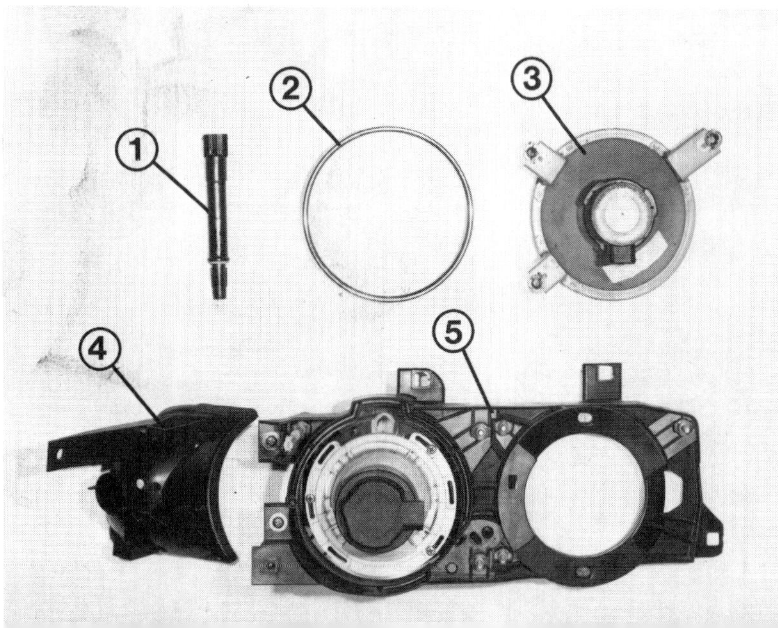

Scheinwerfereinheit zerlegen. Es bedeuten:
1 – Standlichtfassung; 2 – Zierring; 3 – Scheinwerfereinsatz; 4 – Blinkleuchtengehäuse; 5 – Scheinwerfer-Halterahmen.

● Von vorn 3 Halteschrauben der Scheinwerfereinheit lösen.

● Scheinwerfereinheit herausnehmen.

Einzelnen Scheinwerfer ersetzen

● Scheinwerferabdeckung im Motorraum ausbauen, wie bereits beschrieben.
● Frontgrill ausbauen (Seite 242).
● Anschlußstecker an der Scheinwerferrückseite abnehmen (zum Abziehen Stecker-Halteklammern drücken).
● Mit einem kräftigen Haarfön die Kunststoffbuchsen an den Lagerpunkten des Scheinwerfereinsatzes erwärmen.
● Scheinwerfereinsatz jetzt von den Kugelbolzen der Verstellschrauben bzw. des Festlagers abziehen.
● Zierring vom Scheinwerfereinsatz abdrücken.

● Der **Hauptscheinwerfer** kann zusätzlich zerlegt werden:
● Dazu drei Kreuzschlitzschrauben an der Scheinwerfer-Rückseite lösen und Reflektor mit Linsenoptik vom Streuscheibenteil trennen.
● Zum **Einbau** der Scheinwerfereinsätze zuerst die Kunststoffbuchsen auf die Kugelbolzen drücken, dann erst den Scheinwerfer auf die Buchsen drücken.

Fingerzeige: Wurde das Streuscheiben-Glas eines Haupt- oder Nebelscheinwerfers beschädigt, sollten Sie den betreffenden Scheinwerfer möglichst sofort ausbauen oder ihn zumindest mit Plastikfolie und Klebeband wasserdicht verpacken. Sonst wird der Reflektor matt und muß ebenfalls ersetzt werden. Wer den Schaden rechtzeitig bemerkt, kann so die Streuscheibe einzeln ersetzen. Nicht einzeln ersetzen lassen sich die Gläser der Fernscheinwerfer.
Scheinwerfereinsätze bzw. Streuscheiben brauchen nicht unbedingt im BMW-Ersatzteillager gekauft zu werden. Der Zubehörhandel bezieht sie direkt vom Hersteller (Bosch oder Hella).

Scheinwerfereinstellung kontrollieren

Wartung Nr. 49

Von selbst wird sich die Scheinwerfer-Einstellung kaum verändern. Wenn jedoch ein Scheinwerfer ausgewechselt wurde, muß die Einstellung des Scheinwerferstrahls kontrolliert werden.
Unbedingt erforderlich ist ein Justieren natürlich auch, wenn bei einem Unfall die Wagenfront in Mitleidenschaft gezogen wurde oder nach dem Einsetzen neuer Federungsteile. So wird eingestellt:

● Wurde nur einer der Scheinwerfer ausgewechselt, genügt es fürs erste, wenn Sie in einigem Abstand vor eine helle Wand fahren, das Licht einschalten und dann die Höhe des Lichtstrahls am neu bestückten Scheinwerfer dem Strahl des unveränderten Scheinwerfers angleichen.
● Wurden die Scheinwerfer gerade mit einem Werkstattgerät neu eingestellt, können Sie die Höhe der Lichtpunkte beispielsweise an der Garagenwand markieren. Wichtig ist natürlich auch der Abstand, in dem der BMW zur Wand steht. Also anzeichnen.
● Mit Hilfe dieser Markierung kann dann, wann immer nötig, die Scheinwerfereinstellung am BMW in Eigenregie kontrolliert werden.
● Die genaueste Methode, die Scheinwerfer einzustellen, ist nach wie vor die Justierung mit einem Einstellgerät, wie es Tankstellen, Bosch-Dienste und Werkstätten besitzen.
● Lichtstrahl der Nebelscheinwerfer einstellen: Bei fünf Meter Abstand vor der Einstellwand müssen die breit gestreuten Scheinwerferstrahlen 100 mm unterhalb (an der Wand) des jeweiligen Nebelscheinwerfer-Mittelpunkts (am Fahrzeug) liegen.

Drei Einstellschrauben sind von vorn, eine weitere ist nach Abnehmen der Scheinwerferabdeckung vom Motorraum aus zugänglich. »H« markiert die Höheneinstellschrauben, »S« die Seitenverstellung. Einstellen bei Neutralstellung der Leuchtweitenregulierung (wo eingebaut).

Funktionsschema der Leuchtweitenregulierung. Es bedeuten:
1 – elektrische Leitung mit Stecker;
2 – Elektromotor;
3 – Steuerung;
4 – Schalter;
5 – Rändelrad.

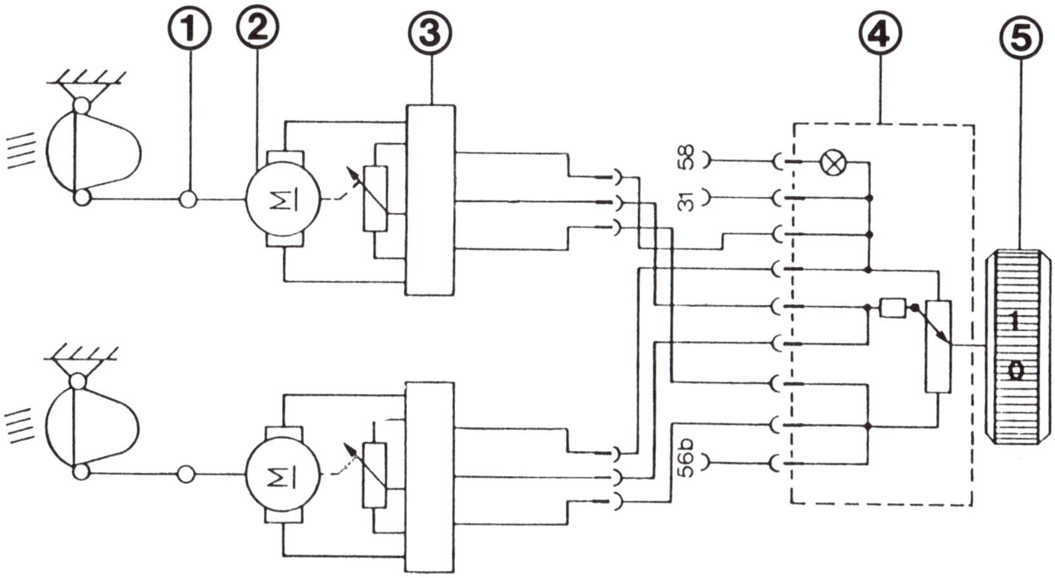

Wo sitzen die Einstellschrauben?

○ Drei Einstellschrauben sind von vorn durch das Kühlergrill zugänglich; eine weitere sitzt an der Scheinwerfer-Rückseite ist nach Abnehmen der Scheinwerferabdeckung vom Motorraum aus zugänglich.
○ An jedem der vier Frontscheinwerfer sitzt die Höheneinstellschraube unten und die Seiteneinstellschraube oben.
○ Zum Justieren des Scheinwerferstrahls wird zuerst die Höheneinstellung korrigiert. Erst dann erfolgt die Seiteneinstellung.
○ Die werksseitig eingebauten Nebelscheinwerfer sind nur in der Höhe einstellbar. Zum Erreichen der Einstellschraube die schwarze Kunststoffblende neben dem Leuchtenglas abnehmen. Dazu die Taste seitlich an der Blende niederdrücken.

Leuchtweitenregulierung

Bei Fahrzeugen mit Leuchtweitenregulierung wirkt je ein Elektromotor mittels Gewindestange auf die Höheneinstellschraube der Hauptscheinwerfer. Über ein Rändelrad am rechten Lichtschalter kann je nach Beladungszustand diejenige Position gewählt werden, die der Elektromotor anfahren soll.

Lampenwechsel rund ums Auto

Blinkleuchten vorn

● Scheinwerferabdeckung im Motorraum ausbauen, wie beschrieben.
● An der Rückseite des Blinkleuchtengehäuses die beiden »Tasten« der Lampenfassung zusammendrücken und Fassung nach hinten herausziehen.
● Blinkerlampe in der Fassung linksdrehen und herausziehen (Bajonettverschluß).
● Soll das **Blinkleuchtengehäuse** ausgebaut werden, muß vom Motorraum her außen an der Scheinwerfereinheit eine Halteschraube losgedreht werden sowie zwei weitere, die das Blinkleuchtengehäuse an einem Steg bzw. an der Seitenwand halten.
● Diese Schrauben sind schlecht zugänglich. In Ermangelung eines kurzen Kreuzschlitz-Schrauben-

Zum Auswechseln der 21-Watt-Lampe (2) am Blinker vorn die beiden Halterasten (Pfeile) an der Fassung drücken und diese aus dem Lampengehäuse (1) ziehen.

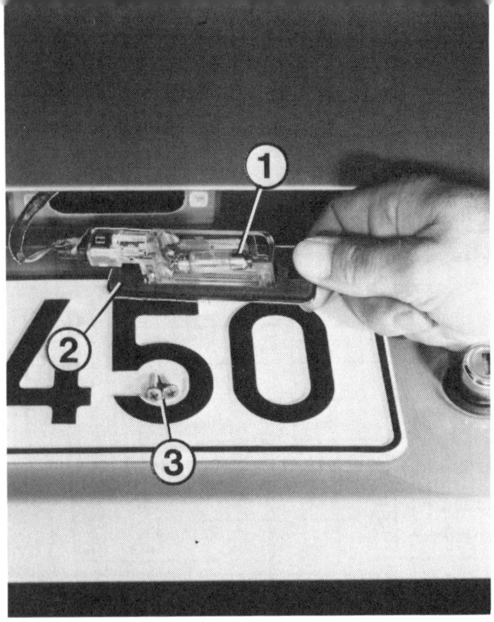

Links: Lampenwechsel an den Kennzeichenleuchten:
1 – Soffittenlampe;
2 – Deckglas mit Lampenhalter;
3 – Kreuzschlitzschrauben.
Rechts: Der Schalter (Pfeil) für die Rückfahrscheinwerfer sitzt rechts oben am Getriebe. Sind beide Rückfahrscheinwerfer gleichzeitig defekt, kann das evtl. an diesem Schalter liegen.

drehers muß man – je nach Bedarf und Modell – Wasserbehälter, Luftfilter oder Aktivkohlebehälter ausbauen.

Heckleuchte

● **Leuchten in der Heckklappe:** Einige Schnellverschlüsse an der Unterkante der Heckklappenverkleidung durch Linksdrehen mit einem Kreuzschlitzschraubendreher lösen.
● Verkleidung zurückschlagen.
● **Leuchten in der Seitenwand:** Kofferraummatte herausnehmen.
● Am hinteren Ende der Kofferraum-Seitenverkleidung die Drehriegel linksdrehen und herausziehen.
● Abdeckung nach hinten biegen.
● **Alle Leuchten:** Die Lampenfassungen sind einzeln in das Gehäuse der Rückleuchte eingesetzt.
● Fassung der defekten Lampe linksdrehen und abnehmen (Bajonettverschluß).
● Blinkleuchte nach vorn ziehen und aus der Lasche an der Seitenwand vorn nehmen.
● Kabelstecker abziehen.
● Lampe wiederum ebenfalls nach Linksdrehen aus der Fassung ziehen.
● Jedes der vier **Rückleuchtengehäuse** (sowohl im Kofferraumdeckel als auch in der Seitenwand – ist von der Innenseite her mit zwei bzw. drei Muttern befestigt, die zum Ausbau des kompletten Gehäuses gelöst werden müssen.
● Zugänglich sind die Verschraubungen nach Abnehmen der jeweiligen Innenverkleidung.
● Zusätzlich Mehrfachstecker entriegeln und abziehen.

Kennzeichenleuchten

● Beide Kreuzschlitzschrauben des Deckglases im Heckblech herausdrehen.
● Deckglas – es ist gleichzeitig Lampenhalter – abnehmen.
● Soffittenlampe aus der Fassung nehmen.
● Beim Wiedereinbau auf den richtigen Sitz der Gummidichtung achten, sonst kann Wasser eindringen.
● Schrauben nicht zu stark anziehen, damit das Kunststoffteil nicht reißt.

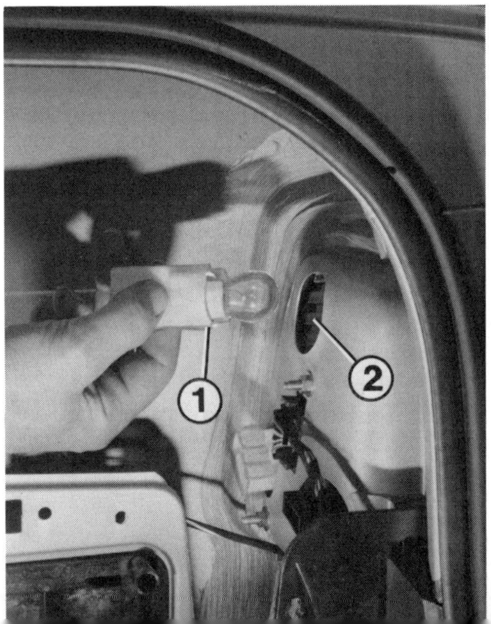

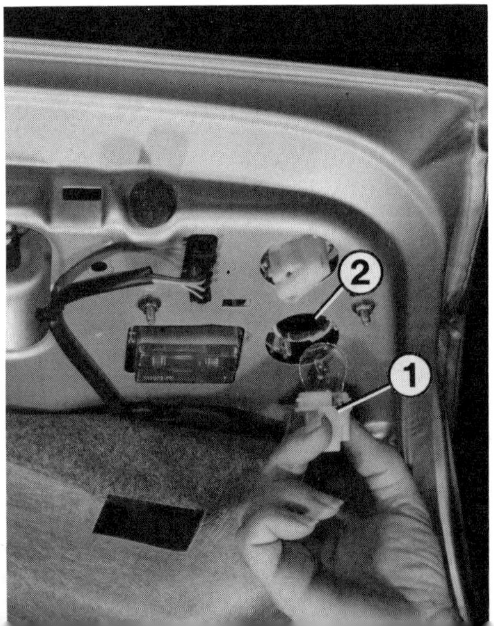

Alle Lampen der Heckleuchte besitzen einzelne kleine Fassungen (1). Hier wurde jeweils eine Fassung zum Auswechseln der Lampe aus der Öffnung (2) des Heckleuchtengehäuses herausgedreht.
Links im Bild die Heckleuchte außen, rechts die Heckleuchte im Kofferraumdeckel.

Links: Die Innenleuchte (2) ist aus dem Dachausschnitt herausgenommen. Weiter bedeuten:
1 – Plexiglasabdeckung;
3 und 4 – Soffittenlampen.
Rechts: Die Innenleuchte mit Leseleuchten ist hier ausgebaut:
1 – Lampengehäuse;
2 – Abdeckung für Soffitte (3), hier zurückgeklappt;
4 – Lämpchen für Leseleuchten.

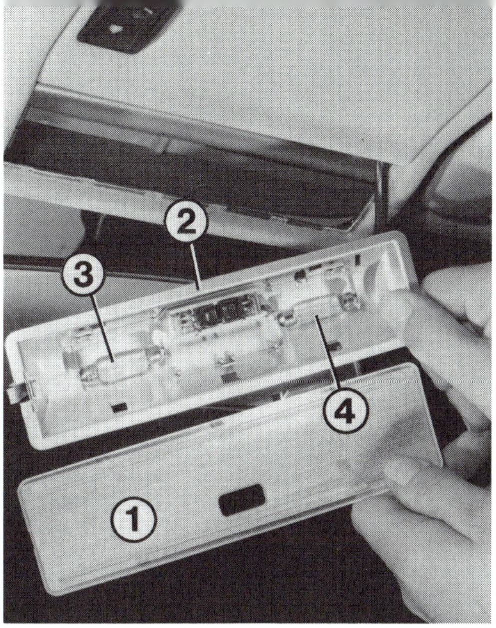

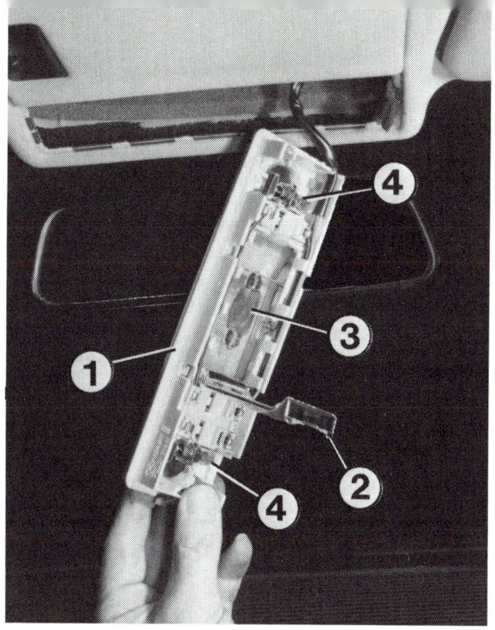

Nebelscheinwerfer

Lampenwechsel

- Zunächst die schwarze Kunststoffblende neben dem Leuchtenglas abnehmen. Dazu die Taste seitlich an der Blende niederdrücken.
- Mittlere Kreuzschlitzschraube seitlich am Gehäuse herausdrehen.
- Leuchtengehäuse aus der Einbauöffnung schwenken.
- Abdeckkappe hinten auf dem Leuchtengehäuse linksdrehen und abnehmen.
- Haltefeder der H3-Lampe aushängen und zur Seite klappen.
- Lampe herausnehmen, Kabel ausstecken.

Fingerzeig: Streuscheibe und Reflektor der Nebelscheinwerfer lassen sich einzeln ersetzen. Bei ausgebauter Leuchteneinheit müssen lediglich vier Kreuzschlitzschrauben gelöst werden.

Leuchten im Wageninnern

Innenleuchte vorn

Die Innenleuchte vorn ist mit zwei Soffittenlampen (10 Watt, 41 mm lang, DIN-Form K) ausgestattet. Die Lampe erhält dauernde Stromzufuhr.
An- und abgeschaltet wird die Masseverbindung.

- Zum Ausbau einen flachen Schraubendreher in die kleine Aussparung an der linken Lampenseite stecken und damit die Haltefeder niederdrücken.
- Lampengehäuse aus dem Dachausschnitt hebeln.
- Plexiglasabdeckung vom Lampengehäuse abdrücken.
- Defekte Soffittenlampe aus ihren Haltezungen aushängen.
- Beim Einbau die rechte Seite zuerst in den Dachausschnitt einstecken.

Links: Zum Ausbau des Nebelscheinwerfergehäuses muß zuerst die Blende (1) abgenommen werden. Dazu die Taste (Pfeil) drücken. Die Halteschraube (3) wird hier mit einem Kreuzschlitzschraubendreher gelöst. Darüber sitzt die Einstellschraube (2).
Rechts: Lampenwechsel an den Nebelscheinwerfern:
1 – Scheinwerfereinsatz;
2 – Drahtbügel;
3 – H3-Glühlampe.

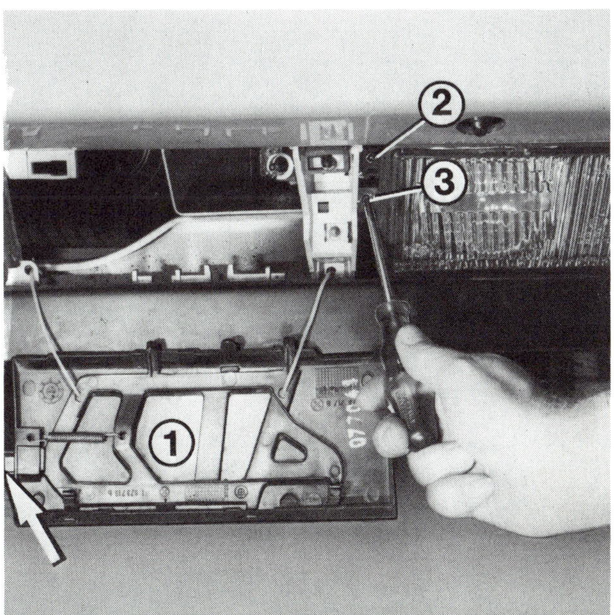

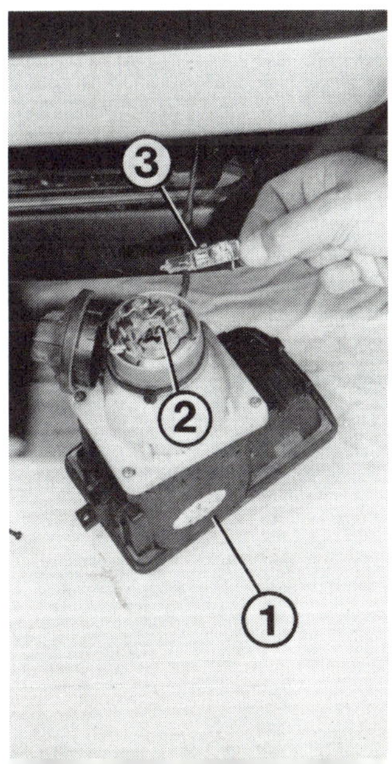

Innenleuchte vorn mit Leseleuchten

Die Version mit Leseleuchten besitzt nur eine 15-Watt-Soffitte und zusätzlich je eine 10-Watt-Lampe für jede der Leseleuchten.

● Ausbau der Lampe wie im vorigen Abschnitt beschrieben.

● Zum Wechsel der Soffitte Kunststoffraste drükken und Aluminium-Blende aufklappen.

● Die 10-Watt-Lämpchen zum Ausbau etwas linksdrehen und herausziehen (Bajonettverschluß).

Innenleuchten hinten

Die beiden Innenleuchten in den hinteren Dachpfosten sind in ihrer Funktion direkt von der Stellung des Schalters in der vorderen Leuchte abhängig.

● Zum Ausbau flachen Schraubendreher in die kleine Aussparung an der vorderen Schmalseite der Lampe stecken und auf diese Weise das Lampengehäuse aus dem Ausschnitt am Dachpfosten ziehen.

● Blechdeckel an der Lampen-Rückseite hochklappen und die 10-Watt-Soffittenlampe auswechseln.

Innenlichtsteuerung

Im Zeitalter der Elektronik ist das Aufleuchten der Innenbeleuchtung nicht mehr allein von den Türkontaktschaltern abhängig. Vielmehr steuert die Zentrale Karosserie-Elektronik bzw. das Zentralverriegelungsmodul (Beschreibung Seite 141/142) über ein Relais das Aufleuchten des Innenlichts, wenn der Innenleuchtenschalter auf »Automatikbetrieb« steht.

Dann werden folgende Funktionen automatisch ausgelöst.

○ Bei geöffneter Tür ist das Innenlicht bis zu 16 Minuten eingeschaltet. Dann wird es zu Schonung der Batterie automatisch gelöscht.

○ Nach Schließen der Fahrertür leuchtet das Innenlicht noch ca. 20 Sekunden nach. Es verlöscht aber, wenn der Zündschlüssel in Stellung »I« gebracht wird.

○ Wird die geöffnete Fahrertür geschlossen und von außen verriegelt, geht das Innenlicht beim Verriegeln aus.

○ Nach einer Fahrt mit Stand- oder Fahrlicht geht das Innenlicht sofort an, wenn der Motor ausgeschaltet wird. Bei Wagen mit Zentralverriegelungsmodul, die keine Türschloßheizung besitzen, ist diese Funktion (die sowieso nicht jedermanns Beifall findet) nicht eingebaut.

○ Besitzt der Wagen Türschloßheizung, wird das Innenlicht schon beim Anheben des äußeren Türgriffs auch bei verschlossener Tür für 10 Sekunden eingeschaltet (höchstens 3 Mal in 10 Minuten).

Der Türkontaktschalter

Die Türkontaktschalter sind beim BMW raffiniert untergebracht: Sie sind integriert in den Türschloß-Schließkeilen – jeweils an den hinteren Türpfosten.

Brennt die Innenleuchte trotz richtiger Schalterstellung beim Öffnen einer bestimmten Tür nicht, gerät der betreffende Türkontaktschalter in Verdacht. Denn er signalisiert durch Herstellen einer Masseverbindung dem Zentralverriegelungsmodul bzw. (je nach Fahrzeugausstattung) dem Grundmodul der Karosserie-Elektronik, daß eine Tür geöffnet ist. Diese Steuergeräte sind – neben anderen Aufgaben – auch für die Innenlichtsteuerung zuständig.

An diesen Schaltern sind nur zwei Defekte denkbar:

○ Die Kabelstecker haben sich vom Schalter gelöst.

○ Der Schalter selbst ist defekt.

Prüfen siehe folgenden Abschnitt.

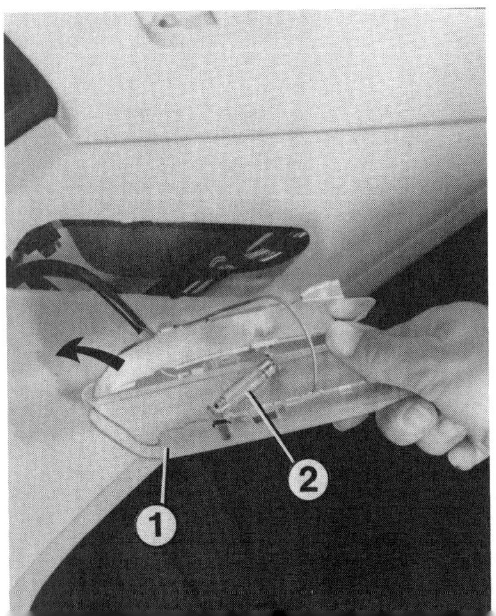

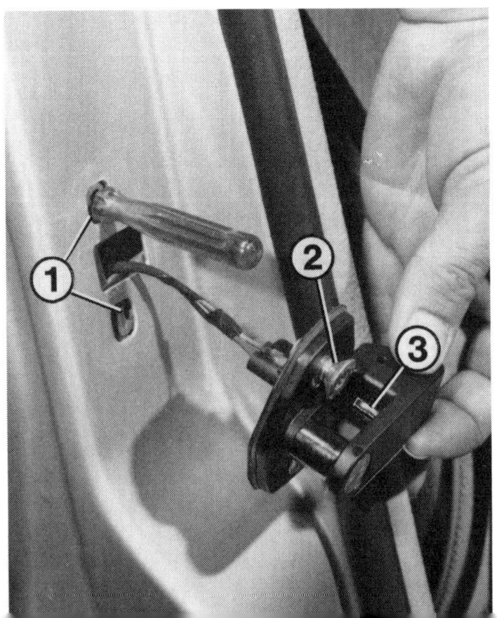

Links: Zum Wechsel der Soffittenlampen (2) in den hinteren Innenleuchten (1) muß der Blechdeckel zurückgeklappt werden (Pfeil). Rechts: Der Türkontaktschalter (3) ist beim BMW im Schließkeil mit eingebaut. Zum Ausbau die TORX-Schrauben des Schließkeils lösen. Darauf achten, daß die Gewindeplatte (1) beim Ausbau nicht in den Türpfosten fällt. Am besten mit Schraubendreher sichern, wie hier gezeigt.

Der Kontaktschalter (1) für die Kofferraumbeleuchtung sitzt direkt im Schloß der Kofferraumhaube. Ausbau des Schalters: Kofferraumschloß demontieren, eine Kreuzschlitzschraube lösen und Schalter abnehmen (siehe auch Bild Seite 233).

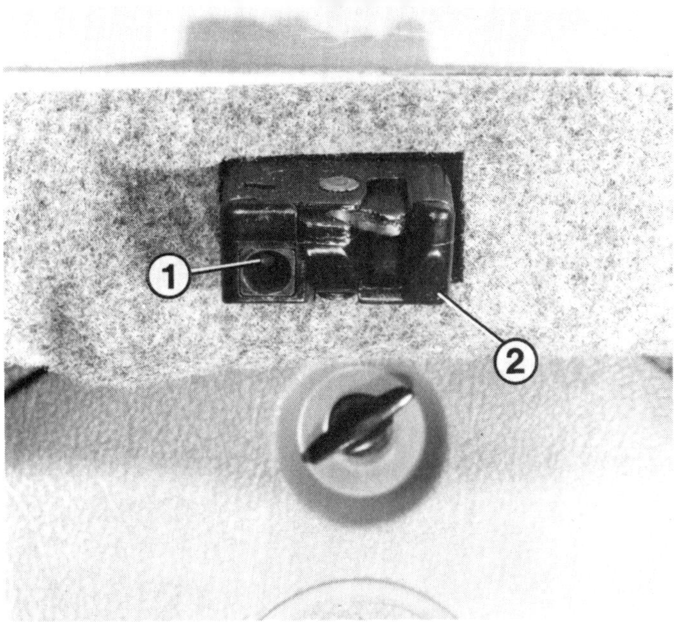

Türkontaktschalter ausbauen und prüfen

- Obere TORX-Schrauben (T40) am Schließkeil herausdrehen.
- Langen, schlanken Schraubendreher in die Gewindebohrung stecken und die Gewindeplatte in der Türsäule damit festhalten.
- Erst jetzt die untere TORX-Schraube lösen.
- Schließkeil vorsichtig auf dem Schraubendreher ein Stück herausziehen, damit die Gewindeplatte in Position bleibt.
- Jetzt können die Anschlußstecker und Kabel geprüft werden.
- Schalter selbst prüfen: Stecker abziehen, Ohmmeter am Schalter anschließen.
- Zwischen den Schalterkontakten muß bei geöffneter Tür (Schalter nicht gedrückt) 0 Ω abzulesen sein.
- Bei gedrückten Kontaktstift (Tür geschlossen) muß dagegen ∞ Ω angezeigt werden.
- Wenn nicht, Schalter austauschen.
- Beim Auswechseln die Gewindeplatte mit einem zweiten Schraubendreher festhalten.
- Gelingt das nicht, muß die Türpfostenverkleidung (vorn) bzw. die Rücksitzlehne (hinten) ausgebaut werden.

Kofferraumleuchten

Der BMW besitzt drei Kofferraumleuchten – eine oben im Kofferraum (gewissermaßen unter der Hutablage) und zwei weitere rechts und links in der Kofferraumklappe.

- Kofferraumdeckel öffnen.
- **Leuchte oben**: Einen Schraubendreher in die Aussparung seitlich am Lampengehäuse stecken, und die Leuchte vorsichtig heraushebeln.
- Nach Auswechseln der 10-Watt-Soffittenlampe das Lampengehäuse – die Kabelseite zuerst – wieder einsetzen.
- **Leuchten im Kofferraumdeckel**: Schlanken Schraubendreher seitlich zwischen Abdeck-»Glas« und Leuchtenfassung schieben, damit die Haltehäkchen seitlich am »Glas« ausgerastet werden können.
- Die Verkleidung muß dazu nicht abgenommen werden.
- 5-Watt-Soffittenlampe auswechseln, Lampenabdeckung wieder aufschieben.

Links: Die Lampen (2) der Kofferraumleuchten im Heckdeckel kann man nach Abziehen des Abdeck-Glases (1) auswechseln. Dazu müssen die Haltehäkchen (Pfeile) durch Einschieben eines schlanken Schraubendrehers ausgerastet werden.
Rechts: Die obere Kofferraumleuchte (1) ist hier zum Auswechseln der Soffittenlampe (2) aus dem Blech unterhalb der Hutablage ausgebaut.

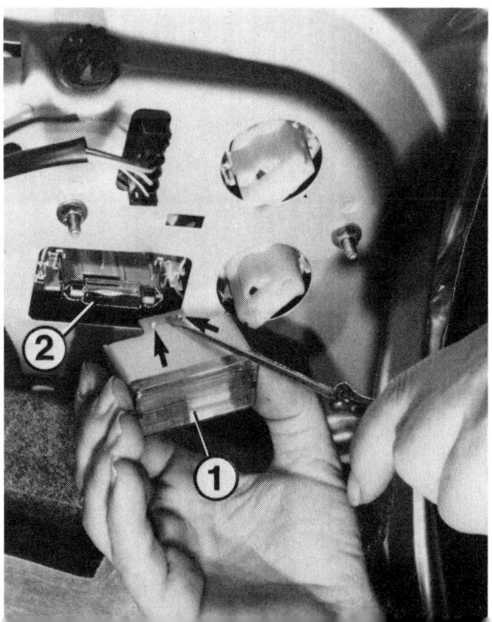

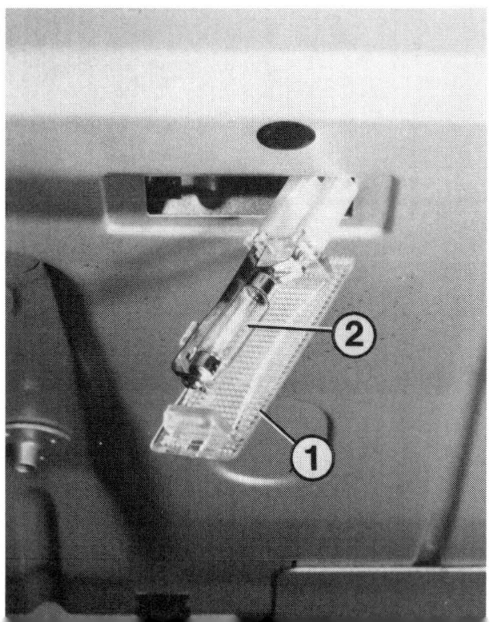

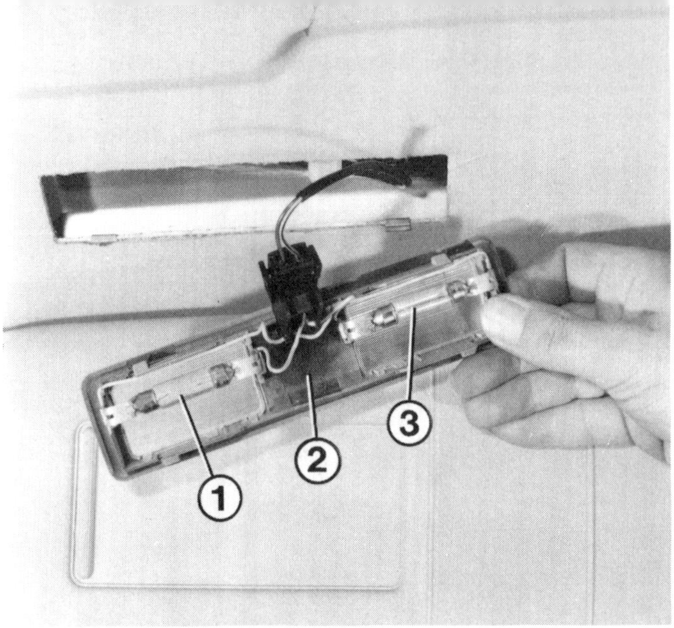

Die Beleuchtung des Make-up-Spiegels von hinten:
1 und 3 – Sofittenlampen;
2 – Leuchtengehäuse.

Fingerzeig: Die drei Kofferraumleuchten des BMW haben zusammen eine Leistungsaufnahme von 20 Watt. Wer arglos den Kofferraum einen Tag lang offenläßt und dazu vielleicht noch das Radio eingeschaltet hat, kann abends schon Probleme mit dem Motorstart haben.

Motorraumleuchte

Die Motorraumleuchte kann nur bei geöffneter Haube und eingeschaltetem Stand- oder Fahrlicht brennen. Eingeschaltet wird sie durch einen Kontaktschalter vorn an der Motorhaube. Lampenwechsel:

- Kunststoffzunge am der Schmalseite des Lampengehäuses niederdrücken.
- Gleichzeitig das Abdeck-»Gläschen« abnehmen.
- 10-Watt-Soffittenlampe auswechseln.

Make-up-Spiegelbeleuchtung

Die Belechtung des Make-up-Spiegels funktioniert nur, wenn bei eingeschalteter Außenbeleuchtung die Sonnenblende heruntergeklappt ist und gleichzeitig die Spiegelblende zur Seite geschoben wurde (Mikroschalter in der Sonnenblende). So werden die Soffittenlampen ausgewechselt:

- Gehäuse der Spiegelbeleuchtung am besten mit einem flachen Löffelstiel oder stabilen Fingernägeln aus der Dachverkleidung ausrasten, um Beschädigungen zu vermeiden.
- Soffittenlampe(n) 10 Watt austauschen.
- Lampengehäuse so einsetzen, daß der Schliff der Streuscheiben das Licht nach vorn auf den Spiegel fallen läßt.

Handschuhfachleuchte

Beim Öffnen des Handschuhfachs wird die Handschuhfachleuchte durch einen separaten Kontaktschalter eingeschaltet.

- Zum Auswechseln des Lämpchens Handschuhkasten öffnen.
- Einen Schraubendreher in die Aussparung seitlich am Lampen-»Glas« stecken (auf der anderen Seite geht's nicht), und die Leuchte vorsichtig heraushebeln.
- Meist befindet sich dieser Ausschnitt rechts an der Lampe.
- Nach Auswechseln der 5-Watt-Soffittenlampe das Lampengehäuse – die Kabelseite zuerst – wieder einsetzen.

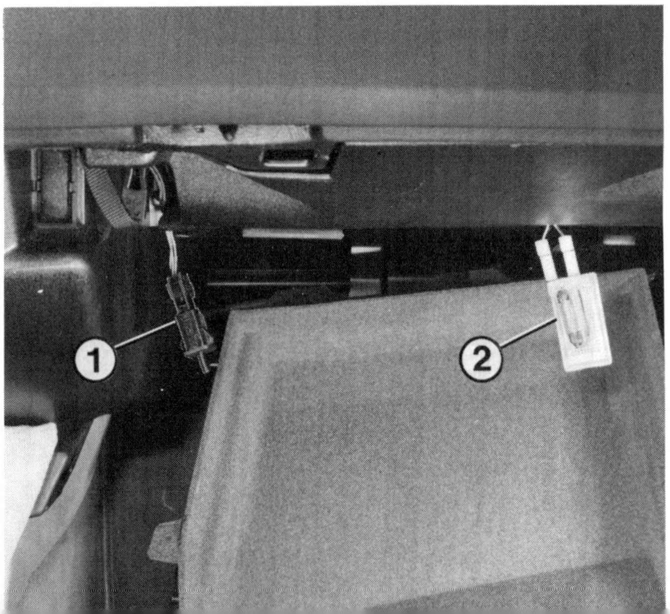

Die Handschuhfachleuchte (2) und der Kontaktschalter (1) sind hier aus den Einbauöffnungen oben im Handschuhfach herausgezogen.

Je drei 3-Watt-Lämpchen (1, 2 und 3) sind für die Beleuchtung der Rundinstrumente zuständig. Die Positionen »4« bis »7« zeigen die 1,5-Watt-Lämpchen der Check-Control-Anzeige an einem Kombi-Instrument der älteren Bauserie.

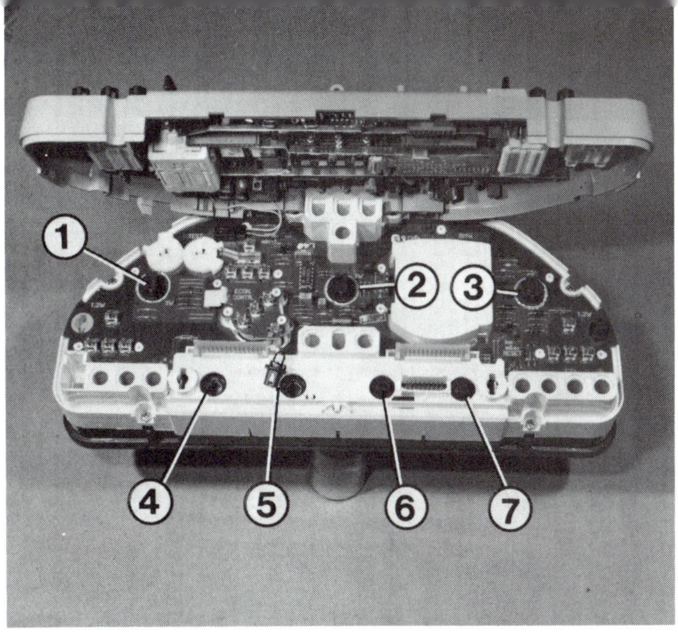

Leuchten am Armaturenbrett

Instrumentenbeleuchtung

An dieser Stelle ist lediglich die Beleuchtung der Anzeigeinstrumente behandelt. Die Kontrollleuchten finden Sie auf Seite 206 bzw. 212 beschrieben. Ausbau der Instrumentenbeleuchtung:

- Kombi-Instrument ausbauen und Deckel hinten öffnen (Seite 206).
- Drei Lampenfassungen hinten am Kombi-Instrument linksdrehen und herausziehen.
- Die eingesteckten Glassockellämpchen (3 Watt, DIN-Form W 10/3) auswechseln, Fassung wieder ins Kombi-Instrument setzen und bis zum Anschlag rechtsdrehen.

Beleuchtung für Digitaluhr bzw. Bordcomputer

- Uhr bzw. Bordcomputer ausbauen (Seite 215).
- An der Rückseite des Geräts die Lampenfassung(en) linksdrehen und herausziehen.
- Lampenfassung und Glassockellampe sind eine Baueinheit – zusammen auswechseln.

Beleuchtung für Heizungs-/Lüftungsbetätigung

Die Beleuchtung der Reglerskalen erfolgt bei der **Standard-Heizung** und der **Klimaanlage** (Ausführung IHKR) zentral über nur ein Lämpchen und wird durch Lichtleitbahnen zu den Symbolen geleitet. Getrennt durch kleine Leuchtdioden sind die Lichtbalken in der Schieberegler-Griffen beleuchtet.

- **Das Auswechseln der Skalenbeleuchtung** ist eine sehr umfangreiche Arbeit:
- Betätigungseinheit Heizung/Lüftung ausbauen (Seite 238 bzw. 240).
- **Fahrzeuge mit Standard-Heizung:** Dreh- und Schieberegler abziehen.
- Frontblende abschrauben bzw. ausrasten.
- Glassockellämpchen 1,2 Watt (in Höhe des Defroster-Symbols) herausziehen und auswechseln.
- **Fahrzeuge mit Klimaregelung:** Zweifach-Steckverbindung an der Rückseite der Betätigungseinheit abziehen.
- Halter für hinteres Gehäuseteil ausrasten, Gehäuseteil abnehmen.
- Darunter die Lampenfassung in der elektronischen Schaltung linksdrehen und samt Glassockellämpchen (langer Glaskolben) austauschen.

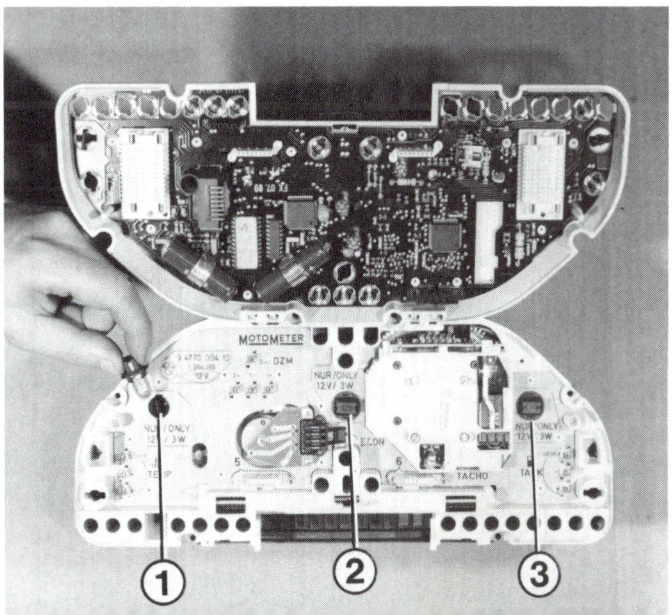

Die 3-Watt-Lämpchen (1, 2 und 3) der Instrumentenbeleuchtung hier bei einem Kombi-Instrument eines BMW 520i bis Baujahr März 1989.

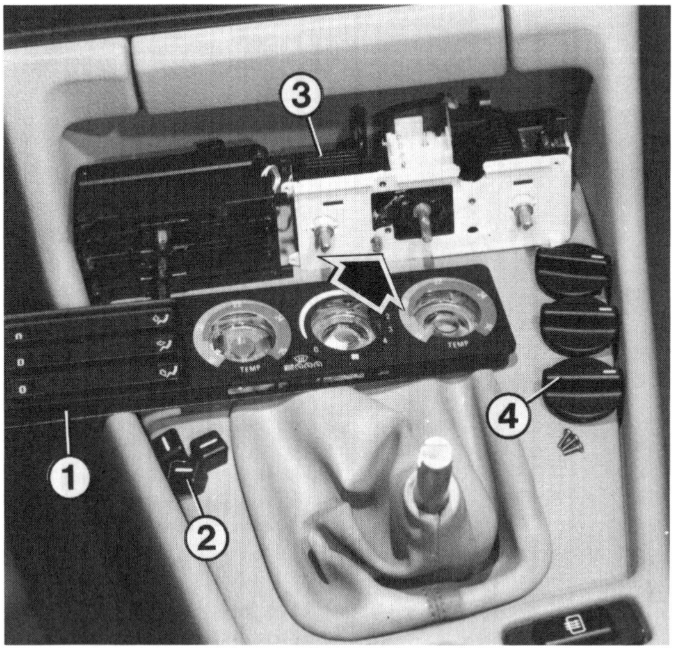

Das Lämpchen (Pfeil) der Drehregler-Beleuchtung an der Heizung muß bei ausgebauter Betätigungseinheit (3) gewechselt werden. Blende (1), Schiebe- (2) und Drehgriffe (4) ebenfalls ausbauen.

● Möglicherweise muß die Betätigungsstange zum Schiebewiderstand ausgehängt werden.
● **Beleuchtung der Schieberegler-Lichtbalken** (beide Versionen): Schieberegler-Griffe abziehen.
● Mit Pinzette oder vorsichtig von Hand die kleinen orangefarbenen Leichtdioden aus dem Schieberegler-Achse herausziehen.
● Beim Einschieben der neuen Leuchtdiode beachten: das längere der beiden Anschluß-Beinchen muß nach rechts zeigen.
● Die Schieberegler-Griffe passen nur in einer Stellung auf die Achsen.

Skalenbeleuchtung der Klimaautomatik

● Bedieneinheit für Klimaautomatik ausbauen (IHKA – Seite 240).
● An der Rückseite der ausgebauten Bedieneinheit Klammern am Deckel des Fühlergebläses etwas anheben und Deckel abnehmen.
● Stecker abziehen, Gebläse herausnehmen.
● Vier Schauben lösen, hinteren Deckel der Bedieneinheit abnehmen.
● Klammern der Drehreglerbolzen zurückdrücken, Bolzen ausheben.
● Vier Schrauben lösen, Leiterplatte herausnehmen. Beim Abnehmen Mikroschalter drücken.
● Auf der Leiterplatte sitzen die Glassockellämpchen der Skalenbeleuchtung und die Leuchtdioden der Schalterbeleuchtung.
● Defekte Leuchtdiode auslöten, dabei auf die Einbaurichtung (also die Polung) achten.
● Neue Diode in richtiger Polung einlöten. Lötkol-

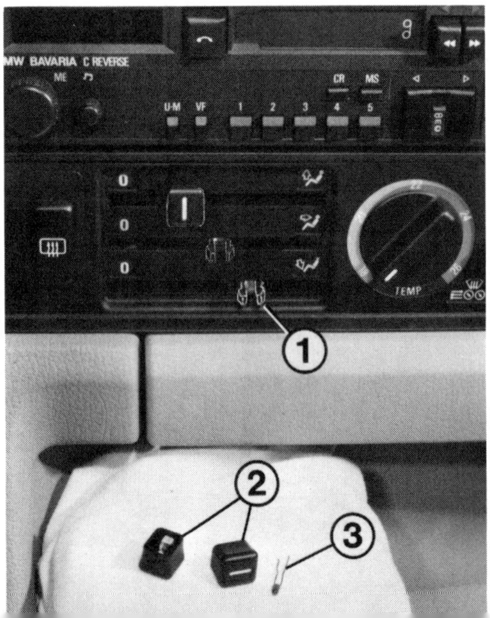

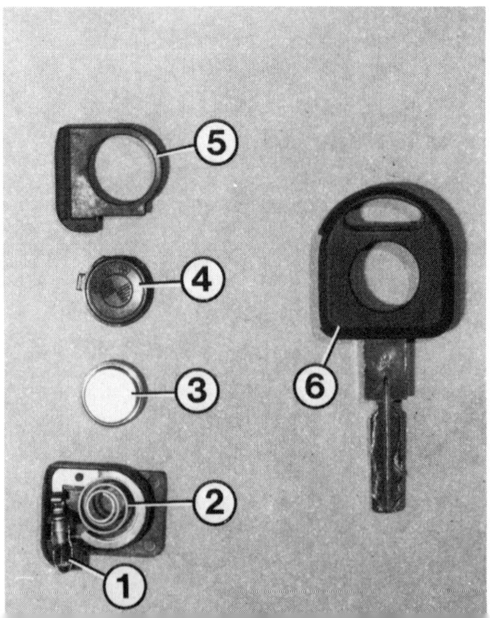

Links: Die Beleuchtung der Heizungs-Schieberegler erfolgt durch Leuchtdioden (3), die in den Hebeln (1) der Scheiberegler sitzen. Zum Auswechseln der Dioden Griffe (2) abziehen.
Rechts: Nach Niederdrücken des Betätigungsknopfes (4) läßt sich das Beleuchtungsgehäuse (Position »5« zeigt das obere Teil) seitlich aus dem Schlüssel (6) herausschieben. Mit einem feinen Schraubendreher lassen sich die beiden Hälften der Schlüsselbeleuchtung trennen. So kann die Kontaktfeder (2) gereinigt oder Batterie (3) bzw. Lämpchen (1) ausgewechselt werden. Damit hat man alle Störungen an der Schlüsselbeleuchtung im Griff.

Drehregler-Beleuchtung an der Klimaanlage (IHKA) hier bei ausgebauter Bedieneinheit:
1 – Deckel mit Fühlergebläse;
2 – Bohrung für Lampenfassung (4);
3 – Schalter.

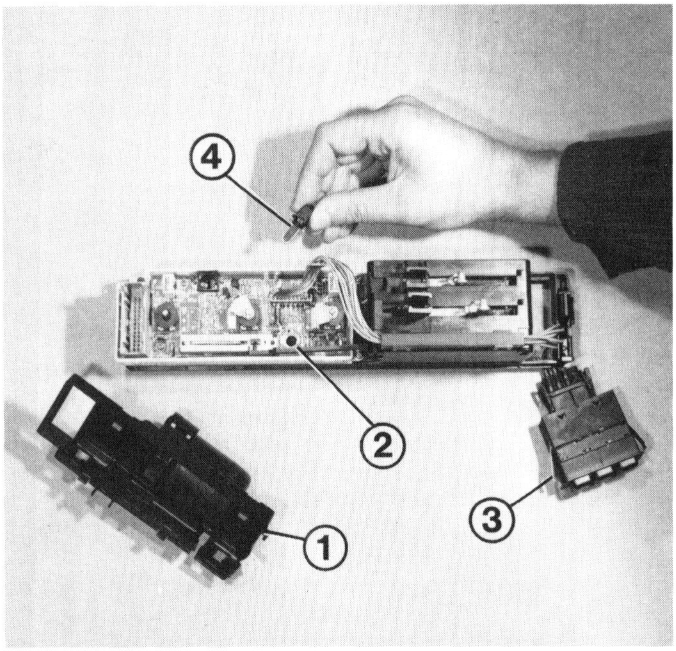

benwärme am LED-Anschlußbeinchen mit einer Zange ableiten.

● Die Leuchtdiode soll etwa 12 mm aus der Leiterplatte herausragen.

Beleuchtung der Schaltersymbole

Die Schalter für Beleuchtung, Nebelleuchten, heizbare Heckscheibe, Warnblinkanlage, Fensterheber und Schiebedach besitzen eine fest eingebaute Beleuchtung. Ein Auswechseln des Lämpchens ist nicht möglich. Entweder man findet sich mit dem dunklen Schalter ab, oder man muß ihn komplett ersetzen (siehe Instrumentenkapitel).

Beleuchtung für Ascher/Anzünder vorn

● Hinteres Teil der Mittelkonsole ausbauen (Seite 258).
● Vorderes Teil der Mittelkonsole losschrauben und ein Stück nach hinten ziehen.
● Die Vorderkante des Einschubs für Ascher und Anzünder ist nun zugänglich.
● Die von dieser Seite aus eingesteckte Fassung abziehen.
● Glassockellämpchen 1,2 Watt auswechseln.

Anzünderbeleuchtung hinten

● Schwarze Blende ganz hinten an der Mittelkonsole abhebeln (flachen Löffelstiel verwenden).
● Blende samt Anzünder ein Stück herausziehen.
● Lampenfassung abziehen, Lämpchen auswechseln.

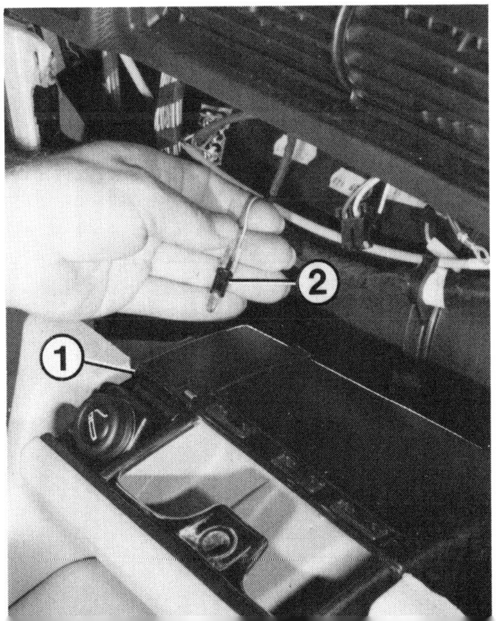

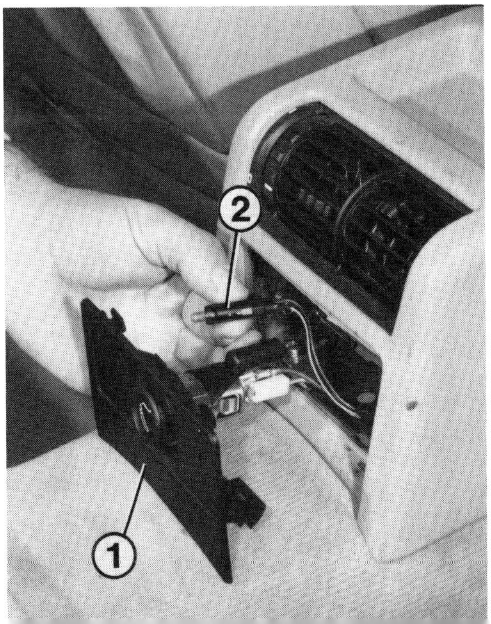

Links: Die Fassung (2) der Ascher-/Anzünderbeleuchtung vorn (1) steckt im Einschub des Aschers (hier bei teilweise zerlegter Mittelkonsole gezeigt). Rechts: Die Beleuchtung (2) des hinteren Anzünders ist nach Abziehen der schwarzen Einbaublende (1) zugänglich.

Zeichensprache

Wie wirksam die Zeichensprache funktioniert, erlebt, wer ins Ausland reist. Nicht anders ist's im Straßenverkehr. Der Verständigung dienen international verständliche Symbole, wie Bremslicht, Blinker oder Hupe.

Blink- und Warnblinkanlage prüfen

Ständige Kontrolle

Die Warnblinkanlage muß ständig funktionieren, deshalb wird ihr Schalter über eine Sicherung direkt von der Batterie versorgt. Die Richtungsblinker erhalten dagegen nur dann Strom, wenn der Zündschlüssel auf Raste II gedreht ist.

● Drücken Sie den Schalter der Warnblinkanlage, während der Zündschlüssel in »0«-Stellung steht:

● Alle vier Blinkleuchten, die Kontrolleuchten der Richtungsblinker und das rote Fenster im Schalter leuchten in gleichem Rhythmus auf.

● Warnblinker ausschalten, Zündschlüssel auf Raste II drehen.

● Bei gedrücktem Blinkerhebel muß jetzt eine Blinkerseite und die dazugehörige grüne Kontrolleuchte im Kombi-Instrument aufleuchten.

Blinker-Störungen

○ Blitzt bei eingeschalteten Richtungsblinkern die grüne Kontrolleuchte nur kurz auf, ist eine Glühlampe ausgefallen. Beim Warnblinken macht sich der Lampenausfall im Blinkerrhythmus nicht bemerkbar. Lampenwechsel siehe Beleuchtungskapitel.

○ Brennen bei eingeschalteten Richtungs- oder Warnblinkern die Leuchten dauernd: Blinkrelais defekt.

○ Leuchtet nur die Kontrollampe, aber bleiben die orangefarbenen Leuchten am Wagen dunkel, liegt es ebenfalls am Blinkrelais.

○ Leuchten die Blinker mal in langsamer Folge, mal schnell und sind alle Steckverbindungen einschließlich der Massekabel zu den Leuchten in Ordnung, jedoch das Relais muß erneuert werden.

○ Funktioniert nur Warnblinken ohne Richtungsblinken oder umgekehrt, fehlt es an der Spannungsversorgung durch die betreffende Sicherung (siehe Tabellen ab Seite 145) oder der Schalter ist defekt (Ausbau Seite 216 bzw. 217).

Blinkrelais und Geräuschgeber

Das Blinkrelais sitzt beim BMW im Sicherungskasten. Allerdings ist bei dieser Einbaulage das charakteristische Blinker-Ticken im Innenraum nicht zu hören. Da jedoch das akkustische Blinkersignal aus Sicherheitsgründen wahrnehmbar sein muß, ist unter der Lenksäulenverkleidung ein sogenannter Geräuschgeber eingebaut – ein an sich funktionsloses Relais, das im Blinkertakt hörbar schaltet. Seit etwa 4/89 ist der Geräuschgeber bei den Modellen 525i, 530i und 535i im Kombi-Instrument integriert.

Defektes Blinkrelais kurzschließen

Mit einem ausgefallenen Blinkrelais ist die Weiterfahrt nicht ganz ungefährlich, denn im dichten Verkehr und vor allem bei Dunkelheit wird Ihre Abbiegeabsicht den anderen Autofahrern nicht ersichtlich. In diesem Fall:

● Blinkrelais ausbauen (siehe Seite 141).

● Kurzschlußbrücke zwischen den Klemmen 49 und 49a herstellen.

● Dazu eine Büroklammer oder ein kurzes Drahtstück um die genannten Steckerzungen am Relais schlingen und jetzt das Relais wieder einstecken.

● Bei gedrücktem Blinkerhebel leuchtet jetzt eine Blinkerseite dauernd.

● Durch Ein- und Ausschalten mit dem Blinkerhebel erhalten Sie einen Blinker-Rhythmus.

Bremsleuchten prüfen

Ständige Kontrolle

Die Check-Control (ab BMW 525i) prüft zwar auch die Bremsleuchten, doch doppelte Kontrolle kann nicht schaden, zumal das Kontrollsystem gleichzeitiges Ausfallen beider Leuchten nicht registrieren kann.

● Zündschlüssel in Raste I oder II drehen.

● Die Garagenwand hinter dem Wagen muß rechts und links hell rot aufleuchten, wenn Sie auf das Bremspedal treten.

● Oder in einer Kolonne prüfen Sie mit dem Rückspiegel, ob sich in den Scheinwerfer-Reflektoren oder in der Lackierung des Hintermannes beide Bremslichter spiegeln.

Der Bremslichtschalter

Der Bremslichtschalter sitzt beim BMW oberhalb des Bremspedals und ist erst nach Ausbau der linken unteren Armaturenbrettverkleidung zugänglich. Wird das Bremspedal niedergedrückt, wandert sein Schalterstift heraus und schließt den Kontakt zu den Bremsleuchten.

Links: Wo an älteren BMW-Modellen das Blinkrelais saß, sitzt heute bei einigen Ausführungen nur ein Geräuschgeber (1) auf einem Relaissockel (2). Das Blinkrelais selbst hat seinen Platz im Sicherungs- und Relaiskasten. Sinn des Geräuschgebers: Die akustische Blinkerkontrolle.
Rechts: Der Bremslichtschalter (1) ist in den Halter (2) lediglich eingesteckt. Position »3« bezeichnet das Bremspedal.

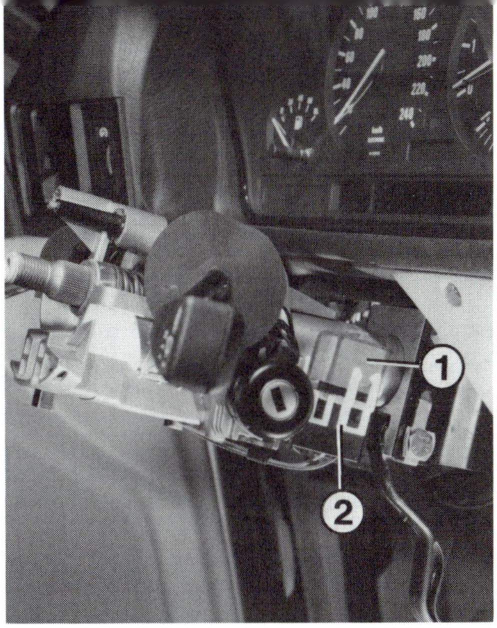

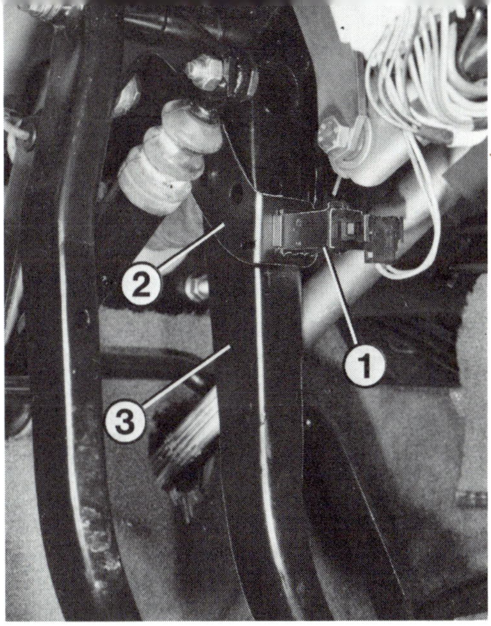

Bremslichtschalter überprüfen

Sind beide Bremslichter ausgefallen, kontrolliert man, ob es am Bremslichtschalter liegt:

- Armaturenbrettverkleidung links unten abnehmen (Seite 257).
- Stecker am Bremslichtschalter abziehen und die beiden Steckerkontakte mit einer Büroklammer überbrücken.
- Bei mehr als zwei angeschlossenen Kabeln überbrücken Sie das violett/gelbe und das blau/rote.
- Brennen jetzt die Bremslichter, obwohl das vorher nicht der Fall war, ist der Bremslichtschalter defekt.

Störungsbeistand

Bremsleuchten

Die Störung	– ihre Ursache	– ihre Abhilfe
A Eine Bremsleuchte brennt nicht	1 Glühbirne durchgebrannt	Austauschen
	2 Spannungszuleitung unterbrochen. Brennen alle übrigen Glühbirnen in derselben Heckleuchte? Falls nicht	Kabel kontrollieren
	3 Unterbrechung in der Masseverbindung	Masseanschluß überprüfen
B Beide Bremslichter brennen nicht	1 Sicherung defekt	Ersetzen
	2 Bremslichtschalter defekt	Überprüfen, ggf. ersetzen
	3 Siehe A 1 und 3	
C Bremsleuchten brennen dauernd	1 Siehe B 2	
	2 Kabel zum Bremslichtschalter haben direkten Kontakt	Kabel kontrollieren

Links: Die Hupen (Position »1« zeigt die linke) haben ihren Platz unter dem Kühlergrill. Nach Abschrauben der Halterung (2) am Frontblech (4) sind die Anschlüsse (3) sowie die Einstellschraube (unter der Vergußmasse) zugänglich.
Rechts: Ist eine der Huptasten (1) ohne Funktion, muß das Kontaktplättchen (2) und der Kontakt (3) im Lenkrad gereinigt werden. Ausbau der Tasten mit einem schmalen Schraubendreher (Pfeil).

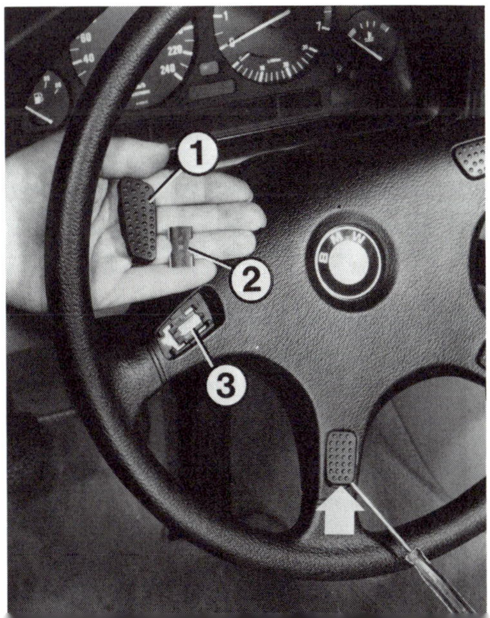

Hupen prüfen

Ständige Kontrolle

- Zündschlüssel auf Raste I oder II drehen.
- Nacheinander alle vier Huptasten im Lenkrad drücken.
- Jedesmal müssen beide Signalhörner ertönen.

Elektrische Verschaltung der Hupen

Da im BMW zwei Hupen eingebaut sind, läuft die elektrische Verdrahtung über ein Schaltrelais (Erklärung Seite 143), um die Kontakte im Lenkrad zu entlasten:

○ Die Hupen erhalten Strom über das Hupenrelais im Sicherungskasten (siehe Seite 141) von Sicherung 9.

○ Schaltstrom für das Relais liefert die Zündschloß-Klemme »R«. Die ist jedoch nur zur Stromlieferung bereit, wenn der Zündschlüssel auf Raste I oder II gedreht ist (aber auch beim Betätigen des Anlassers).

○ Der Hupkontakt im Lenkrad stellt die Masseverbindung im Schaltstromkreis des Relais her, bestimmt also, wann das Relais schaltet. Die Stromversorgung des Schaltstromkreises stammt ebenfalls von Klemme »R«.

Hupe defekt?

- Kühlergrill komplett ausbauen (Seite 242).
- Betreffende Hupe abschrauben.
- An den Steckanschlüssen der Hupe je ein Hilfskabel aufstecken und diese mit dem Plus- bzw. Minuspol der Batterie verbinden.
- Bleibt es ruhig, ist das Signalhorn defekt.
- Ertönt die Hupe, obwohl das im eingebauten Zustand nicht der Fall war, liegt der Fehler in der Zuleitung (Sicherung, Relais, Huptasten).
- Ein krächzendes oder völlig stummes Horn läßt sich bisweilen durch Drehen der Einstellschraube an der Hupenrückseite wieder stimmen oder zu neuem Leben erwecken.
- Schraube unter der Vergußmasse freilegen.
- Nach dem Einstellen die Schraube mit Karosseriedichtmasse wieder feuchtigkeitsdicht verschließen.

Huptasten ausbauen

Funktioniert eine der vier Huptasten am Serien-Lenkrad nicht mehr, sind sicher dort die Kontakte oxidiert. Ausbauen und Reinigen schafft Klarheit:

- Zündschlüssel abziehen.
- **Vierspeichen-Serienlenkrad:** Huptaste an der Schmalseite mit einem schmalen Schraubendreher aus dem umschäumten Lenkrad hebeln.
- Kontaktplättchen herausnehmen und reinigen.
- **Sportlenkrad mit zentraler Huptaste:** Hup-Platte aus dem Lenkrad heraushebeln und ersetzen.
- **M-Technik-Sportlenkrad mit drei Huptasten:** Huptasten ausbauen wie beim Serienlenkrad.

Störungsbeistand

Hupe

Die Störung	– ihre Ursache	– ihre Abhilfe
A Hupe tönt nicht	1 Sicherung defekt	Ersetzen
	2 Hupe defekt	Kontrollieren
	3 Anschlüsse der Hupe oxidiert	Blankkratzen
	4 Relais defekt	Ersetzen
	5 Hupkontakt im Lenkrad defekt	Kontrollieren, ob die anderen Hupkontakte in Ordnung sind
	6 Stromzuleitung (violett/blau) oder Masseleitung (braun) zur Hupe schadhaft	Kabel kontrollieren
	7 Kontaktleitung Lenkrad/Relais (braun/rot) oder Massezuleitung zum Lenkrad unterbrochen	Kabel kontrollieren
B Hupe tönt dauernd bei Zündschlüsselraste I oder II	1 Kontaktleitung Lenkrad/Relais (braun/rot) hat Masseschluß	Kabel kontrollieren. Unterwegs: Kabel an der Hupe abziehen und isolieren
	2 Hupe hat inneren Kurzschluß	Hupe ersetzen. Unterwegs: Kabel an der Hupe abziehen und isolieren
	3 Siehe A 4 und 5	

Lichthupe kontrollieren

Wartung Nr. 13

- Zündschlüssel auf Raste II drehen und den Blinkerschalter zum Lenkrad herziehen.
- Leuchten die Fernscheinwerfer und die blaue Fernlichtkontrolle auf; unabhängig von der Stellung des Lichtschalters?
- Funktioniert die Lichthupe nicht, obwohl das Fernlicht bei entsprechender Schalter- und Hebelstellung brennt, kann der Fehler nur im Lichthupenkontakt des Hebelschalters liegen, denn es besteht kein Unterschied in den Stromwegen für Fernlicht und Lichthupe. Schalterausbau siehe Seite 217.

Denk-Modell

Der BMW denkt wesentlich mehr, als es viele andere Autos tun. So denkt er sich zum Beispiel, daß das Wischintervall bei stehendem Wagen länger sein muß als bei fahrendem. Er denkt, daß man nach 16 Minuten selbst bei offenstehenden Türen kein Innenlicht mehr braucht. Und er denkt, daß es praktisch wäre, wenn der Fensterheber am Parkkarten-Automat ohne weiteren Knopfdruck nach unten laufen würde.
Unser BMW denkt elektronisch. Besser gesagt: eine umfassende Karosserie-Elektronik denkt für ihn. Die wesentlichen Gedankengänge will dieses Kapitel erläutern.

Das Kombi-Instrument

Drei verschiedene Kombi-Instrument-Versionen sind im 5er-BMW zu finden:
○ Die Basis-Version (BMW nennt sie »Low-Version«) ist im 520i eingebaut. Es handelt sich um ein herkömmliches Kombi-Instrument mit elektronischem Tacho und elektrisch angetriebenem, aber mechanisch ausgeführtem Kilometerzähler.
○ Die »High-Version« finden wir im 525i, 530i und 535i. In diesem Gerät ist die Check-Control-Anzeige mit integriert. Eine komplexe Elektronik verarbeitet die zahlreichen Eingangssignale und leitet sie zu den Anzeigeinstrumenten und zur Check-Control weiter.
○ Seit etwa April 1989 wurde eine überarbeitete »High-Version« in die Modelle 525i, 530i und 535i eingebaut. Äußerlich ist dieses Kombi-Instrument nur durch das ASC-Warnlampenfeld zwischen Drehzahlmesser und Tachometer zu unterscheiden. Die BMW-Bezeichnung für dieses Instrument lautet »Redesign« (zu deutsch: Überarbeitung). Neu daran ist z. B. die Testfunktion (siehe 206) und der Blinkgeräuschgeber, der nun von der Lenksäule ins Instrument verlegt wurde.

Kontrollinstrumente und -leuchten prüfen

Wartung Nr. 14

Setzen Sie sich hinter das Lenkrad und kontrollieren Sie nacheinander:
● Zündschlüssel auf Raste I drehen: Ist beim Bordcomputer die Uhrzeit abzulesen bzw. läuft die Zeigeruhr?
● Bei den Modellen 525i, 530i und 535i ist die Flüssigkristallanzeige für Kilometerzähler und Tageskilometerzähler erleuchtet.
● Zündschlüssel auf Raste II drehen (Zündung an): Die Zeiger der Tank- und der Temperaturanzeige wandern über die Skalen. Im Kombi-Instrument brennen die Kontrolleuchten für Öldruck, Ladekontrolle, Bremsflüssigkeitsstand und Handbrems-Kontrolleuchte. Zusätzlich leuchten bei Wagen mit Antiblockiersystem (serienmäßig ab 525i) die ABS-Kontrolleuchte und bei Fahrzeugen mit elektronisch gesteuertem Getriebe die Kontrolleuchte für die Schaltelektronik. Auch das Air-Bag-System hat – wo eingebaut – eine eigene Kontrolleuchte. Außerdem ist unten im Kombi-Instrument die Automatik-Wählhebelstellung angezeigt und das Automatik-Fahrprogramm (E, S oder M); letzteres nur bei elektronischer Steuerung.
● Fahrzeuge ohne Check-Control – also der BMW

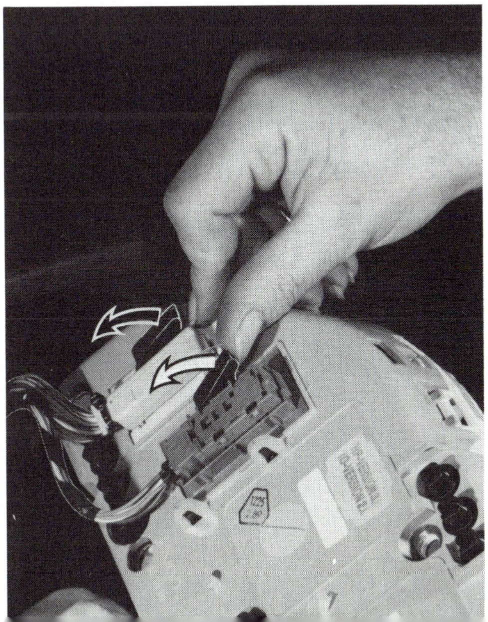

Kombi-Instrument ausbauen. Links erster Schritt: Zwei Schrauben oben am Kombi-Instrument lösen. Obere Instrumentenkante etwas nach unten hebeln, Instrument abwärts schwenken und aus der Einbauöffnung ziehen.
Rechts: Die Anschlußstecker hinten am Kombi-Instrument lassen sich nach Hochklappen der Sicherungshebel (Pfeile) abziehen.

520 i – besitzen eine zusätzliche Kontrolleuchte für Bremsbelagverschleiß, die zur Eigenkontrolle nur brennt, während der Anlasser läuft.

● Auf Zündschlüsselraste II kann an der Anzahl der brennenden Leuchtfelder in der Service-Intervallanzeige abgelesen werden, wann der nächste Service fällig ist.

● Beim Betätigen der Richtungsblinker rechts und links zeigt die jeweilige Kontrolleuchte deren Funktion durch rhythmisches Blinken an. Zieht man den linken Hebelschalter in Richtung Lenkrad (Lichthupe) flammt die Fernlicht-Kontrolleuchte oben zwischen den Rundinstrumenten auf. Beide Funktionen möglich auf Zündschlüsselraste II.

● Licht einschalten und Schalter für Nebelscheinwerfer und Nebelschlußleuchte(n) nach oben schieben: Links unten im Kombi-Instrument leuchten die zugehörigen Kontrollampen auf.

● Bei eingeschaltetem Licht brennt auch die Instrumentenbeleuchtung sowie die Skalenbeleuchtung der Heizung. Die Schaltersymbole sind schwach erleuchtet.

● Die Kontrolleuchten in den Schaltern für heizbare Heckscheibe und Warnblinkanlage brennen bei gedrücktem Schalter mit voller Leuchtstärke; die Warnlichtkontrolle blinkt im Takt der Blinker-Kontrollleuchten.

● Motor starten: Die Zeiger von Drehzahlmesser und Verbrauchsanzeige (wo eingebaut) wandern über die Skala.

● Bei einer kurzen Probefahrt kann die Funktion von Tachometer und Verbrauchsanzeige kontrolliert werden. Sie liefert schon bei rollendem Wagen eine realistische Anzeige.

● Ebenfalls während der Fahrt prüfen wir, ob der Gong und die Punktmatrix-Anzeige der Check-Control funktionieren. Beim leichten Anziehen der Handbremse muß zum Warnton die Anzeige »Handbremse lösen« erscheinen.

● Ob der Bordcomputer nacheinander seine Informationen in die Anzeige unten im Kombi-Instrument überspielt, prüfen wir durch mehrfaches Antippen des Blinkerhebels. Löschen der Anzeige mit der Taste »Code« am Computer.

Systemtest beim »Redesign«-Kombi-Instrument

Das »Redesign«-Kombi-Instrument für die Modelle 525 i, 530 i und 535 i ab ca. 4/89 prüft sich in gewissem Umfang selbst. Dazu bei ausgeschalteter Zündung die rechte Taste im Kombi-Instrument drücken und bei gedrückter Taste die Zündung einschalten. Wenn Sie die Taste jetzt loslassen, erscheinen im Schriftfeld nacheinander die folgenden Anzeigen:

○ Interne BMW-Nummer
○ Nummer des Kodiersteckers
○ K-Zahl (BMW-intern)
○ Fahrgestellnummer
○ Software-Version
○ interner Änderungsindex

Danach wird der Systemtest ausgelöst: Die Zeiger von Tacho und Drehzahlmesser nehmen dabei die Mittelstellung ein, die Nadeln von Tank-, Temperatur- und Verbrauchsanzeige wandern über die Skala, die Tankwarnleuchte brennt, alle Leuchtfelder der Kilometer-, Check-Control- und Getriebeanzeige sind beleuchtet.

Dieser Check erspart einige der sonst üblichen Funktionsprüfungen bei der Kontrolle und bei der Störungssuche.

Kombi-Instrument ausbauen

● Lenkrad abbauen (Seite 109/110).

● Zwei Schrauben an der Instrumenten-Oberkante herausdrehen.

● Obere Instrumentenkante etwas nach unten hebeln, Instrument nach vorn aus dem Armaturenbrett ziehen.

● Dabei die Lenksäule mit einem Lappen abdecken, um Kratzer an der Plexiglasscheibe des Kombi-Instruments zu vermeiden.

● Schwarze Hebel neben den Mehrfachsteckern hinten am Instrument hochklappen, um die Stecker abziehen zu können.

● Beim Einbau müssen die Hebel zum Aufstecken der Mehrfachstecker nach oben stehen.

Die Teile des Kombi-Instruments

Kombi-Instrument zerlegen

Ohne Zerlegung des Kombi-Instruments lassen sich von der Rückseite her die folgenden Teile ausbauen:

○ **Kontrollampen:** Die Glühlampen der Kontrolleuchten sind beim BMW fest mit ihren schwarzen Fassungen verlötet und auch nur komplett als Ersatzteil erhältlich. Zum Ausbau der 1,2-Watt-Leuchten die Fassung eine Vierteldrehung linksdrehen und herausziehen.

○ **Codierstecker (520 i und »Redesign«-Instrument):** Beim 520 i ist der Codierstecker auf der Instrumenten-Rückseite nur eingesteckt, bei den übrigen Modellen (ab ca. 4/89) muß zusätzlich eine Kunststoffabdeckung ausgebrochen werden.

○ Die Beleuchtung der Check-Control-Anzeige ist ab ca. 4/89 von der Instrumernten-Rückseite her zugänglich.

○ Die **Warnleuchte der Tankanzeige** (nur »Redesign«-Instrument). Ausbau wie Kontrolleuchten.

Öffnen der Instrumenten-Rückplatte nach Lösen der beiden Schnellverschlüsse (Pfeile).

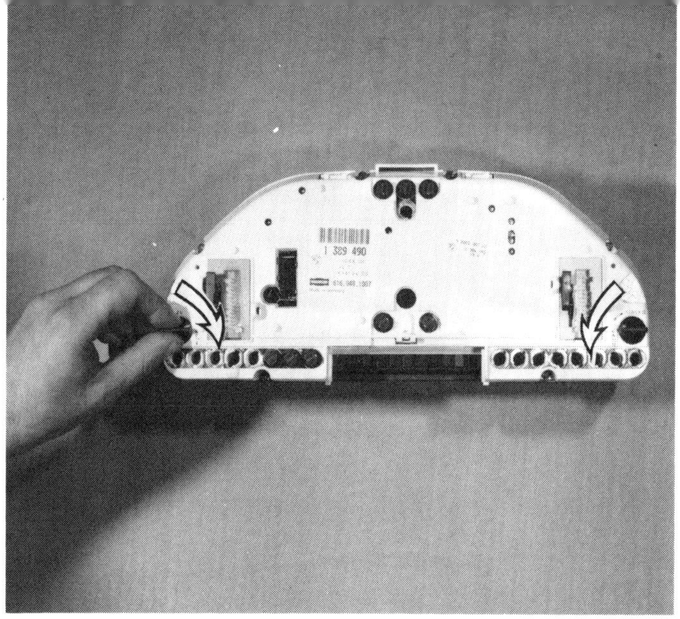

Nach Öffnen der Instrumenten-Rückplatte (2 Schnellverschlüsse 90° drehen, 520 i: zusätzlich Federzungen unten in der Mitte des Instruments niederdrücken, Platte in den Scharnieren nach oben klappen) sind zugänglich:

○ Die **Lämpchen der Instrumentenbeleuchtung** (3-Watt-Glassockellämpchen). Zum Ausbau die Fassung eine Vierteldrehung linksdrehen und herausziehen.

○ Die **Lämpchen des Anzeigemoduls** für Check-Control und Kilometerstand (nur 525 i, 530 i, 535 i bis ca. 3/89). Ausbau wie Kontrollampen.

○ Die **Warnleuchte der Tankanzeige** (bei 520 i sowie bei 525 i, 530 i, 535 i bis ca. 3/89). Ausbau ebenfalls wie Kontrolleuchten.

○ **Leiterplatte in der Instrumenten-Rückplatte:** Zusammen mit Rückplatte abnehmen. Wo vorhanden, Kabelsteckverbindung trennen.

Nach Abbauen der Instrumentenblende (6 kombinierte Sechskant/Kreuzschlitzschrauben an der Instrumenten-Rückseite herausdrehen, ab 525 i: Druckknöpfe vorn abziehen) sind die folgenden Einzelteile zugänglich:

○ **Tachometer:** Vier Kreuzschlitzschrauben rings um die Tachometer-Skala lösen (nur 520 i), Tacho vorsichtig aus den Steckkontakten oben an seiner Rückseite herausziehen; evtl. mit dem Schraubendreher etwas nachhelfen.

○ **Drehzahlmesser mit Verbrauchsanzeige:** Das Instrument ist nicht verschraubt, sondern lediglich an seinen Anschlußkontakten eingesteckt. Gehäuse am Rand des Ziffernblatts fassen und vorsichtig abziehen. Notfalls mit einem Schraubendreher vorsichtig an zwei Seiten hebeln.

○ **Tankanzeige und Temperaturanzeige:** Ausbau wie Drehzahlmesser.

○ **Service-Intervallanzeige (nur 520 i):** Zwei Kunststoffhäkchen an der Unterseite des Anzeige-Moduls ausrasten und Modul abziehen.

Die Teile des Kombi-Instruments eines 520 i: 1 – Instrumentenblende; 2 – Instrumententräger; 3 – Service-Intervallanzeige.

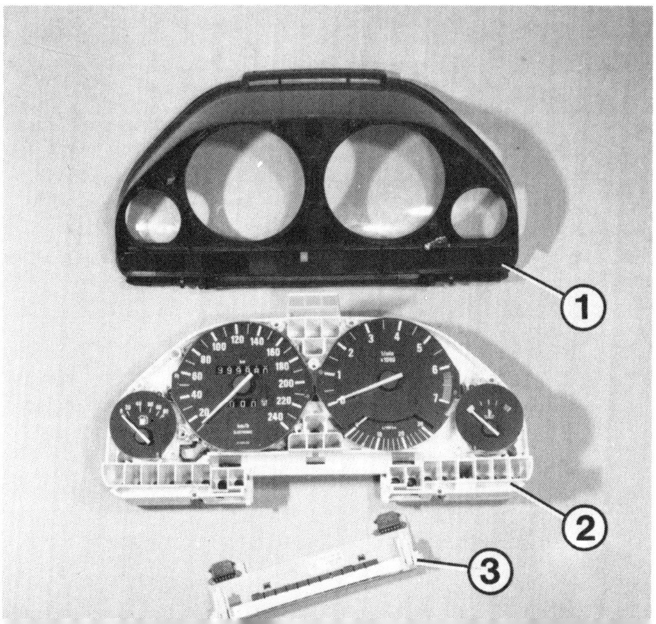

Teile des Kombi-Instruments 525 i, 530 i, 535 i bis ca. 3/89: 1 – Instrumentenblende; 2 – Instrumententräger mit Instrumenten; 3 – Check-Control-Anzeigemodul.

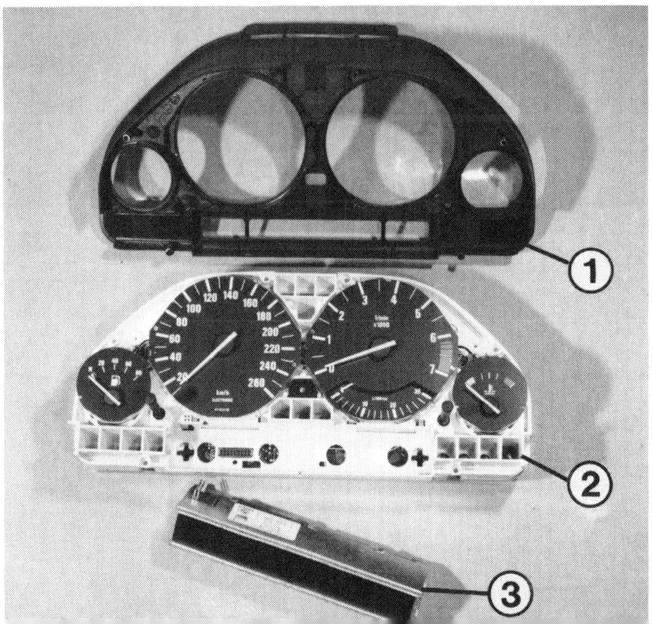

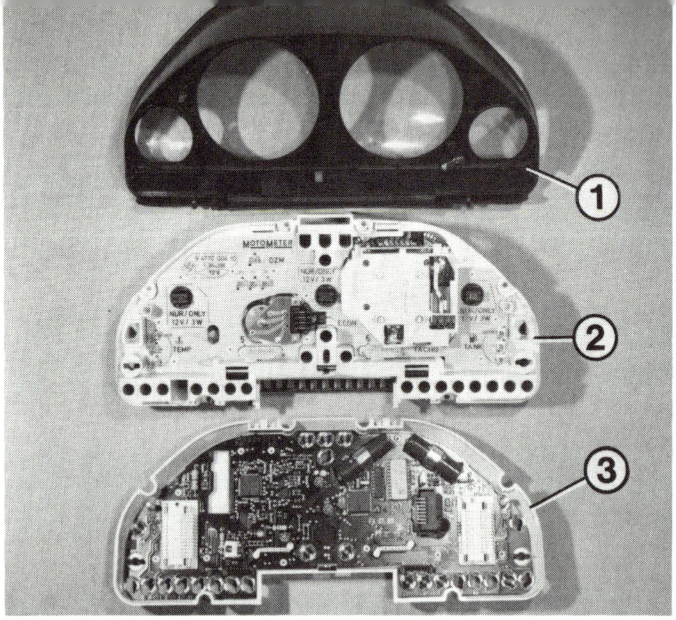

Grundbestandteile des Kombi-Instruments eines 520i:
1 – Instrumentenblende;
2 – Instrumententräger mit Instrumenten;
3 – Rückplatte.

○ **Ganganzeige** für automatisches Getriebe (nur 520i): Unten an der Service-Intervallanzeige die Verriegelung lösen. Ganganzeige abnehmen.

○ **Anzeigemodul für Check-Control und Kilometerstand:** Bis ca. 3/89: Modul vorsichtig aus den Steckkontakten ziehen. Ab ca. 4/89: Modul nach vorn aus den Verhakungen ziehen.

○ **Platine des Instrumententrägers:** Tachometer. Drehzahlmesser, Tank- und Temperaturanzeige sowie Service-Intervallanzeige bzw. Anzeigemodul ausbauen. Instrumenten-Rückplatte abnehmen. Platine samt Instrumententräger auswechseln.

Fingerzeige: Funktionieren einzelne Instrumente im Armaturenbrett nicht, lohnt sich ein Blick in den Sicherungskasten (Sicherungen Nr 1, 17 und 20).
Für die Instrumente im Armaturenbrett gibt es von Moto Meter und VDO einen Reparaturdienst. Die Moto Meter AG, Postfach 346, 7250 Leonberg 1, liefert Instrumente im Austausch. VDO unterhält eigene Werkstätten, Anschriften gibt's von VDO Adolf Schindling AG, Postfach 6140, 6231 Schwalbach.

Der Tachometer

Der Tachometer im BMW ist – wie könnte es anders sein – ein elektronisches Meßgerät, ähnlich dem Drehzahlmesser. Wie dieser verarbeitet er Drehzahlimpulse, die er von einem Geber im Hinterachsgetriebe erhält. Dort wird gemessen, wie oft sich die Räder drehen. Das Instrument bringt die Umdrehungs-Impulse mit einem Zeitfaktor in Bezug, und man erhält eine Vergleichsgröße für die Geschwindigkeit.
Auch für die Service-Intervallanzeige, die Verbrauchsanzeige, die Radio-Lautstärkenanpassung und den Bordcomputer wird ein Radumdrehungs-Signal als Meßgröße für die zurückgelegte Fahrtstrecke gebraucht. Somit lag es nahe, auch den Tachometer mit diesem Signal zu versorgen und auf eine Tachowelle – wie sie in den alten, mechanischen Tachometern für Antrieb sorgt – zu verzichten. Vorteile dieser Lösung: Geräuschfreier Tachoantrieb, präzisere Anzeige.

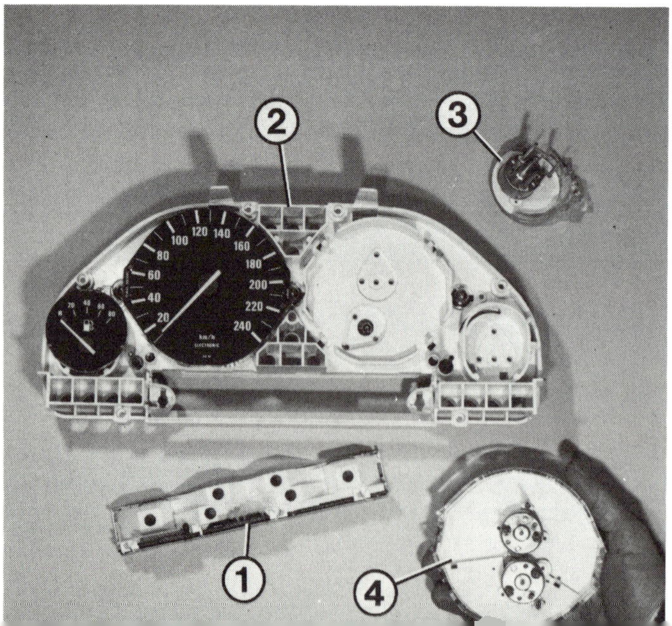

Das Redesign-Kombi-Instrument ab ca. 4/89 ist hier teilweise zerlegt. Es bedeuten:
1 – Check-Control-Modul;
2 – Instrumententräger;
3 – Temperaturanzeige;
4 – Drehzahlmesser mit Verbrauchsanzeige.

Am Hinterachsgetriebe (Differential) sitzt der Tachometer-Impulsgeber (1); hier ist der Stekker (2) abgezogen.

Wenn der Tachometer nicht funktioniert, zuerst die zuständige Sicherung im Sicherungskasten überprüfen (Tabellen ab Seite 145).

Der Kilometerzähler

Zwei Versionen Kilometerzähler finden sich – unterschiedlich je nach Modell – im 5er-BMW:
○ Der Kilometerzähler im 520 i funktioniert nur teilweise elektrisch: Ein sogenannter Schrittmotor dreht die Antriebswelle des Zähler-Getriebes schrittweise weiter – je nach Anzahl der Umdrehungsimpulse.
○ Noch neuzeitlicher geht es ab dem 525 i aufwärts zu: Gesamt- und Tageskilometerstand werden von LCD-Displays (Flüssigkristallanzeigen) angezeigt. Damit der Kilometerstand nicht manipuliert werden kann – etwa durch Abklemmen der Batterie -, werden die Laufleistungsdaten kontinuierlich im spannungsunabhängigen Speicher des Codiersteckers abgelegt. Mehr dazu auf Seite 211.

Tachometer-Impulsgeber

Die Umdrehungs-Impulse für den Tachometer liefert der Reedkontakt-Geber am Hinterachsgetriebe. Der Reedkontakt ist ein Kontaktsatz, der luftdicht eingeschlossen in einer Gashülle untergebracht ist. Geschlossen wird der Kontakt, wenn ein Magnetfeld auf ihn einwirkt.
Damit der Reedkontakt eine Impulsfolge liefern kann, muß er im Drehzahlrhythmus geöffnet und geschlossen werden. Deshalb beeinflußt ein Flügelrad, das sich vor dem Geber dreht, das auf den Kontaktsatz einwirkende Magnetfeld.

Tachometer-Impulsgeber ausbauen

● Wagen hinten aufbocken und sichern.
● Gummi-Schutzmanschette am Geber abstreifen und Stecker abziehen.
● Zwei Sechskantschrauben herausdrehen, Halteblech abnehmen und Geber herausziehen.
● Eventuell läuft etwas Öl aus – auffangen.
● Beim Einbau Dichtring prüfen und gegebenenfalls erneuern.

Fingerzeig: Nicht mit abgezogenem Stecker am Tachometer-Impulsgeber fahren. Das Wegsignal des

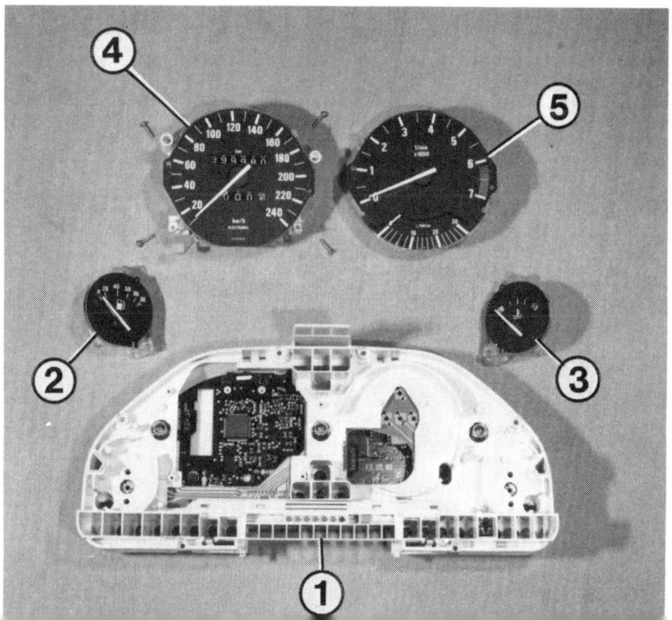

Hier sind alle Einzelinstrumente vom Instrumententräger (1) eines Kombi-Instruments bis ca. 3/89 abgebaut:
2 – Tankuhr;
3 – Temperaturanzeige;
4 – Tachometer;
5 – Drehzahlmesser.

Gebers wird auch für die Service-Intervallanzeige verwertet. Die quittiert das Ausbleiben des Gebersignals nach einiger Zeit mit der Anzeige »Inspektion fällig«.

Drehzahlmesser

Wie oft die Kurbelwelle des Motors in der Minute rotiert, zeigt der Drehzahlmesser an. Dazu erhält er vom Zündungsteil der Motronic die Zündimpulse übermittelt. Die werden von der Elektronik im Instrument summiert und aufbereitet an das Meßwerk der Analoganzeige weitergegeben.

Bei Störungen gilt es, die Sicherungen (siehe Kapitel-Anfang) und die entsprechenden Leitungen zu prüfen. Auch in der Leiterplatte des Kombi-Instruments kann der Fehler stecken. Der Drehzahlmesser selbst kann mit Eigenmitteln nicht repariert werden.

Kraftstoff-Verbrauchsanzeige

Den momentanen Kraftstoffverbrauch zeigt die Verbrauchsanzeige unten im Drehzahlmesser an. Dabei bezieht sich das Meßgerät auf das Einspritzsignal der Benzineinspritzung und auf das Wegstrecken-Signal des Tachometer-Gebers. Aus beiden Größen errechnet das Gerät den momentanen Verbrauch (pro 100 km).

Die Tankanzeige

Der Benzinstand wird am Armaturenbrett elektrisch angezeigt. Die Tankuhr ist also nichts anderes als ein Voltmeter, an dem bei eingeschalteter Zündung volle Spannung anliegt.

Der Zeigerausschlag der Tankuhr wird über den Massekontakt variiert. Das besorgt der Tankgeber, der je nach Tankfüllung einen höheren oder niedrigeren Widerstand hat. Den Tankgeberausbau finden Sie auf Seite 66 beschrieben.

Die Tankkontrolleuchte links in der Tankanzeige brennt, wenn weniger als ca. 8 Liter im Tank schwappen. Die Leuchte wird durch einen separaten Kontakt im Tankgeber ausgelöst.

Störungssuche

- Zuerst Instrumenten-Sicherungen Nr. 1, 17 und 20 kontrollieren.
- Tankgeber freilegen, wie auf Seite 66 beschrieben, Kabelstecker abziehen.
- Am abgezogenen Stecker den Anschluß des braun/orangen mit dem braun/violetten Kabel verbinden (Drahtstück, Büroklammer).
- Zündung kurz einschalten: Schlägt der Zeiger der Tankuhr auf »Voll« aus, sind Kabel und Instrument in Ordnung. Also ist der Tankgeber die Fehlerursache.
- Jetzt das braun/orange mit dem schwarz/rot/gelben Kabel brücken und Zündschlüssel auf Raste II (Zündung an) drehen.
- Brennt das Warnlicht links im Zifferblatt, sind Kabel und Warnleuchte in Ordnung. Der Defekt liegt also am Warnlicht-Kontakt im Tankgeber.
- Der Tankgeber kann nicht repariert werden. Ist er defekt, ausbauen und austauschen (Seite 66).
- Der Austausch der Tankgeber-Instruments und der Tankgeber-Warnleuchte ist unter »Kombi-Instrument zerlegen« am Anfang dieses Kapitels beschrieben.

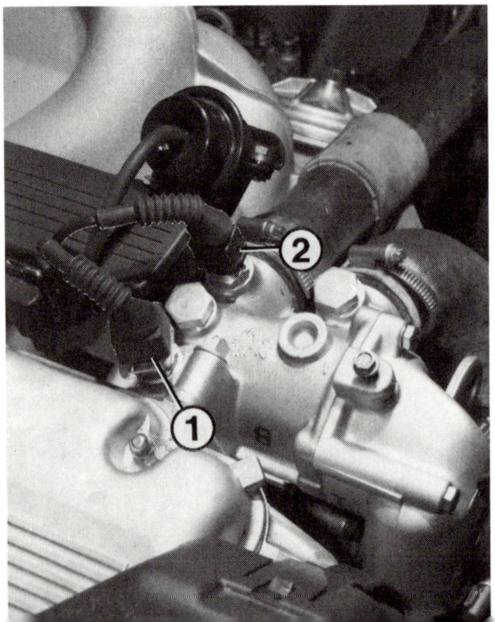

Die Temperaturgeber für Motronic (1) und Temperaturanzeige (2) sind direkt im Thermostatgehäuse links vorn am Motor eingeschraubt. Das Bild links zeigt den 520i/525i, das Bild rechts den 530i/535i.

Kühlmittel-Temperaturanzeige

Die Anzeige für die Kühlmitteltemperatur funktioniert ähnlich wie die Tankanzeige. Plusstrom erhält das Instrument bei eingeschalteter Zündung, die Masseverbindung stellt der Temperaturfühler am Motor (Bilder auf der Vorseite) her. Dieser Fühler ist ein veränderlicher Widerstand, der mit zunehmender Erwärmung einen größeren Stromdurchfluß freigibt, so daß die Nadel weiter ausschlägt.

Störungssuche

- Instrumenten-Sicherungen Nr. 1, 17 und 20 kontrollieren.
- Kabelstecker am Geber im Motorraum (siehe Bilder) abziehen und die beiden Steckerkontakte mit Drahtstück oder Büroklammer überbrücken. Zur Kontrolle Kabelfarben prüfen: 520i/525i: braun und braun/violett; 530i/535i: braun/gelb und braun/violett.
- Zündung kurz einschalten:
- Wandert die vorher regungslose Anzeigenadel nun ins rote Feld, war der Temperaturgeber defekt – auswechseln.
- Rührt sich nichts im Anzeigeinstrument, ist die Zuleitung oder das Instrument selbst defekt. Der Ausbau ist unter »Kombi-Instrument zerlegen« beschrieben.

Codierstecker des Kombi-Instruments

Um jeweils dasselbe Kombi-Instrument in verschiedenen Modellen der 5er-Reihe einsetzen zu können, wird es mit einem sogenannten Codierstecker versehen. In ihm sind die wichtigsten Fahrzeugdaten gespeichert, die das Instrument für die Verarbeitung und Anzeige der Signale aus den Gebern braucht. Das wären beispielsweise:

○ Die Weg-Drehzahl – also das Vergleichsmaß Radumdrehung/Wegstrecke – ist für den Tachometer und den Kilometerzähler wichtig.
○ Auch der Meßbereich des Drehzahlmessers ist gespeichert.
○ Die Verbrauchskennlinie ist Grundlage für das Funktionieren der Verbrauchsanzeige.
○ Ferner sind sogenannte Inspektionsgrenzwerte – unterschiedlich für die verschiedenen Modelle – wegen der Service-Intervallanzeige im Codierstecker enthalten.
○ In den Modellen ab 525i mit LCD-Anzeige wird der Gesamtkilometerstand ständig im Speicher des Codiersteckers abgelegt, so daß nach Auswechseln des Kombi-Instruments wieder der richtige Kilometerstand angezeigt wird.

Verschiedene Codierstecker

○ Der Codierstecker des **BMW 520i** ist von hinten ins Gehäuse des Kombi-Instruments eingesteckt. Ob es auch der richtige Stecker ist, kann ohne Ausbau des Instruments rechts oben an der Skala des Verbrauchsmessers erspäht werden. Dort ist die Kennummer sichtbar.
○ Völlig anders sieht der Codierstecker bei den Modellen **525i, 530i und 535i bis etwa März 1989** aus. Er ist Bestandteil des braunen Anschlußsteckers hinten am Kombi-Instrument und damit fest mit dem Kabelbaum des Wagens verbunden. Das muß auch so sein, denn schließlich speichert der Codierstecker den Kilometerstand des BMW.
Auch bei diesem Stecker besteht die Möglichkeit, die Bezeichnung ohne Demontage des Kombi-Instruments abzulesen: Rückstellknopf des Tageskilometerzählers drücken und gleichzeitig den Zündschlüssel von Raste »0« auf Raste »I« drehen. Nun erscheint statt des Kilometerstands die Codierstecker-Bezeichnung.
Da schließlich jedes Ding einmal kaputtgehen kann, läßt sich natürlich auch dieser Codierstecker auswechseln. Das geht aber nur nach Ausbrechen der braunen Steckerabdeckung, die dann durch eine neue ersetzt werden

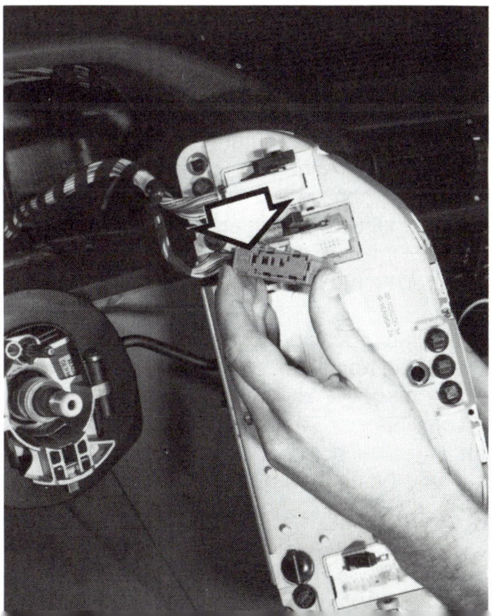

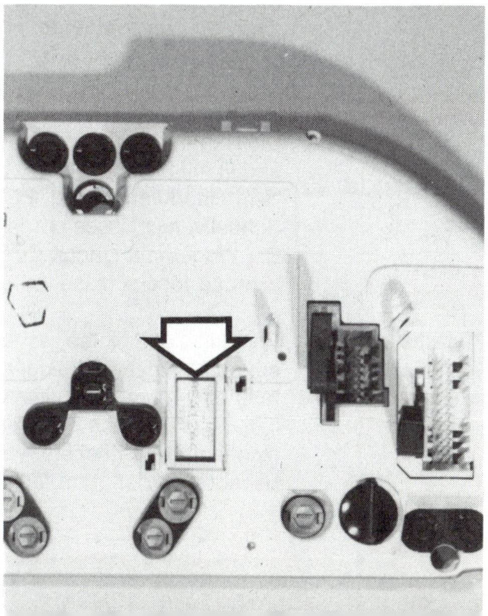

Die Codierstecker der Kombi-Instrumente:
Links: Der Codierstecker der Modelle 525i bis 535i bis März 1989 (Pfeil) ist Bestandteil des braunen Anschlußsteckers hinten am Kombi-Instrument.
Rechts: Der Codierstecker der Modelle 525i bis 535i ab April 1989 (Pfeil) ist mit Manipulierschutz direkt ins Kombi-Instrument eingesteckt.

muß. Nach Einsetzen des neuen Steckers erscheint dann allerdings ein roter Punkt neben der Kilometerstandsanzeige zum Zeichen, daß hier nicht mehr der Original-Kilometerstand angezeigt wird.

○ Bei den Modellen **525i, 530i und 535i ab etwa April 1989** (»Redesign«-Kombi-Instrument) ist der Codierstecker mit Manipulationsschutz von hinten in die Instrumenten-Kombination eingesteckt.

Kontrolleuchten im Kombi-Instrument

Über das Kombi-Instrument verteilt finden wir eine Vielzahl von Kontrolleuchten für die unterschiedlichsten Funktionen. Auf sie wollen wir in den folgenden Abschnitten eingehen. Wie die kleinen Glühbirnen der Kontrollämpchen ausgebaut werden, erfahren Sie auf Seite 206.

Blinker-Kontrolleuchten

Die beiden Blinker-Kontrolleuchten erhalten Strom im Blinkerrhythmus von derselben Leitung, die auch zu den jeweiligen Blinkleuchten führt. Von den rechten Blinkleuchten erhält die rechte Blinkerkontrolle Strom, von den linken die linke.

Die Masseverbindung beider Kontrolleuchten stammt von der direkten Masseleitung im Kombi-Instrument.

Fernlichtkontrolle

Bei eingeschaltetem Fernlicht oder beim Lichthupen erhält die Fernlichtkontrolle Strom – bei Fernlicht von Sicherung Nr. 2, bei Lichthupe von Sicherung Nr. 3. Ob die Fernscheinwerfer wirklich brennen, kann sie aber nicht anzeigen; das muß man selbst kontrollieren. Lediglich bei durchgebrannter Sicherung verlöscht auch die Kontrolleuchte. Die Massezufuhr zum Lämpchen kommt aus dem Kombi-Instrument.

Nebelscheinwerfer-Kontrolleuchte

Die Nebelscheinwerfer-Kontrolleuchte bezieht Strom aus der Leitung zum linken Nebelscheinwerfer. Sie kann – wie auch die Fernlichtkontrolle – nur anzeigen, ob die Nebelleuchten eingeschaltet sind. Über die Glühlampe im Scheinwerfer sagt sie nichts aus. Wohl aber über die Sicherung. Masse kommt auch hier wieder von der Zentralleitung im Kombi-Instrument.

Kontrolleuchte für Nebelschlußlicht

Für die Nebelschlußlicht-Kontrolleuchte gilt dasselbe wie für die Nebelscheinwerfer-Kontrolle: Strom kommt von der Leitung zu der (den) Nebelschlußleuchte(n).

Anhänger-Blinkerkontrolle

Sie blinkt rhythmisch mit, wenn bei angeschlossener Anhängerbeleuchtung die betreffende Blinkleuchte am Anhänger funktioniert. Ist eine Anhänger-Blinkleuchte defekt, blinkt die Kontrolle beim jeweiligen Richtungsblinken nicht mit.

Bei eingeschalteter Warnblinkanlage und angeschlossener Anhängerbeleuchtung leuchtet die Kontrolle auch dann auf, wenn eine der Hänger-Blinkleuchten nicht funktioniert.

Handbrems-Kontrolleuchte

Die Handbrems-Kontrolleuchte ist vom Kombi-Instrument her bei eingeschalteter Zündung (Zündschloßraste I und II) mit Strom versorgt. Den Massekontakt schafft bei angezogener Handbremse ein kleiner Schalter neben dem Handbremshebel. Er ist nach Abziehen der Handbremshebelmanschette (Bild rechts) und Lösen des Schnellverschlusses an der darunterliegenden Gummiabdeckung zugänglich.

Bei Wagen mit Check-Control (ab 525i) liefert dieser Schalter auch die Information für die Anzeige **»Handbremse lösen«** (zusätzlich zur Kontrolleuchte).

Bremsbelag-Verschleiß-anzeige
nur 520i

Vorn links und hinten rechts sind an einem Scheibenbremsbelag Verschleißfühler eingesetzt. Ist der Belag bis auf das Mindestmaß abgenutzt, wird das Kabel der Verschleißanzeige von der Bremsscheibe an- (Massekontakt) bzw. durchgeschliffen (kein Kontakt). Die Elektronik im Kombi-Instrument wertet dieses Signal aus und läßt die Glühlampe der Bremsverschleißanzeige aufleuchten. Natürlich braucht bei brennender Kontrolleuchte nicht sofort die nächste Werkstatt angesteuert zu werden. Der Sonntagsausflug kann ohne Sicherheitseinbuße beendet werden, und tags darauf reicht's noch bequem für die Fahrt zur Arbeit.

Störungssuche

Brennt die Bremsbelag-Verschleißanzeige, obwohl ausreichend Belagmaterial vorhanden ist, kommt als wahrscheinlicher Fehler eine Unterbrechung in den Leitungen zum Fühler im Bremsbelag in Betracht.
Wagen mit Check-Control (ab 525i) besitzen diese Kontrolleuchte zwar nicht, doch wertet hier das Check-Control-Modul das Signal der Verschleißfühler für die Anzeige **»Bremsbeläge«** aus (Störungssuche identisch).

- Rad vorn links und hinten rechts abnehmen.
- Verbindungsstecker (Bild Seite 116) aus den Haltern nehmen und auseinanderziehen.
- Beide Steckeranschlüsse derjenigen Kabel überbrücken, die zur Karosserie führen:
- Brennt die Kontrollampe bei eingeschalteter Zündung immer noch, liegt der Fehler an den Kabeln zum Kombi-Instrument oder an der Leiterplatte im Instrument.
- Verlöscht die Kontrolleuchte jetzt, liegt die Kabelunterbrechung an einer der Leitungen zum Belagfühler, oder der Belagfühler selbst ist defekt.
- Häufig hat der Fehlalarm seine Ursache in korrodierten Steckkontakten des Verbindungssteckers.

Kontrolleuchte für Bremsflüssigkeitsstand

Der Flüssigkeitsstand im Vorratsbehälter ist durch einen Schwimmer mit angeschlossenem Kontakt überwacht. Fällt der Pegel durch ein Leck in der Bremsanlage, wird der Kontakt zur Masseleitung ausgelöst, und die Kontrollampe brennt.
Während jedoch beim 520i die Kontrolleuchte in diesem Fall direkt mit Masse versorgt wird, läuft die interne Verkabelung bei Wagen mit Check-Control (ab 525i) über das Check-Control-Modul und erst von dort aus zur Kontrolleuchte. Auf die Leuchte wurde auch bei diesen Wagen trotz des Texthinweises **»Bremsflüssigkeit«** nicht verzichtet.

Störungssuche

- Brennt die Kontrolleuchte bei laufendem Motor, obwohl der Bremsflüssigkeitsbehälter voll ist, den Kabelstecker am Deckel des Behälters abziehen:
- Verlöscht die Lampe jetzt, ist der Niveauschalter im Deckel des Vorratsbehälters defekt; eventuell ist der Schwimmer leck.
- Brennt die Kontrolleuchte weiterhin, liegt der Fehler im Instrument oder im Zuleitungskabel.

ABS-Kontrolleuchte

Bei Fahrzeugen mit Anti-Blockier-System (ABS) brennt diese Kontrolleuchte zur Funktionskontrolle beim Einschalten der Zündung. Wenn nicht, Lämpchen auswechseln (siehe Seite 206). Bei laufendem Motor muß die Anzeige verlöschen.
Brennt sie dagegen während der Fahrt, liegt ein Defekt im Bremssystem vor. In die Werkstatt fahren und kontrollieren lassen (siehe auch Seite 127).

Ladekontrolleuchte

Bei laufendem Motor darf die Ladekontrolle weder glimmen noch aufleuchten. Sonst sitzt ein Fehler in der Stromversorgung, siehe Störungsbeistand auf Seite 178. Brennt das rote Lämpchen beim Einschalten der Zündung nicht, ist vermutlich die Glühlampe durchgebrannt, oder aber die Verschraubung an der Lichtmaschine hat sich gelöst.
Mehr über die Funktion der Ladekontrolleuchte erfahren Sie auf Seite 174.

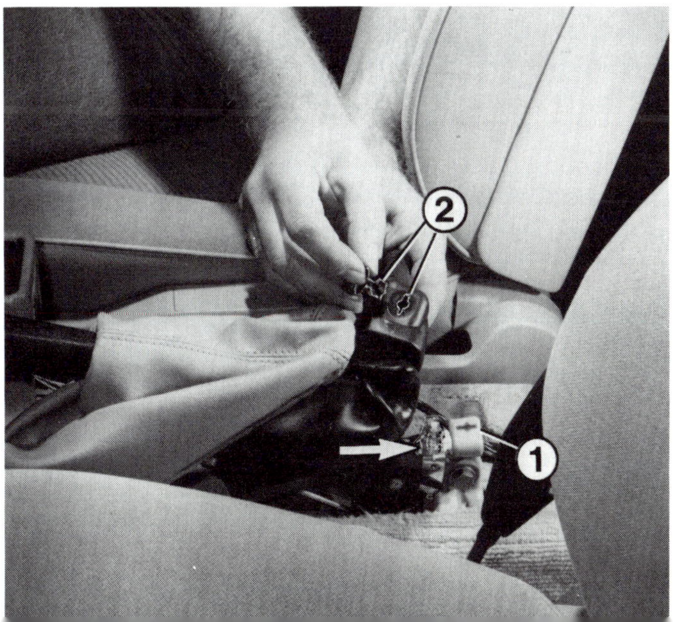

Der Schalter der Handbremskontrolle (Pfeil) ist erst nach Abziehen der Handbremshebelmanschette und der darunterliegenden Gummiabdeckung zugänglich. Die Abdeckung ist mittels Schnellverschluß (2) am Halter (1) befestigt.

Öldruckkontrolle

Bei eingeschalteter Zündung liegt an der Öldruckkontrolle Spannung an. Solange kein Öldruck aufgebaut wird, ist ihr Stromkreis durch den Öldruckschalter geschlossen – sie brennt.
Bei steigendem Öldruck im Motor öffnet der Öldruckschalterkontakt, der Stromkreis wird unterbrochen, und die Kontrolle verlöscht. Mehr zum Öldruck siehe Seite 36.

Störungssuche

Leuchtet die Öldruckkontrollampe plötzlich während der Fahrt auf, ist das grundsätzlich ein Alarmzeichen.

● Brennt sie nur kurz bei scharfem Bremsen oder in schnell gefahrenen Kurven, dürfte der Ölstand unter die Minimalmarke abgesunken sein – Ölstand prüfen und, wenn nötig, Öl nachfüllen.

● **Leuchtet die Lampe dauernd, Motor sofort abstellen und anhalten!**

● Dann zuerst kontrollieren, ob das Kabel vom Öldruckschalter zum Kombi-Instrument Kurzschluß zu Masse hat:

● Zündung einschalten, Kabelstecker am Öldruckschalter abziehen. Am 525i muß dazu der vordere Teil der unteren Motorraumverkleidung abgenommen werden (Seite 241).

● Bei stehendem Motor muß die zuvor brennende Warnlampe nun verlöschen; das beobachtet am besten ein Helfer. Brennt sie dagegen weiter, ist das Kabel irgendwo durchgescheuert und hat Massekontakt. Das ist harmlos für den Motor – Sie können weiterfahren.

● Normalerweise zeigt das Aufleuchten der Öldruckkontrolle, daß in den Schmierstellen des Motors der nötige Öldruck nicht aufgebaut wird. Das liegt jedoch meistens nicht an einem Defekt an der Ölpumpe, sondern weit öfter an schlagartigem Ölverlust. In Betracht kommt da z. B. eine lose Ölablaßschraube.

● Stellt sich der Fehler als gefährlich für den Motor heraus, muß der BMW abgeschleppt werden.

● Bei ständig leuchtender Ölkontrolle ist nicht selten ein defekter Öldruckschalter schuld. Verläßlich nachgeprüft werden kann das aber nur durch Auswechseln des Schalters.

● Andere Defektmöglichkeit: Bleibt die Öldruckkontrolle beim Zündschlüsseldreh dunkel? Zündung einschalten, Stecker am Öldruckschalter abziehen.

● Kontaktzunge am Stecker mit Draht verlängern und Drahtende an blankes Metall halten: Brennt nun das Warnlicht, liegt es am Öldruckschalter. Öldruckschalter austauschen.

● Leuchtet nichts, ist die Zuleitung oder die Glühlampe selbst defekt.

Die Service-Intervallanzeige (SI)

Mit zwei verschiedenen Anzeigesystemen haben wir es im 5er-BMW zu tun:

○ Im BMW 520i finden wir sieben Leuchtdioden (LED) zu einer Anzeigeeinheit zusammengefaßt; kombiniert mit zwei Lämpchen, die die Schriftzüge »Oilservice« und »Inspection« von hinten anstrahlen.

○ Anders bei den Modellen 525i, 530i und 535i: Hier ist die Service-Intervallanzeige unten in der Flüssigkristallanzeige (LCD) der Check-Control-Moduls integriert.

Was Ihnen die Leuchtfelder und Schriftzüge unten im Kombi-Instrument sagen wollen, erfahren Sie ab Seite 16.

Störungen

Störungen an der Service-Intervallanzeige sind ein typischer Fall für die Fehlerabfrage über die Fahrzeug-Diagnose. Denn die Berechnung der Intervallzeiten erfolgt im Kombi-Instrument und das ist »diagnosefähig« (Seite 20).

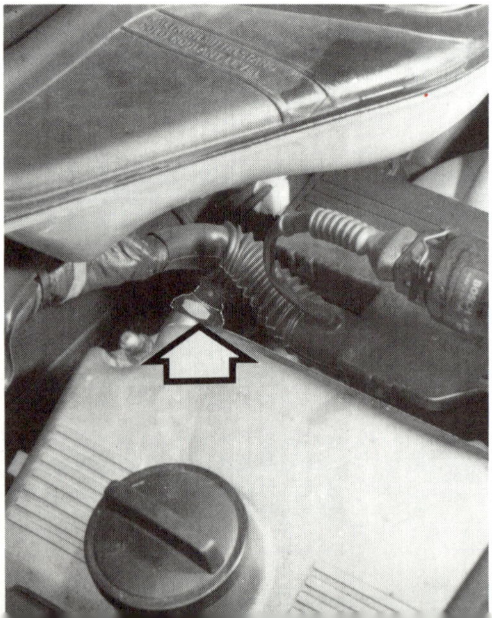

**Der Öldruckschalter (weißer Pfeil) signalisiert über die Öldruck-Warnleuchte am Armaturenbrett, ob in den Motorlagern ausreichend Öldruck vorhanden ist.
Beim 520i/525i sitzt der Öldruckschalter unten an der rechten Motorseite (linkes Bild).
Beim 530i/535i hat er seinen Platz links hinten am Zylinderkopf (rechtes Bild).**

Einige wenige Punkte können Sie selbst prüfen, ohne den Diagnose-Computer zu bemühen:
○ Während die Anzeige bei den Modellen 525i bis 535i im Check-Control-Anzeigemodul integriert ist, kann beim 520i die Leuchtdiodenkette einzeln ersetzt werden (etwa, wenn eine einzelne LED nicht mehr brennt).
○ Geprüft werden kann auch, ob die Akkus im Kombi-Instrument noch intakt sind. Sie müssen etwa 1,2 Volt abgeben.
○ Wenn der Motor-Temperaturgeber, der Drehzahlmesser oder Geschwindigkeitsgeber an der Hinterachse keine Signale liefern, kann auch die Service-Intervallanzeige nicht zufriedenstellend funktionieren. Also prüfen, ob hier alles mit rechten Dingen zugeht.

Die Zeituhr

Die BMW-Modelle 520i, 525i und 530i besitzen in serienmäßiger Ausstattung eine Analog-Zeituhr, die rechts neben dem Radio in die Mittelkonsole eingebaut ist. Ist der Wagen mit Standheizung ausgerüstet, sitzt stattdessen an dieser Stelle eine Digitaluhr mit Außentemperaturanzeige, von der aus die Heizung bedient wird.

Analog-Zeituhr bzw. Bordcomputer ausbauen

● Radio ausbauen.
● In den Radioschacht fassen und den Halteknebel der Zeituhr bzw. des Bordcomputers ertasten.
● Halteknebel nach hinten ziehen – die Uhr bzw. der Computer wird dadurch aus dem Einbauschacht geschoben.

Der Bordcomputer

Der Bordcomputer sitzt beim BMW 535i serienmäßig, bei den übrigen Modellen auf Sonderwunsch am selben Einbauort wie die Zeituhr.
Er bietet dem Fahrer die folgenden Anzeigen bzw. Funktionen auf Abruf:
○ Uhrzeit;
○ Datum;
○ Zwei Durchschnittsverbräuche;
○ Reichweite;
○ Durchschnittsgeschwindigkeit;
○ Außentemperatur (mit Warngong unter +3° C);
○ Stoppuhr;
○ Voraussichtliche Ankunftszeit;
○ Distanz zum Fahrtziel;
○ Grenzgeschwindigkeit (selbstgewählt);
○ Motorstartsicherung mit Zahlencode.

Signale für den Bordcomputer

Meßwerte und Signale, aus denen der Bordcomputer seine Informationen bezieht oder errechnet, liefern die folgenden Bauteile:
○ Schwingquarz der Zeituhr;
○ Geschwindigkeitsgeber an der Hinterachse;
○ Einspritzanlage (Verbrauchssignal);
○ Tankgeber;
○ Außentemperaturfühler am Wagenbug;
○ Zündschloß.

Störungen

Erscheint im Anzeigefeld des Bordcomputers die Buchstabenfolge »PPPP«, so ist das als Krankmeldung des Computers zu verstehen. Eingriffe von Laienhand sind hier nicht möglich, doch ist der Bordcomputer »diagnosefähig«, d.h. der Diagnosecomputer in der BMW-Werkstatt liefert schnell Auskunft über die Ursache der Störung.

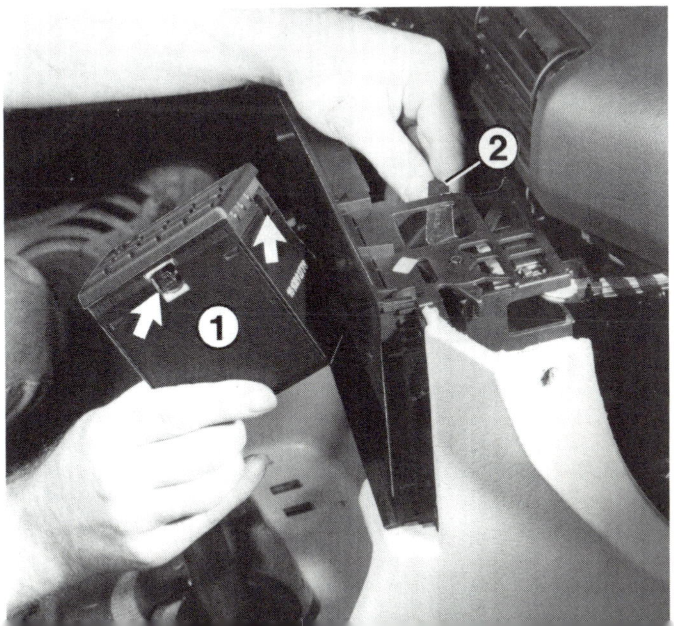

**Der Bordcomputer (1) bzw. die Zeituhr können nach Schwenken des Halteknebels (2) aus dem Einbauschacht gezogen werden. Der Halteknebel ist hier an der ausgebauten Mittelkonsole gezeigt. Normalerweise ist er von unten durch den Radioschacht zugänglich.
Die Pfeile zeigen auf die Lampenfassungen der Schrift- und Anzeigebeleuchtung.**

Fingerzeig: Spannungsspitzen, wie sie unter ungünstigen Umständen bei einem Kurzschluß im Versorgungs-Stromkreis des Computers entstehen, können der Computer-Elektronik das Leben kosten. Auch »offene« Eingänge sind gefährlich. Deshalb z. B. den Temperaturfühler nicht ausgesteckt lassen.

Die Schalter

Im BMW ist eine Vielzahl verschiedener Schalter verbaut. Wie man sie ausbaut und zuletzt auch wie man sie prüft, ist in den folgenden Abschnitten beschrieben. Zum Bereich »Schalter« gehört natürlich auch das Zündschloß.

Fingerzeig: Viele der Schalter im BMW sind von innen beleuchtet. Leider lassen sich jedoch diese Lämpchen nicht mehr einzeln auswechseln, weil dadurch der Schalter zerstört würde. Fazit: Entweder man findet sich mit dem dunklen Schalter ab oder man muß ihn komplett ersetzen.

Hebelschalter

Die Hebelschalter am Lenkrad sind Schalter der Superlative: Sie zählen nicht nur zu den am meisten gebrauchten Schaltern im Auto, sie führen auch die meisten Schaltfunktionen aus.

Hebelschalter ausbauen

- Batterie abklemmen.
- Armaturenbrettverkleidung links unten abbauen, Lenksäulenverkleidung abbauen (Seite 257).
- Lenkrad ausbauen (Seite 109/110).
- Stecker der Zuleitungskabel trennen.
- Wo vorhanden, Massekabel abschrauben.
- Je zwei Haltespangen pro Hebelschalter niederdrücken und Schalter aus der Führung ziehen.

Schalter für Fahr- und Nebellicht

Diese Schalter sind rechts und links des Kombi-Instruments am Armaturenbrett angebracht. In der linken Schalterblende ist zusätzlich die Helligkeitsregelung der Instrumentenbeleuchtung eingesteckt, in der rechten Schalterblende ist Platz für den Schalter der Leuchtweitenregulierung.

Lichtschalter ausbauen

- Schalterblende etwas zum Kombi-Instrument hin drücken.
- In den nun entstandenen Spalt zwischen Schalterblende und Armaturenbrett ein 1-mm-Fühlerlehrenblatt (ersatzweise eine stumpfe Messerklinge) schieben und damit das seitliche Häkchen an der Blende ausrasten.
- Blende herausziehen, Stecker abziehen.
- Defekten Schalter (Regler) von hinten aus der Schalterblende drücken.

Schalter für heizbare Heckscheibe

Drei Schalterversionen sind im BMW verbaut: Der einfache Schalter bei der Standard-Heizungsbetätigung, der kombinierte Schalter (mit Tasten für Klimaanlage und Umluftbetrieb) bei Fahrzeugen mit Klimaregelung und zuletzt der fest in die Betätigungseinheit eingebaute Schalter bei Klimaautomatik.

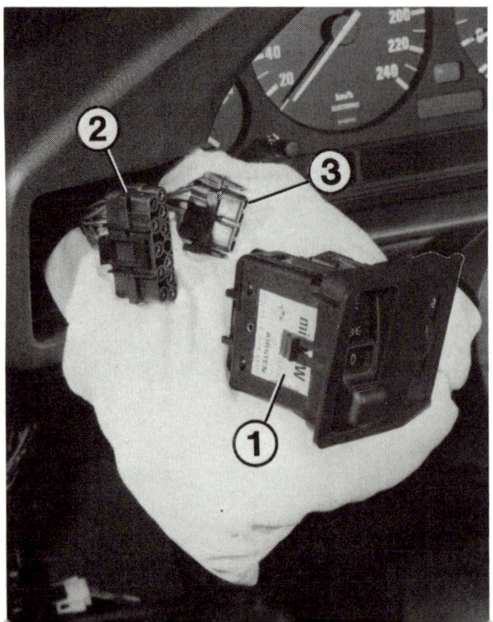

Links: Ausbau des Lichtschalters nach Ausrasten des Haltehäkchens (Pfeil).
Rechts: Der ausgebaute Lichtschalter (1) mit den Steckern für Licht (2) und Instrumentenbeleuchtung (3).

Blinker- (1) und Scheibenwischerschalter (2) sind an der Lenksäulen-Lagerung nur eingesteckt. Zum Ausbau Haltespangen (Pfeile) niederdrücken, Schalter abziehen.

Beleuchtet sind alle drei Versionen des Schalters: Schwach erleuchtet ist das Schaltersymbol bei eingeschaltetem Stand- oder Fahrlicht. Bei Heizung und Klimaregelung wird die Beleuchtung nach Einschalten der heizbaren Heckscheibe heller, an Fahrzeugen mit Klimaautomatik erfüllt diese Funktion ein Leuchtpunkt. Nachfolgend beschrieben ist der Ausbau des einfachen und des kombinierten Schalters.
Bei Fahrzeugen mit Klimaautomatik muß dagegen zum Ausbau des Schalters die Betätigungseinheit ausgebaut und zerlegt werden (Seite 200).

Schalter für heizbare Heckscheibe ausbauen

- Radio ausbauen; die Kabel können angeschlossen bleiben (Seite 227).
- Schalter von hinten aus der Blende herausdrükken und Stecker abziehen.
- Wer sich den Radioausbau sparen will, versucht, den Schalter an seiner Gehäusekante von vorn mit einem schlanken Schraubendreher herauszuhebeln. Manchmal gelingt's.

Radio-Überblendregler

Bei einigen Radioversionen ist der Überblendregler nicht direkt im Radio eingebaut. Dann sitzt er links vom Radio am Armaturenbrett.

Ausbau

- Der Ausbau verläuft identisch wie beim Schalter für heizbare Heckscheibe.
- Zusätzlich zum Herausschieben des Reglers die Halterasten oben und unten an der Rückseite niederdrücken.

Warnblink-Schalter

Der Schalter der Warnblinkanlage ist bei eingeschaltetem Licht von einer kleinen Lampe in der Schaltertaste schwach erleuchtet. Dazu erhält das Lämpchen Strom vom Lichtschalter über einen elektrischen Widerstand.

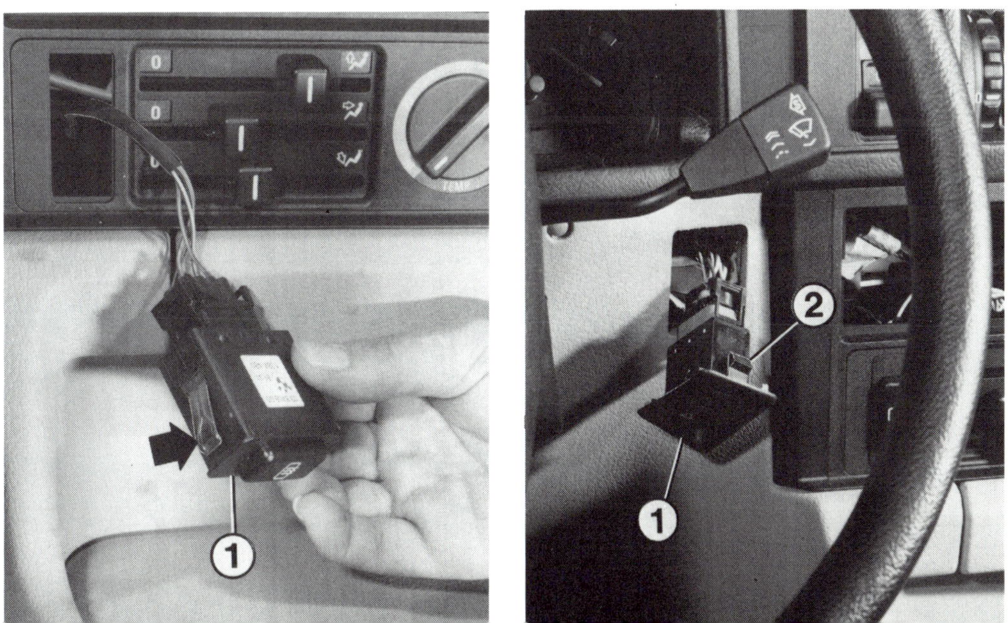

Zwei Schalter, die sich nach Ausbau des Radios leicht von hinten herausdrücken lassen:
Links: Der Schalter für heizbare Heckscheibe (1) ist mit Metallzungen (Pfeil).
Rechts: Der Überblendregler (1) des Radios hält mit Kunststoffrasten (2).

Wird der Schalter niedergedrückt, ist der Widerstand nicht mehr im Stromkreis – das Lämpchen leuchtet mit voller Lichtstärke im Blinkertakt.

Warnblink-Schalter ausbauen

● Hinteren Teil der Mittelkonsole ausbauen (Seite 258).
● Von unten in den vorderen Konsolenteil greifen und Schalter nach oben herausdrücken.
● Stecker abziehen.

Schalter der elektrischen Fensterheber

Bei entsprechend ausgestatteten Wagen werden die elektrischen Fensterheber von dem Schalterblock in der Mittelkonsole aus betätigt. Zwei Einzelschalter sitzen (bei elektrischen Scheibenhebern hinten) in den Verkleidungen der beiden hinteren Türen. Alle Schalter sind beleuchtet, wenn die Fensterheber einsatzbereit sind (siehe weiter hinten im Kapitel).

Fensterheber-Schalter ausbauen

● **Schalterblock vorn:** Ausbau wie Warnblinkschalter.
● Stecker-Haltefedern mit Schraubendreher ausrasten.
● **Einzelschalter hinten:** Türverkleidung abnehmen (Seite 248).
● Schalter aus der Verkleidung herausdrücken.

Schalter für elektrisches Schiebedach

Wie die Fensterheber-Schalter ist er nur dann beleuchtet, wenn die elektrische Schiebedachbetätigung betriebsbereit ist.

Schiebedach-Schalter ausbauen

● Abdeckung für Schiebedach-Motor hinter der Innenleuchte aus der Dachverkleidung ausrasten.
● Zum Abhebeln eignet sich ein flacher Löffelstiel.
● Schalter aus der Abdeckung herausdrücken und Stecker abziehen.

Programmschalter für Getriebesteuerung

Neben dem Wählhebel der Getriebeautomatik sitzt bei Fahrzeugen mit elektronischer Getriebesteuerung der Schalter für das Fahrprogramm. Wird bei stehendem Motor die Zündung eingeschaltet, springt der Schalter automatisch in Stellung »E«.

Programm-schalter ausbauen

● Mit flachem Löffelstiel abwechselnd unter die vordere und hintere Gehäusekante des Schalters fahren und Schalter komplett nach oben herausheben.
● Stecker abziehen.

Drehschalter

Der Drehschalter des Heizungsgebläses läßt den Strom entweder direkt oder über drei unterschiedlich große Widerstände zum Gebläsemotor fließen. So ergeben sich vier Geschwindigkeitsstufen. Die Vorwiderstände,

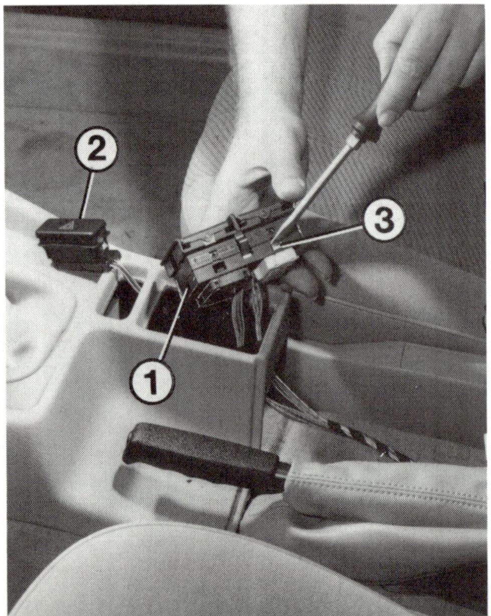

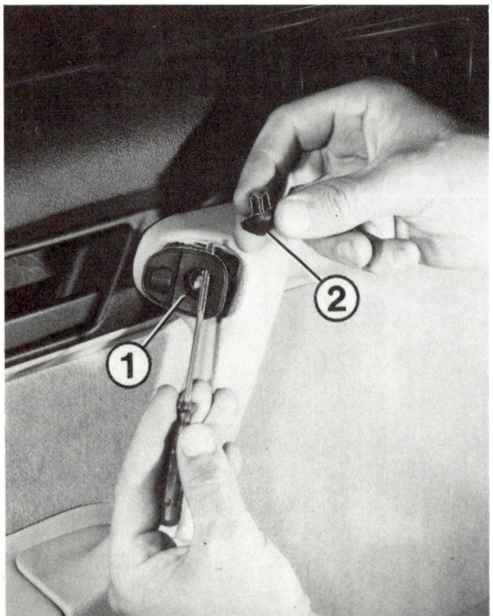

Links: Die Drucktastenschalter für Warnblinkanlage (2) und die elektrischen Fensterheber (1) sind in der Mittelkonsole nur eingesteckt. Die Stecker-Haltefedern (Pfeile) werden mit einem Schraubendreher ausgerastet. Rechts: Der Schalter (1) der elektrischen Spiegelverstellung kann nach Abziehen der Schalterknopfs (2) ganz leicht mit einem Schraubendreher aus der Armlehne gezogen werden. Dazu Schraubendreher-Klinge in die Öffnung am Schalter stecken.

die den Stromfluß in den langsamen Stufen reduzieren, sitzen jedoch nicht im Schalter, sondern sind vorn in das Heizungs-Gehäuse eingesetzt (Bild Seite 237).

Drehschalter ausbauen

Diese Arbeit ist nachfolgend beschrieben für Wagen mit Standard-Heizungsbetätigung. Bei Wagen mit Klimaregelung bzw. Klimaautomatik ist der Drehschalter kombiniert mit den Temperaturreglern und kann nicht einzeln ersetzt werden.

- Bedieneinheit Heizung/Lüftung ausbauen (Seite 238 bzw. 240).
- Drehknopf vom Schalter abziehen.
- An der Rückseite drei Kreuzschlitzschrauben lösen und Schaltergehäuse abnehmen.

Schalter für Spiegelverstellung

Der kleine Schalter für die Spiegelverstellung hat insgesamt vier Schaltkontakte zum Verstellen des Spiegels nach oben, unten, rechts und links. Zusätzlich sitzt im Schaltergehäuse der Umschalter für die Bedienung des rechten bzw. des linken Spiegels.

Schalter für Spiegelverstellung ausbauen

- Schalterknopf von Hand abziehen.
- Klinge eines schmalen Schraubendrehers in die Öffnung am Schaltergehäuse stecken.
- Mit dem Schraubendreher das Schaltergehäuse samt Anschlußstecker herausheben.
- Stecker vom Schalter abziehen.

Das Zündschloß

Das Zündschloß dient nicht nur dazu, dem Besitzer des Zündschlüssels den Motorstart zu ermöglichen, sondern sperrt nach Abziehen des Zündschlüssels auch die Lenkung.
Während das Schloßteil nur in seltenen Fällen seinen Geist aufgibt, kann der in einem Kunststoffteil eingegossene Schaltkontaktsatz – also der Zündanlaßschalter – eher die Ursache für eine Störung sein. Ob er defekt ist, können Sie nach Abschrauben der linken unteren Armaturenbrettverkleidung prüfen (siehe Abschnitt »Schalter prüfen«).

Zündanlaßschalter ausbauen

Das Schalterteil des Zündschlosses kann die Ursache von Störungen sein, wenn die Kontakte abgenutzt sind. Ein Fehler, der fast ausschließlich bei älteren Wagen vorkommt.

- Batterie abklemmen.
- Lenkrad ausbauen (Seite 109/110).
- Lenksäulenverkleidung abnehmen (Seite 257).
- Am Schalterteil des Zündschlosses zwei Halterasten mit dem Schraubendreher niederdrücken und Schalterteil vom Schloßteil abziehen.
- Mehrfachstecker der Zuleitungskabel trennen.
- Beim Einsetzen des neuen Schalterteils darauf achten, daß der Schloß-Betätigungsstift in die Aussparung am Schalterteil einrastet.
- Richtig einrasten müssen auch die Halterasten außen am Schaltergehäuse.

Zündung kurzschließen

Diese Beschreibung soll keinen Autodieb aus Ihnen machen, sondern Ihnen vielmehr helfen, bei defektem Zündschloß weiterfahren zu können. Der Zündschlüssel muß natürlich trotzdem vorhanden sein, und er muß sich natürlich im Zündschloß drehen lassen, damit die **Lenksperre entriegelt** werden kann. Bei Defekten am

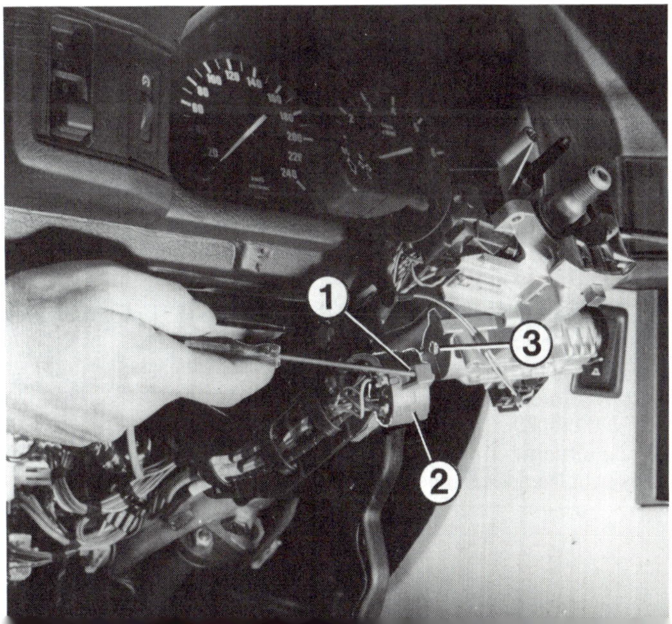

Nach Lösen der Halterasten (1) kann das Schalterteil (2) vom Schloßteil abgezogen werden. Beim Einbau darauf achten, daß der Betätigungsstift (3) richtig im Schalterteil eingreift.

Lenkschloß selbst sollten Sie nicht mehr weiterfahren, denn die Lenkradsperre könnte sonst während der Fahrt einrasten.

● Linke untere Armaturenbrettverkleidung ausbauen (Seite 257).

● An der Steckerleiste sehen Sie nun den Mehrfachstecker, in den die Kabel vom Zündschloß münden. An die Kontakte der einzelnen Kabel kommt man im Gehäuse des Steckers gut von hinten heran.

● Nun werden die Einzel-Stecker des roten und des grünen Kabels – z. B. mit einer Büroklammer – überbrückt. Die Zündung ist damit eingeschaltet.

● Zum Starten des Motors basteln Sie sich eine zweite Drahtbrücke, die zunächst nur mit dem schwarz/gelben Kabel verbunden wird.

● Die zweite Drahtbrücke nun kurz gegen die bereits bestehende Brücke halten und sofort wieder wegziehen: Der Anlasser wirft jetzt den Motor an.

● Zweite Brücke am besten ganz entfernen und die erste gut isolieren, damit sie nicht mit einem blanken Teil in Berührung kommen kann. Sonst gibt's einen saftigen Kurzschluß, denn das rote Kabel besitzt keine Sicherung.

● Zum Abstellen des Motors die Verbindung zwischen dem roten und grünen Kabel abziehen.

● Zum Fahren kann die Armaturenbrettverkleidung ausgebaut bleiben.

Schalter prüfen

● Mit einer Prüflampe mit Nadelkontakt können Sie die Kabelisolierung durchstechen und feststellen, welche Kabel Spannung führen.

● Nehmen Sie den passenden Stromlaufplan (Näheres dazu ab Seite 151) zur Hand.

● Zuerst wird geprüft, ob der Schalter überhaupt Spannung geliefert bekommt; hierzu muß vielfach die Zündung oder die Beleuchtung eingeschaltet werden.

● Dann wird kontrolliert, ob der Schalter in entsprechender Stellung die Spannung weiterleitet.

● Am Beispiel des **Zündanlaßschalters** sieht das folgendermaßen aus:

● Das rote Kabel von Batterie-Plus muß ständig Strom führen.

● Das violette Kabel der Zündschloß-Klemme R führt in den Zündschloßrasten I, II und in der Anlaßstellung Strom.

● Das grüne Kabel der Zündschloßklemme 15 führt in Raststellung II und in der Anlaßstellung Strom.

● Das schwarz/gelbe Kabel Klemme 50 führt nur in Anlaßstellung Strom.

Die Schaltrelais

Alles über die Schaltrelais und ihre Unterbringung im BMW erfahren Sie auf Seite 143/144.

Anzünder

Der elektrische Anzünder – auch der hintere, sofern eingebaut – erhält Dauerstrom über die zuständige Sicherung. Falls der Anzünder trotz intakter Sicherung nicht funktioniert, ist der Heizwendeleinsatz locker oder durchgebrannt. Dieser Einsatz läßt sich abschrauben und austauschen.

Heizbare Heckscheibe

Die heizbare Heckscheibe wird nicht direkt über den Schalter am Armaturenbrett aus- und eingeschaltet. Vielmehr ist es ein Steuergerät, das rechts unter dem Armaturenbrett am Heizgerät befestigt ist, das die Beheizung der Heckscheibe optimiert. Es sorgt dafür, daß:

○ sich die Heckscheibenheizung nach Abschalten der Zündung von selbst abschaltet (Wiedereinschalten durch erneutes Drücken der Taste),

○ die Heckscheibenheizung nur dann mit voller Kraft heizt, wenn die Scheibe vereist ist,

○ daß die Heizung auf stromsparenden Betrieb umschaltet, wenn das Schnellabtauen beendet ist.

Störungssuche

Falls die heizbare Heckscheibe kalt bleibt, kommen folgende Fehlermöglichkeiten in Betracht:

● **Sicherung defekt** (Tabellen ab Seite 145).

● **Relais** für heizbare Heckscheibe **defekt** (Fehlersuche siehe Seite 144).

● **Schalter defekt**. Ausbauen (Seite 216) und mit Ohmmeter kontrollieren, ob bei gedrücktem Schalter Durchgang besteht zwischen dem Anschluß des violett/roten und des braun/orangefarbenen Kabels (Schaltkontakt).

● **Zuleitung** zur Heckscheibe **defekt**? Mit Meßgerät kontrollieren, ob an den Heizdrähten (im mittleren Scheibenbereich) etwa halbe Batteriespannung gegen Masse anliegt. An mehreren Drähten prüfen.

● Drähte, an denen gar keine Spannung anliegt, sind defekt.

● Sind einzelne Heizfäden beschädigt und dadurch unterbrochen, hilft Leitsilberlack. Dieser wird z. B. von Doduco, Postfach 480, 7530 Pforzheim, hergestellt und ist im Autozubehörhandel erhältlich.

● Ist an keinem der Drähte Spannung zu messen, ist die Zuleitung defekt. Steckeranschlüsse prüfen.

Links: Das Steuergerät (Pfeil) der heizbaren Heckscheibe ist rechts am Heizgerät unter dem Armaturenbrett befestigt. Zum Ausbau muß die seitliche Teppichboden-Verkleidung an der Mittelkonsole abgebaut werden.
Rechts: Über den Antennenverstärker (1) laufen die Kabel zur heizbaren Heckscheibe:
2 – Leitung zur AM-Antenne;
3 – FM-Antenne und Heckscheibenheizung;
4 – ausschließlich Heckscheibenheizung.

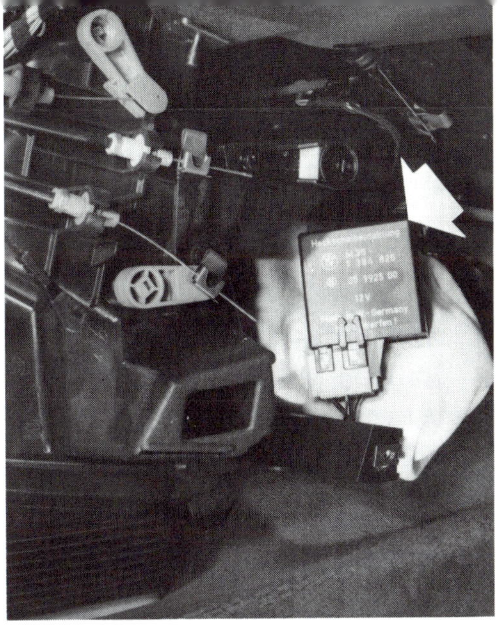

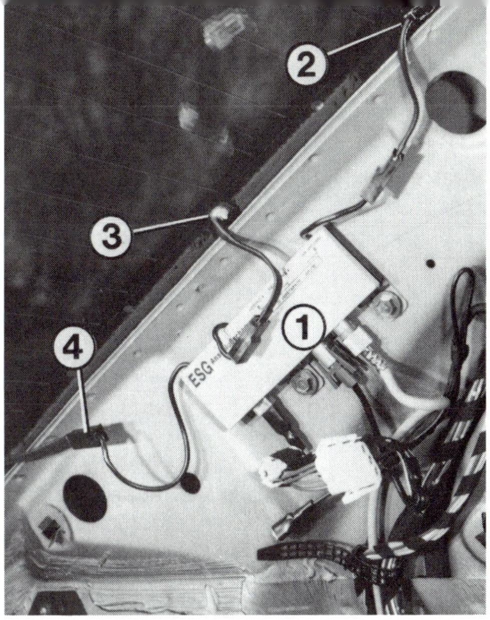

● **Koppler defekt** (rechter Steckanschluß der Heizheckscheibe)? Rechte Dachpfostenverkleidung abdrücken und die beiden von der Heckscheibe kommenden Kabel am Kopplerkästchen abziehen und abwechselnd gegen Masse halten. Wenn sich jetzt je ein Teil der Heckscheibe erwärmt, ist der Koppler defekt.

● **Antennenverstärker prüfen** (unter der linken Dachpfostenverkleidung – siehe auch Seite 228): Liegt am Eingangskabel (schwarze Ummantelung) Spannung an, an den Kabeln zur Scheibe dagegen nicht, ist der Verstärker defekt.

● Waren all diese Teile in Ordnung, bleibt als letzte Fehlermöglichkeit das Steuergerät der Heckscheibenheizung rechts am Heizungskasten.

Scheibenwischer und -wascher prüfen

Ständige Kontrolle

● Zündschlüssel auf Raste I oder II drehen.

● Laufen die Scheibenwischer in beiden Geschwindigkeiten und gehen sie beim Ausschalten in die Parkstellung zurück?

● Funktioniert die Wischintervallschaltung und die Wisch/Wasch-Automatik?

● Spritzt Wasser aus den Wascherdüsen?

● Wird bei entsprechend ausgestatteten Wagen auf Tastendruck Intensivreiniger auf die Scheibe gesprüht und anschließend nachgewaschen?

Scheibenwischer auswechseln

● Wischerarm zurückklappen.

● Nur am linken Wischer: Kunststoff-Sicherungsspange über dem Wischerblatt-Lager ausrasten.

● Geriffelte Halteraste nahe der Mittelachse des Wischerblatts nach unten drücken.

● Gleichzeitig das Wischerblatt zur Scheibe hin vom Wischerarm drücken.

● Beim Einbau Wischerblatt bis zum Einrasten der Haltenocke auf den Wischerarm drücken.

Verschiedene Arten der Wischerblattbefestigung:
Links: Kunststoffhebel drücken (Pfeil), Wischerblatt (2) vom Arm (1) abdrücken.
Rechts: Zuerst Kunststoff-Sicherungsspange (2) ausrasten. Dann kann nach Drücken des Kunststoffhebels (4) das Wischerblatt (1) vom Wischerarm (3) genommen werden.

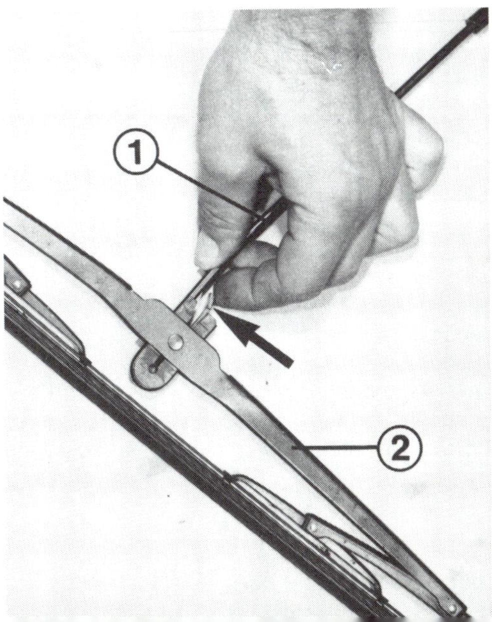

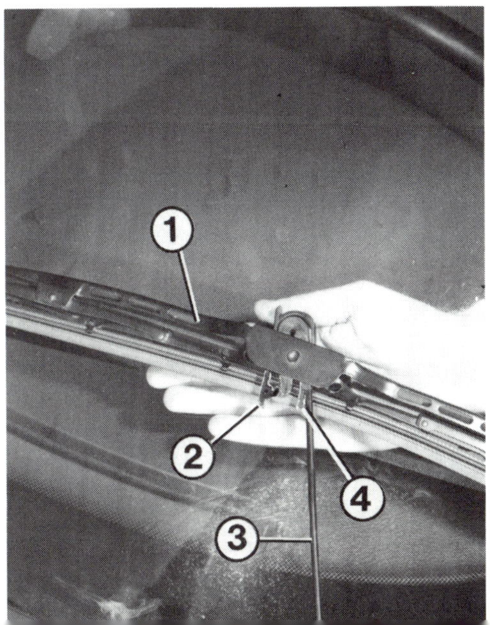

Wischergummi wechseln

Ist das Metallgestänge des Wischerblatts noch in Ordnung, braucht nur das Wischergummi ausgewechselt zu werden:

● Wischergummi nach Muster im Zubehörladen kaufen (Werkstätten haben sie selten vorrätig).
● An einem Ende ist das Wischergummi durch seine spezielle Ausformung mit einer Halteklammer des Wischerblattgestänges arretiert.
● Eben diese Halteklammer mit schmalem Schraubendreher ein Stück aufbiegen.
● Altes Gummi herausziehen und die beidseits eingelegten Metallstreifen am neuen Gummi einsetzen. Darauf achten, daß die Krümmung nach unten (zur Scheibe hin) zeigt.
● Neues Wischergummi einschieben und Halteklammer wieder zusammenquetschen.

Scheibenwischerarm ausbauen

● Motorhaube öffnen.
● Abdeckkappe am unteren Ende des Wischerarms von Hand abdrücken und hochklappen.
● **Wischerarme ohne Anpreßdruckverstellung**: Haltemutter lösen; wo vorhanden, Federscheibe abnehmen.
● Wischerarm von der Welle abziehen.
● Falls dies nicht möglich ist, beidseitig von der Scheibenwischerwelle zum Schutz der Wasserfangkasten-Abdeckung einen großen Lappen legen.
● Mit rechts und links angesetzten flachen Schraubendrehern den Wischerarm abhebeln.
● **Wischerarm links mit Anpreßdruckverstellung (530i/535i)**: Inbusschraube seitlich am Wischerarm lösen und ganz herausziehen, Wischerarm abziehen.
● Zum Einbau diesen Wischerarm ganz auf die Wischerachse aufdrücken, sonst funktioniert die Anpreßdruckverstellung nicht mehr. In dieser Stellung festschrauben.
● Stiftschraube in Achsenmitte so weit eindrehen, bis am Hebel der Anpreßdruckverstellung kein Spiel mehr fühlbar ist.

Fingerzeig: Das lästige Rubbeln der Scheibenwischer auf der Scheibe liegt nicht immer an austauschreifen Wischergummis, deren Wischlippe nicht mehr elastisch genug ist. Häufig ist auch der Winkel Wischerblatt/Scheibe falsch. Das Wischergummi muß nämlich genau im rechten Winkel zur Scheibe stehen. Tut es das nicht, Wischerarm mit einer Zange in sich verbiegen, bis der Winkel stimmt. Am besten geht das, wenn man den Scheibenwischer bis in halbe Scheibenhöhe hochlaufen läßt und dann die Zündung ausschaltet.

Wischermotor-Steuerung

Wie schon an anderer Stelle erwähnt, haben wir es im 5er mit zwei verschiedenen Steuerungen für den Wischermotor zu tun:

○ Im BMW 520i in Grundausstattung ist das Wisch/Wasch-Modul für die Wischersteuerung zuständig.
○ Ist dagegen die Zentrale Karosserie-Elektronik eingebaut (520i mit Zusatzausstattung, 525i, 530i und 535i), übernimmt deren Grundmodul die Wischersteuerung.

Geschwindigkeitsabhängige Wisch-Intervallzeit

Bei Fahrzeugen mit Wischersteuerung über die Zentrale Karosserie-Elektronik ist die Wisch-Intervallzeit abhängig von der Fahrgeschwindigkeit:

Geschwindigkeit km/h	< 5	5...30	30...70	70...100	100...140	> 140
Intervallzeit s	14	8	7	6	5	4

Darüber hinaus läßt sich die Intervallzeit im Bereich zwischen 3 und 20 Sekunden frei programmieren. Das geht so:

● Wischerschalter zur Stellung Intervallwischen nicht einrasten, sondern nur antippen.
● Dann innerhalb von 3–20 Sekunden den Schalter zum Intervallwischen richtig einrasten lassen.
● Die Zeitspanne dazwischen ist die neu programmierte Intervallzeit.

Der Scheibenwischermotor

Was den Wischermotor anbetrifft, ist es gleichgültig, welche Wischermotor-Steuerung eingebaut ist. Seine Grund-Funktionen bleiben dieselben.

An den vier Klemmen des Wischermotors tut sich folgendes:

○ Klemme **31** (Pin 1) ist die Masseverbindung des Motors.
○ Klemme **31b** Pin 4) ist die Steuerleitung für das Wisch/Wasch-Modul bzw. Grundmodul. Sie signalisiert vom Wischermotor aus, ob sich die Wischerblätter gerade in Ruhestellung befinden oder ob sie auf der Scheibe »unterwegs« sind.

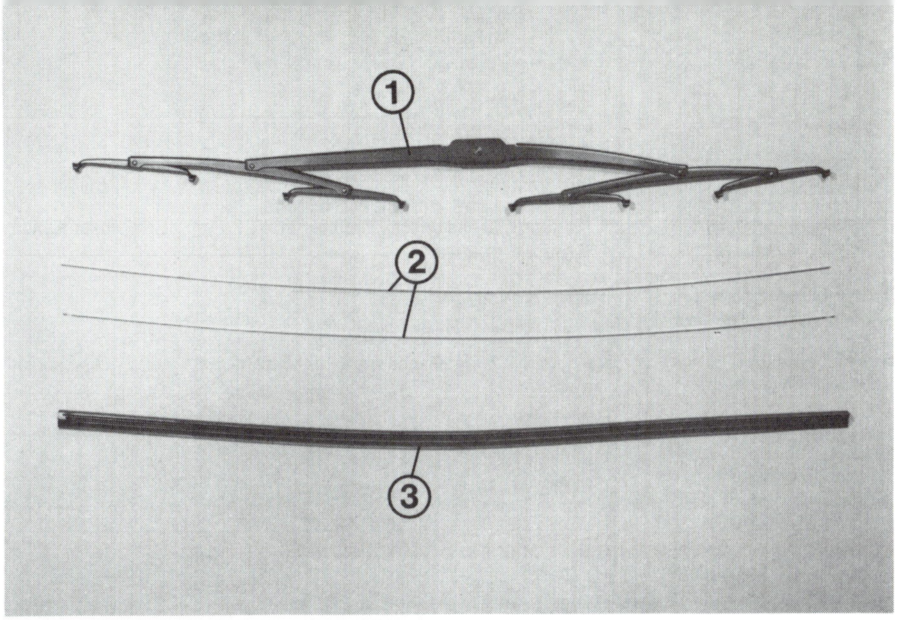

Das Wischerblatt zerlegt. Es bedeuten: 1 – Metallgestänge; 2 – Metallstreifen; 3 – Wischergummi. Besonders Sparsame montieren lediglich auf der Fahrerseite einen neuen Scheibenwischer, der Beifahrer erhält den bisherigen linken Wischer. Beim nächsten Mal bauen sie wieder links einen neuen Scheibenwischer an und rechts den früheren linken; der alte Beifahrerwischer kommt nun auf den Müll.

○ Klemme **53** (Pin 2) hat mehrere Funktionen: Erstens liefert sie Strom für die erste Wischergeschwindigkeit. Zweitens fließt über sie auch nach Abschalten des Wischers am Schalter noch so lange Strom, bis die Wischer sich in Ruhestellung befinden. Dafür sorgt das Steuergerät.
Drittens wird diese Klemme sofort vom Steuergerät auf Masse gelegt, wenn die Wischer in Ruhestellung gelaufen sind (Wischerschalter ausgeschaltet). Das bremst den Wischermotor schlagartig ab, und er kann nicht über die Endstellung hinauslaufen.

○ Klemme **53b** (Pin 3) des Wischermotors wird mit Strom versorgt, wenn die zweite Wischergeschwindigkeit eingeschaltet ist.

Fingerzeig: Außer in Zündschlüsselstellung »0« dürfen die Wischerblätter nicht außerhalb ihrer Parkstellung blockiert sein – etwa durch Schnee oder weil sie angefroren sind. Denn der Wischermotor erhält so auch im ausgeschalteten Zustand Strom vom Steuergerät. Da sich der Elektromotor durch die festhängenden Wischerblätter nicht drehen kann, brennt er durch.

Störungsbeistand

Scheibenwischer

Die Störung	– ihre Ursache	– ihre Abhilfe
A Scheibenwischer laufen nicht	1 Sicherung defekt	Austauschen (Seite 145)
	2 Wischerschalter defekt	Prüfen bzw. austauschen
	3 Wischermotor defekt	Prüfen (siehe folgenden Text)
	4 Wischerantriebskurbel lose	Festschrauben
	5 Wischerrelais defekt	Prüfen
	6 Grundmodul/Relaismodul bzw. Wisch/Wasch-Modul defekt	Diagnose durchführen lassen (Seite 20)

Wischerarm ausbauen: Links: Ohne Anpreßdruckverstellung: Abdeckkappe (2) hochklappen, Mutter (3) abschrauben und Wischerarm (1) von der Wischerachse (4) abziehen. Rechts: Mit Anpreßdruckverstellung: Abdeckkappe (1) abnehmen, Inbusschraube (4) lösen und herausziehen, Wischerarm (3) abziehen. Beim Einbau Anpreßdruckverstellung an Schraube »2« einstellen.

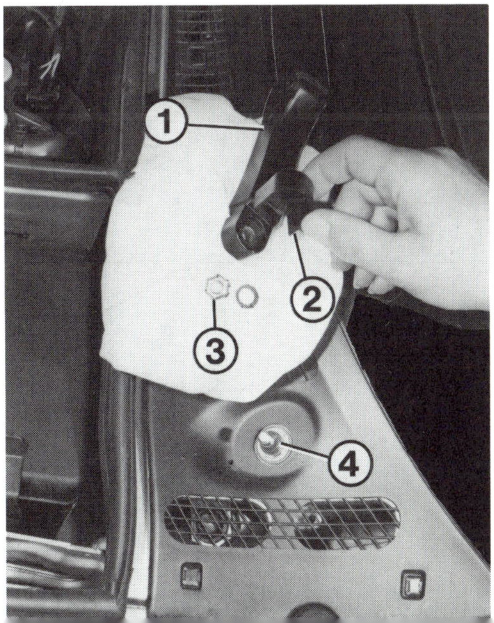

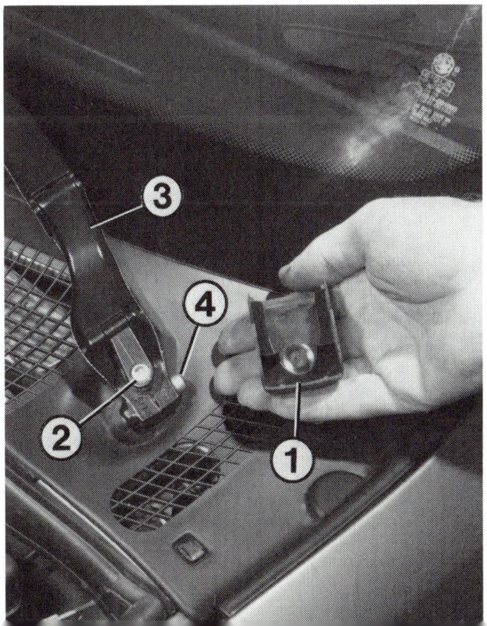

Die Störung	– ihre Ursache	– ihre Abhilfe
B Scheibenwischer laufen nicht in Stufe II	1 Klemme 53b des Wischermotors defekt 2 Siehe A 3, 5 und 6	Motor austauschen
C Scheibenwischer laufen nicht im Intervallbetrieb	Siehe A 3 und 6	
D Scheibenwischer haben keine definierte Ruhestellung	1 Kontakt 31b am Wischermotor schaltet nicht mehr 2 Siehe A 6	Motor austauschen
E Wischermotor läßt sich nicht ausschalten	1 Siehe D 1 2 Siehe A 6	

Wischermotor oder Zuleitung defekt?

Zur Klärung, ob der Wischermotor oder die Stromzuleitung (Leitungen, Schalter, Relais, Steuergerät) defekt ist, hilft Ihnen folgende Prüfung:

- Abdeckung des Sicherungskastens abnehmen und zum Wischermotor in den Luftkasten greifen.
- Dort den Mehrfachstecker der Zuleitung zum Wischermotor aus der Halterung nehmen und Steckverbindung trennen.
- Hilfskabel legen: Vom Batterie-Pluspol bzw. vom Plus-Abgriff zu Klemme 53 oder 53b am Wischermotor-Stecker (Anschluß des schwarz/rot/gelben bzw. schwarz/weiß/gelben Kabels).
- Zweites Hilfskabel von einem Massepunkt am Motor zu Klemme 31 am Wischermotor-Stecker (Anschluß des braunen Zuleitungskabels).
- Der Scheibenwischermotor muß jetzt – je nach benutzter Klemme – auf Stufe I oder II laufen. Tut er das nicht, ist er defekt. Andernfalls liegt der Fehler im Schalter, in der Wischer-Steuerung oder in der Zuleitung.

Scheibenwischermotor ausbauen

- Wischer in Ruhestellung laufen lassen.
- Abdeckung für Wasserfangkasten hinten im Motorraum ausbauen (Seite 238).
- **Bei Standard-Heizung:** Gebläseradabdeckung ausbauen, wie auf Seite 238 beschrieben, doch zusätzlich auch die seitlichen Gehäuseteile abbauen.
- **Bei Klima-Automatik** zunächst das Luftmengen-Wählrad auf Null stellen.
- Dazu die Zündung einschalten, bis die Klappe in ihre Endstellung gefahren ist.
- Jetzt Batterie-Massekabel abklemmen.
- Der Wischer muß in Ruhestellung sein.
- Heizgebläse ausbauen, Deckel abnehmen.
- Bowdenzug aushängen, Gestänge vorsichtig ausheben.
- Temperaturfühler abziehen.
- Die Klammern im Lüftergehäuse ausheben, Abdeckung etwas anheben und links und rechts die Einlaufzargen herausnehmen, dann die ganze Abdeckung abnehmen. Die Stellung der Einlaufzargen schon für den späteren Einbau markieren.
- **Alle:** Unteren Haltebock an der Wischermotor-Konsole abschrauben (zwei Sechskantschrauben).
- Wischerarme abbauen.
- Linken Teil der schwarzen Kunststoff-Abdeckung unterhalb der Windschutzscheibe abbauen.
- Dazu die Stecker in den Kunststoffdübeln vorsichtig hochhebeln und Dübel herausziehen. Abdekkung aus der Verklebung an der Scheibe ziehen.
- Muttern an den Wischerachsen losdrehen.

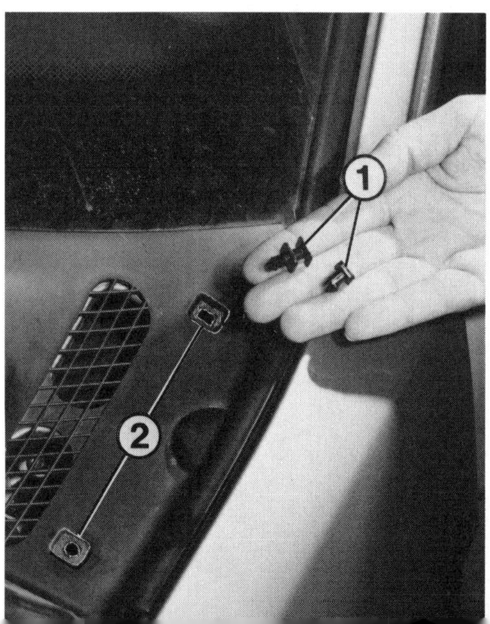

Links: Die schwarze Blende unter der Windschutzscheibe ist mit solchen Kunststoffdübeln befestigt. Beim Zusammenbau Dübel in die Bohrungen (2) stecken und Stecker in die Dübel drücken. Rechts: Die Steckverbindung (Pfeil) zum Wischermotor ist hier zu einer elektrischen Prüfung aus dem Halter genommen.

An den gezeigten Punkten sollen die Wassserstrahlen der Wascherdüsen auf die Scheibe auftreffen.

● Kabelsteckverbindungen zum Wischermotor trennen.
● Wischergestänge jetzt komplett herausnehmen.
● Motor von der Konsole abnehmen.
● Wird derselbe Motor wieder eingebaut, Stellung von Motorwelle zu Antriebskurbel markieren.
● Dann Antriebskurbel abschrauben, drei Motor-Halteschrauben lösen, Wischermotor abnehmen.
● Bei Einbau eines neuen Wischermotors diesen erst (noch ausgebaut) durchlaufen und dann in seine Endstellung laufen lassen.
● Erst jetzt Antriebskurbel so festschrauben, daß die Kurbel und das Antriebsgestänge eine Gerade bilden.

Scheibenwaschwasser auffüllen

Ständige Kontrolle

● Erst Zusatzmittel und anschließend Wasser einfüllen, damit sich die Flüssigkeiten im Wascherbehälter gut vermischen.
● Bei tiefem Frost können die Wascherdüsen an Fahrzeugen ohne Düsenheizung doch einfrieren. Zur Vorbeugung empfiehlt sich hier die Zumischung von ⅓ Brennspiritus, der allerdings aufdringlich riecht.
● Fahrzeuge mit Intensivreinigungsanlage: Getrennten Vorratsbehälter mit BMW-Intensivreiniger auffüllen.
● Um Verstopfungen der Scheibenwaschwasserdüsen vorzubeugen, empfiehlt sich der Einbau eines handelsüblichen Benzinfilters in die Waschwasserleitung.

Spritzstrahl einstellen

● Nadel in das Loch der Spritzdüse stecken.
● Das Düsenloch selbst befindet sich in einer Kugel, die mit Hilfe der Nadel verdreht wird.
● Spritzdüse drehen, bis die Spritzwasserstrahlen wie im Bild oben gezeigt auf die Windschutzscheibe auftreffen.

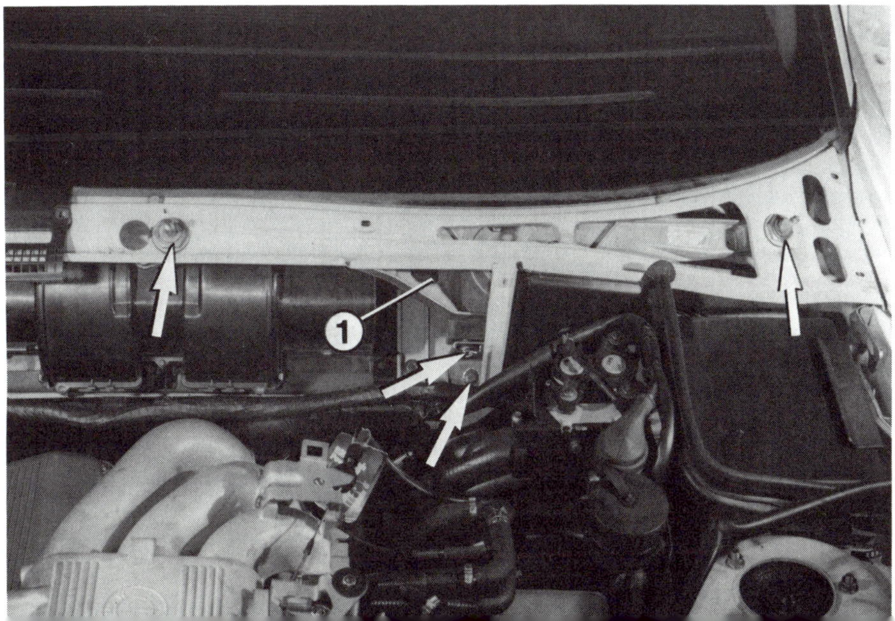

Zum Ausbau des Wischermotors (1) Waserkastenabdeckung und schwarze Blende unter der Windschutzscheibe abnehmen. Danach die hier mit Pfeilen bezeichneten Verschraubungen lösen.

Scheibenwaschwasserbehälter ausbauen

● Stecker, an der (den) Wasserpumpe(n) und – sofern vorhanden – am Füllstandssensor abziehen.
● Kunststoff-Halteschraube(n) ganz hinten am Behälter lösen.
● Wasserschläuche vorsichtig an der (den) Pumpe(n) abziehen. Die Schlauchstutzen brechen – besonders bei Kälte – leicht ab.
● Behälter nach oben herausnehmen und über einem bereitgestellten Gefäß ausleeren.

Störungsbeistand

Scheibenwaschanlage

Die Störung	– ihre Ursache	– ihre Abhilfe
A Wasser spritzt nicht beim Zug am Wascherhebel	1 Wascherbehälter leer	Auffüllen
	2 Im Winter: Waschwasser eingefroren	Höhere Frostschutzkonzentration verwenden
	3 Spritzdüsen verstopft	Schlauch abziehen, Düse ausbauen. Mit Preßluft durchblasen oder dünnem Draht durchstoßen. Evtl. Schlauch ebenfalls durchblasen
	4 Sicherung defekt	Ersetzen
	5 Wascherpumpe defekt	Stromversorgung (violett/schwarzes bzw. braun/violettes Kabel) bei eingeschalteter Zündung und gezogenem Hebel kontrollieren. Ggf. austauschen
	6 Waschpumpenkontakt am Wischerschalter defekt	Prüfen, ob braun/violettes Kabel bei gezogenem Hebel Massekontakt hat. Ggf. Schalter austauschen
	7 Relais oder Grundmodul defekt (nur Fahrzeuge mit Zentraler Karosserie-Elektronik)	Diagnose in der Werkstatt durchführen lassen
B Einseitiger Spritzstrahl	Siehe A 3	

Die Intensivreinigungsanlage

Die Intensivreinigungsanlage (Sonderausstattung) für die Frontscheibe ist gewissermaßen ein Abfallprodukt aus dem Rennsport. Dort mußte eine Möglichkeit geschaffen werden, die Scheibe während der Fahrt auch von hartnäckigen Verschmutzungen, wie Fliegenreste und Silikon, zu reinigen.
In einen getrennten Behälter läßt sich ca. **ein Liter** Intensivreiniger einfüllen, der mit eigener Wasserpumpe auf die Scheibe gesprüht und von den Scheibenwischern verteilt wird. Sofort anschließend erfolgt das Nachwaschen des Konzentrats mit normaler Scheibenwascherflüssigkeit.
Die Abfolge der Reinigungsvorgänge bestimmt das Grundmodul der Zentralen Karosserie-Elektronik (siehe dazu Seite 141).

Störungssuche

○ Zunächst kontrollieren, ob nach Drücken der Taste »Intensivreinigung« Spannung an der Wasserpumpe des Intensivreiniger-Behälters anliegt.
○ Regt sich die Pumpe nicht, obwohl Spannung anliegt, ist sie defekt.
○ Kommt kein Strom an, Kontakt des Wischerschalters prüfen.
○ Als letzte Fehlermöglichkeiten bleiben nur noch das Steuergerät und die Kabelzuleitungen (kontrollieren).

Scheinwerfer-Reinigungsanlage

Für die Waschwasserversorgung der Düsen an den Scheinwerfern ist eine gesonderte Wasserpumpe zuständig, die jedoch aus demselben Behälter zapft wie die Scheibenwascherpumpe. Die Düsen der Scheinwerfer-Waschanlage richten vier Hochdruck-Wasserstrahlen auf die Streuscheiben der Scheinwerfer, wenn bei eingeschaltetem Licht die Scheibenwaschanlage betätigt wird. Das geht jedoch nicht bei kurz aufeinanderfolgenden Waschvorgängen – 30 Sekunden müssen mindestens dazwischen liegen.
Auf dieselbe Weise geschieht die Reinigung der Nebelscheinwerfer, sofern diese eingeschaltet sind. Dazu läuft eine zweite Wasserpumpe im Anschluß an die Scheinwerferreinigung.
Die Steuerung des Vorgangs übernimmt das Grundmodul der Zentralen Karosserie-Elektronik in Verbindung mit dem Modul der Scheinwerfer-Reinigungsanlage (Pumpensteuerung).

Störungssuche

○ Die Stromversorgung für die Scheinwerfer-Reinigungsanlage kommt sowohl von den Sicherungen im Stromverteilerkasten im Motorraum wie auch von jenen im Geräteträger unter der Rücksitzbank. Läuft die Anlage gar nicht, diese Sicherung prüfen (Sicherungstabellen ab Seite 145).
○ Regt sich die Wasserpumpe nicht, Anlage einschalten und mit Prüflampe am Stecker der Pumpe

Links: Radios mit Bohrungen seitlich in der Frontblende werden von Halteklammern im Ausschnitt gehalten. Ausgebaut werden sie, indem man passende Nägel (Pfeile) in die Bohrungen steckt und damit die Halteklammern niederdrückt. Radio an den Nägeln herausziehen.
Rechts: Ausbau eines Radios mit Drehriegeln: Blende (2) abnehmen, Ausziehhaken – oder ersatzweise gebogenen Nagel – in den Drehriegeln (1) ansetzen und schwenken. Der Pfeil zeigt die Schwenkrichtung beim Ausbau. An einigen Radios muß vor Abnehmen der Blende der Drehknopf abgezogen werden.

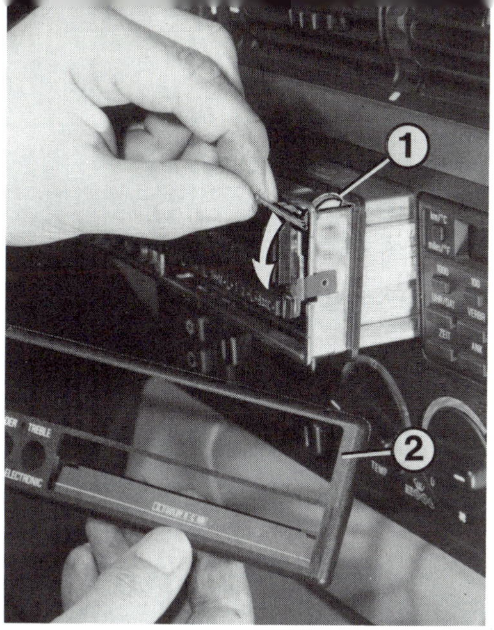

kontrollieren, ob Spannung anliegt. Dazu Licht einschalten und Waschanlage betätigen. Tut sich trotz Spannung nichts, Pumpe auswechseln.

○ Natürlich kann der Fehler auch am Grundmodul der Zentralen Karosserie-Elektronik liegen bzw. am Steckmodul der Scheinwerfer-Reinigungsanlage, das je nach Fahrzeug im Stromverteilerkasten oder in der Zusatzrelaisbox untergebracht sein kann.

○ Als weitere Störungsmöglichkeit kommen Kabel, Kabelstecker und das Steuergerät in Betracht.

Radio

In unseren Beschreibungen gehen wir lediglich auf den Einbau ab Werk ein. Beachten Sie, daß sich selbst bei diesen Geräten die Einbauweise je nach Bauzeit und Ausführung von unserer Darstellung unterscheiden kann.

Radio ausbauen

● Bei einem Radio mit Anti-Diebstahl-Codierung **sicherstellen, daß die Code-Nummer vorliegt**.

● Batterie abklemmen.

● Beim **Radio mit vier Bohrungen** seitlich in der Frontblende (für Entriegelungsbügel):

● Entriegelungsbügel (bisweilen bei Radio-Einbausätzen mit dabei) in die vier Bohrungen seitlich an der Frontblende stecken und Radio aus der Mittelkonsole ziehen.

● Oder vier passende Nägel oder Drahtstifte in die Bohrungen schieben und damit die Haltefedern entriegeln.

● Radio nach vorn herausziehen, evtl. zusätzlich mit einem Schraubendreher vorsichtig heraushebeln.

● **Radio ohne Bohrungen:** Drehknopf abziehen.

● Blende von unten oder durch den Kassettenschacht mit einem schmalen Schraubendreher vorsichtig abheben.

● Die beiden Drehriegel, die das Radio halten, sind jetzt zugänglich.

Der Waschwasserbehälter (3) eines 520i/525i: 1 – Halteschrauben; 2 – Einfüllstutzen für Waschwasser; 4 – Pumpe.

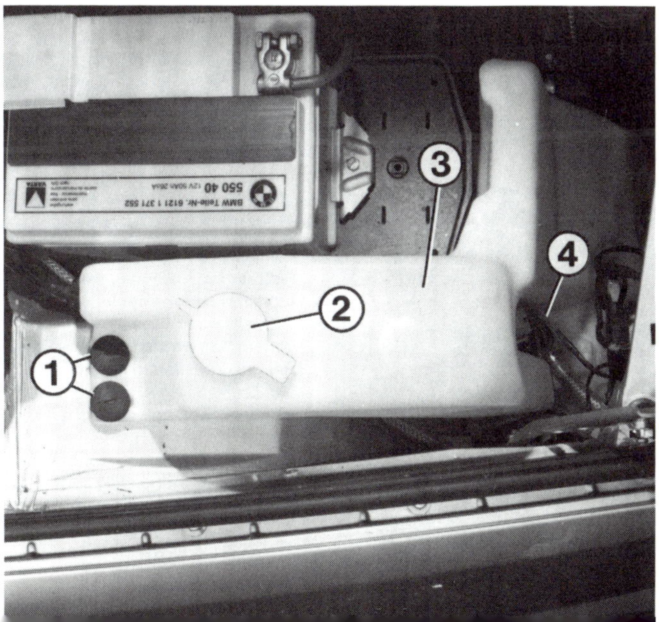

Der Behälter für Scheibenwaschwasser und Intensivreiniger am 530i/535i: 1 – Halteschraube; 2 – Einfüllstutzen für Waschwasser; 3 – Einfüllstutzen für Intensivreiniger; 4 – Pumpe.

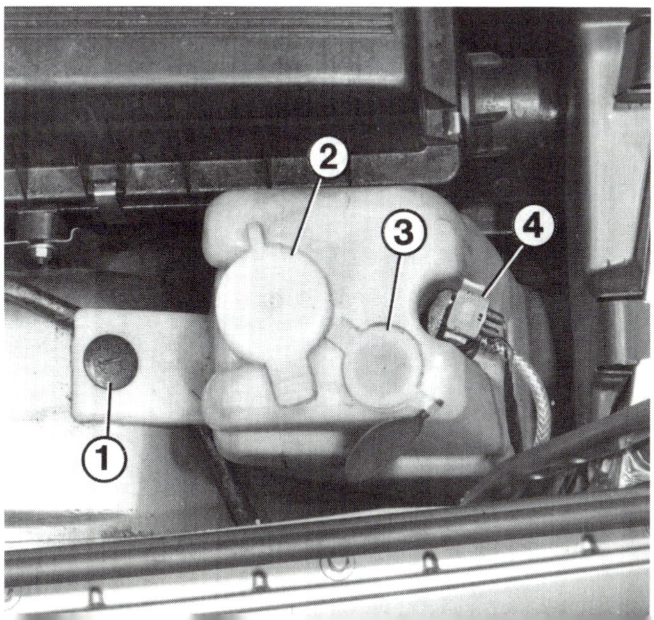

● Dem Radio liegen Ausziehhaken bei; ersatzweise müssen zwei dünne Nägel am Ende ein wenig umgebogen werden.
● Ausziehhaken in die kleinen Bohrungen der Drehriegel rechts und links stecken und Riegel nach unten klappen.
● Manche Radios haben die Drehriegel waagrecht liegen: Riegel dann zur Radio-Mitte hin klappen.
● Radio an den Ösen der Haken aus dem Einbauschacht ziehen.
● Stecker abziehen; evtl. kennzeichnen.
● Beim Einbau Radio bis zum Anschlag einschieben und Drehriegel nach außen klappen.
● Beim Einschieben darauf achten, daß der Haltebolzen an der Radio-Rückseite in die Aussparung im Armaturenbrett eingeschoben wird.
● Bei Geräten mit integrierter Diebstahlsicherung Besitzercode eingeben.

Lautsprecher ausbauen

● **Lautsprecher im Fußraum:** Schnellverschlüsse der Kunststoff-Fußraumverkleidung mit breitem Schraubendreher um 90° drehen.
● An der linken Fahrzeugseite den Griff der Motorhauben-Entriegelung abschrauben.
● Verkleidung abnehmen und Lautsprecher von der Verkleidungs-Rückseite abschrauben.
● **Lautsprecher im Armaturenbrett:** Blende mit einem schlanken Schraubendreher vorsichtig loshebeln.
● Zwei Kreuzschlitzschrauben lösen.
● Lautsprecher herausnehmen und Kabelstecker abziehen.
● **Lautsprecher im Fensterdreieck vorn:** Abdeckstopfen über der Halteschraube im Lautsprechergitter abdrücken.
● Halteschraube herausdrehen.
● Lautsprechergitter samt Hochtonlautsprecher abnehmen.
● **Lautsprecher hinten:** Lautsprecherabdeckung vorsichtig aus der Hutablage heraushebeln.
● Jetzt kann versucht werden, die Schrauben rings um die Lautsprecherkonsole teils mit Winkelschraubendrehern zu lösen.
● Wer das nicht schafft, baut die Hutablagen-Verkleidung aus:
● Rücksitzlehne ausbauen (Seite 256), die hinteren Dachpfosten-Verkleidungen vorsichtig abhebeln.
● Jetzt sind die Haltemuttern der Hutablagen-Verkleidung zugänglich; sie kann ausgebaut werden.

Heckscheibenantenne

Hauptvorteil der Heckscheibenantenne: Sie bietet keinerlei Angriffspunkt für Mitmenschen mit Zerstörungswut. Außerdem kann sie in der Waschanlage keinen Schaden erleiden.
Als Antenne für Mittelwelle fungieren bei dieser Antennenart zwei Metall-Leiterbahnen ganz oben an der Scheibe. Dem UKW-Empfang dienen weitere gleichzeitig als Heizdraht verwendete Leiterbahnen im Scheiben-Mittelbereich. Ein Antennenverstärker unter der linken hinteren Dachpfostenverkleidung gleicht die fehlende Höhe dieser Antennenanlage aus.

Störungssuche Heckscheiben-antenne

● Beide Dachpfostenverkleidungen hinten vorsichtig abziehen.
● **Sichtprüfung:** Masseverbindung der Heckscheibenheizung am Stecker der Scheibenheizung am rechten Dachpfosten kontrollieren; ebenso, ob der Antennenverstärker gute Masseverbindung an seiner Befestigungsschraube hat.
● Sind alle Steckanschlüsse korrosionsfrei? Kontakte vorsichtig abziehen und kontrollieren.
● Leiterbahnen auf der Heckscheibe genau kontrol-

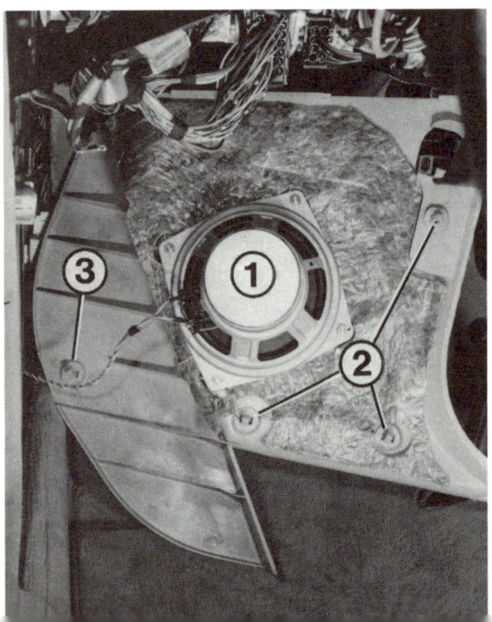

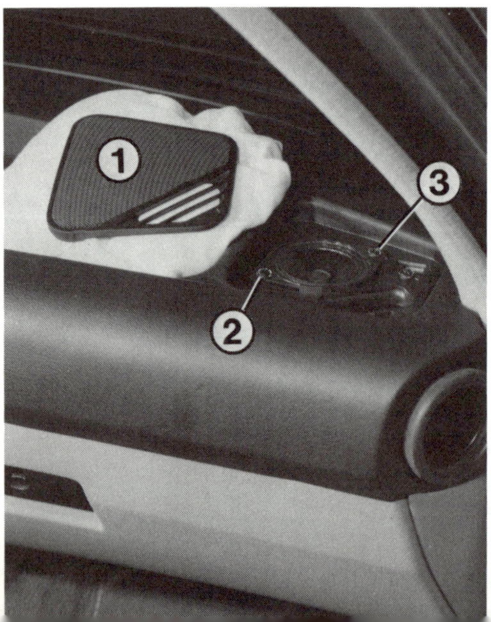

Links: Die Lautsprecher (1) im Fußraum vorn können samt Fußraumverkleidung nach Lösen der Schnellverschlüsse (2 und 3) abgenommen werden.
Rechts: Zum Lösen der Schrauben (2 und 3) am Armaturenbrett-Lautsprecher muß die Lautsprecherverkleidung (1) mit einem schmalen Schraubendreher vorsichtig ausgehoben werden.

Anschlußplan der Heckscheibenantenne (siehe auch Bild Seite 211 oben).

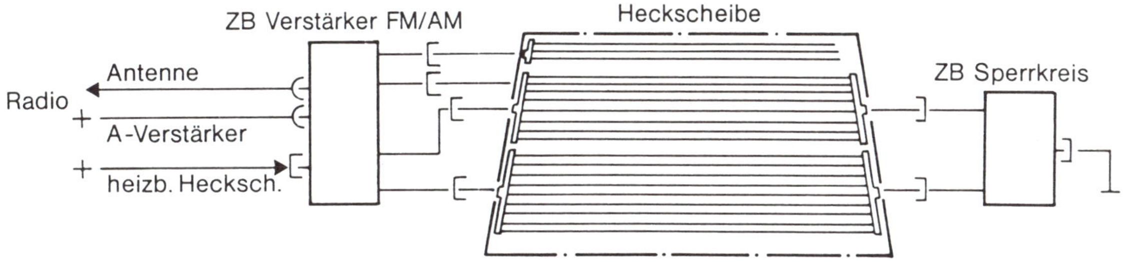

lieren: Liegt eine sichtbare Unterbrechung vor? Wenn ja, reparieren (Seite 220) oder neue Heckscheibe einsetzen lassen.

● Die Anschlußkabel zur Heckscheibe dürfen nicht über Kreuz verlegt sein.

● **Elektrische Prüfung:** Stecker am Verstärker abziehen, Spannung am weißen Kabel gegen Masse messen. Dazu Radio einschalten.

● Batteriespannung vorhanden: Stromversorgung des Verstärkers ist in Ordnung. Keine Spannung: Leitungsunterbrechung beseitigen.

● Weitere Prüfmethoden stehen dem Heimwerker nicht zur Verfügung.

● **Weitere Möglichkeit:** Das Antennenkabel zum Radio ist defekt. Versuchshalber neues Kabel anschließen.

Elektrische Spiegelverstellung

Störungssuche

Falls sich nach Betätigen des Schalters an der linken Tür bei eingeschalteter Zündung nichts tut, prüfen Sie folgendermaßen:

● Sicherung in Ordnung (Seite 145)?

● Spiegelschalter aus der Armlehne ziehen (Seite 218/219) und mit Prüflampe am grün/schwarzen Kabel kontrollieren, ob Spannung anliegt.

● Wenn ja, Schalter durchprüfen (Seite 220).

● Zuletzt Kabelführung zum Spiegel prüfen. Dazu Spiegelglas ausbauen und Verstellmotor abschrauben.

● War bisher alles in Ordnung, ist sicher der Verstellmotor des Spiegels defekt, den es jedoch nur zusammen mit dem Gehäuse zu kaufen gibt.

● Vorübergehend läßt sich der Außenspiegel durch Verdrehen des Spiegeleinsatzes von Hand verstellen.

Elektrisch verstellbaren Spiegel zerlegen

● Haltering des Spiegelglases ausrasten. Dazu muß man den Ring mit einem von unten ins Spiegelgehäuse eingeschobenen Schraubendreher im Gegenuhrzeigersinn drehen.

● Spiegelglas vorsichtig abnehmen.

● Evtl. Kabel der Spiegelbeheizung abziehen.

● Im Spiegelgehäuse die vier Kreuzschlitzschrauben des Verstellmotors losdrehen.

● Kabel am Motor abziehen.

● Beim Zusammenbau darauf achten, daß die Kabel am Spiegelmotor richtig angeschlossen werden.

● Spiegelglas ins Gehäuse einsetzen, und mit dem unten angesetzten Schraubendreher den Ring im Uhrzeigersinn festdrehen.

● Wie der Spiegel komplett ausgebaut wird, steht auf Seite 252.

Fingerzeig: Die Versorgungsleitungen zu den elektrischen Verbrauchern und Schaltern in der Tür (Fensterheber, Spiegelverstellung, Zentralverriegelung) werden bei jedem Öffnen der Tür gebogen, was sie auf Dauer nicht immer durchhalten. Hier kann die Ursache für Fehlfunktionen der Stromverbraucher in der Tür liegen.

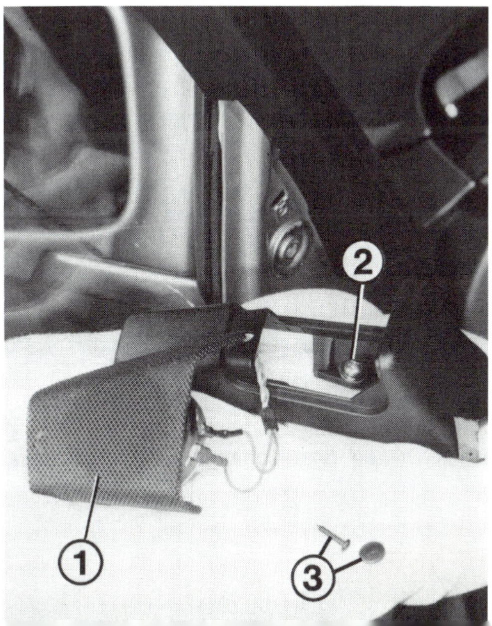

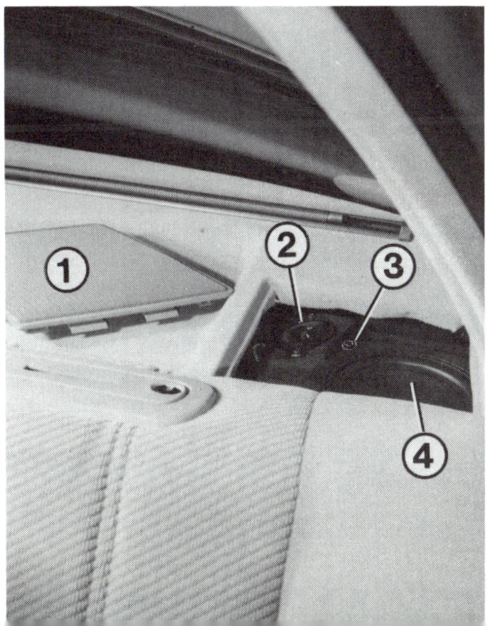

Links: Ausbau des Lautsprechers (1) im vorderen Fensterdreieck nach Lösen der Kreuzschlitzschraube (3; mit Abdeckkäppchen). Die Blende selbst ist auch nur mit einer Schraube (2) befestigt.
Rechts: Ausbau des Hecklautsprechers (3) nach Lösen der Halteschrauben (2) der Lautsprecherblende (1).

Elektrische Fensterheber

Die Steuerung der elektrischen Fensterheber ist Sache des Grundmoduls der Zentralen Karosserie-Elektronik (ZKE – Seite 141). Die ZKE ist – was sonst nicht der Fall – auch im 520i eingebaut, sobald das Fahrzeug elektrische Fensterheber besitzt. Die elektronische Steuerung macht es möglich, einige Komfort-Tricks einzubauen:

○ In Zündschlüsselstellung II lassen sich die elektrischen Fensterheber auf Knopfdruck bedienen.

○ Ebenfalls in dieser Schlüsselstellung läuft der Fensterheber an der Fahrertür bei nur kurzem Antippen des Schalters ganz nach unten bzw. nach oben. Ein weiteres Antippen stoppt die Bewegung.

○ Nach dem Abschalten der Zündung können die Fensterheber nur so lange betätigt werden, bis eine der Vordertüren einmal geöffnet und wieder geschlossen wurde. Dann blockiert die Elektronik aus Gründen des Diebstahlschutzes eine weitere Bedienung.

○ Die Komfortschließung ermöglicht das Schließen der Türfenster und des Schiebedaches von außen. Dazu das Türschloß ca. 2 Sekunden lang in der Position »Verriegeln« oder »Entriegelungssperre« halten. Dann wird der Reihe nach das Beifahrer- und das Fahrerfenster und zum Schluß das Schiebedach geschlossen.

○ Sind vier Fensterheber eingebaut, können die hinteren durch Betätigen des kleinen Einzelschalters im Fensterheber-Schalterblock abgeschaltet werden. Eine Maßnahme, um kleinen und großen Kindern auf dem Rücksitz den Spieltrieb zu nehmen.

Störungssuche

● Wenn sich keine Fensterscheibe mehr rührt, Sicherungen (ab Seite 145) kontrollieren.

● Ist eine der Sicherungen defekt, lag eine Überlastung vor.

● Sicherung ersetzen und durch Betätigen der einzelnen Fensterheber nacheinander feststellen, an welchem der Fehler zu suchen ist – also bei welchem die Sicherung erneut durchbrennt.

● Andere Fehlerquelle: Läuft nur ein Fensterheber nicht, bauen Sie den Schalterblock aus und überprüfen ihn, wie auf Seite 220 beschrieben.

● Ist der Schalter auch in Ordnung, Kabelverlauf zu den Türen (siehe Fingerzeig auf der Vorseite) kontrollieren.

● Dazu auch die Türverkleidung abnehmen und bei abgezogenem Kabelstecker prüfen, ob bei eingeschalteter Zündung und gedrücktem Schalter Spannung anliegt. Plus und Minus werden an den Kabeln umgepolt – je nach dem, ob der Fensterhebermotor vorwärts oder rückwärts laufen soll.

● Liegt Spannung wunschgemäß an, bleibt nur noch der Fensterhebermotor als Defektursache. Austauschen (Seite 250).

● Schlechter Lauf einer Scheibe dürfte an einer verklemmten Fensterführung liegen.

● Laufen nur die hinteren Fensterheber nicht, Kindersicherung prüfen. Dazu den Schalter aus der Mittelkonsole hebeln.

● Wurden all diese Möglichkeiten durchprobiert, kann es eigentlich nur am Grundmodul bzw. Relaismodul der Zentralen Karosserie-Elektronik liegen. Da hilft nur eine Diagnose in der Werkstatt (Seite 20).

Behelf unterwegs

Bei streikendem Fensterheber brauchen Sie trotzdem nicht mit offenem Fenster durch Wind und Wetter zu fahren. Voraussetzung ist allerdings, daß der Fensterhebermotor selbst noch intakt ist und daß Sie zwei ausreichend lange Kabel zur Hand haben:

● Türverkleidung abbauen (Seite 248).

● Kabelsteckverbindung in der Fensterheberleitung trennen.

● Je ein Kabel an Plus- und Minuspol der Batterie anschließen – darauf achten, sich die Enden nicht berühren.

● Kabel mit den Steckkontakten zum Fensterheber verbinden – der Motor befördert die Fensterscheibe nach oben. Läuft er nach unten, Kabel einfach gegeneinander austauschen (umpolen).

● Ist dagegen auch der Fensterhebermotor defekt, hilft nur noch eins: Fensterscheibe unten vom Fensterhebergestänge abbauen (Seite 250 bzw. 252).

● Fensterscheibe nach oben schieben und mit Packband oder Isolierband über den oberen Fensterrahmen sichern.

Zentralverriegelung

Die Zentralverriegelung kann vom Fahrer- und vom Beifahrertürschloß innen und außen sowie vom Kofferraumschloß aus betätigt werden. Anders bei der Entriegelungssperre, die alle Tür-Entriegelungsknöpfe blockiert: Die läßt sich nur von den beiden Türschlössern außen einlegen.

Eine weitere Funktion, die von der Zentralverriegelung aus gesteuert wird, ist die Komfortschließung: Hält man den Schlüssel im Türschloß längere Zeit in einer der Schließstellungen, werden nacheinander Türfenster und Schiebedach geschlossen.

Um nach schweren Unfällen den Zugang zum Fahrzeug-Innenraum zu ermöglichen, ist die Zentralverriegelung mit einem Stoßschalter (links unter der hinteren Sitzbank) kombiniert. Der öffnet nach einem harten Anstoß automatisch alle Türverriegelungen. Parallel dazu schaltet er die Warnblinkanlage und die Innenbeleuchtung ein.

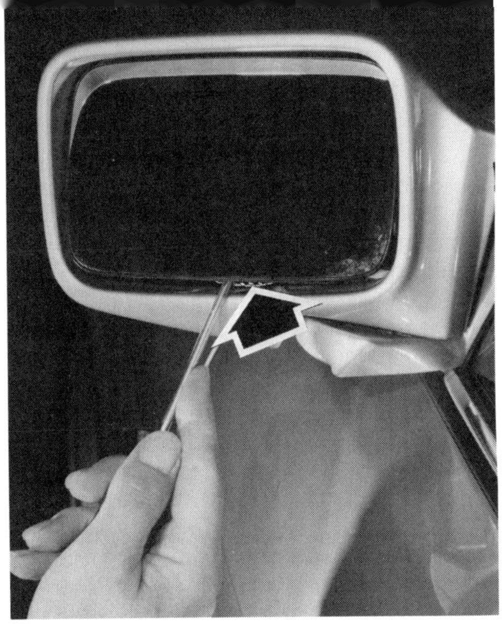

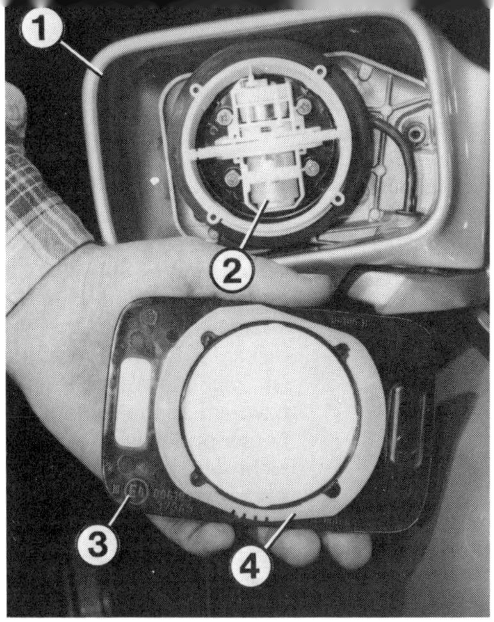

Links: Das Spiegelglas des Außenspiegels kann nach Drehen des Halterings (Pfeil) im Gegenuhrzeigersinn ausgebaut werden.
Rechts: Der elektrisch verstellbare Spiegel ist hier zerlegt:
1 – Spiegelgehäuse;
2 – Verstellmotor;
3 – Spiegelglas;
4 – Haltering.
Leider gibt es das Gehäuse nur komplett mit Motor zu kaufen.

Funktion

Hinter den Schließzylindern der Türen sitzen jeweils drei Mikroschalter. Je einer ist zuständig für die Funktionen
○ Entriegeln (die Türe läßt sich öffnen);
○ Verriegeln (die Türen sind verschlossen);
○ Entriegelungssperre (Türen sind verschlossen, die Entriegelungs- Knöpfe können jetzt nicht mehr von Hand hochgezogen werden. Der Dieb muß also durch die Fensteröffnung klettern).
Die Mikroschalter werden durch Schlüsseldrehung ausgelöst und leiten dem Grundmodul der Zentralen Karosserie-Elektronik (bzw. beim einfacher ausgestatteten 520i dem Zentralverriegelungsmodul) den Öffnungs- oder Schließbefehl zu.
Damit das Modul weiß, wo die Stelltriebe wirklich stehen, sind sie mit einem Schalter gekoppelt, der darüber Rückmeldung erstattet, ob die Verriegelung offen oder geschlossen, und ob die Entriegelungssperre eingelegt ist.
Das Abschließen aller Zugänge übernehmen sogenannte Stelltriebe, in denen zwei kleine Elektromotoren mit Getrieben sitzen. Einer der Motoren kann den Schließmechanismus nach Bedarf öffnen oder schließen. Der zweite Motor rückt die Entriegelungssperre ein oder aus.
Eine Überlastungssicherung verhindert thermische Überbelastung der Stelltriebe, etwa bei einem Kurzschluß oder bei mehrmaligem Betätigen der Anlage kurz hintereinander (nach 32 Sekunden mehr als 32 Betätigungen). Die Zentralverriegelung wird dann zwei Minuten lang gesperrt.

Fingerzeige: Die Zentralverriegelung besitzt getrennte Steuereingänge für die rechte und die linke Fahrzeugseite. Vorteil: Liegt an einer Seite ein Defekt vor, kann die Anlage von der anderen Seite aus betätigt werden.
Bei Totalausfall der Zentralverriegelung geht man zum Entriegeln der Tür so vor: Tür-Außengriff anheben und gleichzeitig den Schlüssel über den harten Druckpunkt hinweg linksdrehen. Zuschließen: Griff anheben und Schlüssel über den Druckpunkt hinweg rechtsdrehen.

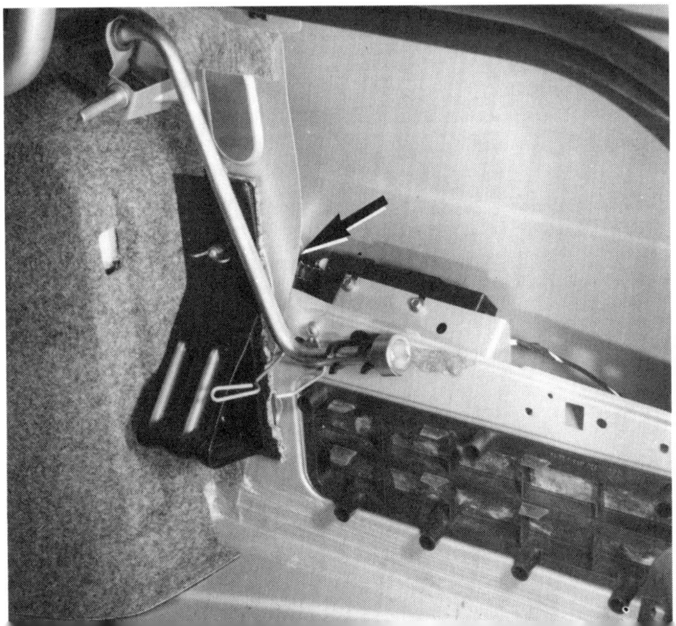

Bei Versagen der Tankklappenverriegelung kann der Verriegelungsstift mit dem Schraubendreher zurückgedrückt werden (Pfeil – hier bei ausgebauter Kofferraum-Seitenverkleidung gezeigt).

Störungssuche Zentral-verriegelung

Bevor Sie mit der Störungssuche beginnen, prüfen Sie, ob die Schlösser und Schließzylinder in Ordnung sind und ob die Betätigungsstangen der Stelltriebe richtig eingehängt sind. Natürlich muß die Batterie geladen und die zuständigen Sicherungen müssen intakt sein (ab Seite 145).
Bei unserer Störungssuche beschränken wir uns auf die Zentralverriegelungs-Stelltriebe. Wir setzen voraus, daß eine der Türen nicht mehr verriegelt (wodurch sich die anderen Türen dann zum Anzeigen des Fehlers ebenfalls automatisch entriegeln). Einem Fehler an dieser Stelle ist leicht auf die Spur zu kommen. Wird in diesem Bereich bzw. an den Kabelzuführungen kein Defekt gefunden (was übrigens recht unwahrscheinlich ist), muß die Werkstatt mit dem Diagnosecomputer ran (Seite 20), denn an der Zentralen Karosserie-Elektrik bzw. am Zentralverriegelungsmodul kann der Heimwerker nichts ausrichten.
Ferner prüfen wir die Türschloß-Mikroschalter, die in Verdacht geraten, wenn sich die Zentralverriegelung gar nicht rührt.
Als Vorarbeit muß an der betreffenden Tür die Verkleidung abgenommen werden (Karosserie-Kapitel).

Alle Türen

Die hier beschriebenen Prüfungen gelten für alle vier Türen. Für Heckklappe und Tankklappe treffen sie ebenfalls zu, doch ist dort die Funktion »zentralsichern« nicht eingebaut.

- **Stromzufuhr zum Verriegelungsmotor:** Gummistulpe am Stecker zurückschlagen.
- Blaues und weißes Zuleitungskabel mit je einem Meßkabel »anzapfen«.
- Zentralverriegelung bei geschlossenen Türen betätigen:
- Bei einer Schaltrichtung muß Spannung (mind. 10 Volt) angezeigt werden.
- Kabel vertauschen (umpolen) und Zentralverriegelung erneut betätigen:
- Jetzt muß bei der entgegengesetzten Schaltrichtung Spannung (mind. 10 Volt) am Meßgerät abzulesen sein.
- Spannung da, aber Verriegelung funktioniert nicht: Stelltrieb ersetzen.
- **Stromzufuhr zum Sicherungsmotor:** An das blaue und das schwarze Kabel je eine Meßspitze anschließen.
- Bei geschlossenen Türen Zentralverriegelung mit Zentralsicherung betätigen (Schlüssel bis zum Anschlag umdrehen) und anschließend wieder öffnen.
- Bei einer Schaltrichtung muß Spannung (mind. 10 Volt) angezeigt werden.
- Kabel vertauschen (umpolen) und Zentralverriegelung mit Zentralsicherung erneut betätigen:
- Jetzt muß bei der entgegengesetzten Schaltrichtung Spannung (mind. 10 Volt) am Meßgerät abzulesen sein.
- Spannung da, aber Zentralsicherung funktioniert nicht (Verriegelungsknopf läßt sich in Stellung »sichern« hochziehen): Stelltrieb ersetzen.

Stiftkontakte prüfen

Die Stiftkontakte melden dem Steuergerät, ob der Stelltrieb verriegelt hat oder offen ist. Funktioniert der Kontakt nicht, erhält das Steuergerät Fehlermeldung: die Zentralverriegelung ist gestört.
Zur Fehlersuche Stecker abziehen und mit Ohmmeter an den Steckerkontakten des Türverriegelungs-Stelltriebs prüfen (Pinbezeichnung siehe Skizze):

- **Kontakt »Entriegelt«:** Ohmmeter zwischen Anschluß **5 und 6** anklemmen, Türverriegelungsknopf von Hand betätigen:
- Bei hochgezogenem Knopf müssen ca. 0 Ω angezeigt werden, bei gedrücktem Knopf ∞ Ω.
- **Kontakt »verriegelt«:** Ohmmeter zwischen Anschluß **3 und 5** anklemmen, Türverriegelungsknopf von Hand betätigen:
- Bei hochgezogenem Knopf müssen ca. ∞ Ω angezeigt werden, bei gedrücktem Knopf 0 Ω.
- Wenn nicht, ist der Stelltrieb defekt. Ersetzen.
- **Stiftkontakt der Heckklappe prüfen:** Arbeits-

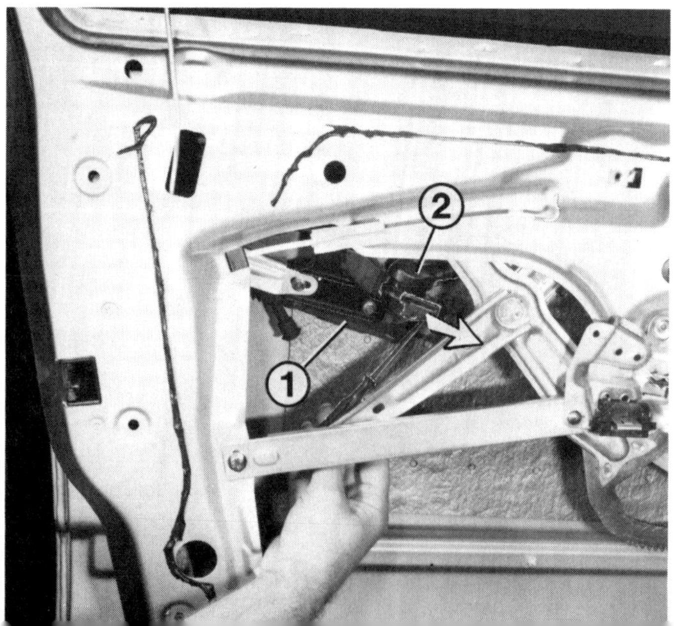

Der Stecker (2) am Stelltrieb (1) der Zentralverriegelung kann erst nach Verschieben der Haltespange in Pfeilrichtung abgezogen werden. Hier im Bild wird dazu ein kleiner Schraubendreher zu Hilfe genommen.

Die Zeichnungen zeigen die Kontaktbelegung in den Anschlußsteckern der Zentralverriegelung.
Links: Stecker für Stiftkontakte und Stelltrieb an den Türen.
Mitte: Stecker für Stiftkontakte und Stelltrieb an der Kofferraumklappe.
Rechts: Steckerkontakte für Schloß-Mikroschalter an Fahrer- und Beifahrertür.

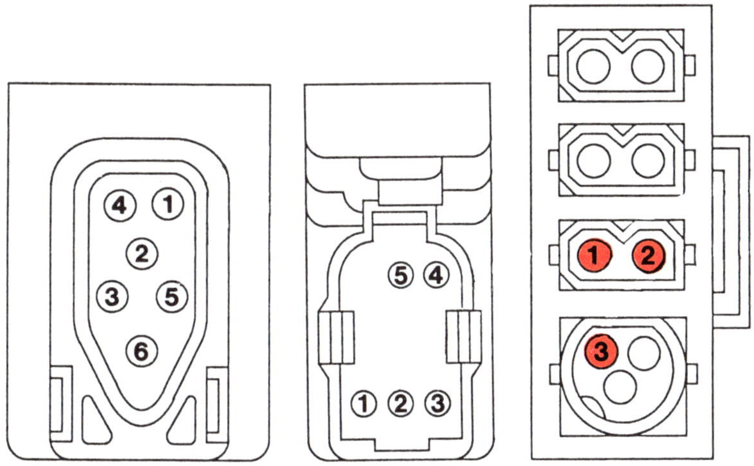

ablauf wie für die Türen beschrieben, doch Kontakt »entriegeln« auf Anschluß **2 und 3** und Kontakt »verriegelt« auf Anschluß **1 und 3**.

● Die Tankklappe besitzt keinen Stiftkontakt.

Schloß-Mikroschalter prüfen

Über die Kontakte des Mikroschalters unter dem Türschloß von Fahrer- und Beifahrertür erhält die Zentralverriegelung ihre Befehle. Zum Prüfen der Kontakte die Steckerkombination trennen und mit Ohmmeter am Anschluß des Schalters messen:

● Ohmmeter an Klemme **2 und 3** (in der Skizze rot eingezeichnet) anschließen.

● In Ruhestellung des Türschlosses muß ∞ Ω angezeigt werden, in den Stellungen »Verriegeln« und »Sichern« müssen ca. 0 Ω angezeigt werden.

● Ohmmeter an Klemme **1 und 3** (in der Skizze rot eingezeichnet) anschließen.

● In Ruhestellung des Türschlosses muß ∞ Ω angezeigt werden, in den Stellungen »entriegeln« und »sichern« müssen ca. 0 Ω angezeigt werden.

● Wenn nicht, Mikroschalter ersetzen.

Notbetätigung

Im Gegensatz zu anderen Zentralverriegelungsanlagen, bei denen mit dem Türschloß grundsätzlich der mechanische Schloßteil betätigt wird und dieser über Schaltkontakte die übrigen Türschlösser »nachzieht«, regt die Schlüsseldrehung beim BMW lediglich einen Mikroschalter an. Dieser wiederum löst über das Steuergerät **alle** Stelltriebe der Zentralverriegelung aus – also auch denjenigen in der Fahrertür. Ist also die Zentralverriegelungs-Elektrik ausgefallen, bewirkt die Schloßbetätigung gar nichts.
Um trotzdem ins abgeschlossene Auto zu kommen, geht man so vor:

● Griffleiste des Türschlosses hochheben.

● Währenddessen den Schlüssel über den spürbaren Widerstand hinweg linksdrehen (ca. 110°)

● Durch Rechtsdrehen bei angehobener Griffleiste über den Widerstand hinweg wird das Schloß wieder verriegelt.

Schließanlage synchronisieren

»Asynchron« wird die Zentralverriegelung, wenn eine Tür – wie beschrieben – mechanisch entriegelt wurde oder wenn die Zentralverriegelung bei geöffneter Fahrertür zentralverriegelt wurde. Eine Tür ist dann jeweils in einer anderen Schloßstellung als die übrigen Türen.
Dazu das asynchrone Schloß mechanisch verriegeln: Schlüssel, über den spürbaren Widerstand hinweg ca. 110° rechtsdrehen, bis alle Schloßpositionen gleich sind.

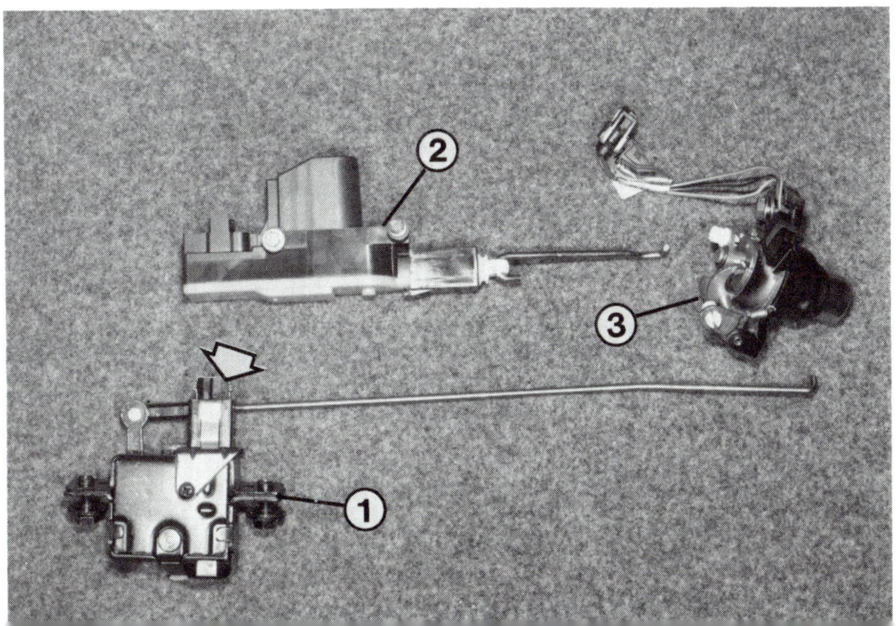

Der Schloßantrieb (2) des Heckklappenschlosses (1) ist hier ausgebaut. Daneben liegt der Druckknopf (3). Der Pfeil zeigt auf den einzeln demontierbaren Kontaktschalter für die Kofferraumleuchten.

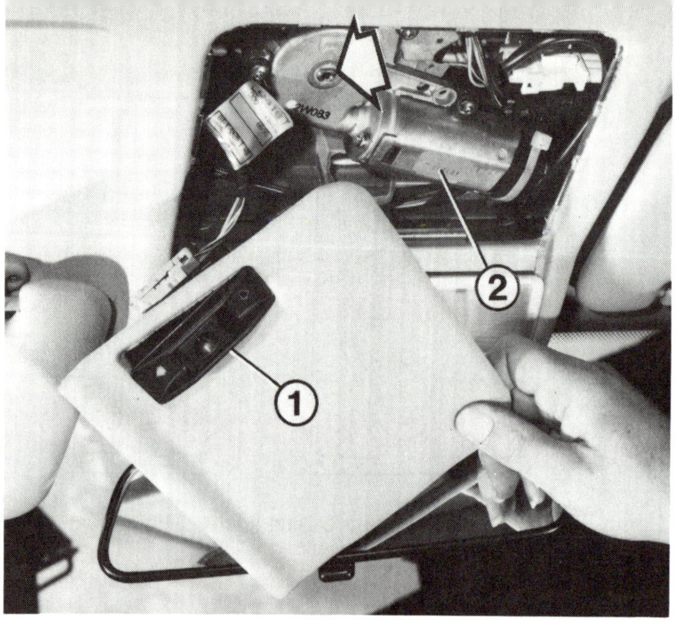

Streikt der elektrische Schiebedachmotor (2), kann der Selbsthelfer nur Sicherung und Schalter (1) prüfen. Hilft das nicht, wird das Schiebedach notfalls mit einem Inbusschlüssel (Pfeil) aus dem Bordwerkzeug geschlossen.

Elektrischer Schiebedachantrieb

Der Motor des elektrischen Schiebedachantriebs ist unter einer separaten Dachverkleidung vor dem Schiebedach untergebracht. Gesteuert werden die Schiebedachfunktionen vom Grundmodul der Zentralen Karosserie-Elektrik. Strom zum Motor fließt über die Relais im Relaismodul (siehe dazu Seiten 140/141).
Die Zentrale Karosserie-Elektronik bekommt die Befehlssignale über den Schiebedach-Schalter oben in der Dachverkleidung. Der Schalter gibt Massekontakt als Signal.
Die Stellung des Schiebedachs wird über zwei Positionsgeber an die Steuerung gemeldet. Die Positionsgeber schalten ebenfalls Masse.
Wie die Fensterheber ist die Schiebedachfunktion mit Tippautomatik und Zentralschließung versehen.

Störungsbeistand

Elektrischer Schiebedachantrieb

Der Motor des elektrischen Schiebedachs läßt sich über den BMW-Service-Tester unter Umgehung der elektronischen Steuerung in Betrieb setzen, um zu klären, ob Motor oder Steuerung defekt ist. Der nachfolgende Störungsbeistand geht nur auf Fehler ein, die leicht selbst behoben werden können.

Die Störung	– ihre Ursache	– ihre Abhilfe
A Antriebsmotor bewegt sich nicht	1 Sicherung durchgebrannt	Auswechseln
	2 Schalter defekt	Ausbauen (Seite 218) und prüfen (Seite 220)
	3 Motor defekt	Auswechseln
	4 Kabelunterbrechung	Kabel kontrollieren
B Antriebsmotor läuft, Schiebedach bewegt sich nicht	Rutschkupplung defekt	Antriebsmotor auswechseln

Schiebedach-Antriebsmotor auswechseln

- Abdeckung vorn in der Dachverkleidung abheben.
- Dach schließen. Bei defektem Motor Inbusschlüssel zu Hilfe nehmen (siehe folgenden Abschnitt).
- Drei Halteschrauben lösen, Steckverbindung trennen.
- Antriebsmotor abnehmen.
- Zum **Einbau** muß das Schiebedach geschlossen sein, der Motor muß in Nullage gebracht werden.
- Nullage des Motors: Die Bohrung im großen Getrieberad muß genau in der Flucht zwischen den Achsen beider Getrieberäder stehen.
- Motor gegebenenfalls mit Inbusschlüssel drehen, bis Nullage stimmt.
- Halteschrauben mit 2,8 Nm anziehen.

Behelf unterwegs

Versagt plötzlich der elektrische Schiebedachantrieb, braucht man sich trotzdem nicht vor einem Regenguß zu fürchten:

- Zuerst Sicherung kontrollieren (ab Seite 145).
- Läuft der Antriebsmotor immer noch nicht, Abdeckung vorn in der Dachverkleidung abziehen.
- Inbusschlüssel aus dem Bordwerkzeug im Schiebedachantrieb ansetzen und Dach schließen.

Betriebsklima

Im BMW sind Sie Ihr eigener Wettergott. So wie Sie das Klima gern hätten, wird's gemacht. Die Grenzen des Machbaren legt lediglich die diesbezügliche Art der Ausstattung des BMW fest: Serienmäßig ist der 5er mit einer elektronisch geregelten Heizung versehen, in Sonderausstattung kann eine Klimaanlage oder eine Klimaautomatik eingebaut sein.

Die Heizanlage

Funktion

Frische Luft tritt an den Gittern unterhalb der Frontscheibe ein und wird vom Fahrtwind oder zusätzlich vom Gebläse in den Innenraum gedrückt. Der Luftstrom verläuft – für rechte und linke Fahrzeugseite getrennt – durch den doppelten Wärmetauscher, einen kleinen Heizkörper, durch den aufgeheiztes Motorkühlmittel bei geöffnetem Elektro-Wasserventil fließt.
Das Wasserventil hinten im Motorraum ist ebenfalls doppelt ausgelegt: einen Wasserweg für jede Fahrzeugseite, damit die Möglichkeit der getrennten Temperaturregelung für Fahrer und Beifahrer gegeben ist. Das Ventil öffnet nur nach Bedarf – also bei abgesunkener Innenraumtemperatur. Wann das zu geschehen hat, bestimmt die elektronische Heizungsregulierung.

Elektronische Heizungsregelung

Der BMW besitzt – getrennt für Fahrer und Beifahrer – zwei voneinander (weitgehend) unabhängige elektronische Heizungsregelungen. Diese Regelungen sorgen im Rahmen des Machbaren für eine konstante Innenraumtemperatur. Die gewünschte Temperatur wird am rechten bzw. linken Heizungsregler eingestellt und so dem jeweiligen Steuergerät – es bildet mit dem Regler eine Einheit – gemeldet.
Des weiteren bezieht das Steuergerät Informationen über die Innenraumtemperatur. Dazu sitzt links ein Fühler in der unteren Armaturenbrettverkleidung. Das Gegenstück dieses Fühlers im Beifahrer-Fußraum sitzt rechts vor dem Handschuhfach. Ferner wird die Luftaustrittstemperatur der Heizung durch zwei Fühler in den Luftkanälen gemessen. Dessen nicht genug: ein weiterer Fühler im Heizgerät mißt die Luft-Eintrittstemperatur.
Entsprechend der Abweichung vom eingestellten Sollwert – und abhängig von den Meßwerten der Fühler – wird der Wasserweg zur Heizung mehr oder weniger lange geöffnet. Bei zu kaltem Innenraum bleibt das betreffende Ventil also voll geöffnet, nach erfolgter Aufheizung läßt es nur noch stoßweise heißes Kühlmittel durch den Wärmetauscher fließen.

Fingerzeig: Sollte die Heizungsbetätigung ausfallen, öffnet das Heizventil voll, schaltet also auf volle Heizleistung. Abstellen der Heizung ist dann nur noch durch Schließen der Luftzufuhr möglich.

Heizung und Lüftung prüfen

Wartung Nr. 34

● Den Gebläse-Drehregler rechts langsam im Uhrzeigersinn drehen: Das **Gebläse** wird knapp über der »0«-Stellung eingeschaltet und steigert seine Geschwindigkeit in vier Stufen. Parallel dazu wird die

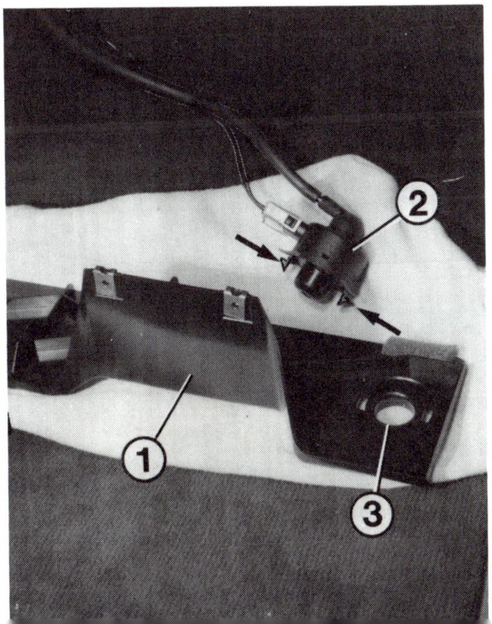

Links: Vor der linken unteren Armaturenbrettverkleidung sitzt der linke Temperaturfühler (Pfeil). Rechts: In der Blende (1) unten vor dem Handschuhfach ist der rechte Temperaturfühler (2) in die Öffnung (3) eingesetzt. Zum Ausbau die beiden Rasten (Pfeile) zusammendrücken.

Luftzufuhrklappe von »0« = »geschlossen« bis zur Stellung »1« mehr und mehr geöffnet.

● Die beiden Drehregler für **Heizleistung** nach rechts drehen: Die Heizleistung nimmt zu. Die beiden Wege des Wasserventils werden in Abhängigkeit der Innenraumtemperatur geöffnet.

● Schieberegler oben von links nach rechts schieben: Die Austrittsöffnungen unter der **Windschutzscheibe** und die Seitenscheiben-Entfrosterdüsen werden mit Luft versorgt.

● Schieberegler mitte für die einstellbaren **Düsen** von links nach rechts schieben: Aus den geöffneten Düsen im Armaturenbrett, der Mitteldüse oben und den Düsen vorn in den Türen strömt Luft.

● Schieberegler unten nach rechts drücken: Der **Fußraum** vorn wie vor den Rücksitzen wird belüftet oder beheizt.

Elektronische Heizungsregelung defekt?

Bei einem Defekt an Heizungsregelung oder Wasserventil bleibt das Ventil voll geöffnet. Um dem Defekt auf die Spur zu kommen, prüfen wir die Komponenten der Heizungsregelung nacheinander:

● Zuerst **Sicherung** Nr. 27 prüfen.

● **Wasserventil prüfen:** Beide Heizungsregler am Armaturenbrett voll aufdrehen, damit eine Differenz zwischen tatsächlicher Innenraumtemperatur und eingestellter Soll-Temperatur entsteht.

● Stecker am Wasserventil abziehen, Voltmeter am Stecker anschließen: Zwischen grün/gelbem Kabel und gelb/braunem Kabel für das Wasserventil links; zwischen grün/gelbem Kabel und gelb/violettem Kabel für Wasserventil rechts.

● Dazu Zündung einschalten.

● Bei intakter Regelung wird links wie rechts Batteriespannung angezeigt. Logische Folgerung in diesem Fall: Ist der Defekt immer noch vorhanden, muß das Wasserventil der Störenfried sein.

● Wurde **keine** Spannung angezeigt, Spannung am gemeinsamen Zuleitungskabel (grün/gelb) gegen Masse am Motorblock messen; Zündung noch eingeschaltet. Keine Spannung: Stromzufuhr unterbrochen.

● Prüfung der Massezufuhr (vom Steuergerät): Voltmeter am Batterie-Pluspol anschließen, anderes Meßkabel an die gelb/braune (Ventil links) bzw. gelb/violette Leitung (Ventil rechts) im Stecker. Bei eingeschalteter Zündung muß Batteriespannung abzulesen sein. Sonst ist ein Teil der Heizungsregelung (Temperaturfühler oder Steuergerät) bzw. das Kabel defekt.

● **Temperaturfühler prüfen:** Als Vorarbeit die Betätigungseinheit Heizung/Lüftung ausbauen (Seite 238).

● Stecker hinten am Heizungsregler (also am Steuergerät) abziehen.

● Ohmmeter zwischen den in der **Tabelle rechts oben** genannten Anschlüssen am abgezogenen Stecker anschließen. Es müssen bei einer der unterschiedlichen Prüftemperaturen die zugehörigen Widerstandswerte angezeigt werden. Sonst den jeweiligen Temperaturgeber ersetzen.

● **Stromversorgung Steuergerät prüfen:** Die Betätigungseinheit Heizung/Lüftung wurde bereits ausgebaut.

● Voltmeter an Klemme 5 und 11 des Steckers am Steuergerät anklemmen (grün/schwarzes und braunes Kabel). Bei eingeschalteter Zündung muß Batteriespannung anliegen. Sonst Stromversorgung überprüfen.

● **Steuergerät prüfen:** Das Steuergerät selbst kann mit Eigenmitteln nicht geprüft werden. Wir gehen von folgender Überlegung aus: Ist die Stromzufuhr, das Wasserventil und sind die Temperaturfühler intakt, muß bei gestörter Heizungsregelung das Steuergerät defekt sein.

Die Betätigungseinheit Heizungs/Lüftung (3) und ihre Teile:
1 – Schieberegler-Knöpfe;
2 – Blende;
4 – Drehknöpfe.

Fühler	Einbauort	Prüftemperatur	Widerstandswert	Anschluß Nr. am Steuergerät	Kabelfarbe
Außentemperaturfühler	Rechts neben der Gebläseradabdeckung im Wasserfangkasten	10°C 20°C 25°C	1,74–2,11 kΩ 1,15–1,32 kΩ 0,95–1,05 kΩ	4 und 6	blau und braun/orange
Temperaturfühler Heizgerät links	Fahrerfußraum bei abgenommener Verkleidung ganz vorn am Heizgerät eingesteckt	0°C 20°C 25°C	28,89–36,40 kΩ 11,13–13,83 kΩ 9,00–11,00 kΩ	7 und 8	braun/schwarz und braun/orange
Temperaturfühler Heizgerät rechts	Beifahrerfußraum bei ausgebautem Handschuhkasten mit Verkleidung ganz vorn am Heizgerät eingesteckt	wie links	wie links	3 und 6	braun/weiß und braun/orange
Temperaturfühler Innenraum links	Unten vor der linken unteren Armaturenbrettverkleidung	10°C 20°C 25°C	19,4–22,1 kΩ 12,0–13,3 kΩ 9,5–10,5 kΩ	1 und 6	gelb/weiß und braun/orange
Temperaturfühler Innenraum rechts	Unten vor dem Handschuhkasten	wie links	wie links	2 und 6	gelb/schwarz und braun/orange

Das Luftgebläse

Der Gebläsemotor läuft in vier Geschwindigkeitsstufen, die durch den Drehschalter am Armaturenbrett eingestellt werden. Die Geschwindigkeitsstufen werden durch Zuschalten verschieden großer Widerstände bzw. durch direkte Stromversorgung erreicht. Die Widerstände bewirken eine verringerte Spannung am Motor und drosseln so seine Geschwindigkeit. Die volle Drehzahl erreicht der Gebläsemotor bei direkter Stromzuleitung.

Störungssuche Gebläsemotor

- Wenn das Gebläse bei eingeschalteter Zündung **in keiner Schalterstellung** rauscht, kontrollieren Sie zuerst die **Sicherung** Nr. 19.
- Laufen trotz intakter Sicherung auch die Scheibenwischer nicht, liegt es am **Lüfterrelais**, siehe Seite 141 bzw. 144.
- War dieses in Ordnung, Gebläseschalter prüfen – dazu muß das Bedienteil Heizung/Lüftung ausgebaut werden (siehe folgende Seite).
- Zündung einschalten.
- Prüflampe oder Voltmeter an guten Massekontakt anschließen. Wir prüfen jetzt, ob die am Schalter angeschlossenen Kabel Strom führen:
- Beim grün/braunen Kabel (Stromzufuhr) muß die Prüflampe immer brennen bzw. der Voltmeter muß Batteriespannung anzeigen. Bei den Kabeln mit schwarzer, blauer oder grüner Umhüllung ist das nur bei entsprechender Schalterstellung der Fall.
- Funktion nicht, wie beschrieben: Fehler in der Stromzufuhr beheben bzw. Schalter austauschen.
- Waren Stromzufuhr und Schalter einwandfrei, muß der **Gebläsemotor** freigelegt werden, wie unter »Gebläsemotor ausbauen« beschrieben.
- Stromzufuhr zum Motor prüfen: Liegt am grün/grauen Anschlußkabel des Gebläsemotors bei eingeschalteter Zündung Spannung an (zweites Prüflam-

Links: Die Gebläseradabdeckung ist an der Hinterkante mit zwei Kunststoffzungen (1) nur eingesteckt; vorn ist sie mit Schrauben befestigt (Pfeile). Das Gebläse selbst ist an der Hinterkante ebenfalls mit einem elastischen Lager (2) eingesteckt, vorn ist es mit nur einer Schraube (Pfeil) befestigt.
Rechts: Vom Beifahrer-Fußraum schauen wir hier auf das Heizgerät: Die Widerstandsplatte (Pfeil) für die verschiedenen Lüftergeschwindigkeiten ist hier nach Lösen der beiden Halteschrauben (2) aus dem Schacht (1) im Heizgerät ausgebaut.

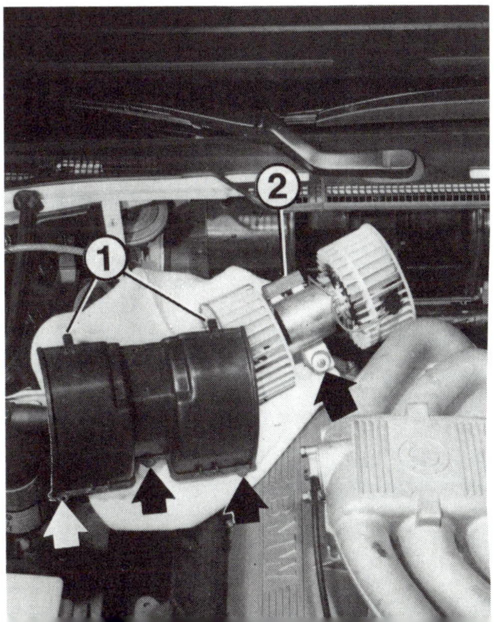

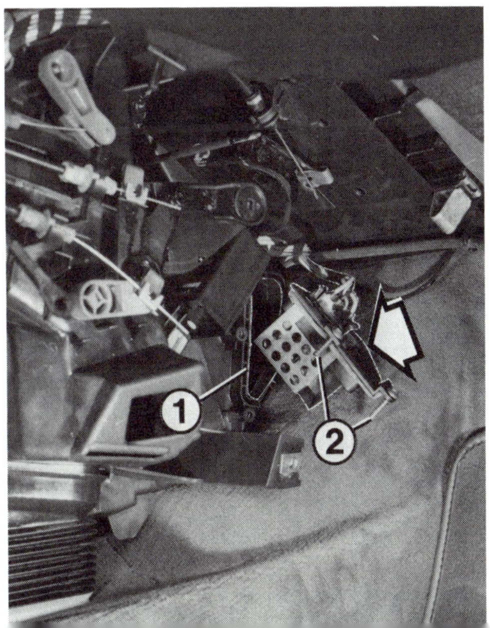

pen- bzw. Voltmeterkabel am Motorblock befestigen)? Wenn nicht, Stromzufuhr prüfen.
- Spannung zwischen den beiden Anschlußkontakten am Gebläsemotor messen, Gebläseschalter auf Stufe 4 stellen. Jetzt muß Batteriespannung anliegen.
- Ist das der Fall, ohne daß sich der Gebläsemotor bewegt, ist er defekt. Austauschen.
- Ist keine Spannung vorhanden, liegt der Fehler an der **Sicherung auf der Widerstandsplatte** (siehe »Gebläse-Vorwiderstände ausbauen«).
- Läuft das Gebläse nicht in allen Geschwindigkeiten oder läuft es nur auf Stufe 4, ist möglicherweise einer der **Vorwiderstände** defekt.
- Vorwiderstände ausbauen. Sichtprüfung vornehmen. Ist einer der Widerstände durchgebrannt, kompletten Widerstandsträger ersetzen.

Abdeckung für Wasserfangkasten ausbauen

- Massekabel der Batterie abklemmen.
- Hintere Motorraumdichtung abziehen.
- 530 i/535 i: Stecker und Überlaufschlauch am Ausgleichsbehälter abziehen, Behälter abschrauben und zur Seite legen.
- 520 i/525 i: Wo vorhanden, Behälter der Intensivreinigungsanlage abschrauben und zur Seite legen.
- Kabelbinder der im Bereich der Abdeckung befestigten Kabelstränge lösen oder durchschneiden.
- Insgesamt fünf SW-7-Sechskantschrauben rund um die Abdeckung herausdrehen.
- Abdeckung nach oben abnehmen.

Gebläsemotor ausbauen

- Abdeckung für Wasserfangkasten ausbauen (voriger Abschnitt).
- Gebläseradabdeckungen abnehmen. Die Abdeckung ist vorn verschraubt und hinten mit Kunststoffklammern eingesteckt – vorsichtig ausrasten.
- An bestimmten Heizgeräten fehlt die Verschraubung vorn an der Abdeckung. Bei dieser Version Abdeckung hinten ausrasten.
- Kabelstecker am Gebläsemotor abziehen.
- Halteschraube des Motors lösen und Motor herausnehmen.
- Lüftungswalzen nicht von der Motorwelle abnehmen oder darauf verdrehen, denn die Teile sind gemeinsam gewuchtet. Der Rundlauf wäre gefährdet.
- Beim **Einbau** darauf achten, daß der Elektromotor mit seiner Haltezunge an der Rückseite richtig in die Aussparung im Gebläsekasten eingesetzt wird.

Gebläse-Vorwiderstände ausbauen

- Handschuhkasten ausbauen (Seite 258).
- Verkleidung links im Handschuhfach ausbauen (selbes Kapitel).
- Mehrfachstecker am Widerstandsträger ganz vorn rechts am Heizgerät abziehen.
- Ganz vorn rechts am Heizgerät zwei Kreuzschlitzschrauben lösen und Widerstandsträger herausziehen.

Heizungs/Lüftungsbetätigung

Bedienungseinheit ausbauen

- Zuerst Radio ausbauen (Seite 227).
- Durch den Radioschacht greifen und den Schalter für heizbare Heckscheibe nach hinten aus der Blende drücken, Stecker abziehen.
- Links an der Bedieneinheit ist jetzt die Halteraste zugänglich. Raste nach links (zum Lenkrad) drücken.
- Die Bedieneinheit kann nun ein Stück aus dem Armaturenbrett gezogen werden.
- Die drei farbigen Widerlager der Lüftungs-Bowdenzüge (von oben nach unten in rot, blau und grün) zusammendrücken und aus der Bedieneinheit ausrasten.

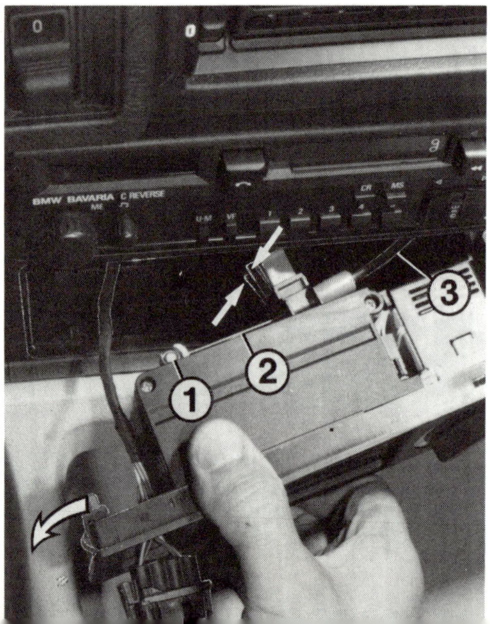

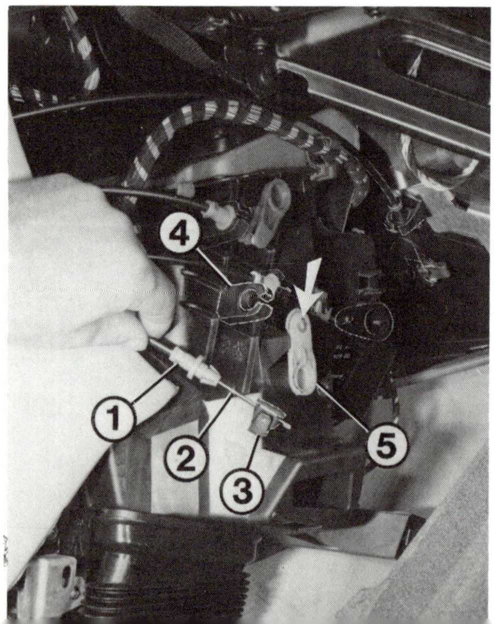

Links: Nach Drücken der Raste (gebogener Pfeil) kann die Betätigungseinheit Heizung/Lüftung aus dem Armaturenbrett gezogen werden. Die Züge können jetzt an den Schiebereglern abgebaut werden. Dazu die Klammern an den Widerlagern (kleine Pfeile) zusammendrücken. Ferner zu sehen: 1 – Befestigung am Schieberegler; 2 – Zug; 3 – Zughülle. Rechts: Ausbau des Betätigungszugs rechts am Heizgerät. Es bedeuten: 1 – Halteraste; 2 – Zug; 3 – Halteclip; 4 – Widerlager; 5 – Betätigungshebel – der Pfeil zeigt, wo der Clip eingehängt wird.

● Bedieneinheit ein weiteres Stück herausziehen und Züge an den Betätigungshebeln aushängen.
● Hinten am Drehregler für Luftzufuhr die Halterasten des gelben Bowdenzug-Widerlagers zusammendrücken (mit Schraubendreher durch den Radioausschnitt arbeiten) und Lager aus der Öse am Schalter ziehen.
● Drehregler Gebläse ganz nach rechts drehen, den Zug nach hinten drehen und vom Betätigungshebel nehmen.
● Stecker oben am Gebläseschalter abziehen. Dazu die Haltespange an der linken Seite mit einem kleinen Schraubendreher zur Seite hebeln.
● Riegel am Stecker hinter dem rechten Heizungsregler öffnen und Stecker abziehen.
● Zum weiteren Zerlegen der Bedieneinheit die Knöpfe der Dreh- und Schieberegler abziehen.
● Von der Rückseite her drei Kreuzschlitzschrauben lösen, Blende abnehmen.
● Steckverbindung für Schieberegler-Beleuchtung ausrasten und abziehen.

Betätigungszüge auswechseln

Vier sogenannte Bowdenzüge verlaufen von der Bedieneinheit Heizung/Lüftung zum Heizgerät. Der Aus- und Einbau der Züge direkt an der Bedieneinheit ist bereits im vorigen Abschnitt beschrieben.
● Bedienteil Heizung/Lüftung ausbauen und betreffenden Zug abnehmen.
● Handschuhkasten ausbauen, Verkleidung links in der Handschuhkasten-Öffnung abnehmen (Seite 259).
● Am Heizgerät die Halterasten des betreffenden Bowdenzug-Widerlagers zusammendrücken und Lager aus der Öse ziehen.
● Halteclip für Bowdenzug am Betätigungshebel des Heizgeräts aushängen und Zug aus dem Clip lösen.
● Der Halteclip am Heizgerät ist so konstruiert, daß sich der Zug nach dem **Einbau** von selbst einstellt.
● Dazu einfach den betreffendenden Regler von Anschlag zu Anschlag schieben. Der Zug verschiebt sich dabei im Clip an die richtige Stelle.

Luftdüse oben im Armaturenbrett ausbauen

Die Luftdüse oben im Armaturenbrett muß beispielsweise ausgebaut werden, um an die Kontrolleuchte der Diebstahl-Warnanlage heranzukommen.
● Zwei Kreuzschlitzschrauben vorn in der geriffelten Blende lösen.
● Blende samt Luftdüsen nach oben herausnehmen.

Wärmetauscher selbst ausbauen?

Der Wärmetauscher muß nur dann ausgebaut werden, wenn er undicht ist oder wenn er wegen schlechter Heizleistung entkalkt bzw. gereinigt werden soll. Leider ist diese Arbeit recht kompliziert und eignet sich kaum für den Selbsthelfer. Wer es dennoch wagen will, findet nachstehend die wichtigsten Arbeitsschritte:
● Kühlwasser ablassen und auffangen.
● Verkleidung links unter dem Armaturenbrett und Handschuhfach ausbauen.
● Heizungsschläuche an der hinteren Motorraumwand abbauen, mit Preßluft das Wasser aus dem Wärmetauscher drücken.
● Schrauben an den Heizungs-Wasserrohren lösen, Rohre ausheben.
● Schrauben der Wärmetauscher-Abdeckung lösen, Abdeckung abnehmen, Wärmetauscher ausheben.

Die Klimaanlage

Zwei verschiedene Klimaanlagen stehen für den 5er-BMW zur Verfügung: Die Klimaanlage mit elektronischer Temperaturregelung (im BMW-Sprachgebrauch IHKR – Integrierte Heiz- und Klimaregelung genannt) und die Klimaautomatik mit vollautomatischer Temperatur- und Luftmengenregelung (IHKA – Integrierte Heiz- und Klimaautomatik).

Fingerzeig: Selbsthilfe ist an der Klimaanlage – mit Ausnahme der Kontrolle des Keilriemens (Seite 176) – nicht möglich. Auch von den BMW-Werkstätten versteht sich nicht jede auf die Reparatur der Anlage. Deshalb bei Defekten einen Betrieb mit speziell geschulten Fachkräften erfragen.

Grundfunktion

Ähnlich wie zu Hause im Kühlschrank wird ein gasförmiges Kältemittel durch einen Kompressor verdichtet. Letzterer wird von der Motor-Kurbelwelle über einen Keilriemen angetrieben. Beim Verdichten verflüssigt sich das Kältemittel und gelangt in den Verdampfer am Armaturenbrett. Der sieht aus wie ein Kühler. Darin verdampft das Kältemittel und kann hierdurch Wärme aufnehmen. Die durch den Verdampfer geführte Luft strömt abgekühlt in den Innenraum. Über einen Kondensator neben dem Wasserkühler im Motorraum gelangt das Kältemittel wieder zurück zum Kompressor. Zur verstärkten Kondensierung bläst ein Zusatzventilator dauernd Luft durch den Kondensator.

Funktion der Klimaautomatik (IHKA)

Nicht weniger als 10 Elektromotoren, ebensoviele Luftklappen und 6 Temperaturfühler sorgen bei der Klima-Automatik für gutes Betriebsklima.
Die Luftverteilungsklappen werden im **Automatik-Programm** für Fahrer- und Beifahrerseite unabhängig

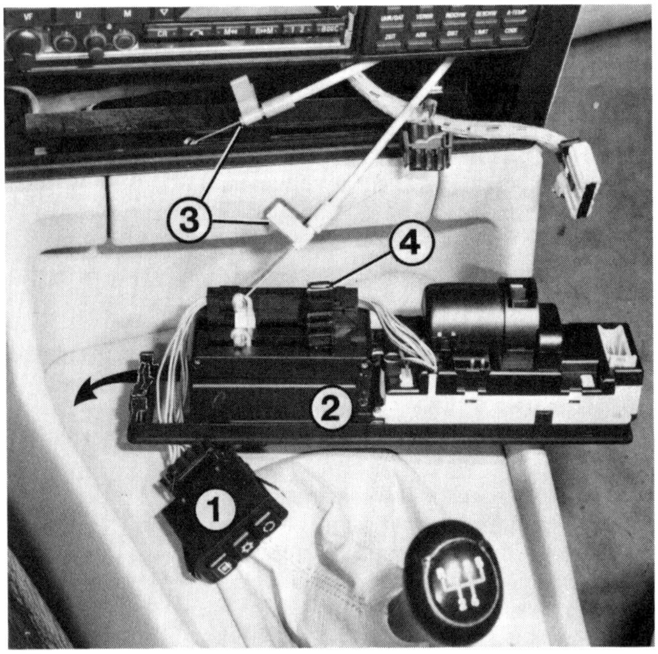

Ausbau der Betätigungseinheit (2) an der Klimaanlage (IHKR): 1 – Schalter; 3 – Halteklammern; 4 – Widerlager. Der Pfeil zeigt, in welche Richtung die Raste beim Ausbau gedrückt werden muß.

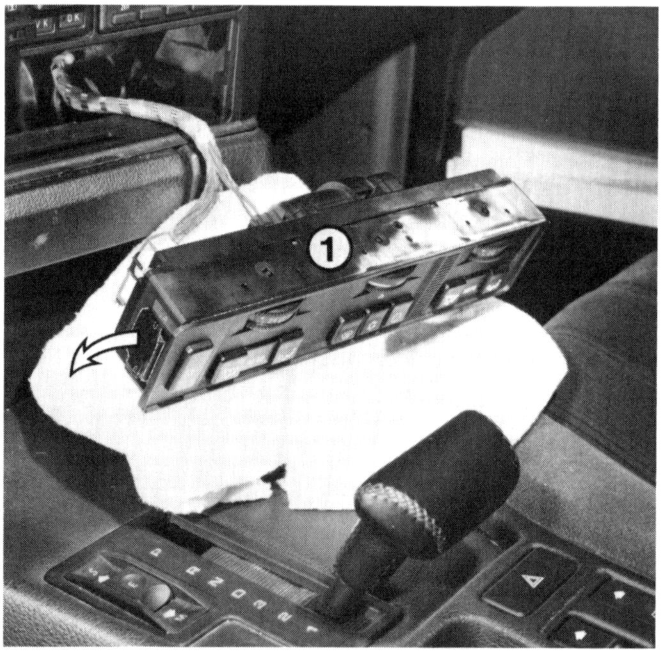

Die Betätigungseinheit (1) der Klimaautomatik (IHKA) ist hier ausgebaut. Der Pfeil zeigt, wie die Federklappe zum Ausbau (am besten mit kleinem Schraubendreher) angehoben wird.

voneinander automatisch so verstellt, daß die Luft aus den Ausströmern in Menge und Richtung eine optimale Klimatisierung des Innenraums ergibt. So kann z. B. im Kühlbetrieb kalte Luft aus den Luftdüsen im Armaturenbrett strömen oder im Heizbetrieb warme Luft in den Fußbereich. Auch die erforderliche Luftmenge wird automatisch angepaßt. Der Einlaßquerschnitt für Frischluft verringert sich zwischen 60 und 140 km/h von 100 auf 40%. Auch die Gebläsedrehzahl wird im Geschwindigkeitsbereich zwischen 10 und 60 km/h den Erfordernissen angepaßt.

Wem dieses Automatik-Programm nicht zusagt, kann die Luftverteilung durch **zwei weitere Programme** – wieder rechts und links getrennt in anderer Weise beeinflussen.

Im **Defrost-Programm** wird automatisch die maximale Luftmenge zur Windschutzscheibe bzw. zu den vorderen Seitenscheiben geleitet. Die volle Heizleistung wird in dieser Stellung zwar angestrebt, aber natürlich nur bei warmem Motor auch erreicht.

Das **Umluftprogramm** läßt keine Außenluft mehr ins Fahrzeuginnere strömen, was vor allem bei Tunnel-Durchfahrten hohe Abgas-Konzentration im Innenraum vermeidet. Die Luft zum Klimatisieren des Inenraums wird im Fahrzeug-Inneren angesaugt.

Funktion der Klimaregelung (IHKR)

Diese Klimaanlage arbeitet zwar in derselben Weise wie die Klimaautomatik, doch muß die Luftverteilung manuell vorgenommen werden. Die Temperatur hält die Anlage dagegen von selbst konstant.

Bedieneinheit ausbauen

● **IHKR**: Ausbau wie bei Heizung (weiter vorn in diesem Kapitel) mit folgenden Unterschieden:

● Zum Abnehmen des rechten Anschlußsteckers muß zuvor die schwarze Sicherungsspange mit einem Schraubendreher nach oben gehebelt werden.

● Es sind nur zwei Bowdenzüge angeschlossen (oben rote Farbkennung, unten blaue). Der untere Schieberegler arbeitet elektrisch.

● **IHKA**: Radio ausbauen (Seite 227).

● Durch den Radioschacht fassen und die Kunststoff-Federklappe an der linken Schmalseite der Bedieneinheit niederdrücken.

● Bedieneinheit zuerst an der linken Kante aus dem Einbauschacht ziehen.

● Dabei kann die Kunststoff-Federklappe zu Bruch gehen. Nicht ärgern – nachkaufen (Et.-Nr. 64111374250).

● Bedieneinheit herausziehen und Stecker abziehen.

● Zum Einbau Bedieneinheit zuerst rechts im Einbauschacht einhaken, dann links bis zum Einrasten in den Ausschnitt drücken.

Keilriemen

Für einwandfreie Funktion der Klimaanlage muß der Keilriemen des Kältekompressors richtig gespannt sein. Mehr darüber auf Seite 176.

Ideen in Blech

Die gefällige Karosserieform des BMW täuscht darüber hinweg, daß sie weniger als Kunstwerk, denn als technisches Bauteil betrachtet werden muß. Viel Rechenarbeit steckt in jedem Winkel der Karosse, denn sie muß geringes Gewicht, Verwindungssteifigkeit, hohe Formfestigkeit der Fahrgastzelle und energievernichtende »Knautschzonen« an Bug und Heck aufweisen.
In diesem Kapitel geht es weder um die Kunst, noch um die Karosserieberechnung. Hier beschrieben ist der Ein- und Ausbau der wichtigsten Karosserieteile.

Windgeräusche

In einem von Hause aus leisen Wagen wie dem BMW sind Windgeräusche besonders lästig. Um die Herkunft der Geräusche festzustellen, wird der verdächtige Bereich mit Klebeband abgedeckt. Sind die Windgeräusche nun nicht mehr hörbar, ist der Verursacher gefunden.
Wo erfahrungsgemäß beim 5er Geräusche entstehen und wie sie beseitigt werden, lesen Sie hier:

○ Spalt zwischen Frontscheibe und Zierrahmen zu groß, Zierrahmen lose (Spalt mit Dichtmittel Sikaflex 221 abdichten bzw. Zierrahmen erneuern).
○ Frontscheiben-Verklebung nicht rundherum dicht (Leckstelle mit Sikaflex 255 abdichten, Zierrahmenenden unten rechts und links mit Terostat Karosseriedichtmasse gegen einströmenden Fahrtwind abdichten).
○ Spalt zwischen der Kunststoffabdeckung unter der Frontscheibe und dem Karosserieblech zu groß (Spalt mit Terostat-Dichtmasse verkitten – dabei Wasserablauf nicht verschließen).
○ An der Tür steht die äußere Dichtlippe der Fensterführung ab (Türscheibe einstellen).
○ Geklebte Türdichtung lose oder verdreht (Dichtung nachkleben).
○ Fensterrahmen steht oben ab (Vorspannung nach innen um 2 mm erhöhen).
○ Anpreßdruck des Spiegelfußes gegen Fensterführung ungenügend; es entsteht ein Spalt (neuen Spiegel einbauen oder Spalt mit Dichtmittel verschließen).
○ Windgeräusch und Vibrationen am Scheibenwischer, weil Fahrtwind unter der geschlossenen Motorhaube durchströmt (Haube tieferstellen, Abdichtgummi mit Klebeband unterfüttern).

Teile der Fahrzeugfront

Unterschutz ausbauen

Die untere Motorraumverkleidung wird folgendermaßen ausgebaut:

● **Hinteres Teil:** Insgesamt fünf Sechskant-Blechschrauben herausdrehen.
● Unterschutz abnehmen.
● **Vorderes Teil** (beim 520i nicht eingebaut): Vordere rechte Befestigungsschraube des hinteren Unterschutzteils herausdrehen.
● Vier Befestigungsmuttern rechts und links der Motorraumverkleidung lösen.
● Beim Einbau darauf achten, daß die Lasche rechts hinten unter die Ecke des hinteren Verkleidungsteils geschoben wird.

Zum Ausbau der unteren Motorraumverkleidung (vorderer Teil) müssen die mit Pfeilen bezeichneten Schrauben und Muttern gelöst werden.

Der hintere Teil der unteren Motorraumverkleidung ist mit insgesamt fünf Schrauben (1–5) befestigt.

Frontgrill

Mittelteil ausbauen

- Motorhaube öffnen.
- Einen Metallstab ca. 8 mm stark und mindestens 250 mm lang besorgen – ersatzweise eignet sich ein Schraubendreher mit ähnlichen Maßen.
- Schraubendreher bzw. Stab in die Aussparung oberhalb des Blinkergehäuses stecken und nach unten drücken.
- Dadurch wird die Sperrklinke am Blechteil seitlich der »BMW-Niere« niedergedrückt.
- Die Blech-Blende kann damit – beginnend unterhalb des Blinkers – etwas nach vorn gezogen werden.
- Gleiche Arbeit an der gegenüberliegenden Fahrzeugseite.
- Jetzt eine Kreuzschlitzschraube an der Oberkante des Grill-Mittelteils herausdrehen. Kunststoff-Schraubdübel, in dem die Schraube steckte, heraushebeln.
- Ebenfalls oben an der »Niere« die Kunststoffclips nach oben ausrasten. Grillteil oben etwas nach vorn ziehen.
- Schraubendreher unten durch das Grillgitter stekken und die unteren Befestigungsclips ausrasten.
- Grillteil nach vorn abziehen.

Frontgrill-Seitenteil ausbauen

- Frontgrill-Mittelteil ausbauen (voriger Abschnitt).
- Zwei Kreuzschlitzschrauben an der Unterkante herausdrehen.
- Insgesamt fünf Kreuzschlitzschrauben an der Ober- und Unterkante des Grill-Seitenteils herausdrehen.
- Die Kunststoff-Schraubdübel, in denen die Schrauben eingedreht waren, heraushebeln.

Die Stoßstangen

Der BMW ist vorn und hinten mit Kunststoff-Stoßstangen ausgerüstet, deren Kern ein Metallträger bildet. Aufgehängt ist die ganze Konstruktion an stoßabsorbierenden Prallelementen.

Zum Ausbau der Niere muß die Schraube (schwarzer Pfeil) gelöst und der daruntersitzende Kunststoffdübel herausgehebelt werden. Zusätzlich vier Kunststoffclips (weiße Pfeile) mit Schraubendreher ausrasten.

Die Pfeile zeigen, wie der lange Schraubendreher auf die Sperrklinke (2) an der Blech-Blende (1) drückt.

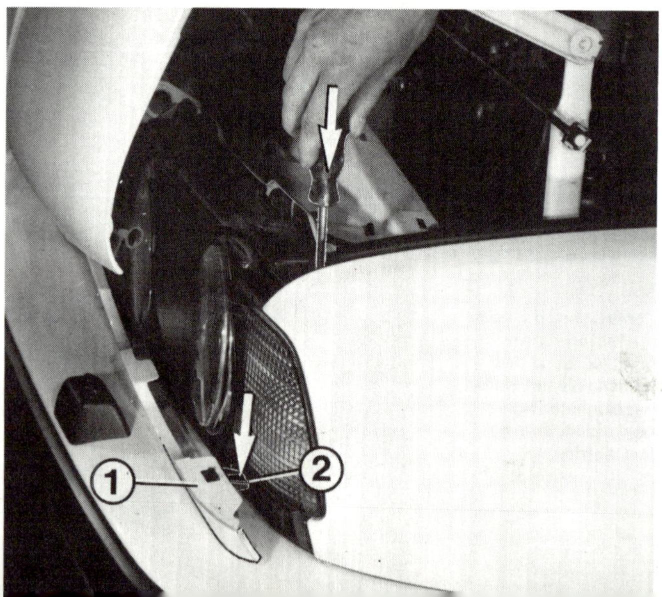

Links: Die seitlichen Grillteile sind an je fünf Stellen (1–5) befestigt. Auch hier sitzen die Schrauben in Kunststoffdübeln (siehe Bild auf der folgenden Seite).
Rechts: Die Einzelteile der Frontgrill-Befestigung: Einsteckdübel (2) und Kreuzschlitzschrauben (1).

Stoßstange vorn ausbauen

- Schwarze Stoßleiste auf der Stoßstange – beginnend neben dem Kennzeichenhalter – aus den Haltehaken ausheben. An den Seitenwangen Stoßleiste nach vorn ziehen.
- Jetzt zugänglich: Die vier Haltemuttern vorn an der Stoßstange. Herausdrehen.
- Stoßstange zu zweit nach vorn ziehen und auf dem Boden ablegen.
- Kabel zum Bordcomputer-Temperaturfühler und zu den Nebelscheinwerfern abziehen.
- Ebenso Schlauchleitungen zu den Nebelscheinwerfer-Reinigungsdüsen abbauen und mit passenden Schrauben verstopfen.
- **Einbau:** Stoßstange zusammen mit einem Helfer auf die seitlichen Führungen und auf die Gewindebolzen vorn schieben.
- Stoßstange vor dem Anziehen der Haltemuttern so positionieren, daß sich zur unteren Karosseriekante ringsum ein Spalt von 5–6 mm bleibt.
- Wird dieser Wert im Bereich der Stoßstangen-Seitenwangen nicht erreicht, Stoßstange nochmals abnehmen und die Position der seitlichen Führungen verändern.
- Im Bereich des vorderen Radausschnitts muß die Stoßstangen-Seitenwange flächengleich zum Kotflügel stehen.
- Dazu gibt es eine Einstellmöglichkeit bei montierter Stoßstange:
- Sicherungsstopfen in der Gewindebuchse mit Schraubendreher lösen und herausnehmen.
- Gewindebuchse mit überkreuzten Schraubendrehern (Bild) so weit heraus- oder hineindrehen, bis die Einstellung stimmt.
- Sicherungsstopfen wieder festdrehen.
- Stoßleiste zuerst im Seitenbereich einhängen und nach hinten schieben, dann an der Vorderseite festdrücken.
- An den seitlichen Enden der Stoßstange die Radhausverkleidung wieder hinter die Stoßstangenkante schieben.

Stoßstange zerlegen

- Nebelscheinwerfer und Düsen der Scheinwerfer-Reinigungsanlage an der Innenseite der Stoßstange abbauen.
- Spreizdübel oben an der Stoßstange abdrücken.
- Sechs Klammern an der Innenseite des Lüftungsgrills ausheben und Nummernschild-Halterung abbauen.

Links: Demontage der vorderen Stoßstange: Stoßleisten aus den Haltehaken (schwarze Pfeile) mit einem Schraubendreher ausheben (weiße Pfeile).
Rechts: Unter den Stoßleisten sitzen die vorderen Stoßstangen-Haltemuttern (Pfeile).

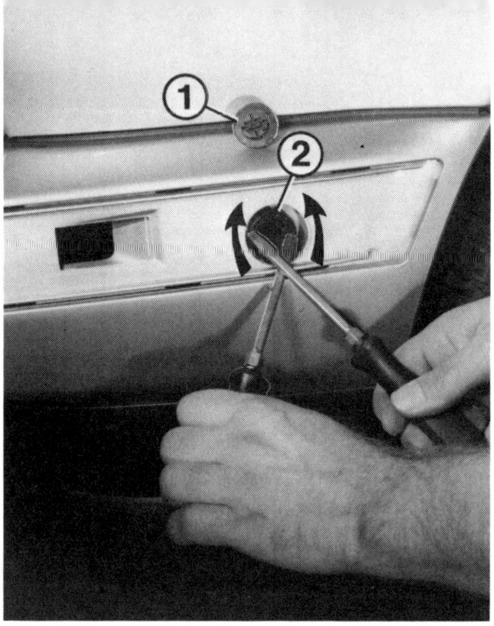

Links: Die seitliche Stoßstangenführung (2) kann nach Lösen der Befestigungsschrauebn (Position „1“ zeigt eine davon) in der Höhe verstellt werden.
Rechts: Zum Einstellen in horizontaler Richtung Sicherungsstopfen (1) herausdrehen und Gewindebuchse (2) verdrehen (Pfeile).

● An der Rückseite des Stoßstangenträgers die Befestigungsstopfen ausheben.
● Stoßstangen-Träger und Kunststoff-Außenhaut (BMW nennt sie Verkleidung) können nun getrennt werden.
● Sollten die Bohrungen durch Versatz gegeneinander (Herstellungstoleranz) ein leichtes Einstecken der Befestigungsstopfen verhindern, Löcher mit 8-mm-Bohrer aufbohren und Befestigungsstopfen vom 3er-BMW (Nr. 51471911922) verwenden.

M-Technik-Spoiler von der Stoßstange abbauen

● Stoßstange ausbauen.
● Seitliche Versteifungen innen in der Stoßstange abnehmen; dazu Sperrhaken in den Haltekeilen (pro Seite zwei) niederdrücken und Keile abziehen.
● An beiden Seiten zwei Kreuzschlitzschrauben herausdrehen.
● An der Spoiler-Rückseite sechs Halteklammern abziehen und drei Sperrhaken nach oben biegen.
● Spoiler abnehmen.

Prallbox und Pralldämpfer prüfen und ausbauen

Prallboxen und Pralldämpfer – an ihnen ist die Stoßstange befestigt – müssen nach Unfällen auf Beschädigungen überprüft und gegebenenfalls ersetzt werden. Die Abbildung unten zeigt, welche Maße für beide Teile vorgeschrieben sind.
Nachfolgend der Ausbau:
● Stoßstange abbauen.
● Scheinwerferabdeckung auf der betreffenden Seite ausbauen (Seite 190).
● Stoßstangenhalter am Pralldämpfer lösen.
● Vier Halteschrauben der Prallbox lösen, Prallbox mit Dämpfer abnehmen.
● Dämpfer von der Box abschrauben, damit beide Teile getrennt gemessen werden können.
● Beim Einbau Prallbox mit 50 Nm an der Karosserie festschrauben.

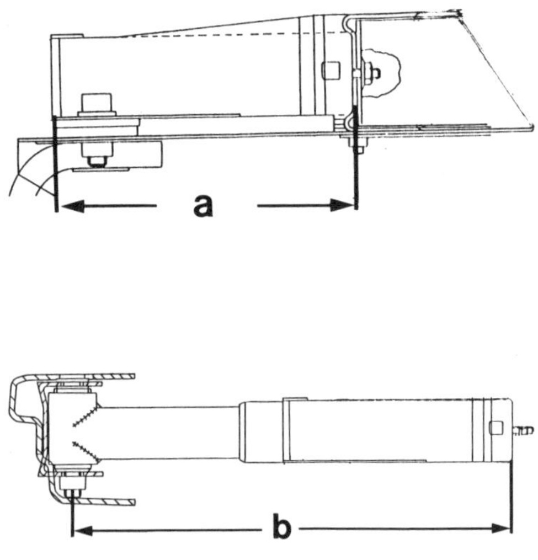

Links: Die Teile der Stoßstange:
1 – Stoßstangenaufhängung mit Prallbox;
2 – Stoßstange;
3 – Stoßleiste.
Rechts: Nach Unfällen müssen vor Wiedereinbau der Prallbox (oben) und des Pralämpfers (unten) die folgenden beiden Kontrollmaße geprüft werden:
a = 166 ± 2 mm;
b = 296 ± 2 mm.

Stoßstange reparieren

Kleine Beschädigungen an der Kunststoff-Außenhaut der Stoßstange können mit dem Kunststoff-Reparaturmaterial der Firma »3M« ausgebessert werden. Nicht repariert werden dürfen Beschädigungen in der Nähe von Karosserie-Befestigungspunkten, Abplatzungen, Brüche, Risse an Ecken und Kanten, Risse, die länger sind als 100 mm oder Löcher, größer als 100 mm². Teile mit solchen Schäden müssen ersetzt werden.
Bei der Arbeit die nötigen Schutzmaßnahmen beachten (Schutzmaske gegen Schleifstaub tragen, Dämpfe nicht einatmen, nur in gut belüfteten Räumen arbeiten, etc.). Die Arbeit verläuft wie folgt:

- Reparaturstelle mit Kunststoffreiniger »3M 8984« abreiben.
- 10 Minuten ablüften lassen.
- Reparaturbereich mit Schleifpapier der Körnung P 80 abschleifen.
- Beschädigte Stelle V-förmig mit Schleifpapier der Körnung P 36 ausschleifen.
- Bei durchgehenden Beschädigungen die Stoßfänger-Rückseite in gleicher Weise behandeln.
- Schleifstaub entfernen.
- Aluminium-Klebeband über die Vorderseite der Beschädigung kleben.
- Glasgitter-Gewebe »3M 9030« auf passende Größe zurechtschneiden.
- Reparaturmaterial »3M 5900« zurechtmischen und über die Rückseite der Reparaturstelle auftragen.
- Glasgittergewebe auflegen und erneut eine Schicht Reparaturmaterial darüberziehen.
- 20 Minuten bei Raumtemperatur aushärten lassen.
- Alu-Band abziehen und Reparaturbereich nochmals anschleifen und reinigen.
- Reparaturmaterial von der Vorderseite auftragen und härten lassen.
- Reparaturstelle mit Schleifpapier der Körnung P80 planschleifen und mit der Körnung P180 feinschleifen. Keine anderen Körnungen verwenden!

Die Motorhaube

Haube ausbauen

- Motorhaube öffnen.
- Innenverkleidung der Haube so weit abbauen, bis man an die Abzweigstelle der Scheibenwascherschläuche herankommt.
- Dazu die Stecker in den Haltedübeln vorsichtig mit einem Schraubendreher heraushebeln. Dann den Dübel abziehen.
- Bei Wagen mit Intensivreinigungsanlage die Schläuche verwechslungssicher kennzeichnen.
- Schlauchklemmen öffnen, Schläuche nach unten durchziehen.
- Ggf. Stecker der Düsenheizung abziehen.
- Sicherungsspangen an den Scharnierbolzen der Haubenaufsteller abdrücken.
- Scharnierbolzen herausziehen; auf die Kunststoff-Zwischenlage achten. Ein Helfer muß jetzt die Haube festhalten.
- Rechts und links die Bolzenschrauben der Haubenscharniere herausdrehen.
- Bolzenschrauben herausziehen; dabei die Haube gut festhalten, damit sie nicht nach unten rutscht und Schäden verursacht.
- Haube zusammen mit Helfer abnehmen.
- Wird dieselbe Haube wieder eingebaut, braucht die Haubeneinstellung bei dieser Ausbaumethode nicht korrigiert zu werden.

Motorhaube einstellen

Bei geschlossener Motorhaube muß der Abstand zu den beiden Kotflügeln gleich sein. An der Vorderkante soll die Haube mit den Kotflügeln fluchten. Auch die Höheneinstellung muß stimmen: Die Haube soll mit ihrer Oberkante in gleicher Höhe mit den beiden Kotflügeln stehen. Um diese Einbaulage zu erreichen, bestehen zahlreiche Einstellmöglichkeiten, die im folgenden aufgeführt sind (Reihenfolge wie hier beschrieben).

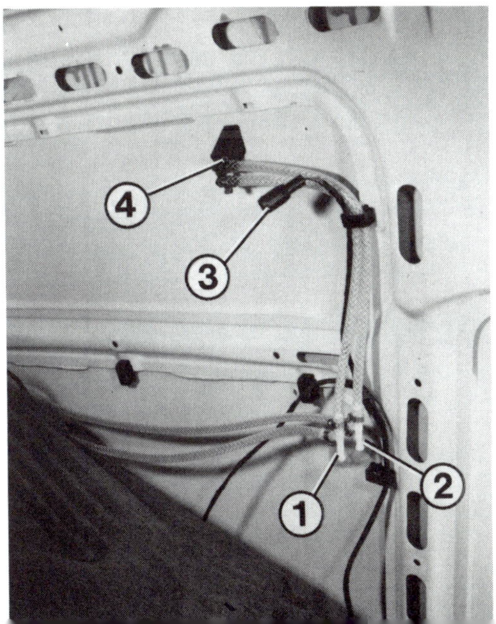

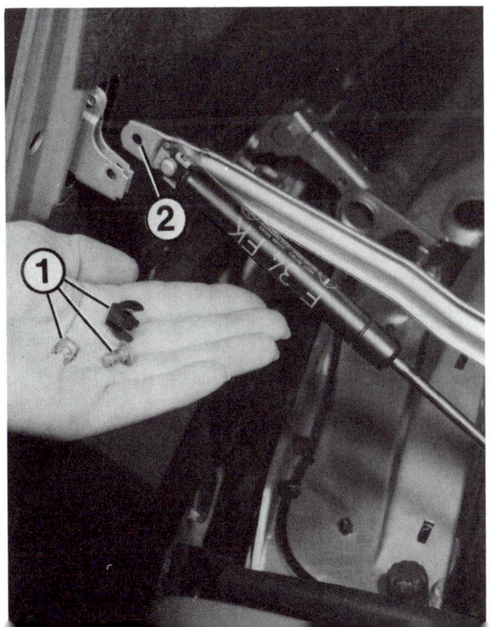

**Links: Ausbau der Motorhaube, erster Schritt: Abbau der Haubenverkleidung, wobei üblicherweise einige Haltedübel zu Bruch gehen. Trennen der Wasserschläuche (1 und 2). Ausstecken des Kabels (3) von der beheizten Wascherdüse (4).
Rechts: Der Scharnierbolzen (1) wird aus dem Haubenaufsteller (2) ausgebaut.**

● **Seitenabstand zu den Kotflügeln:** Als Vorbereitung Kühlergrill ausbauen.
● Schrauben vorn am Schließbügel so weit lockern, daß sich die Platte gerade verschieben läßt.
● Schrauben der beiden Führungsrollen hinten an der Haube etwas lockern.
● Gummi-Anschlagpuffer oberhalb der Scheinwerfer ganz hineindrehen.
● Haube schließen.
● Im Kühlergrill-Ausschnitt oben neben den Fernscheinwerfern die Haubenscharnier-Halteschrauben lösen.
● Haube jetzt so ausrichten, daß sie vorn mit den Kotflügel-Kanten bündig ist. Seitlich muß der Abstand zu beiden Kotfügeln rechts und links gleich sein.
● In dieser Stellung die Scharnierschrauben festziehen.
● Haube vorsichtig öffnen und die Führungsrollen-Schrauben – ohne die Rollenlager zu verschieben – festziehen. Kontrolle: Die Kerbe in der Rolle muß mit der Rollenführung an der Seitenwand fluchten.
● Zum Schluß Schrauben am Schließbügel festziehen.
● **Höheneinstellung vorn:** Gummi-Anschlagpuffer vorn rechts und links oberhalb der Scheinwerfer ganz hineindrehen (sofern nicht schon geschehen).
● Motorhaube schließen, Höheneinstellung kontrollieren: Die Haube muß etwa 1 mm unterhalb der Kotflügel-Oberkante stehen.
● Wenn nicht, Schließbügel nach Bedarf weiter hinein- oder herausdrehen.
● Anschlagpuffer (bei geöffneter Haube) so weit herausdrehen, bis (bei geschlossener Haube) die Haubenfläche mit der Oberkante der Kotflügel bündig ist. So liegt die Haube satt auf.
● **Höheneinstellung hinten:** Befestigungsschrauben der Rollenführungen hinten an der Motorraum-Seitenwand so weit lösen, daß sich die Führung gerade noch verschieben läßt.
● Haube samt Rollenführung nach unten oder oben verschieben.
● Haube öffnen, Schrauben festziehen.

Motorhauben-Entriegelungszug auswechseln

● Armaturenbrettverkleidung links unten abschrauben (Seite 257).
● Seitenverkleidung links im Fahrer-Fußraum abbauen. Dazu den Entriegelungshebel abschrauben und die Schnellverschlüsse um 90° linksdrehen.
● Entriegelungsschloß von der Seitenwand abschrauben.
● Sicherungsspange der Zughülle vom Entriegelungsschloß abdrücken.
● Zugende aushängen.
● Zug nach vorn in den Motorraum durchziehen.
● Zughülle aus den verschiedenen Haltern im Bereich der linken Seitenwand lösen.
● Vorn am Haubenschloß das Ende der Zughülle aus der Führung ziehen und Nippel aus dem Schloß-Riegel aushängen.
● Beim **Einbau** den neuen Zug nicht knicken.
● Zug zunächst am Haubenschloß einhängen und dann in den Karosseriehaltern befestigen.
● Darauf achten, daß die Gummitülle an der hinteren Motorraumwand dicht sitzt.
● Zuletzt den Nippel in das Entriegelungsschloß im Innenraum einhängen. Sicherungsspange aufdrücken.

Die Pfeile zeigen auf die Halteschrauben oben am Kotflügel.

Die Halteschrauben (Pfeile) im Türbereich des Kotflügels.

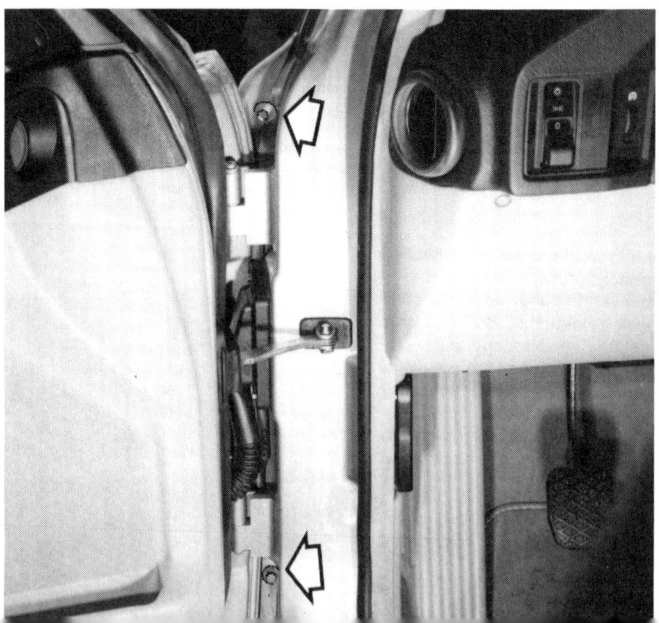

Links: Schloß und Scharnier der Motorhaube:
1 – Haubenschloß;
2 – Schließbügel;
3 – Schrauben der Schließbügel-Gewindeplatte;
4 – Bolzenschraube des Haubenscharniers.
Rechts: Zum Ausbau des Motorhaubenzugs zuerst Schraube (2 – hier mit Abdeckkäppchen) des Entriegelungshebels (1) lösen. Schnellverschlüsse (Pfeile) öffnen, Verkleidung abnehmen. Dann Sicherungsspange (3) der Bowdenzughülle abdrücken, Nippel am Zugende aushängen.

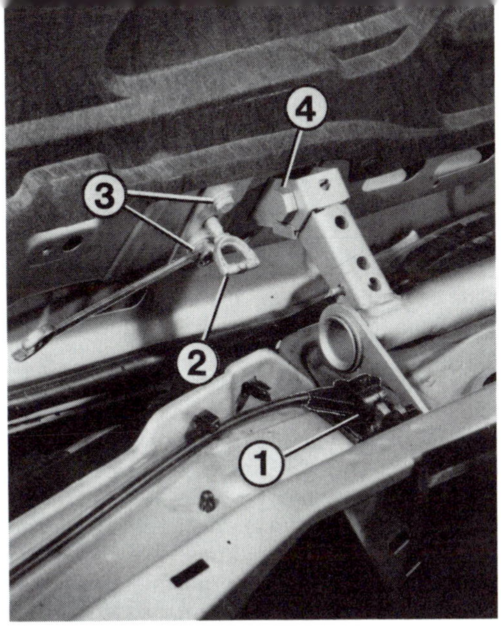

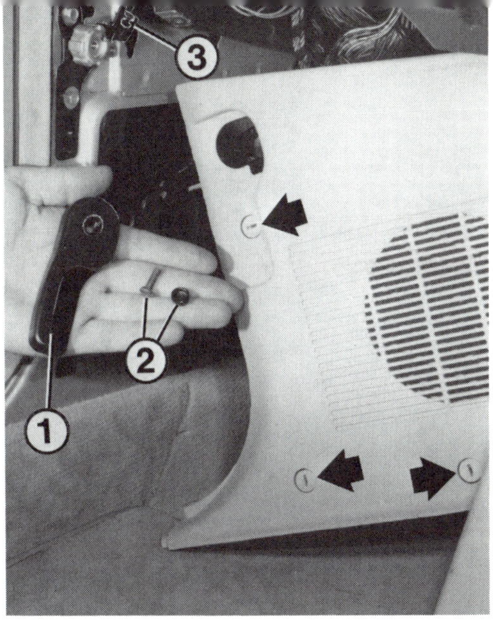

Kotflügel vorn

Kotflügel ausbauen

● Zum Ausbau des **linken Kotflügels** den linken Wischerarm abschrauben (Seite 222).
● Darunter die Stopfen in den Kunststoffdübeln des Lufteinlaßgitters vorsichtig heraushebeln und die Dübel abziehen.
● Lufteinlaßgitter an der linken Seite anheben, damit die verdeckte Kotflügel-Befestigungsschraube zugänglich wird.
● **Kotflügel rechts und links:** Stoßstange ausbauen.
● Seitlichen Stoßstangenhalter abbauen.
● Motorraum-Abdichtgummi abziehen.
● Radhausverkleidung ausbauen.
● Vordertür öffnen. Nahe den vorderen Türscharnieren die beiden Sechskantschrauben herausdrehen.
● Hinten an der Unterkante des Kotflügels (Bereich Türschweller) zwei weitere Schrauben herausdrehen.
● Eine Sechskantschraube in Stoßstangenhöhe seitlich vor dem Radausschnitt lösen.
● Sieben Schrauben an der Kotflügel-Oberkante herausdrehen.
● Frontgrill-Seitenteil ausbauen.
● Kotflügel vorsichtig abnehmen, damit es nicht zu Lackschäden kommt.
● Neuen Kotflügel einpassen. Dabei auf den Spalt zur Tür und zur Motorhaube achten.
● Hintere Kotflügel-Unterkante mit Steinschlagschutz nachbehandeln.
● Stoßleiste umbauen.

Radhausverkleidung ausbauen

Die Kunststoff-Radhausverkleidung an der Innenseite der vorderen Kotflügel verhindert, daß sich Schmutznester in den Winkeln an der Kotflügel-Innenseite bilden. Denn an solchen Stellen gedeiht mit Vorliebe Rost.
● Wagen hochbocken.
● Betreffendes Vorderrad abbauen.
● Insgesamt 6 kleine Sechskantschrauben entlang der Radhausverkleidung lösen.
● Radhausverkleidung abnehmen.
● Beim Einbau auf den richtigen Sitz der Abdichtungsstreifen zwischen Radhausverkleidung und Kotflügel-Wulst achten.

Die Türen

BMW baut bei der Herstellung des Wagens die Türen nach der Lackierung wieder von der Karosserie ab, damit sie in bequemer Arbeitshaltung getrennt vom Wagen bestückt werden können. Erst dann erfolgt der endgültige Einbau der kompletten Tür.
Für diese Fertigungsart wurden spezielle Türscharniere entwickelt, die ein leichtes An- und Abbauen der Türen ohne Veränderung der Türeinstellung ermöglichen. Davon profitiert auch der Heimwerker: Nach der im folgenden beschriebenen Ausbaumethode demontiert man die Tür, ohne die Einstellung zu verändern. Natürlich bleibt noch die herkömmliche Ausbaumethode durch Abbauen der Scharniere mit anschließendem Einstellen. In diesem Fall die unbehandelten Flächen unter den Scharnieren nachlackieren.

Türen ausbauen

● Sechskantschraube im Bolzen des Türscharniers herausdrehen (bei dieser Methode braucht die Türeinstellung bei Wiedereinbau derselben Tür nicht verändert zu werden).
● Sicherungsscheibe unten im Bolzen des Türfeststellers abziehen, Bolzen nach oben herausdrücken.
● Bereiten Sie jetzt eine Abstellmöglichkeit für die Tür vor, so daß sie in Einbauhöhe neben dem Wagen stehen kann (Holzbalken, zwei Schemel etc.).
● Tür zu zweit nach oben aus den Scharnieren heben und auf die vorbereitete Unterlage stellen.
● Jetzt den Halterahmen der Kabelsteckverbindung

an der Karosserie losschrauben, während der Helfer die Tür festhält.

● Stecker aus dem Türpfosten nehmen, Steckerriegel hochziehen und Steckverbindung trennen.

Tür einpassen

Zur Einstellung einer Tür muß der BMW mit allen Vieren waagrecht auf dem Boden stehen. Bei aufgebocktem Fahrzeug kann sich die Karosserie verwinden, so daß die Türjustierung anschließend nicht mehr stimmt.

○ Richtig eingestellt müssen die Türspalte vorn und hinten gleich breit sein. Angestrebt wird ein Spaltmaß von **5,5 mm.**

○ Die Türfläche darf nicht über die Fahrzeugkontur hinausragen. Angestrebt wird jedoch, daß die Vorderkante der jeweiligen Tür ca. **1 mm** weiter innen steht als das angrenzende Karosserieteil.

○ Auch die Höhe muß stimmen, was man an den Prägekanten kontrollieren kann.

Die zur Verfügung stehenden Einstellmöglichkeiten ermöglichen ein genaues Ausrichten der Tür:

● **Höheneinstellung:** Muttern an den Scharnieren lösen und Tür in den Langlöchern nach oben oder unten rücken. Muttern wieder festziehen.

● **Seiteneinstellung vorn:** Wenn die Tür an ihrer Vorderkante zu weit innen oder außen steht, so läßt sich das durch Einbauen von Distanzplättchen zwischen Scharnier und Tür regulieren. Dazu Scharnier von der Tür abbauen. Distanzplättchen mit 0,5 und 1,0 mm Stärke gibt es im Ersatzteillager.

● **Seiteneinstellung hinten:** Hier kann die Schließplatte gelockert und weiter nach innen oder außen geschoben werden. Entsprechend steht die hintere Türkante. Nach oben und unten wird die Schließplatte nur verschoben, um mit dem Schloß in einer Höhe zu sein.

● Zum Lösen der Schließplatten-Schrauben wird ein TORX-Schlüssel T40 benötigt.

Türverkleidung ausbauen

Diese Arbeit wurde aus dem Kapitel »Der Innenraum« vorgezogen, da sie für die weiteren Zerlegungsschritte der Tür wichtig ist.

● Fahrertür: Betätigungsknopf des Spiegel-Verstellschalters abziehen.

● Einen schlanken Schraubendreher in die Öffnung des Verstellschalters stecken und damit den Schalter aus der Armlehne ziehen.

● Beifahrertür und hintere Türen: Blende oben in der Armlehne abhebeln.

● In der Schalter-Einbauöffnung bzw. unter der kleinen Blende sitzt eine TORX-Schraube T20 – herausdrehen.

● Stopfen in der Griffschale des Türöffners abhebeln; darunter die Kreuzschlitzschraube herausdrehen.

● Hintere Türen: Aschenbecher herausnehmen, Schraube unter dem Aschenbecher herausdrehen.

● Tür-Verriegelungsknopf abschrauben.

● Wagen ohne elektrische Fensterheber: Blende der Fensterkurbel abhebeln; TORX-Schraube T40 lösen und Kurbel abziehen.

● Fahrzeuge mit Lautsprecher im vorderen Fensterdreieck: Türlautsprecher samt Gehäuse ausbauen.

● Verkleidung rundum aus den Halteclips lösen. Dazu lappenumwickelten Schraubendreher zwischen Türkasten und Verkleidung stecken und diese Stück um Stück abhebeln.

● Jetzt versuchen, die Verkleidung nach oben abzuziehen.

● Das verhindert bisweilen die Verkleidung des Fensterpfostens. Deshalb die Pfostenverkleidung ein Stück ablösen oder Türverkleidung etwas nach vorn drücken.

Ausbau der Vordertür: Sechskantschrauben (Pfeile) an den Bolzen der Türscharniere lösen, Bolzen (4) des Türfeststellers (3) nach Abhebeln der Sicherung herausziehen, Steckverbindung (1 und 2) trennen.

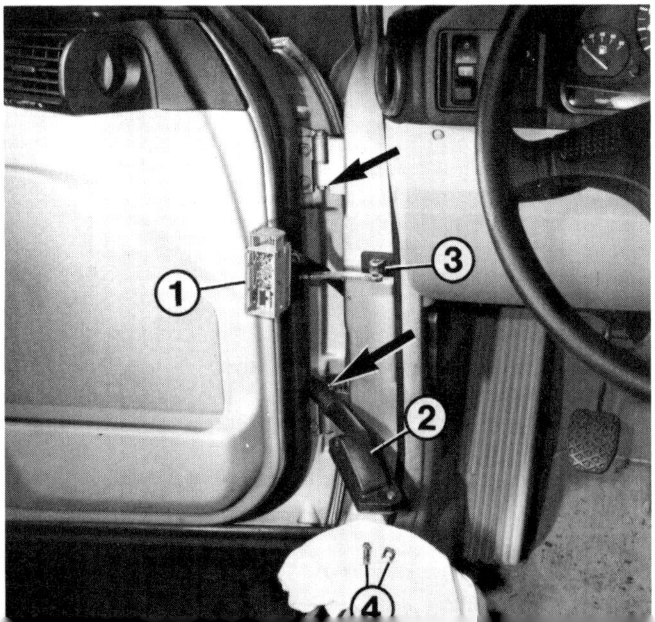

Die Schließplatte (Pfeil) kann zum Einstellen der Tür-Hinterkante nach Lösen der TORX-Schrauben verschoben werden.

Hier ist die Türverkleidung abgebaut. Die weißen Pfeile zeigen auf die Halteklammern der Verkleidung, die schwarzen auf die Bohrungen, in die sie beim Einbau gesteckt werden.
Ferner:
1 – Stange für Verriegelungsknopf;
2 – Stecker für Spiegel-Schalter;
3 – Türentriegelung;
4 – Haltespange für Armlehne.

● Bei gelöster Türverkleidung den Bowdenzug zum Türöffner innen aushängen. Dazu die Verkleidung ein kleines Stück vom Türkasten abheben.

● Hintere Türen: Fensterheber-Kabel am Schalter ausstecken.

● In Türmitte die Blechspange mit einer Zange zusammendrücken und das Kunststoff-Führungsstück abnehmen.

● Schaumstoff-Folie vorsichtig vom Türkasten abziehen, damit sie wiederverwendet werden kann.

● Vor dem **Einbau** der Verkleidung das Führungsstück am Blechhalter hinten an der Verkleidung einstecken. Einsteckrichtung beachten: Die abgeschrägten Kanten zeigen zur Verkleidung hin und nach oben.

● Beschädigte Halteklammern an der Verkleidung und der Fensterbrüstung ersetzen.

● Butyl-Klebeschnur kontrollieren.

● Schaumstoff-Folie wieder am Türkasten befestigen; sie schützt die Verkleidung vor Feuchtigkeit.

● Vor dem Einbau der Verkleidung die Spiralfeder auf die Achse der Fensterkurbel stecken. Die große Windung muß zur Verkleidung zeigen.

● Bowdenzug am Türöffner einhängen.

● Kabel für Spiegel-Verstellschalter und Betätigungsstange für Verriegelungsknopf zu Tage fördern und durch die Öffnungen in der Verkleidung schieben.

● Beim Ansetzen der Türverkleidung die Halteclips einzeln zu den Bohrungen im Türkasten ausrichten, sonst werden sie beim Festdrücken der Verkleidung zerquetscht.

● Besonders auf die Haltespange in Türmitte achten. Sie muß in das Führungsstück einrasten.

● Rosette unter der Fensterkurbel nicht vergessen.

● Fensterkurbel so befestigen, daß sie bei geschlossener Scheibe nach vorn oben zeigt.

Ausbau der Türverkleidung hinten: Ascher (1) und zwei Stopfen (3) ausbauen. Dann können die drei Schrauben (2) gelöst werden.

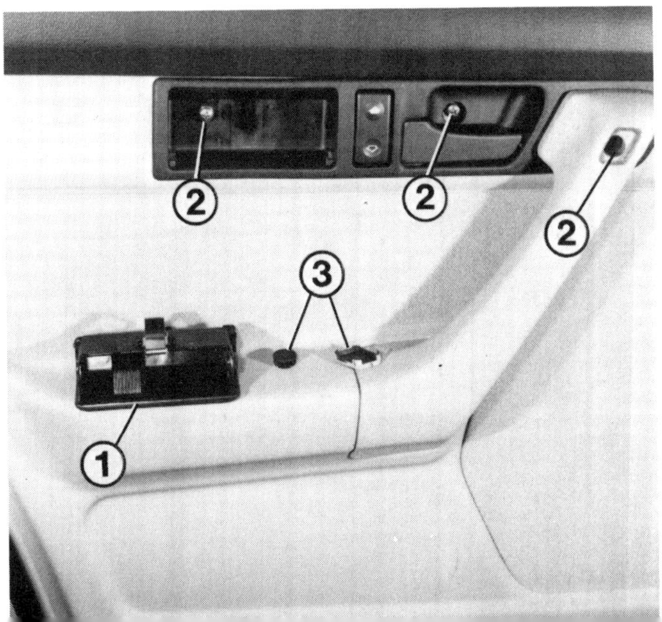

Ausbau der Türverkleidung vorn: Der Stopfen (1) in der Türöffner-Blende ist abgenommen, der Schalter der Spiegelverstellung ausgebaut. Jetzt können die Kreuzschlitz- (2) und die TORX-Schraube (3) gelöst werden.

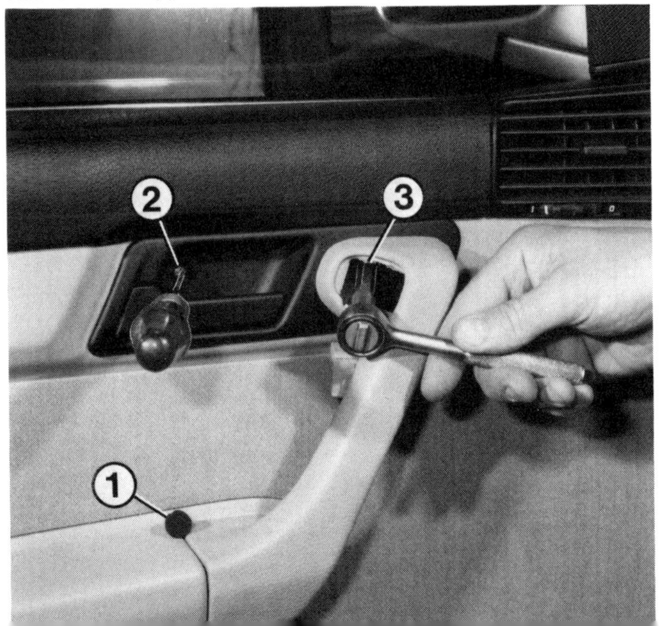

Türschloß-Mechanismus und Türgriff ausbauen

Nachfolgend beschrieben ist der Ausbau eines Türschlosses an einer der Vordertüren. Hinten geht die Arbeit – mit geringen Abweichungen – gleich vonstatten.

- Türfenster schließen.
- Türverkleidung und Schaumstoff-Folie abbauen.
- Abdeckstopfen in Türgriffhöhe an der hinteren Schmalseite der Tür abhebeln.
- Unter dem Stopfen den Riegel nach vorn schieben, bis sich die Türgriffblende löst.
- Blende festhalten, damit sie nicht zu Boden fällt.
- Tür-Dichtgummi im Bereich des Türschlosses abziehen, darunter eine TORX-Schraube T30 lösen.
- Zwei weitere TORX-Schrauben an der Innenseite der Tür herausschrauben.
- Am Türgriff außen eine TORX-Schraube T25 herausdrehen.
- Ringmutter am Schließzylinder – wie im Bild gezeigt – mit zwei gekreuzten Schraubendrehern lösen. Vorsicht, Gefahr von Lackbeschädigungen.
- An der hinteren Fensterführungsschiene die Gummieinlage nach vorn ziehen, darunter TORX-Schraube herausdrehen.
- Metall-Fensterführungsschiene an der Unterkante fassen, nach vorn ziehen und nach unten abnehmen.
- Stecker an der Zentralverriegelung abziehen. Der am Antrieb angebrachte Stecker kann erst nach Lösen der Sicherungsspange (mit Schraubendreher nach vorn verschieben) abgenommen werden.
- Zug zur Türentriegelung innen am Türblech aushängen; er ist mit einer Blechspange befestigt.
- Jetzt beide Teile – Türgriffteil und Schloßteil gemeinsam nach unten herausnehmen.
- Beim Einbau darauf achten, daß die Verbindungsstange zwischen beiden Teilen zuvor eingehängt wird und richtig in ihrer Kunststoffbuchse sitzt.

Fingerzeige: Zu viel Fett an der Drehfalle des Türschlosses führt bei strengem Frost zu Funktionsstörungen. Abhilfe: Fett mit scharfem Preßluftstrahl von der Schloßfalle wegblasen und reichlich Gleit- und Kriechöl aufsprühen.
Zum Jahresende 1988 wurden die 5er-BMW auf das »geräuschoptimierte Schließsystem« umgestellt – zu erkennen an der schwarz ummantelten Schließplatte und an der schwarz ummantelten Türschloßfalle. Die Teile der unterschiedlichen Schloßversionen dürfen nicht untereinander verbaut werden.
Die schwarze Kunststoffummantelung an der Türschloßfalle im gräuschoptimierten Schloß kann an der Spitze der Schloßfalle verquetscht werden, was dazu führt, daß die Tür beim langsamen Zuziehen nicht schließt. Abhilfe: Drehfalle mit Schraubendreher etwas aus dem Schloß schwenken und Kunststoffummantelung an der Drehfallenspitze auf 8 mm Länge mit scharfem Messer abtrennen.

Fensterschacht-Abdeckleiste ausbauen

Ausbau der Türscheiben oder Rostbefall an den Oberkanten der Türen kann es erforderlich machen, die äußeren Fensterschacht-Abdeckleisten zwecks Rostbekämpfung abzubauen.

- An den Vordertüren die Außenspiegel abbauen.
- Abdeckleiste mit einem Holzkeil nach oben abdrücken.
- Dabei den Lack mit Lappen schützen.
- Beim Einbau auf den Zustand der Halteklammern achten; beschädigte ersetzen.
- Leiste ansetzen und vorsichtig aufklopfen.

Elektrischen Fensterheber ausbauen

Beschrieben ist der Ausbau der elektrischen Fensterheber an der Vordertür. Die Arbeitsschritte verlaufen an den hinteren Türen und bei mechanischen Fensterhebern nahezu identisch.

- Türverkleidung ausbauen, Folie abziehen.
- Fensterscheibe ganz öffnen.
- Kabelsteckverbindung zum Fensterhebermotor trennen.

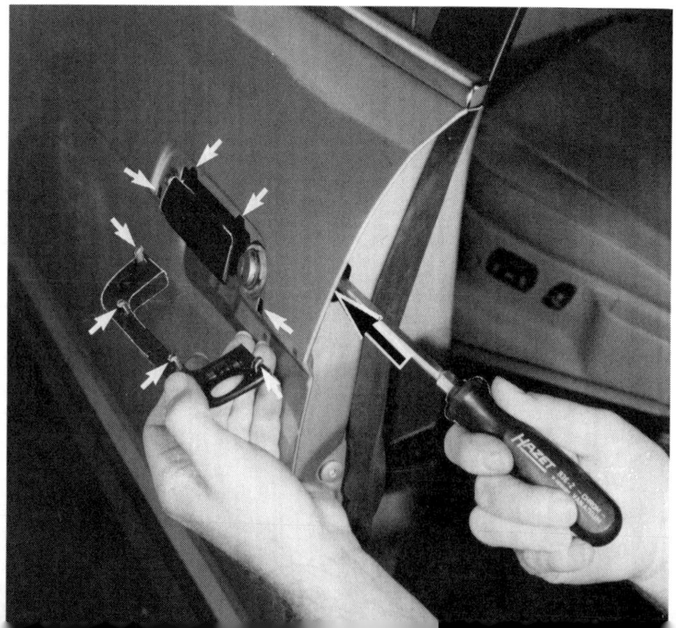

Die Türgriffblende ist mit ihren Häkchen in die Aussparungen an der Tür eingesetzt. Mit dem Schraubendreher wird hier der Riegel, der von innen die Häkchen der Blende hält, gelöst (schwarzer Pfeil).

Die Einzelteile des Türschlosses:
1 – Schloßantrieb der Zentralverriegelung;
2 – TORX-Schraube;
3 – Türgriffblende;
4 – Ringmutter;
5 – Türgriffteil;
6 – Betätigungsstange zum Entriegelungsknopf;
7 – Schloßteil;
8 – Zug zum Türöffner.

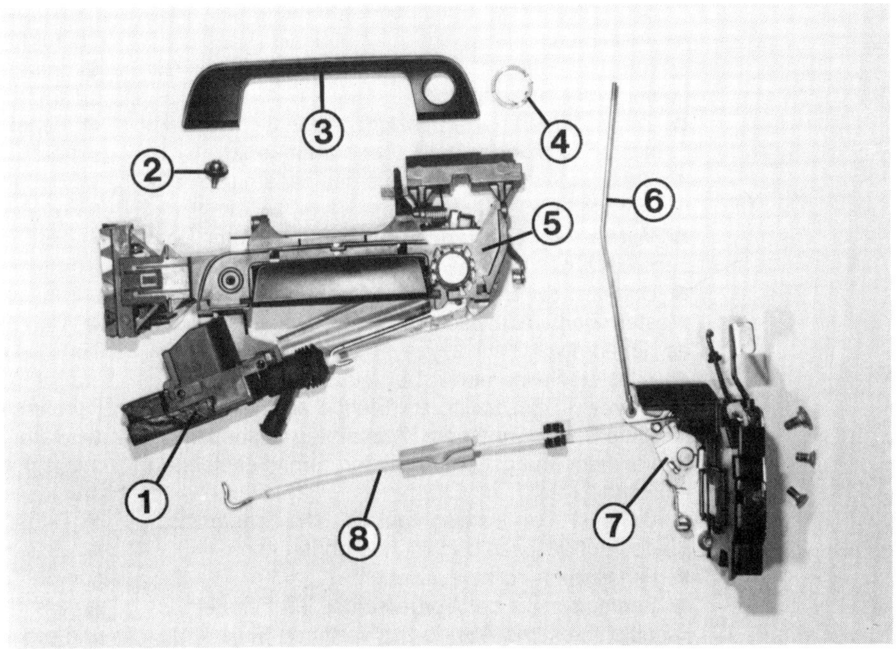

● Mikroschalter (Anschlagschalter) neben der Spiralfeder auf der Fensterheberkonsole ausheben und Steckverbindung trennen.
● Sicherungsspangen an den Gleitstücken der Laufschiene (an der Scheiben-Unterkante) zur Seite herausziehen.
● Fensterheberarme jetzt aus den Gleitstücken der Laufschiene ausknöpfen.
● Halteniete der Fensterheberkonsole ausbohren, Befestigungsschraube neben dem Fensterheber-Motor und ganz hinten am Metallsteg lösen.
● Fensterheber-Konsole abnehmen und die Halteschrauben des Elektromotors von der Rückseite her lösen.

● Beim **Einbau** werden die aufgebohrten Niete durch Sechskantschrauben M 6 x 10 mit passenden Muttern und zwei Beilagscheiben ersetzt (Anzugsdrehmoment 9 Nm).
● Anschließend Türfensterscheibe einstellen (übernächster Abschnitt).

Türfenster ausbauen

● **Alle beweglichen Scheiben:** Türverkleidung ausbauen, Folie abziehen.
● Fensterscheibe ganz öffnen.

● Kabelsteckverbindung zum Fensterhebermotor trennen.
● Sicherungsspangen an den Gleitstücken der

Links: Nach Abnehmen der Türgriffblende kann die TORX-Schraube (gerader Pfeil) herausgedreht und die Ringmutter mit zwei gekreuzten Schraubendrehern gelöst werden (gebogener Pfeil).
Rechts: Die hier gezeigten Schrauben (1, 2 und 3) müssen zum Ausbau des Türschloßmechanismus gelöst werden.

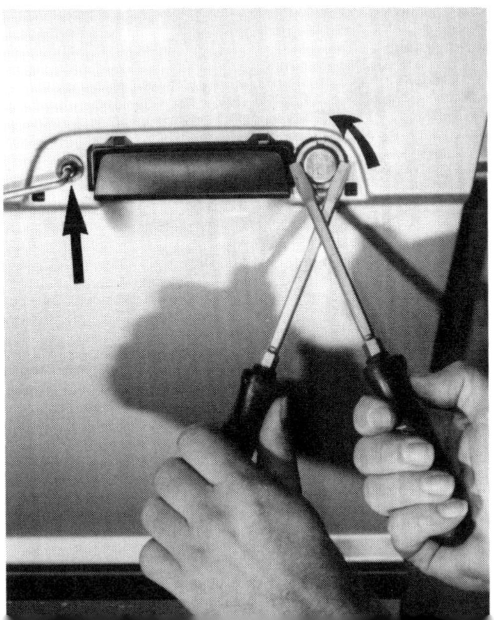

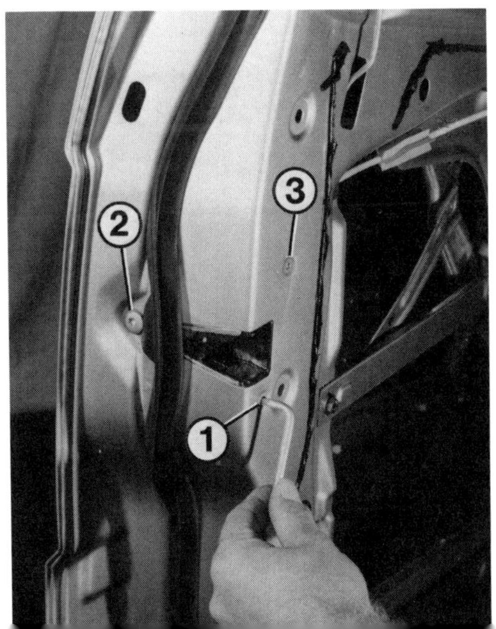

Laufschiene (an der Scheiben-Unterkante) zur Seite herausziehen.

● Fensterheberarme jetzt aus den Gleitstücken der Laufschiene ausknöpfen.

● Zum leichteren Herausziehen der Scheibe die Fensterschachtabdeckung außen abbauen.

● Zierblende an der Innenseite des Fensterrahmens abnehmen.

● **Vordertür:** Fensterführungsgummi hinten am Fensterrahmen abziehen.

● Dahinter die Befestigungsschraube der Fensterpfosten-Zierblende lösen und die schwarze Zierblende abnehmen.

● Fensterscheibe nach oben außen herausziehen.

● **Hintertür:** Zusätzlich zur Blende am Fensterrahmen die Blende innen am Fenstersteg ausheben.

● Fensterführungsgummi hinten am Fenstersteg abziehen.

● Darunter die Halteschrauben der Fenstersteg-Blende außen lösen und Blende abnehmen.

● Fensterführung herausziehen.

● Schrauben an der Vorderkante des Fensterausschnitts lösen und Blende des vorderen Fensterpfostens außen nach oben ziehen und abhehmen.

● Fensterscheibe nach oben außen herausziehen.

● Der **Einbau der beweglichen Scheiben** erfolgt natürlich sinngemäß umgekehrt wie der Ausbau; dabei folgendes beachten:

● Fensterscheibe rechts und links in die Führungen einsetzen.

● Fensterscheibe einstellen (siehe folgenden Abschnitt).

● Defekte Klammern an der Fensterschachtabdichtung ersetzen.

● Hinten: Dichtgummis mit Gummipflegemittel behandeln; breite Blende außen erst von oben nach unten einschieben, dann festschrauben.

● Das **feststehende Seitenfenster** in der hinteren Tür wird nach Abnehmen der Blende innen am Fensterrahmen sowie der Blenden außen und innen am Fenstersteg (wie beschrieben) ausgebaut.

● Dann werden die Fenster-Sicherungen von innen mit einem abgekröpften Schraubendreher eingedrückt.

● Dabei die Scheibe nach außen drücken.

● Dieser Ausbau klappt selten ohne Beschädigungen an Türrahmen oder Scheibe.

● Wenn nicht anders machbar, Scheibe zerstören und ersetzen.

● Beim **Einbau** Scheibengummi mit Gummipflegemittel bestreichen und Scheibe in die vorgesehenen Aussparungen einrasten.

Die Außenspiegel

Ausbau

● Blende innen im Fensterdreieck unten ausclipsen, nach oben schieben und abnehmen.

● Fahrzeuge mit BMW Sound-System: Hier ist statt der Blende ein Hochton-Lautsprecher eingebaut. Ausbau:

● Abdeckkäppchen abdrücken, darunter die Schraube lösen, Lautsprecher herausnehmen.

● Schraube in der Blende lösen, Blende abnehmen.

● Inbus-Halteschraube (siehe Bild rechts) lösen.

● Steckverbindung trennen und Spiegel abnehmen.

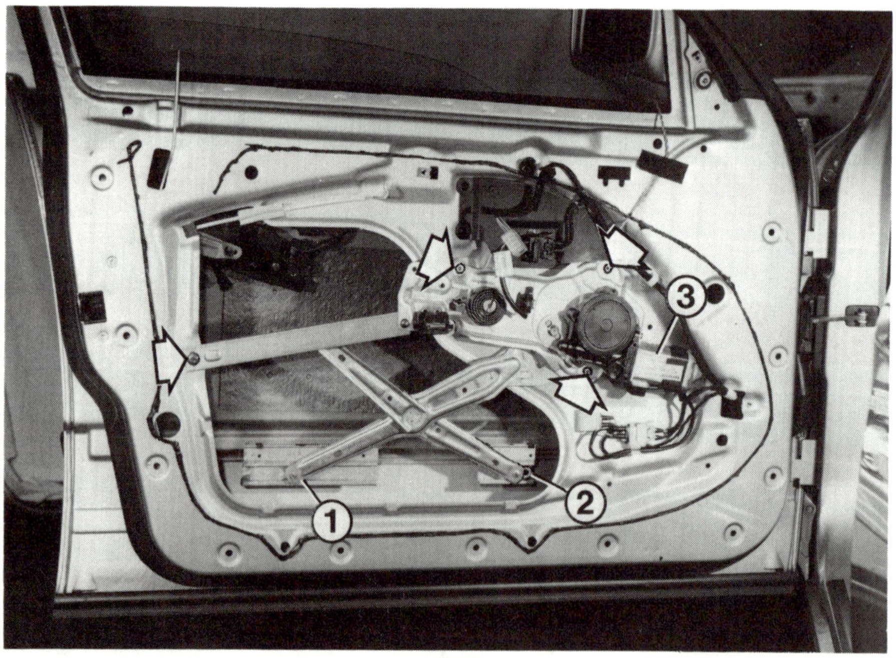

Bei abgenommener Türverkleidung sind die Niete und Schrauben (Pfeile) des Fensterhebermechanismus (Pfeile) sichtbar. Hier sehen wir einen elektrischen Fensterheber (3); die Positionen »1« und »2« deuten auf die Sicherungsspangen an den Gleitstücken, die zum Ausbauen des Fensterhebers bzw. der Fensterscheibe ausgebaut werden müssen.

Wie der Außenspiegel zerlegt wird, erfahren Sie im Instrumentenkapitel auf Seite 229.

Spiegelglas ersetzen

Kofferraumdeckel

Ausbau

- Batterie abklemmen.
- Deckel öffnen, Abdeckkäppchen von den Verschraubungen des Werkzeugkastens abdrücken. Schrauben lösen, Werkzeugkasten abnehmen.
- Verkleidung des Kofferraumdeckels nach Lösen der Schnellverschlüsse (90° linksdrehen) und Abdrücken der Kunststoffstopfen abnehmen.
- Kabelzuleitung zu den Heckleuchten, den Kennzeichenleuchten, der Kofferraumleuchte und zum Kontaktschalter ausstecken. Es gibt leider keine Sammel-Steckverbindung.
- Deckel zu zweit halten und rechts und links je zwei Schrauben am Scharnierbügel herausdrehen.
- Deckel von den Scharnieren abnehmen.

Kofferraumdeckel einstellen

Angestrebt wird ein gleich breiter Spalt zum rechten wie zum linken Seitenteil. An der Hinterkante muß die Haube flächenbündig abschließen. Die Oberseite der Haube soll mit den Seitenteilen in einer Ebene liegen.

- **Einstellung seitlich und in Längsrichtung:** Schrauben am Haubenscharnier lockern und Haube ausrichten.
- Damit das Schloß beim Einrasten die Haube nicht zur Seite zieht, müssen die Schrauben am Schließbügel gelöst werden.
- **Höheneinstellung Hauben-Hinterkante:** Die beiden Gummipuffer rechts und links unten an der Haube ganz hineindrehen.
- Zwei Halteschrauben am Schließbügel lockern, bis sich der Schließbügel gerade verschieben läßt.
- Haube zuerst schließen und in Einstell-Position bringen: An der Hinterkante soll die Oberseite der Haube etwa 1 mm tiefer liegen als die Oberkanten der Seitenteile.
- Jetzt das Schloß vorsichtig öffnen.
- Schrauben am Schließbügel wieder festziehen.
- Nach beendigter Einstellung die Gummi-Anschlagpuffer so weit herausdrehen, bis der Kofferraumdeckel in geschlossenem Zustand leicht vorgespannt ist und in einer Ebene mit den Seitenwänden steht.

Schloß des Kofferraumdeckels ausbauen

- Verkleidung des Kofferraumdeckels zumindest an der Hinterkante lösen und zurückschlagen (Schnellverschlüsse um 90° drehen).
- Am **Druckknopf** die zwei Betätigungsstangen aushängen, Steckverbindung zum Mikroschalter trennen und beide Befestigungsschrauben herausdrehen.
- Am **Schloßteil** die beiden Halteschrauben lösen, Stecker des Kontaktschalters abziehen und Schloßteil samt Betätigungsstange herausziehen.
- Zum Ausbau des **Antriebs der Zentralverriegelung** die beiden SW-6-Schrauben herausdrehen und Antriebseinheit abnehmen.

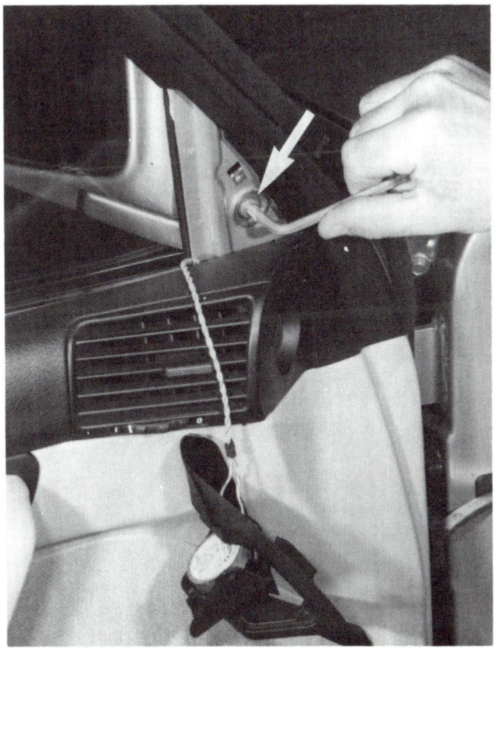

Links: Die Halteschraube (Pfeil) des Außenspiegels ist nach Abnehmen der Blende bzw. des Lautsprechers (Seite 229) im vorderen Fensterdreieck zugänglich.
Rechts: Zum Demontieren der Kofferraumhaube müssen an jedem Haubenscharnier zwei Sechskantschrauben (Pfeile) gelöst werden. Kabelzuführungen nicht vergessen.

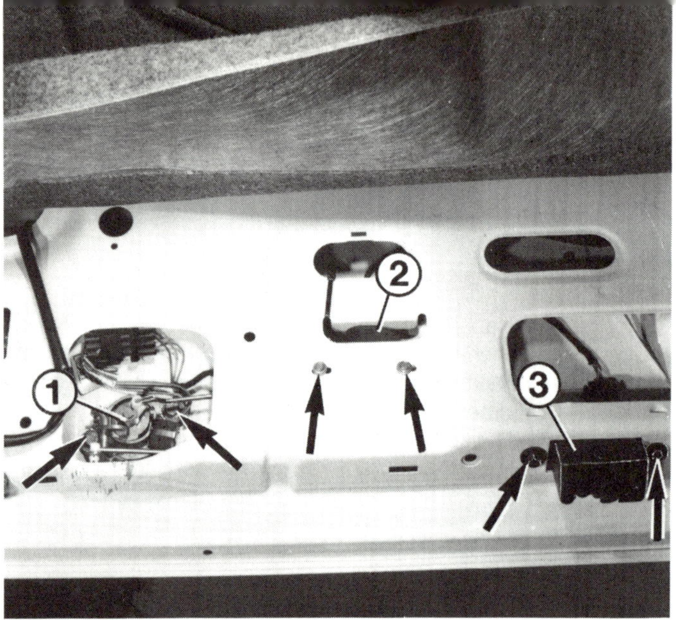

Die Teile des Kofferraumschlosses sind bei hochgeschlagener Verkleidung zu erkennen:
1 – Druckknopf;
2 – Antrieb der Zentralverriegelung;
3 – Schloßteil.
Die Pfeile zeigen auf die jeweiligen Befestigungsschrauben.

BMW-Zeichen abbauen

- An Front- und Heckhaube ist das BMW-Zeichen mit zwei kleinen Haltebolzen in Kunststoff-Führungen an der Haube eingesteckt.
- Plakette rundum gleichmäßig mit flachem Schraubendreher anheben und abnehmen.
- Lack mit einem Lappen schützen.
- Beim Einbau etwas Karosseriedichtmasse von unten auf die Plakette kleben.

Typbezeichnung abnehmen

- Die Modellbezeichnung an der Kofferraumklappe ist geklebt.
- Zum Abnehmen dünnen und doch stabilen Zwirn in Geschirrspülmittel tauchen und damit die Klebeschicht zwischen Plakette und Lack »durchsägen«.
- Noch leichter geht die Arbeit, wenn die Plakette mit einem Fön erwärmt ist.
- Neue Plakette auf 40–50°C erwärmen und Klebeseite kurz anpressen.

Stoßstange hinten

Ausbau

Der Ausbau der hinteren Stoßstange verläuft absolut identisch wie an der vorderen (am Anfang dieses Kapitels beschrieben).

Pralldämpfer ausbauen und prüfen

- Stoßstange ausbauen.
- Verschraubungen des Pralldämpfers an der Karosserie lösen und Pralldämpfer abnehmen.
- Ob der Pralldämpfer nach einem Unfallschaden wiederverwendet werden kann, entscheidet das Kontrollmaß (nach der Zeichnung rechts prüfen).
- Beim Einbau die Gewindeplatte des Dämpfers ausrichten. Dazu senkrechte Schraube lösen, zur Probe die Stoßstange aufstecken.
- Platte ausrichten, damit die Schraubenlöcher passen und bei wieder abgenommener Stoßstange

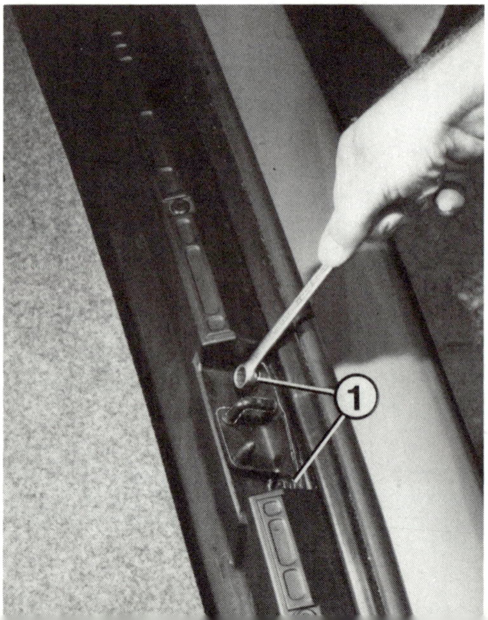

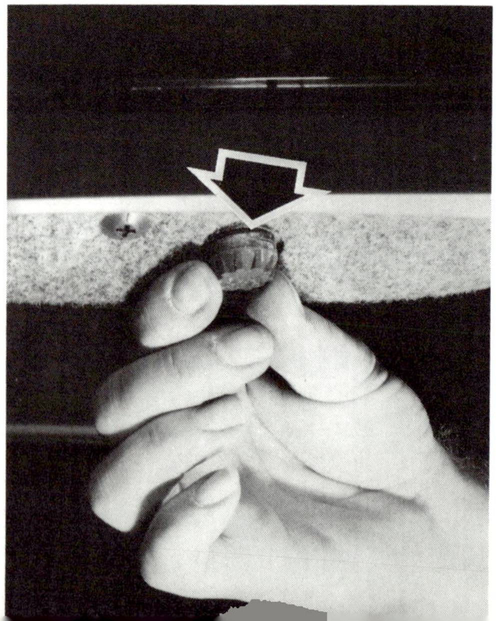

Links: Zum Ausrichten des Schließbügels am Heckblech müssen die beiden Halteschrauben (1) gelöst werden.
Rechts: Der Gummipuffer (Pfeil) läßt sich in der Höhe verstellen, damit die Haube satt aufliegt.

Die Stoßleisten der Türen sind auf Kunststoffhaltern (2) befestigt. Zum Abdrücken eignet sich ein Schraubendreher (1) mit Lappen-Unterlage.

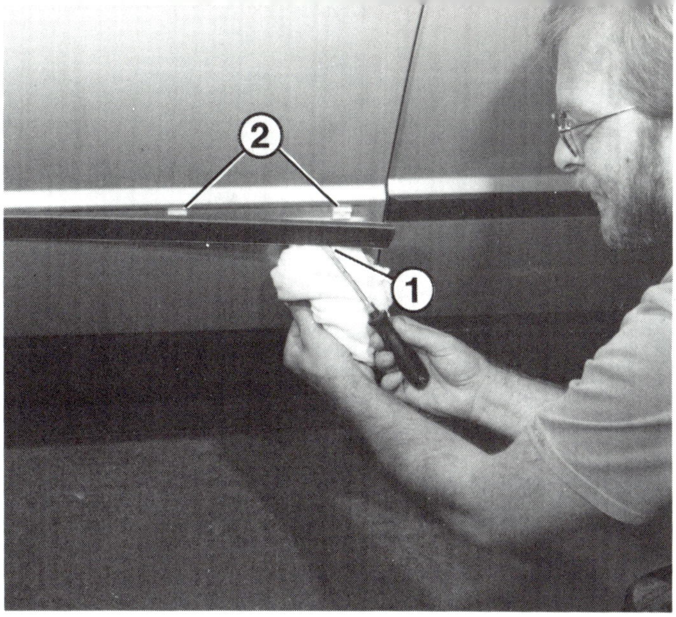

die senkrecht stehende Schraube mit 73 Nm anziehen.

● Anzugsdrehmoment Dämpfer an Karosserie: 9 Nm.

Stoßleisten seitlich

Ausbau

● Leiste von den Kunststoff-Halteklammern abhebeln.

● Dazu eignet sich am besten ein flacher Schraubendreher, der zum Schutz vor Lackkratzern mit einem Lappen unterlegt wird.

Das Schiebedach

Dieses Fenster zum Himmel erfordert für problemlose Funktion eine exakte Einstellung, aber die hierzu notwendigen Beschreibungen würden den Rahmen dieses Buches sprengen.

Was bei Störungen am elektrischen Schiebedach zu tun ist, erfahren Sie auf Seite 234.

Ein undichtes Schiebedach hat seine Ursache in verstopften Ablaufrohren, von denen je eines an den vier Ecken des Schiebedachkastens angeschlossen ist. Denn eindringen darf das Wasser, aber ablaufen muß es auch können.

Die Ablaufrohre münden – von außen unsichtbar – in das Hohlprofil des Türschwellers. Das eingetretene Wasser läuft durch die Ablauflöcher unten am Schweller aus. Dazu dürfen diese nicht verstopft sein (Seite 261).

● Bei undichtem Schiebedach alle vier Ablaufrohre durchstoßen.

● Diese sitzen an den vier Ecken des Schiebedachkastens – die vorderen sind naturgemäß gut zu erreichen, die hinteren selbst bei geöffnetem Schiebedach recht schwer.

● Zum Reinigen eignet sich z. B. eine alte Tachowelle. Manchmal genügt auch schon ein Draht.

Links: Bei der Reparatur eines Unfallschadens darf der Pralldämpfer der hinteren Stoßstange nur dann wiederverwendet werden, wenn das Kontrollmaß a = 98 ± 0,5 mm entspricht.
Rechts: Die Stoßleiste ist mit kleinen Häkchen (weiße Pfeile) in die Öffnungen der hinteren Stoßstange eingesetzt. Unter der Stoßleiste sitzen die Stoßstangen-Halteschrauben.

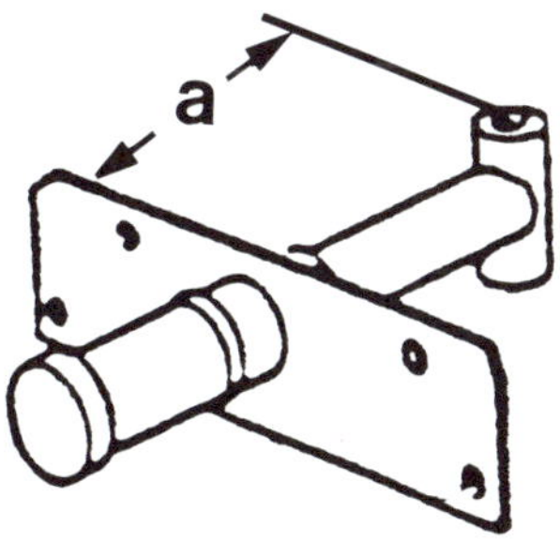

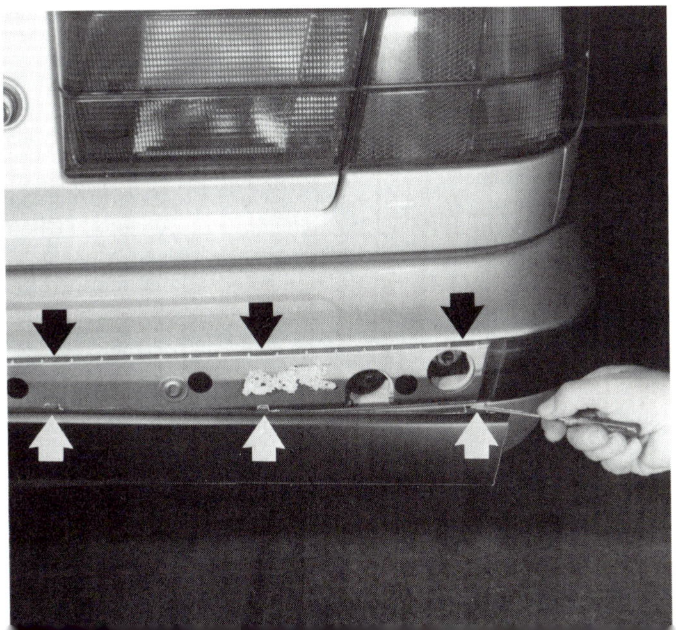

Klappe auf

In diesem Anhang sind die touring-spezifischen Teile wie Heckklappenverkleidung, Schließmechanismus für Heckscheibe und Heckklappe sowie Heckwischer behandelt.

Arbeiten an der Heckklappe

Heckklappenverkleidung ausbauen

- Heckscheibe öffnen.
- Kleine Verkleidung am Heckwischer-Antrieb abdrücken.
- Unter der Verkleidung zwei Kreuzschlitzschrauben herausdrehen.
- Heckklappe öffnen.
- Fensterrahmenverkleidung der Heckklappe rechts und links unten etwas ablösen.
- Vier kleine quadratische Abdeckplättchen unten und an den Seiten der Verkleidung ausheben.
- Darunter die Kreuzschlitzschrauben bzw. die SW-7-Sechskantschrauben herausdrehen.
- Werkzeugfach öffnen.
- Im Werkzeugfach zwei Kreuzschlitzschrauben lösen und vier Einsteckdübel herausziehen. Beim Dübel vor dem Herausziehen den Einsteckstift heraushebeln und abziehen.
- Heckklappenverkleidung an der Oberkante vorsichtig abdrücken (Steck-Arretierung).
- Beim Einbau die Kunststoffschrauben nur mäßig anziehen.
- Einbaulage der Abdeckplättchen beachten.

Schließmechanismus der Heckklappe

Heckklappe und Heckscheibe lassen sich getrennt über Tasten entriegeln, die (der Stromweg läuft über die Zentralverriegelung) jeweils einen Stellmotor betätigen, der das Schloß freigibt. Bei geschlossener Zentralverriegelung wird die Stromversorgung der Tasten unterbrochen – womit die Heckklappe und auch die Scheibe verschlossen bleibt.

Schließmechanismus prüfen

Als Voraussetzung gilt, daß die Zentralverriegelung intakt ist, und daß die Türen über die Zentralverriegelung entriegelt aber nicht geöffnet sind. (bei verriegelter ZV keine Stromversorgung!). Gemessen wird an den Steckverbindungen zu den Tasten bzw. am abgezogenen Stecker des Stellmotors.

zu prüfendes Teil	Meßwert
Öffnertaste Heckscheibe	Zuleitung (weiß/grün oder braun): »+« bei geöffneter ZV Signalleitung (weiß/blau oder weiß): »+« bei gedrückter Öffnertaste und geöffneter ZV
Stellmotor Heckscheibe	Zuleitung (rot/blau): »+« bei gedrückter Öffnertaste und geöffneter ZV Masse (braun): ständig Masse
Öffnertaste Heckklappe	Zuleitung (weiß/grün oder braun): »+« bei geöffneter ZV Signalleitung (weiß/schwarz oder weiß): »+« bei gedrückter Öffnertaste und geöffneter ZV
Stellmotor Heckklappe	Zuleitung (rot/schwarz): »+« bei gedrückter Öffnertaste und geöffneter ZV Masse (braun): ständig Masse
Heckklappenschloß	Zuleitung (rot/schwarz): ständig »+« Signalleitung »ZV schließen« (weiß/rot): »+« bei Schlüsseldreh rechts Signalleitung »ZV öffnen« (blau/rot): »+« bei Schlüsseldreh links

Die Tabelle gibt an, welche Meßwerte sich bei intaktem Mechanismus einstellen müssen. Fehlermöglichkeiten:

- Keine Stromversorgung: ZV nicht in Offen-Stellung, Zuleitung defekt (an der Knickstelle am Heckklappenscharnier); Sicherung, Zentralverriegelung.
- Keine Reaktion an der Signalleitung Öffnertaste: Öffnertaste defekt.
- Stellmotor reagiert nicht, obwohl Spannungswerte i. O.: Stellmotor defekt.

Heckwischer

Der Heckwischer funktioniert bei entsprechender Zündschlüsselstellung nur dann, wenn die Heckscheibe geschlossen ist (Kontaktschalter im Heckscheibenschloß). Die Intervallzeiten steuert die zentrale Karosserie-Elektrik.

Zum Ausbau des Heckwischermotors (1 – mit Konsole) muß auch das Heckscheibenschloß (2) gelöst werden. Die dafür »zuständigen« Schrauben und Muttern sind hier mit Pfeilen bezeichnet.

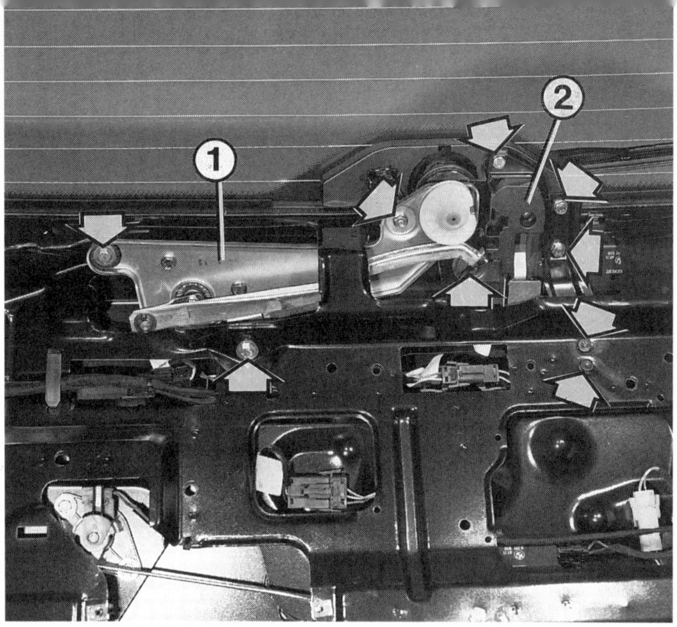

Störungssuche Heckwischer

○ Zuerst Sicherung Nr. 44 unter der Rücksitzbank kontrollieren.
○ Evtl. ist der Kontaktschalter im Heckscheibenschloß defekt.
○ Massekontakt (braunes Kabel) zum Wischermotor prüfen.
○ Pluskontakt (schwarz/gelbes Kabel) zum Wischermotor prüfen. Muß Batteriespannung führen, wenn der Wischer läuft.
○ Pluskontakt für Rückstellung (schwarz/rotes Kabel) zum Wischermotor prüfen. Muß Batteriespannung führen, wenn der Wischer in Ruhestellung steht.
○ Stromzufuhr i. O., aber Wischer läuft nicht: Wischermotor auswechseln.

Wischermotor bauen

● Heckwischer in Ruhestellung bringen.
● Verkleidung der Heckklappe abbauen.
● Heckscheibe öffnen.
● Eine Sechskantmutter, sechs Sechskantschrauben und zwei TORX-T30-Schrauben lösen, wie im Bild oben angezeichnet.
● Wischermotor vom ebenfalls gelösten Heckscheibenschloß trennen. Wischermotorkonsole herausnehmen, Steckverbindung trennen.
● Vor dem Abbauen Stellung der Wischermotor-Kurbel kennzeichnen.
● Gestänge abdrücken, Kurbel und Wischermotor abschrauben.
● Neuen Wischermotor elektrisch anschließen und in Ruhestellung laufen lassen.
● In dieser Stellung die Wischermotorkurbel montieren.
● Restlicher Einbau sinngemäß umgekehrt wie Ausbau.

Nach Abdrücken der kleinen Verkleidung (1) am Heckwischerantrieb sind die beiden Kreuzschlitzschrauben (Pfeile) zugänglich.

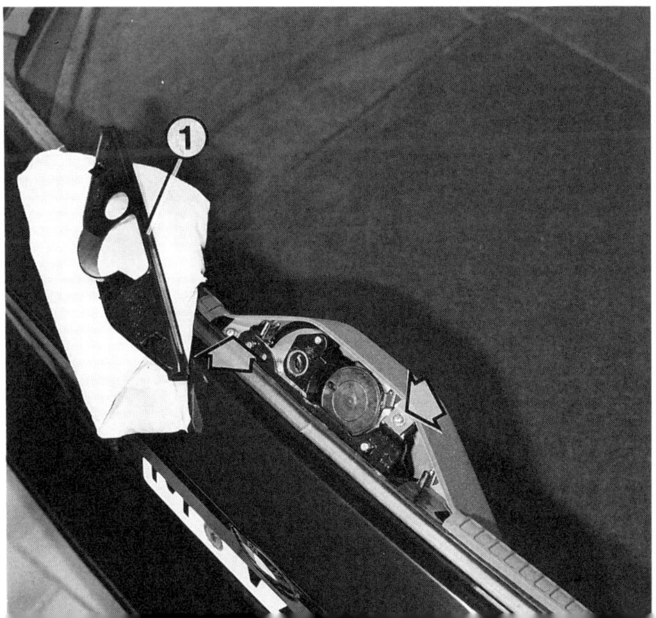

Unter den quadratischen Abdeckplättchen befinden sich die Schrauben, die die Heckklappenverkleidung halten (Pfeile). Weitere Schrauben (1) und Einsteckdübel (2 und 3) finden wir bei geöffnetem Werkzeugfach.

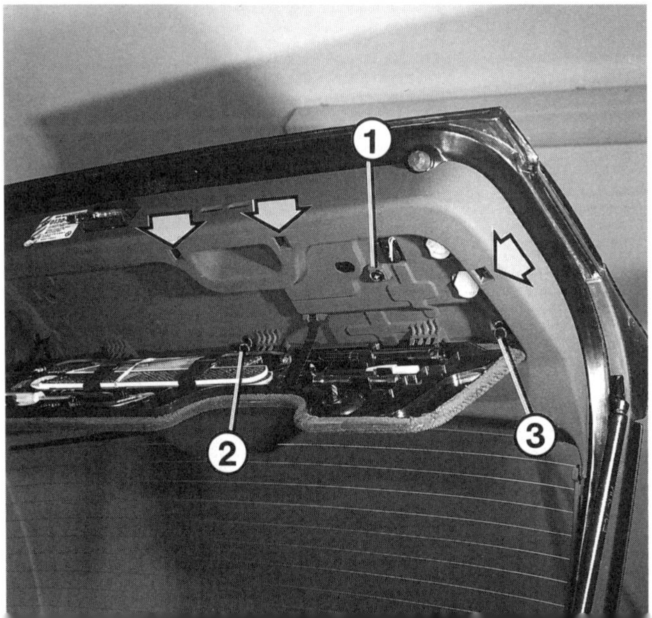

Empfangshalle

Nun folgt der gemütliche Teil dieses Handbuches. Denn hier geht es um den wohnlichen Teil unserer Fahrmaschine.

Sitze

Vordersitz ausbauen

- Sitz nach vorn schieben.
- Schrauben an den hinteren Enden der Sitzschienen herausdrehen.
- Läßt sich der Sitz nach vorn fahren, weil die elektrische Sitzverstellung ausgefallen ist, einen Schraubendreher (Klingenbreite 4 mm) in die Bohrung von Potentiometer bzw. Motor vorn unten am Sitz stecken und Sitz manuell verstellen.
- Sitzhöhenverstellung in höchste Position bringen.
- Bowdenzug für Gurtpunkt-Höhenverstellung aushängen.
- Sicherheitsgurt vom Sitz abbauen.
- Sitz hinten hochheben und nach vorne aus den vorderen Haltewinkeln schieben.
- Wo vorhanden, Kabelsteckverbindungen für Sitzheizung bzw. elektrische Sitzverstellung trennen.
- Sitz herausnehmen.

Kopfstützen ausbauen

- **Vordersitze:** Kopfstütze ganz hochziehen und mit einem Ruck über den Endanschlag ziehen.
- **Rücksitze:** Ausbau wie vorn, doch muß beim Einbau die Kunststoff-Ringblende wieder am Sitz eingerastet werden.

Fingerzeig: Bei Fahrzeugen aus dem ersten Produktionsmonat der 5er-Reihe konnten die Kopfstützen der Rücksitze nur nach Ausbau der Rücksitzlehne abgenommen werden.

Rücksitz ausbauen
Sitz ohne Durchladeeinrichtung

- **Sitzbank** nach oben aus den Halteklammern an der Vorderkante ziehen.
- Beim Einbau die seitlichen Gurtschloßblenden auf richtigen Sitz überprüfen.
- **Rückenlehne:** Zuerst Rücksitzbank ausbauen.
- An den Außenkanten der Lehne unten zwei Sechskantmuttern herausdrehen.
- Mittelarmlehne herausklappen, Abdeckung hinter der Armlehne abziehen (Klettverschluß) und dort zwei weitere Sechskantmuttern herausdrehen.
- Bei Fahrzeugen mit Ablagefach in der Armlehnenmulde die beiden Laschen zusammendrücken und Fach herausnehmen.
- Kopfstützen ausbauen.
- Schnellverschlüsse an den Kopfstützen-Haltern am Sitz um 90° drehen und Blende nach oben herausziehen.
- Rückenlehne herausnehmen.

Rücksitz ausbauen
Sitz mit Durchladeeinrichtung

- Sitzbank an der Zugschlaufe nach vorn kippen.
- Die beiden Entriegelungshebel unten am Sitz zusammendrücken, Sitz nach vorne herausheben.
- Die Rücksitzlehne wird automatisch beim Hochziehen der Bank entriegelt. Bei versehentlicher Ver-

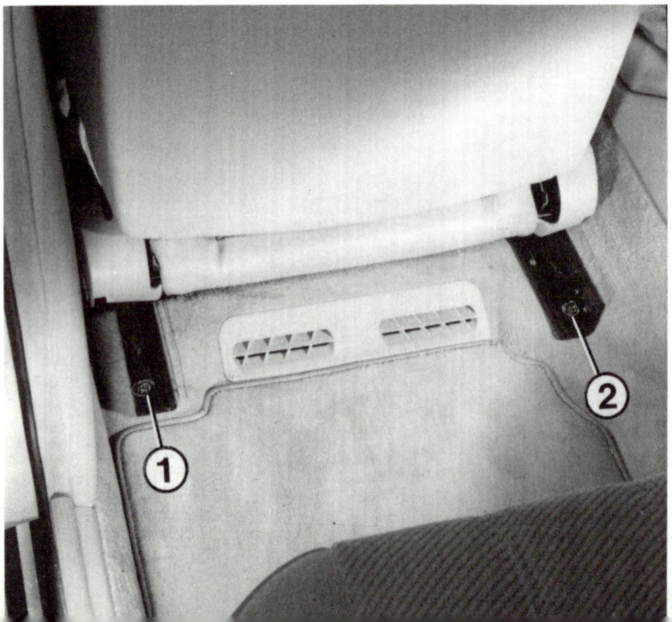

Die Befestigungsschrauben hinten (1 und 2) für Sitz und Sitzschienen.

Ausbau der linken unteren Armaturenbrettverkleidung nach Lösen von fünf Kreuzschlitzschrauben (Pfeile), die mit kleinen Abdeckkäppchen versehen sind. Rechts: Zum Abnehmen der unteren Lenksäulenverkleidung müssen vier Schrauben (1–4) gelöst werden. Zusätzlich den Hebel der Lenkradverstellung nach unten klappen.

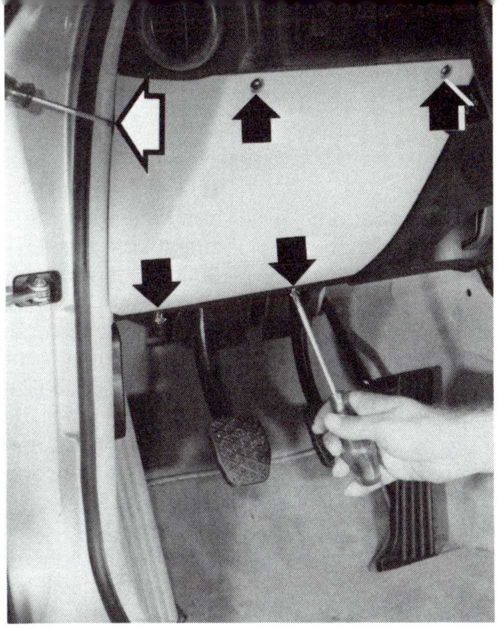

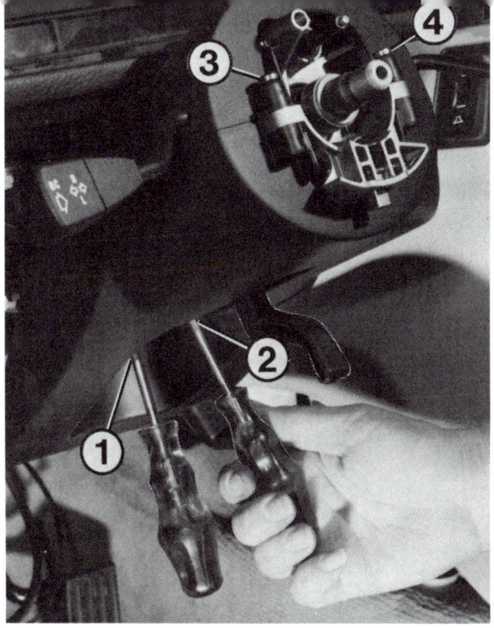

riegelung den Hebel unten an der Rücksitzlehne einmal niederdrücken und wieder loslassen.

- Lehne nach vorn klappen.
- Schnappverschlüsse mit Schraubendreher öffnen und Rücksitzlehne herausheben.
- Beim Einbau darauf achten, daß die Rücksitzlehne richtig verriegelt ist. Das ist der Fall, wenn der rote Stift oben an der Mittelgurt-Verankerung vollständig versenkt ist.

Armaturenbrett

Verkleidung links unten abnehmen

Besorgen Sie sich zunächst drei Abdeckkäppchen in der passenden Armaturenbrettfarbe für die oberen Befestigungsschrauben, denn diese lassen sich kaum ohne Beschädigung abnehmen.

- Abdeckkäppchen auf den oberen drei Halteschrauben abdrücken.
- Insgesamt fünf Kreuzschlitzschrauben herausdrehen (siehe Bild).
- Verkleidung abnehmen.
- An die besagte Verkleidung schließt sich unten ein weiteres Verkleidungsstück an, das bei Bedarf ausgebaut werden kann.
- Dazu zwei Schnellverschlüsse um 90° drehen, zwei Kreuzschlitzschrauben lösen, Warngong ausstecken und Temperaturfühler ausclipsen.

Lenksäulenverkleidung ausbauen

- Armaturenbrettverkleidung links unten abnehmen.
- Lenkrad ausbauen (Seite 109/110).
- Zwei Schrauben unten an der Lenksäulenverkleidung herausdrehen.
- Des weiteren zwei Kreuzschlitzschrauben am hinteren Ende der Lenksäule lösen (in Fahrtrichtung gesehen).
- Unterteil und Oberteil der Lenksäulenverkleidung können jetzt abgenommen werden, was zu den meisten Reparaturarbeiten ausreicht.

Links: Die unteren Verschraubungen der Rücksitzlehne (Pfeil) sind bei ausgebauter Rücksitzbank zugänglich.
Mitte: Hinter der Mittelarmlehne sitzen zwei Haltemuttern der Rücksitzlehne. Stoffverkleidung zurückschlagen.
Rechts: Die obere Abdeckung (1) des Mittelgurts (2) muß zum Ausbau der Rücksitzlehne abgenommen werden.

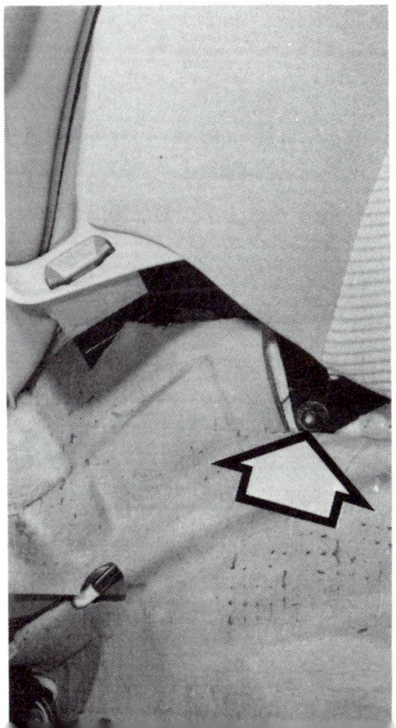

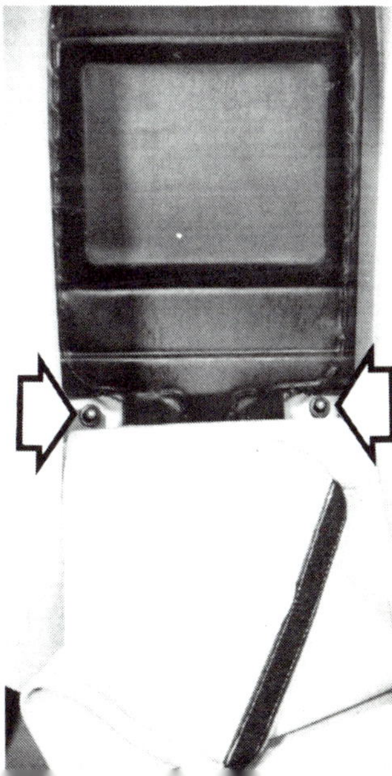

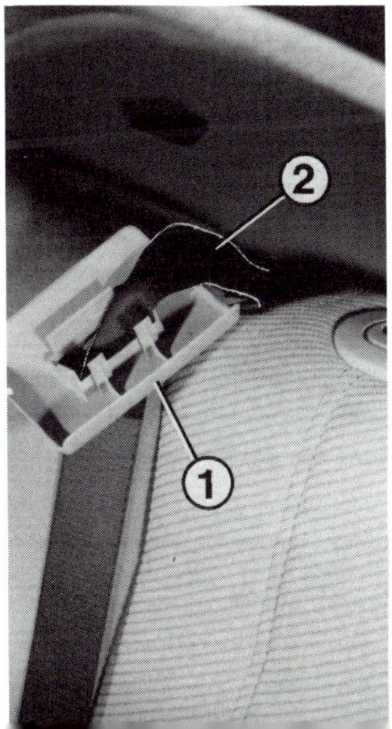

Mittelkonsole ausbauen

- Batterie abklemmen.
- **Hinteren Teil der Mittelkonsole ausbauen:** Abdeckung ganz hinten an der Mittelkonsole ausclipsen. Wo vorhanden, Stecker zum Zigarettenanzünder ausstecken.
- Hinter der Blende die beiden Sechskantschrauben rechts und links in der Öffnung herausdrehen.
- Verkleidung des Handbremshebels – an der Hinterkante zuerst – aus der Konsole hebeln.
- Vorn im Ausschnitt des Handbremsschachts eine Kreuzschlitzschraube herausdrehen.
- Wo vorhanden, Kassettenfach ausbauen.
- Im Ablagefach neben der Handbremse das Abdeckkäppchen von der Kreuzschlitzschraube hebeln und diese herausdrehen.
- Hinteres Konsolenteil anheben und über die Handbremse herausführen.
- Jetzt kann das **vordere Konsolenteil** ausgebaut werden:
- Kunststoffmutter unten an der Hinterkante des vorderen Konsolenteils lösen.
- Fensterheber- und Warnblinkschalter von unten aus der Konsole drücken.
- Schaltknopf mit einem Ruck nach oben abziehen.
- Schalthebelmanschette (besser gesagt: deren Rahmen) rechts und links ausclipsen und nach oben abziehen.
- Mit der Hand in den Ausschnitt des Schalthebels fassen und die obere Abdeckung der Konsole (Vorderkante zuerst) nach oben abziehen.
- Fahrzeuge mit Automatikgetriebe: Schraube vorn am Wählhebelgriff lösen, Griff abziehen. Abdeckung zuerst vorn ausheben, dann Stecker abziehen.
- In beiden vorderen Fußräumen die teppichbodenbezogenen Verkleidungen nach Lösen von je einer Kreuzschlitzschraube abnehmen.
- Darunter ist rechts und links je eine Kreuzschlitzschraube zugänglich – herausdrehen.
- Rechts unter dem Kombi-Instrument das Abdeckkäppchen abhebeln und die Kreuzschlitzschraube herausdrehen.
- Handschuhfach öffen. Schwarze Kreuzschlitzschraube links oben in der Handschuhkasten-Öffnung herausdrehen.
- Bedieneinheit Heizung/Lüftung ausbauen (Seite 238 bzw. 240).
- Radio und Uhr bzw. Bordcomputer ausbauen.
- Rechts und links an der Instrumenteneinheit an der Mittelkonsole die schmalen Blenden abhebeln. Dazu Schraubendreher an der Unterkante der Blende ansetzen und vorsichtig drücken.
- Nun werden rechts und links der Instrumenteneinheit je zwei Kreuzschlitzschrauben sichtbar – herausdrehen.
- Der vordere Teil der Mittelkonsole kann nun nach hinten gezogen werden. Dabei Stecker vom Überblendregler (wo vorhanden) und Lampenfassung aus dem Aschenbecher abziehen.

Kassettenfach ausbauen

- Kassettenfach an der Vorderkante mit einem Schraubendreher aus der Mittelkonsole hebeln.
- Beleuchtungskabel abziehen.

Handschuhkasten ausbauen

- Handschuhkasten öffnen.
- Sicherungsklammern der Haltebänder seitlich abdrücken.
- Haltebänder abziehen.
- Handschuhkasten wieder schließen.
- Unten zur Vorderkante des Handschuhkastens vortasten und die Riegel der Scharniere rechts und links öffnen.
- Handschuhkasten öffnen und nach hinten abziehen.
- Beim **Einbau** den Scharnier-Verschluß mit der Nase nach vorn in den Handschuhkasten einfädeln.
- Handschuhkasten einsetzen, ausrichten und dann die Riegel der Scharniere schließen.

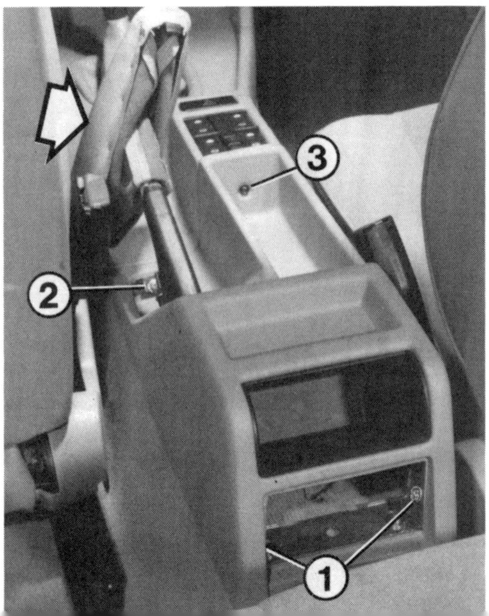

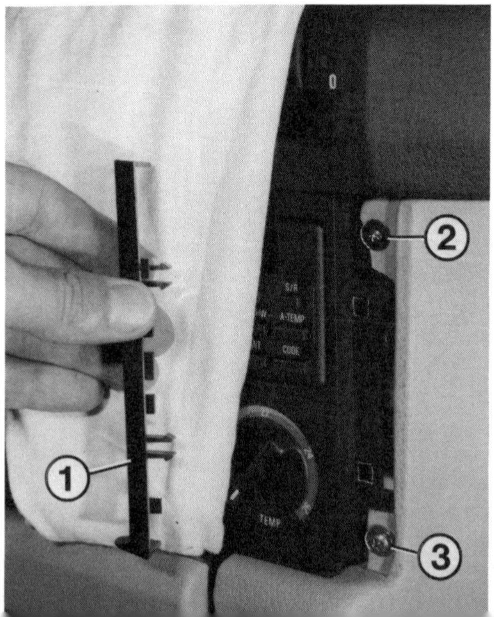

Links: Einige Arbeitsschritte zum Ausbau des hinteren Teils der Mittelkonsole: Die Schalthebelmanschette (Pfeil) ist hochgezogen, die Blende ganz hinten an der Konsole ist abgenommen. Die vier Halteschrauben (1–3) liegen jetzt frei.
Rechts: Je zwei Schrauben (2 und 3), die zum Ausbau des vorderen Konsolenteils gelöst werden müssen, sitzen rechts und links der Instrumenteneinheit und sind nach Abhebeln der schmalen Blende (1) zugänglich.

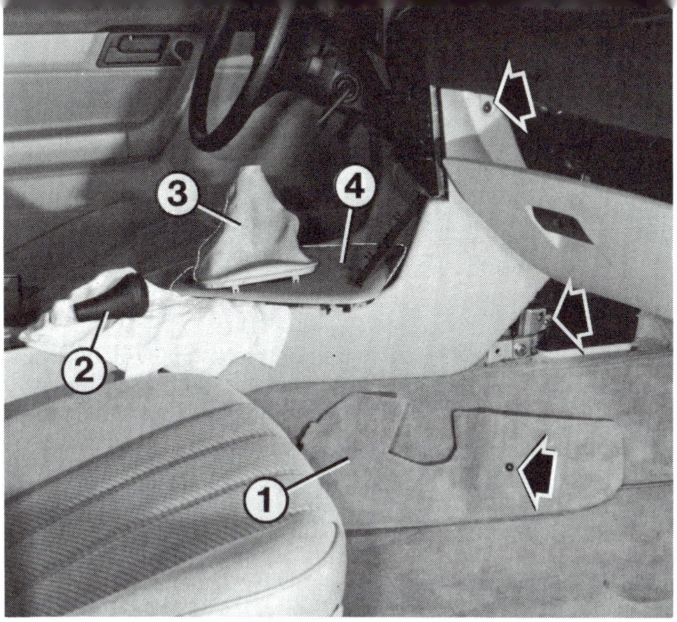

Ausbau des vorderen Teils der Mittelkonsole: Die Teppichbodenverkleidung (1) ist abgenommen, Schalthebel (2), Schalthebelmanschette (3) und obere Konsolenabdeckung (4) sind abgezogen. Die Pfeile zeigen auf drei der Schrauben, die zum Ausbau der Mittelkonsole gelöst werden müssen.

Verkleidung oben im Handschuhfach ausbauen

- Handschuhkasten öffnen.
- Haltebänder aushängen.
- Handschuhkasten zum Boden absenken.
- Links an der Verkleidung zwei Kreuzschlitzschrauben, rechts an der Verkleidung eine Kreuzschlitzschraube herausdrehen.
- Verkleidung nach hinten ziehen und abnehmen.

Sie ist mit insgesamt drei Haken an der Unterkante des Armaturenbretts eingehängt.

- Stecker an Leuchte und Kontaktschalter abziehen.

Verkleidung links im Handschuhfach ausbauen

- Teppichboden-Verkleidung links im Beifahrer-Fußraum nach Lösen einer Kreuzschlitzschraube ausbauen.
- Handschuhkasten öffnen.
- Haltebänder aushängen.
- Handschuhkasten zum Boden absenken.
- Verkleidung oben im Handschuhkasten ausbauen.
- Linke Verkleidung im Handschuhkasten etwas nach vorn drücken, um die Haken an der Hinterkante aus der Mittelkonsole auszuheben.
- Verkleidung herausziehen.
- Stecker für Akku-Leuchte ausclipsen.

Sicherheitsgurte prüfen

Wartung Nr. 15

Zeigen die Gurte einen der nachfolgend genannten Mängel, sollten sie ausgewechselt werden, damit sie im Notfall wirklich schützen können:

○ Welliges Gurtband
○ Ausgefranste Kanten
○ Aufgeriebenes Gewebe
○ Angerissene Nähte
○ Wenn ein »lahmer« Automatikgurt öfter zwischen Tür und Karosserie eingeklemmt wurde, wodurch er mit der Zeit an Festigkeit verliert.

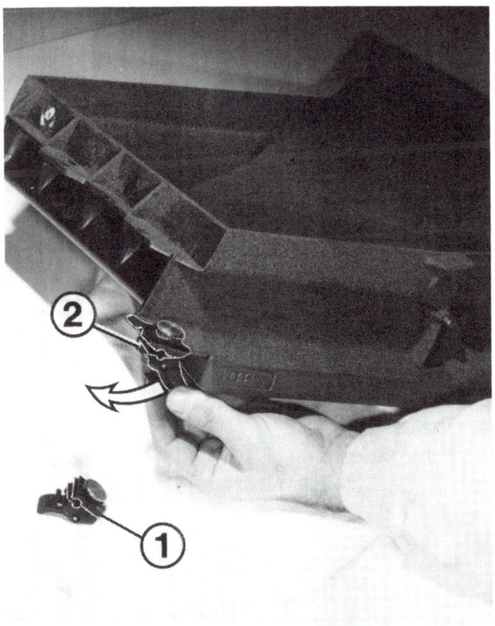

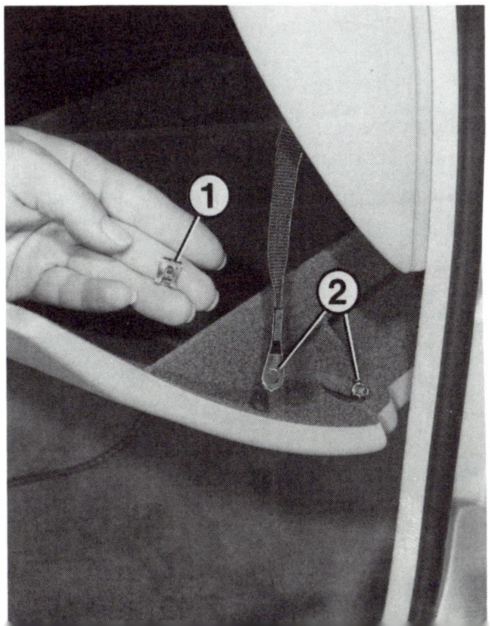

Ausbau des Handschuhfachs: Links: Lösen des Riegels (in Pfeilrichtung) an einem eingebauten Scharnier des Handschuhfachs (2). Position »1« zeigt ein ausgebautes Scharnier. Rechts: Die Sicherungsklammer (1) hält die Haltebänder auf den Bolzen (2) des Handschuhfachs.

Gepflegte Erscheinung

Während autowaschende Familienväter in den 60er-Jahren aus dem samstäglichen Straßenbild nicht wegzudenken waren, bilden sich in den 90ern eher lange Schlangen vor den Autowaschanlagen. Der Grund für diese Veränderung liegt nahe: Das Verhältnis zum Auto ist auf eine andere Ebene gerückt. Der fahrbare Untersatz ist zur Selbstverständlichkeit geworden, und anspruchsloser ist er noch dazu. Beispiel dafür ist die aufwendige Rostvorsorge, die schon ab Werk an den BMW-Karosserien betrieben wird.

Rostschutzmaßnahmen ab Werk

Bei BMW hält man nichts von einer vollverzinkten Karosserie. Vielmehr ist man in München der Auffassung, daß verzinkte oder teilverzinkte Bleche nur dort verwendet werden sollen, wo es die Beanspruchung auch rechtfertigt.

○ Aus einseitig verzinkten Blechen bestehen beim 5er die vorderen Rahmenträger-Enden, das untere Querblech vorn, die oberen Kotflügel-Befestigungskanten, die oberen Federbeinbefestigungen, der Bereich unterhalb der Windschutzscheibe, die Außenhaut der Türen und des Kofferraumdeckels, die hinteren Seitenteile und Radkästen sowie die Türschweller.

○ Beidseitig verzinkte Bleche wurden verwendet für die Motorhaube, das Batterie-Standblech im Motorraum, den Kühlergrill-Rahmen mit »Niere«, das vordere Motorraum-Querblech, die vorderen Kotflügel, die Innenschweller, die Rahmen der Türen und des Kofferraumdeckels sowie die Rahmenendspitzen hinten.

Darüber hinaus gibt es weitere Rostschutzmaßnahmen, die schon bei der Fahrzeug-Konstruktion beginnen.

○ Die Falze an Türen und Hauben sind mit PVC geklebt und versiegelt.

○ In den Vorderkotflügeln sitzen Abdeckungen aus Kunststoff.

○ Hohlraumkonservierung schützt alle Hohlprofile der Karosserie.

○ Die Hohlräume sind so konstruiert, daß sie gut belüftet werden und somit gut austrocken.

○ Der Unterboden ist mit PVC-Material und zusätzlich mit einem Wachsschutz beschichtet.

○ Die Rohkarosserie besitzt eine Elektrotauchlackierung nach dem Kataphorese-Verfahren.

○ Die aufwendige Lackierung besteht aus vier Schichten: Zinkstaub-Behandlung an besonders gefährdeten Teilen, Zink-Phosphatierung, Grundlackierung, Füllerlackierung, Decklackierung und bei – Metallic-Lack – einen Klarlack.

Durchrostungs-garantie

Die aufwendigen Rostschutzmaßnahmen veranlassen BMW dazu, eine Garantie über sechs Jahre dafür zu geben, daß keine Durchrostung am Wagen auftritt. Das schaffen die 5er natürlich problemlos. Übrigens wird in der Garantie ausdrücklich von »Durchrostungen« gesprochen, nicht etwa von anderen Rostschäden.

Die Gewährleistung kann natürlich nicht ohne Einschränkungen gelten:

○ Ein durch Steinschlag oder Bodenberührung beschädigter Unterbodenschutz darf nicht sich selbst überlassen, sondern muß repariert werden.

○ Gleiches gilt für Kratzer oder Steinschläge auf den lackierten Flächen der Karosserie.

○ Wenn bei einer Unfallreparatur Lackierung und Rostschutz der neuen Teile nicht nach BMW-Richtlinien ausgeführt wurde, ist die Garantie hinfällig.

Auf die genannten Punkte wird bei der Jahresinspektion geachtet und ein kleines Protokoll über den Karosseriezustand angefertigt. Ebenso wird vermerkt, ob die anstehenden Arbeiten ausgeführt wurden – auf Ihre Kosten, versteht sich. So kann es im Normalfall gar nicht zu einer Durchrostung kommen. Wer also den Karosseriezustand selbst überwacht, wird nach sechs Autojahren ebensowenig Durchrostungen an seinem BMW feststellen wie derjenige, der Nacharbeiten in der Werkstatt vornehmen läßt. Womit eine Garantie eigentlich gar nicht mehr nötig ist.

Unterbodenschutz kontrollieren

Wartung Nr. 46

Die Schutzschicht der Wagenunterseite muß sorgsam geprüft und ggf. nachgearbeitet werden. Das können Sie selbst machen, wenn Sie eine sichere Aufbockmöglichkeit für den BMW haben (Hebebühne, Auffahrrampe).

● Unterboden gründlich waschen.

● Gesamte Unterseite mit einer hellen Lampe ableuchten und auf schadhafte Stellen untersuchen.

● Beschädigte Stellen im Unterbodenschutz mit Spachtel, Schaber und Drahtbürste bis aufs blanke Blech freilegen.

● Rostansätze so weit als möglich blankschleifen.

● Gesäuberte Fläche mit Rostprimer oder Bleimennige bestreichen.
● Ebene oder größere Flächen werden mit streichbarem Unterbodenschutzmaterial behandelt.
● Für schwer zugängliche Fugen und Ecken ist eine Sprühdose mit Unterbodenschutz günstiger.
● Nicht alle Unterbodenschutzmaterialien eignen sich für die Verwendung am BMW. So kann es Haftprobleme bei Materialien auf Bitumenbasis geben.
● Besser ist Wachs-Unterbodenschutz: Er kann sowohl zum zusätzlichen Konservieren der werksseitig aufgespritzten PVC-Unterbodenschutzschicht verwendet werden wie auch zum Behandeln von Reparaturstellen.

Fingerzeig: Beim Sprühen von Unterbodenschutz müssen die Bremsen mit Papierbogen oder Kunststoffolie gegen den schmierigen Nebel abgedeckt werden.

Wagenunterseite waschen

Eine wirkungsvolle und zugleich preiswerte Pflege für die Wagenunterseite ist – vor allem im Winter – das regelmäßige Abspritzen mit einem scharfen Wasserstrahl. Auftausalz und Straßenschmutz sollen sich nicht lange in den Kanten und Ecken des Bodens festsetzen können, denn sie binden Feuchtigkeit. Die ohnehin schlecht zugänglichen Ecken trocknen nie ganz aus, was letztendlich den Rostfraß erheblich fördert. Schmutzkrusten können sich an folgenden Stellen festsetzen:
○ In den Winkeln und Kanten der vorderen Radkästen
○ Im Blechfalz am Rand der hinteren Radausschnitte
○ In den hinteren Radkästen
○ Im Spritzbereich der Hinterräder rechts und links des Kofferraums
Für die Unterwagenwäsche brauchen Sie zumindest einen Wasserschlauch mit Spritzdüse. Es gibt auch abgewinkelte Spritzdüsen (z. B. von APA), mit denen man den am Boden stehenden Wagen abspritzen kann, ohne selbst allzu naß zu werden. Am günstigsten ist allerdings ein Dampfstrahlgerät, wie es Tankstellen und Waschparks besitzen. Erkundigen Sie sich, ob es in Ihrer Nähe ein solches Gerät zur Selbstbedienung gibt.

Wasserablauflöcher reinigen

Wartung Nr. 47

Keine Schweißnaht ist so dicht, daß nicht Wasser eindringen kann. Aus diesem Grund sind in allen Hohlprofilen im Wagen Wasserablauflöcher angebracht. Sind diese durch Schmutz oder Unterbodenschutz verstopft, kann eindringendes Wasser nicht mehr ablaufen, sondern fördert den Rostfraß von innen heraus. Besonders gefährdet sind die Längsversteifungen der Karosserie.
Deshalb die Löcher regelmäßig mit einem Pfeifenreiniger, Draht oder Schraubendreher durchstoßen.

Lackierung prüfen

Wartung Nr. 48

● Steinschlagschäden an der Lackierung müssen schon bald ausgebessert werden, bevor sich Rostansatz breitmacht, was auf den verzinkten Teilen glücklicherweise nicht ganz so schnell geht.
● Dazu eignet sich sogenannter Tupflack, den es in kleinen Fläschchen samt Tupfpinsel zu kaufen gibt.
● Ist eine beschädigte Lackstelle bereits unterrostet, Rost abschleifen – je nach Umfang mit Glasfaser-Radierstift, Schleifpapier oder elektrischem Winkelschleifer.
● Vor dem Decklack Rostgrundierung auftragen.

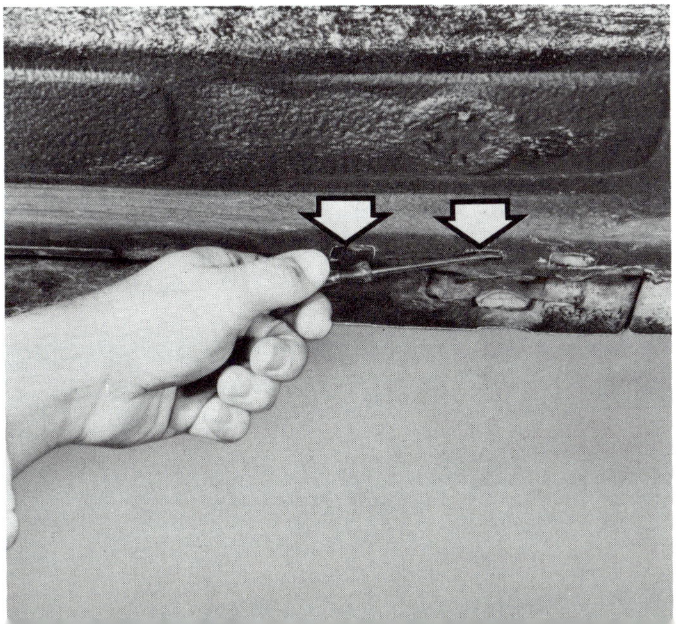

Die Wasserablauflöcher unten an den Türschwellern sind beim BMW erfreulich groß ausgefallen. Sorgen Sie dafür, daß diese Öffnungen nicht verstopft sind, sonst staut sich Wasser in den Hohlräumen und fördert den Rostfraß.
Übrigens führen auch die Ablaufschläuche des Schiebedachs in die Schweller, so daß ablaufendes Wasser aus dem Schiebedachkasten ebenfalls durch diese Löcher ins Freie gelangt.

Störungsdienst

Wir gehen bei unserer Fehlersuche davon aus, daß der Motor keine mechanischen Leiden hat. Weiter nehmen wir an, daß das Triebwerk unvermittelt stehenblieb bzw. nicht mehr anspringen will.

Reihenfolge der Fehlersuche

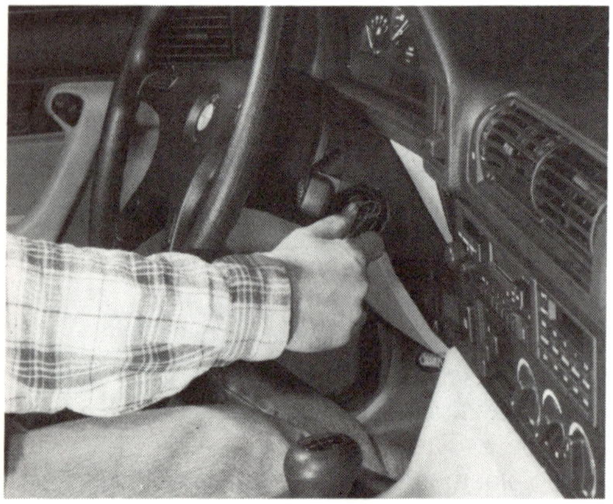

Dreht der Anlasser den Motor durch?
Tut er's nicht oder nur unwillig, lesen Sie bitte weiter unter »Fehlerquelle Elektrik«. Wird der Motor dagegen flott durchgedreht, müssen zur weiteren Eingrenzung die folgenden Fragen der Reihe nach beantwortet werden.

Funken die Zündkerzen?
Einen Kerzenstecker abziehen, Zündkerze herausschrauben, in den Kerzenstecker hineinstecken und Kerze elektrisch leitend mittels eines Starthilfekabels mit dem Motorblock verbinden. Von einem Helfer den Anlasser durchdrehen lassen. **Zündkabel und Kerze nicht berühren**, siehe Seite 183. Springen Funken über? Wenn ja, nächste Frage abklären. Falls nicht, weiterlesen unter »Fehlerquelle Zündung«.

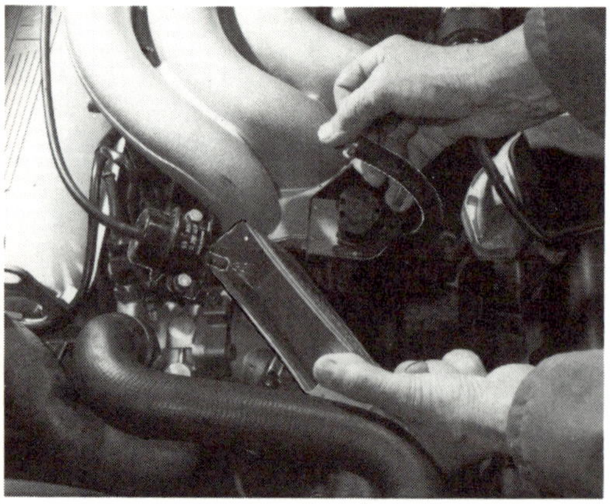

Wird die Einspritzanlage mit Kraftstoff versorgt?
Kraftstoffschlauch am Druckregler abnehmen, Gefäß unter den Druckregler halten. Von Helfer den Anlasser kurz durchdrehen lassen: Spritzt Benzin heraus, ist die Kraftstoffversorgung intakt. Wenn nicht, lesen Sie bitte unter »Fehlerquelle Kraftstoffversorgung« weiter. Bleibt die Einspritzung selbst als Fehlerquelle.

Zuerst die Sichtprüfung

○ Ist ein Kabelstecker an Teilen der Zündanlage oder an einem Teil der Einspritzanlage abgefallen?
○ Kontrollieren Sie den festen Sitz der Zündkabel am Verteiler (Abdeckung dazu abnehmen, siehe Seite 186) und an den Kerzensteckern. Die Zündung darf dazu nicht eingeschaltet sein!
○ Sind sämtliche Unterdruckschläuche im Motorraum auf ihren entsprechenden Stutzen aufgesteckt?
○ Alle Teile der Zündanlage – auch die Zündspule – müssen sauber und trocken sein, sonst besteht die Gefahr von Kriechströmen und Spannungs-Überschlägen. Kondenswasser am und im Verteilerdeckel (Seite 186)?
○ Benzingeruch im Motorraum? Ist ein Kraftstoffschlauch undicht oder hat er sich gar gelockert?

Fehlerquelle Elektrik

○ Die Kontrollampen im Armaturenbrett brennen nicht bei eingeschalteter Zündung: Batterie ist völlig entladen oder die Batterieklemmen sind lose.
○ Kontrollampen verlöschen beim Betätigen des Anlassers: Batterie stark entladen oder altersschwach (Seite 172) oder Anlasser hat Kurzschluß.
○ Kontrollampen werden beim Schlüsseldreh geringfügig dunkler; Anlasser dreht sich nicht: Magnetschalter klemmt bzw. defekt oder Anlasser defekt (Störungsbeistand Seite 180).
○ Kontrollampen brennen hell beim Schlüsseldreh; Anlasser dreht sich nicht: Klemme-50-Kontakt im Zündschloß defekt (Seite 219), Klemme-50-Leitung am Magnetschalter lose (Bild Seite 179) oder Magnetschalter defekt.

Fehlerquelle Zündung

○ Alle Steckeranschlüsse im Bereich Zündspule und Zündverteiler richtig aufgesteckt?
○ Risse im Zündspulengehäuse, Brandspuren von Funkenüberschlägen?
○ Steckverbindungen zum Drehzahlgeber (Seite 185/186) in Ordnung? Prüfen, ob der Geber an seiner Stirnseite verschmutzt ist. Reinigen.
○ Sind die Steckeranschlüsse am Motronic-Steuergerät fest? Ist evtl. ein einzelner Steckkontakt im Mehrfachstecker zurückgerutscht?
○ Verteilerdeckel abnehmen. Sind Kriechstromspuren an seiner Innenseite sichtbar (Seite 186)? Federt die Kontaktkohle in der Deckelmitte einwandfrei? Grünspan an den Kontaktstiften?
○ Als letztes hilft nur das komplette Durchprüfen der Zündanlage (ab Seite 184).

Fehlerquelle Kraftstoffversorgung

○ Kein Benzin im Tank – das ist nicht so abwegig, wie Sie vielleicht denken. Wagen aufschaukeln und horchen, ob es im Tank plätschert.
○ Kraftstoffpumpe defekt (Seite 68).
○ Benzinfilter verstopft, siehe Seite 69.
○ Bei intaktem Benzinnachschub gerät – z. B. bei ständigen Startproblemen – die Einspritzanlage in Verdacht.

Verzeichnis der Störungsbeistände

Über das Buch verteilt finden Sie Störungsbeistände zu den einzelnen Bauteilen. Hier die Zusammenstellung:

Hardware

Mit dem Autopflege-Hobby verhält es sich wie beim Computer: Die Software – also die Wissensseite – stellt dieses Handbuch dar. Mit der Hardware – dem Werkzeug – läßt sich manches in die Tat umsetzen.

Werkzeug-Grundausstattung

In der nachfolgenden Liste haben wir zusammengestellt, was uns als vielseitig verwendbare Grundausstattung empfehlenswert erscheint:

- ○ 4 Doppel-Gabelschlüssel, 6 x 7, 8 x 10, 13 x 15, 17 x 19
- ○ 2 Gabel/Ringschlüssel kurz, SW 10 bzw. 13 beidseitig
- ○ 2 Ringschlüssel gekröpft, 10 x 13 und 17 x 19
- ○ 1 Steckschlüssel 8 x 10
- ○ 1 Satz Innensechskantschlüssel, 2–8 mm
- ○ 1 Zündkerzenschlüssel, SW 20,8, ausziehbar
- ○ 1 Radschraubenschlüssel, SW 17
- ○ 3 Schraubenzieher für Querschlitzschrauben, 3, 6 und 8 mm breit
- ○ 2 Schraubenzieher für Kreuzschlitzschrauben, verschiedene Größen
- ○ 1 Schraubenzieher für Querschlitzschrauben, kurz mit kräftigem Griff
- ○ 2 Winkelschraubenzieher für Kreuzschlitze und Querschlitze
- ○ 1 Kombizange
- ○ 1 Rohrzange, 240 mm lang
- ○ 1 Seitenschneider
- ○ 1 Schlosserhammer, 300 g schwer
- ○ 1 Satz Fühlerblattlehren, 0,05–0,7 mm
- ○ 1 Flachmeißel
- ○ 1 Durchschlag, 3 mm Durchmesser
- ○ 1 Elektrik-Prüflampe bzw. Spannungsprüfer mit Leuchtdioden zum Prüfen von Elektronik-Bauteilen

Weitere Werkzeuge

TORX-Schlüssel: TORX-Schrauben sehen ähnlich aus wie Inbusschrauben, doch besitzen sie statt statt Innensechskant einen sternförmigen Einsatz. Am BMW häufiger verwendet sind die Größen T25, T30 und T40. Kauf von weiteren Schraubenschlüsseln nur nach Bedarf.

Stecknüsse mit den dazugehörigen Verlängerungsstücken und Betätigungswerkzeugen, wie Knarre (Rätsche) und Hebel, ermöglichen wesentlich schnelleres Arbeiten. Zum Einstecken der Betätigungswerkzeuge haben die Steckeinsätze ein Vierkantloch mit 1/2″ (Zoll) oder 3/8″ Kantenlänge. Die 3/8″-Ausführung ist dabei weniger verbreitet, jedoch in vielen Fällen handlicher beim Autobasteln. Für Stecknüsse ab SW 24, die es nur mit ½″-Vierkant gibt, kann man ein Adapterstück kaufen.

Drehmomentschlüssel: Für den Heimwerker genügt die Ausführung mit Skala durchaus. Unerläßlich ist der Drehmomentschlüssel bei allen Schrauben, die mit dem richtigen Drehmoment angezogen werden sollen.

Spannbandschlüssel zum Lösen des Ölfilters. Lohnt sich, wenn der Ölwechsel öfters selbst gemacht wird.

Flüssige und fettige Hilfen

Rostlöser für festgerostete Verschraubungen gibt es genügend im Angebot. Besonders gut fanden wir Schnellrostlöser z. B. »Caramba Rasant«. Herkömmliche Lösemittel brauchen eine gewisse Einwirkzeit.

Isoliersprays sind ebenfalls ausgesprochen kriechfähig. Vielfach sind die Rostlöser zugleich solche Isoliersprays, die bei Feuchtigkeit in der Autoelektrik den feinen Wasserfilm unterwandern und dadurch verhindern, daß Zünd- oder Batteriestrom über den leitenden Wasserfilm als Kriechstrom abwandert.

Korrosionsschutzwachs nach der Motorwäsche angewandt verhindert im Motorraum Korrosionserscheinungen unter winterlicher Streusalzeinwirkung.

Hochdruckfett, wie Molykote Longterm 2, empfiehlt BMW zur Verwendung bei zahlreichen Montagearbeiten wie z. B. beim Einbau einer Kupplungsscheibe.

Kupferfett, auch Heißschrauben-Compound genannt, verhindert das Festrosten von Verschraubungen, die extrem hohen Temperaturen ausgesetzt sind. Im Auto sind das Auspuffschrauben und Zündkerzen. Zu empfehlen ist dieser Schmierstoff aber auch an anderen Schrauben, die der Korrosion ausgesetzt sind.

Schmierstoff-Suspensionen liegen an der Grenze zwischen Öl und Fett und sind für seltener beanspruchte Schmierstellen (Sitzschienen, Schiebedach-Führungen, Türfeststeller-Hebelchen) sehr vorteilhaft.

Fingerzeig: Achten Sie darauf, nur umweltfreundliche Spraydosen (Kennzeichen: Plakette mit dem »Blauen Engel«) zu verwenden.

Sahne unterm Häubchen

Den Vierventiler-Motoren ist an dieser Stelle ein eigenes Kapitel in Form eines Anhangs gewidmet. Da diese Modelle erst nach Redaktionsschluß des Buches auf den Markt kamen, konnten sie im übrigen Werk nicht

Der Vierventiler-Motorraum

So sieht's im Motorraum des Vierventilers aus: 1 – Batterie; 2 – Sicherung für Batterie-Hauptkabel; 3 – rechtes Federbein; 4 – Steuergeräte-Kasten; 5 – Öleinfülldeckel; 6 – Ansaugkrümmer; 7 – Drosselklappenstutzen; 8 – Heizungsventile; 9 – Relais- und Sicherungskasten; 10 – Diagnose-Stecker; 11 – Bremsflüssigkeits-Vorratsbehälter; 12 – Zusatzrelaisbox; 13 – Hitzdraht-Luftmassenmesser; 14 – Luftfiltergehäuse; 15 – Vorratsbehälter der Servolenkung; 16 – Ölpeilstab; 17 – Kühlsystem-Verschlußdeckel; 18 – Lichtmaschine; 19 – Ölfilter; 20 – Nockenwellengeber der Motronic (zur Zylindererkennung); 21 Kühlerventilator; 22 – Kühler.

Bewährte Technik

Vierventiltechnik ist im Hause BMW ein alter Hut. Schon im Jahre 1978 war das legendäre BMW M1 Coupé mit einem Vierventil-Sechszylindermotor ausgestattet. Der für den Rennsport gebaute Wagen leistete 277 PS und wurde in fast 500 Einheiten gebaut.
Später kamen die Vierventiler – neben den Rennsport-Einsätzen – in den Wagen der M-Serie zur Anwendung, angefangen mit dem M635CSi. Der große Durchbruch der Vierventiltechnik in der Serie erfolgte dagegen 1989 mit dem BMW 318is.

Warum Vierventiltechnik?

Eines der Grundprobleme des Viertaktmotors ist es, die Zylinder während des Ansaugtakts mit der ausreichenden Menge Kraftstoff/Luft-Gemisch zu füllen. Das Problem vergrößert sich mit steigender Drehzahl, weil ja die Ventil-Öffnungszeiten dadurch immer kürzer werden. Der Techniker spricht von Füllungsverlusten.
Dem zu begegnen, wählt man den Ventildurchmesser so groß als möglich. Denn nur so kann mehr Gemisch einströmen. Diesem Bestreben setzt jedoch der Brennraumdurchmesser Grenzen.
Hier fußt nun der Grundgedanke der Vierventiltechnik: Vier Ventilteller addieren sich zu einer insgesamt größeren Öffnungsfläche als zwei noch so große – jeweils auf dieselbe Brennraumgröße bezogen.

Vorteile der Vierventiltechnik

Kaum ein Automobilhersteller entschließt sich zu teuren Mehraufwendungen an seinen Fahrzeugmodellen, wenn sich nicht gleichzeitig mehrere Vorteile daraus ergeben. Und die sind bei der Vierventiltechnik tatsächlich gegeben:

- Vier Ventile ermöglichen größere Durchlaßquerschnitte für Frisch- und Abgas. Das freiere Atmen kommt der Motorleistung und damit auch dem Kraftstoffverbrauch zugute. So hat ein Vierventiler einen ca. 8% geringeren spezifischen Kraftstoffverbrauch im Vergleich zum Zweiventiler.
- Vierventiler besitzen kleinere Ventile. Dadurch geringere bewegte Massen, was schnelleres Reagieren des Ventiltriebs zur Folge hat. Angenehmer Nebeneffekt: Man benötigt weniger straffe Ventilfedern zum Schließen der Ventile.
- Die kleineren Ventile kühlen sich während der Schließzeiten über die Ventilsitze besser ab als große Ventile. Daher geringere thermische Probleme.
- Vierventilermotoren sind auf Grund der Brennraumverhältnisse unempfindlicher gegenüber klopfender Verbrennung. Sie vertragen ein um 1–5 Punkte höheres Verdichtungsverhältnis.
- Die Zündkerze kann beim Vierventiler optimal in Brennraummitte plaziert werden.

Die Motor-Mechanik

Die Vierventilermotoren – mit Werksbezeichnung **M50** benannt – unterscheiden sich in einigen grundsätzlichen Merkmalen von ihren Vorgängern.

Die Kurbelwelle

Die Kurbelwelle ist in Sphäroguß hergestellt und besitzt sieben Hauptlager und zwölf Gegengewichte. An ihrem hinteren Ende sitzt beim 520i bis 8/90 ein Topfschwungrad aus Guß, beim 520i ab 9/90 sowie beim 525i dagegen ein Zweimassenschwungrad, das Drehschwingungen dämpft.
Am vorderen Kurbelwellenende ist bei beiden Versionen ein Torsionsschwingungsdämpfer angebracht.

Kolben und Zylinder

Nichts ist bei diesem Motor vom alten Sechszylinder (M20) übriggeblieben. Auch das Kurbelgehäuse wurde neu entwickelt. Die in den Zylinderbahnen laufenden Kolben sind mit Ventiltaschen versehen – je zwei für die Ein- und die Auslaßventile. 520i und 525i besitzen unterschiedliche Kolben: Der 520i hat flache Kolbenböden, der 525i hat Muldenkolben.
Die Kühlung der Kolben erfolgt über Öl-Spritzdüsen, die einen konstanten Ölstrahl von unten auf die Kolbenböden richten.

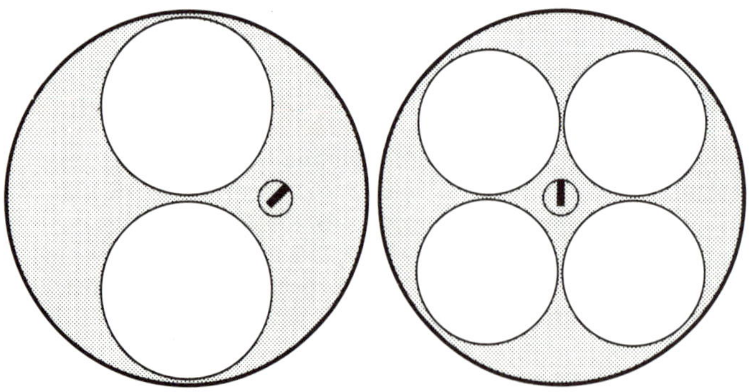

Im kreisrunden Zylinder lassen sich zwei Ventilkreise nicht beliebig vergrößern. Bald stoßen sie aneinander, während rechts und links ungenutzter Raum bleibt. Vier kleine Kreise kann man dagegen vergleichsweise elegant unterbringen und erreicht dadurch einen insgesamt größeren Öffnungsquerschnitt.

Der Nockenwellenantrieb des Vierventilers: Die Primärkette (rot) treibt vom Kurbelwellen-Kettenrad (2) das Kettenrad der Auslaß-Nockenwelle (5) an. Die Sekundärkette (oben, rosa) wird von der Auslaß-Nockenwelle in Bewegung gesetzt und treibt die Einlaß-Nockenwelle (6).
Eine weitere Kette überträgt die Drehung der Kurbelwelle auf das Kettenrad der Ölpumpe (1).
Gespannt wird die Primärkette über die Führungsschiene (3) durch den hydraulisch gedämpften Kettenspanner (4).

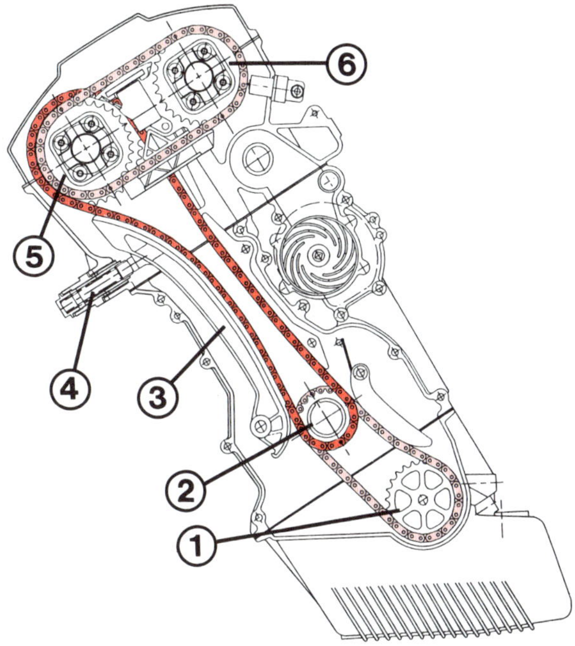

Die Nockenwellen

Zwei Nockenwellen sind für das rechtzeitige Öffnen und Schließen der Ventile verantwortlich. Die in Fahrtrichtung rechts angeordnete Nockenwelle betätigt die Auslaßventile, die links eingebaute die Einlaßventile.
Die sieben Lagerstellen der Nockenwellen befinden sich nicht direkt im Zylinderkopf, sondern pro Seite in je einer separat abnehmbaren Lagerleiste. Diese Leisten nehmen auch die Hydrostößel des hydraulischen Ventilspielausgleichs auf.
Die Stößel sind zwischen Nockenwelle und Ventilschaft-Ende angeordnet. Auf sie drücken die einzelnen Nocken der Nockenwelle, um die Ventile zu öffnen. Durch ihre Form bedingt werden die Stößel im BMW Tassenstößel genannt – sie erinnern an eine über den Ventilschaft gestülpte Kaffeetasse.

Hydraulischer Ventilspielausgleich

Einstellen des Ventilspiels ist beim Vierventiler-Motor nicht mehr notwendig. Der hydraulische Ventilspielausgleich schafft bei jeder Ventilbetätigung das richtige Spiel. Der Ventiltrieb arbeitet dadurch spielfrei, aber dennoch ist dafür gesorgt, daß die geschlossenen Ventile fest auf dem Ventilsitz aufliegen und damit einwandfrei abdichten. Akustisch wahrnehmbarer Vorzug der Hydrostößel: Der spielfreie Ventiltrieb arbeitet wesentlich geräuschärmer als der herkömmliche.

Fingerzeig: Nach längeren Standzeiten kurz nach dem ersten Motorstart können die Hydrostößel laute Klappergeräusche verursachen. Dieser Effekt tritt auf, wenn alles Öl aus den Hydrostößeln ausgelaufen und dadurch wieder Spiel im Ventiltrieb entstanden ist (siehe folgenden Abschnitt). Kein Grund zur Besorgnis: Das Geräusch verschwindet nach kurzer Zeit, und der Ventiltrieb arbeitet wieder geräuschfrei. Klappert ein einzelner Hydrostößel längere Zeit oder sogar noch bei warmem Motor, muß er kontrolliert werden.

Die Schnittzeichnung zeigt eindrucksvoll, wie dicht gedrängt es im Zylinderkopf der Vierventiler-Modelle zugeht. Insgesamt 24 Ventile und zwei Nokkenwellen müssen auf kleinstem Raum miteinander leben.

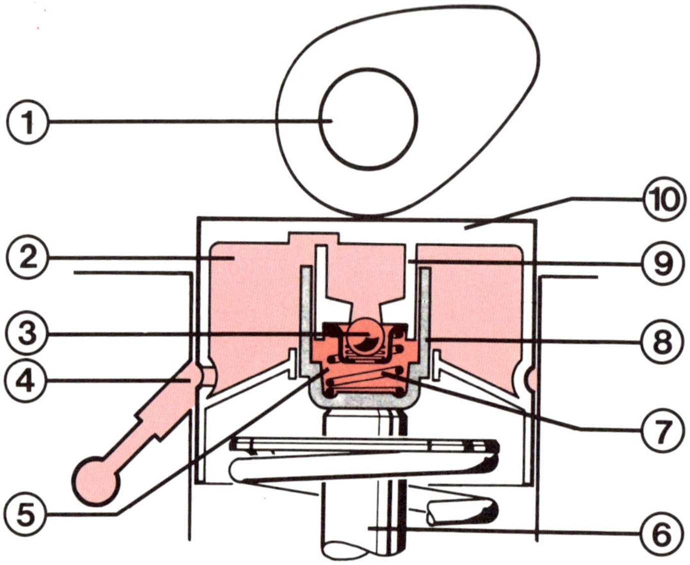

Die Ventilbetätigung mit Hydrostößel: Das unter Hochdruck gesetzte Öl ist rot dargestellt. Hellrot abgesetzt ist die zur Ventilbetätigung nicht benötigte Ölmenge.
Die Zahlen bezeichnen folgende Teile:
1 – Nocken der Nockenwelle;
2 – Ölvorratsraum;
3 – Rückschlagventil;
4 – Ölzulauf;
5 – Hochdruckraum;
6 – Ventilschaft;
7 – Druckfeder;
8 – Zylinder;
9 – Kolben;
10 – Hydrostößel.

Funktion der Hydrostößel

Bei geschlossenem Ventil gelangt Öl aus dem Schmierkreislauf des Motors über eine Ringnut in den Hydrostößel. Nach Passieren des Rückschlagventils im Stößel fließt der Schmierstoff in den momentan noch völlig drucklosen Hochdruckraum und füllt diesen ganz aus. Parallel zu diesem Vorgang drückt die Druckfeder den Stößel spielfrei an die Nockenwelle bzw. den Zylinder gegen das Ende des Ventilschafts.
Dreht sich nun die Nockenwelle und drückt ihr exzentrischer Nocken gegen den Stößel, so steigt der Druck im Hochdruckraum. Das Rückschlagventil verschließt die Zulaufbohrung und sorgt dafür, daß kein Öl mehr entweichen kann. Da sich das Öl nicht komprimieren (in sich zusammendrücken) läßt, ist damit eine starre Verbindung zwischen Hydrostößel und Zylinder hergestellt. Das Ventil kann also durch die Kraft der Nocke niedergedrückt werden.
Nach dem Schließen des Ventils entsteht durch Leckölverlust ein geringfügiges Ventilspiel, das aber durch die Druckfeder – sie drückt den Hydrostößel nach oben – sofort wieder ausgeglichen wird. In das vergrößerte Volumen des Druckraums strömt nun bei geöffnetem Rückschlagventil wieder Öl nach. Damit ist der Stößel bereit zur nächsten Ventilbetätigung.

Antrieb der Nockenwelle

Langlebiges Antriebselement der Nockenwelle sind im Vierventilermotor zwei Ketten. Die Hauptantriebskette (die sogenannte Primärkette) verläuft von der Kurbelwelle zur auslaßseitigen Nockenwelle. Damit sie auf dem langen Weg nicht flattert oder peitscht, wird sie von einer hydraulisch gedämpften Spannschiene im Zaum gehalten. Das Nockenwellen-Kettenrad der Auslaß-Nockenwelle ist doppelt ausgeführt. Auf der einen Rad-Hälfte läuft die Primärkette. Die zweite Rad-Hälfte ist für die Sekundärkette reserviert, die von dieser Stelle aus die zweite Nockenwelle auf der Einlaßseite antreibt. Durch gleiche Zähnezahl an beiden Rädern der Sekundärkette ist Gleichlauf beider Wellen gewährleistet.

Motor-Änderungen ab Modelljahr 1993

Zum Modellwechsel ab 9/92 präsentieren sich die Vierventiler in überarbeiteter Form. Geändert wurde:
○ Neue Kolben und Pleuel sowie geänderte Ventilschaft-Durchmesser und je eine statt zwei Ventilfedern; massenoptimierte Tassenstößel und andere Detailänderungen. Alles Maßnahmen zur Senkung der inneren Reibung des Motors.
○ Geringfügige Erhöhung der Verdichtung (was sich in Verbindung mit der neu eingeführten Klopfregelung problemlos realisieren ließ).
○ Zünd-Einspritzanlage mit neuem Luftmassenmesser, Klopfregelung und Steuerung für die Nockenwellenverstellung (nachfolgend beschrieben).

Variable Nockenwellenspreizung (VANOS)

ab 9/92

Sowohl die Leistungs- und Abgaswerte, wie auch das Leerlaufverhalten des Motors lassen sich durch eine **VA**riable **NO**ckenwellen-**S**preizung wesentlich verbessern. Denn feste Ventilsteuerzeiten stellen immer einen Kompromiß dar:
○ So entstehen bei hohen Drehzahlen Leistungs-Verluste durch das zu langsam einströmende Gasgemisch. Der Brennraum kann sich nicht vollständig füllen. Also muß bei hohen Drehzahlen das Einlaßventil früher öffnen.
○ Bei niedrigen Drehzahlen würde ein zu frühes Öffnen der Einlaßventile bewirken, daß Frischgas so reichlich einfließen kann, daß es beim noch andauernden Auspufftakt unverbrannt in den Auspuff geriete. Folge: Schlechtere Abgaswerte, hoher Verbrauch, schlechtes Leerlaufverhalten.

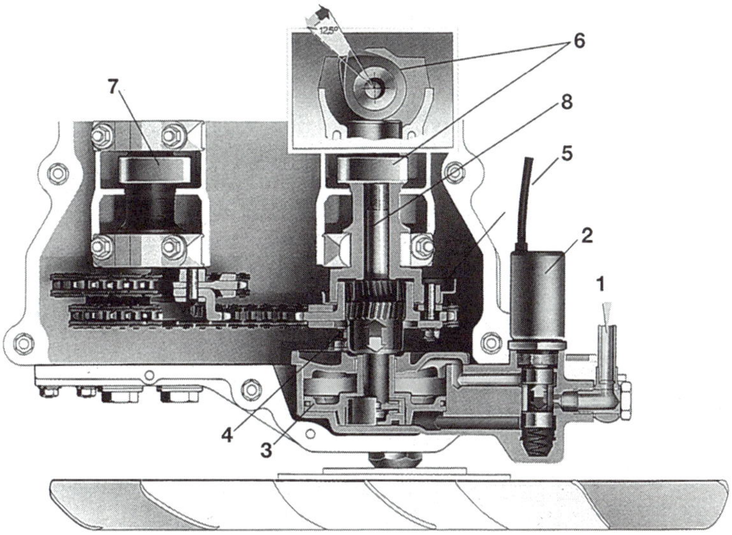

Teile der VANOS-Nockenwellenverstellung:
1 – Zulauf Motoröl (unter Druck);
2 – hydraulisches Stellelement;
3 – Steuerkolben;
4 – Schrägverzahnung;
5 – Geberrad für Nockenwellengeber der Motronic;
6 – Einlaß-Nockenwelle (in der Darstellung oben 90° gekippt, um den Verstellwinkel zu zeigen);
7 – Auslaß-Nockenwelle;
8 – Zahnwelle der Nockenwelle.

VANOS-Funktion

VANOS verstellt nur die Einlaß-Nockenwelle und zwar dergestalt, daß sie die Einlaßventile je nach Bedarf früher bzw. später öffnet. Natürlich hat die Sache nur dann einen Sinn, wenn die Verstellung während des Motorlaufs vorgenommen werden kann.
BMW löst dieses Problem durch ein hydraulisches Stellelement. Dieses beaufschlagt – je nach gewünschter Verstell-Richtung – die Vorder- oder Rückseite des Steuerkolbens im Nockenwellenantrieb mit Drucköl aus dem Schmiersystem. Der Steuerkolben selbst läuft auf einer Schrägverzahnung, die beim Hin- oder Herschieben die Stellung von Nockenwelle und Nockenwellen-Antriebsrad zueinander variiert.
Wann die Nockenwelle die eine oder die andere Stellung einzunehmen hat, ordert das Steuergerät der Zünd-/Einspritzanlage an das erwähnte Stellelement. Bis 2600/min wird die Nockenwelle in Richtung »spätes Öffnen« gestellt; darüber in Richtung »frühes Öffnen«.

Das Schmiersystem

Zentraler Punkt des Schmiersystems ist die Ölpumpe. Wie an den M30-Motoren ist hier eine Rotorölpumpe eingebaut (Erklärung Seite 36).

Kein Keilriemen mehr

Wo früher bis zu drei Keilriemen die Wasserpumpe, die Lichtmaschine, Servopumpe und Klimaanlage antrieben, sind heute sogenannte Keilrippen-Riemen im Einsatz. Der flache Profilriemen ist **lebenslang wartungsfrei**.
Dafür, daß der Riemen immer schön gespannt ist, sorgt eine federbelastete, hydraulisch gedämpfte Spann-

Der Öldruckschalter (Pfeil) sitzt bei den Vierventiler-Motoren am hinteren Teil des Ölfiltergehäuses.

VANOS am Motor gezeigt: 1 – Auslaß-Nockenwelle; 2 – Einlaß-Nockenwelle; 3 – hydraulisches Stellelement; 4 – Gehäuse für Steuerkolben mit Schrägverzahnung.

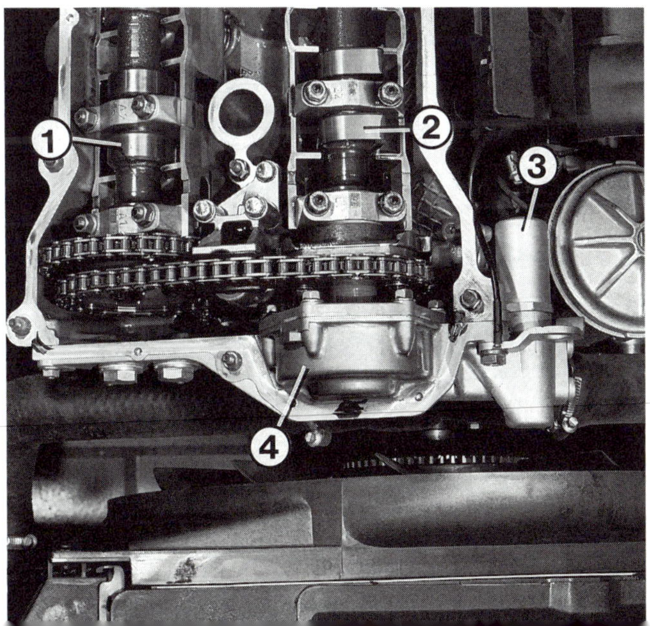

rolle. Eine Umlenkrolle vergrößert den Umschlingungswinkel (also den Winkel, unter dem der Riemen die Riemenscheibe umfaßt) an der Lichtmaschine.
Ist eine Klimaanlage eingebaut, kommt ein zweiter Keilrippen-Riemen mit eigener Spannvorrichtung zum Einsatz, der nur den Klimaanlagen-Kompressor antreibt.

Keilrippen-Riemen im BMW

Modell	Keilrippen-Riemen für	Riemengröße
520i/525i Vierventiler	Lichtmaschine 80/90 A Wasserpumpe, Servopumpe	6K x 1560
	Lichtmaschine 115/140 A Wasserpumpe, Servopumpe	6K x 1570
	Kompressor der Klimaanlage	5K x 980

Motorelektronik

Das Motor-Management, wie Zündung und Einspritzung auf Neudeutsch heißen, übernimmt im Vierventiler eine Motronic in der Version 3.1. **D**igitale **M**otor **E**lektronik – kurz DME – nennt BMW das ganze. Die Neuerungen an Zündungs- und Einspritzungsseite sind in den folgenden Abschnitten getrennt behandelt.

Die Zündanlage

Etwas ganz neues – zumindest bei BMW-Serienfahrzeugen – ist die ruhende Zündverteilung. Auf einen Verteiler kann hierbei völlig verzichtet werden, denn jede Zündkerze hat hier ihre eigene Zündspule kombiniert mit dem Kerzenstecker auf dem Buckel.
Der Zündfolge nach werden die Spulen vom Motronic-Steuergerät zum Erzeugen der Zündspannung angeregt.

Spezielle Zündkerzen

Speziell für den Vierventiler wurden Zündkerzen entwickelt, die der schnelleren, härteren Verbrennung dieser Motoren standhalten. Dabei handelte es sich ursprünglich um Zündkerzen mit Dreiecks-Masse-Elektrode, die aber später Kerzen mit doppelter Masse-Elektrode weichen mußten.
Ein Nachstellen des Elektrodenabstandes wie bei herkömmlichen Kerzen ist hier nicht mehr möglich und auch nicht mehr erforderlich, da die hohen Zündspannungen Abstandstoleranzen überbrücken können.
Die **Zündkerzenbezeichnung** lautet für Fahrzeuge **bis 8/92: FO 3 DAR** oder **BCPR 7 ER**. Für Fahrzeuge **ab 8/92** (also mit VANOS-Ventilsteuerung) lautet die Bezeichnung **BKR 6 EK**. (Die neueren Kerzen können auch in den Vierventiler-Motoren bis 8/92 verwendet werden.)

Die Zeichnung zeigt, wie die Keilrippen-Riemen auf die Riemenräder aufgelegt werden müssen.
Rot dargestellt ist der Hauptriemen für den Antrieb von Wasserpumpe/Ventilator, Lichtmaschine und Servopumpe. Rosa unterlegt ist der Riemen zum Klimaanlagen-Kompressor.

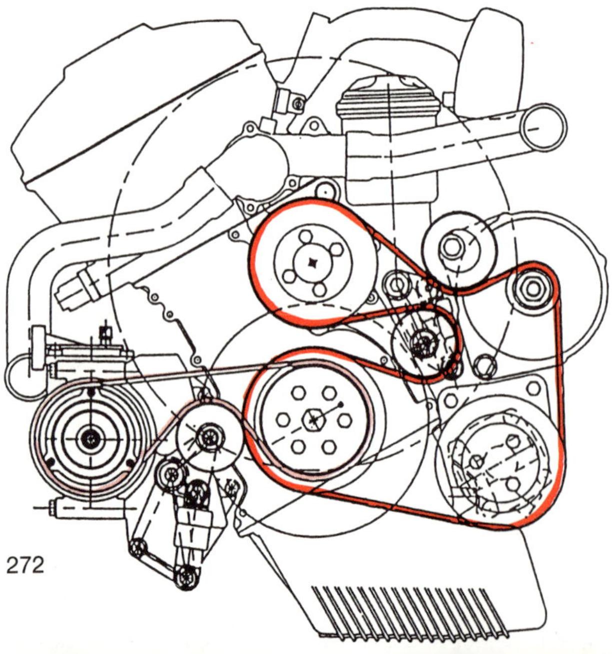

Der Verlauf des Keilrippen-Riemens ist hier am ausgebauten Motor gut zu sehen. Es bedeuten: 1 – Riemenrad der Kurbelwelle; 2 – Spannrolle; 3 – Riemenrad für Wasserpumpe/Kühlerventilator; 4 – Umlenkrolle; 5 – Riemenrad der Lichtmaschine; 6 – Riemenrad der Servopumpe.

Der Drehzahlgeber der Motronic (Pfeil) ist über der Zahnscheibe am Schwingungsdämpfer bzw. Riemenrad vorn am Motor befestigt. Er gibt der Motronic Auskunft über Motordrehzahl und Stellung der Kurbelwelle.

Der Hitzdraht-Luftmassenmesser (1) und der Drosselklappenstutzen (2) sind links am Motor angeordnet.

Klopfregelung
ab 9/92

Seit 9/92 sind die Vierventiler-Motoren mit einer Klopfregelung ausgestattet. Sinn der Sache: Klopfende Verbrennung – entstanden, weil der Zündzeitpunkt zu weit in Richtung »Früh« gelegt wurde – schadet dem Motor. Andererseits ist die Leistungsausbeite höher, je weiter der Zündzeitpunkt nach »Früh« gelegt wird. Noch ein Faktum: Bei Verwendung von Superkraftstoff kann der Zündzeitpunkt weiter nach »Früh« gelegt werden als bei Normalkraftstoff.
All diese gegensätzlichen Forderungen zu verbinden ist Sache der Klopfregelung (sie ist Teil der digitalen Motorelektronik). Sie muß den Zündzeitpunkt gerade so früh legen, daß keine motorschädliche klopfende Verbrennung auftritt, andererseits aber die volle Leistung ausgeschöpft wird. Dieser Punkt ist nur mittels des Klopfsensors zu finden, der seitlich am Motorblock angeschraubt ist. Vereinfacht gesagt horcht er, ob's drinnen schon klopft.
Die auf Superbenzin ausgelegten Motoren lassen sich dank Klopfregelung auch mit Normalbenzin fahren – dann eben mit geringerer Leistung. Dies gilt nur für Fahrzeuge ab 9/92.

Die Einspritzanlage

Vom Grundprinzip her ist die Einspritzungsseite der Motronic 3.1 gegenüber den älteren Versionen gleichgeblieben: Das Steuergerät bestimmt die Öffnungszeiten der elektromagentischen Einspritzventile. Doch in der Arbeitsweise wurden zahlreiche Verfeinerungen vorgenommen.

Der Nockenwellengeber der Motronic (1) dient der Zylindererkennung. Er meldet dem Steuergerät, wann ein bestimmter Zylinder mit dem Zünden dran ist. Das hier ausgebaute Teil ist in eine Bohrung (2) links am Zylinderkopf eingesteckt.

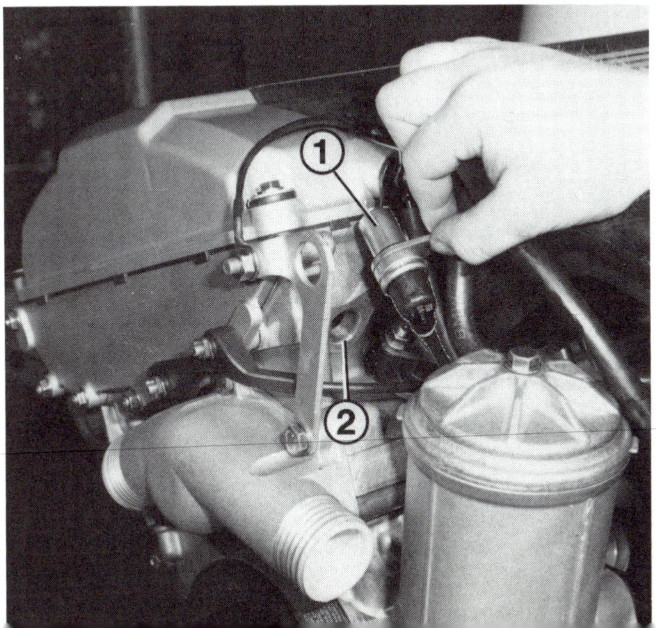

Ruhende Zündverteilung: Jeder Zylinder besitzt seine eigene Zündspule (Pfeile). Ein Verteiler mit rotierendem Verteilerfinger wird dadurch überflüssig.

Der Luftmassenmesser

Statt des Luftmengenmessers mit Stauklappe ist bis 8/92 ein **Hitzdraht-Luftmassenmesser** eingebaut. Der funktioniert so: Im Ansaugluftstrom liegt ein Draht, der elektrisch aufgeheizt wird. Je nach angesaugter Luftmenge verändert sich der Luftstrom, der wiederum den Draht mehr oder weniger stark abkühlt. Die Temperaturänderung wiederum bewirkt eine Änderumg des elektrischen Widerstands des Drahtes. Und der ist vom Steuergerät meßbar.

Nach dem gleichen Prinzip arbeitet der **Heißfilm-Luftmassenmesser**, der seit 9/92 die Hitzdraht-Version ersetzt. Die Funktion des Hitzdrahts übernimmt hier eine Leiterbahn auf einer Trägerplatte.

Vollsequentielle Einspritzung

Hinter diesem Begriff verbirgt sich folgende Neuerung: Jeder Zylinder bekommt genau vor Öffnungsbeginn der Einlaßventile seine Kraftstoffration in die Ansaugkanäle gespritzt. Das heißt, die Einspritzventile spritzen nacheinander ab.

Bei älteren Motronic-Versionen war das anders: Da hatten jeweils drei Ventile immer denselben Einspritzzeitpunkt. Was zur Folge hatte, daß nur ein Zylinder dieser Dreier-Gruppe den optimalen Einspritzzeitpunkt erwischte, die andern aber sozusagen auf Vorrat versorgt werden mußten.

Pflege und Wartung

In den folgenden Abschnitten sind nur diejenigen Wartungsarbeiten beschrieben, die am Vierventilermotor in anderer Weise ausgeführt werden müssen.

Das Einstellen der Ventile kann beim Vierventiler von der Wartungsliste gestrichen werden – Hydrostößel machen's möglich.

Motoröl und Ölfilter wechseln

Wartung Nr. 1

- Öl nur bei betriebswarmem Motor wechseln! Deshalb den Wagen evtl. warmfahren.
- Den BMW möglichst waagrecht aufbocken (abstützen!) oder über eine Rampe fahren.
- Geeignetes Gefäß (siehe Bild Seite 25) unter die Ölwanne stellen.
- Ablaßschraube mit Ringschlüssel öffnen, Öl auslaufen lassen. Vorsicht, es ist heiß!
- Haben Sie den Wagen nur vorn aufgebockt, sollten Sie ihn zum völligen Auslaufenlassen des Altöls nochmals ein Stück ablassen. Aufpassen, daß dabei das Auffanggefäß nicht beschädigt wird oder umkippt.
- Zentrale Schraube am Ölfilterdeckel losdrehen, Deckel abnehmen.
- Filtereinsatz auswechseln.
- Beim Zusammenbau auf die Dichtungen achten, defekte Dichtungen ersetzen.
- Zentralschraube des Deckels mit 27–33 Nm anziehen.
- Ölablaßschraube sauberreiben und mit neuem Dichtring eindrehen; nicht anknallen, sonst wird das Führungsgewinde in der Ölwanne beschädigt.
- Öl einfüllen (folgende Abschnitte).
- Motor kurz laufen lassen, Öldichtheit kontrollieren.

Ölqualität

BMW schreibt auch für den Vierventiler die folgenden Ölspezifikationen für Mineralöle vor:

○ CCMC-G4,
○ API SF oder
○ API SG

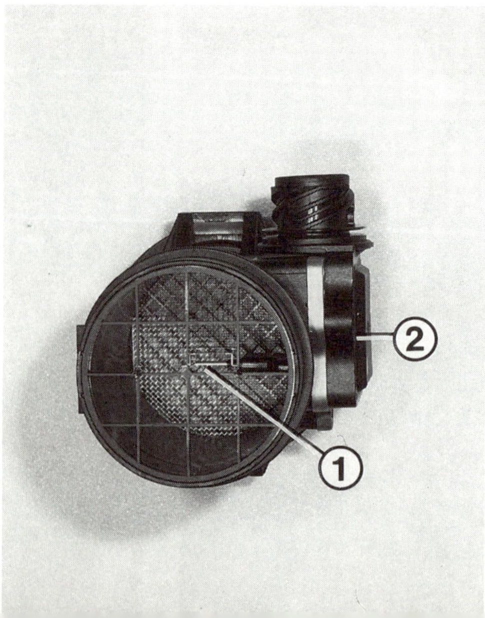

Der untere Teil der Abbildung links zeigt den Blick in den Durchlaß des im gleichen Bild oben als Bauteil abgebildeten Hitzdraht-Luftmassenmessers. Der Hitzdraht ist hier während des Glühvorgangs fotografiert. Im Bild rechts sehen Sie zum Vergleich den ausgebauten Heißfilm-Luftmassenmesser. Position »2« bezeichnet den Elektronikteil, »1« die Leiterplatte mit dem »Heißfilm«.

Die Grafik zeigt, bei welchen vorherrschenden Außentemperaturen die einzelnen Ölviskositäten im Vierventilermotor gefahren werden dürfen. Mit »Special Oils« sind hier die von BMW einzeln freigegebenen Leichtlauföle bezeichnet (eine Auswahl zeigt die Seite 281).

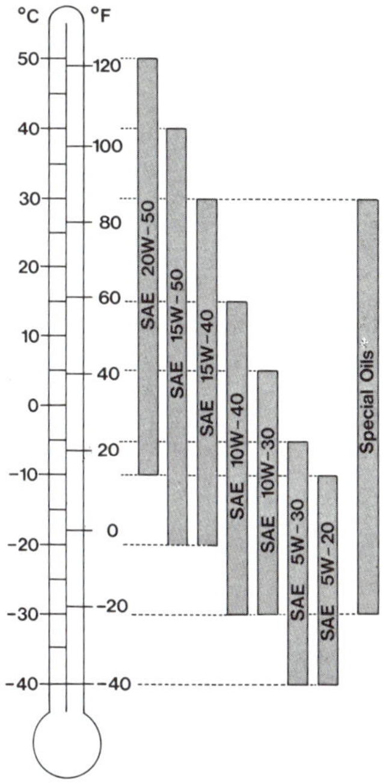

Für Leichtlauföle gilt die Spezifikation:
○ CCMC-G5. Zusätzlich Betriebsstoffliste (Seite 281) beachten.

Ölviskosität

Einbereichsöle sind für den Vierventiler nicht mehr zugelassen. Die verwendbaren Ölviskositäten zeigt die Grafik oben in Abhängigkeit der jeweils vorherrschenden Außentemperatur.

Ölfüllmenge

Modell	Ölfüllmenge ohne Filterwechsel (zwischen den Intervallen)	Ölfüllmenge mit Filterwechsel
520i/525i Vierventiler	5,0 Liter	5,75 Liter

Ölstand im Schaltgetriebe kontrollieren

Wartung Nr. 31

Im Getriebe wird das Schmiermittel nicht wie im Motor verbraucht, sondern kann allenfalls durch undichte Stellen ins Freie gelangen. Zeigt das Getriebegehäuse von außen keine öldurchtränkte Schmutzkruste, ist nicht mit Ölverlust zu rechnen. Wer's genau wissen will, macht die Probe an der Kontroll- und Einfüllschraube (siehe Bild Seite 28/29):

- Fahrzeug waagrecht aufbocken.
- 520i/525i Vierventiler ohne Klimaanlage **bis 8/90**: Innensechskantschraube SW 17 herausdrehen.
- 520i/525i Vierventiler ohne Klimaanlage **ab 8/90** sowie **alle** Fahrzeuge **mit Klimaanlage**: Sechskantschraube SW 17 herausdrehen.
- Läuft nun bereits etwas Getriebeöl heraus, stimmt der Ölstand.
- Ansonsten Finger in das Schraubengewinde stekken und fühlen, ob die Schmierflüssigkeit bis an die Öffnung heranreicht: Ausreichender Ölstand.
- Bei größerem Ölmangel an der Tankstelle oder in der Werkstatt die vorgeschriebene Getriebeölsorte einfüllen lassen.

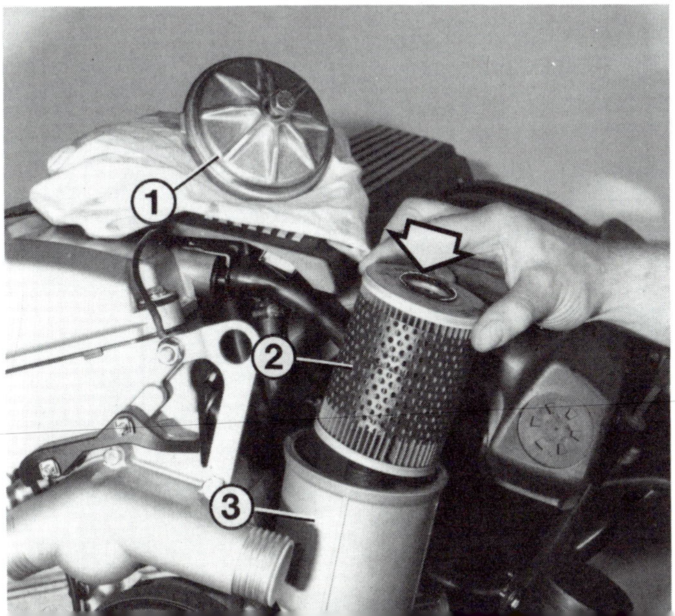

Auswechseln des Ölfiltereinsatzes. Es bedeuten:
1 – Gehäusedeckel;
2 – Filtereinsatz;
3 – Filtergehäuse.
Der Pfeil zeigt auf den oberen Dichtring des Filtereinsatzes.

Die richtige Getriebeölsorte

Für den **BMW 520i/525i Vierventiler ohne Klimaanlage bis 8/90** kommt nur Getriebeöl der Viskositätsklasse **SAE 80** mit der Spezifikatikon **MIL-L-2105 A** oder **API GL 4** (also kein Hypoidöl) in Betracht. Eine Auswahl der zugelassenen Öle finden Sie auf Seite 281.
Läßt sich das Getriebe in kaltem Zustand extrem schwer schalten, kann notfalls auch Einbereichs-Motorenöl SAE 20, 30 oder 40 eingefüllt werden (Spezifikation API SE oder SF). Synthetik-Motoröl oder Mehrbereichsöl darf es keinesfalls sein.
Andere Vorschriften gelten für den **BMW 520i/525i Vierventiler ohne Klimaanlage ab 9/90 sowie für alle mit Klimaanlage**: Dieses Schaltgetriebe darf nur mit **ATF**, einer Flüssigkeit, die eigentlich für automatische Getriebe gedacht ist, befüllt werden. BMW hat eine Freigabeliste der verwendbaren Fabrikate erstellt. Einen Auszug daraus finden Sie auf Seite 281.

Luftfiltereinsatz ausblasen bzw. wechseln

Wartung Nr. 10 bzw. 19

- Tasten am Ansaugschnorchel vorn am Luftfiltergehäuse niederdrücken, Schnorchel in das Gehäuse schieben.
- Fünf Spannklammern rund um das Luftfiltergehäuse lösen.
- Gehäusedeckel nach vorn klappen.
- Luftfiltereinsatz herausnehmen.
- Will das so nicht klappen, die Scheinwerferabdeckung lösen (Seite 190) und Luftfilter-Gehäusedeckel samt Scheinwerferabdeckung nach oben herausziehen.
- Vor Einbau des neuen Filtereinsatzes Gehäuse-Inneres mit sauberem Lappen auswischen.

Reifendruck prüfen

Ständige Kontrolle

Aufgrund anderer Gewichte und Reifengrößen erhalten die Vierventiler andere Reifendruckwerte.

Modell	Reifengröße	halbe Beladung		volle Beladung	
		vorn	hinten	vorn	hinten
520i Limousine	205/65 R 15 94 V 225/60 R 15 95 V TD 230/55 ZR 390 240/45 ZR 415	2,0	2,1	2,2	2,7
	195/65 R 15 91 V 225/60 R 15 95 Q/T/H M+S TD 230/55 R 390 95 H M+S 240/45 R 415 94 H M+S	2,0	2,3	2,4	2,9
	195/65 R 15 91 Q/T/H M+S 205/65 R 15 94 Q/T/H M+S	2,2	2,5	2,6	3,1
525i Limousine	205/65 R 15 94 V 225/60 R 15 95 V TD 230/55 ZR 390 240/45 ZR 415	2,0	2,3	2,4	2,9
	195/65 R 15 91 Q/T/H M+S 205/65 R 15 94 Q/T/H M+S 225/60 R 15 95 Q/T/H M+S TD 230/55 R 390 95 H M+S 240/45 R 415 94 H M+S	2,2	2,5	2,6	3,1
520i Touring, 525i Touring	205/65 R 15 94 V* 225/60 R 15 95 V TD 230/55 ZR 390 240/45 ZR 415	2,1	2,4	2,5	3,0
	205/65 R 15 94 Q/T/H M+S 225/60 R 15 95 Q/T/H M+S TD 230/55 R 390 95 H M+S 240/45 R 415 94 H M+S	2,3	2,6	2,7	3,2

*** Diese Reifengröße ist nicht zugelassen für den BMW 525i Touring und nicht für den BMW 520i Touring in der Ausstattung mit Niveauregulierung**

Zum Ausbau des Luftfiltereinsatzes (2) ist hier der Luftfilter-Gehäusedeckel (1) ausgebaut. Die schwarzen Pfeile deuten auf die Spannklammern des Gehäusedeckels, der weiße Pfeil zeigt eine der beiden Tasten am Ansaugschnorchel.

Zündkerzen auswechseln

Anläßllich der Inspektion II werden die Kerzen laut Werksangabe ausgewechselt. Die **Zündkerzenbezeichnung** lautet **FO 3 DAR** oder **BCPR 7 ER** (bis 8/92) oder **BKR 6 EK** (ab 9/92). Wartung Nr. 18

- Zylinderkopfabdeckung abnehmen und Zündspule abschrauben.
- Zündkerze herausschrauben.
- Der Elektrodenabstand wird nicht eingestellt.
- Kerze mit richtigem Drehmoment anziehen (24–28 Nm).

Service-Intervallanzeige zurückstellen

Die Service-Intervallanzeige funktioniert in derselben Weise wie bei der älteren Motorengeneration und wird auch genauso zurückgestellt (siehe ab Seite 16).

Zum Auswechseln der Zündkerze muß die betreffende Zündspule (2) ausgebaut werden. Dazu die beiden Haltemuttern (Pfeile) lösen. Position »1« zeigt auf eine ausgebaute Spule.

Datendrang

Motor

Typ		520i bis ca. 4/90	525i bis ca. 4/90	530i	535i
Bauart		Vornliegender wassergekühlter Sechszylinder-Viertakt-Reihenmotor			
Bohrung	mm	80	84	89	92
Hub	mm	66	75	80	86
Hubraum effektiv	cm^3	1990	2494	2966	3404
Hubraum nach deutscher Steuerformel	cm^3	1976	2476	2986	3430
Verdichtung		8,8	8,8	9,0	9,0
Höchstleistung	kW	95	125	138	155
bei Drehzahl	1/min	6000	5800	5800	5700
Höchstes Drehmoment	Nm	164	222	260	305
bei Drehzahl	1/min	4300	4300	4000	4000
Ventilsteuerung		Durch obenliegende Nockenwelle über Kipphebel auf hängende Ventile			
Ventilspiel		Siehe Tabelle Seite 41			
Kompressionsdruck	bar	10–11			
Ventilsitzbreite	mm	1,65 ± 0,35	1,65 ± 0,35	1,4 ± 0,4 (E) 1,7 ± 0,4 (A)	1,4 ± 0,4 (E) 1,7 ± 0,4 (A)
Ventilsitzwinkel		45°	45°	45°	45°
Ventilführung					
Innen-∅	mm	7,0 H7	7,0 H7	8,0 H7	8,0 H7
Übermaßgrößen	mm	7,1 H7	7,1 H7	8,1 H7	8,1 H7
	mm	7,2 H7	7,2 H7	8,2 H7	8,2 H7
Außen-∅/ Bohrungs-∅	mm	13,2 u6/13,2 M7	13,2 u6/13,2 M7	14,2 u6/14,2 M7	14,2 u6/14,2 M7
Übermaßgrößen	mm	13,3 u6/13,3 M7	13,3 u6/13,3 M7	14,3 u6/14,3 M7	14,3 u6/14,3 M7
	mm	13,4 u6/13,4 M7	13,4 u6/13,4 M7	14,4 u6/14,4 M7	14,4 u6/14,4 M7
Ventilschaft					
∅ Original	mm	7,0	7,0	8,0	8,0
∅ 1. Übermaß	mm	7,1	7,1	8,1	8,1
∅ 2. Übermaß	mm	7,2	7,2	8,2	8,2
Kippspiel des Ventils zulässig/verschlissen	mm	0,5/0,8	0,5/0,8	0,5/0,8	0,5/0,8
Schmiersystem		Druckumlaufschmierung durch Zahnradpumpe, Ölfilter im Hauptstrom, Druckregelventil im gefilterten Ölkreis			
Öldruck					
im Leerlauf	bar	0,5–2,0	0,5–2,0	0,5–2,0	0,5–2,0
bei Höchstdrehzahl	bar	4,0–6,0	4,0–6,0	4,0–6,0	4,0–6,0
Schaltpunkt des Öldruckschalters	bar	0,2–0,5	0,2–0,5	0,2–0,5	0,2–0,5

Kühlsystem

Art	Wasserumlaufkühlung mit Flügelradpumpe, Thermostat und motorgetriebenem Kühlerventilator mit Viskokupplung
Verschlußdeckel des Ausgleichsbehälters	
Überdruckventil öffnet bei	0,9–1,1 bar
Unterdruckventil öffnet bei	0,09 bar
Thermostat öffnet bei	80°C
Kühlerventilator	
Axialspiel des Rotors	max. 0,4 mm
Radialspiel	0,5 mm
Zuschalttemperatur	82 ± 4°C
Abschalttemperatur	≥60°C
Durchmesser	420 mm
Blattzahl	520i/525i: 9; 530i/535i: 11

Kraftstoffanlage

System	520i/525i: Bosch Motronic M 1.3 530i/535i: Bosch Motronic M 1.1
Druckregler Systemdruck	520i: 2,5 ± 0,05 bar 525i/530i/535i: 3,0 ± 0,05 bar
Temperaturfühler Wasser	
Prüfwerte	bei −10° C: 8,2–10,5 kΩ; bei +20° C: 2,2–2,7 kΩ; bei +80° C: 0,3–0,36 kΩ
Temperaturfühler Luft (im Luftmengenmesser)	bei −10° C: 8,2–10,5 kΩ; bei +20° C: 2,2–2,7 kΩ; bei +80° C: 0,3–0,36 kΩ
Einspritzventile	
Leckage bei Systemdruck	1 Tropfen/Minute
Spulenwiderstand bei ca. 20° C	15–17,5 Ω
Spritzwinkel	ca. 30°

Kraftübertragung

Schaltgetriebe			
Getriebe-Bezeichnung	ZF S 5 16	Getrag 260/5	Getrag 260/6
Art	5-Gang	5-Gang	5-Gang
eingebaut in	520i	525i	530i, 535i
Übersetzungen			
1. Gang	3,72	3,83	3,83
2. Gang	2,04	2,20	2,20
3. Gang	1,34	1,40	1,40
4. Gang	1,00	1,00	1,00
5. Gang	0,80	0,81	0,81
Rückwärtsgang	3,54	3,46	3,46

Automatikgetriebe							
Getriebe-Bezeichnung (ZF)	4-HP-22/H	4-HP-22/H	4-HP-22/H	4-HP-22/EH	4-HP-22/EH	4-HP-22/EH	4-HP-22/EH
Art	4-Gang	4-Gang	4-Gang	4-Gang Elektronik-steuerung	4-Gang Elektronik-steuerung	4-Gang Elektronik-steuerung	4-Gang Elektronik-steuerung
Kennbuchstaben	FJ	FD	BE/EB	EW	FE	CZ/EC	BL/EF
eingebaut in	520i	525i	530i	520i	525i	530i	535i
Übersetzungen							
1. Gang	2,48	2,48	2,48	2,48	2,48	2,48	2,48
2. Gang	1,48	1,48	1,48	1,48	1,48	1,48	1,48
3. Gang	1,0	1,0	1,0	1,0	1,0	1,0	1,0
4. Gang	0,73	0,73	0,73	0,73	0,73	0,73	0,73
Rückwärtsgang	2,09	2,09	2,09	2,09	2,09	2,09	2,09

Hinterachsgetriebe							
eingebaut in	520i	525i	525i Automatik	530i	530i Automatik	535i	535i Automatik
Übersetzung	4,45	3,73	3,91	3,64	3,73	3,45	3,64

Drehzahlen und Geschwindigkeiten

Drehzahlen und Geschwindigkeiten für bestimmte Gänge und Reifengrößen können Sie anhand der folgenden Formeln errechnen:

$$n_m = \frac{V \times i_{ges}}{U \times 0{,}06} \qquad V = \frac{n_m \times U \times 0{,}06}{i_{ges}}$$

Hierbei bedeuten:
n_m = Motordrehzahl in 1/min
V = Geschwindigkeit in km/h
U = Reifenabrollumfang in m (bei 195/65 R 15: 1,935; bei 205/65 R 15: 1,975; bei 225/60 R 15: 1,985; bei TD 230/55 R 390: 1,965; bei 235/45 R 15: 1,965; bei 240/45 R 415: 1,925)
i_{ges} = Gangübersetzung multipliziert mit der Achsantriebsübersetzung

Fahrwerk

Vorderradaufhängung	Einzelradaufhängung mit zwei Querlenkern unten, Federbeinen und Stabilisator
Lenkung	ZF-Kugelmutter-Servolenkung mit Sicherheits-Lenksäule
Hinterachse	Einzelradaufhängung an Schräglenkern, 13° Pfeilung, in Verbindung mit Zusatzlenker
Achseinstellung	Siehe Tabelle Seite 100
Reifen und Felgen	Siehe Tabelle Seite 128

Bremsanlage

Fußbremse vorn	Einkolben-Faustsattelbremse; 520 i: unbelüfteten Bremsscheiben; übrige Modelle: innenbelüftete Bremsscheiben
Bremsscheibenstärke vorn	Siehe Tabelle Seite 116
Belagstärke ohne Trägerplatte	minimal 2,0 mm
Fußbremse hinten	Einkolben-Faustsattelbremse
Bremsscheibenstärke hinten	Siehe Tabelle Seite 116
Belagstärke ohne Trägerplatte	minimal 2,0 mm
Handbremse	Über Seilzug auf zusätzliche Bremstrommeln an der Hinterachse wirkend
Antiblockiersystem	Bosch ABS (bei 520 i als Sonderausstattung)

Elektrische Anlage

Bordspannung	12 Volt
Batterie	Siehe Seite 170
Anlasser	520 i/525 i: 1,4 kW; 530 i/535 i: 1,7 kW
Generator Serienausstattung	520 i/525 i: 14 V/80 A/1120 W; 530 i/535 i: 14 V/90 A/1260 W
Sonderausstattung	520 i/525 i/530 i: 14 V/115 A/1610 W; 535 i: 14 V/140 A/1960 W
Keilriemen	Siehe Tabelle Seite 176
Zündanlage	Motronic
Zündkerzen	Bosch W 8 LCR
Zündkerzen-Elektrodenabstand	0,7 mm
Glühlampen	Siehe Seite 190

Abmessungen

Länge	4720 mm
Breite	1751 mm
Höhe (unbelastet)	1412 mm
Radstand	2761 mm
Vordere Überhanglänge	846 mm
Hintere Überhanglänge	1113 mm
Spurweite vorn (bei zul. Achslast)	1466 mm
Spurweite hinten (bei zul. Achslast)	1487 mm
Kleinster Spurkreisdurchmesser	10,2 m
Kleinster Wendekreisdurchmesser	11,0 m

Füllmengen

Tank		80 l
Scheibenwaschanlage		ca. 4,0 l
Scheibenwaschanlage mit Scheinwerferreinigungsanlage	520 i/525 i	ca. 8,5 l
	530 i/535 i	ca. 8,0 l
Intensivreinigungsanlage		ca. 1,0 l
Motorölinhalt mit/ohne Ölfilterwechsel	520 i/525 i	4,25/4,0 l
	530 i/535 i	5,75/5,0 l
Kühlsystem mit Heizung	520 i/525 i	10,5 l
	520 i/525 i mit Klimaanlage	11,0 l
	530 i/535 i	12,0 l
Schaltgetriebe	520 i	1,15 l
	525 i/530 i/535 i	1,25 l
Automatikgetriebe		3,0 l
Hinterachsgetriebe	520 i/525 i	1,7 l
	530 i/535 i	1,9 l

Nachtrag

Motor

Typ		520 i	520 i	525 i	525 i
Bauzeit		5/90–8/92	ab 9/92	5/90–8/92	ab 9/92
Bauart		Vornliegender wassergekühlter Sechszylinder-Viertakt-Reihenmotor			
Bohrung	mm	80	80	84	84
Hub	mm	66	66	75	75
Hubraum effektiv	cm³	1991	1991	1494	2494
Verdichtung		10,5	11,0	10,0	10,5
Höchstleistung	kW	110	110	141	141
bei Drehzahl	1/min	5900	5900	5900	5900
Höchstes Drehmoment	Nm	190	190	245	250
bei Drehzahl	1/min	4700	4200	4700	4200
zulässige Höchstdrehzahl	1/min	6500	6500	6500	6500
Kraftstoffart		bleifrei Super 95 ROZ	bleifrei Super 95 ROZ	bleifrei Super 95 ROZ	bleifrei Super 95 ROZ

Kraftübertragung

Schaltgetriebe				
Art	5-Gang	5-Gang	5-Gang	5-Gang
eingebaut in	520 i	520 i	525 i	525 i
Bauzeit	5/90–8/90	ab 9/90	5/90–8/90	ab 9/90
Übersetzungen				
1. Gang	3,83	4,23	3,83	4,20
2. Gang	2,20	2,52	2,20	2,49
3. Gang	1,40	1,67	1,40	1,67
4. Gang	1,00	1,22	1,00	1,24
5. Gang	0,81	1,00	0,81	1,00
Rückwärtsgang	3,46	4,04	3,46	3,89
Automatikgetriebe				
Art	4-Gang	5-Gang	4-Gang	5-Gang
eingebaut in	520 i	520 i	525 i	525 i
Bauzeit	5/90–8/90	ab 9/90	5/90–8/90	ab 9/90
Übersetzungen				
1. Gang	2,40	3,67	2,40	3,67
2. Gang	1,47	2,00	1,47	2,00
3. Gang	1,00	1,41	1,00	1,41
4. Gang	0,72	1,00	0,72	1,00
5. Gang	–	0,74	–	0,74
Rückwärtsgang	2,00	4,10	2,00	4,10
Hinterachsgetriebe				
eingebaut in	520 i	520 i	525 i	525 i
Bauzeit	5/90–8/90	ab 9/90	5/90–8/90	ab 9/90
Übersetzung				
bei Schaltgetriebe	4,27	3,46	3,73	3,23
bei Automatikgetriebe	4,45	3,64	4,10	3,23

Elektrische Anlage

Batterie	65 Ah/im Motorraum	65 Ah/im Motorraum	65 Ah/im Motorraum	65 Ah/im Motorraum
Generator	14 V/80 A/1120 W	14 V/80 A/1120 W	14 V/80 A/1120 W	14 V/80 A/1120 W
Zündkerzen	FO 3 DAR	–	FO 3 DAR	–
	BCPR 7 ER	BKR 6 EK	BCPR 7 ER	BKR 6 EK

Auszüge aus der Liste der BMW-Betriebsstoffempfehlungen

Motoröl

Marken-Motoröl für Ottomotoren gemäß den Spezifikationen auf Seite 24 und 274 (keine besonderen Freigaben)

Synthetik-Motoröl

Agip sint 2000
Aral Super LL
Autol Carrera
Avia Multigrade
Avia Topsynt
Avia Turbo CFE
BayWa Rennklasse Turbo 2000
BMW Super Power
BP Strato
Castrol TXT
Castrol TXT softec
Castrol Formula RS
Castrol Syntron
Castrol Syntron X
Divinol Synthetic LLS
Duckhams XQR
Econo-Veritas LS
ELF moins
ELF prestigrade m
Esso Superlube EX-2
Esso Ultra Oil
Fanal varia light CD
Fuchs Titan Unic 1040 MC
IP Sintiax Motor Oil
Jet Nr. 1
Mobil 1
Mobil Super XHP
Mobil Super Formula XHP
Mobil Rally Formula XHP
Mobil 1 Rally SHC
Motorex MC Plus
Motorex Select MC
Motul Synergie
Neste Alfa 2
Oest Eta
Q8 Auto 8
Shell TMO
Shell Super 3
Shell Helix
Texaco Alpha
Texaco Havoline X1
UK-ProMotor FE MC-Klasse
UK-ProMotor Formel »e«
Valvoline Syn Gard Plus
Veedol Synthron
Veedol Synthetic Oil
Veedol Synthetic Oil Spezial R
Veedol Spezial R
Veritas Syntholube
Westfalen WXD
Wintershall Primalub Alpha
Wintershall VIVA 1
Yacco VX 300

Kühlmittel Frostschutz

BASF Glysantin G 46/11
BASF Glysantin G 48/00
Hoechst Genantin VP 1719
ICI Antifreeze 012
Shell ANF

BMW 520i/525i Zweiventiler sowie 520i Vierventiler ohne Klimaanlage bis 8/90: Öl für Schaltgetriebe

Marken-Getriebeöl SAE 80, Spezifikation MIL-L-2105 A bzw. API GL 4 (keine besonderen Freigaben)

Als 1. Stufe zur Reduzierung der Kaltschaltkräfte können wahlweise Einbereichs-Motoröle SAE 40, SAE 30 oder SAE 20 auf Mineralölbasis (Spezifikation API SE oder SF) verwendet werden.
Als 2. Stufe zur Reduzierung der Kaltschaltkräfte, besonders in Ländern mit tiefen Außentemperaturen, können auch die von BMW freigegebenen ATF-Öle (Automatic-Getriebeöle) Verwendung finden.
Diese Öle dämpfen bei heißem Getriebe die Laufgeräusche nicht so gut wie Motor- oder Getriebeöl.
Keinesfalls Mehrbereichs-Motoröl oder synthetische Öle verwenden, da diese Reibwertverminderer enthalten, die die Synchronisierung in ihrer Funktion beeinträchtigen.

BMW 530i/535i, 520i/525i Vierventiler ohne Klimaanlage ab 9/90 sowie alle 520i/525i Vierventiler mit Klimaanlage: Öl für Schaltgetriebe

ATF-Öl (Freigaben wie nachfolgend für Automatikgetriebe aufgeführt).

ATF für automatisches Getriebe

Agip Dexron II D-21 103
Adrumol ATF Dexron II D-22 042
Amalie Dexron II D-22 209
Ampol A.T.F. Type DXR II D-20 353
Ampol A.T.F. Super II D-21 592
Antar Dexron II D-22 329
Aral Getriebeöl ATF 22 D-22 144
Aseol ATF DB Universal 16-715 D-22 098
Autol Getriebeöl D-21 523
Avia Fluid ATF 86 II D-21 523
Beverol Dexron II D-20 727
BP Autran DX D-21 105, 20 137, 20 349, 21 523, 22 119, 22 081
Caltex Transmatic Fluid Dexron II D-20 139
Castrol TQ Dexron II D-21 130, 20 180, 20 815, 20 354, 20 451, 21 293, 22 106, 21 945
Cera Honeylupe ATF DX II D-20 137
Chemico Lubro Dexron II D-21 294
Chevron Automatic Transmission Fluid D-21 871, 21 461
Cidisol Fluis II D-20 137
Cidisol Fluis D-II D-21 666
Condamatic II D-21 258
Deltinol ATF Universal Dexron II D-21 523
Deluxol Transmatic Fluid Dexron II D-20 726, 22 232
Deutz Oel Dexron II D-21 666

ATF für automatisches Getriebe

Elfmatic G 2 Dexron D-22 329
Ellmo Fluid Dexron D-21 869
Esso Automatic Transmission Fluid Dexron D-21 065, 22 079
Euro Oil ATF II D-21 869
Fiat Tutela GI/A D-21 105
Fina Dexron D-21 869
Finke Aviaticon Dexron II D-20 112
Fuchs Renofluid 4000 D-22 173
Hafa Transmatic BD II D-20 781
Hessol Dexron D-20 112
Hessol Fluid C N D-12 523
Hilbert Xorbol ATF Dexron II D-20 383
Homberg Getr.-Fluid Dexron D-22 042
Huiles Renault Diesel Dexron D-22 329
Hürlimann Rollsynol ATF Dexron II D-21 121
IP dexron Fluid II D-21 627
Irokal Dexron II D-22 042
Käppler Selectol Fluid Getriebeöl Dexron D-20 112, 21 523
Kendall Dexron II D-22 092
Kompressol Fluid-matic D 52 Dexron D-21 666
Lubrication 1107 Automatic Transmission Fluid D-21 452
Martin Giromatic Dexron C/D D-20 112
Mobil ATF 220 D-20 104, 21 790, 21 412, 21 297
Motorex ATF Dexron II D-21 121
Norol Automatgirolje II D-21 105
ÖMV Elan Austromatic Dexron II D-21 374
Oest ATF Dexron D-21 523
Opalfluid TA/D-20 728
Optimol ATF-DF-D-21 523
Orlymatic ATF Dexron II D-21 362
Panolin ATF Dexron Multi D-21 996
Pennzoil Hydra-F 10 Dexron II D-21 735
Petrogal Gaslp Transmatic D II D-21 084
Prinz-Schulte Aero-Line ATF Dexron D-20 101, 22 232
Q8 Auto 14 D-21 677
Raff Matic II D-20 101
Repsol Telex 3 Dexron II D-21 824
Shell ATF II D-20 137, 21 666, 21 464, 21 774
Shell MAC ATF Dexron II D-21 666
Sunamatic 149 D-20 101
Sunamatic 153 D-22 232
Texaco Texamatic 9226 D-20 112
Texaco Lastona Fluid II D-20 112
Texaco Texamatic 4011 D-21 523
Texaco Lastona Fluid CN D-21 523
Total Dexron D-20 356
Total ATF H 5421 D-21 647
Trek Dexron II D-22 142
Turbo Getriebeöl ATF Dexron II D-20 383
UK Fluid Dexron II D-21 666
Unil Matic Dexron II D-21 523, 20 101
Valvoline ATF Dexron II D-21 270
Veedol ATF Dexron II D-20 816, 20 808, 21 945
Westfalen ATF Dexron D 86 D-22 042
Wevag Automatic Getriebeöl ATF Dexron D-20 383, 21 523
Wintershall STF Dexron D-22 042
Wisura ATF Dexron D-20 112, 20 383
Yacco ATF II D-20 806

BMW 520i/525i/530i: Öl für Hinterachsgetriebe ohne Sperrdifferential

Aral Getriebeöl EH
BP Getriebeöl BM 90
Castrol Hypoy G 728
Deltinol Hinterachsöl BM
Esso Getriebeöl B 80 W-90
Fina Pontonic BM 90
Fuchs Renogear H 90
Mobil Hinterachsgetriebeöl BM
Motul Hypo BM
Oest Getriebeöl BM 90
Shell Achterasolie BMW
Shell Hinterachsöl BMW
Schindler Frontol Spezialgetriebeöl BAV 96
Sunoil Sunfleet L 901
Texaco Geartex HGB SAE 90
Valvoline Magnet S 90
Veedol Multigear AX
Westfalen Getriebeöl Hypoid BMW
Wintershall Wiolin Hypoid EW 90

BMW 520i/525i/530i: Öl für Hinterachsgetriebe mit Sperrdifferential

Agip BMW HLS
Aral Getriebeöl EH-LS90
Avia Getriebeöl Hypoid 90 BM Super
BP Getriebeöl BLS 90
Castrol G 728 LS plus
Fina Pontonic BMS 90
Frontol Getriebeöl BAV 90 Universal
Fuchs Renogear HLS 90
Mobil Hinterachsgetriebeöl BMS
Motorex Gear Oil HLS 90
Motul Hypo BM LS
Oest Getriebeöl HLS 90
Shell Achterasolie LS BMW
Shell Hinterachsöl LS BMW
Texaco Geartex BHS SAE 90
Tranself MB-LS 90
UK Ecusynth Hyp 75W-90
Valvoline Magnet HLS-90
Veedol MLS 90 G plus
Westfalen Hypo BMWS
Wintershall Wiolin EWS
Wisura Getrieböl WSD 90

BMW 535i: Öl für Hinterachsgetriebe mit und ohne Sperrdifferential

UK Ecusynth Hyp 75W-90

ATF für Servolenkung (für Erst- und Nachfüllung). Zum reinen Nachfüllen stehen wesentlich mehr als die hier aufgeführten Produkte zur Verfügung

Agip F.1 ATF Dexron
Aral Öl P 319 Dexron
Avia Fluid ATF 77 Dexron
BP Autran DX II
Caltex Texamatic Fluid Dexron II
Castrol TQ Dexron II
Esso ATF Dexron
Frontol Getriebeöl DXS Dexron C/D
Shell Dexron II
Texaco Texamatic 9226
Veedol ATF Dexron II

Bremsflüssigkeit

ATE SL-DOT 4 Bremsflüssigkeit
BASF Hydraulan DOT 4 Typ 75 974
Castrol Disc Brake Fluid DOT 4
DOW ET 504
Shell DONAX YB BF 4,5 DOT 4
Veedol Disc Brake Fluid DOT 4

Register

GUT IN FAHRT – MIT DIESEN BÜCHERN

Jan Trommelmans
Das Auto und seine Technik
Die Funktion der gesamten Fahrzeugtechnik, die im Prinzip bei jedem Auto gleich ist, wird eindeutig erklärt: Motor, Getriebe, Zündung, Kolbenformen, Ventilanordnungen, Antrieb, Fahrgestell, Bremsen, Lenkung, Karosserie usw. Mit diesem Buch bleibt keine Frage offen.
212 Seiten, 360 Abb., geb.
DM/sFr 49,– / öS 382,–
Bestell-Nr. 01288

de Boer / Dobbelaar / Mom
Das Auto und seine Elektrik
Dieses erstklassige Fachbuch bietet den Überblick über das gesamte Gebiet der Kraftfahrzeug-Elektrik. Schritt für Schritt wird der Leser in alle Bereiche eingeführt.
464 Seiten, 456 Abb. u. Diagramme, 27 Tabellen, geb.
DM/sFr 59,– / öS 460,–
Bestell-Nr. 01363

P. H. Olving
Die Karosserie
Neben den theoretischen Grundlagen werden alle Werkzeuge und Hilfsmittel zur professionellen Karosseriereparatur beschrieben. Ein Sonder-Kapitel behandelt die fachgerechte Lackierung.
376 Seiten, 500 Abb., geb.
DM/sFr 49,– / öS 382,–
Bestell-Nr. 01456

Gert Hack
Autos schneller machen – Automobil-Tuning in Theorie und Praxis
Das bewährte Standardwerk wurde hier völlig neu konzipiert, umfassend erweitert und hochaktuell auf die Fahrzeug- und Fahrer-Generation der 90er Jahre zugeschnitten.
Neuerscheinung 1994.
544 Seiten, 460 Abb., geb.
DM/sFr 69,– / öS 538,–
Bestell-Nr. 01548

Georg Seeliger
BMW 503/507 – Die V8-Sportmodelle
Zu ihrer Zeit waren sie bereits ungewöhnlich teuer, heute sind sie unbezahlbar: die BMW-Typen 503/507 und 3200 CS, jenes Dreigestirn automobiler Faszination aus den 50er Jahren, das bis heute jeden Autofreund in seinen Bann zieht. Hier ist ihre komplette Geschichte.
224 Seiten, 220 Abbildungen, 30 farbig, gebunden
DM/sFr 88,– / öS 687,–
Bestell-Nr. 01563

Werner Oswald
Alle BMW-Automobile seit 1928
Einer der besten Autokenner legt hier gekonnt und brillant die umfassende Geschichte aller BMW-Automobile vor – vom Dixi bis zum BMW Z1, vom Barock-Engel bis zum Dreier-Cabriolet. Viele interessante Fotos ergänzen diese einmalige Typengeschichte.
280 Seiten, 461 Abb., geb.
DM/sFr 68,– / öS 531,–
Bestell-Nr. 01573

Rudolf Heitz / Thomas Neff
BMW-Veredelung
In diesem aktuellen Überblick präsentieren die Autoren optische Tuningkits für das gesamte BMW-Programm von heute. Mit Hersteller- und Bezugsadressen, mit Tips für den Selbstumbau und Hinweisen für die TÜV-Abnahme. Alles, was machbar und erlaubt ist, beschreiben und zeigen die Autoren ausführlich in diesem Buch.
240 Seiten, 205 Abb., geb.
DM/sFr 49,– / öS 382,–
Bestell-Nr. 01234

... und für alle speziellen Arbeiten der professionelle Ratgeber mit genauen Anweisungen für Ausbau, Instandsetzung und Einbau aller Teile an der gesamten Fahrzeugtechnik:
REPARATURANLEITUNG
Band-Nr. 967/68/69
BMW 5er-Reihe ab 1988
128 Seiten mit zahlr. Abb., Detailzeichnungen, Maß- und Einstelltabellen, broschiert
DM/sFr 42,– / öS 368,–
Bestell-Nr. 20467

Der Verlag für Auto-Bücher
Postfach 103743 · 70032 Stuttgart

Motor buch Verlag

Änderungen vorbehalten